卓越工程师教育培养计划配套教材

飞机系统

魏　建　陈振坤　主　编
陆文华　贾慈力　副主编

清华大学出版社
北　京

内 容 简 介

本书主要阐述了民用航空飞机的系统原理、主要参数以及功能部件。针对不同的功能系统,本书着重阐述了各个部件的工作原理以及工作方式。在此基础上,本书还以特定的机型为实例,重点描述了各个部件、系统的操作流程和各类针对飞行的仪表指示。

本书可作为飞行技术专业和飞机系统及其部件操作专业的科技人员、院校相关专业的教师、高年级本科生及研究生的学习指导用书,并可作为民航技术人员的参考书。

本书封面贴有清华大学出版社防伪标签,无标签者不得销售。
版权所有,侵权必究。举报:010-62782989,beiqinquan@tup.tsinghua.edu.cn。

图书在版编目(CIP)数据

飞机系统/魏建等主编. —北京:清华大学出版社,2016(2024.8重印)
(卓越工程师教育培养计划配套教材. 飞行技术系列)
ISBN 978-7-302-42938-8

Ⅰ. ①飞… Ⅱ. ①魏… Ⅲ. ①飞行-构造-高等学校-教材 Ⅳ. ①V22

中国版本图书馆 CIP 数据核字(2016)第 030508 号

责任编辑:庄红权　赵　斌
封面设计:常雪影
责任校对:赵丽敏
责任印制:丛怀宇

出版发行:清华大学出版社
　　　　　网　　址:https://www.tup.com.cn,https://www.wqxuetang.com
　　　　　地　　址:北京清华大学学研大厦 A 座　　邮　编:100084
　　　　　社 总 机:010-83470000　　邮　购:010-62786544
　　　　　投稿与读者服务:010-62776969,c-service@tup.tsinghua.edu.cn
　　　　　质量反馈:010-62772015,zhiliang@tup.tsinghua.edu.cn
印 装 者:三河市龙大印装有限公司
经　　销:全国新华书店
开　　本:185mm×260mm　　印　张:32.75　　字　数:793 千字
版　　次:2016 年 12 月第 1 版　　印　次:2024 年 8 月第 6 次印刷
定　　价:82.00 元

产品编号:046425-02

卓越工程师教育培养计划配套教材

总编委会名单

主　任：丁晓东　汪　泓
副主任：陈力华　鲁嘉华
委　员：（按姓氏笔画为序）
　　　　丁兴国　王岩松　王裕明　叶永青　刘晓民
　　　　匡江红　余　粟　吴训成　张子厚　张莉萍
　　　　李　毅　陆肖元　陈因达　徐宝纲　徐新成
　　　　徐滕岗　程武山　谢东来　魏　建

卓越工程师教育培养计划配套教材
——飞行技术系列子编委会名单

主　任：汪　泓　丁兴国　郝建平
副主任：谢东来　陈力华　魏　建
委　员：（按姓氏笔画为序）
　　　　卫国林　马银才　王秉良　王惠民　史健勇
　　　　石丽娜　匡江红　吴　忠　陆惠忠　范海翔
　　　　郝　勇　徐宝纲　贾慈力　隋成城　鲁嘉华

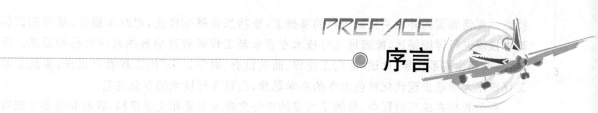

序言

我国"十二五"发展规划的重点建设目标之一,是根据国民经济发展对民航业的要求,不断扩充与优化配置航线和飞机等资源。在民航业持续快速发展的同时,必然会使飞行专业技术人才高度匮乏。在《中国民用航空发展第十一个五年规划》中,中国民用航空局对未来20年全行业人才需求进行了预计分析,其中,"十二五"期间需增加飞行员16 500人。因此,飞行技术人才的培养是推动或阻碍民航发展的关键。

与其他本科专业相比,飞行技术专业的学生除了学习掌握飞行原理、飞机系统、航空动力装置、航空气象、空中领航、机载设备、仪表飞行程序设计、空中交通管制等飞行技术的专业知识外,还需具备一定的管理能力和较高的英语水平。并且,飞行技术专业人才的培养多采用学历教育与职业教育同步实施的模式,要求同时取得学历、学位证书和职业技能证书(飞行驾驶执照)后,才有资格担任民航运输机副驾驶员。

飞行技术人才培养具有专业性强、培养难度大和成本高的特点。伴随着大型民用运输机的生产与发展,必然要求提高飞行员的学历层次。国内设置飞行技术本科专业的高等院校仅有中国民航飞行学院、中国民航大学、北京航空航天大学、南京航空航天大学、上海工程技术大学等几所。而且,培养学士学位飞行技术人才的历史仅二十多年,尽管积累了一定的培养经验,但适用的专业教材相对较少。

在飞行技术专业的学科建设中,上海工程技术大学飞行学院和航空运输学院秉承服务国家和地区经济建设的宗旨,坚持教学和科研相结合、理论和实践相结合。2010年,上海工程技术大学飞行技术专业被列为教育部卓越工程师教育培养计划的试点专业,上海工程技术大学被列为教育部卓越工程师教育培养计划的示范单位。为满足飞行技术专业卓越工程师教育培养的需要,上海工程技术大学从事飞行技术专业教学和研究的骨干教师以及航空公司的业务骨干合作编写了"卓越计划"飞行技术系列教材。

"卓越计划"飞行技术系列教材共20本,分别为《运输机飞行仿真技术及应用》、《飞行人因工程》、《机组资源管理》、《飞行运营管理》、《民用航空法概论》、《空中交通管理基础》、《飞机系统》、《航空动力装置》、《飞机空气动力学》、《飞机飞行力学》、《民航运输机飞行性能与计划》、《仪表飞行程序设计原理》、《航空机载电子设备》、《航空气象》、《空中领航》、《飞行人员陆空通话》、《飞行专业英语(阅读)》、《飞行专业英语(听力)》、《飞行基础英语(一)》、《飞行基础英语(二)》等。

系列教材以理论和实践相结合作为编写的理念和原则,具有基础性、系统性、应用性等特点。在借鉴国内外相关文献资料的基础上,坚持加强基础理论,对基本概念、基础知识和基本技能进行详细阐述,能满足飞行技术专业卓越工程师教育培养的教学目标和要求。同时,强调理论联系实际,体现"面向工业界、面向世界、面向未来"的工程教育理念,实践上海工程技术大学建设现代化特色大学的办学思想,凸显飞行技术的专业特色。

系列教材在编写过程中,参阅了大量的中外文参考书籍和文献资料,吸收和借鉴了现有部分教材的优势,参考了航空运输企业的相关材料,在此,对国内外有关作者和企业一并表示衷心的感谢。

受编者水平和时间所限,书中难免有错误和疏漏之处,敬请读者提出宝贵意见,不足之处还请同行不吝赐教。

上海工程技术大学　汪泓

2012 年 1 月

前言

飞机是高度综合的现代科学技术的体现。100多年来,作为航空技术的重要代表,飞机也随着科学技术的进步取得了很大的发展,而航空技术不断提高的新要求也对其他科学技术的发展起了促进、推动作用。在现代飞机上,综合运用了大量基础科学、应用科学和工程技术的最新成就,包括空气动力学、喷气推进技术、先进材料和结构、航空电子技术、计算机技术、自动控制理论和技术以及先进制造工艺等各个方面的成果,实际上现代飞机已经成为先进而复杂的大系统。

全书以国际航空协会章节为依据,具体介绍了飞机各个系统的工作原理与功能性部件,从系统的工作原理出发,重点描述了飞机系统的工作顺序与工作流程。在此基础上,本书着重介绍了各个系统的人机接口界面、输入输出设备和重要的操纵接口,目的主要是为飞行员、飞机维护人员和大专院校的学生提供一个全面了解与熟悉飞机操纵界面的切入点,使其能够更快地进入角色。作者希望通过本书可以使飞行院校的学生尽快熟悉飞机的实际操作面板,避免或少走弯路。

全书共分为15章,第1章作为本书的概述,对飞机的发展历史进行了回顾,简要地对飞机的分类和功能部件进行介绍。全书从第2章开始对飞机的各个系统进行介绍,第2章是航空器电源的论述,主要包括直流发电系统、交流发电系统与电源分配系统。第3章是液压系统介绍,作为飞机的主要动力源,本书对液压系统的原理、组成部件以及系统工作原理进行了重点介绍。第4章燃油系统,介绍飞机燃油的存储、燃油的供给与燃油的交输等多个主要功能。第5章是防火系统,防火系统是飞机的应急系统,是保护飞机安全飞行的重要系统,主要包括探测与灭火两大功能。本书重点介绍了飞机防火系统的原理与操作流程。第6章介绍仪表指示系统,该系统是飞行员主要的操作接口,本章主要介绍飞机指示系统的原理与故障指示方式。第7章是通信系统,本章主要介绍通信系统的工作原理、系统部件与操作方式。第8章是导航系统,导航系统的工作方式与通信类似,因此本章主要介绍了飞机导航系统的指示与位置读取方式。第9章飞行控制系统主要介绍自动飞行系统的组成与功能部件,同时重点介绍了自动飞行系统的指示方式与操作方法。第10章介绍飞行操纵系统,该系统是飞机飞行的主要操纵系统,本章主要介绍了飞行操纵系统的发展及其结构形式,并重点介绍了各个舵面的操作方式。第11章介绍空调系统,其功能包括客舱增压与冷却等。本章主要介绍了空调系统的工作原理与工作方式。第12章是防冰和防雨系统,主要介绍不同防冰防雨系统的工作原理与功能部件,以及系统的操作与指示方式。第13章起落架系统主要介绍了起落架的组成、分类、功能组成与系统工作方式。第 14 章是灯光和氧气系统,本章主要包括灯光氧气系统的组成、工作方式与操作方法。第 15 章是雷达系统,雷达系统包括测距雷达与气象雷达两大部件,本章主要介绍飞机雷达的组成、指示以及雷达系统的操作。

  在编写过程中,作者参考了大量的国内外书籍、资料和飞机技术出版物。陈振坤、陆文华、贾慈力、胡盛斌及曹达敏老师参与了部分章节的编写、资料整理、图文录入排版工作。在此向参与编写的老师表示衷心的感谢!

  由于时间仓促,加之作者水平有限,本书难免存在疏漏和错误,敬请读者予以批评、指正。

魏 建
2016 年 11 月

目录

1 绪论 …………………………………………………………………………………… 1
  1.1 现代民航客机的诞生 ………………………………………………………………… 2
    1.1.1 民用飞机的概述 ………………………………………………………………… 2
    1.1.2 飞机的飞行性能、起飞和着陆 ………………………………………………… 6
    1.1.3 飞机的主要组成部分以及功用 ………………………………………………… 9
  1.2 飞机系统及 ATA 编号 ……………………………………………………………… 10
    1.2.1 编号的表现形式和基本原则 …………………………………………………… 11
    1.2.2 飞机系统划分和编号在工程上的运用 ………………………………………… 13
  本章小结 …………………………………………………………………………………… 15
  复习与思考 ………………………………………………………………………………… 16

2 航空器电源 …………………………………………………………………………… 17
  2.1 航空器电源概述 ……………………………………………………………………… 18
    2.1.1 电源系统的发展 ………………………………………………………………… 19
    2.1.2 电源系统的组成 ………………………………………………………………… 21
  2.2 直流电源系统 ………………………………………………………………………… 24
    2.2.1 直流电源系统工作原理 ………………………………………………………… 24
    2.2.2 航空蓄电池 ……………………………………………………………………… 28
    2.2.3 直流电源系统余度供电 ………………………………………………………… 30
    2.2.4 直流电源系统的控制与保护 …………………………………………………… 32
  2.3 交流电源系统 ………………………………………………………………………… 34
    2.3.1 交流电源系统的分类 …………………………………………………………… 36
    2.3.2 液压机械式恒速传动系统的组成及其原理 …………………………………… 37
    2.3.3 交流发电机的结构和工作原理 ………………………………………………… 39
    2.3.4 恒速调速系统的工作原理及其保护 …………………………………………… 42
    2.3.5 调压器 …………………………………………………………………………… 44
    2.3.6 交流电源的故障保护 …………………………………………………………… 46

		2.3.7 交流电源的并联供电	49
	2.4	二次电源和应急电源	52
		2.4.1 变压整流器	52
		2.4.2 静止变流器	55
		2.4.3 其他应急发电设备	56
		2.4.4 应急照明电源	58
	2.5	飞机供电网络	60
		2.5.1 电源分配	62
		2.5.2 典型电源的网络分配	63
		2.5.3 电源系统的操作	65
本章小结			67
复习与思考			67
3	液压系统		68
	3.1	液压系统概述	69
		3.1.1 液压传动系统的组成	69
		3.1.2 液压系统的发展	72
	3.2	民用飞机常用液压元件	74
		3.2.1 液压油	74
		3.2.2 液压管路	76
		3.2.3 液压泵	78
		3.2.4 液压控制元件	82
		3.2.5 压力控制元件	85
		3.2.6 流量控制元件	89
		3.2.7 液压执行元件	92
		3.2.8 液压辅助元件	95
	3.3	飞机液压源系统	104
		3.3.1 飞机液压源系统组成	104
		3.3.2 液压泵特点	105
		3.3.3 压力分配	109
		3.3.4 指示系统	112
本章小结			114
复习与思考			114
4	燃油系统		115
	4.1	燃油系统概述	116
		4.1.1 燃油系统的功能	116
		4.1.2 典型燃油系统介绍	117
	4.2	油箱及通气系统	119

  4.2.1 油箱类型和布局 ··· 119
  4.2.2 油箱通气系统 ··· 121
 4.3 加油/抽油系统 ·· 125
  4.3.1 加油/抽油系统概述 ·· 125
  4.3.2 加油/抽油时的静电防止 ···································· 126
  4.3.3 重力加油 ·· 128
  4.3.4 压力加油 ·· 129
  4.3.5 地面抽油 ·· 131
 4.4 供油系统 ·· 131
  4.4.1 重力供油 ·· 132
  4.4.2 动力供油 ·· 132
  4.4.3 动力供油主要附件 ·· 134
  4.4.4 应急放油 ·· 139
  4.4.5 燃油系统操纵 ··· 141
 4.5 燃油指示/警告系统 ·· 143
  4.5.1 油量指示系统 ··· 143
  4.5.2 压力指示 ·· 147
本章小结 ··· 148
复习与思考 ·· 149

5 防火系统 ·· 150

 5.1 防火系统概述 ·· 151
  5.1.1 防火系统的功用和组成 ···································· 151
  5.1.2 警告信息描述 ··· 153
 5.2 火警探测系统 ·· 154
  5.2.1 火警探测原理 ··· 154
  5.2.2 火警探测系统的组成 ·· 156
  5.2.3 烟雾探测器原理 ··· 159
  5.2.4 飞机火警探测系统举例 ···································· 161
 5.3 飞机灭火系统 ·· 163
  5.3.1 火的种类和灭火方法 ·· 164
  5.3.2 飞机灭火系统 ··· 166
  5.3.3 灭火系统的操作 ··· 167
本章小结 ··· 169
复习与思考 ·· 170

6 仪表指示系统 ·· 171

 6.1 航空仪表概述 ·· 172
  6.1.1 航空仪表的发展 ··· 172

6.1.2 飞机仪表基本形式 ·· 173
 6.2 大气数据仪表 ·· 174
  6.2.1 气压式高度表 ·· 174
  6.2.2 升降速度表 ··· 176
  6.2.3 马赫-空速表 ·· 177
  6.2.4 温度指示器 ··· 181
  6.2.5 全/静压系统 ·· 182
  6.2.6 大气数据系统 ·· 188
 本章小结 ··· 193
 复习与思考 ·· 194

7 通信系统 ·· 195
 7.1 通信系统概述 ·· 196
  7.1.1 飞机通信系统的分类与发展 ·································· 196
  7.1.2 通信系统组成 ·· 197
 7.2 机内通话系统 ·· 199
  7.2.1 音频管理系统 ·· 199
  7.2.2 音频控制板 ··· 201
  7.2.3 内话系统 ·· 202
  7.2.4 广播系统 ·· 203
 7.3 无线电通信系统 ··· 204
  7.3.1 甚高频通信系统 ··· 205
  7.3.2 高频通信系统 ·· 207
  7.3.3 选择呼叫系统 ·· 210
  7.3.4 卫星通信系统 ·· 213
  7.3.5 飞机通信寻址与报告系统 ···································· 216
 7.4 事故调查设备 ·· 218
  7.4.1 驾驶舱话音记录系统 ·· 219
  7.4.2 紧急定位发射机 ··· 221
 本章小结 ··· 222
 复习与思考 ·· 223

8 导航系统 ·· 224
 8.1 自动定向机系统 ··· 225
  8.1.1 ADF 原理 ·· 226
  8.1.2 典型的 ADF 系统 ·· 226
  8.1.3 ADF 系统的操作 ·· 228
 8.2 甚高频全向信标系统 ··· 230
  8.2.1 VOR 系统原理 ··· 231

　　　　8.2.2 典型 VOR 系统的结构与操作 233
　　8.3 仪表着陆系统 235
　　8.4 全球定位系统 243
　本章小结 245
　复习与思考 246

9 飞行控制系统 247
　9.1 飞行控制系统概述 248
　　9.1.1 自动飞行控制系统的组成 250
　　9.1.2 自动飞行控制系统的工作原理以及基本功能 254
　9.2 飞行控制系统中的主要部件/系统 257
　　9.2.1 飞行控制计算机系统的主要组成部件 257
　　9.2.2 伺服作动子系统的主要组成部件 261
　　9.2.3 传感器子系统及主要部件 263
　9.3 自动驾驶仪 263
　　9.3.1 自动驾驶仪功用及其基本组成 263
　　9.3.2 自动驾驶仪的基本原理 263
　　9.3.3 自动驾驶仪的常用工作模式 267
　9.4 偏航阻尼系统 273
　　9.4.1 偏航阻尼系统的功用 273
　　9.4.2 荷兰滚原理 273
　　9.4.3 偏航阻尼系统原理分析 275
　　9.4.4 偏航阻尼系统部件 276
　9.5 俯仰配平系统 277
　　9.5.1 安定面配平功用 277
　　9.5.2 俯仰配平系统的组成和工作原理 278
　9.6 自动油门系统 281
　　9.6.1 自动油门系统的功用 281
　　9.6.2 自动油门系统在整个飞行过程中的工作情况 283
　本章小结 284
　复习与思考 285

10 飞行操纵系统 286
　10.1 操纵系统概述 287
　　10.1.1 操纵系统定义及分类 287
　　10.1.2 对操纵系统的要求 291
　10.2 中央操纵机构 292
　　10.2.1 手操纵机构 292
　　10.2.2 脚操纵机构 293

10.3 传动系统 …………………………………………………………………… 294
　　10.3.1 机械传动机构 …………………………………………………… 295
　　10.3.2 软式传动机构 …………………………………………………… 296
　　10.3.3 硬式传动机构 …………………………………………………… 299
　　10.3.4 传动系数和非线性机构 …………………………………………… 301
　　10.3.5 电传操纵系统 …………………………………………………… 303
10.4 舵面驱动装置 ………………………………………………………… 305
　　10.4.1 液压驱动装置 …………………………………………………… 306
　　10.4.2 电力驱动 ………………………………………………………… 307
10.5 典型飞机操纵系统 ……………………………………………………… 308
　　10.5.1 主飞行操纵系统与辅助操纵系统 ………………………………… 308
　　10.5.2 俯仰操纵控制系统 ………………………………………………… 309
　　10.5.3 飞机横滚控制系统 ………………………………………………… 315
　　10.5.4 方向舵系统控制 …………………………………………………… 318
10.6 辅助操纵系统 …………………………………………………………… 324
　　10.6.1 增升装置 ………………………………………………………… 324
　　10.6.2 扰流板 …………………………………………………………… 327
10.7 飞行操纵警告系统 ……………………………………………………… 328
　　10.7.1 起飞警告系统 …………………………………………………… 328
　　10.7.2 失速警告系统 …………………………………………………… 329
本章小结 ………………………………………………………………………… 330
复习与思考 ……………………………………………………………………… 331

11 空调系统 ……………………………………………………………………… 332

11.1 空调系统概述 …………………………………………………………… 333
　　11.1.1 大气物理特性及高空环境对人体生理的影响 …………………… 333
　　11.1.2 高空环境对人体的影响 …………………………………………… 335
　　11.1.3 空调系统的功能 …………………………………………………… 336
11.2 气源系统 ………………………………………………………………… 338
　　11.2.1 气源系统概述 …………………………………………………… 338
　　11.2.2 气源系统调节与控制 ……………………………………………… 339
　　11.2.3 引气系统流量调节 ………………………………………………… 343
11.3 空调温度控制系统 ……………………………………………………… 345
　　11.3.1 组件温度控制系统原理与构成 …………………………………… 348
　　11.3.2 座舱温度控制系统原理与构造 …………………………………… 352
　　11.3.3 空调系统的操作 …………………………………………………… 356
11.4 座舱压力控制系统 ……………………………………………………… 359
　　11.4.1 座舱增压原理及座舱压力制度 …………………………………… 359
　　11.4.2 座舱压力控制流程 ………………………………………………… 361

    11.4.3 客舱增压系统的组成 …………………………………………… 365

    11.4.4 客舱增压系统的操作 …………………………………………… 368

  11.5 货舱加温及设备冷却 ……………………………………………………… 370

    11.5.1 货舱加温 ………………………………………………………… 370

    11.5.2 电子设备舱的冷却 ……………………………………………… 371

  本章小结 ……………………………………………………………………………… 372

  复习与思考 …………………………………………………………………………… 373

12 防冰和排雨系统 …………………………………………………………………… 374

  12.1 防冰和排雨系统概述 ……………………………………………………… 374

    12.1.1 防冰和排雨系统的功用 ………………………………………… 376

    12.1.2 结冰的机理 ……………………………………………………… 376

    12.1.3 飞机结冰及其形式 ……………………………………………… 376

  12.2 结冰探测器 ………………………………………………………………… 377

    12.2.1 振荡式结冰探测器 ……………………………………………… 378

    12.2.2 压差式结冰探测器 ……………………………………………… 381

  12.3 防冰和除冰 ………………………………………………………………… 382

    12.3.1 机翼和发动机进气道防冰 ……………………………………… 382

    12.3.2 风挡玻璃的防冰和防雾 ………………………………………… 386

    12.3.3 大气数据探头防冰 ……………………………………………… 389

    12.3.4 供水和排放系统的防冰 ………………………………………… 390

  12.4 风挡排雨系统 ……………………………………………………………… 391

    12.4.1 风挡刮水器 ……………………………………………………… 391

    12.4.2 排雨液 …………………………………………………………… 392

    12.4.3 厌水涂层 ………………………………………………………… 393

  本章小结 ……………………………………………………………………………… 394

  复习与思考 …………………………………………………………………………… 395

13 起落架系统 ………………………………………………………………………… 396

  13.1 起落架系统概述 …………………………………………………………… 397

    13.1.1 起落架配置型式 ………………………………………………… 397

    13.1.2 起落架结构型式 ………………………………………………… 398

    13.1.3 轮式滑行装置 …………………………………………………… 401

  13.2 减震系统 …………………………………………………………………… 403

    13.2.1 减震原理 ………………………………………………………… 403

    13.2.2 减震器的发展 …………………………………………………… 404

    13.2.3 油气减震器 ……………………………………………………… 404

    13.2.4 典型油气减震支柱构造 ………………………………………… 408

  13.3 收放系统 …………………………………………………………………… 409

		13.3.1	起落架收放概述	409
		13.3.2	起落架锁机构	410
		13.3.3	收放系统工作原理	411
		13.3.4	指示和警告系统	415
		13.3.5	应急放下系统	416
	13.4	转弯系统		417
		13.4.1	前轮稳定距	417
		13.4.2	飞机转弯操纵	419
		13.4.3	前轮转弯辅助功能	422
		13.4.4	自动定中机构	424
	13.5	机轮和刹车		425
		13.5.1	机轮	425
		13.5.2	机轮的例行检查	429
		13.5.3	机轮刹车系统概述	431
		13.5.4	机轮刹车构造	432
		13.5.5	刹车系统	436
	本章小结			442
	复习与思考			443

14 灯光和氧气系统 444

	14.1	灯光照明系统		445
		14.1.1	灯光系统概述	445
		14.1.2	驾驶舱灯光	445
		14.1.3	客舱灯光	448
		14.1.4	机外灯光	452
		14.1.5	应急灯光	457
	14.2	氧气系统		457
		14.2.1	氧气系统概述	458
		14.2.2	机组氧气系统	458
		14.2.3	旅客氧气系统	462
		14.2.4	氧气系统的指示和警告	466
	本章小结			467
	复习与思考			468

15 雷达系统 469

	15.1	雷达测距系统		470
		15.1.1	无线电高度表	470
		15.1.2	测距机	472
	15.2	气象雷达系统		474

	15.2.1	机载气象雷达系统的组成与模式	474

    15.2.1 机载气象雷达系统的组成与模式……………………………………474
    15.2.2 气象雷达信息判别……………………………………………………478
  15.3 交通管制与警告系统……………………………………………………………482
    15.3.1 空中交通管制…………………………………………………………482
    15.3.2 交通警告与防撞系统…………………………………………………484
    15.3.3 近地警告系统…………………………………………………………487
  15.4 惯性基准系统……………………………………………………………………489
    15.4.1 惯性基准系统组成……………………………………………………489
    15.4.2 典型惯导系统的工作方式与操纵……………………………………490
  15.5 飞行管理系统……………………………………………………………………492
  15.6 导航系统的操纵概述……………………………………………………………495
  本章小结……………………………………………………………………………………500
  复习与思考…………………………………………………………………………………501
参考文献……………………………………………………………………………………502

绪 论

本章关键词

干线飞机(trunk line aircraft)　　　支线飞机(regional aircraft)
爬升速度(climb speed)　　　　　　巡航速度(cruising speed)
失速速度(stall speed)　　　　　　　国际航空协会(IATA)

互联网资料

http://cdmd.cnki.com.cn/Article/CDMD-10036-2006062951.htm
http://www.cnki.com.cn/Article/CJFDTOTAL-HKGJ199906027.htm
http://d.g.wanfangdata.com.cn/Periodical_hkkxjs201305019.aspx
http://www.cnki.com.cn/Article/CJFDTOTAL-FHLX198603009.htm

航空技术在第一次世界大战中获得迅速发展。虽然战争是航空技术得到普遍应用的最早领域,但是推动航空技术发展的持久动力在于它在商业领域中的应用。两次世界大战期间,民用航空得到第一次长足的发展。其原因除商业上的吸引力和时机已经成熟外,还有一点是因为一些政府看到飞机的军事潜力而试图通过发展民用航空为军事航空发展积蓄力量,这在德国表现得尤为明显。通过两次世界大战之间20年的发展,航空技术真正确立了它在民用和军用历史舞台上的作用。

喷气技术的诞生促进了民用航空技术新时代的到来,新式喷气式客机的出现使地球变小了。飞机虽未能使汽车、火车和轮船变得过时,但它已是现代文明不可缺少的交通工具。在现代民航飞机领域中美国到目前为止仍占有统治地位,其中又以波音公司最为显赫。但欧洲的空中客车(简称空客)公司正对美国飞机制造厂构成威胁。

飞机是高度综合的现代科学技术的体现。100多年来,作为航空技术的重要代表,飞机随着科学技术的进步取得了很大的发展,而航空技术不断提高的新要求也对其他科学技术的发展起了促进、推动作用。在现代飞机上,综合运用了大量基础科学、应用科学和工程技术的最新成就,包括力学、材料学、电子技术、计算机技术、喷气推进技术、自动控制理论和技术以及制造工艺等各个方面的成果,实际上现代飞机已经成为先进而复杂的工程系统。

由动力装置产生前进推力,由固定机翼产生升力,在大气层中飞行的重于空气的航空器统称为飞机。无动力装置的滑翔机、以旋翼作为主要升力的直升机以及在大气层外飞行的航天飞机都不属于飞机的范围。

1.1 现代民航客机的诞生

飞机按用途可分为军用飞机以及民用飞机两大类。军用飞机指各种军事用途涉及的飞机，如歼击机（战斗机）、截击机、歼击轰炸机、强击机（攻击机）、轰炸机、侦察机、预警机、军用运输机以及舰载机等。民用飞机则泛指一切非军事用途的飞机，有旅客机、货机、公务机、农业机、救护机以及实验研究机等。其中旅客机、货机和客货两用机又统称为民用运输机。现代运输机具有快速、舒适、安全可靠等优点，能在两地之间完成最短距离的航行。

1.1.1 民用飞机的概述

用于运输旅客的民用飞机简称客机。按航程可分为远程、中程、短程客机；根据最大起飞质量将其分为重型、中型、轻型客机；按服务的航线性质可分为干线客机和支线客机；按机身直径和座位布置，大型客机又可分为窄机身和宽机身两种。窄机身客机每排座位在6座以下，中间设有一个通道；而宽机身客机每排座位在7座以上，中间设置两个通道。

1949年英国的第一架涡轮螺旋桨客机"子爵"号投入航线，其飞行速度为550km/h；1952年5月，世界上第一架采用涡轮喷气发动机作为动力的旅客机——英国的DH10"彗星"号，开办了伦敦至南非的旅客营运业务，开创了喷气客机的新时代，其外形如图1.1-1所示。

图1.1-1 英国"彗星"号旅客机

20世纪70年代初高涵道比涡轮风扇发动机研制成功后，民用航空领域相继出现了美国的波音747、DC-10、L-1011，苏联的伊尔-86，欧洲的空客A300等大型宽体机身远程客机。该类型的客机增加了客运量，提高了营运的经济性，使载客数百人的越洋商业飞行成为现实。20世纪80年代，美国的波音757，欧洲空客的A310、A320等先进客机广泛采用超临界翼型、加大机翼展弦比、增大机翼相对厚度、减轻结构质量等多项技术措施，降低了使用成本，提高了飞机的运营效率。图1.1-2是欧洲空客A320的宽体客机。

20世纪90年代，美国的波音777，欧洲空客的A330、A340，俄罗斯的伊尔-96等干线客机进一步增大了发动机的涵道比，增大推力减少噪声，并大量使用复合材料减轻质量，大大降低飞机的直接使用成本，图1.1-3是波音和空客的干线客机。

图 1.1-2 欧洲空客 A320 宽体客机

(a) 波音777客机

(b) 欧洲空客A340客机

图 1.1-3 波音和空客的干线客机

1. 干线飞机

干线飞机一般指100座以上,航程大于3 000km的民航班机,目前世界上有800多家能提供定期航班的航空公司,拥有1.2万多架干线飞机,其中大多都是涡轮风扇飞机,预计到2021年干线飞机将达到2万多架。

经过激烈的竞争,当今世界的干线飞机市场基本被波音和空中客车两家公司所垄断,其中波音公司占有大约60%的市场份额。俄罗斯图波列夫和伊留申设计局所设计的大型干线飞机,其市场主体主要局限于俄罗斯以及独联体范围内。我国目前还没有自己设计的干线飞机在航线上飞行。2010年11月16日国产的C919大型客机展示样机在珠海航展上首次亮相,代表了我国大型客机的发展与进步。实际上,在1970年8月我国就开始自行研制了运10客机,该机型曾7次飞越世界屋脊西藏拉萨,其外形如图1.1-4所示。

图 1.1-4 运 10 客机

民用干线飞机的未来发展趋势是进一步系列化以及更大、更快、更舒适。一方面波音和空客两大公司已形成了 100 多座到 400 多座的系列客机,并还在持续不断地进行改进。另一方面,空客公司研制的 A380 这种目前世界上最大的客机,已经开始交付客户并进行正常航线的运行。其载客能力是 550 人,座单位千米营运成本比 B747 飞机减小了 15%～20%,该飞机如图 1.1-5 所示。

图 1.1-5　空中客车 A380 飞机

20 世纪 60 年代,英、法两国联合研制的"协和"超音速客机是为数不多的以超音速作为巡航速度的民用客机。虽然该客机飞行速度快,但是由于其油耗大、载客量少、经济性能差,加上噪声大,对环境有一定污染,因此很多国家都限制了其降落,因而仅生产了 15 架,航线也较少,就退出了民用航空的舞台。"协和"号飞机外形如图 1.1-6 所示。

图 1.1-6　协和号超音速客机

俄罗斯的超音速客机图-144 的总体启动布局与"协和"号飞机十分相似,图-144 飞机由于 1978 年一起机毁人亡的事故而导致生产计划的中断,其前后总共生产了 17 架,其外形如图 1.1-7 所示。

图 1.1-7 图-144 超音速客机

2. 支线飞机

支线飞机是指 100 座以下的民航客机,该机型主要用于完成旅客量较小的航线运行。早期的支线客机多用涡轮螺旋桨发动机作为动力,20 世纪 90 年代以来,部分支线客机也开始采用高涵道比的涡轮风扇发动机作为动力运行。

世界支线飞机有两个主要的发展趋势,一个是大型化,目前支线客机的座位数量普遍在 50~90 座;另一个是涡轮风扇化,由于涡轮风扇飞机具有速度快、噪声低、航程远、舒适性好等特点,加上其价格与涡轮螺旋桨发动机相差无几,因此涡轮风扇发动机将逐步取代涡轮螺旋桨发动机。

我国自行研制的支线飞机主要有运 7 飞机和"新舟 60"飞机。运 7 飞机有 52 座,采用了我国生产的 WJ5A 涡轮螺旋桨发动机。"新舟 60"安装有 50~60 个座位,其采用普惠的 PW127J 涡轮螺旋桨发动机作为动力。进入 21 世纪之后,我国自行研制了 ARJ21 飞机,如图 1.1-8 所示。ARJ21 飞机是 70~90 座级的中短程涡轮风扇支线飞机,其拥有支线飞机中显著的宽、静机身,达到与干线飞机客舱同等的舒适性。

图 1.1-8 中国自主研发的 ARJ21 飞机

1.1.2 飞机的飞行性能、起飞和着陆

飞机的基本飞行状态是等速直线平飞,除此之外飞机还需要完成变速和曲线飞行。水平等速直线飞行、等速直线爬升以及等速直线下降都属于等速直线飞行。而起飞和着陆飞行、等高度和等速度盘旋飞行、盘旋上升飞行等都属于变速和曲线飞行。

评价飞机的飞行性能指标较多,主要是最大平飞速度、升限、航程以及续航时间。其中飞机最大平飞速度是指飞机在水平直线飞行状态下,在一定飞行距离内(一般应不小于3km),发动机推力为最大状态下,飞机所能够达到的最大平稳飞行速度。通常飞机不能以最大平飞速度完成长时间的飞行,因为此时飞机油耗较大,而且发动机容易损坏并且将缩短发动机的使用寿命。因此飞机一般以比较省油的经济巡航速度飞行。

飞机的第二个性能指标是升限,升限是飞机上升所能够达到的最大高度。升限是一架飞机能够飞多高的一个重要指标,影响升限的主要因素是发动机的高空性能。飞机的垂直上升速度随高度的增加迅速减小,通常规定对应于垂直上升速度减小到 5m/s 时的最大平飞飞行高度,称为"使用静升限"。对应于垂直上升速度减小到零的最大平飞飞行高度,称为绝对升限。此时飞机已经达到了飞机的最大高度。现代民航飞机的升限是 14 000m。

飞机的第三个性能指标是航程,在载油量一定的情况下,飞机以巡航速度所能够飞越的最大距离称为航程。所谓巡航速度是指飞机在发动机每千米消耗燃油量最小的情况下的飞行速度。飞机的航程远,表示飞机的飞行能力大,对于民用客机而言,意味着可以把客、货运到更远的地方,而减少中途停留加油的次数。

飞机的第四个指标是巡航时间,巡航时间是指飞机一次加油,在空中所能够持续飞行的时间。该指标与飞机的飞行速度、飞行高度、发动机工作状态等多种参数有关。合理选择飞行参数,使得飞机在单位时间内所消耗的燃油最少,飞机就能获得最长的续航时间。常见的民航客机飞行速度如表 1.1-1 所示。

表 1.1-1 民用飞机的基本性能数据

机 型	飞行速度/(km/h)	航程/km	最大燃油量/L
波音 737	785	6 038	26 035
波音 747	940	13 450	216 840
波音 757	800	7 240	42 680
波音 767	850	12 330	90 916
空客 A300	639	7 500	62 000
空客 A320	900	5 000	23 860
空客 A340	1 050	13 900	194 880

飞机的起飞和着陆是两个重要的飞行状态,此时飞机都在完成变速运动。并且,飞机在起飞和着陆时都有失速的现象发生,因此有必要研究与飞机起飞和着陆有关的失速飞行速度。例如,在飞机着陆飞行过程中,飞机在尚未着地滑跑之前(称为飘飞),飞机的飞行速度越小,飞行越安全。为了维持飞机升力近似等于重力,要求飞行时的升力 C_L 越大越好,防止失速现象的发生。当升力等于重力时,以升力 C_{LMAX} 飞行的飞行速度可以转换为飞机的失速飞行速度 V_S。

飞机起飞是一种加速运动,飞机从起飞线开始滑跑到离地点之间一直在加速。起飞距

离是指从起飞线开始一直到离地,爬升到离开地面高度为 $h=25\mathrm{m}$ 时所需要的地面距离的总和。飞机在起飞的过程中,在地面滑跑时作用在飞机上的力系如图 1.1-9 所示。飞机在起飞准备时其阻力和升力都等于零;随着滑跑速度的增加,阻力和升力也跟着增大,当滑跑速度大于飞机的失速速度 V_{S} 的 10% 时,飞机开始抬头,此时飞机迎角增加,升力很快超过重力,于是飞机开始离开地面,结束滑跑阶段然后开始转入爬升。当等速爬升到 25m 高度后,结束飞机的起飞过程。

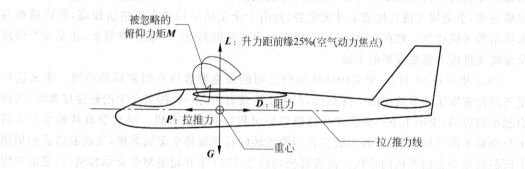

图 1.1-9 飞机起飞作用力示意图

飞机的着陆是一个减速的飞行过程,其与飞机的起飞过程正好相反。一般来说,着陆过程可以分为五个阶段:下滑、拉平、平飞减速、飘落触地以及着陆滑跑。着陆过程飞越的地面距离总和叫做着陆距离。飞机从 $h=25\mathrm{m}$ 高度转入着陆下滑状态,在接近地面时,飞行员使飞机抬头,拉平飞机,则飞机开始转入平飞减速状态,随着飞机的飞行速度不断减小,迎角不断增大,此时飞机升力 C_{L} 不断增大,最理想的状态是触地瞬间的飞机升力等于飞机重力,从而飞机垂直速度等于零。但是在实际的飞行过程中,由于在着陆状态时飞机受到较多因素的影响,使得飞机在触地瞬间升力小于重力,飞机向下坠落,其垂直速度不等于零,此时,飞机和地面发生撞击,这就是飞机飘飞落地的飞行状态。飞机飘落几轮触地瞬间的水平速度称为着陆速度(又称为接地速度),它接近于飞机的失速速度 V_{S}。着陆速度越小,着陆滑跑距离越短,飞行安全性就越高。

在第一次世界大战以前,欧洲已经进行了一些民用航空飞行的试验。1910 年 8 月 10 日,英国进行了航空邮递运输的试验。1911 年 2 月 18 日,法国进行了航空邮递试验。1911 年 9 月 19 日,意大利也进行航空邮递飞行试验。1910 年 6 月,德国首次用硬式飞艇开辟客运航空线。1911 年 7 月 4 日,英国飞行员进行了第一次航空货运飞行。1914 年第一次世界大战爆发,一方面大部分民用航空飞行被迫叫停,各国航空技术力量都集中起来为战争服务,但另一方面战争又使大量的人力和物力集中至航空领域,短短四年间,航空技术获得了突飞猛进的发展。在战前,飞机可以说尚处在实验阶段,但当战争结束时,飞机已成为现代战争中不可缺少的武器,它的运载能力、飞行速度都有了很大提高。飞机生产能力也极大增长,从战前的每年几十架达到战后的数千架甚至上万架。

第一次世界大战结束后,新生的航空工业遇到了第一次打击。一方面是战时遗留下来的大量的军用飞机;另一方面是战时形成的大量的过剩的生产能力。过剩危机使欧洲航空事业陷入了困境。正是在这个时候,欧洲和美国航空企业和飞行员开始了民用航线的开辟工作。经过几年的努力,遍布欧美的空中航线网已基本建成。由于当时的飞机较小,航空客运业普遍亏损,欧洲国家只能靠政府补贴经营航空客运,而美国则依靠航空邮政收入补贴客运。此时新型客机的问世已成为航空客运发展的关键。航空公司和飞机制造商经过近10年的经营,能清楚地预见,一旦有合适的客机,航空旅客运输将比邮运更加有利可图。于是潜在的市场力量引导着飞机向大载客量、高速度和更舒适的方向发展。早在1925年,福特汽车公司的飞机制造部就推出了最有代表性的现代客机的雏型——全金属、三发动机的11座福特型客机。1927年经过改进座位数增加到14个,航程为912km,飞行速度为170km/h,但福特型客机不具备流线形外型,机舱内部也很狭窄。当时美国各航空公司使用的客机以木质为主,全金属飞机在性能上并无优势,且由于全金属结构使飞机造价较高,所以很难与木质结构飞机竞争。然而,木质结构飞机有一个致命的弱点——安全性较差,正是安全性使全金属飞机成为客机发展的主流。

1931年3月31日,一架美国环球航空公司的福克型客机在堪萨斯州坠毁。本来这只是当时经常发生的事故中的一件而已,但由于遇难者中有一位闻名全美的橄榄球教练,因而引起举国震动,全国上下一致指责环球航空公司和它的木质客机。这次空难从根本上动摇了公众对木质飞机的信心,各大航空公司纷纷转向订购福特全金属客机,飞机制造商们加快了研制新型全金属客机的步伐。而波音公司已于1930年开始研制全金属客机,就是航空史上著名的,于1933年首次试飞成功的波音247客机。波音247是第一架真正现代意义上的客机,它具有全金属结构和流线形外型,起落架可以收放,采用下单翼结构;机上装有两台功率为410kW的发动机,巡航速度为248km/h,航程为7 766km,载客10人,并可装载181kg邮件;机上座位舒适,设有洗手间,还有一名空中小姐。由于机上乘坐条件大大改善,且速度较一般客机每小时提高了几十千米,很受航空公司欢迎,仅联合航空公司一家就订购了60架,价值400万美元。这是当时世界上最大的一笔客机交易,它使波音公司的生产线在一年内都处于饱和状态,无暇应付其他公司订货。由此为波音公司引出了一个强大的竞争对手——DC系列飞机。环球航空公司在1931年的空难后,被迫淘汰所有木质客机,换用福特型全金属客机。但福特客机的性能明显低于波音247,于是环球公司向各飞机制造商发信,招标设计新客机。

1932年8月2日,道格拉斯公司的总裁道格拉斯(D. W. Douglas)收到环球航空公司的招标信,信中对新客机的设计提出要求:全金属结构,装三个发动机,载客12人,航程1 600km,飞行速度在230~250km/h之间,装有最先进的电子设备。道格拉斯公司当时规模并不大,历史上曾为邮政部设计制造过邮政飞机。当时道格拉斯公司由于缺少订货,财政上正处于危急时刻,环球公司的招标信无疑是雪中送炭。道格拉斯迅速召集技术人员研究新飞机的设计方案,他们认为环球公司提出的设计要求不过是福特式客机改进型,根本无法与波音247竞争。为此他们根据波音247的设计要求提出一个新的方案。新方案与波音247类似,只装两台发动机,外形呈流线形,起落架可收放,其他指标与环球公司的要求一致,显然这架飞机如果成功将超过波音247。两星期后,道格拉斯公司把方案送到位于纽约的环球航空公司总部。对于该方案环球公司的领导人赞叹不已,但对两台发动机方案表示怀疑。于是环球公司向道格拉斯公司提出了一个十分苛刻的条件,即新飞机能在环球公司的所有机场上用一个发动机起飞。道格拉斯公司考虑再三接受了这个条件。

1932年9月20日,道格拉斯公司正式与环球航空公司签订合同。1933年6月22日,新飞机的样机装配完毕,命名为DC-1。该机长18.3m,翼展25.9m,机身两侧各有一台530kW发动机,巡航速度320km/h,航程1 600km;机体呈流线形,机舱内部舒适,还加装了隔音装置和暖气系统。1933年7月1日开始,DC-1进行了为期6个月的试飞,各项指标均达到要求。最后一项试验就是单发动机起飞,试验地点选在海拔1 375m的温斯洛,这是环球公司海拔最高的机场。试验结果是DC-1不仅能顺利用单发动机起飞,而且只用一台发动机飞行了380km,比同行的福特式客机提早15min到达预定的降落地点。DC-1取得了巨大的成功,特别是单发起飞、飞行和降落在当时是罕见的,足以证明DC-1是一架杰出的飞机。然而面对DC-1的卓越表现,环球公司却举棋不定,原因是波音247此时已经投入航线,效果很好。环球公司倾向于首先订购一批波音247飞机。但是,波音公司由于正忙于为联合航空公司生产波音247飞机,拒绝了环球公司的订货要求,环球公司只能全力以赴支持DC-1的研制与生产。环球公司买下了试飞的DC-1,并订货20架,但要求将座位数增加至14个。道格拉斯公司的工程师们发现,虽然只增加了2名乘客,但工作量几乎等于设计一架新飞机,新飞机的型号就是DC-2。它的机身比DC-1略长,发动机功率增加至每台567kW,航程仍为1 600km,巡航速度略低于DC-1,为300km/h。

1934年5月11日,DC-2首次试飞成功,5月19日便投入航线运营。由于性能优异,环球航空公司增加订货至31架。在1934年下半年举行的英国—澳大利亚拉力赛中,DC-2在运输机组名列榜首,令人更为惊讶的是它到达时间仅次于速度组的第一名,DC-2具有载客量大和速度快的综合优势。优良的性能使DC-2订货大增,订货不仅来自美国国内,也来自欧洲和亚洲。美国陆军和海军也订购了63架作为军用运输机。1935年底,道格拉斯公司应美洲航空公司的要求把DC-2加长加宽,使之成为拥有14个卧铺的夜班飞机,命名为DST(意为道格拉斯卧铺运输机),然而这种夜班卧铺型并不受欢迎。于是,道格拉斯公司将卧铺取消,改装为21个座位。这种拥有21个座位的飞机就是民用飞机历史上赫赫有名的DC-3客机。DC-3装有两台功率为895kW的发动机,巡航速度达到331km/h,航程为3 400km。载客量根据不同飞行距离和舒适程度可按21~28人布置,最多时可达32人。由于载客量较DC-2增加了50%,极大地降低了按每座千米计算的运行成本,一举改变航空公司经营客运亏损的局面,使民用航空客运业务不需补贴就能独立发展。这是民用航空确立自己商业地位的关键一步。正如美洲航空公司总裁所说:"DC-3是第一架使客运也能赚钱的飞机。"DC-3的出现使波音247等客机受到致命打击。1937年初,一直以波音247客机为主的联合航空公司也向道格拉斯公司订购了15架DC-3客机。1938年后,DC-3成为美国航空公司干线运输的主力机种。

1.1.3 飞机的主要组成部分以及功用

飞机的主要组成部件包括有机翼、尾翼、机身、起落架、飞机操纵系统、飞机动力装置和机载设备。其中机翼是飞机产生升力的部分。通常在机翼上有用于横向操纵的副翼和扰流板,机翼的前后缘部分还设有各种形式的襟翼和用于增加升力或者改变机翼升力特性的缝翼等功能性部件,以提高飞机的起飞和着陆或机动性能。机翼上通常安装有起落架、发动机等其他部件,而机翼内部空间常用于收藏起落架,放置一些小型设备或存储燃油。

尾翼通常位于飞机的尾部,分为水平尾翼和垂直尾翼两部分。个别飞机的尾翼设计成V形,称为V形尾翼,此类尾翼可以兼顾纵向以及横向稳定性能和操纵性能。一般水平尾翼由水平安定面和升降舵组成,垂直尾翼由垂直安定面和方向舵组成。在超音速飞机上,为提高飞机的纵向操纵性能，通常将水平尾翼做成整体式(不分水平安定面和升降舵)，可以操纵偏转，称为全动平尾。有的飞机上(主要是变后掠翼飞机)还将全动水平尾翼设计成差动偏转，带方向舵的垂直尾翼能够满足超音速飞行时的航向操纵要求，所以较少采用全动垂直尾翼。

机身处于飞机的中央，主要用于容纳人员、货物或者其他载重和设备，各类其他部件也需与机身相连。早期的飞机机身较多采用连接型结构，为了减少阻力，现代飞机机身发展成流线外形，并用以容纳货物、人员和设备等体积较大的载重物。

起落架是飞机起飞、着陆滑跑和在地面停放、滑行中支撑飞机的机械设备。一般由承力支柱、减震器、带刹车的机轮和收放机构组成。在低速飞机上用不可收放的固定式起落架以减轻质量，在支柱和机轮上有时安装整流罩以减少飞机阻力。

操纵系统包括驾驶杆(盘)、脚蹬、拉杆、摇臂或者钢索、滑轮等。驾驶杆(盘)控制飞机升降舵(或全动水平尾翼)和副翼，脚蹬控制方向舵。为改善操纵性能和稳定性，现代飞机操纵系统中还配备有各种助力系统(液压的或者电动的)，增稳装置和自动驾驶仪等各类设备。

动力装置包括产生推力的发动机和保证发动机正常工作所需要的各类附件和系统，其中包括发动机的启动、操纵、固定、燃油、滑油、散热、防火、灭火、进气和排气等装置或系统。

机载设备包括飞行仪表、通信、导航、环境控制、生命保障、能源供给等设备，以及与飞机用途有关的一些机载设备，如客舱生活服务设备等。

1.2　飞机系统及ATA编号

航空，是人类20世纪所取得的最重大的科技成就之一。民用航空领域首先应用于交通运输。100年来，随着科技的不断发展，作为载人空中飞行工具的民用运输机也发生了巨大的变化。从20世纪初发明飞机至今，民用客机尺寸越来越大，从最初只能载客4~10人发展到今天400~500人；速度越来越快，从最初每小时几十千米到今天的2 000多千米；旅客越来越舒适，从最初的乘飞机被看作是一种冒险的、有刺激性的运动到今天作为大众普遍采用的运输方式。

现代民航飞机已经成为一个复杂的大型系统，由许许多多的分系统、子系统和子子系统组成，为了便于这种大型系统的使用、维护和技术保障工作，需要对其各级系统资料或标准手册制定一个简单、统一的数字化编码标准。这个标准要有足够的灵活性，允许手册内容的扩充，以便于技术手册的发展及应用。由此产生了用于飞机系统划分和编号的国际航空协会(ATA)100规范。

1996年，美国国防部以国际航空运输协会规范ATA100作为飞机系统的划分基础，结合军用飞机复杂的实际情况进行改进，颁布了军用飞机各级系统的编号方式——MIL-STD-1808A(System Subsystem Sub-Subsystem Numbering)，规范了军用飞机系统的划分和编号要求。2003年，我国也颁布GJB 4588—2003飞机系统划分和编码，规范我国新型号军用飞机系统的划分。

对飞机系统进行划分和编号是对飞机资料进行统一编排、交叉索引和查询的基础，飞机系统划分及编号是飞机资料之间的纽带。因此，飞机系统划分是飞机资料有机组织的基础和重要的标准。欧美大量的飞机技术资料都按照飞机系统划分进行统一编排，资料体系完整、统一。遵循飞机系统划分和编号标准对整套飞机资料进行统一编排，飞机总体单位和各系统研制单位按照编号细化飞机系统、明确系统的各级层次关系，并进行相关资料的编写。这样才能顺利地对飞机资料进行电子化和信息化管理。在缺乏统一考虑和定位的情况下，对数目众多的飞机资料不进行统一编号，容易导致编号的重复和混乱，而且计算机对这样的数据无法进行处理，更谈不上信息化管理，导致资料管理和飞机管理工作的低效和混乱。只有统筹安排，规则清晰，计算机才能对大量的资料进行电子化处理，为信息化的飞机管理系统提供合理的信息，提高飞机使用、维护和管理效率。

由此可见，对飞机系统划分和编号的意义并不只在于标准本身，而在于把相关的飞机资料根据飞机系统划分进行统一的编排，将有序的资料进行电子化和信息化处理，形成信息丰富、合理的信息化的飞机管理系统，将对新型号飞机资料的规范化、标准化、电子化和信息化有极大的推进作用；通过信息化飞机管理系统来管理和处理大量的数据，将提高我国航空设计、制造、使用和维修的管理水平和效率，提高综合保障能力。同样，编号系统也有助于飞行员对于飞机系统的理解与分类，在关键时刻帮助飞行员寻找有用信息的检索。

1.2.1 编号的表现形式和基本原则

1. 飞机系统编号的表现形式

飞机系统的编号通常由3个元素构成，从内容上分，是指章、节、主题；从系统上分，则是指系统、子系统、单元。其表现形式如图1.2-1所示：

图1.2-1 飞机系统编号的表现形式

飞机系统技术资料按章划分、并按章分组；每一组和章都有编号来定位，飞机组的定义如表1.2-1所示。按飞机的主要功能和系统把手册分章，各章代表整架飞机的功能划分；子系统与单元划分为节和主题，以提供各系统的有关子系统和单元的信息；每章、节、主题都会分配1个编号。3个元素的编号(××-××-××)已定位到主题编号(ASN)，可以让用户定位到章中较大范围的单个功能项目上。3个编码元素中的每个编码元素都由两位数字组成，如74-21-12，解释如下：

（1）第一个编码元素代表章或系统，如74代表点火系统；

（2）第二个编码元素代表节或子系统，如21代表高温分布，第四位数字用1～9来代表子子系统；

（3）第三个编码元素代表子节或单元，可以使用01～99的数字。

表 1.2-1 飞机组的定义

组	系统/章范围	定义
飞机总体	5～18	整个操作装置(包括尺寸和面积、提升和支撑、校平和称量、拖曳和滑行、停泊和系留、必要的布告、维护、防腐、无损检测、地面设备、仪器等)
机身系统	20～49	除了动力装置成套设备以外的所有机身系统
飞机结构	50～57	飞机结构
螺旋桨/转子	60～67	除了螺旋桨/转子防冰系统以外的整个螺旋桨/转子系统
动力装置	70～84	通过排气或螺旋桨产生推力的整个动力装置(不包括发电机、机舱增压器等,它们包括在各自相应的系统中)
其他	91	图表
	92	多路数据传输系统
	93	监视系统
	94	武器系统
	95	机组人员应急离机和安全系统
	96	导弹、无人飞机和遥控系统
	97	视频记录系统
	98	气象和大气探测系统
	99	电子战系统

章的编号(第一个元素)和节的编码(第二个元素)的第一位数字是按 ATA100 规范分配的。对整章都适用的资料,第二、第三编码元素都用 0 表示,章号再加上"-00-00",例如 22-00-00(自动飞行)代表这一章的总体轮廓描述。

节的编码(第二个元素)的第二位数字和主题的编号(第三个元素)由飞机厂家根据飞机系统划分的层次关系自定义。

2. 飞机系统编号的原则

1) 章(系统)的编号

一般依据 ATA 规则编译的飞机资料结构如表 1.2-1 所示。飞机的数据按照第一元素系统(章)的内容来区分,当技术数据以手册格式提供时,系统在出版物中就按章编制索引。系统是相互关联的元器件的组合,它们在一起可执行特定的功能。按此定义,每个系统都包括有基本元器件、仪器、机械控制装置以及与系统有关的电和液压单元。

当动力源(电、气动或液压)服务于一个组件或一个功能系统时,该动力源就包括在它服务的组件或系统中,例如:给应急出口灯电路提供电压的电池、提供应急制动压力的液压源等。

当两个或两个以上的系统由一个动力源(电、气动、液压或真空等)提供服务时,该动力源将分别在合适的章中单独讨论,例如:给空调系统和发动机启动器服务的气动系统。

2) 节(子系统)的编号

第二元素节的第一位数字可对系统类别进一步细分。在手册中,子系统是以一章中的节与子系统识别号来确定的。

在大多数章中,适当地使用第二个元素的第一位数字就足以区分。当两个或两个以上子系统或子子系统相互关联或集成,如自动驾驶和飞行制导系统的组合,导致在逻辑上和实际上不能区分对待时,就应将这两个系统组合到一个公共的子系统或子子系统中,并分配主要子系统或子子系统的章节号。

为简便起见,第二个元素使用的子系统和子子系统的名称通常只指"系统",例如:一个皮托管静态"系统"是导航系统(34)的子系统,也是飞行环境数据子系统(34-10)的子子系统。子系统和子子系统主要用于区分编号中第二个元素的第一和第二位数字。

3) 节(子子系统)的编号

有些系统包含十分复杂的子系统,这些子系统需要进一步细分为子子系统。为了满足要求,则要使用第二元素节的第二位数字,如 34-51-03 中,-51 是导航系统中定位子系统的 DME 子子系统;-03 可能是放大器,即 DME 子子系统的一个单元。

当子系统十分复杂,需要区分到子子系统级时,则子系统标记的使用必须局限在整个子系统的讨论范围内,例如:有关定位子系统的总体范围内的资料,必须局限在 34~50 中,并要求第三个元素为 0(34-50-00)。

只有当第二个元素的第二位分配了非零数字时,才可能标识子子系统。另外,第二元素的第二个数字还可用作连接子系统和单元(模块)的标识。

4) 主题(单元)的编号

第三个元素主题(单元)号由制造厂分配,这是飞机系统划分中层次最多的区分号,可识别系统/子系统/子子系统中的某个单元。

1.2.2 飞机系统划分和编号在工程上的运用

飞机系统划分是有机组织飞机资料的线索,欧美和俄罗斯以飞机章-节-主题为主进行编排的相关飞机资料如图 1.2-2、图 1.2-3 所示,Ch 代表章、Se 代表节、Su 代表主题。

可以看出,欧美飞机资料由于采用了飞机系统划分统一的标准体系来定位整个飞机资料的编制,因此,该编制具有依据飞机系统划分来统一规划和编排的明显特征。这种内在联系紧密、具有统一索引的资料体系极大地方便了飞机资料的管理、查阅、运用和电子化、信息化。下面结合排除故障工作场景,说明部分手册之间正常的交互索引关系。

假如在飞行时看到"APU 火警探测器第一个回路故障"的状态信息,为了报告这个故障,根据关键词"APU 火警探测器"进行搜索,可以从《FRM-故障报告手册》中查找这个故障现象所对应的故障代码;为 261 161 01。根据故障编码规则可知其对应章节号为 26-1×。为了排除这个故障,需要查找《FIM-故障隔离手册》,根据故障代码可以找到多个排故工作号,其中一个工作号为"26-15-00-810-811,26-10130,APU 火警探测器第一回路的下回路短路",假定用户选择这个工作号进行排故,需要参考"26-15-00-810-811"工作号,用户应该翻到该手册的第 26 章 15 节找到这个工作号。由于该手册是按照章节号来编排的,因此,十分容易找到。在"26-15-00-810-811"排故工作的描述中,要求操作者参考工作号 AMM TASK 26-15-01-000-801 和 AMM TASK 26-15-01-400-801 进行 APU 火警探测元件的拆卸和安装。如要知道上述工作的具体内容,用户需进一步参考《AMM-飞机维护手册》,根据工作号来查找。由于该手册和工作号都是按照章节号来编排的,所以用户可以直接翻到该手册的第 26 章 15 节 01 主题的拆卸、安装部分找到以上工作号所对应的详细说明,其中有 APU 火警探测器安装的简单示意图。如果需要查看详细的件号,则需要根据《AMM-飞机维护手册》中的图与《AIPC-飞机图解零件目录》中的图的对应关系,进入该目录所对应的图

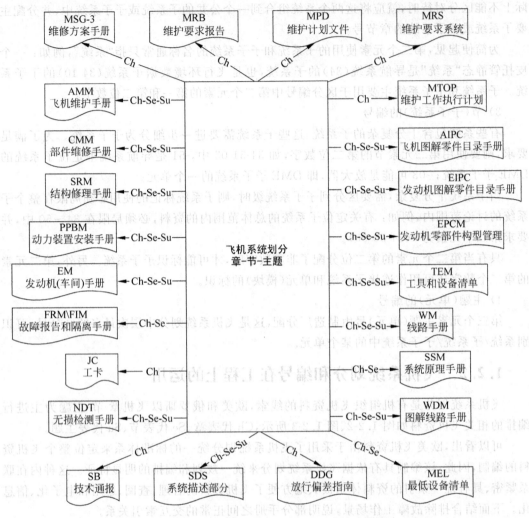

图 1.2-2　欧美飞机资料中以章-节-主题为主进行编排的飞机资料

中去查找件号。例如：上例中，与示意图对应的是图 26-15-0150。该目录是根据章节号来编排的，则翻到第 26 章 15 节 01 主题下找图 50 即可。

实际上，欧美航空公司在进行飞机的维护时，并不需要一一翻阅这些手册，只要根据飞机系统划分章节号在计算机上点击就能了解所需的信息。当然，图 1.2-2 只是突出地表明各个手册中的章节号关联情况，并没有包含上述手册之间的全部关联内容，电子化后各个手册之间的实际关联内容远比图 1.2-2 复杂。

下面以俄罗斯伊尔 76 飞机为例，说明俄罗斯的飞机资料体系。如图 1.2-3 所示，俄罗斯的飞机资料也依据飞机系统的划分进行编排，例如：《技术维护手册》是一本完整介绍飞机所有系统的手册，严格按照章-节-主题进行介绍。但是俄罗斯的资料并没有站在整个资料统一编排的高度上彻底进行统一编排，并且俄罗斯的飞机系统划分军用标准和欧美的标准（大多按照 ATA-100 标准和美军标）不一致，因此，造成有些手册本可以按章-节-主题编号进行描述却没有做到，而有些手册却又执行欧美标准，把两个体系混在一起，没有做到统一编排。

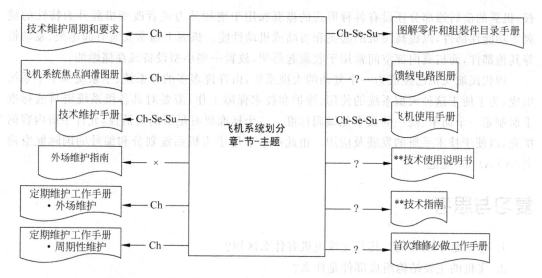

图 1.2-3 俄罗斯飞机资料体系中以章-节-主题有关的飞机资料

在我国已进行的飞机资料编制工作中,也没有站在一个统一编排的高度来统一编制飞机资料,甚至飞机的相关单位各有一套不太科学的体系,手册之间没有建立联系,各个手册分工不明确,内容混杂在一起。这些复杂因素使我们在学习欧美先进技术的过程中存在一些片面的理解和混淆,使飞机资料缺乏统一的编制,这种状态给信息化的飞机跟踪管理(包括使用和维护)工作带来很多的问题和困难。

由此可见,欧美飞机资料编制的体制十分完善,俄罗斯的飞机资料体制还不完善,而我国飞机资料的编制体系则处于混乱状态。信息化飞机跟踪管理是现代航空技术发展的必然要求和趋势,因此,需要统一编排飞机资料体系,向规范化的欧美标准靠拢,让中国的民用飞机走出国门,有所作为。

本章小结

用于运输旅客的民用飞机简称客机。按航程可分为远程、中程、短程客机;根据最大起飞质量将其分为重型、中型、轻型客机;按服务的航线性质可分为干线客机和支线客机;按机身直径和座位布置,大型客机又可分为窄机身和宽机身两种。窄机身客机每排座位在6座以下,中间设有一个通道;而宽机身客机每排座位在7座以上,中间设置两个通道。

飞机的基本飞行状态是等速直线平飞,除此之外飞机还需要完成变速和曲线飞行。水平等速直线飞行、等速直线爬升以及等速直线下降都属于等速直线飞行。而起飞和着陆飞行、等高度和等速度盘旋飞行、盘旋上升飞行灯都属于变速和曲线飞行。评价飞机的飞行性能指标较多,主要是最大平飞速度、升限、航程以及续航时间。

飞机的主要组成部件包括有机翼、尾翼、机身、起落架、飞机操纵系统、飞机动力装置和机载设备。其中机翼是飞机产生升力的部分。通常在机翼上有用于横向操纵的副翼和扰流板,机翼的前后缘部分还设有各种形式的襟翼和用于增加升力或者改变机翼升力特性的缝翼等功能性部件,以提高飞机的起飞和着陆或机动性能。机翼上通常安装有起落架、发动机等其他部件,而机翼内部空间常用于收藏起落架,放置一些小型设备或存储燃油。

现代民航飞机已经成为一个复杂的大型系统,由许许多多的分系统、子系统和子子系统组成,为了便于这种大型系统的使用、维护和技术保障工作,需要对其各级系统资料或标准手册制定一个简单、统一的数字化编码标准。这个标准要有足够的灵活性,允许手册内容的扩充,以便于技术手册的发展及应用。由此产生了用于飞机系统划分和编号的国际航空协会(ATA)100 规范。

复习与思考

1. 什么是干线飞机?其与支线飞机有什么区别?
2. 飞机的主要结构组成部件是什么?
3. ATA 系统的主要表现形式是什么?

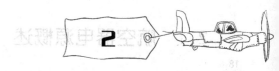

航空器电源

本章关键词

交流电源(AC)　　　　　　　　　直流电源(DC)
航空电池(aeronautical cell)　　　恒速恒频交流电源(integrated drive generator)
发电机控制组件(generator control unit)　电源分配(power supply distribution)

互联网资料

http://d.g.wanfangdata.com.cn/Periodical_hljkjxx201103045.aspx

http://d.g.wanfangdata.com.cn/Periodical_jsjfz201307012.aspx

http://www.freepatentsonline.com/4252035.html

http://d.g.wanfangdata.com.cn/Periodical_njhkht199905001.aspx

http://wenku.baidu.com/link?url=cCyzARPP2WBU6TdGq_bk33skDce0foRAfpYw-Y4XNYVWuAJgW6CzL1TbDq4JFHqysStfPgY9XcIfQjLvnygFBi-OdpxwpIcYsc7dPUBc4N8_

http://d.g.wanfangdata.com.cn/Periodical_njhkht199905001.aspx

　　随着传统操纵系统向电传操纵系统发展，电力电子系统在飞机上的应用越来越广泛。现代民用飞机内有大量机载设备，其中大部分是利用电能进行工作的，称为用电设备。飞机上的用电设备按其功用可分为发动机和飞机的操纵控制设备——例如发动机的起动、喷油、点火设备，发动机推力或转速控制设备，飞机仪表、飞行控制、导航、通信和燃油供给设备，起落架收放和舱门启闭设备等；机上人员生活和工作所需设备——例如座舱环境控制系统、照明与加温设备、氧气设备、安全与救生设备等；完成飞行任务所需的设备——例如客舱照明设备和厨房设备等。

　　航空电源系统为飞机上的用电设备提供电力保障，飞机上的电源系统可以实现发电、传输以及分配等多种作用。飞机电源可以分为交流电源和直流电源两类，用于满足不同用电设备的不同需求。同时，飞机电源系统还具有保护以及应急转换功能。当飞机上的主要发电设备出现故障或者不工作的情况时，系统可以自动切换至备用电源，防止重要的用电设备的电力缺失，保证飞机的飞行安全。

2.1 航空器电源概述

飞机上各类用电设备按用电种类也可划分为直流、交流和交直流两用三种类型用电设备。例如,直流电动机在直流供电时才能工作,异步电动机在交流供电时才能旋转,三相异步电动机则必须有三相对称交流电才能正常运行。有的用电设备(如白炽灯)既可在直流电源供电时工作,也可由交流电源供电,且对电源频率没有严格要求。但有的设备(如电动陀螺仪和某些电动仪表)要求提供频率十分稳定,波形为正弦的三相交流电。

交流用电设备又可分为与频率无关或关系不大的设备、要求电源频率稳定的设备以及要求电源频率相当稳定的设备。用电设备对电能质量要求也各不相同。我国国家军用标准 GJB 181—86《飞机供电特性及对用电设备的要求》规定,根据线路压降不同,有 A、B、C 三类用电负载。A 类用电设备要求交流线路压降不超过 2V,直流线路压降不超过 1V,要求飞机设计部门限制使用这类用电设备。B 类用电设备要求交流线路压降不超过 4V,直流线路压降不超过 2V,大多数飞机用电设备属于这一类。C 类用电设备要求交流线路压降不超过 8V,直流线路压降不超过 3V,一般用于间歇工作的设备。此外,用电设备还对直流电压脉动大小、交流电频率稳定度、波形失真度、三相电压对称性等有明确要求,目的在于使设备具有预定的性能。

反过来,供电电源对用电设备也有一定要求。例如,用电设备的电源电压选取应符合标准要求,不宜提出特殊的电压要求,以免使供电设备复杂化。又如,交流用电设备耗电量大于 500VA 时应由三相供电等。

用电设备接通电源后,对电源也会有影响,根据影响程度通常可分为:

(1)具有线性特性的用电设备,例如加温设备和白炽照明灯等,其特性符合欧姆定律,且电阻或阻抗不因电压或电流大小而变。白炽灯刚通电时,由于灯丝电阻较小,有较大的接通电流,但此电流持续时间很短。

(2)电动机负载,此类设备直接投入电网时有很大的起动电流,电网电压突然下降时,运行中的电动机可能会成为发电机,调速电动机制动工作时能量也可能回馈电源。

(3)恒功率设备,现代电子或仪器设备内有专用开关电源,其输出电压稳定性很高,输出功率基本上不变,若该电源损耗不变,则输入功率恒定。这类用电设备相对于电源有恒功率性质,会给系统特性带来较大影响。

(4)电力电子装置,由于电力电子装置内的电力电子器件均为非线性器件,会使交流电源电流波形畸变,导致电压波形畸变,使直流电源电流脉动加大,导致电压脉动增大,必须予以重视。

总之,航空器上的用电设备要求供给一定种类和质量的电能。但电能的种类和质量应有一定限制,满足标准化要求。用电设备类型多,反过来会使电源电能质量发生变化,使设备工作特性变化。因此,掌握电源和用电设备的特性和它们之间的相互影响是十分重要的。

所有航空器都需要使用电能,其主要用途是:

(1)电能转换成热能:如厨房用电、电热防冰类负载;

(2)给电子设备供电:如计算机、显示器、传感器、控制器等;

(3)电能转换成机械能:如电动油泵、电动机、电磁活门等;

(4) 照明：如驾驶舱、客舱照明，航行灯、着陆灯等。

航空器电源主要有两种形式：一种是直流电源，另一种是交流电源。早期的航空器大多采用直流电源，现代航空器大多采用交流电源。根据适航要求，为保证飞行安全，所有运输用航空器必须装有直流备用电源系统。

直流发电机容量较小，一般为十几千瓦，电压采用低压28V。小型飞机一般以直流电源为主电源。直流电源由直流发电机、交流-直流发电机或航空蓄电池提供，所需交流电由变流器提供。

现代大型飞机采用交流电源作为主电源，因为交流发电机的容量较大，目前单机容量已超过150kVA，电压为115/200V。交流电源分为恒频交流电和变频交流电，前者频率为400Hz，后者频率范围一般在320～1000Hz。在以交流电为主电源的航空器上，所需直流电源由变压整流器(TRU)或航空蓄电池提供。

2.1.1 电源系统的发展

现代飞机电源系统的发展主要经历了低压直流电源、恒速恒频交流电源、变速恒频交流电源和混合电源等四个阶段。飞机电源的类型实际上是指飞机上所设主电源的类型。

1. 低压直流电源

低压直流电源系统是飞机最早采用的电源系统，第二次世界大战期间趋于成熟。现代飞机低压直流电源调节点电压为28.5V。主电源由航空发动机直接传动的发电机和控制保护器构成。主发电机额定容量有3、6、9和12kW等，相应的额定电流为100、200、300和400A。辅助和应急电源为航空蓄电池。发电机与蓄电池或发电机与发电机并联工作。大型飞机上有辅助动力装置传动的直流发电机作辅助或备用电源。二次电源为旋转变流机或静止变流器，它将低压直流电转变为400Hz三相或单相交流电，供飞机上的仪表和其他设备使用。

航空发动机的转速随工作状态而改变，最高工作转速与最低工作转速之比为2。为使发电机输出电压保持不变，必须设电压调节器，通过调节发电机的励磁电流使调节点电压不因转速和负载的变化而变化。早期飞机上发电机容量在1kW以下，常用振动式电压调节器；20世纪40年代，发电机容量增加到数千瓦，遂改为炭片式电压调节器；20世纪60年代出现晶体管式电压调节器。发电机与蓄电池并联工作时，为防止蓄电池的电流在发电机不工作时流入发电机，设有专门的反流保护器。目前飞机直流电源已应用具有微处理器的发电机控制器，兼有控制、保护、自检、故障记忆与隔离报警等多种功能，既提高了电源供电质量，又改善了维修性与可靠性。

起动发电机是喷气式飞机诞生后发展起来的双功能电机，发动机工作前，它作为电动机工作，带动发动机转子旋转，达一定转速后喷油点火，使发动机进入能自行工作的状态；此后，发动机反过来传动电机，使其成为发电机向用电设备供电。一台电机两个用途，减轻了总质量，是直流电源的重要发展。电力电子技术的发展，为低压直流电源的发展提供了新的动力，无刷直流发电机，静止变流器等是其重要标志。

低压直流电源的主要优点是简单可靠，用蓄电池作备用及应急电源很方便。但是随着飞机的发展，用电设备特别是交流用电设备越来越多，低压直流电源的弱点日益暴露。就是：

(1) 直流发电机的电枢与换向器限制了电机转速，进而限制了电机的最大容量，通常飞机直流发电机的最大容量为12kW；

(2) 电源容量加大后，飞机直流电网的质量显著增加；

(3) 二次电源的效率低，质量大。

2. 恒速恒频交流电源

1946年，美国发明恒速传动装置，开辟了恒速恒频交流电源的时代。目前飞机恒频交流电的额定频率为400Hz，电压为115/200V。飞机交流发电机通过恒速传动装置由航空发动机传动。恒速传动装置简称CSD，它将不断变化的航空发动机转速变换为不变的转速驱动交流发电机，发电机输出400Hz交流电。恒频交流发电机的额定容量有15、20、30、40、60、90、120和150kVA等。中大型飞机的辅助电源为辅助动力装置(APU)驱动的交流发电机。应急电源为冲压空气涡轮发电机或蓄电池/静止变流器。二次电源为变压器和变压整流器。恒频交流电源的应用消除了低压直流电源的缺点。几十年来，恒速恒频电源(CSCF)经历了四个发展阶段。20世纪50年代为第一阶段，采用差动液压恒速传动装置、有刷交流发电机和电磁机械式调节保护器。60年代为第二阶段，采用齿轮差动液压恒速传动装置、无刷交流发电机和电磁式控制保护器。70年代为第三阶段，发展了组合传动发电机(IDG)，其特点是：恒速传动装置与发电机一体化设计，简化了零部件；发电机采用喷油冷却、高性能铁钴钒软磁材料，转速达到12 000或24 000r/min。电源的功率质量比显著增大，过载能力增强，可靠性进一步提高。80年代进入第四阶段，交流电源设计思想由以降低质量为主转变为以提高维修性和降低全周期费用为主，随着微型计算机构成的控制器居主导地位，标准化、模块化、智能化成为重要的考虑因素。CSCF电源的优点是：工作环境温度高，过载能力强。但CSCF也有其固有的缺点，如：电能变换效率较低，主电源效率约为70%；电能质量难以进一步提高等。

3. 变速恒频电源

电力电子技术的发展为变速恒频电源(VSCF)奠定了基础。1972年美国GE电气公司研制的额定容量为20kVA的VSCF电源首次在A-4飞机上装机使用，成为新型飞机电源发展的方向。VSCF电源的优点是：电能质量高，电能转换效率高，旋转部件少、工作可靠，结构灵活性大，能实现无刷起动发电，生产使用维修方便。缺点是：允许工作环境温度较低，承受过载和短路能力较差。VSCF电源与CSCF电源不同之处仅在于主电源，CSCF电源的主电源由恒速传动装置、交流发电机和发电机控制器构成，VSCF则由交流发电机、功率变换器和控制器构成。其功率变换器有交交型变换器和交直交型变换器两种。前者由晶闸管构成，后者由功率晶体管构成。由于功率晶体管允许结温比晶闸管高，且晶体管变换器所用功率器件少，故可靠性高，从20世纪80年代起已广泛采用晶体管变换器的变速恒频电源。

4. 混合电源

飞机上装有两种或两种以上主电源的电源，称为混合电源。例如，苏联是较晚发展恒速恒频电源的国家，它的不少飞机上装低压直流电源，但因供电量不足，又装了交流电源，构成了混合电源。其交流电源采用变频交流电源，交流发电机直接由发动机驱动，由于交流电频率变化范围较大，只适合于照明加温等对频率没有要求的负载。有的飞机发动机(如涡轮螺旋桨发动机)工作转速范围较窄,一般仅变化5%左右,发电机产生接近恒频的交流电。也有的飞机发动机上装有由恒速传动装置驱动的发电机,输出恒频交流电。这类混合电源比较复杂,体积质量大,电能质量较差,是一种过渡性飞机电源。新一代混合电源每台飞机发动机传动一台变频无刷交流发电机。然后通过电力电子变换器得到270V高压直流电、115/200V/400Hz恒频交流电,甚至还有28.5V低压直流电,未经变换的部分变频交流电可供照明、加温等对频率没有要求的设备。20世纪80年代投入运行的湾流型公务机(G-3、G-4)采用这种方案,其发电机约30kV·A,通过变换器获得22.5kV·A/400Hz恒频交流电和28.5V低压直流电(7.5kW)。270V高压直流电有良好的应用前景,具有电网质量轻、易实现不中断供电等特点。新一代混合电源的特点是发电装置运动部件少,所需发动机上安装空间小,电能质量高,效率高,损耗小,使用维修简单。

2.1.2 电源系统的组成

电源系统是飞机上电能产生、变换、输送与分配部分的总称,包含从电源到用电设备输入端的全部,通常分为电源系统和输配电系统两部分。电源系统是电源到电源汇流条间的部分,输配电系统是从电源汇流条到用电设备输入端的部分。

飞机电源系统由主电源、辅助电源、应急电源、二次电源及地面电源供电插座等构成。现代飞机主电源是直接或间接由航空发动机传动的发电系统,通常一台发动机驱动一台或两台发电机,在多发动机飞机上各发动机传动的发电机是相同的。飞机发电机由航空发动机传动既可靠又经济,由多台发电机构成的飞机主电源则更可靠。

主电源不工作时,飞机用电设备所需电能可由辅助电源或机场电源通过机上的地面电源插座供给。辅助电源有航空蓄电池和辅助动力装置两种,小飞机大多用蓄电池,大型飞机用辅助动力装置居多。辅助动力装置由小型机载发动机、发电机、液压泵或空气压缩机等构成,主电源不工作时,启动小型机载发动机工作,使发电机发电或使液压泵提供增压油,向用电设备和液压气压设备供电、供油或供气。该发动机常用电动机起动。辅助动力装置一般在地面工作,有的也可在空中工作。

飞行中一旦主电源产生故障,则由应急电源供电。常用的应急电源有航空蓄电池和冲压空气涡轮发电机。主电源正常时,冲压空气涡轮发电机收在飞机机体或机翼内,发生故障后才放出来,靠迎面气流吹动涡轮,带动发电机或应急液压泵。由于应急蓄电池和冲压空气涡轮发电机的容量均较小,因而只能向飞机上的重要用电设备供电,以保证飞机紧急返回基地或紧急着陆。

飞机在机场进行地面检查或起动发动机时,通常由机场电源向机上供电。地面电源供电时,机上主电源不允许投入飞机电网。

二次电源用于将主电源的电能转变为另一种或多种电能,向飞机上的一些用电设备供电。按供电方式分二次电源有集中供电与分散供电两种。集中供电的二次电源是指一台或两台二次电源给飞机上的全部或一部分采用这种电能的用电设备供电。分散供电是每个用电设备自带所需的二次电源。有时将此二次电源设于设备内部,叫做设备内部电源或机内电源。

飞机电源以这种方式构成的目的是保证在各种条件下向用电设备连续和可靠地供电;保证主电源正常时向设备提供质量高的电能,主电源故障时保证飞机能应急安全着陆;使飞机能不依赖于地面设备的支持自行起飞和着陆。有的飞机有备份电源,增加电源余度。

飞机配电系统有常规式、遥控式与固态式三种。常规配电系统的配电线引入座舱内的配电中心,小型飞机采用这种方式。遥控配电的配电汇流条靠近用电设备,座舱内只引入控制线;飞行员通过接触器控制用电设备。现代大中型飞机采用这种配电方式,以利减轻电网质量。固态配电系统由计算机通过多路数据总线传输控制信息和状态信号,经固态功率控制器对用电设备进行控制。这种配电方式电网质量轻、工作可靠、自动化程度高,目前正在发展中。

A300 航空器的整个电源系统的整体布局如图 2.1-1 所示。主电源位于发动机内部。在发动机正常起动后稳定为航空器提供 115V/400Hz 的交流电。主电源通过附件齿轮箱与发动机高压级转子联接,由发动机单独驱动。此机型电源系统的控制功能主要包括对发电机进行调压、发电机的励磁控制、发电机输出控制、发电机并联控制和汇流条控制等。其核心部件是发电机控制组件(GCU),该组件完成电源系统的控制功能,同时对电源系统进行保护。当发电系统发生故障时,GCU 自动切断发电机励磁和输出。GCU 设置的主要保护项目有:

(1) 交流电源系统:过压(OV)、欠压(UV)、过频(OF)、欠频(UF)、过流(OC)、差动(DP)保护等;

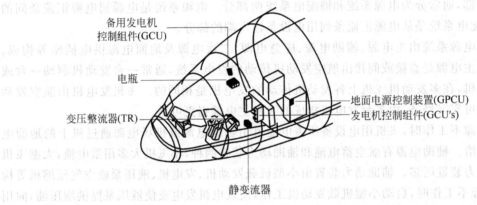

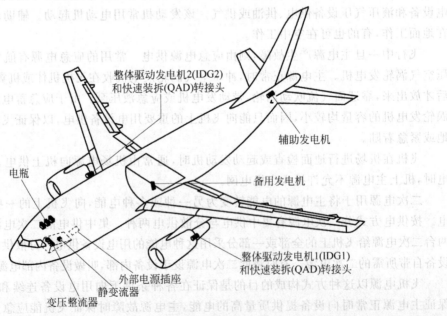

图 2.1-1　A300 电源系统部件位置

(2) 直流电源系统：过压(OV)、欠压(UV)、反流保护等。

辅助发电机位于 APU 舱内，保证发动机故障不会影响辅助发电机的正常工作。在空中，当主发电机出现故障时，辅助发电机可以作为有效的备份电源为航空器供电，其提供的交流电也是 115V/400Hz。

备用发电机位于起落架舱内，是液压驱动的发电组件。当航空器主电源和辅助电源都出现故障的情况下，可通过备用发电机给航空器进行有效供电，保证航空器电源系统正常工作。由于备用发电机的功率有限，无法提供整个航空器所有用电设备的正常用电负荷，因此备用发电机只给应急交流汇流条供电。与电瓶系统不同，由于备用发电机是采用液压进行驱动的，因此备用发电机的使用时间不受限制。

A300 飞机的二次电源采用的形式是直流电源通过静变流机转换为交流电对交流汇流条供电。A300 机型的供电网络如图 2.1-2 所示。

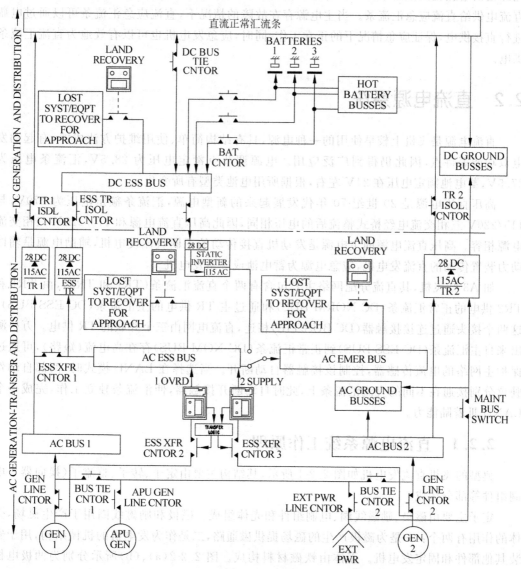

图 2.1-2　A300 机型的供电网络（交流-直流电分布）

整个航空器电源系统可以分为交流汇流条和直流汇流条两大部分。其中,交流汇流条包括有交流汇流条1、交流汇流条2、交流主汇流条和应急交流汇流条四大部分。交流汇流条1和2主要提供下游正常交流用电设备,例如厨房、洗手间内水系统和灯光照明等系统的正常用电需求。应急交流汇流条主要为包括飞行控制系统,导航系统和除防冰系统供电。交流主汇流条的供电设备主要包括主发电机、辅助发电机和外接电源等。在应急情况下,交流汇流条可以通过静变机将直流电源转换为交流电源进行供电。

直流汇流条主要包括直流主汇流条和直流应急汇流条两大部分。直流主汇流条提供下游正常用电设备的直流供电;直流应急汇流条则为应急直流用电设备供电,例如导航系统或者仪表指示系统等。在正常情况下,直流汇流条的主要供电设备是变压整流器,两部变压整流器(TR1 和 TR2)可以将交流汇流条1和交流汇流条2的交流电源转化为28V的直流电源输出给直流主汇流条。另一部变压整流器(ESS TR)将交流主汇流条内的电源转化为直流电供给直流应急汇流条。当主电源存在故障的情况下,直流应急汇流条可以通过电瓶进行直接供电,保证应急情况下的正常工作,同时,应急发电机也可以有效地为直流汇流条供电。

2.2　直流电源系统

直流电源是飞机上较早使用的一种电源,具有结构简单、使用维护方法成熟、有起动发电双功能等特点,因此仍得到广泛应用。电源调节点额定电压为 28.5V,汇流条电压为 27.5V,蓄电池额定电压在 24V 左右,根据所用电池类型有所变化。

高压直流电源是 20 世纪 70 年代发展起来的新型电源,汇流条额定电压为 270V,与 115/220V 三相交流电经桥式整流后的电压相同,因此高压直流电源和 115/220V 三相交流电源相容。高压直流电源的主电源是发动机直接传动的无刷直流发电机,辅助电源是辅助动力装置传动的直流发电机,应急电源为蓄电池或应急发电机。

如 A300 飞机,其直流分配网络主要包含有两个直流汇流条(TR1 和 TR2),由 TR1 和 TR2 供电的正常汇流条(DC NORM BUS)和通过主 TR 供电的主汇流条(DC ESS BUS)。这两个接头通过连接接触器(DC BUS TIE)相连,直流电网由三个并联的 TR 供电。万一测出来自主汇流条(DC ESS BUS)到正常汇流条(DC NOM BUS)存在高电流(短路),可通过保护主网络的电流传感器,控制该接触器自动断开。当选择在 LAND 模式时,两部自动驾驶仪分别接通在不同的直流汇流条上,此时自动断开接触器,使汇流条独立工作,完成一个 LAND Ⅲ 着陆能力。

2.2.1　直流电源系统工作原理

典型的飞机直流发电机如图 2.2-1 所示,其结构主要由定子、转子、整流子(换向器)、电刷组件等部分构成。

定子主要由磁极、励磁线圈、电刷组件和壳体组成。磁极和励磁线圈用于产生磁场,壳体的作用有两个:一是为磁极产生的磁场提供磁通路,二是作为发电机的机械结构,用于安装其他部件和固定发电机。壳体由铁磁材料构成。图 2.2-2(a)、(b)所示分别为两极电机和四极电机的定子结构图。

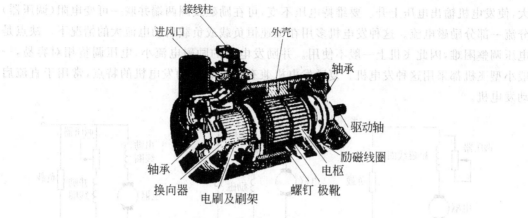

图 2.2-1　直流发电机构造图

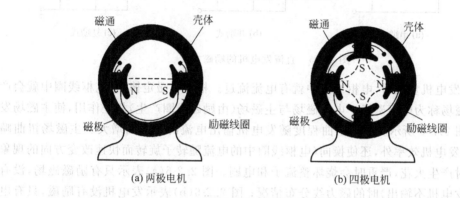

(a) 两极电机　　　　(b) 四极电机

图 2.2-2　定子构造图

转子由铁心、电枢线圈、换向器和转轴组成,如图 2.2-3 所示。电枢线圈在转子转动时,切割磁力线,产生交流电动势。每个电枢线圈的两端按规定的顺序联接在换向器上。

换向器和电刷组件的作用是将电枢线圈产生的交流电转换成直流电,由电刷输出。电刷结构如图 2.2-4 所示,电刷表面在弹簧的作用下与换向器表面紧密接触。电刷装在刷架上,刷架安装在定子上。

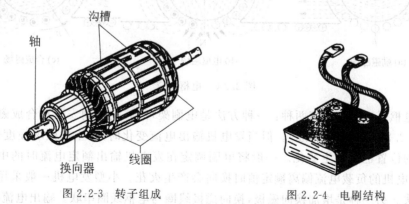

图 2.2-3　转子组成　　　　图 2.2-4　电刷结构

根据励磁线圈的接线不同,直流发电机可以分为串励式、并励式和复励式,如图 2.2-5 所示。串励式发电机的励磁线圈与负载电路串联,励磁电流随负载的增加(电阻减小)而增大,使发电机输出电压上升。要维持电压不变,可在励磁线圈两端并联一可变电阻(调压器)分流一部分励磁电流。这种发电机多用在恒速恒负载或负载启动电流大的情况下。缺点是电压调整困难,因此飞机上一般不使用。并励发电机的励磁电流小,电压调整相对容易,一般小型飞机都采用这种发电机。复励发电机兼有串励和并励发电机的特点,常用于直流启动发电机。

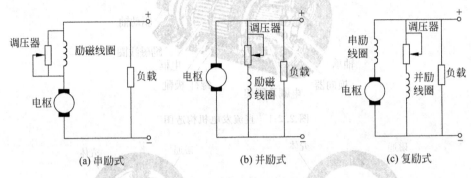

图 2.2-5 直流发电机的励磁方式

当接通发电机负载时,电枢线圈中就有电流流过。根据电磁定律,在电枢线圈中就会产生磁场,该磁场称为电枢磁场。电枢磁场与主磁场(由励磁线圈产生)相互作用,使主磁场发生扭曲,如图 2.2-6 所示。磁场扭曲程度随发电机输出电流的增大而增大。主磁场扭曲畸变除了降低发电机效率外,还使换向(电枢线圈中的电流随转子旋转而快速改变方向的现象称为换向)时产生火花,严重时会烧坏整流子和电刷。图 2.2-6(a)表示只有励磁磁场,没有电枢电流(发电机不输出)时的磁力线分布情况;图 2.2-6(b)表示发电机没有励磁,只有电枢电流产生的磁场;图 2.2-6(c)表示两个磁场同时存在时,电流产生的磁场对主磁场产生的影响,这种影响称为电枢反应。

图 2.2-6 电枢反应

解决电枢反应的方法有两种:一种方法是电刷架可调,使电刷安装在合成磁场的中性面上(见图 2.2-6(c)中的 ab 线)。但当发电机输出电流变化时,产生的磁场强度也改变,磁场中性面的位置也会发生变化。一般将电刷调定在发电机输出额定电流时的中性面位置上,但当发电机的负载电流偏离额定值时换向会产生火花。小型发电机一般采用调整电刷位置的方法。另一种是增加换向磁极,换向磁极线圈与电枢线圈串联。输出电流越大,产生的换向磁场就越强(见图 2.2-7),用于抵消电枢反应的影响。较大的发电机一般采用换向磁极的方法或两种方法都采用。

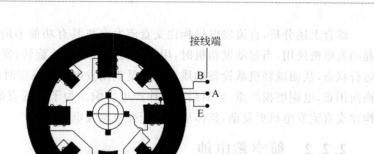

图 2.2-7 换向磁极

通过上述分析可知,直流发电机存在换向时容易产生火花,换向器和电刷维护工作量大的问题。为了克服上述问题,直流发电采用交流-直流发电机,其结构如图 2.2-8(a)所示。交流-直流发电机的基本原理是采用交流发电机,交流发电机发出的交流电经二极管整流后变成直流电,再输送到飞机电网供负载使用。交流-直流发电机由转子(图 2.2-8(b))、定子(图 2.2-8(c))和整流器组成。

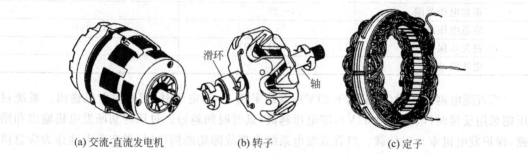

(a) 交流-直流发电机　　(b) 转子　　(c) 定子

图 2.2-8　交流-直流发电机构造

与直流发电机相反,交流-直流发电机的励磁线圈装在转子上,励磁电流通过电刷和滑环(图 2.2-8(b))加到励磁线圈上,因此磁场是转动的。由于输入的是直流电,所以没有换向问题。三相星型连接的电枢线圈装在定子上,三相交流电通过 6 只整流二极管全波整流成直流电后输出(图 2.2-9)。图中 F_1 为励磁线圈,装在转子上,三相电枢线圈和整流二极管装在定子上。

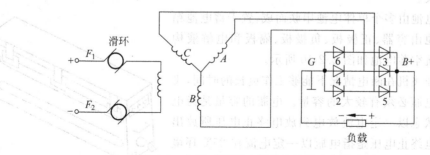

图 2.2-9　交流-直流发电机的全波整流电路

综合上述分析,直流发电机相比交直流发电机具有功能多的特点。直流发电机能作为起动发电机使用,当起动发动机时,用作电动机带动叶片旋转,发动机起动后转为发电机的运行状态,从而减轻机载设备的质量。但是直流发电机在高空时由于温度和空气含氧量低,换向困难,电刷磨损严重,会对后续工作产生影响。为了保证直流发电机的多种功能,其结构比交直流发电机更复杂,整体质量大于交直流发电机。

2.2.2 航空蓄电池

为了飞行安全,适航条例规定,所有飞机必须安装直流应急电源系统(电瓶),并保证飞机在主电源失效后至少能飞行半小时。在飞机上安装的直流电源系统必须满足航空电源的要求(ISO 1540),直流电源系统应分为主电源系统和应急电源系统。对电压的具体要求如表 2.2-1 所示。

表 2.2-1 直流电源质量要求   V

	主电源系统	应急电源系统
电源汇流条电压	26～29	20～29
允许电压降	－2/+0	－2/+0
正常电压范围	24～29	
应急电压范围		18～29
过欠压保护	±3(21～32)	
电压波动	<2	

当直流电网欠压时(电压低于 21V),系统采用 7s 固定延时,切断发电机输出。系统过压则采用反延时(电压超过 32V),即电压越高,延时时间越短。过压时切断发电机输出和励磁,保护发电机本身和负载。当直流发电系统出现故障切断输出时,航空蓄电池作为应急供电接入应急汇流条。

航空蓄电池(或称电瓶)是任何运输飞机必须安装的设备。它的功用主要有:在直流电源系统中,切换大负载时起到维持系统电压稳定的作用;用于起动发动机或 APU;在应急情况下(主电源失效),向重要的飞行仪表和导航等设备供电,保证飞机安全着陆。

根据电解液性质不同,航空蓄电池分为酸性蓄电池和碱性蓄电池两大类。飞机上常用的酸性蓄电池为铅蓄电池,其电解液为稀硫酸。碱性蓄电池主要为镍镉蓄电池,其电解液为氢氧化钾溶液。

航空蓄电池由多个单体电池串联而成,置于蓄电池箱内。单体电池由容器、正极板、负极板、隔板和电解液构成。典型的航空蓄电池如图 2.2-10 所示。

为了保证飞机在断电情况下能够工作更长的时间,飞机上安装的电瓶必须有较大的容量。电瓶的容量是指电瓶从充满电状态以一定电流放电到放电终止电压所放出的电量。放电终止电压是指电瓶以一定电流在 25℃ 环境温度下放电至能反复充电使用的最低电压。铅酸电瓶单体电池放电终止电压为 1.8V(5h 放电)。飞机上使用的

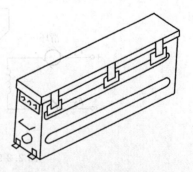

图 2.2-10 典型的航空蓄电池

铅酸电瓶一般由12个单体电池组成,因此铅酸电瓶放电终止电压为21.6V;碱性电瓶的终止电压为每单元电池1V,碱性电瓶由19个或20个单体电池组成,终止总电压为19V或20V。

电瓶的容量用安培小时(A·h)表示。1个安培小时是指电瓶用1A电流向负载放电可持续放电1h。理论上讲,1个100A·h的电瓶用100A放电能放1h,50A可以放电2h,20A可以放电5h。实际上,这一结论对于碱性电瓶基本上是正确的(碱性电瓶内阻很小),而对于酸性电瓶,大电流放电时,由于极板迅速被硫酸铅覆盖,使电瓶内阻增加,电瓶容量迅速下降。例如,一个25A·h的电瓶用5A放电能放5h,用48A放电只能维持20min,容量仅为16A·h,如用140A放电仅为5min放完,电瓶的容量下降到11.7A·h。

为了准确定义酸性电瓶的容量,一般采用5h放电准则,即让一个充满电的电瓶用5h放完。如一个40A·h的电瓶,用8A放电,应能持续5h。

影响电瓶容量的因素主要有极板活性物质的多少,极板面积的大小,电解液的多少(密度一定时)和温度等四个方面。

增加活性物质的数量,增大极板面积并有足够的电解液,电瓶的容量将增加;因为当温度下降时,化学反应的速度变慢,电瓶的容量下降。例如,在10℃时,一个充满电的电瓶可以放电5h,但在-17.18℃时以同样电流放电只能放电1h。

随着充放电次数的增加,电瓶容量会逐步下降,一般当容量低于额定容量的85%时,就不能装上飞机使用。

飞机常用的碱性蓄电池为镍镉蓄电池。镍镉蓄电池与铅酸蓄电池相比,具有比能大、自放电小、低温性能好、耐过充电和耐过放电能力强、寿命长、内阻小、维护性好等优点,尤其是大电流放电时,电压平稳,非常适合于起动发动机等短时大电流放电场合。目前大多数运输机上都采用碱性电瓶。

镍镉蓄电池由20个或19个单体电池串联组成,每个单体电池输出电压为1.22V。单体电池的基本结构与铅酸蓄电池相同。镍镉蓄电池正极板为活性物质三价镍的氢氧化物(NiOOH),负极板为镉(Cd)。电解液为氢氧化钾(KOH)水溶液。每个单体电池上安装有泄气阀,泄气阀开启压力范围为$2\sim10lbf/in^2$($1lbf/in^2=6894.757Pa$,即此压力范围为$13.8\sim69kPa$)。当蓄电池充放电时,尤其是过充时,会产生气体,当气体压力大于2个lbf/in^2时,泄气阀打开,否则会引起电瓶爆裂。当气压小于$2lbf/in^2$时,泄气阀关闭,防止空气中的酸性气体与电瓶的电解液起反应而降低电瓶容量;另一方面,也可以防止电解液在飞行中溅出。另外,蓄电池还装有温度保护开关,当蓄电池温度超过54.44℃时切断蓄电池的充电电源。

由于碱性电瓶在低温充放电时,如果充电电压不变,就会引起充电不足或放电容量下降。因此某些碱性电池上装有低温敏感开关和加热装置,当温度低于-2℃时,接通加热电路,当温度达5℃时断开。

当蓄电池和负载接通后,电池开始放电,电子从负极板流向正极板,如图2.2-11所示。

接通电路后,正极板得到从负极板输入的电子,正极板的活性物质NiOOH在水的参与下,生成氢氧化亚镍$Ni(OH)_2$和氢氧根离子OH^-。

正极板:$2NiOOH+2H_2O+2e\longrightarrow 2Ni(OH)_2+2OH^-$

在电解液中,OH^-自正电极携带负电荷迁移到负极板,完成电荷传递。

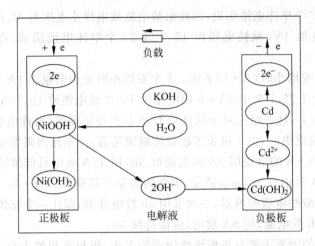

图 2.2-11 镍镉蓄电池放电时的化学反应原理图

负极板：$Cd+2OH^- \longrightarrow Cd(OH)_2+2e^-$

充电过程是放电过程的逆过程。借助于外电源作用，使电子从电源正极输出，经电源后回到负极，正极板的 $Ni(OH)_2$ 又还原为 $NiOOH$，负极板的 $Cd(OH)_2$ 也恢复为 Cd 和 OH^-。OH^- 从负极迁移至正极，即把负电荷运回正极，完成导电作用。充电时有：

负极：$Cd(OH)_2+2e^- \longrightarrow Cd+2OH^-$

正极：$2Ni(OH)_2+2OH^- \longrightarrow 2NiOOH+2H_2O+2e^-$

以上分析可见，电解液 KOH 没有参与化学反应，仅起到了导电作用。

充、放电总的化学方程式为：

$$2Ni(ON)_2 + Cd(OH)_2 \underset{放电}{\overset{充电}{\rightleftharpoons}} 2NiOOH + Cd + 2H_2O$$
$$(-) \qquad (+) \qquad\qquad (+) \quad (-)$$

2.2.3 直流电源系统余度供电

余度供电和不中断供电最早出现在美国空军主飞行仪表系统供电上。在民航法规中规定三级自动着陆或仪表着陆过程中应有三个独立的供电电源。现代电传操纵或采用主动控制技术的飞机，采用 4 余度飞控系统，要求 4 套独立供电电源。上述仪表、仪表着陆系统和电传系统都为关键的飞行设备，直接影响飞行安全性，必须要有余度，如双余度、3 余度和 4 余度等。用电设备的余度必然要求供电的余度，否则不能满足可靠性的要求。

提高余度的作用是保证关键系统具有一定的容错能力。容错技术是系统故障后仍能保持运行的技术。例如对于电传操纵系统来说，要求供电系统发生一次故障时仍能向任一飞机上负载供电；在发生二次故障时仍能向任一关键任务负载供电；在发生三次故障时仍能向部分关键飞行负载供电。这些故障可能发生在同一供电通道的不同元件上，也可能发生在不同供电通道上，也可能是上述两种故障的组合。由此可见，容错供电比余度供电的要求更高，只有 4 余度的供电系统才能满足容错供电的基本要求。

单发飞机只有一套主电源，且因飞机体积小，很难安装辅助电源，因此需要应急发电机或蓄电池。但这种安排只有两套独立电源，不能满足余度和容错供电要求。所以一些飞机上加装有备份电源，如备份发电机。有的飞机备份电源中有两套或多套独立发电系统，有的在应急发电机中有多套独立发电系统,以构成4余度电源,满足飞控系统或全权发动机数字控制系统的要求。

二次电源也有备份方案。由于主电源重要,元件较大,且更耐用,经过了广泛的发展和使用验证,主电源的保护更完善,可靠性较高。在多发电机飞机上采用主电源应急程序比使用单独的应急电源更安全。在直流电源系统中,正常情况下采用并联运行方式,但在重大故障时可人工或自动分组,成为几个独立供电组。特别重要的负载可以双套或多套分别接到各个电源汇流条上。重要负载可以在各电源汇流条间转换,或直接接到电源输出端,并进行转换,保证供电。

不中断供电是对现代飞机供电的又一新的要求。计算机等设备的应用不允许供电中断。供电中断有两个原因,一个是由电源间转换引起,另一个是由电网短路等故障引起。电源间转换包括地面电源向机上电源转换,机上主电源间转换和主电源与辅助或应急电源间转换。电源间转换有的属正常转换,如机场电源与机上主电源间转换;有的属故障转换,如一台主发电机故障,该电机在控制器作用下退出,原来由它供电的设备转由正常发电机供电。电源间转换是供电中断的原因之一,因为一个电源脱离电网到另一电源投入,技术要求规定间隔不大于50ms。电网短路开始到保险丝熔断或自动开关跳闸,也要一段时间。由于短路时电网电压下降,也使用电设备无法工作,视为供电中断。因此电网间断时间与电网布局、保险丝设置和短路位置、短路故障性质等多种因素有关。

图2.2-12是某单发轻型战斗机用4余度飞控系统余度供电方块图,由变换器/调节器和不间断电源两部分构成。调节器/变换器由4个不同电源供电:备份发电机中的永磁发电机,应急直流汇流条,蓄电池汇流条和应急发电机的永磁发电机(通过功率变换器),其中应急直流汇流条由主发电机、备份发电机、应急发电机或蓄电池汇流条供电。调节器/变换器接收的电压是其中的最高电压,通常是备份发电机的永磁电机输出电压,该电压经整流后为28V直流。调节器/变换器的输出不间断电源。不间断电源的输入有两个,一是调节器/变换器的输出,另一是飞控专用蓄电池。专用蓄电池和直交变换器组成交流输出不间断电源。正常时由调节器/变换器供电,一旦调节器/变换器没有输出,专用蓄电池无延时地投入运行,保证直交变换器输出的交流不中断。直交变换器的输出给飞行控制系统一个通道,全机有4个相同的通道,构成4余度飞控及其电源系统。可见这是一个余度供电系统,又是一个不间断供电系统,整个系统又具有容错功能。

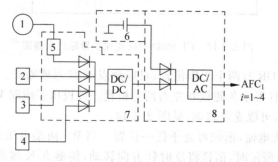

图2.2-12 某单发轻型战斗机用4余度飞控系统余度供电方块图
1—备份发电机中的永磁发电机;2—应急直流汇流条;3—蓄电池汇流条;4—应急发电机的永磁发电机;5—整流器;6—专用蓄电池;7—变换器/调节器;8—交直变换器

2.2.4 直流电源系统的控制与保护

飞机低压直流电源系统的控制包括主电源、应急电源、地面电源以及起动发电机的控制。低压直流电源系统的保护主要有发电机反流保护、过电压与过励磁保护、发电机反极性保护、过载保护和短路保护等。

1. 直流汇流条的控制

飞机直流发电机通常通过接触器与汇流条连接,该接触器称为主汇流条接触器 MLC。当发电机电压低于电网电压时,电网上其他电源(蓄电池或其他发电机)将向此发电机输电,即出现反流。反流过大会使发电机或其他电源损坏。反流保护器应在反流达到一定数值后将发电机与飞机电网断开,即自动断开 MLC 接触器,因此通常将主汇流条接触器 MLC 与反流保护器组合在一起。

图 2.2-13 是 CJ-400D 型反流保护器原理电路图,图中 MLC 为汇流条接触器,DR 为差动极化继电器,DR 的主要作用是检测电压差及反流,使 MLC 在发电机电压高于电网电压一定值时将该发电机与飞机电网接通,反流值达一定值时与飞机电网断开。

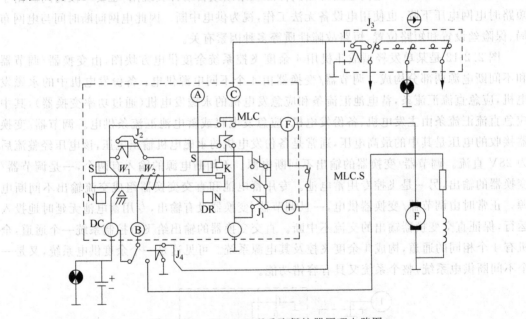

图 2.2-13 CJ-400D 型反流保护器原理电路图

差动极化继电器 DR 有两个工作位置,对应触点 K 接通或断开。其结构是在上下两块软铁板间固定三根圆柱形永久磁铁和左右两对极靴。外设压差线圈 W_1 与反流线圈 W_2,衔铁片置于两对极靴间,可绕支点转动,见图 2.2-14。

当线圈 W_1、W_2 无电流,衔铁可处于任一位置。当 W_1 两端电压差达一定值,且电流方向如图 2.2-14 中箭头所示时,衔铁将反时针方向转动,使触点 K 接通。当反流线圈 W_2 的反流电流达一定值时,衔铁将顺时针方向转动,使触点 K 断开。

若控制开关 MLC.S 接通,电网上有蓄电池,发电机极性正确,则当发电机电压上升到 14~18V 时,继电器 J_1 吸合,其触点闭合,使压差线圈 W_1 和继电器 J_2 的线圈均跨接于电网

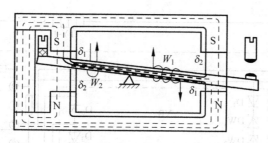

图 2.2-14 差动极化继电器工作原理图

和发电机正极之间,检测两者间电压差。若发电机电压高于电网电压达 0.3～0.7V,差动线圈 W_1 的磁极线圈使极化继电器 DR 衔铁动作,触点 K 闭合,MLC 线圈通电,将发电机投入电网。

若断开控制开关 MLC.S,继电器 J_1 断开,MLC 线圈断电,使 MLC 触点断开。若发电机电压低于电网电压,电网与发电机间产生反流,流过 W_2 线圈的反流电流达 15～35A,极化继电器 DR 衔铁运动,断开触点 K,MLC 线圈断电,MLC 触点断开,发电机与电网脱离。

电网上无其他电源(蓄电池,其他发电机)时,MLC 的接通需要电网上有一个 1W 左右的负载,以便 W_1 线圈能通过一定的电流。继电器 J_1、J_2 的作用是防止在发电机未发电或反极性情况下接通 MLC.S,使差压线圈 W_1 及 J_2 线圈通电,承受过高电压。继电器 J_4 的作用是在 MLC 接通后将压差线圈 W_1 电路由电网转接到发电机正极,使压差线圈与发电机至 CJ-400D 这段电路并联,万一发电机至 CJ-400D 这段电路断开,压差线圈 W_1 中出现反向电流,使 K 断开,从而断开 MLC。

2. 过电压与过励磁故障保护以及短路保护

发电机励磁电路或调压器故障使电源电压超过规定的稳态电压极限值,称为过压。过压会对用电设备造成严重危害。出现过压时应使发电机减磁或灭磁,并使发电机脱离电网。并联直流电源系统中若某台发电机发生过压故障,各发电机调节点电压都升高,故不能采用检测调节点电压的方法判断故障发电机。一般通过检测各发电机励磁绕组电压来判断故障电机。过压保护电路对持续性过电压按反延时特性动作,而对瞬时过电压不会产生保护。图 2.2-15 是过压保护器(BJD-1A)的原理电路。它由检测与放大电路 YB、中介继电器 J_1、控制继电器 J_2 和灭磁继电器 M 等组成。电压检测电路检测发电机励磁绕组两端电压,由二极管 D_1,稳压管 DW_1、DW_2,电位器 P 和电阻 R_1 组成。发电机正常工作时,励磁绕组电压 U_j 为 2～15V,检测电路输出电压 U_s 约为 1.4V,不能驱动后级电路。发电机过励时,U_j 达 26.5V 以上,U_s 大于 9V。由 DW_4、V_1、V_2 构成的门限电路的门限电压 U_t 约为 9V。若 $U_s > U_t$,经 R_2、C 延时,V_1、V_2 导通,J_1 动作,灭磁继电器 M 动作并自锁,触点断开,发电机励磁电路中串入限流电阻 R_5,减小励磁电流。触点⑦⑧断开,使 MLC 断开,故障发电机退出电网。

飞机上直流电网的短路保护较简单,一般采用金属熔断丝实现短路保护。当飞机直流电网内出现短路情况时,直流电网上的负载电流增大,电压下降,负载设备直接进入断电状态。由于电网上的负载电流增大,流经金属熔断器的电流增大,发热也增大,使金属丝熔断,断开发电机与电网之间的联接,保护电网以及用电设备。

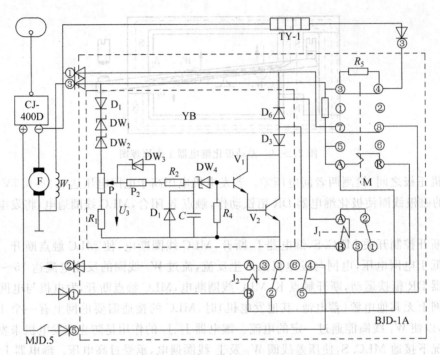

图 2.2-15 过压保护器(BJD-1A)原理电路

2.3 交流电源系统

飞机交流电源系统的主电源是由恒速传动装置、交流发电机和控制器等组成的 400Hz、115/200V 三相交流电源系统。发电机的额定容量有 20、30、60、90、120kV·A 等。静变流机为二次电源。飞机蓄电池或应急交流发电机为应急电源。有的飞机上还装有辅助动力装置作为辅助电源。

恒速传动装置(简称恒装,简写为 CSD)的作用是把转速变化的发动机输出变换成恒定转速的输出驱动交流发电机,使发电机输出 400Hz 恒频交流电。恒速传动装置的输出转速一般有 6 000r/min、8 000r/min 和 12 000r/min 等,少数输出转速达 24 000r/min。目前采用的恒速传动装置按能量转换方式分有液压式、气压式、电磁式、机械式、机械液压式和空气涡轮等。使用最广泛的是机械液压式恒速传动装置。电磁机械式和液压式恒速传动装置主要用于传动容量小于 30kV·A 的交流发电机。

20 世纪 70 年代以来,恒速传动装置一般与无刷交流发电机组装在一个壳体内,构成组合传动发电机,减小交流发电机体积和质量。80 年代出现的紧凑结构的组合传动发电系统,采用具有微处理机的发电机控制器,加强发电机构的监控和管理功能。

虽然恒速恒频交流电源系统目前使用最普遍,但其存在着恒装结构复杂、能量转换效率较低的缺点。随着新技术的不断采用,恒速恒频交流电源系统不断得到完善和发展。现代飞机上应用的恒速传动装置,主要有电磁式和齿轮差动液压式两种。最简单的电磁式恒装就是电磁滑差离合器,它与飞机交流发电机装于同一壳体内,如图 2.3-1(a)所示。电磁恒装的磁极常为凸极式,由直流电励磁。外转子电枢由硅钢片叠成,上有鼠笼,与鼠笼式异步电动机的转子结构类似。航空发动机通过软轴带动外转子旋转时,由于电磁耦合作用,磁极也跟着旋转并带动交流发电机的磁极。图 2.3-1(b)是发动机转速(即滑差离合器外转子转速)不变时恒装转矩与励磁电流间的关系。曲线①的励磁电流比曲线②的大。如果发电机的转矩从 M_1 降到 M_2,而励磁电流不变,则电机转速将从 n_2 升到 n_1。为使电机转速不变,必须减少励磁电流,当电流小到对应的机械特性曲线②时,恒装的输出转速即恢复到 n_2。

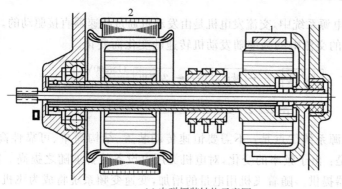

(a) 电磁恒装结构示意图

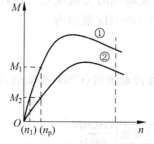

(b) 发动机转速不变而励磁电流
变化时的电磁恒装机械特性

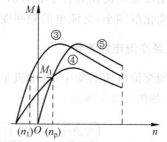

(c) 不同发动机转速时的电磁恒装机械特性

图 2.3-1 电磁式恒装传动装置
1—电磁式滑差离合器;2—发电机

注:图(b)中曲线①-励磁电流为 I_{j1} 时的机械特性;曲线②-励磁电流为 I_{j2} 时的机械特性,$I_{j1}>I_{j2}$;
图(c)中曲线③、④-发动机转速较高时的机械特性;曲线⑤-发动机转速较低时的机械特性;曲线③、⑤-对应于励磁电流 I_{j1};曲线④-对应于励磁电流 I_{j2}

如果发电机负载不变,加在恒装上的负载力矩 M_1 也不变,而发动机转速增加,如图 2.3-1(c)所示,机械特性从曲线⑤变为曲线③,恒装输出转速从 n_e 增到 n_1。为使发电机转速不变,必须减小励磁电流,使其机械特性变为曲线④,转速才能回到 n_e。由此可见,在负载改变和发动机转速变化时,如果相应改变电磁恒装的直流励磁电流,可保持它的输出转速不变。

稳态运行时,恒装输入转矩和输出转矩相同,故输入功率与输出功率之比等于输入转速与输出转速之比。如果发动机工作转速范围为 1 比 2,则在发动机最高工作转速时,恒装消耗的功率等于传到发电机的功率,效率仅为 50%。因此简单电磁恒装只用于发动机转速范围变化不大,发电机容量较小的场合。为提高效率,可以仿照齿轮差动式液压恒装原理,构成齿轮差动式电磁恒装,但是其结构就复杂了。

2.3.1 交流电源系统的分类

航空交流电源系统主要有三种形式：变速变频交流电源系统(VSVF)，恒速恒频交流电源系统(CSCF)和变速恒频交流电源系统(VSCF)。

1. 变速变频交流电源系统

在变速变频交流电源系统中，交流发电机是由发动机通过减速器直接驱动的。如图 2.3-2 所示。这种电源输出的交流电的频率随发动机转速的变化而变化。

图 2.3-2 变速变频电源系统方框图

变速变频交流电源系统优点是：不需要恒速传动装置、结构简单、可靠性高、维护工作量小、质量轻。缺点是：由于频率的变化，对电机类用电设备的要求随之提高。需要恒频交流电的场合，由逆变器提供。随着飞机用电量的增加，变速变频系统将成为飞机电源的主要形式，目前已被空客 380 等飞机采用。

变速变频电源系统比较适合于装有涡轮螺旋桨发动机的飞机或直升机，因为涡轮螺旋桨发动机转速变化范围小，交流电的频率变化在 400~600 Hz 范围内。

2. 恒速恒频交流电源系统

在恒速恒频交流电源系统中，发电机是通过恒速传动装置(CSD)驱动的，因此发电机输出恒频交流电，如图 2.3-3 所示。

图 2.3-3 恒速恒频电源系统方框图

恒速恒频电源系统的优点是：恒频交流电对飞机上的各种负载都适用，配电简单；恒频交流电源系统可以单台运行，也可以并联运行，提高了供电可靠性和供电质量。缺点是：CSD 增加了质量和成本，功率/质量比小于变速变频电源系统。为进一步减轻质量，提高可靠性，可将 CSD 和发电机组合在一起组成整体驱动发电机(IDG)。这一构型已在现代飞机上得到了广泛应用。

3. 变速恒频交流电源系统

由于 CSD 结构复杂，成本高，维护比较困难，随着电力电子技术的发展，目前已研制成功变速恒频电源系统，如图 2.3-4 所示。

图 2.3-4 变速恒频交流电源系统方框图

变速恒频交流电源系统不使用 CSD，发电机由发动机直接驱动，发电机输出的变频交流电经整流器整流成直流电，再由逆变器将直流电变成恒频交流电。

变速恒频交流电源系统的主要优点是:取消了CSD,质量有所减轻。不足之处是:允许的工作环境温度比较低,过载能力差,结构复杂,可靠性相对较低,维护比较困难。目前该系统也已在飞机上得到了应用。

2.3.2 液压机械式恒速传动系统的组成及其原理

恒速传动装置(CSD)将变化的发动机转速变成恒定转速,使发电机发出恒频交流电。恒速传动装置的主要形式有电磁式和机械式两种。图2.3-5所示为某型飞机IDG的参数。由图可见,发动机在工作范围内(从慢车转速到额定转速)输出转速变化一倍,如果没有CSD,发电机的输出频率将在280~560Hz之间。而恒频电源系统要求频率为400Hz,为此要求驱动发电机的转速为12 000r/min。

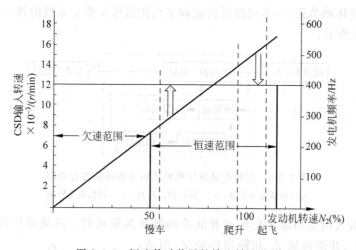

图2.3-5 恒速传动装置的输入转速范围

电磁式CSD的工作原理与电磁滑差离合器的原理相似,如图2.3-6所示。当发动机转速增大(或减小)时,转速传感器控制电路使励磁电流减小(或增大),滑差转速增加(或减小),这样就可以维持转速不变。但因其效率低,传输功率小,一般只能在发电机容量小(最大不超过25kVA)、发动机转速变化范围不大的场合使用。

现代运输机上都采用液压机械式恒速传动装置,一般液压机械式恒速传动装置主要由差动游星齿轮系、液压泵-液压马达组件、调速系统、滑油系统和保护装置五部分组成,如图2.3-7所示。

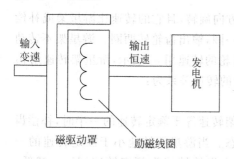

图2.3-6 电磁式恒速传动装置原理图

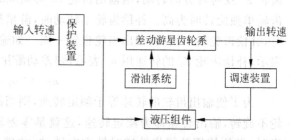

图2.3-7 液压机械式恒速传动装置组成原理图

其中差动游星齿轮系的主要功用有两个,一个是传递发动机的转速,另一个是传递由液压马达输出的补偿转速,并使两个转速叠加,保持输出转速不变。液压泵-液压马达组件是调速系统的执行机构,其输出转速用来补偿发动机转速的变化。调速装置采用离心飞重式调速器或电子式调速器。其功能是检测恒装输出转速,并改变液压泵可变斜盘的偏转角度和方向,改变液压马达的转速和转向,补偿发动机转速的偏离。另外,为满足有些飞机交流发电机并联供电的需要,使并联供电时有功负载均衡分配,引入电调线圈用于转速的附加调节;滑油系统除对齿轮系统起润滑和散热作用外,还作为液压泵-液压马达组件传递功率的介质;保护装置的作用是当恒装故障时,如滑油压力低(小于 140lbf/in^2)或温度高(大于 185℃)时,人工脱开恒装与发动机的联系,保护恒装的安全。需要注意的是若恒装在空中脱开,只有在地面才能恢复。

在液压恒速传动装置中,差动游星齿轮和泵马达组件是整个系统的核心部件,该部件的原理如图 2.3-8 所示。

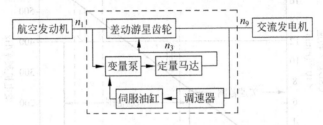

图 2.3-8　齿轮差动液压机械式恒速传动装置方块图
n_1—恒装输入转速；n_3—恒装输出转速；n_9—补偿齿轮转速

恒速传动装置的差动游星齿轮和普通差动游星齿轮相似。差动游星齿轮系由游星架 2、游星轮 Z_5、Z_6、补偿齿轮 Z_4 和输出齿轮 Z_7 组成,差动传动的示意图如图 2.3-9 所示。

如补偿齿轮 Z_4 不转动,而游星架 2 顺时针方向转动,那么与补偿齿轮啮合的游星轮 Z_5 则逆时针方向转动,游星轮 Z_6 顺时针方向转动,使输出齿轮 Z_7 也顺时针方向转动。如游星架 2 不转动,而补偿齿轮 Z_4 逆时针方向转动,游星轮 Z_5 也逆时针方向转动,游星轮 Z_6 顺时针方向转动,输出齿轮 Z_7 也顺时针方向转动。如游星架 2 顺时针方向转动,而补偿

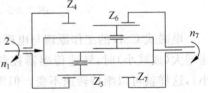

图 2.3-9　差动游星齿轮系传动示意图
2—游星架；Z_4—补偿齿轮；Z_5、Z_6—游星轮；Z_7—输出齿轮

齿轮 Z_4 反时针方向转动,则输出齿轮 Z_7 必须顺时针方向旋转,且它的转速比游星架或补偿齿轮单独旋转时为高。补偿齿轮不转动时,游星架转一圈,输出齿轮转两圈。游星架不转动时,补偿齿轮转一圈,则输出齿轮也转一圈。如输出齿轮的转速用 n_7 表示,游星架转速用 n_2 表示,补偿齿轮 Z_4 的转速用 n_4 表示,则差动游星齿轮的转速关系为:

$$n_7 = 2n_2 - n_4$$

为了使输出齿轮的转速等于额定转速,则当游星架转速等于额定转速的一半时,补偿齿轮不旋转,输出转速即为额定转速,这就是零差动状态。当游星架转速小于额定转速的一半时,必须使用补偿齿轮逆时针方向转动,才能使输出齿轮转速为额定转速,且 n_2 越低,n_4 应该越高,这时差动齿轮处于正差动状态。当游星架转速大于额定转速时,必须使补

偿齿轮沿顺时针方向转动,才能使输出齿轮的转速为额定值,这时差动齿轮处于负差动状态。

将差动游星齿轮的游星架与发动机的传动轴相连接,输出齿轮与飞机交流发电机相接,补偿齿轮由液压马达传动,是组成恒速传动装置的一种方案。其中,补偿齿轮由液压马达传动,因此补偿马达传递的功率就是液压马达的输出功率。由此可见,齿轮差动式液压恒速传动装置中发电机所需功率大部分由差动齿轮机构直接传递,由液压马达传递的功率只是较小的一部分。所以液压马达的体积质量比较小,整个恒速传动装置的体积质量也比较小,但其工作可靠性却比较高。

2.3.3 交流发电机的结构和工作原理

交流电机是实现交流电能与机械能转换的电机,分为同步电机和异步电机。同步电机包括同步电动机和同步发电机,但主要是作发电机用,工农业和日常生活中所用的电能一般均是由同步发电机供给的。而异步电机主要指感应电动机,是目前最广泛应用的电动机,机床、纺织、农业、交通、冶金、化工等各行各业以及家用电器中都大量使用感应电动机。在直流供电的飞机上,交流电机仅用于自动控制系统和电能变换等装置。但是大型和新型飞机已多采用交流供电系统。主电源由几台同步发电机并联,构成较强的交流电网,而用电设备中如油泵、风扇、各种电动机构均采用感应电动机作动力。

图 2.3-10 是同步发电机的原理图,发电机主要由定子(电枢)和转子(磁极)两部分组成。定子上有电枢铁心和嵌在槽内的电枢绕组,转子上有磁极铁心和励磁绕组。当励磁绕组接通直流电后,形成磁场。当转子由原动机拖动旋转,则电枢绕组与磁极磁场之间有相对运动,电枢绕组将感应出一定频率的交流电势。如若电枢绕组端接上用电器,电机便可输出电能,这电能就是由轴上(即原动机)的机械能转变而来。

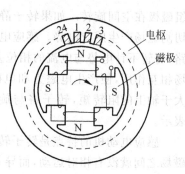

图 2.3-10 同步发电机原理图

若电机的极对数为 P,转子每旋转一周,电枢导体便切割 P 对极的磁场,产生的电势也交变 P 周。设转子每分钟转数为 n,则感应电势的频率为:

$$f = Pn/60$$

由上式可知,如航空同步发电机为两对极(如 $P=2$),额定转速为 12 000r/min,那么产生频率 $f=400$Hz 的交流电。

在结构上,感应电动机和同步电机的定子是一样的,由定子铁心和交流绕组组成。而转子的结构是不同的,最常用的三相笼型感应电动机转子由转子铁心和笼型绕组组成。笼型绕组包括导条和端环两部分,导条一般用铜条或铸铝制成,导条的两端用端环连接起来,构成如图 2.3-11 所示的笼型绕组。

感应电动机的工作原理是建立在旋转磁场的基础上的,以图 2.3-12 所示的一对极的电机为例,其定子有最简单的对称三相绕组,即由相同的三个线圈 AX、BY、CZ 组成,它们的轴线在空间彼此相隔 120°。三相绕组接三相交流电源,流过对称三相电流。

当定子的三相绕组通入三相交流电时,产生一个以同步转速 n_1 旋转的磁场,相当于一

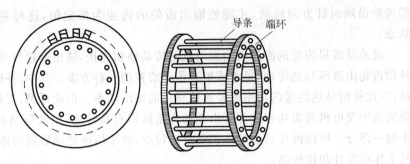

图 2.3-11　笼型感应电动机结构图

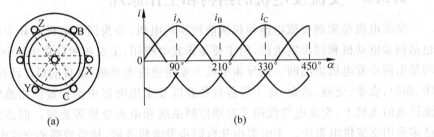

图 2.3-12　三相绕组和三相交流电

组磁极在空间旋转。如果转子静止不动,则转子绕组(导条)与旋转磁场有相对运动,即导条切割磁场产生感应电势。感应电势的方向可根据右手定则确定。由于转子导条为端环所短路,若暂不计电势与电流的相位差,那么导条中电势的取向就是电流的取向。转子电流与磁场相互作用,便产生电磁力和电磁转矩 T,电磁力方向由左手定则确定。一旦电磁转矩 T 大于轴上的阻转矩,转子将与旋转磁场同方向旋转而输出机械能,这时转子的转速以 n 表示。

感应电动机的特点是转子转速 n 总是小于同步转速 n_1。因为当 $n=n_1$ 时,转子与旋转磁场之间就没有相对运动,而导条不切割磁力线,就没有感应电势和电流,也就没有电磁转矩来保持转子旋转。因此这种电动机只能在异步状态下工作,故也称之为异步电动机。

在 A300 机型上,发动机驱动的发电机是一个整体式发电机,IDG 由一个恒速驱动装置(CSD)和一个异步发电机整合在一个壳体内,安装在飞机发动机的附件齿轮箱上,其安装位置如图 2.3-13 所示。IDG 通过 CSD 系统将发动机变化的转速转化成为一个 12 000r/min 的恒定输出速度,利用这个恒定的速度输出,驱动异步发电机将机械能转化为电能,输出 400Hz 的交流电。

由于 A300 整体式发电机靠近发动机系统,且发电机和恒速驱动装置自身高速旋转将产生大量的热量,因此 IDG 系统自身带有独立的滑油润滑和冷却系统,用于润滑和冷却 IDG 组件。为了保护系统在故障时不对下游用电设备和飞机电网产生影响,IDG 系统安装有一个脱离机构,当发电机或者 CSD 系统出现故障时,飞行员可以通过人工操纵方式将 IDG 的驱动输出端与发电机的输入端脱离,使发电机处于不发电的状态,保证下游的 CSD 系统和发电机系统安全。但是该系统是利用机械销钉的方式进行操控,因此在飞机飞行阶段,一旦 IDG 系统脱开,系统将无法重新连接 IDG。只有在地面,发动机完全停转后,才可以进行重置。整个 IDG 的结构原理图如图 2.3-14 所示。

2 航空器电源

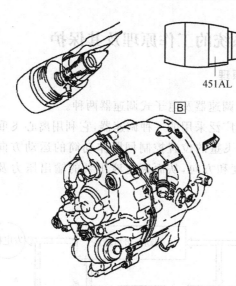

图 2.3-13 IDG 安装位置图

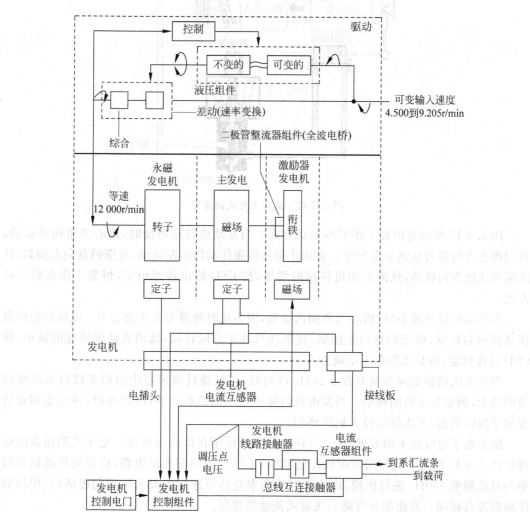

图 2.3-14 IDG 结构原理图

2.3.4 恒速调速系统的工作原理及其保护

1. 恒装调速系统的工作原理

恒装调速器有离心飞重式调速器及电子式调速器两种。

离心飞重式调速器是目前广泛采用的一种调速器,它利用离心飞重来测量 CSD 的输出转速,如图 2.3-15 所示。离心飞重的位置控制伺服作动筒的运动方向。伺服作动筒的位置确定液压泵可变斜盘的角度和方向,从而决定液压泵的输出压力及液压马达的转速和转向。

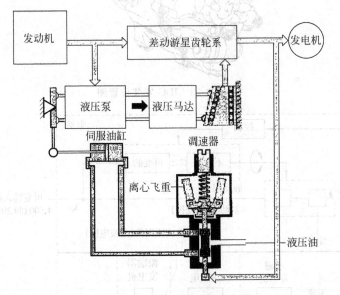

图 2.3-15 离心飞重式调速器

图 2.3-15 所示为恒装工作于零差动方式。当发动机转速增加时,离心飞重向外运动,直到离心力与弹力达到平衡为止。液压作用使伺服作动筒向左运动,可变斜盘向右倾斜,使液压马达反方向转动,抵消发动机转速的增加,使 CSD 输出转速恒定,恒装工作在负差动方式。

当发动机转速减小时,离心飞重向内运动,因为此时弹簧力大于离心力。液压油使伺服作动筒向右运动,可变斜盘向左倾斜,使液压马达正方向转动,抵消发动机转速的减小,使 CSD 转速恒定,恒装工作在正差动方式。

当发电机的输出频率偏差在 ±20Hz 以内时,可以通过调速器中的调节螺钉来改变弹簧的弹力,调整发电机的频率。当发电机的输出频率偏差在 ±20Hz 以外时,该恒速调速装置处于故障状态,无法继续投入航线使用。

随着电子电气技术的发展,电子式调速器开始使用在恒装系统中。电子式调速器的原理如图 2.3-16 所示。其利用发电机控制组件 GCU 中的频率控制电路,将发电机的输出频率与基准频率 400Hz 进行比较,将检测到的频率差信号进行放大后驱动伺服活门,使伺服作动筒左右移动。其他部分与离心飞重式调速器类似。

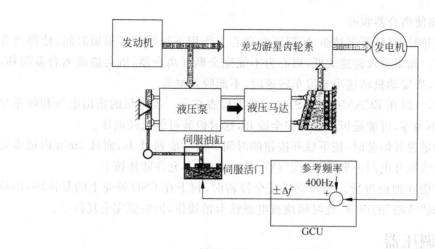

图 2.3-16 电子式调速器

2. 恒装的脱开和复位

一般为了保护恒速调速系统的正常工作,防止由于该设备故障对于下游用电设备以及滑油冷却设备产生联动影响,系统内设有脱开和复位机构。

当恒装滑油压力低(小于 140lbf/in^2)或温度高(大于 185℃)时,CSD 或 IDG 故障灯亮,此时必须人工按下脱开开关,使恒速传动装置与发动机脱开。脱开装置由离合器、蜗轮机构、电磁铁、复位机构四个主要部件组成,如图 2.3-17 所示。

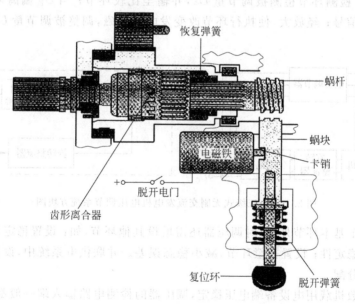

图 2.3-17 恒装的脱开和复位机构

恒装脱开装置的离合器称为齿形离合器,它由恢复弹簧保持闭合,将速度从变速箱输入到恒装的差动齿轮。当按下脱开按钮时,电磁铁通电,电磁铁的卡销被电磁铁吸进,使蜗块在脱开弹簧的作用下上升,并与蜗杆相连接。由于蜗杆的旋转,离合器的右半部分克服弹力而向右移动,从而使离合器脱开。

当离合器脱开时,蜗杆不再被驱动,但还在离心力作用下继续旋转很短时间,使得离合器能够完全脱开。如果输入转速太低,离心力不能完全断开离合器,就会造成离合器损坏,如断齿等。因此,当发动机转速小于慢车转速时,不能脱开恒装。

在脱开之后,可以在 ECAM(EICAS)显示器上检查结果。发电机的输出电压和频率显示都应为零,如不为零,可能是恒装没有完全脱开,这时恒装可能已经损坏。

需要注意的是脱开恒装时,按下脱开按钮的时间一般不能超过 3s,而且 1min 内最多只能脱开一次。恒装脱开电门一般是带有红色罩盖的电门,不允许随便按下。

恒装复位只能在地面进行。当发动机完全停转时,拉下 CSD 外壳上的复位环,即拉下蜗块,直到听到"咔嗒"的声音,此时蜗块被电磁铁卡销锁住,恒装就完全复位了。

2.3.5 调压器

飞机供电系统中,每套发电机都配备一台调压器,具有的调节功能有:调节每套发电机励磁,使电源系统的电压稳定于规定的水平;当供电系统出现短路时,能实现发电机强行励磁,保证保护装置动作准确、迅速;发电机并联工作时,保证电机之间无功功率的均匀分配;实现发电机输出电流的限制。

调压器要求工作可靠、性能稳定、稳态误差小、动态品质高,并要有足够的电压调节范围和强励能力。

调压器的基本结构如图 2.3-18 所示,其主要分为检测、比较、放大与执行(操纵、控制)四个环节。检测环节检测被调节量 U_F,并输至比较环节;当 U_F 偏离调定值时,比较环节输出偏差信号;经放大,使执行环节改变发电机励磁,调整被调节量 U_F,减小或消除偏差。

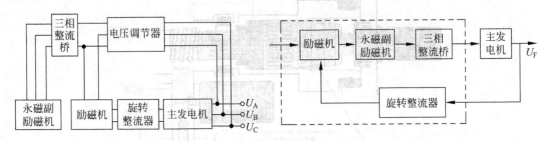

图 2.3-18 三级式无刷交流发电机电压调节系统方块图

除以上四个基本环节外,有时调压器还需增设其他环节,如:设置稳定(校正)环节,增加系统的动态稳定性;设置补偿环节,减小稳态误差。并联供电系统中,设置均衡环节,使无功功率均匀分配。

为保证多数机载用电设备端电压稳定,调压器的检测电路输入端一般都接在与发电机馈电线的近主汇流条端,该端点称调压点。调压器将保持调压点电压恒定,该电压值称调定电压。飞机的交流供电系统一般采用三相四线制,在调压点,存在有三个相电压和三个线电压。可供选择的调压检测方式有四种:固定相电压调节、平均电压调节、最高相电压调节和正序电压调节。

1. 固定相电压调节

固定相电压调节检测某一固定相(或线)电压,图 2.3-19 为其原理图。图中检测的是线电压 U_{CA}。调压器将保持 U_{CA} 为调定值,而不管 U_{AB}、U_{BC} 以及各相电压的大小。只要 U_{CA} 为调定值,调压器就不改变发电机励磁电流。这种调压检测方式线路简单,但若 A-C 线产生短路,U_{CA} 降低,调压器将使正常相电压升高,引起设备损坏,所以这种方式一般很少应用。

2. 平均电压调节

图 2.3-20 为平均电压调节方式的原理图。该电路的电压 U_d 由三相电压经变压整流后取得,其平均值取决于线电压的大小。当相电压升高,伴随出现另一相或另两相电压降低时,U_d 平均值有可能维持不变。因此 U_d 平均值稳定,并不意味某一相以及各相电压的稳定。

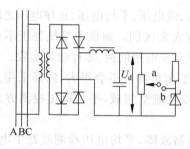
图 2.3-19　固定相电压原理图

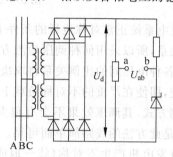
图 2.3-20　平均电压调节电压原理图

3. 最高相电压调节

图 2.3-21 为最高相电压调节方式的原理图,其中变压器 B_1、B_2、B_3 的原边接成星形,各副边连接成中间相连的单相全波整流电路,经滤波后,得到与各相电压成正比的三个直流电压,然后通过二极管 D_1、D_2、D_3 连接在一起。如此 b 点电位由电压最高的那一相决定。左边的三相变压整流器为稳压管 DW 供电,建立基准电压,通过分压后与 b 点比较,得到偏差信号 U_{ab}。

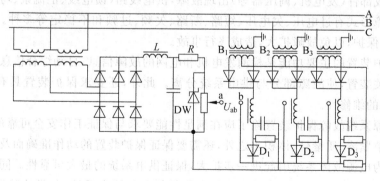
图 2.3-21　最高相电压调节原理图

4. 正序电压调节

正序电压调节该电压调节原理图如图 2.3-22 所示。在该电路中,C_1、C_2 和 R_1、R_2 组成正序电压滤序器,输出电压 U_{out} 正比于三相正序电压。U_{out} 经过变压,整流,再与基准电压比较,获得偏差信号。

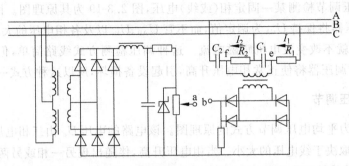

图 2.3-22　正序电压调节原理图

在供电系统正常对称运行的条件下,其相电压、线电压、平均电压、正序电压之间有严格的比例关系,所以采用何种调压检测方式都不会有太大区别。而供电系统处于不对称运行时,上述各种电压间的比例关系将取决于负载情况和发电机的逆、零序阻抗参数。对于飞机供电系统,即使在严重的不对称负载下,其电压不平衡程度也不会很大,因而采用上述四种调压检测方式,其调压效果不会有很大区别。所以在航空领域,平均电压检测方式用得最多,原因是此方法的线路简单而可靠。

一旦发电机产生不对称(线—地或线—线)短路故障,平均电压检测线路中电压 U_d 将比短路前低得多,调压器起作用,增加电机励磁,电机空载电势上升,使得 U_d 尽量保持短路前的数值,而正常相(或线)的电压降远超过允许值,有可能损坏机上用电设备,或造成危险。为此,采用平均加高相的电压检测方式。平均用于正常工作,高相则用来限制不对称故障造成的某相(或线)电压的升高。

2.3.6　交流电源的故障保护

飞机交流电源系统与其他机载设备一样,在其运行过程中也会出现各种各样的故障。例如系统组成部件(发电机、调压器等)出现故障,供电线路(馈电线、汇流条、均衡线路等)出现故障。故障形式有过电压、欠电压、短路、断路、欠频、过频和不稳定等多种。故障发生后应及时排除,保护,以免故障扩大,造成飞行事故。

故障保护装置的主要功能是检测发电机和电网的故障信息,自动综合信息,并有选择地断开某些开关装置,使故障部分与供电系统分离。此外,还要求保护装置具有故障记忆功能,提高系统的维修性。

飞机电源系统故障保护装置除了应在满足性能要求与保证工作安全可靠的前提下尽量做到结构简单紧凑、质量轻、体积小之外,还需要保证保护装置的动作准确而及时,这样可进一步避免因为电源故障系统引起进一步扩大,保证供电系统的最大可靠性。同时,保护装置还需要协调各类项目以及电源参数。飞机电源是复杂的综合系统,各类故障以及表现形式往往同时出现,如欠速故障和发电机励磁回路短路,其表现形式均为低电压;发电机励磁回路短路,在单台或不并联系统中,出现的是欠压现象,而在并联系统中,则是以无功负载严重不均衡现象。因此,保护装置必须协调各类保护项目中的参数指标,在提高电源系统可靠性的同时,防止系统出现误动作。

在此,以单台恒速恒频电源系统为例,简要介绍电源系统的故障种类、原因及其保护方式:

(1) 发电机相断路故障。当发电机的某一相负载电流远小于其他两相电流时,可以认为发生了发动机相断路故障。原因在于发电机的绕组失效或者馈电线路中的某些不正常状态。出现该种故障后,系统要求断开发电机励磁继电器 GCR。当检测到负载最小相电流还不足其他两相负载较轻的相电流的 15% 时,可以认为系统出现断路,保护装置在 4s 内断开 GCR,在并联电源系统中,还需要断开断路器 BTB。

(2) 发电机电压故障。发电机输出电压超过规定值一定时间后,可认为发生了发电机电压故障。主要原因是发电机励磁电路不正常,如旋转整流器短路或开路,励磁机电枢绕组短路等,或由调压器故障导致。当发电机输出电压幅值波动时,很可能是由于调压器或恒速装置调速器的工作不稳定造成的。

当发电机最高相电压超过 129.5V 时,断开 GCR,停止发电机发电功能,保护电路采用反延时方式。

发生过压故障时,特别容易损坏灯光照明与电子设备,过压越高,造成损坏所需时间越短。而电源系统中大功率感性负载断开,或短路故障切除时,系统电压也会出现大幅度波动,这是允许的,保护装置不应该动作。为此,过压保护动具有反延时特性。

(3) 发电机频率故障。发电机输出电压的频率超过规定值一定时间后,就认为发生了发电机频率故障。该故障是由于恒速传动装置(包括它的调速器)以及飞机发动机的不正常工作引起的。在发动机起动和停转过程中,发电机的频率要随发动机转速变化而变化,这是正常工作状态,无需保护。

当发电机的输出频率在 425~430Hz(过频)或者 370~375Hz(欠频)时,系统经过一定延时后,自动断开 GCR。

(4) 发电机欠速故障。一般由组合电源中的恒装或发动机故障引起。发动机起动和停转过程中,发电机转速出现偏低是正常现象。

当组合电源发电机的输入转速低于额定转速的 55% 时,系统在 0.1s 内迅速断开 GCB。保护电路采用固定延时的方式。

(5) 旋转整流器短路故障。当励磁机的励磁电流出现异常现象时,可判断发电机出现了旋转整流器短路故障。

一旦发现旋转整流器中的任一二极管短路,在 5.5~7s 内将 GCR 断开。保护电路采用固定延时方式。

(6) 副励磁机(PMG)短路故障。当电源调压器的直流输入电源出现较大的交流分量时,可判断 PMG 有短路故障。当永磁发电机任一绕组发生短路时,在 2s 内将发电机的 GCR 断开。保护电路采用固定延时方式。

(7) 馈电线短路故障。当发电机内部或发电机端到 GCB 之间的馈电线出现相对相或相对地之间的低阻抗短接现象时,可判断电源系统出现了馈电线短路故障。此时,故障相电流大、电压低,三相电压严重不均衡,同时还会出现正常相过压的现象。故障产生原因可能是振动断线搭地,绝缘磨损损坏或偶然性接地等因素。

现代飞机将发电机调压器、控制保护电路组合在一起,构成发电机控制装置 GCU,使调压、控制、故障检测与保护等功能集成于一体。以 A300 机型为例,GCU 的功能原理图如图 2.3-23 所示。

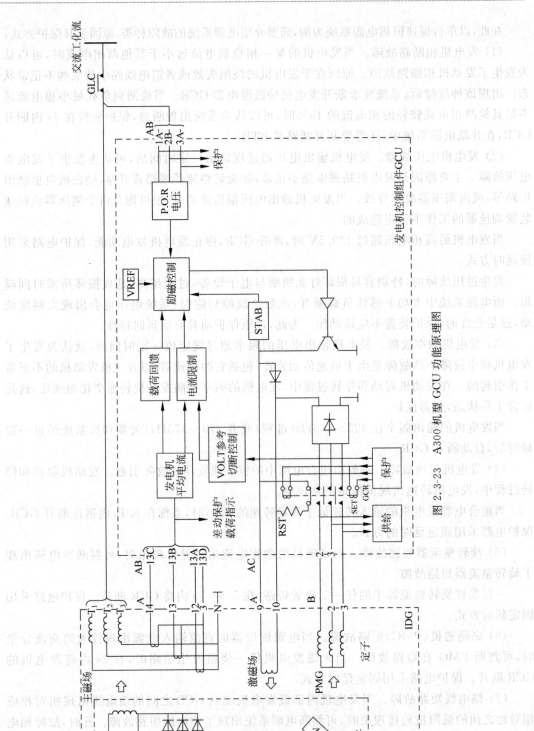

图 2.3-23 A300 机型 GCU 功能原理图

GCU 主要的功能是：

① 通过调节励磁电流，控制发电机电压；
② 通过控制相关的线路接触器和发电机的通电，保护网络和发电机；
③ 控制相关通道的警告。

此外，保护装置的触发（除了差动保护）能通过压再松开 GEN 按钮电门（OFF/R 选择）来重新设定系统。每个 GCU 内包含有一个综合测试和自监控系统。

对于故障保护功能，GCU 能够运用检测到的各种输入信号，发出故障保护指令，控制 GCR 和 GCB 自动闭合或断开，实现故障保护。为检测故障，需监测的系统参数主要有电流、电压和频率，交流电源系统常用电流互感器检测电流。

交流电源系统中常用电流互感器用于馈电线短路时的电流检测，发电机相断路和旋转整流器二极管短路的故障检测。恒装输出转速的测量采用一种磁性检测装置（MPU）的转速传感器。该磁性检测装置一般安装在组合传动发电机的输入轴上，输出与该转速成正比的信号，经放大后输送至 GCU 的欠速故障保护电路。

A300 机型飞机的 GCU 计算机保护主要通过发电机励磁继电器和电源接入继电器 PR 对 IDG 以及下游交流汇流条进行保护，其保护逻辑如图 2.3-24 所示。

2.3.7　交流电源的并联供电

在多发动机的飞机上，一般装有多台发电机。由多台发电机组成的电源系统有并联系统和非并联系统两种形式。并联运行的飞机电源系统，一般将机上所有发电机通过并联接触器连接到共同的汇流条上，组成统一电网。也有采用分组并联的形式，各组有几台发电机并联运行，但组间不并联，全机分成两个或两个以上配电网分别供电，称分裂式并联系统。

电源系统采用并联形式的主要特点有：

（1）总电气负载在供电的各发电机之间分配均匀。

（2）在多发电机系统中，一台发电机发生故障不会导致主系统停止供电。每台发电机都有足够的过载能力，从而为人工负载监控提供了适当时间。在进行负载监控动作之前继续供电，增加了系统的安全性。

（3）安装容量在给定的时间-电压干扰特性下，能满足更大的起动电流和尖峰负载的要求；同时能更有效地利用发电机的安装容量，减少发电机的安装数量。

（4）能消除为各种负载选择适当汇流条的人为因素影响。系统需增加一些负载时，不必对已有负载作大的重新配置。当一台发电机发生故障时，在正常运行电机之间，系统仍能实现自动负载均匀分配，简化飞行员的管理工作。

（5）由于并联后电网容量大，机载用电设备接通、断开对电源产生的干扰作用相对减小，电压和频率的波动较小，供电质量较高。另外，机上全部发电机并联工作，有效地消除了影响自动驾驶仪和雷达等设备正常工作的拍频效应。

（6）并联系统可以使反延时的过流保护装置动作更迅速。

并联系统的主要缺点是调节、控制与保护设备较为复杂，影响了系统的可靠性和维修性。电源系统并联运行的基本问题有两个：一是并联条件及其投入并联的自动控制，二是负载分配的自动均衡。

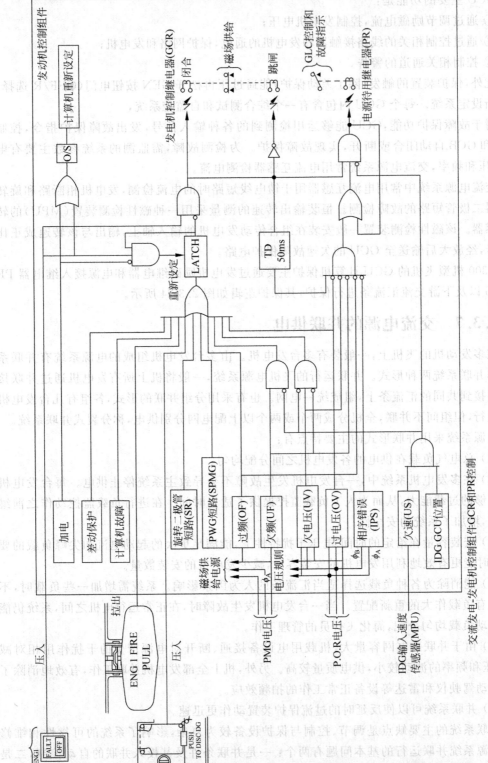

图 2.3-24 GCU 的警告原理图

交流发电机的并联条件有：电压波形、相序、频率、电压值和投入并联瞬间发电机电压与电网电压之间的相位差。只有在五个方面都符合规定时，才能保证并网瞬间所产生的冲击电流和冲击功率不超过允许范围，并保证并联后的正常运行。

(1) 电压波形：要求欲投入并联的发电机电压波形与电源网络的电压波形相同，均应为良好的正弦波。否则，在并联的发电机间，会存在高频电流。

现代飞机交流电源的电压波形与理想的正弦波接近。有关标准规定，该波形的畸变系数应小于 0.05，波峰系数在 1.41 ± 0.10 范围内。

(2) 相序：要求投入并联的发电机电压相序与电源网络上的电压相序一致。即并联时，要保证对应端相联。

对于恒速恒频交流电源系统，在一定安装条件下，只要传动装置的输出转向不变，其交流发电机的相序是固定的。飞机上各发电机的相序固定，在敷设飞机电网主干线时，注意它们之间相序的相应关系，可保证相序一致条件的实现。

(3) 频率：电源频率与发电机转速有关，在恒速恒频系统中，发电机转速调节存在无静差调节和有静差调节两种情况。不同转速调节方式，满足投入并联的有关频率条件也不一样。

频率相近但不相等的两套发电机投入并联，有功负载不一定全部由频率高的那套发电机承担，要根据它们之间的调定频率差与它们各自的频率负载特性分配，一般做不到负载的均衡，有时差别还不小。一般飞机交流电源的频率负载特性斜率较小，一旦并联电源间的调定频率有较小差别，会造成较大的有功负载分配偏差。

电源投入并联时，允许的频差范围视交流电源的具体情况而定。在允许的频差范围内，投入并联后，电源能迅速同步，且有功负载分配偏差在允许指标内。例如，有些机种规定频差在1%内允许并联。

(4) 电压值：为保证电源系统的供电质量，发电机都带有自己的电压调节器，保持其调定电压不变，所以，各发电机电压的大小可以做到相差不大。投入并联时，不会产生太大的冲击电流。然而，并联后，电源间即使只存在不大的电压差值，也可能会产生很大的无功负载分配偏差，导致系统不能正常并联工作。

(5) 电压相位：交流电源投入并联时，对电压相位有一定要求，避免并网引起过大的电流或者功率冲击。如果冲击电流过大，将引起大的电压或者频率扰动，影响机上的用电设备正常工作，甚至会引起保护装置误动作。同时，系统也将产生类似短路状态的影响，在电机轴与各定子绕组上产生较大的动力效应，损伤发动机。因此，在交流电源投入并联时，对其相位差的限制，既要考虑不产生较大的冲击，又要顾及能够迅速并网。

在接入交流电网时，需要关注飞机交流并联电源与无穷大电网并联情况不同，其总容量是有限的，当调节一台发电机负载时，会引起电网电压和频率的变化。为保持飞机电网电压和频率不变，在总负载不变情况下，每增加一台发电机有功或无功负载输出时，必须减小其他发电机的输出，反之亦然。

为了提高飞机电源的可靠性，减轻飞行员的负担，飞机发电机投入电网控制采用自动化方式。由自动并联装置检测待并联发电机与电网间的频差、压差与相位差，如这些指标在允许范围之内，则自动将发电机投入电网。某些大型飞机装有同步指示灯，也可以采用人工操纵并联合闸，将电源投入电网，但这仅在某些特殊情况下使用。

针对恒速恒频电源系统,其投入并联条件具体指标的确定,要考虑因素有:冲击电流、冲击电压允许值;电压调节器和频率调节器的调节精度;控制设备动作时间的误差。

飞机上,一般要求频差不超过额定频率的0.5%~1%,压差不超过额定电压的5%~10%,相位差不超过90°。不同的电源系统,会有不同的具体要求。

2.4 二次电源和应急电源

二次电源是将飞机主电源转换为另一种规格或形式的电源,如用变压整流器将115/200V、400Hz的恒频交流电或变频交流电转变为28V直流电,用逆变器将28V直流电转变为115/200V、400Hz的交流电。应急电源除电瓶外,还有冲压空气涡轮发电机和液压马达驱动发电机、应急照明电源等。

电力电子变换器是将一种电能转变为另一种电能的静止电器,有四种类型:将交流电转变为直流电的变换器,常称整流器;将一种直流电转变为另一种或多种直流电的电子变换器,常称直流变换器;将直流电转变为交流电的变换器,常称逆变器;将交流电直接转变为另一种交流电的变换器,有循环变换器和矩阵变换器两种,又称交交变换器。

按电能转换方式,直流变换器有两种基本类型:直接变换和隔离变换。直接变换类按所用可控功率器件数量不同,有单管、双管和四管等多种。常见的脉宽调制型单管变换器有降压式、升压式和升降压式等数种。隔离变换类也可按可控功率器件数量分类,单管有反激式和正激式,双管有推挽式和半桥电路,四管则为具有桥式逆变器的直流变换器。

2.4.1 变压整流器

在以交流电为主电源的系统中,变压整流器的主要作用是将交流电转变为直流电,为飞机的直流负载提供电源,如控制与保护设备、继电器和接触器的工作线圈、无线电通信、雷达、自动驾驶仪及直流电动机等。

1. 变压整流器的组成

变压整流器的组成主要包括主变压器、整流元件、滤波器、冷却风扇等,如图2.4-1所示。

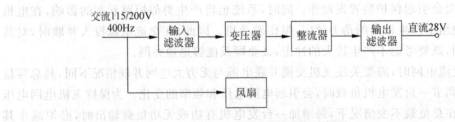

图2.4-1 变压整流器组成框图

主变压器的作用是将115/200V、400Hz的三相交流电变换为适合整流电路的交流电压。整流元件的作用是将主变压器输出的交流电变换为直流电,整流元件一般采用硅整流二极管。滤波器包括输入滤波器和输出滤波器,输入滤波器的作用是减小变压整流器对电网电压波形的影响,滤除高频干扰;输出滤波器的作用是滤除整流后的脉动成分,使直流输出更加平滑。滤波电路由电感和电容组成,其结构形式有 Γ 型和 π 型滤波电路等。冷却风扇作用是对变压整流器进行通风冷却。

2. 变压器的连接方式

根据主变压器和整流电路接法的不同,变压整流器可以分成三相半波整流、三相全波整流、六相半波整流以及六相全波整流等基本类型。主变压器的原边绕组可以接成星形(Y)或三角形(△)。主变压器的副边绕组可以接成三相整流电路或六相整流电路。由于全波整流效率高,输出电压脉动小,飞机上的变压整流器大多采用全波整流。

当变压整流器的主变压器按 Y/Y 连接的三相全波整流电路时,这种电路又称为三相桥式整流电路,其电路及其输出电压波形如图 2.4-2 所示。三相全波整流电路的输出电压波形为含有 2 400 Hz 交流分量的脉动直流,需要较大的滤波器。

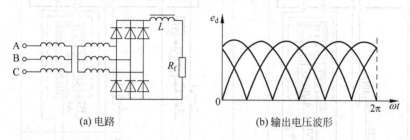

图 2.4-2　主变压器按 Y/Y 连接的三相全波整流电路及其输出电压波形图

当变压整流器的主变压器按 Y/△Y 连接的六相全波整流电路时,为进一步减小整流后输出电压的脉动成分,采用六相全波整流电路,即主变压器的原边绕组为 Y 形接法,而其副边绕组由一个 Y 形绕组和一个 △ 接法的绕组构成。电路结构及输出电压波形如图 2.4-3 所示。由图 2.4-3(b)所示波形可见,整流后输出电压的脉动频率提高一倍,脉动电压幅值减小,有助于减小滤波器的体积和质量。

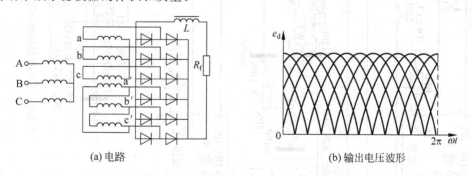

图 2.4-3　主变压器按 Y/△Y 连接的六相全波整流电路及其输出电压波形图

3. 典型飞机变压整流器电路

在 A300 机型中,变压整流器的原理图如图 2.4-4 所示。每个变压整流器将三相交流电转化为直流电接入直流汇流条。在变压整流器上安装有一个电流传感器控制一个接触器。该电流传感器有保护网络和 TR 的功能,其主要的控制对象为接触器开关状态。在正常工作情况下,变压整流器工作并给直流网络供电,接触器处于闭合接通状态。如果在分配系统

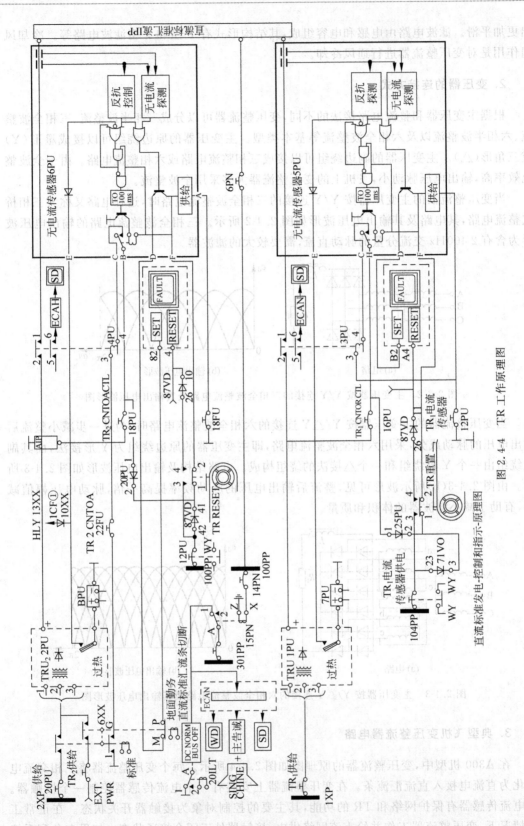

图 2.4-4 TR 工作原理图

汇流条内出现高反流(短路)到变压整流器方向或者 TR 自身检测出过热。该传感器将自动切断交流电的供电。在正常操作的直流电源系统内,有时会检测到变压整流器输出电流过大,但只要不触发警告,表示 TR 的正常输出并没有超出它的功能极限,系统能够正常工作。

2.4.2 静止变流器

飞机上的逆变器通常称为变流机,变流机是将直流电转化为交流电的装置。有旋转变流机和静止变流器两种。旋转变流机由直流电动机带动交流发电机发出交流电,这种变流机噪声大,效率低,维护工作量大,只在早期的飞机上采用。静止变流器采用电力电子技术,将直流电逆变为交流电。这种变流器没有运动部件,转换效率高,维护工作量小,在现代飞机上得到广泛应用。所以本书仅讨论静止变流器。

静止变流器在飞机上的主要作用是提供交流应急电源。当飞机的各类主电源以及辅助电源出现故障时,飞机上安装的应急电源只有飞机电瓶,电瓶的输出电流为直流电,但是飞机的部分应急设备需要交流电源供电,此时,静止变流器将直流电转化为交流电,提供应急交流电源。静止变流器可分为单相静止变流器和三相静止变流器。

单相静止变流器主电路主要有两种形式:一种是推挽式,如图 2.4-5(a)所示;另一种是桥式,如图 2.4-5(b)所示。为了减小功率管的损耗,必须让功率管工作在开关状态。

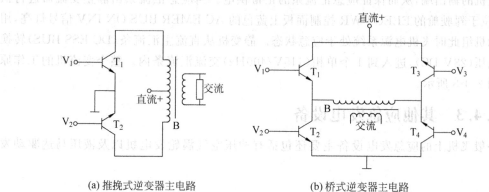

图 2.4-5 逆变器主电路

逆变电路的工作原理很简单,只要让 T_1、T_2(推挽式)或 T_1T_4、T_2T_3(桥式)轮流导通,变压器次级就能得到交流输出。以推挽式逆变电路为例,T_1、T_2 的控制信号如图 2.4-6 所示,由于 T_1、T_2 的输出波形为方波,必须经过输出滤波器滤波后变成正弦波才能使用。将方波滤波成正弦波能量损失大、转换效率低、滤波器质量大、波形失真大。为提高效率,减轻滤波器质量,降低波形失真度,可采用图 2.4-7 所示的三种控制方法:图 2.4-7(a)为小于 180°的方波,经计算,180°方波的总谐波含量为 47%,而 120°方波的总谐波含量为 30%,但也不是越小越好;图 2.4-7(b)为开关点预置 SPWM 波,即按正弦规律调制的脉冲调制波,这种方法能有效降低低次谐波含量,提高转换效率。因此在地面电源和飞机上的静止变流器中得到广泛应用。从理论上说,一个周期内的脉冲越多,总谐波含量就越小,但脉冲越多,功率管的开关损耗也越大。图 2.4-7(c)为阶梯波,这

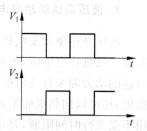

图 2.4-6 推挽式逆变电路控制波形

种方法的优点与 SPWM 波相同,但控制复杂,需要多绕组变压器和多个功率管,应用不太普遍。

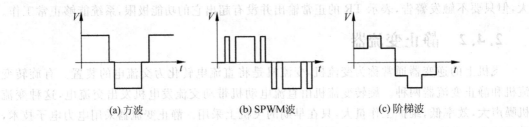

图 2.4-7 逆变器主电路控制方法

三相静止变流器可由三个输出电压相位差为 120°的单相静止变流器构成,也可由采用 6 只晶体管的三相桥式电路构成,其工作原理与单相静止变流器相同。

在 A300 机型中,静止变流器的主要作用是将 28V 的直流电转化为 115V 的单相交流电。保证飞机在应急的情况下交流电的正常供给。

静止变流器起动以及应急网络供给的控制是完全自动的。在正常状态,通过主汇流条提供应急汇流条。当电源系统检测到正常汇流条出现故障时,系统自动将应急汇流条切换到静变机的输出端,从而保证应急汇流条的正常供电。当应急汇流条由静止变流器进行供电时,位于驾驶舱的 ELEC PWR 控制面板上蓝色的 AC EMER BUS ON INV 信号灯亮,用以提示机组此时飞机电源系统处于应急状态。静变机从直流主汇流条(DC ESS BUS)转换直流电压(28V DC),进入到 1 个单相(115V/400Hz)交流汇流条内。整个变流机的工作原理如图 2.4-8 所示。

2.4.3 其他应急发电设备

一般飞机上的应急发电设备主要还包括有冲压空气涡轮发电机以及液压马达驱动发电机。

1. 冲压空气涡轮发电机

冲压空气涡轮(RAT)发电机是一种重要的应急电源,它主要安装在现代大、中型客机上,如波音 777,空客系列等飞机上都装有冲压空气涡轮发电机。当正常电源失效时,飞行员可以人工放出 RAT,由飞机前进的气流推动 RAT 转动,驱动发电机向飞机提供交流电源。图 2.4-9 所示为波音 777 飞机的冲压空气涡轮发电机,额定容量是 7.5kVA。

2. 液压马达驱动发电机

液压马达驱动发电机(HMG)作为一种应急发电机,是一个独立的、无时间限制的备份电源。飞机在空中时,当两侧主交流汇流条均失效时,液压马达驱动发电机自动工作,液压马达的动力源来自飞机的液压系统。液压马达发电机用于给左、右 115V 交流转换汇流条供电,还可以向热电瓶汇流条提供直流电源。液压马达驱动发电机的应用使应急电源的使用不受飞行时间限制,是远程飞行所必需。如波音 757/767 等远程型飞机上都安装有液压马达发电机。

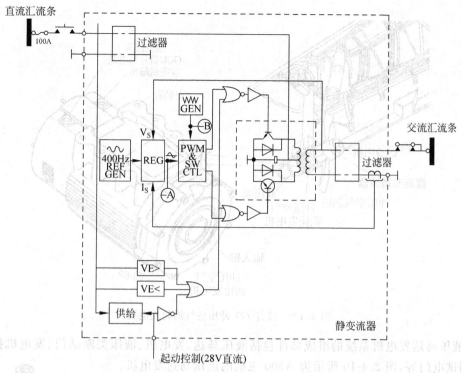

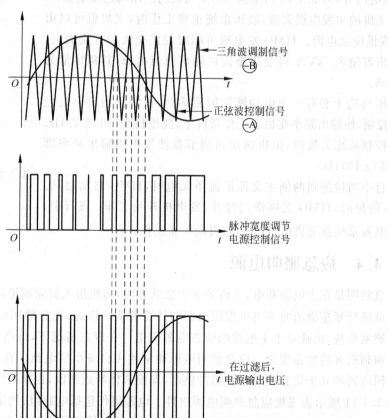

图 2.4-8 变流机的工作原理图

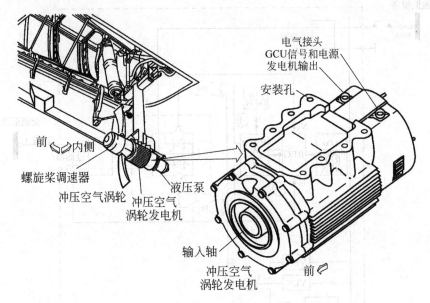

图 2.4-9 波音 777 冲压空气涡轮发电机

液压马达发电机系统的组成部件包括液压马达、发电机、液压关断活门、发电机控制组件、测试电门等,图 2.4-10 所示为 A300 飞机的液压马达发电机。

当飞机的主发电机失效,液压系统正常工作时,飞机就可以由 HMG 提供应急电源。HMG 发电机可同时提供交流和直流输出,交流输出容量为 5kVA,经变压整流后输出直流电源,其额定值为 28V、50A。

液压马达上装有一个电动液压伺服活门,该活门由发电机控制组件控制,使输出频率在稳态工作条件下,能维持在 (400 ± 2) Hz。当伺服控制系统失效时,由机械超速调节器使发电机输出频率维持在 (430 ± 10) Hz。

飞行中当检测到两侧主交流汇流条无电时,HMG 自动启动。经 5.5s 的延时,HMG 关断活门打开,发电机开始工作;飞行中,若正常电源系统恢复供电,HMG 将自动停止工作。

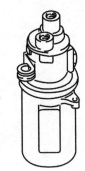

图 2.4-10 A300 液压马达驱动发电机

2.4.4 应急照明电源

应急照明是在主电源断电、飞机处于应急状态时,为机组人员完成迫降以及飞机迫降后机上人员进行紧急撤离时为飞机提供内部和外部照明。因此,应急照明电源应独立于机上正常的照明系统,由独立于主电源的应急电源供电。在应急情况下,该电源是否正常工作,直接影响到旅客的生命安全。应急照明电源通常使用自备小型电池。在一架飞机上,由安装在不同位置的几个应急照明电源组件供电,即使机体断成两段,也能提供应急照明。

图 2.4-11 所示为飞机应急照明电源组件。电源组件包括电瓶组、测试电门、电缆头、控制与充电电路等。电源组件上的测试电门可对该电源组件范围内的所有应急灯进行测试,按压测试电门,应急灯接通电源,工作 1min。

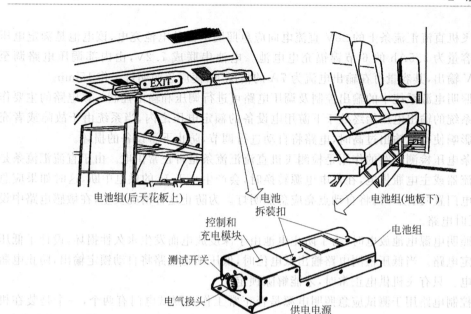

图 2.4-11 典型飞机应急照明电源组件

驾驶舱应急灯光控制板上的应急灯电门是三位置电门,包括"接通"位(ON)、"预选"位(ARM)和"关断"位(OFF)。当电门在"接通"位时,不管汇流条有无电压,应急灯点亮;在"关断"位时,应急灯灭,阻止系统自动工作;在"预选"位时,系统设定为自动工作,当汇流条无电或电压低于12V时,应急灯亮。飞机在正常飞行时,控制电门应处于"预选"位,当该应急灯电门离开"预选"位时,"未预选"灯和"主告戒"灯亮,用于提示机组应急灯光没有处于预选功能。乘务员面板上的应急出口灯电门有两个位置:"接通"位(应急灯点亮)和"正常"位(应急灯设定为自动工作)。即使驾驶舱应急灯光控制板上的应急灯电门置于"关断"位,乘务员面板上的电门也可在应急时接通应急灯。

正常情况下,即当驾驶舱应急灯光控制板上的应急灯电门置于"预选"或"断开"位,且乘务员面板上的应急出口灯电门在"正常"位时,飞机直流汇流条给应急照明电源的电池充电。如果断开飞机上的所有电源,则驾驶舱应急灯光控制板上的应急灯电门必须置于"断开"位,且乘务员面板上的电门必须置于"正常"位,以防止应急灯工作而使电池放电。

典型应急照明电源电路原理框图如图 2.4-12 所示,由充电电路、输出控制及调压电路、低压检测及锁定电路、汇流条电压检测电路、测试控制电路、逻辑控制电路及软启动电路等组成。

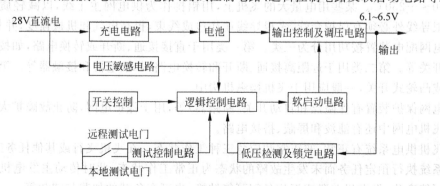

图 2.4-12 BPS7-3 应急照明电源原理框图

一般飞机直流汇流条上的28V直流电向应急照明电源的电池充电,该电池是额定电压为1.2V,容量为3.5Ah的6节镍镉充电电池。电池串联成7.2V,由内部调压电路调至6.1~6.5V输出,其容量可在输出电流为7A的情况下,使应急照明灯工作15min。

应急照明电源系统中的输出控制及调压电路可进行调压和输出控制。该电路的主要作用是保证系统的输出电压始终处于下游用电设备的额定电压之内,当系统由于故障或者充电状态的影响使电压输出过高时,电路将自动进行调节,防止下游设备的损坏。

汇流条电压检测电路的作用是检测飞机直流汇流条是否正常供电。由于直流汇流条是由变压整流器或主电瓶供电,在供电电源转换时,会产生小于1s的供电中断,这时如果应急照明控制电门置"预位"时,将自动点亮应急照明灯。为防止这种情况发生,在敏感电路中设计了1s延时电路。

应急照明电源电池放电时,为了防止电池由于深度放电而发生永久性损坏,设计了低压检测及锁定电路。当低压检测电路输出低电位时,低压锁定电路将自动锁定输出,防止电瓶进行过放电。只有飞机供电正常时,才能解除锁定。

测试控制电路用于测试应急照明电源是否正常工作。测试电门有两个,一个是装在机舱中的远程测试电门,另一个是装在应急电源组件上的本地测试电门。当任一电门合上时,逻辑控制电路使应急照明灯亮,(60±10)s后灭。

逻辑控制电路及软启动电路可以减轻对灯泡的电流冲击,延长灯泡寿命。

当飞机发生事故时,应急电源直接影响到旅客的生命安全,因此,必须定期在内场进行功能性检查和校验。在内场校验时,应采取静电保护措施,并按要求定期进行电池容量测试。如果电池容量达不到要求,应更换同型号新电池,以保证应急照明电源可靠工作。

2.5　飞机供电网络

飞机供电系统由电源系统和输配电系统构成,输配电系统用于实现电能到用电设备的输送、分配和控制保护。输配电系统或称配电系统,又叫飞机电网,由导线或电缆、配电装置、保护装置及检测仪表等构成。

构成飞机电网的重要组成部分是飞机的导线,飞机导线由线芯和外包绝缘层构成。线芯由多股细铜丝绞合而成,为提高强度,较细的导线可用多股细铜合金丝绞合。铜丝外涂有锡、银或镍保护层。外包的绝缘材料决定了导线的型号,如FVN型聚氯乙烯绝缘尼龙护套导线使用温度为-60~$+80$℃,AF250氟塑料绝缘线、TFBL-2聚四氟乙烯绝缘线使用温度为-60~$+250$℃。某些用电量大的飞机上,用铝排作为供电网主干线,以减轻质量。飞机上单根导线外必须有保护套管,多根导线往往包成线束,提高电气和机械强度,并易于安装。

电网配电装置按功用分为三类。第一类用于直接接通、断开或转换电路,如按钮、开关、转换开关等。第二类用于远距离接通、断开和转换电路,如继电器和接触器等。第三类是终点式或凸轮式开关,一般应用于飞机操纵机构中。

电网保护装置有保险丝和自动开关(断路器)等,用于保护电网,防止故障扩大并消除故障。飞机电网中还有滤波和屏蔽、搭接电路。

飞机供电系统有正常、非正常和应急三种工作状态。在飞机飞行或其他任务工作期间,供电系统执行预定任务而未发生故障的状态为正常工作状态,此时传动主发电机的发动机转速可能变化,发电机并联或汇流条间可能转换,也可有负载的加载与卸载等。

供电系统的非正常工作状态是一种短暂的失控状态,汇流条电压或频率发生较大的扰动。例如,配电线或馈电线对机体短路,引起短路保护的状态,保护器跳闸后系统又恢复到正常工作状态等。应急状态是主电源全部故障,不能供电,必须由应急电源供电的状态,在这种状态下飞机必须尽快返航与降落。

非正常状态与应急状态除稳态电压和频率范围不同外,瞬态电压峰值及恢复时间等指标也有较大差异。例如,美国军标 MIL-S-704D 规定,交流电源正常供电时稳态电压范围为 108～118V,瞬态电压最小与最大值为 80V 与 180V,电压持续时间小于 0.01s;不正常供电时稳态电压范围为 100～125V,瞬态电压最大值 180V 持续时间 50ms,最小瞬态电压为 0V,持续时间 7s;美国航空无线电技术委员会关于民用飞机的标准 RTCADO-160 中规定,交流电源正常状态的稳态电压范围为 104～122V,中断供电时间小于 200ms,电压浪涌为 160V(最大)和 60V(最小),持续时间为 30ms;不正常供电电压为 97～134V。

在多发动机飞机上,一般主电源的数量与发动机数相同。这种情况下,一旦有某台发电机发生故障,不会立即转入应急电源供电状态,而是转为主电源系统应急程序,故障电源退出电网,负载由其余的无故障电源供电。如果正常工作电源容量足够,则飞机能继续执行飞行任务。如果一台或两台发电机退出后,剩余容量不足,则由飞行员或自动卸去一些次要的负载,这就是负载的监控。采用主电源应急程序的主要原因是现代飞机主电源十分可靠和安全。仅当全部主电源和辅助电源(不少辅助电源也允许在飞机飞行时工作)故障时才由应急电源供电。必须指出的是:非并联运行的主电源转换时一般有一段供电中断时间,此时系统进入非正常工作状态。

现代飞机上的用电设备按其重要程度可分成关键设备、重要设备和通用设备三类。关键设备如飞行控制系统和座舱显示器等;重要用电设备如防冰除冰设备、环境控制系统和用于完成飞行任务的电子设备等;通用设备如厨房加温与娱乐设备等。高性能飞机常采用主动控制技术。这种飞机只能靠控制系统的增稳功能飞行。一般采用电传操纵形式,电传操纵将飞行员的操纵指令变为电信号操纵飞机,由侧杆、敏感元件、计算机、伺服机构和助力器等构成,将自动控制系统与主操纵系统结合起来了。因而控制系统的失效意味着飞机的失控,必须采用余度技术,以保证高的可靠性。余度技术要求余度电源。通常飞控系统采用 4 余度电源,即两套独立的主电源,一套备用电源,一套应急电源。若应急电源是蓄电池则必须保证电池在充电状态工作,以便应急时有足够的电容量。

重要用电设备通常采用 3 余度供电方式,由两套主电源和一套备用电源供电,用电设备可有选择地工作。

通用用电设备通常由主电源供电,一套主电源故障时可以转换到另一套主电源。供电系统正常工作期间,一般用电设备应有完全的技术性能并保证安全。在汇流条转换时出现供电中断期间,对用电设备性能不作要求,但供电系统恢复正常后,用电设备的特性应能全部恢复。在供电系统非正常工作期间,一般对用电设备的性能不作要求,甚至允许失去功能,但必须保证安全,并在供电特性恢复正常后恢复用电设备的全部特性。在应急供电时,对于需要执行任务的设备应能提供规定的技术性能和保证安全可靠。供电特性恢复后应恢复全部特性。有的用电设备要求不中断供电。通常,飞机直流电源系统易于实现不中断供电,因为多个直流电源易于并联工作,正电源采用反向保护二极管接向电源汇流条时,电源本身故障不会导致用电设备供电中断。交流电源不中断供电技术则比较复杂。

2.5.1 电源分配

飞机电网可分为供电网和配电网两部分。供电网是从飞机电源、电源汇流条到用电设备汇流条间的部分。配电网是从用电设备汇流条到用电设备间的部分。

飞机直流电网有集中配电、混合配电和独立配电三种配电方式。图2.5-1(a)是集中配电原理图,两台发电机、一台蓄电池和机上地面电源插座均接到唯一的电源汇流条上,由它直接将电能送到用电设备。

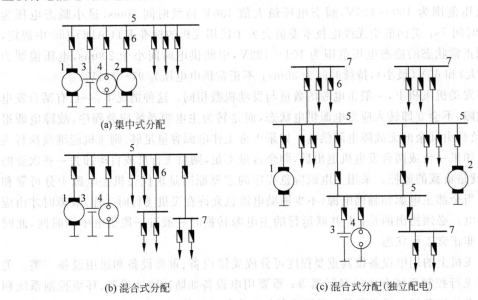

图 2.5-1 直流电网分配原理图

图2.5-1(b)和(c)是混合配电原理图,其中图2.5-1(b)仅一根电源汇流条,设在电源与大功率用电设备间,减轻干线质量,同时有几个用电设备汇流条设于用电设备比较集中的地方。图2.5-1(c)除有多个用电设备汇流条外,还有多个电源汇流条,各汇流条上有1~2个电源。由两组或多组图2.5-1(a)构成的配电系统称为独立配电,在正常情况下,组与组间不接通,仅在一组电源故障后,其负载转由另一组或另几组供电。

集中配电系统中,电源和用电设备的控制和保护都设在有电源汇流条的中央配电盘内,配电盘位于空勤人员附近。这种配电方式用电设备端的电压等于电源汇流条电压与该设备线路压降之差,线路压降只决定于该设备本身消耗电流,故设备端电压较稳定,电网简单,易于检查和排除故障。其缺点是:一旦电网发生短路,所有用电设备在短路故障排除之前,供电电压均较低;电源和用电设备馈电线都要集中到中央配电盘,导线长,质量大,且中央配电盘复杂、体积大。这种配电方式适合于用电量不大的小型飞机。

混合配电系统有多个配电盘,结构简单,功能分散,易于检查维修,电网质量轻,但用电设备端电压随用电设备通电个数和负载大小而异,适合于中型或中大型飞机。

独立配电系统中,一旦电网发生短路,只对短路所在的电网有影响,不会影响别的电网工作,提高了工作可靠性。如果每个独立系统发电容量不够大,则在起动大负载时,会导致系统电压显著波动。一组电源故障,其用电设备转换到正常组时,有一定转换时间,会导致供电中断,这对计算机等不允许中断供电的用电设备不合适。

2.5.2 典型电源的网络分配

A300 机型飞机在正常飞行状态下,以交流电源作为飞机的主电源。其交流电由安装在两台上的两台整体驱动发电机(IDG)提供。同时,作为辅助电源,在辅助动力装置(APU)上也安装一台发电机。三台发电机的功率均为 90kV·A,保证任何一台主发电机都可以满足整架飞机的用电需求。

一台发电机可向 1、2 号交流汇流条供电,而且每次只有一台发电机向一条交流汇流条供电。三台发电机不能同时向同一汇流条供电,但如一台发电机失效,系统将自动进行电力转换。IDG 的供电电网经其自身控制的发电机线路接触器(GLC)向电网进行供电,两个 IDG 之间没有电气连接。正常情况下,左发 IDG 提供 1 号交流分配网络,该网络包括有 1 号交流汇流条(AC BUS 1),交流主汇流条(AC ESS BUS)以及交流应急汇流条(AC EMER BUS)。右发 IDG 提供 2 号交流分配网络,2 号分配网络与 2 号交流汇流条相对应(AC BUS 2)。如一汇流条没有其正常电源,通过交流汇流条转换线路,自动转换至一备份电源。备份电源的切换逻辑是如外部电源可用,相关汇流条就与外部电源相连;如 APU 发电机和外部电源都可用,外部电源将优先于 APU 发电机;而如果 APU 发电机不可用,汇流条将会由另一侧的发动机驱动的发电机供电(即 2 号发电机向 1 号交流汇流条供电,或 1 号发电机向 2 号交流汇流条供电)。其 ECAM 显示的图形如图 2.5-2 所示。

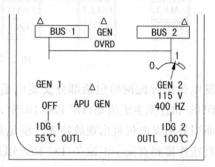

图 2.5-2 交流主汇流条 ECAM 指示图

交流主汇流条(AC ESS BUS)是三相汇流条,正常情况由 1 号交流汇流条通过一主转换接触器(ETC)向其供电。如果由于飞行员切断 1 号交流汇流条供电或由于主转换接触器故障而导致不能向主交流汇流条供电时,通过 GCU 的控制,在 1 号发电机可用的情况下,带有保护盖的"1 号超控供电"的按钮电门必须按下,触发"1 号超控供电"灯(白色)和绿色的接通指示灯亮。利用 1 号发电机直接向主交流汇流条供电。如果 1 号发电机故障,无法保证主交流汇流条的正常供电的情况下,必须首先松开"1 号超控供电"按钮,然后按下"2 号超控供电"按钮,驱动 2 号发电机向主交流汇流条供电。如果同时按入两个超控按钮,所有正常交、直流汇流条(1 号交流汇流条,2 号交流汇流条和正常直流汇流条)将会卸载,仅主交流汇流条、交流应急汇流条和直流主汇流条仍保持供电。整个操作界面如图 2.5-3 所示。

交流应急汇流条(AC EMER BUS)是一单相汇流条,正常情况由主交流汇流条供电。如"主交流汇流条关"灯亮,交流应急汇流条自动由主直流汇流条通过应急变流机供电。当应急变流机工作时,蓝色"变流机向交流应急汇流条供电"灯亮。

通过交流 1 号汇流条和 2 号汇流条提供交流电至相应的变压整流器 1 和 2,经过变压整流器整流所产生的直流电分别经各自接触器进入直流正常汇流条(DC NORM BUS)。直流汇流条之间通过一个连接接触器(DC BUS TIE),联接直流正常汇流条和直流主汇流条。因此,在正常情况下,通过双发的 IDG 系统,就可以提供飞机的整体电源正常工作。在应急情况下,飞机的电源系统自动接通至应急供电状态。在备用发电机工作的情况下,备用

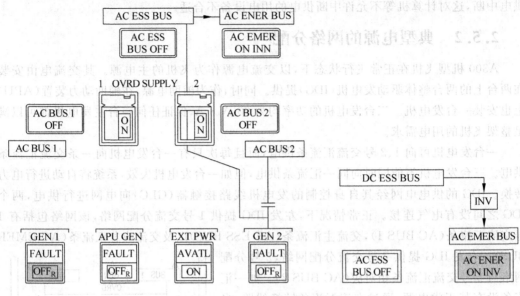

图 2.5-3 电源超控面板示意图

发电机的分配网络包括部分交流电重要汇流条（AC ESS BUS）、交流应急汇流条（AC EMER BUS）和直流主汇流条（DC ESS BUS），保证在双发失效的情况下，可以完成飞机的正常操纵。而当备用发电机也出现故障无法满足系统的正常工作时，直流电瓶将自动切入系统，三个电瓶直接连接到直流主汇流条（DC ESS BUS）。当飞机处于电瓶供电时，电源系统只能单独提供交流应急汇流条和部分直流应急汇流条供电。直流汇流条的结构原理图如图 2.5-4 所示。

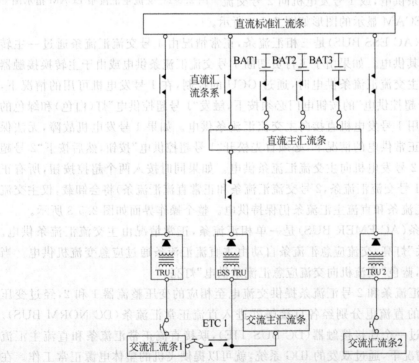

图 2.5-4 直流汇流条结构示意图

2.5.3 电源系统的操作

IDG 电源系统主要操纵面板如图 2.5-5 所示,其中,按钮 1 是整体驱动发电机故障指示电门。当发电机滑油超温或者滑油压力低时,该电门的故障指示灯点亮,提醒飞行员进行适当的操作。按钮 2 是 IDG 的脱开按钮电门,带有保护盖的按钮电门,防止飞行员和维护人员的误操作。按压该电门使 IDG 与发动机传动轴脱开;一旦脱开,综合驱动发电机只能在地面,发动机不工作时才能重置。当发动机关车或低于地面慢车时(例如发动机冷转时),不允许脱开综合驱动发电机。为防止损坏脱开机械装置,按钮电门不得按下保持超过 3 秒钟。

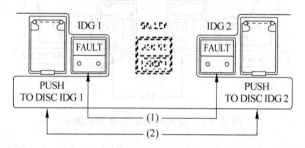

图 2.5-5　IDG 电源系统主要操纵面板

IDG 的发电机操纵面板如图 2.5-6,主要包括两台 IDG 发电机,APU 辅助发电机和外接电源发电机三个指示按钮。图 2.5-6 中按钮 1 是两台 IDG 发电机的控制电门,该电门通过接通/断开相应的发电机供电线路上的接触器,控制发电机与供电电网的联接方式。同时,该电门还可在发电机系统发生故障时,重置整个发电机控制组件的保护系统,对系统进行热启动。当该电门按下,且发电机各项参数正常的情况下,发电机的输出供电与电网相连,为系统供电。当发电机保护组件检测到发电机的输出电压存在故障时(例如电压,频率等参数的故障),保护组件的保护功能启动,同时点亮按钮中的 FAULT 灯。

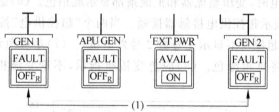

图 2.5-6　IDG 的发电机操纵面板

图 2.5-6 中,中间的两个按钮电门分别是 APU 发电机按钮电门和外接电源启动电门,与 IDG 发电机电门类似,当两个电门按下,相应的保护组件检测输出电源参数。若各项参数都正常,接通相应供电网络上的接触器,为系统电网供电;如果检测到参数存在故障,启动保护功能,断开相应的接触器,保护下游用电设备的正常工作。同时点亮电门上的故障指示灯,提示机组进行适当的操作。

交流电网的供电指示面板如图 2.5-7,图中指示灯(1)是"1(或 2)交流汇流条关"指示灯,当相应的交流汇流条没有电时,琥珀色的"1(或 2)号交流汇流条关"灯就会亮。指示灯(2)是"主交流汇流条关"灯,当主交流汇流条没有电时,琥珀色的"主交流汇流条关"灯就会亮。灯(3)是"静变机向交流应急汇流条供电"灯,直流主汇流条通过静变流机向交流应急汇流条供电时,蓝色的"变流机向交流应急汇流条供电"灯就会亮。按钮(4)是交流主汇流条的人工超控按钮。

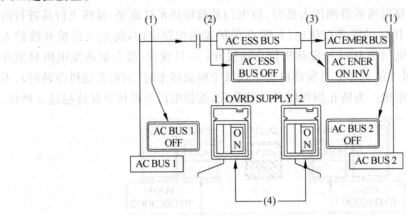

图 2.5-7 交流电网的供电指示面板

交流供电的电源系统 ECAM 指示如图 2.5-8,图中(1)和(2)是发电机频率和电压指示,在正常时显示绿色。当频率低于 390Hz 或高于 410Hz 时,(1)显示琥珀色;当发电机输出电压低于 110V 或高于 120V 时,(2)显示琥珀色;当发电机按钮电门选择"关/重置"位时,两者均无显示。(3)是 1 号(或 2 号)发电机状态符号,当发电机正常工作时,显示白色。当发电机按钮电门选择"关/重置"位时,显示琥珀色。指针(4)是发电机负荷指示指针,正常情况下显示绿色。如负荷超过 110%(指示器上为 1.1),显示琥珀色;如发电机按钮电门选择"关/重置"位,不显示。三角符号(5)是汇流条和变压整流器指示,三个三角符号分别代表 1、2 号交流汇流条和主交流汇流条。当汇流条有电时,变压整流器显示白色,汇流条符号显示绿色;当汇流条无电时,变压整流器和汇流条都显示琥珀色。(6)是 1 号(或 2 号)发电机超控指示,显示白色表示超控供电接触器接通。当两个"超控供电"按钮电门都选择在"关"位时,仅显示"发电机超控"(不显示 1 号或 2 号发电机)。(7)是应急汇流条状态指示,无论汇流条是否有电,始终显示绿色。(8)应急变流机指示,不论变流机是否有电,始终显示白色。

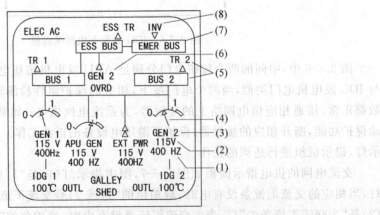

图 2.5-8 交流供电的电源系统 ECAM 指示

本章小结

飞机电源系统是整个飞机的系统的重要组成部分,电源系统为飞机上的用电设备提供满足要求的交流电源和直流电源。电源系统可以分为发电,分配,保护以及转换四个主要功能。

在现代民用飞机上直流电源主要采用航空电池,通过电池以及直流电源分配网络可以将电池电流分配至各个直流用电设备之中。同时,航空电池还作为电源系统的备用电源进行交流供电。

飞机电源系统的主要发电方式是交流发电,飞机交流电源系统的主电源是由恒速传动装置、交流发电机和控制器等组成的 400Hz、115/200V 三相交流电源系统。通过恒速传动装置,电源系统可以将发动机的不同转速转换为一个恒定的转速输入到交流发电机中,从而产生恒定的交流电源。交流发电机将发动机传递的机械能转化为电能,通过交流电源网络传递至不同的交流用电设备。

飞机电源系统还有一个重要功能是实现二次电源。二次电源是将飞机主电源转换为另一种规格或形式的电源,如用变压整流器将 115/200V,400Hz 的恒频交流电或变频交流电转变为 28V 直流电,用逆变器将 28V 直流电转变为 115/200V、400Hz 的交流电。应急电源除电瓶外,还有冲压空气涡轮发电机和液压马达驱动发电机、应急照明电源等。二次电源的主要作用是当飞机主电源出现故障后,为用电设备供电,提高飞机电源系统的可靠性。

复习与思考

1. 什么是飞机的电源系统?简述飞机电源系统的分类。
2. 飞机电源系统由哪几部分组成?
3. 飞机直流发电机由哪几部分组成?直流发电机的特点是什么?
4. 飞机交流发电机由哪几部分组成?交流发电机的特点是什么?
5. 飞机交流电源系统的保护有哪些?
6. 什么是飞机电源系统的二次电源?其有哪些功能?

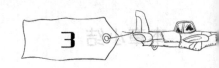

液压系统

本章关键词

液压传动系统(hydraulic drive system)　　柱塞泵(plunger pump)
相对黏度(relative viscosity)　　　　　　　管路分布(distribution of pipe)
液压控制元件(hydraulic control unit)　　液压执行元件(hydraulic actuator)
飞机冲压涡轮(the plane ram turbine)

互联网资料

http://en.wikipedia.org/wiki/Hydraulic_drive_system
http://d.g.wanfangdata.com.cn/Thesis_D038147.aspx
http://www.xcar.com.cn/bbs/viewthread.php?tid=10856595
http://pic.feeyo.com/posts/130/1303635.html#1303635
http://www.docin.com/p-352707901.html
http://d.g.wanfangdata.com.cn/Periodical_fjsj200504010.aspx
http://d.g.wanfangdata.com.cn/Thesis_Y960182.aspx

　　液压传动是一种以液体为工作介质，利用液体静压能来完成传动功能的一种传动方式，也称容积式传动。液压传动建立在帕斯卡原理基础之上，帕斯卡原理指出，在装满液体的密闭容器内，对液体的任一部分施加压力时，液体能把这一压力大小不变地向四面八方传递。

　　液压传动系统主要由动力元件、执行元件、控制调节元件以及各类辅助元件组成。其中，动力元件将机械能转化为液压能，执行元件将液压能转换为机械能实现作动，控制调节元件将液压能根据要求进行流向以及流量的控制，而辅助元件保证液压传动系统的正常工作。

　　为了保证飞机能够正常稳定的飞行，飞机上一般安装有多套液压系统，提高液压传动系统的可靠性。系统通过液压泵产生足够的液压能，进入到高压总管进行分配，通过伺服控制阀或者调压阀控制液压流向以及流量，最终实现飞机安全稳定的飞行。

3.1 液压系统概述

图 3.1-1 所示为液压传动原理图。它由两个作动筒 1 和 2 组成，中间由管道相连，内部充满液体。当液压缸 1 的活塞向左移动时，液压缸 1 左腔的液体被挤入液压缸 2 的右腔，这两个腔内的压力升高，液压缸 2 活塞被迫向左移动。若连续推动活塞 1 则液体连续地流经管道并推动活塞 2 连续运动，液压缸 1 推动液体流动并使液体具有压力，它就是一个手动液压泵；液压缸 2 用来推动负载，它就是一个液压执行元件。这就是一个最简单的液压传动系统。

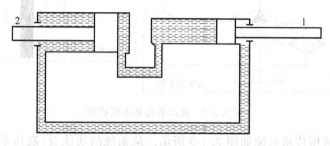

图 3.1-1 液压传动原理图

综合上述分析，液压传动以液体作为传递能量的介质，而且必须在封闭的容器内进行。密封容积中的液体既可以传递力，也可以传递运动。为克服负载必须给油液施加足够大的压力，负载越大所需压力亦越大。这是液压传动中的一个基本原理——压力取决于负载（包括外负载和油液的流动压力损失）。要完成一定的传动动作，仅利用油液传力是不够的，还必须使油液不断地向执行机构运动方向流动，单位时间内流入作动筒的油液体积称为流量，流量越大活塞的运动速度越大。这又是液压传动中的一个重要规律——输出速度取决于流量。液压传动的主要参数是压力 p 和流量 Q。

在现代民用飞机中，液压系统已成为飞机操纵系统以及各类其他系统的主要动力源。其作为动力驱动飞机操纵舵面，起落架的收放和飞机货仓舱门的开关等。为提高飞机操纵系统的可靠性和飞行安全性，液压系统一般采用三个相互独立的子系统提高余度要求。

3.1.1 液压传动系统的组成

实际使用的液压系统要比图 3.1-1 所示传动原理模型复杂。典型的航空液压系统，一般由动力元件、执行元件、控制调节元件以及各类辅助元件组成。

动力元件是将电动机或者发动机产生的机械能转化为液体压力能的主要部件。液压传动系统的所有动力都由动力元件提供。动力元件是整个液压传动系统的输入端，执行元件是液压传动系统的实际输出端。液压系统通过执行元件将液体的压力能转化为机械能进行有效的输出，执行元件一般包括液压作动筒或者液压马达等部件。控制调节元件是整个液压系统的控制中心，系统的正常工作需要液压控制元件的协调工作，其主要作用是调节各个部分的液体压力、流量及方向，使液压系统能够根据飞行员或者计算机的实际指令进行工作。除上述三大主要组成元件之外，其他原件都称为液压系统的辅助元件。辅助元件主要指为了完成系统的有效工作所必须的元件，包括液压油箱、油滤、散热器、储压器、管道、接头和密封件等。典型的液压传动系统如图 3.1-2 所示。

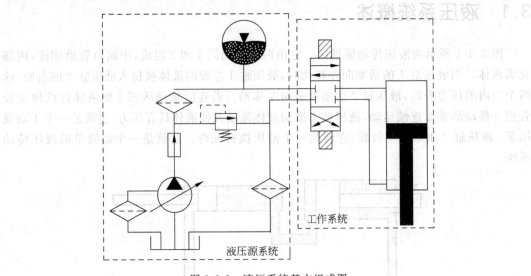

图 3.1-2 液压系统基本组成图

典型的机载液压传动系统如图 3.1-3 所示。从系统的功能看,液压系统分为液压源系统和工作系统两大部分:

(1) 液压源系统:液压源系统包括泵、油箱、油滤、冷却系统、压力调节系统和蓄能器等。在结构上有分离式与柜式两种,飞机液压源系统多为分离式,而柜式液压源系统多用于地面设备,且已形成系列化产品,在标准机械设计中可对液压源系统进行整体选用;

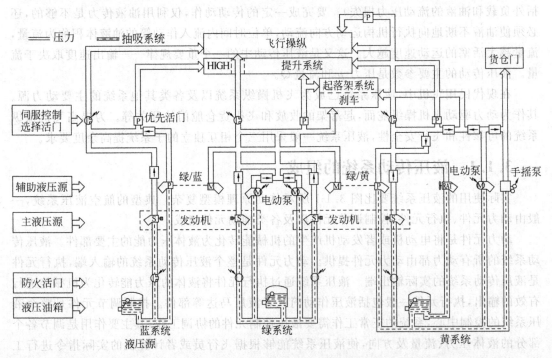

图 3.1-3 典型机载液压传动系统

(2) 工作系统：工作系统是用液压源系统提供的液压能实现工作任务的系统。将执行元件和控制调节元件适当组合，可产生各种形式或不同顺序的运动。例如飞机起落架收放系统、液压刹车系统等。

以飞机的前起落架收放系统为例，现代飞机起落架的收放动作，几乎全采用液压传动。图3.1-4所示为收放前起落架的液压系统。此系统动力部分的工作原理为：油泵2从油箱1吸油，经油滤3、单向阀5供向电磁阀7，一部分油填充蓄能器6（当油泵2供油不足时，起辅助补油作用）。若油泵2出口压力超过规定值，则安全阀4接通回油油路，为系统卸压。单向阀5防止储能器6的压力倒流，以免影响油泵的正常工作。

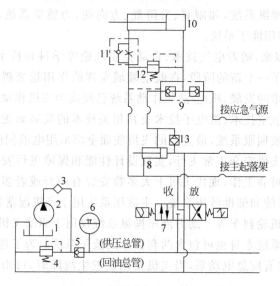

图 3.1-4 前起落架液压收放系统

1—油箱；2—油泵；3—油滤；4—安全阀；5,13—单向阀；6—储能器；7—电磁阀（又称电磁开关或电磁阀门）；8—开锁作动筒（放起落架时，用以打开起落架的锁钩）；9—液压锁；10—前起落架收放作动筒；11—单向节流阀（单向节流活门）；12—安全阀（热膨胀活门）

当飞机着陆时放起落架的工作流程为：飞行员将座舱内的"LANDING GEAR"开关置于"DOWN"位置，电磁阀7右端的电磁铁通电，将高压油接通至放下管路。高压油首先进入开锁作动筒8的无杆腔（无活塞杆的右腔），推动活塞向左运动，使起落架的锁钩开锁，开锁后活塞将中间油路打开，高压油便通过开锁作动筒8和液压锁9进入前起落架收放作动筒10的无杆腔，推动活塞放下起落架。同时，开锁作动筒8和前起落架收放作动筒10有杆腔（有活塞杆的左腔）的工作液，经电磁阀回到回油总管，流回油箱。由于起落架放下时，在液压力、重力和气动力的共同作用，其放下速度比较快，活塞运动到终点时易与外筒发生撞击，因此在作动筒出口处安置一个单向节流阀11，使工作液流出时有较大液阻，减小起落架放下速度和撞击。液压锁9的作用是当起落架放下后，封闭作动筒的无杆腔，将起落架锁在放下位置，与作动筒10内的机械钢珠锁（黑三角）一起起双套保险作用。由于液压锁9的闭锁作用，温度上升时油液无处膨胀，故设热安全阀12，在超压时可经它卸压。

当飞机起飞后要收起落架时的工作流程为：飞行员将座舱内的"LANDING GEAR"开关置于"UP"位置，电磁阀7左端电磁铁通电，高压油一方面进入开锁作动筒8的有杆腔，推动活塞使锁钩复位，另一方面进入作动筒10的有杆腔使起落架收起。作动筒10无杆腔回油经液压锁9（此时高压油已进入液压锁将钢球顶开）、单向阀13、电磁阀7进入油箱。

3.1.2 液压系统的发展

液压传动与控制技术应用于航空领域是在第二次世界大战末期，开始阶段的发展相对比较缓慢。首先用在飞机上的液压技术是液压助力器。最初的飞机液压助力器用于给当时的高速飞机平尾升降舵提供液压动力，改进飞机操纵系统的性能。不断改进的液压助力器用于飞机舵面的操纵，不仅减轻了飞行员的体力消耗，而且由于助力操纵克服了飞机在跨音速飞行时舵面气动力引起操纵杆力变化的不可操纵性，从而使飞机由亚音速飞行跨入超音速飞行。现代飞机的操纵系统，如副翼、升降舵、方向舵、力感觉系统、起落架收放、舱门收放、增升系统的操纵都用液压系统。

20世纪60年代以来，随着电气技术、自动控制理论等学科和技术的发展和应用，液压传动和控制技术进入了一个新的阶段，在航空领域发挥的作用越来越大。随着液压伺服技术特别是电液伺服技术的发展，机电-液压作动系统已经成为飞机作动系统的主要形式。电液伺服作动系统随着航空技术、微电子技术及其相关技术的发展而逐渐成熟。现在大多数飞机作动系统都是电液伺服系统，最主要的飞机舵面全部采用电液伺服系统驱动。

机载液压系统对飞机安全正常飞行，实现设计性能和保障飞行安全起着举足轻重的作用。为保证液压系统可靠工作，现代飞机上大多数安装有两套或者多套相互独立的液压系统，分别称为主液压系统和辅助液压系统。主液压系统用于飞机起落架、襟翼和减速板的收放，前轮转弯的操纵，机轮刹车等。助力液压操纵系统仅用于驱动飞机操纵系统的助力器和阻尼舵机。助力液压系统本身也可包含两套独立的液压系统。为了进一步提高液压系统的可靠性，系统中还并联有应急电动泵，当飞机发动机发生故障时，可由应急电动泵驱动液压系统继续工作。

随着现代航空技术的进一步发展，飞机对于机载液压系统提出了更高的要求，机载液压系统将朝着质量轻、体积小、高压化、大功率以及变压力等方向发展。随着飞机的飞行速度和机动性能越来越高，减轻机载液压系统的质量和减小其体积已经是发展下一代飞机的必然要求，从未来高性能飞机的飞行性能以及合理质量分配来看，最佳机载液压系统的质量应小于整机质量的1%。目前机载液压系统的质量约占整机质量的3%~5%。因此，减轻机载液压系统的质量和减小其体积是发展下一代飞机的必然趋势。

自机载液压系统出现20.7MPa（3 000lbf/in^2）、27.6MPa（4 000lbf/in^2）压力后，世界上机载液压系统最高压力已保持40余年没有改变，图3.1-5所示是世界各国主要机型液压系统的工作压力。

但是世界各国特别是美国近20年来的大量研究表明：减轻飞机液压系统质量和缩小其体积的最佳途径是提高飞机液压系统的工作压力。美国空军要求机翼内的液压元部件的安装体积缩小60%。同时，美国海军的研究表明，钛合金管路飞机液压系统的最优工作压力为55.2MPa（8 000lbf/in^2）。美国海军在F-14战斗机上进行了压力分别为20.7MPa（3 000lbf/in^2）和55.2MPa（8 000lbf/in^2）两种飞机液压系统的对比研究，结果表明：相对于压力为20.7MPa（3 000lbf/in^2）的飞机液压系统，压力为55.2MPa（8 000lbf/in^2）的飞机液压系统的质量可减轻30%，体积可缩小40%。同时，进一步证实将F-15、KC-10飞机液压系统压力从20.7MPa（3 000lbf/in^2）提高到55.2MPa（8 000lbf/in^2），系统质量至少减轻25%~30%。

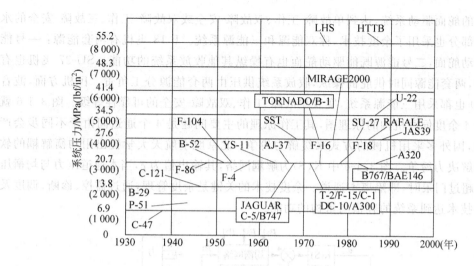

其中：
民用运输机：A300,A320,B747,B767,BAE146,
　　　　　DC-10,SST,YS-11
民用运输机：C-1,C-5,C-47,C-121,U-22
战斗机：AJ-37,F-4,F-15,F-16,F-18,
　　　　F-86,F-104,JAGUAR,
　　　　JAS39,MIRAGE2000,P-51,RAFALE,
　　　　SU-27,TORNADO
轰炸机：B-1,B-29,B-52
实验机：LHS,HTTB

图 3.1-5　世界各国主要机型液压系统的工作压力

美国海军还与洛克韦尔公司、沃特公司共同进行了超高压飞机液压系统的全面地面与飞行试验研究,以 A-7E 飞机的液压系统作为研究对象,试验结果表明系统质量减轻 30%。苏联在苏-27 战斗机上进行了压力分别为 20.7MPa(3 000lbf/in^2)和 27.6MPa(4 000lbf/in^2)两种飞机液压系统的对比研究,与压力为 20.7MPa(3 000lbf/in^2)的飞机液压系统相比,采用压力为 27.6MPa 液压系统的质量减轻 4%。目前,美国至少有一架研制中的飞机采用压力为 34.5MPa(5 000lbf/in^2)的钢基材料飞机液压系统,其他国家对提高飞机液压系统的压力正在做大量的研究。我国飞机液压系统的最高压力是 20.7MPa(3 000lbf/in^2),北京航空航天大学在"十二五"期间已成功研制了 27.6MPa(4 000lbf/in^2)铝基材料的飞机液压系统。可以预见高压化是未来飞机液压系统发展的一种主要趋势。

飞机性能的提高使飞机上利用液压动力的控制操纵功能增多,例如发动机及矢量推力的控制使机载液压功率增加 50%～100%。飞机速度加快和机动性提高导致飞行控制舵面承受的气动力载荷变得更大、作动速率更快,因而驱动这些舵面的液压作动器的功率将更大,特别是主动控制技术的应用和发展,使飞机液压系统的功率不断提高。YF-22A 飞机液压系统的功率为 560kW,约为 F-15 战斗机的 2 倍;YF-23A 飞机液压系统的功率也在 450kW 以上。对先进战术战斗机来讲,要求其液压系统应具有近 600kW 的功率。目前高性能战斗机液压系统所需功率为第二次世界大战时的 5 倍以上;未来飞机液压系统所需的功率将是现在的 5 倍以上。总之,提高飞机液压系统的功率是飞机发展的必然趋势。

为了适应电传操纵系统和主动控制技术在飞行控制系统中的应用,液压系统工作部分日趋采用余度技术,第三代战斗机的典型代表俄国的 SU-27 和美国 F-16 飞机都采用 3 余度或4余度的舵面驱动系统,达到单故障-工作、双故障-安全或双故障-工作、三故障-安全的水平。能源部分也采用了余度技术,称双能源和三能源系统。F-18飞机有两套能源:一号能源专门驱动舵面,二号能源既能驱动舵面也有操纵其他收放系统的功能。SU-27飞机也有两套能源,两套能源同时供舵面操纵,收放系统供压由两套能源分工负责。民机方面,波音767、A310也都采用三能源系统,实现单故障-工作、双故障-安全的可靠性等级。图3.1-6就是力综合4余度伺服机构的原理图,其工作原理的主要问题是4个通道间由于不同步会产生力纷争,国外多采用机械的方式来缓解力纷争;北京航空航天大学提出用均衡解耦的软件伺服来解决力纷争。图3.1-6中K(S)为解耦网络,其输出值为e,当本通道压力与均衡压力差值e超过门限时,即隔离本通道。余度技术的关键是余度管理,通过监控、诊断、调度及信号融合技术达到系统的容错与重构的功能。

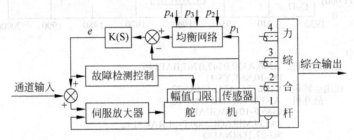

图3.1-6　4余度原理图

3.2　民用飞机常用液压元件

3.2.1　液压油

液压传动与伺服控制系统中所用的传动介质称为工作液,又称液压油。目前航空和地面各种设备的液压系统中,采用的工作液分两大类:一类为矿物油系,一类为不燃或难燃性油系。矿物油系工作液的主要成分是石油加入各种添加剂(抗氧化、耐高温等)精制而成。根据其性能和使用场合不同,矿物油系工作液有多种牌号(如20号机械油、30号汽轮机油、10号航空液压油等)。矿物油系工作液的润滑性好、腐蚀性小、化学安全性较好,已被大多数机器液压系统所采用。尤其是特制航空液压油,能耐高温、抗低温和防火,但价格较贵。在航空喷气发动机的燃油调节系统中,则直接利用发动机本身的燃油(煤油)作为工作液,其工作性能较差,但系统设计方便。

由于航空液压系统的工作环境相对其他液压系统的工作环境而言较恶劣,因此航空液压油必须保持在高空和低温时的稳定性。航空液压油的特性较多,首要的是保持其润滑性。油液润滑性是指液体能够在两个附件的摩擦面之间形成一层"油膜"的特性。这层"油膜",覆盖着附件的表面,使它们的摩擦面不直接接触,减小附件之间的摩擦力,减少附件表面的磨损。飞机液压系统的液压油必须具有良好的润滑性,其润滑性在高空时也必须保持,不因环境温度的变化而产生影响。

液压油第二个特性是黏度。当流体在外力作用下流动时,由于分子间内聚力的作用而产生阻碍其分子相对运动的内摩擦力,称为流体的黏性。黏性只有流体在运动时才显示出来,静止的流体不显示黏性。黏性只能阻碍、延缓流体内部的相对运动,但不能消除这种运动。流体的黏性通常有三种表示方法:动力黏度、运动黏度和相对黏度。

1. 相对黏度的测量

由于动力黏度和运动黏度的测定相对困难,所以工程上常采用测定较容易的"相对黏度"来表示流体的黏度,相对黏度又称条件黏度。各国采用的相对黏度测定方法和单位有所不同,我国采用恩氏黏度°E,美国采用国际赛氏秒,英国采用雷氏秒,而法国采用巴氏度。

恩氏黏度及赛氏黏度的测试方法如下:

恩氏黏度:在温度为20℃条件下,测定200ml液体在自重作用下流过专用恩格勒黏度计(简称恩氏黏度计)中直径为$\phi 2.8$小孔所需的时间t_1,然后测出同体积的蒸馏水在20℃时流过同一小孔所需时间t_2,t_1与t_2的比值即为被测液体在20℃的恩氏黏度值,用公式表示为:

$$°E = \frac{t_1}{t_2} \tag{3-1}$$

恩氏黏度计只能用来测定比水黏度大的液体。

赛氏黏度:在温度为37.78℃下,测定60ml的油液在自重作用下流过赛波尔特黏度计(见图3.2-1)中一个直径为$\phi 1.76$标准节流孔所需的时间,这个时间称为该温度下油液的赛氏黏度,单位为赛氏通用秒(SSU)。

2. 黏度对液压系统的影响

根据润滑性要求,液压系统所用油液的黏度必须在合适的范围内,黏度过高或过低都会影响油液的润滑性。另外,黏度的高低对系统的功率损失也有很大影响。黏度过低,系统泄漏损失增大,容积效率下降;而黏度太高,会造成较大的流动阻力和摩擦,即机械损失增大,机械效率下降。油液黏度大小对系统损失的影响如图3.2-2中曲线所示。

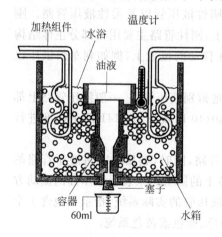

图 3.2-1 赛氏黏度计

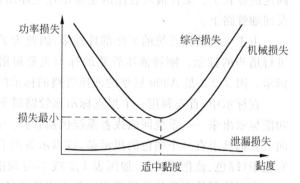

图 3.2-2 油液黏度与系统功率损失的对应关系

液压油的其他特性对于液压系统的正常工作也有影响,其中油液的压缩性,是指液体所受的压力增大时其体积缩小的特性。一定体积的液体,在压力增量相同的情况下,体积的缩小量越小,说明其压缩性越小。一般认为液体是不可压缩的。

为了迅速传递压力,液压油的压缩性应尽可能小一些。液压油本身的压缩性是可以满足这一要求的。但是,如果液压油中含有气泡,其压缩性将显著增大,会引起压力传递迟缓,甚至使液压系统的工作受到破坏。因此,要求液压油中不含有气泡。

另一特性是液压油的耐燃性,衡量耐燃性的一般指标为闪点、着火点和自燃着火温度。油液的闪点是指在此温度下,液体能产生足够的蒸气,在特定条件下以一个微小的火星接近蒸气时,在油液表面上的任何一点都会出现瞬时火焰的现象。着火点是油液达到某一温度时,在有火焰点燃的情况下,在该温度下油液能连续燃烧 5s。自燃着火点是指油液在该温度下会自动着火。航空液压油须有良好的防火性能,主要是具有高的闪点。

油液的机械稳定性,指液体在长时间的高压作用(主要是挤压作用)下,保持其原有的物理性质(如黏性、润滑性等)的能力。油液的机械稳定性越好,在受到长时间的高压作用后,其物理性质的变化就越小。

液压油应具有良好的机械稳定性。因为液压油经常要在高压作用下通过一些附件的小孔和缝隙,如果它的机械稳定性不好,在使用过程中,黏度会很快减小,以致影响系统的工作。

航空液压油的化学稳定性要求也较高。油液的化学安定性,主要是指液体抗氧化的能力。液压油内或多或少含有一些空气,在使用过程中必然会逐渐氧化。油液的温度越高,其氧化就越剧烈。油液受到扰动时,它与空气的接触面积增大,氧化也会加剧。油液氧化后,会产生一些黏稠的沉淀物,使油液的流动阻力增大,并使附件内的活动零件黏滞或堵塞油孔。油液氧化后,还会产生一些酸性物质,使金属导管和附件受到腐蚀,而腐蚀物又会使油液更快变质。

3.2.2 液压管路

液压管路作为飞机液压系统的另一个重要组成部件,在飞机的液压系统中是液压油的重要载体。其中,飞机的液压管路主要可以分为两类:刚性液压管以及柔性液压管路。刚性管路是液压系统的主要承油载体,其分布在结构组件上,刚性管路主要用在部分主体结构固定的位置上。柔性液压管路的主要用在主体结构存在移动的位置上,例如刹车毂供压以及回油管路上。

由于飞机液压系统的工作部件较多,因此为了更好地辨别液压管路,一般液压管路上都进行适当的标示。刚性液压管路的标示主要根据 NSA0140 以及 NSA0141 两个标准进行标示。图 3.2-3 是 A300 机型的液压管路的标示图。

在标示中,首先利用一个黑点标示该管路属于液压管路,同时,利用文字将液压管路的功能标示出来——系统回油或者系统供油管路。在标签上的箭头用来表示液压油的流动方向。在标签上有一个颜色的指示条,该指示条用于表示液压管的实际系统,指示条包含 1 个彩色带(绿色、蓝色或黄色)加图表 1、2 或 3,分别指示绿色、蓝色或黄色系统。

由于液压管布置的位置贯穿了整个飞机的各个截面。其中主要包括有增压区以及非增压区,因此,液压管的实际安装位置有一定的要求。在 A300 飞机中,液压管路的排列位置基于以下标准:在飞机大部分的区域中,液压系统的三个子系统是分开布置的,从而保证在部附件出现极端的情况时(例如爆胎,压气机或者涡轮叶片的飞溅等),不会产生三个子系统

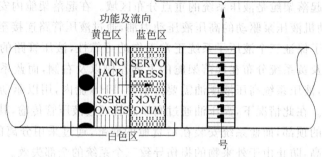

图 3.2-3　A300 液压管路标示图

同时出现液压管路的损坏，导致飞机的液压系统的全部失效。

同时，为了保证飞机的正常飞行过程中，液压系统的正常供应以及防止液压油量的损失，液压系统将起落架系统，前轮转向系统，货舱门以及刹车系统进行隔离，防止上述不工作系统的正常渗漏对飞行液压驱动系统产生影响。其次，为了避免空调系统通过液压油或蒸气污染，无液压管铺设在客舱或驾驶舱内，保证客舱以及驾驶舱的不会被系统污染。一般液压管路的正常布置方式如图 3.2-4 所示。

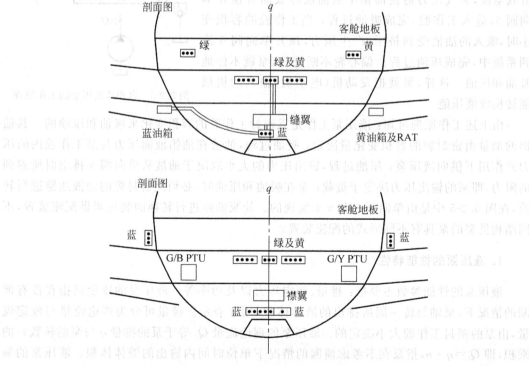

图 3.2-4　液压管路的实际布置示意图

从上图中可知,液压管路的分布一般采用分离原则,首先,液压一般布置在货仓、起落架舱以及THS舱内。管路的前段从前货仓的操纵舱门作动筒开始,由于电子舱内一般不安装有液压驱动设备,因此管路一般不布置到电子舱以及驾驶舱中。针对A300这一机型的飞机而言,其前货仓门的作动筒采用黄系统液压源进行有效的驱动,因此黄系统的液压管路直接从货仓的右侧壁板处延伸到前货舱。通过壁板以及装饰板的保护,防止外来物对于液压管路产生意外损伤。起落架舱是液压系统的重点分布区域。在起落架舱内安装有三个系统的高压总管,通过发动机液压泵驱动的高压液压动力油,通过液压管路连接至各个系统的高压总管进行分流。为了保证三个液压子系统正常工作的可靠性,液压管路的分布采用分立分布,其中,绿系统以及黄系统分布在起落架舱的上部左侧以及右侧,而蓝系统分布在舱底部。从起落架舱开始,液压系统高压液压油需要传输至THS舱内,用以驱动升降舵以及方向舵进行有效的偏转。在此情况下,高压油通过高压总管通过液压管传输,其中黄系统以及绿系统布置在后货舱的顶部,而蓝系统安装在后货舱的底部,通过采用分离的方式,将系统的工作可靠性进行提高,防止由于外来物的损伤导致三个系统的全部失效。

3.2.3 液压泵

一般飞机液压系统使用的动力元件是液压泵。机载液压泵一般采用容积式液压泵,其工作原理是利用容积变化来进行吸油、压油的。图3.2-5所示为容积式液压泵的工作原理。图中柱塞2依靠弹簧3紧压在偏心轮1上。偏心轮1由发动机或电动机带动旋转,柱塞2便做往复运动,使密封工作腔4的容积发生变化。当工作腔容积变大时产生部分真空度,大气压力迫使油箱中的油液经吸油管顶开单向阀5,进入工作腔,完成吸油过程;当工作腔的容积变小时,吸入的油液受到挤压,产生压力,顶开单向阀6流到系统中,完成压油过程。偏心轮不断旋转,泵就不停地吸油和压油。这样,泵就把发动机(电动机)输入的机械能转换成液压能。

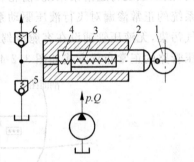

图3.2-5 容积式液压泵的工作原理

由上述工作原理可知:液压泵工作是靠密封工作腔的容积变化来吸油和压油的。其输出的油量由密封腔的容积变化量决定;吸油过程,油液在油箱液面压力与泵工作腔内的压力差作用下供向液压泵;压油过程,输出压力的大小取决于油液从单向阀6排出时所遇到的阻力,即泵的输出压力决定于负载;泵在吸油和压油时,必须使密封腔的油液通路进行转换,在图3.2-5中是由单向阀5和6来实现的。使泵油路进行转换的装置叫做配流装置,不同结构类型的泵具有不同形式的配流装置。

1. 液压泵的性能特性

液压泵的性能参数主要指:排量、额定压力以及功率等。液压泵的排量是指在没有泄漏的情况下,泵轴每转一周所排出的液体体积,用 q 表示。排量可分为理论流量与额定流量,由泵的密封工作腔大小决定的。液压泵的理论流量 Q_t 等于泵的排量 q 与泵的转数 n 的乘积,即 $Q_t = q \cdot n$,指泵在不考虑泄漏的情况下单位时间内输出的液体体积。液压泵的额定流量是指在额定转速下,处于额定压力状态时泵的流量。由于泵总存在着内漏,所以额定流量总是小于理论流量的。

液压泵的额定工作压力是指在额定转速下,在规定的容积效率下,泵能连续工作的最高压力。额定工作压力可根据图 3.2-6 所示的压力—流量特性曲线确定,其大小取决于泵的密封件和制造材料的性质和寿命。若其工作中压力超过额定值就称为过载。

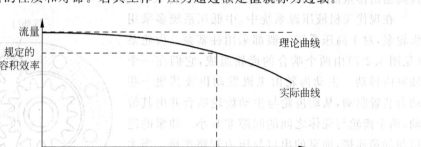

图 3.2-6　液压泵压力-流量特性曲线

液压泵的输入功率是电动机或发动机传动齿轮箱的机械功率,是转矩和角速度的乘积,即 $N_i = T_i \cdot \omega$,其中,T_i 为泵的实际输入转矩(即驱动机的输出转矩),ω 为泵的转动角速度。泵的输出功率是实际流量 Q 和工作压力 P 的乘积,即 $N_o = P \cdot Q$。

液压泵的效率是输出液压功率与输入机械功率的比值,即

$$\eta = \frac{N_o}{N_i} = \frac{PQ}{T\omega} \tag{3-2}$$

液压泵的效率表示泵的功率损失的程度。理论和实验证明,液压泵的功率损失主要是由两种损失造成的,一为容积损失,二为机械损失,与其对应的是容积效率和机械效率。

容积效率是指泵的流量损失的程度。用泵的实际输出流量 Q 与泵的理论流量 Q_t 的比值表示:

$$\eta = \frac{Q}{Q_t} \tag{3-3}$$

造成泵的流量损失的主要原因是泵的内漏和在吸油行程中油液不能全部充满油腔引起的,称为泄漏损失和填充损失。

机械效率是指输入泵的转矩损失程度。由泵在工作时存在相对运动部件之间的机械摩擦和油液在泵内的流动表现出来的黏性作用都会引起转矩损失,即泵的实际输入转矩 T_i 总大于泵的理论转矩 T_t,即机械效率 $\eta_m = T_t/T_i$。

不考虑容积损失情况,泵的理论输出功率为 $P \cdot Q_t$,所以:

$$N_i = T_t \cdot \omega / \eta_m = P \cdot Q_t / \eta_m \tag{3-4}$$

$$N_o = P \cdot Q = P \cdot Q_t \cdot \eta_v \tag{3-5}$$

泵的总效率可表达为

$$\eta = \frac{N_o}{N_i} = \frac{P \cdot Q_t \cdot \eta_v}{P \cdot Q_t / \eta_m} = \eta_m \cdot \eta_v \tag{3-6}$$

即泵的总效率等于泵的容积效率与机械效率之积。一般齿轮泵的总效率为 0.6~0.65,柱塞泵约为 0.8。

2. 液压泵的分类

工程上常用的液压泵种类较多，按其结构形式可分为齿轮式、叶片式和柱塞式三大类，按其输出排量能否调节可分为定量泵和变量泵两类。

在现代飞机液压源系统中，中低压系统多采用齿轮泵，对于高压系统一般都采用柱塞泵。齿轮泵（见图 3.2-7）由两个啮合的齿轮组成，它们在一个油室内转动。主动齿轮由飞机发动机或其他一些动力装置驱动，从动齿轮与主动齿轮啮合并由其带动，两个齿轮与壳体之间的间隙非常小。油泵的进口与油箱连接，油泵的出口与压力管路连接。当主动齿轮转动时，带动从动齿轮转动，在吸油腔中的啮合齿逐渐退出啮合，吸油腔容积增大，形成部分真空，油箱中的油液在油箱内压力作用下，克服吸油管阻力被吸进来，并随轮齿转动。当油进入排油腔时，由于轮齿逐渐进入啮合，排油腔容积逐渐减小，将油从排油口挤压出去。齿轮不断旋转，油液便不断地吸入和排出。

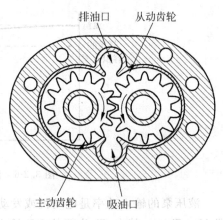

图 3.2-7 齿轮泵工作原理图

两个齿轮相互啮合处把吸油腔和排油腔分开，它们即起到配流的作用。因为啮合点位置随齿轮旋转而改变，所以齿轮泵对油液污染不敏感。齿轮泵属于定量泵，其压力流量特性曲线如图 3.2-6 所示。

柱塞泵按柱塞排列的方式不同，分为轴向式和径向式。由于目前飞机上常用的是轴向柱塞泵，所以本节只对轴向柱塞泵加以分析。轴向式柱塞泵按其结构特征可分为直轴式（斜盘式）和斜轴式（摆缸式）两大类。

斜盘式轴向柱塞泵在飞机液压系统中应用极为普遍，其工作原理如图 3.2-8 所示。柱塞轴向沿圆周均布在缸体内，一般有 5~9 个柱塞，并能在其中自由滑动，斜盘轴线和缸体轴

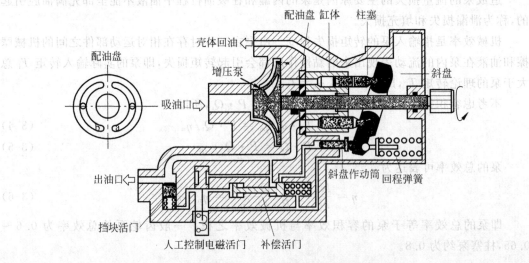

图 3.2-8 斜盘式轴向柱塞泵的工作原理图

线成一定夹角 θ，分油盘紧靠在缸体上但不随缸体旋转。传动轴带动缸体旋转时，柱塞亦随之旋转，但柱塞顶部靠机械装置（滑靴或弹簧）作用始终紧靠在斜盘上。因此，在柱塞随缸体在自下向上回转的半周内时，逐渐向外伸出，使柱塞孔容积扩大而形成一定真空度，油液便从配流盘的配流口 a 吸入；在自上向下回转的半周内的柱塞孔容积缩小，将油液经配流盘的配流口 b 压出。缸体每转一周，每个柱塞就做一次往复运动，完成一次吸油和压油。

泵内设有补偿活门，用于感受泵的输出压力。当输出压力达到预定值（由弹簧预紧力确定）时，补偿活门将泵出口压力油供向斜盘作动筒，减小斜盘倾角，使泵排量减小，起到变量调节作用。当斜盘角度调为零时，输出流量亦为零，油泵处于消耗功率最小的卸荷状态。因此，柱塞泵具有自动卸荷功能。

泵内还有一个人工释压活门，用于油泵的人工关断。当飞机在地面试车时，为减小油泵的损耗，可通过人工控制打开人工释压活门，压力油接通补偿活门左侧大活塞面，可以用较小的压力克服补偿活门弹簧力，将压力油引到斜盘作动筒，推动斜盘组件，直至倾角接近零。泵出口处挡块活门在弹簧作用下使泵口隔断，停止向系统供油。

摆缸式轴向柱塞泵结构较斜盘式柱塞泵复杂，但因其能达到的输出压力更高，且具有更高的容积效率，在军用飞机及某些民用飞机的液压系统中得到广泛应用，其工作原理如图 3.2-9 所示。摆缸式柱塞泵把柱塞（活塞）及轴用球形铰接接头连接在法兰盘上，缸体与轴的轴线成一定的倾角。当轴旋转时，同样使缸体和活塞一起旋转并做相对伸缩运动起到吸油和压油作用。改变缸体与轴之间的倾角就可起到变量作用。

这种泵与斜盘式相比结构较为复杂，变量控制惯性较大，但由于柱塞与缸体之间没有侧向压力，避免了柱塞的不均匀磨损，可达到更高的输出压力和容积效率。

柱塞泵的压力—流量特性如图 3.2-10 所示。当系统压力尚未超过规定值 p_1 时，液压泵始终处于最大供油状态（斜盘角度不变段），但由于它的泄漏损失和填充损失是随着出口液压压力增大而增大，所以系统压力增大时，泵的流量仍稍有降低。系统压力大于 p_1（额定压力，即泵内压力补偿活门调定压力）时，流量开始显著降低（斜盘角度变化段），直到压力增大到 p_2，流量即下降到零，油泵处于功率消耗最小的卸荷状态。

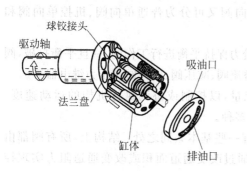

图 3.2-9　摆缸式轴向柱塞泵的工作原理图

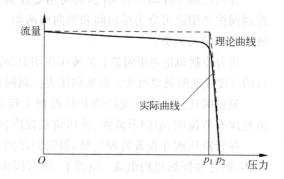

图 3.2-10　柱塞泵压力—流量特性曲线

在液压系统工作时，柱塞泵的工作压力在 p_1 至 p_2 间变化。由于 p_1 与 p_2 非常接近，即柱塞泵工作时压力近似恒定，其流量则随着工作系统工作状态的变化而改变。此种变量控制方式称为恒压变量控制。

3. 典型的飞机液压泵

A300机型的液压泵作为液压系统的主要动力元件，为整个液压系统提供相应的动力液压油。飞机的液压泵安装在每台发动机的附件齿轮箱上，其动力由发动机提供，A300的每台发动机安装有两台液压泵，其中，左发安装的液压泵是绿系统和蓝系统，右发安装的液压泵是绿系统和黄系统。液压泵为下游的液压用户提供一定压力的液压油，用于驱动舵面和起落架等系统。

A300机型的液压泵是一个斜盘式轴向柱塞泵，其液压排量可变。在每个泵上都有一个电磁作动阻尼活门，在泵或相关的系统故障时，可以使泵释压。每个活门让由顶板上的HYD PWR部位的相应"PUMPS"按钮来控制。在每个泵的吸油一侧有关断活门FIRE VALVES（火警活门），当相应的"ENG FIRE"手柄被拉出时，泵的供油被隔离。A300机型的发动机驱动泵的主要性能指标如下所示：

(1) 标称液压排量：当 N_2 转速在 3 540r/min 的标称供油速度下，即 N_2 转速达到102.92%液压泵的标称排量为 1 36l/min。

(2) 标称压力：在零供油时 3 000lbf/in^2。在标称供油情况下 2 842.7lbf/in^2。

(3) 在泵转速 3 750r/min 时壳体排油泄漏速度约为 10l/min。

发动机驱动泵的液压输出端由耐高温的软管和不锈钢管子连到发动机的吊架上。在液压泵进油口安装有一个球状脉动阻尼器，从而保证液压泵的进口供油的稳定与连续，在液压泵的输出端，安装有一个压力电门进行监控，当液压泵的输出压力降低到 1 810lbf/in^2 时，压力电门自动接通，提示飞行员液压泵的输出过低，需要进行保护性操纵。

3.2.4 液压控制元件

液压系统中液体流动的方向、压力和流量是需要控制和调节的。完成这些控制和调节作用的是液压控制元件，称为液压控制阀。根据被控量不同，液压控制阀分为方向控制阀、压力控制阀和流量控制阀三大类。

方向控制元件简称方向阀，其功用是控制液流的通、断和改变液流的方向或通路。方向控制阀按其用途可分为单向阀和换向阀两类。单向阀又可分为普通单向、机控单向阀和液控单向阀三大类。

压力控制阀是利用阀芯上的液压作用力和弹簧力保持平衡进行工作的，一旦平衡打破，阀口的开度或通断就要改变。常见的压力控制阀有溢流阀、减压阀、顺序阀和压力继电器等。

流量阀通过改变节流口的开口面积来控制流量，以控制或协调执行机构的运动速度。流量阀有节流阀、单向节流阀、液压流量保险器等多种。

尽管液压阀存在着各种类型，但它们之间亦有一些基本共同之处：结构上，所有阀都由阀体、阀芯和操纵机构组成；原理上，所有阀都是通过改变通道面积或改变通道阻力实现控制和调节作用的。

1. 单向阀

单向阀的功用是使油液只能沿一个方向流通而不得反流。因而要求它在"流通"方向上阻力很小，而在反方向上将油液阻断（即密封性要好）。单向阀可分为普通单向阀、机控单向阀和液控单向阀。

1) 普通单向阀

普通单向阀常用的有钢球式和锥阀式两种结构(见图 3.2-11)。钢球式单向阀结构简单、制造方便,但在长期使用中钢球表面与阀座接触处易于磨损而出现凹痕,在钢球发生转动后,该处最容易出现渗漏而失去密封性。而锥阀式单向阀阻力较小,密封性好。

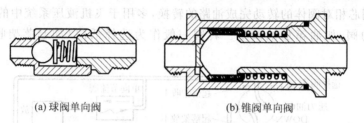

图 3.2-11 单向阀结构原理图

在飞机液压系统中,单向阀常用于泵的出口处,防止系统反向压力突然增高,使泵损坏,起止回作用;定量泵卸荷活门的下游,在泵卸荷时保持系统的压力;在系统的回油管路中,保持一定的回油压力,增加执行机构运动的平稳性。

2) 机控单向阀

机控单向阀构造是带有机械触发顶杆的单向阀,其构造如图 3.2-12(a)所示。顶杆没有将阀芯顶开之前,它仅允许油液单向流动,当顶杆克服弹簧预紧力将阀顶开以后,将允许油液双向流动,如图 3.2-12(b)所示。

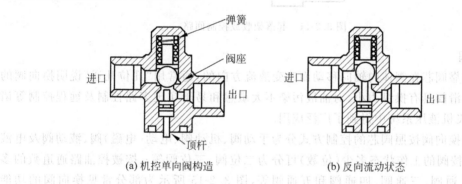

图 3.2-12 机控单向阀原理图

机控单向阀可作为系统的协调动作控制元件,因此又称为机械触发顺序阀,简称机控顺序阀,可用在起落架收放顺序控制回路中。

3) 液控单向阀

液控单向阀可看作带有控制活塞的单向阀。液控单向阀允许液流在一个方向自由通过,反方向可借助压力油开启单向阀使液流通过,控制压力过低或消失时,液流则不能通过,其构造如图 3.2-13 所示。

液控单向阀可作为系统的液压锁定元件,也可用于系统的协调动作控制(如起落收放系统和襟翼收放系统等)。

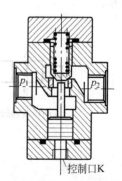

图 3.2-13 液控单向阀结构原理图

2. 换向阀

换向阀用来控制系统中油液流动的方向,按需要可使执行机构的油路关断、接通和换向。换向阀按其运动形式分为转阀、滑阀和梭阀。

1) 转阀

转阀靠阀芯相对阀体的转动完成油路的转换,多用于飞机液压系统中的手动阀和供地面维护使用的阀,如油箱加油阀等。转阀一般作为选择活门(如起落架收放选择阀,见图3.2-14)。

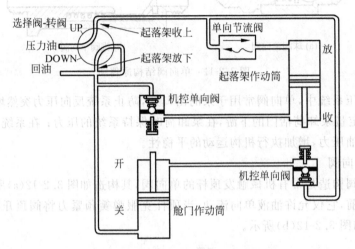

图 3.2-14 起落架收放控制回路

2) 滑阀

滑阀是靠阀芯在阀体内轴向移动而改变液流方向的,通常用"几位几通"说明换向阀的功能特点。滑阀具有操纵力小、对油液污染不太敏感和易于实现多路控制及远程控制等诸多优点,在飞机液压系统中得到了广泛应用。

滑阀式换向阀按照阀芯的控制方式分为手动阀、机动阀、电动(电磁)阀、液动阀及电液动换向阀;按阀的工作状态多少(位数)可分为二位、三位阀等;按被控油路通道数的多少可分为二通阀、三通阀、四通阀和五通阀等,图 3.2-15 所示为部分常见换向阀的功能符号。

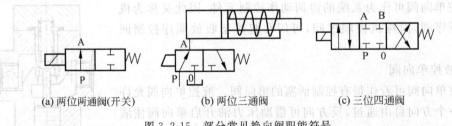

图 3.2-15 部分常见换向阀职能符号

3) 梭阀

梭阀也是一个选择活门(见图 3.2-16),它有两个进油口和一个出油口。正常情况下,梭阀内的阀芯被弹簧力控制在右端位置,进油口 1 和出油口相通;当进油口 1 处的压力消失或下降时,进油口 2 处的压力克服弹簧力将阀芯推到左端位置,此时进油口 2 和出油口相通。梭阀在液压系统中常用于正常供油系统与备用供油系统的自动切换。

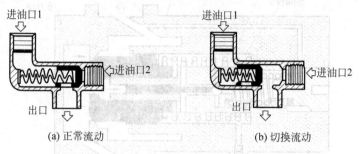

图 3.2-16　梭阀原理图

3.2.5　压力控制元件

压力控制阀是用来调节或限制液压系统压力的,飞机液压系统中常用的压力控制装置有溢流阀、减压阀和压力继电器等。

1. 溢流阀

溢流阀通过阀口的溢流作用使被控制系统或回路的压力维持恒定,实现稳压、调压或限压作用。其特点是利用液流压力和预定弹簧力相平衡的原理来工作的。按其结构形式分为直动式溢流阀和先导式溢流阀。

1）直动式溢流阀

直动式溢流阀构造如图 3.2-17 所示。当系统压力小于弹簧预调压力时,弹簧将阀芯保持在关闭位;当系统压力超过预定的最大压力值时,将压力管路内的压力油排入通油箱的回油管路。调整弹簧的预压缩力的大小,可调节溢流阀开启溢流的压力。直动式溢流阀构造简单,调压精度低,只适用于低压小流量系统。

2）先导式溢流阀

现代高压大流量系统均采用调压精度高的先导式溢流阀,如图 3.2-18 所示。由于先导式溢流阀中导阀控制主阀的开闭,主阀弹簧的刚度和预压缩力较小,主阀开启量的变化对系统压力的影响远小于导阀开启量变化对压力的影响,调压精度较高。

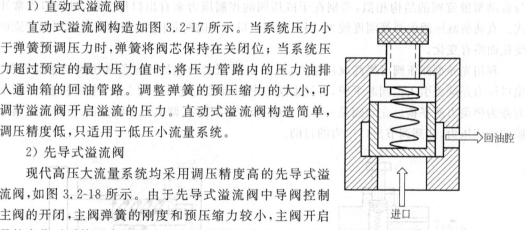

图 3.2-17　直动式溢流阀

3）溢流阀的应用

溢流阀可作为安全阀和定压阀。作安全阀时,可防止系统超压。当系统压力超过正常最大压力时,安全阀打开,溢流多余流量,防止过载。安全阀在正常工作时处于常闭状态。作定压阀时,可保持系统压力恒定。常用在定量泵液压系统中,保持供压系统的压力基本稳定并调节进入液压系统的流量。定压阀在正常工作时处于常开状态。

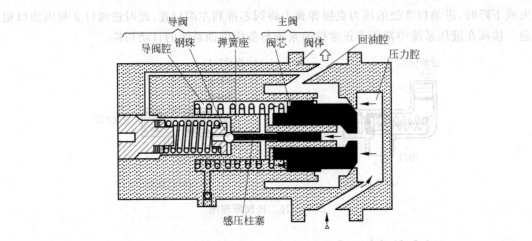

图 3.2-18 先导式溢流阀

2. 减压阀

当液压系统只有一个统一压力的液压源,而不同工作部分所需压力不同时,则使用减压阀。减压阀的工作原理是利用阀口节流降压。常见的减压阀有两种:定值减压阀和定差减压阀。

1) 定值减压阀

定值减压阀按结构和工作原理可分为直动型和先导型两类。直动型减压阀(见图 3.2-19)与直动型溢流阀的结构相似,差别在于减压阀的控制压力来自出口压力侧,且阀口为常开式。直动型减压阀的弹簧刚度较大,因而阀的出口压力随阀芯位移,即随流经减压阀的流量变化而略有变化。

利用先导型减压阀可提高减压精度,图 3.2-20 所示为先导式定值减压阀结构原理图。出口压力经端盖引入主阀芯下腔,再经主阀芯中的阻尼孔进入主阀上腔,主阀芯上、下液压力差为弹簧力所平衡。先导阀是一个小型的直动型溢流阀,调节先导阀弹簧,可改变主阀上腔的溢流压力,达到调节出口压力的目的。

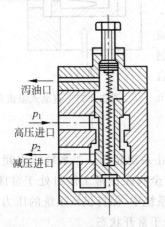

图 3.2-19 直动型减压阀工作原理

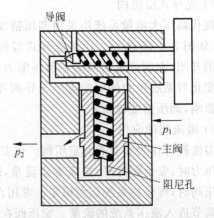

图 3.2-20 先导型减压阀工作原理

定值减压阀在系统中,可实现不同油压支路的并联;另外,减压阀可作为稳定油路工作压力的调节装置,使分系统工作压力不受供油压力及其他并联油路的影响。

2) 定差减压阀

图 3.2-21 所示为定差减压阀的工作原理图。作用在阀芯弹簧的调定压力,是由阀进口(高压)和阀出口(调定压力)分别作用在阀芯两端的压力差来平衡的,所以阀口的开度仅受进、出口压力差调节,从而保持进出口压差为恒定。通常将定差减压阀与节流阀串联(见图 3.2-22),构成调速阀(与可调节流阀配合)或恒流量阀(与固定节流阀配合)。

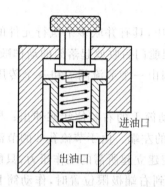

图 3.2-21 定差减压阀工作原理

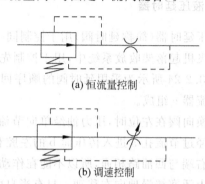

图 3.2-22 定差减压阀的应用

3. 优先活门

优先活门是一种靠压力控制开启的元件,其构造如图 3.2-23 所示。当上游的压力低于预定值时,优先活门关闭,此时优先活门下游无液压,使优先活门上游的液压元件优先工作,如图 3.2-23(c)所示;当优先活门上游压力达到压力预调值时,优先活门打开,液压流过优

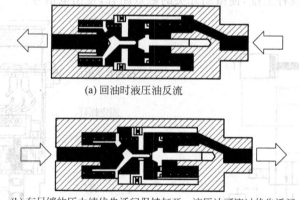

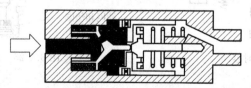

图 3.2-23 优先活门

先活门,液压活门下游的液压元件开始工作,如图 3.2-23(b)所示。优先活门既可以作为顺序控制元件,又可以安装在关键元件的下游,确保在系统压力不足时,使关键元件优先得到液压,确保系统安全。

在 A300 飞机上,优先活门一般安装在高压总管上用于切断大负载液压使用器的供压,例如起落架,襟翼和缝翼系统,如此当相应的液压子系统出现低压时,保证液压伺服控制的优先权。

4. 液压延时器

液压延时器(简称延时阀)用于控制同一液压源供压,具有并联多个执行元件的动作顺序。如飞机起落架收放系统中,用于控制先打开起落架舱门后收放起落架的动作顺序。

图 3.2-24 所示为采用延时阀的顺序回路。延时阀由一个节流阀a和一个传压筒b及单向节流器c组成。

当换向阀在左位时,压力油经单向节流器进入作动筒Ⅰ的右腔使活塞伸出;与此同时压力油经过节流孔a进入传压筒b的左腔和作动筒Ⅱ的左端。由于节流孔a的节流作用和传压筒右端与回油路相通,所以不能在作动筒Ⅱ的左腔建立起所需的工作压力,只能使传压筒的自由活塞缓慢地向右移动。只有当自由活塞运动到右端极限位置时,作动筒Ⅱ才有可能做伸出运动,起到延时作用。换向阀换向,则在作动筒做缩入运动时,传压筒自由活塞左移给作动筒Ⅱ施加背压,同样使作动筒Ⅱ的运动落后于作动筒Ⅰ的动作。

5. 压力继电器

压力继电器是一种将油液的压力信号转换成电信号的电液控制元件。图 3.2-25 所示为柱塞式压力继电器结构图。当油液压力达到压力继电器的调定压力时,作用于柱塞上的液压力克服弹簧力,顶杆上推,使微动开关的触点闭合,发出电信号。

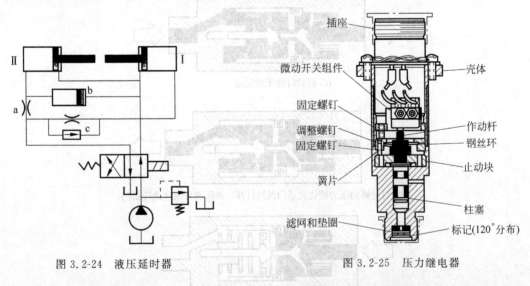

图 3.2-24 液压延时器　　　　图 3.2-25 压力继电器

压力继电器可以控制电磁铁、电磁离合器、继电器等电气元件动作,使油路卸压、换向,执行机构实现顺序动作,或关闭电动机,使系统停止工作,从而起到安全保护作用等。

3.2.6 流量控制元件

流量控制元件简称流量阀。其功用是调节和控制液压系统管路中的液体流量,以调节和控制执行机构的运动速度。任何流量阀的基本组成部分是能起节流作用的节流元件。当液体流经节流元件时会引起显著的压力损失。

1. 小孔节流原理

如图 3.2-26 所示,节流孔的流通面积为 A,流量系数为 C_A。当油液流过该节流孔时,在收缩和扩张过程中引起的能量损失导致节流孔前后产生压差,即进口压力为 p_1,出口压力降为 p_2。流经节流孔的流量越大,压差越大。

节流孔的流量公式为

$$Q = C_A A \sqrt{\frac{2(p_1 - p_2)}{\rho}} \qquad (3-7)$$

式中,C_A 为节流孔的流量系数;A 为节流孔面积;p_1、p_2 分别为节流孔前后压力;ρ 为液体密度。

根据流量公式,可得小孔节流具有特点为:流量与节流面积成正比,即节流孔面积变小,节流作用会增大;流量与两端压差平方根成正比;只要有油液通过小孔,小孔两端必产生压差。

2. 节流阀和单向节流阀

普通节流阀的工作原理与小孔节流一样,当油液从两个方向流经该阀时,均受到节流作用。

飞机液压系统中常用的单向节流阀构造见图 3.2-27。单向节流阀在结构上类似于锥型阀芯单向阀,可以认为单向节流阀是在锥型阀芯上钻了一个节流孔,使得油液可以很小的流量在反向流过该"单向阀"。单向节流阀可限制作动筒在一个方向的工作速度,如减慢收回襟翼或放下起落架的速度,防止撞击。

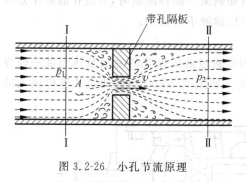

图 3.2-26 小孔节流原理

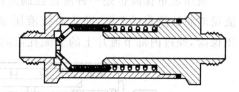

图 3.2-27 单向节流阀

3. 调速阀和恒流量控制阀

当节流阀和定差减压阀配合时,可组成调速阀和恒流量控制阀。恒流量控制阀(构造见图 3.2-28)安装在液压系统中保持恒定的流量到指定的元件内,它常常是安装在要求恒速工作的液压马达的上游。

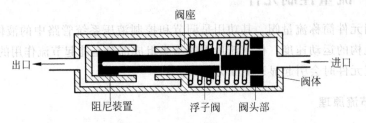

图 3.2-28 恒流量阀原理

恒流量阀由阀体和浮子阀组成。通过阀头部的流量由节流孔限制，然后流经浮子阀减压后流向下游。从图中可看出，浮子阀的开度由进口压力、节流阀下游压力和弹簧预调力共同控制，即浮子阀为一定差减压阀。根据小孔节流公式可得，流经节流阀的流量为恒值。

4. 液压保险

液压系统中的某些传动部分的导管或附件损坏时，系统的油液可能全部漏光，使整个系统不能工作。为防止发生这种现象，可在供油管路上设置安全装置，这种装置称为液压保险。液压保险在系统管路漏油时，当油液流量或消耗量超过规定值时，自动堵死管路，防止系统内油液大量流失。通常液压保险可分为两类：流量保险和定量保险。

1）流量保险

液压流量保险是一种流量控制元件。当管路中的油液在允许的正常流量下，阀保持打开位置；如果流量过大（如管道破裂时）超过规定值时，它就自动关闭，以保证不影响其他的并联系统工作，如图 3.2-29 所示。

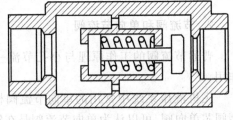

图 3.2-29 流量液压保险

油液从进口流入液压保险，经过内部节流孔流向下游。活塞靠弹簧保持在开位，当流经节流孔的流量增加时，节流孔前后压差增大。当流量增加到某一临界流量时，节流孔前后压差可克服活塞弹簧预紧力，推动活塞向前，关闭油液出口，油液不再流动。

2）定量保险

液压定量保险也是一种流量控制元件，其功用是通过液压保险的油液量达到某一临界流量时将油路自动关断，防止系统液压油继续损失。如图 3.2-30 所示，油液从进口流入液压保险，经过内部节流片上的节流孔流向下游。

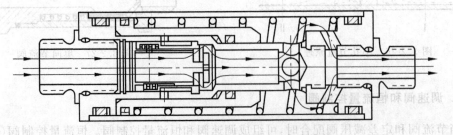

图 3.2-30 液压保险——低流量流动状态

如果流经液压保险的流量小于某一特定值，活塞前后压差力不能克服弹簧预压缩力，活塞保持在左位，油液自由流过，不起液压保险作用。

当流经液压保险的流量达到或高于一定值时，节流孔前后压差增大克服传动活塞弹簧预紧力，推动活塞向前。当下游传动部分正常时，活塞未右移到关闭位，传动动作已经完成，油液结束流动，活塞前后压差消失，传动活塞在复位弹簧作用下复位。

当下游传动部分出现泄漏时，传动活塞会一直向右运动。当活塞运动到右端时，将液压保险的出口关闭（见图 3.2-31），油液不再流动。由于弹簧刚度较小，在活塞向前运动过程中弹簧力的变化可忽略，推动活塞向前的流量与通过液压保险的流量成一定比例。

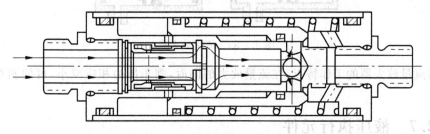

图 3.2-31　液压保险——关闭状态

当油液停止流动时，只要液压保险上、下游压差较高（可克服弹簧压缩力），活塞将保持在关断位。

当上游压力降低时，液压保险上、下游压差随之降低，当压差低到不足以克服弹簧力时，液压保险活塞将在弹簧力作用下复位，如图 3.2-32 所示。需要注意的是，为使液压保险完全复位，上、下游的低压差应保持一定时间。

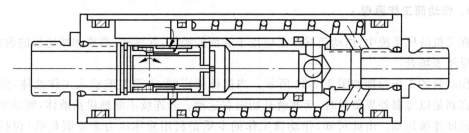

图 3.2-32　液压保险——复位

5．流量放大器

流量放大器用于工作系统要求的流量比供压系统输出流量大的情况，如某些飞机的刹车系统。图 3.2-33 所示为流量放大器结构原理图，它是装在壳体内的一个阶梯活塞。

当实施刹车时，刹车油液经小端活塞接头进入上腔，推动活塞运动；大端活塞将下腔中油液供向刹车系统。由于大活塞面积较大，所以输出流量大于输入流量，放大倍数为大活塞面积与小活塞面积的比值。

当解除刹车时，上室压力消失，活塞在自身弹簧和刹车作动筒恢复弹簧的作用下，迅速向上移动，上室内的油液经刹车控制活门流回油箱，在刹车作动筒内的油液则流回流量放大器的下室。活塞的快速向上移动，在通向刹车装置的管路中产生一个吸力，使油液快速流回，起到迅速解除刹车的目的。

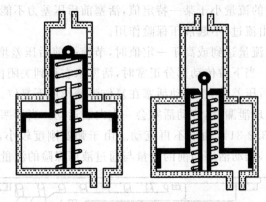

图 3.2-33 流量放大器

根据流量放大器的工作特点,在流量放大的同时,刹车压力相应减小,可使刹车操纵更加平顺。

3.2.7 液压执行元件

液压执行元件在液压系统中是对外做功的一种液压元件,它直接将液压能转换成机械能。液压执行元件分两大类:一类为旋转运动型(如液压马达),是将液压能转换成旋转机械能的液压元件;另一类为往复运动型。往复运动型又分为往复直线运动型(如作动筒)和往复摇摆运动型(摆动缸)。往复直线运动型是将液压能转换成直线往复运动动能的液压元件。本节主要研究液压作动筒。

1. 作动筒工作原理

在飞机液压系统中,作动筒被广泛应用于舵面的操纵、起落架、襟翼和减速板的收放、发动机反推等场合。

作动筒的工作原理如图 3.2-34 所示。当筒体固定时,若筒左腔输入工作液体,液体压力升高到足以克服外界负载时,活塞就开始向右运动。若连续不断地供给液体,则活塞以一定的速度连续运动。由此可知,作动筒工作的本质是利用液体压力来克服负载(包括摩擦力);利用液体流量维持运动速度。若将活塞杆用铰链固定,按图示箭头方向供油和回油(反向供油和回油也可),则筒体亦可运动,其工作原理与上述筒体固定相似。

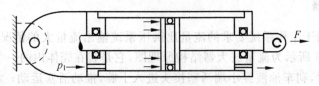

图 3.2-34 作动筒原理

输入作动筒的液体压力和流量是作动筒的输入参数,为液压功率。作动筒的输出力和速度是其输出参数,为机械功率。以上所述压力、流量、输出力、输出速度是作动筒的主要性能参数。

2. 作动筒类型

作动筒有两种基本形式：单作用式和双作用式。单作用式作动筒（见图 3.2-35）的活塞在液压作用下只能向一个方向运动，然后由弹簧作用返回。压力油从左边通油口进入，油压作用在活塞的端面上，迫使活塞向右运动；当活塞移动时，右边弹簧腔室的空气通过通气小孔排出，弹簧受压；当作用在活塞上的油液压力释压并小于压缩弹簧的张力时，弹簧伸张并推动活塞向左移动；因为活塞的左移，左边腔室油液被挤出通油口，同时，空气通过通气孔进入弹簧腔室。

单作用式作动筒常用作刹车作动筒，并由一个三通活门控制。当刹车时，液压油迫使活塞伸出将刹车盘紧压在一起实施刹车。脚踏板松开时，弹簧将活塞返回解除刹车。

双向作用式作动筒利用油液推动部件做往复运动。当高压油液从左边接头进入作动筒时，带杆的活塞在液压作用下向右移动，作动筒右腔内的油液则从右边接头流回油箱；若高压油液从右边接头进入作动筒，则带杆活塞的运动方向与上述相反。双作用式作动筒主要有两种形式：双向单杆式和双向双杆式。

双向单杆式作动筒（见图 3.2-36）也称双向非平衡式作动筒，活塞左右两边受液压作用的有效面积是不相等的，当油液压力相等时，作动筒沿两个方向所产生的传动力并不相等。同样由于该作动筒活塞两端的有效面积不同，当作动筒两端输入流量相同时，活塞往返运动速度不同，活塞伸出速度小于其收回速度。

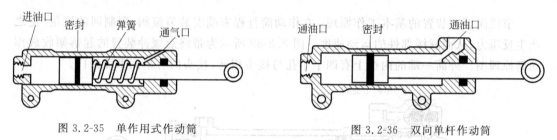

图 3.2-35　单作用式作动筒　　　　　　图 3.2-36　双向单杆作动筒

双向单杆式作动筒常用于在两个方向上需要不同传动力的地方。如在起落架收放系统，常采用此种形式的作动筒。起落架在收上过程中，由于重力和空气动力的作用，使收上时需要较大的传动力；而在放下起落架过程中，重力是帮助起落架放下的，因此不需要很大的传动力，所以起落架收放作动筒常采用双向单杆式作动筒。在起落架收上时，让压力油通到作动筒活塞大面积一边，以获得较大的传动力保证迅速收上起落架。在起落架放下时，让压力油通到作动筒活塞小面积一边，而且有限流单向活门限制压力油流入小活塞面积腔，以防起落架放下速度过猛和速度过大而产生撞击。

双向双杆式作动筒（见图 3.2-37）在活塞两边装有同样粗细的活塞杆，使两腔油液的有效工作面积相同。

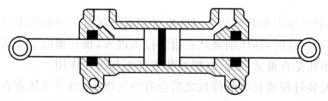

图 3.2-37　双向双杆作动筒

当作动筒两端的输入压力相同时,其双向克服负载的能力相同。当活塞两端输入流量相同时,其活塞往返运动速度相同。所以,在操纵系统和前轮转弯操纵中的液压作动筒常采用双向双杆式作动筒,保证作动筒活塞往返速度相同。

3. 作动筒辅助元件

一般的液压作动筒可不考虑缓冲装置,但当活塞运动速度很高和运动部件质量很大时,为防止活塞在行程终点处发生机械撞击,引起噪声、振动和损坏设备,必须设置缓冲装置。比如,起落架收放作动筒,就需要设置缓冲装置。缓冲装置按原理可分为缝隙节流缓冲和节流阀缓冲两类。

缝隙节流法的原理如图 3.2-38 所示。在作动筒主活塞前后各有一个直径比主活塞略小的缓冲凸台,当作动筒到达行程末端时,凸台将一部分油液封死,被封闭的油液通过凸台与缸壁间的环形间隙流出,产生液压阻力,减缓作动筒的速度,起到缓冲的作用。

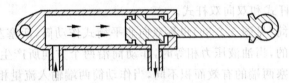

图 3.2-38 带缝隙节流凸台的作动筒

节流阀缓冲装置的基本工作原理:在作动筒行程末端安装节流阀,限制回油流量,使之产生反压力,从而减缓部件的运动速度。图 3.2-39 所示为带终点缓冲装置的起落架收放作动筒原理图。外筒一端的内壁上有四个小孔与接头相通,接头内有单向节流活门。

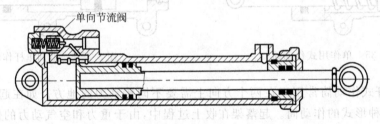

图 3.2-39 带单向节流阀的作动筒

放起落架时,活塞杆向内收回。当活塞边缘没有盖住外筒上的小孔时,回油通道较大,阻力较小,起落架的放下速度较大;当活塞向左移至开始盖住第一个小孔时,回油阻力开始增大,起落架放下速度开始减小。随着活塞继续向左移动,其余各小孔相继被盖住,起落架的放下速度便越来越小;四个小孔全被盖住后,活塞左边的油液只能通过单向节流活门中间的小孔流出,起落架的放下速度大大减小。因此,活塞到达终点时,不会与外筒产生较严重的撞击。

收起落架时,空气动力和起落架本身的质量都阻碍起落架向前收上,带杆活塞的运动速度较慢,不需要缓冲。这时,高压油液从左边的接头进入,顶开单向节流活门,油液流动阻力较小,因此,无论小孔是否被活塞盖住,缓冲装置都不起缓冲作用。

液压系统在安装过程或长时间停放之后会有空气渗入,由于气体存在,使执行元件产生爬行、噪声和发热等一系列不正常现象。所谓作动筒的"爬行"现象,是供油压力、空气弹性力、作动筒动摩擦和静摩擦力以及传动部件的惯性力相互作用的结果。实践证明,在飞机刹车系统中,产生刹车松软现象的主要原因是系统中混入了空气。

飞机上有些部件(如舱门)在收上和放下位置没有设置单独的定位锁,而是依靠附属于作动筒的锁定装置来保持其位置。作动筒内的锁定装置通常是机械锁。图 3.2-40 所示为一种常见的机械锁——钢珠锁,它由钢珠、锁槽、锥形活塞和弹簧等组成。钢珠安装在活塞上,锁槽则在外筒上。

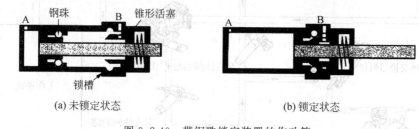

图 3.2-40 带钢珠锁定装置的作动筒

锁定过程如图 3.2-40(a)所示。高压油从 A 口进入作动筒的左腔后,向右推活塞,钢珠就随着活塞一起向右移动。当钢珠与锥形活塞接触时,将液压作用力传给锥形活塞,克服弹簧张力,使锥形活塞也向右移动。当钢球移到锁槽处,锥形活塞在弹簧力作用下,利用其顶端的斜面把钢珠推入锁槽,并依靠锥形活塞的侧壁挡住钢珠,使之不能脱出锁槽。

打开钢珠锁的过程与上述相反。高压油从 B 口进入,向右推锥形活塞,使它离开钢珠,带杆活塞在高压油液作用下,可使钢珠滑出锁槽,并向左移动。以上所述的是单面钢珠锁,它只能把被传动部件锁在一个极限位置。如果被传动部件在收上和放下时,都要利用作动筒来固定其位置,则往往采用带双面钢珠锁的作动筒。

3.2.8 液压辅助元件

液压辅助元件是液压系统中不可缺少的一个部分,它包括液压油箱、油滤、蓄压器、密封装置、液压导管、接头等。虽然从液压系统的工作原理和各组成部分所起的作用来看,它们只起辅助作用,但它们在系统中数量最多,分布极大,如果出现问题,势必严重影响整个液压系统的性能,甚至破坏液压系统的工作。

1. 液压油箱

油箱的主要作用是存储液压油,并有足够的气体空间保证油液有足够的膨胀空间。油液的体积变化是由热膨胀和执行元件工作状态引起的。除此之外,液压油箱还具有散热、分离油液中的空气和沉淀油液中杂质等作用。

由于早期的飞机飞行高度低,大多数采用非增压油箱(油箱与大气相通),现代民航运输机大多采用增压密封油箱,保证泵的进口压力维持在一定值,防止在高空产生气塞。增压油箱通常有引气增压式和自增压式两种形式。引气增压油箱通过增压组件将飞机气源系统的增压空气引入油箱(见图 3.2-41)。

增压组件是引气增压系统的关键部件,内有以下功能元件:单向阀、气滤、安全释压活门、人工释压活门、压力表和地面增压接头。由于油箱内压力较高,因此在维护前,必须通过人工释压活门释压,维护后,通过地面增压接头给系统加压。

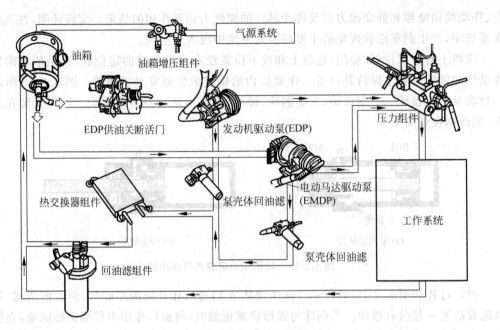

图 3.2-41 液压油箱连接示意图

现代飞机液压系统油箱一般为两个液压泵供油,即作为主泵的发动机驱动泵(EDP)和作为备用泵的电动马达驱动泵(EMDP)。为提高系统的供油可靠性,在设计供油管路时要考虑当发动机驱动泵(EDP)供油管路发生严重泄漏时,能够保存一定量的油液供电动马达驱动泵(EMDP)使用。因此,油箱发动机驱动泵(EDP)供油接头位置高于电动马达驱动泵供油接头位置,即在发动机驱动泵(EDP)的吸油管路上设置立管,如图 3.2-42 所示。

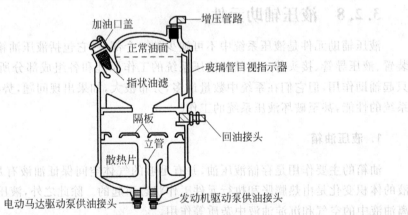

图 3.2-42 引气增压油箱内部构造

液压油箱安装在主轮舱内,通过供油管路与液压泵进油口相连。在通向发动机驱动泵(EDP)的供油管路上有一个供油关断活门,也叫防火关断活门。防火关断活门是常开活门。当发动机出现火警时,飞行员提起灭火手柄时,防火关断活门就会关闭,切断供往发动机驱动泵的液压油,以利于发动机灭火。

自增压油箱的工作原理是利用系统高压油返回作用在油箱的增压活塞上,通过液体压力在活塞上施加压力,为油箱中的液压油增压,原理如图 3.2-43 所示。

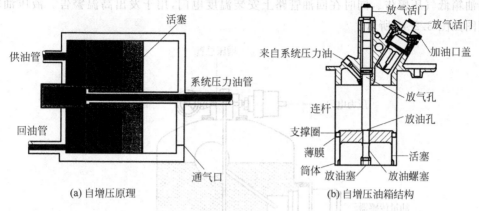

图 3.2-43 自增压油箱

油箱增压的压力大小取决于大小两个活塞的面积比,如果两个活塞面积比为 50∶1,则当系统压力为 3 000lbf/in^2 时,油箱内油液压力为 60lbf/in^2。

自增压油箱在加油时必须采用压力加油法,并且在加油后必须排气。因为混入油箱的气体会造成油量指示错误。

A300 液压油箱安装位置如图 3.2-44 所示,各个系统的液压油箱容量不同,三个系统的油箱低油面都为 5L。

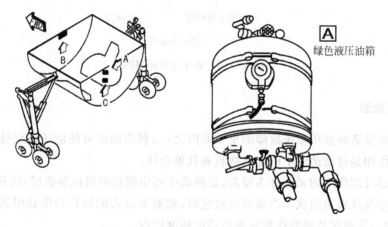

图 3.2-44 A300 系统油箱示意图

其中,绿系统的液压油箱位于主起落架和液压舱的后壁板上,该油箱容量是 25L。蓝系统的液压油箱位于左机翼的翼根内,该油箱容量为 12L。黄系统的油箱位于右机翼的翼根内,该油箱容量为 18.5L。黄系统油箱能够保持有 3L 的余油,这 3L 余油主要用来专供黄系统冲压涡轮驱动泵使用,从而保证当飞机液压系统出现泄漏时,冲压空气涡轮的液压供给。

为了避免泵的气穴现象,所有油箱由发动机引气、APU 引气或地面引气自动增压到 50lbf/in^2。从绿系统地面勤务面板上可以对各系统进行补加油。每个油箱上配有一个电浮子式油量传感器,用于在驾驶舱能有效读取实际的液压油量。在油箱上安装一个直读式油面指示器,保证维护人员能够有效读取液压油量的实际位置。油箱通过一个压力电门用于发出油箱低气压警告。同时在回油管路上安装温度电门,用于发出高温警告。液压油箱的原理图如图 3.2-45 所示。

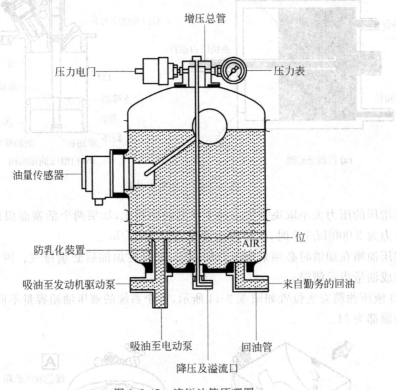

图 3.2-45 液压油箱原理图

2. 液压油滤

油液污染是造成液压系统故障的重要原因之一,利用油滤可使液压油保持必要的清洁度。油滤的作用是过滤油液中的金属微粒和其他杂质。

油滤中起过滤作用的元件称为滤芯,是液流中污染颗粒的机械屏蔽层,这种机械屏蔽层是由重叠的小孔或通路组成。当油液流过它时,把通不过去的颗粒污染物阻留在屏蔽层上(过滤介质内),从而保持油液在规定的清洁度标准以内。

常见的滤芯有三种类型:表面型滤芯、深度型滤芯和磁性滤芯。表面型滤芯的典型构造是金属丝编织的滤网,过滤能力较低,一般作为粗滤安装在油箱加油管路上。磁性油滤依靠自身的磁性吸附油液中的铁磁性杂质颗粒,应用在发动机滑油系统管路中。在液压系统中,广泛采用的油滤滤芯是深度型滤芯。

深度型油滤特点是液流通过的过滤介质有相当的厚度,在整个厚度内到处都能吸收污物。其过滤介质有:缠绕的金属丝网、烧结金属、纤维纺织物、压制纸等,但用得最广泛的是压制纸制造的纸质滤芯。

油滤主要包括头部壳体和滤杯两大部分(见图 3.2-46),其中头部壳体用于将油滤安装到飞机结构上并连接管路,滤杯用于容纳滤芯,它固定到头部壳体上,在更换滤芯时滤杯可以拆卸。

飞机液压系统油滤内部往往设有旁通活门、堵塞指示器和自封活门等特殊功能部件,以增强油滤工作可靠度和改善油滤的维护便利性。旁通活门和堵塞指示器原理如图 3.2-47 所示。当油滤随着使用时间增长而逐渐被堵塞时,滤芯进口和出口压差增大,旁通活门在此压差作用下打开,确保下游油路的油液供应。堵塞指示销可指示油滤的堵塞情况,提醒维护人员及时更换滤芯。在维护实施后,应将此指示销按压复位。自封活门可在卸下滤杯时自动将进口油路和出口油路堵住,便于滤芯的更换操作。

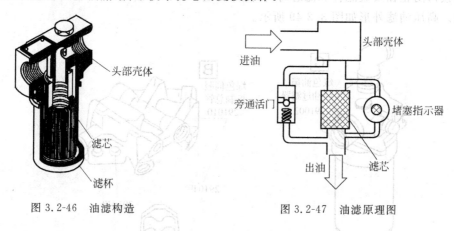

图 3.2-46 油滤构造　　　　图 3.2-47 油滤原理图

在飞机液压系统中,油滤通常安装在以下三个主要部位(见图 3.2-48):

(1) 油泵出口,即压力油滤,用于保护工作系统,滤掉油泵工作时产生的金属屑,保护工作系统组件。

(2) 系统回油管路,即回油滤,安装在进入油箱前的管路上,用于过滤掉工作中产生的杂质,防止油箱中油液受污染,保护油泵;回油滤可使系统回油路产生一定的背压,增强传动系统运动的平顺性。

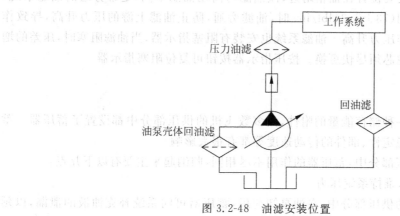

图 3.2-48 油滤安装位置

(3) 油泵壳体回油管路,即油泵壳体回油滤,其作用是对用于润滑和冷却液压泵的壳体回油进行过滤,滤除泵磨损产生的金属屑。如该油滤堵塞,油泵润滑冷却油液不足,油泵的滑靴和斜盘间的摩擦增大,油温升高。因此,从此处提取油样进行分析,可判断油泵的早期故障。

另外,在液压系统某些精密元件(如液压伺服阀)的进口油路上也装有精滤,用于确保进入该元件油液的清洁度,提高元件工作的可靠性。

A300机型上的液压油滤主要包括有高压油滤、回油管路油滤以及整体保护的油滤。其中高压油滤安装在液压子系统、油箱加注系统以及绿黄电动驱动系统中。该油滤的主要作用是保证系统的工作液压油的清洁和稳定。高压油滤采用非旁通性的油滤形式,在油滤壳体上安装有一阻塞指示器,该指示器在压差大于 $871 lbf/in^2$ 时,提示油滤存在堵塞。油滤上自封接口防止在安装滤杯和滤芯时,任何油滤进口和出口泄漏,并防止安装油滤时空气进入系统。高压油滤外形如图 3.2-49 所示。

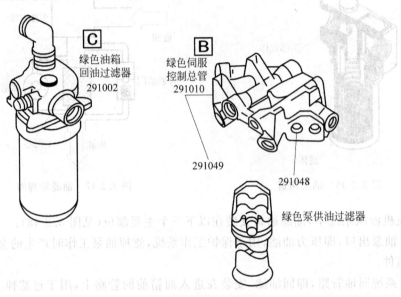

图 3.2-49 高压油滤示意图

回油管路油滤的安装位置在油箱附近,该油滤与高压油滤不同,是带旁通的油滤系统,当油滤上下游压差达到 $(73\pm7.3) lbf/in^2$ 时,油滤旁通,防止油滤上游的压力升高,导致作动筒和伺服系统的工作压力升高。油滤系统也安装有阻塞指示器,当油滤阻塞时,压差的增加引起红色按钮伸出滤芯须尽快更换。按压指示器按钮可复位阻塞指示器。

3. 蓄压器

蓄压器实质上是一种储存能量的附件,大多数飞机的供压部分中都设置了蓄压器。蓄压器对液压泵卸荷的稳定性、部件的传动速度等都有很大影响。

在不同类型的供压部分中,蓄压器的作用不尽相同,归纳起来主要有以下几点:

1) 补充系统泄漏,维持系统压力

在装有卸荷装置的供压部分中,在油泵卸荷后,蓄压器可向系统补充油液的泄漏,以延长油泵的卸荷时间,保证油泵卸荷的稳定性。

2) 减缓系统压力脉动

液压泵流量脉动和部件动作会引起压力脉动。当液压泵流量瞬时增加时,一部分油液充入蓄压器。由于蓄压器内气体容易压缩,而且体积较大,相对压缩量较小,所以这部分油液进入蓄压器所引起的压力变化很小;当液压泵流量瞬时变小时,蓄压器可输出一部分油液,同理,这时压力变化也很小。

3) 协助泵共同供油,增大供压部分的输出功率

传动部分工作时,蓄压器可在短时间内和液压泵一起向传动部分输送高压油,加快部件的传动速度。

4) 作为系统的辅助能源

在液压泵不工作时,蓄压器可作为辅助压力源,驱动某些部件动作(如刹车蓄压器可为停留刹车提供压力)。

飞机液压系统采用的蓄压器构造分为三类:活塞式、薄膜式和胶囊式,如图3.2-50所示。

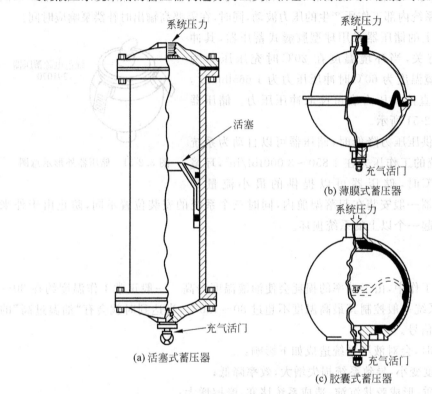

图 3.2-50 蓄压器的构造

活塞式蓄压器构造如图3.2-50(a)所示。活塞将蓄压器分为两个腔室,其中一个腔室为油液室,它与液压泵的供压管路相连;另一腔室为气室,其内部充有氮气。液压泵向蓄压器供油时,油液挤入油液室,推动活塞,压缩氮气。随着氮气压力的升高,油液压力也相应升高,将液压泵提供的液压能储存在蓄压器内。当传动部分工作时,氮气膨胀,将油液压力送至传动部分,推动部件做功。

活塞式蓄压器结构简单,但活塞惯性大,且存在一定的摩擦,动态反应不灵敏。因此,活塞式蓄压器不适合吸收系统的压力脉动。

薄膜式蓄压器构造如图3.2-50(b)所示。蓄压器由两个空心的半金属球体组成:在一个半球上有一接头与液压系统连接,在另一个半球上安装有充气活门,两个半球之间安装一个合成橡胶薄膜。在蓄压器的油液出口处盖有一个网屏,用于防止薄膜在气压力作用下进入系统充油口而损坏薄膜。而某些蓄压器,在薄膜中间装有一个金属圆盘以代替系统油口

的网屏。

薄膜式蓄压器质量轻,惯性小,动态反应灵敏,适用于吸收系统的压力脉动。薄膜式蓄压器还具有安装维护方便等优点。

胶囊式蓄压器构造如图 3.2-50(c)所示,蓄压器由一个整体的空心球体构成,球体顶部有压力油口与液压系统相连,在球体底部有一个较大开口,用以装入胶囊。胶囊用一个大螺塞固定,同时起密封作用。在螺塞上装有一个充气活门,在气囊顶部的两面装有金属圆盘,用于防止气囊在压力作用下被挤出压力口。

A300 机型的每一个液压子系统上都安装有储压器,储压器的主要作用在于减少液压泵供油时的脉动以及系统内部工作所产生的压力波动,同时,在需要高输出时补偿泵响应时间。

安装在系统上的储压器采用球型胶囊式蓄压器,其冲压压力与温度有关,当环境温度在 20℃时充压压力为 1 450lbf/in^2。环境温度为 60℃时冲压压力为 1 665lbf/in^2,通过储压器上的直读式压力表可读取冲压压力。储压器的外形图如图 3.2-51 所示。

图 3.2-51 储压器外形示意图

当系统内的供压压力降低时,储压器可以自动为系统供压,当液压系统的工作压力在 1 850～3 000lbf/in^2,环境温度在 20～110℃时,储压器可以提供的最小流量为 250cm^3/s。储压器一般安装在起落架舱内,同时三个系统的安装位置不同,防止由于外来物的侵入不会引起一个以上的系统损坏。

4. 散热器

液压系统在工作中,由于功率的损耗会使油液温度升高。一般正常工作温度约在 30～70℃,飞机液压系统一般控制其最高温度不超过 80～120℃,当达到时就会有"油温过高"的指示灯发出警告信号。

当油温过高时,会对液压系统造成如下影响:

(1) 油液黏度变小,导致系统损失增大,效率降低;

(2) 油液变质,形成胶状沉淀,造成系统堵塞,摩擦增大;

(3) 高温使密封圈橡胶变质、损坏,密封失效;

(4) 高温使零件间的配合间隙变化,导致额外的摩擦或泄漏。

系统油温过高,有两个方面的主要原因,即系统产热量增大和(或)系统散热不良。导致系统产热量增大的故障有以下几个方面:

1) 泵故障或泵壳体回油滤堵塞

当柱塞泵发生故障时,尤其是滑靴和斜盘发生故障,会导致泵内摩擦增大,磨损加剧,造成油温上升;泵内磨损的加剧会导致泵壳体回油滤的堵塞,使油泵由于冷却润滑的油液量减少而加速油泵的损坏。

当壳体回油滤发生堵塞时,滑靴和斜盘间的油膜被破坏,造成斜盘与滑靴间摩擦增大(甚至出现干摩擦),导致液压泵发热量增大,最终导致液压泵损坏。

2) 压力油滤堵塞

如果油泵出口的压力油滤堵塞,如该油滤带有旁通活门,则油滤两端的压差将导致油滤的旁通活门打开,油液未经过滤直接供向下游工作系统,导致工作系统运动部件出现卡滞和摩擦增大的情况,最终导致系统发热量增大,油温上升。

3) 系统严重内漏

系统内漏时,损失的液压功率直接在内漏的部位通过油液阻尼的热耗作用变成热量,导致油液温度迅速升高。

4) 卸荷系统故障,安全阀溢流

对于采用卸荷阀作为限制系统压力的定量泵系统,若卸荷阀出现故障,安全阀将打开溢流限压。当安全阀打开时,系统压力最高,液压泵输出的功率为最大。油液流经安全阀,将全部液压功率转换成热量,导致油温迅速升高。

当系统散热不良时,油液温度也会随之升高。导致系统散热效率下降的原因有以下几种典型情况:

1) 油箱油量不足

当液压油箱中的油量不足时,油液在油箱中停留时间过短,油液温度还没有下降,又被油泵吸入系统,最后导致油液温度慢慢升高。

2) 散热器热交换不足

当液压回油散热器散热不良时,油液的热量不能通过散热器散失,导致油温不断上升。

3) 环境温度过高

环境温度的升高,会导致整个系统散热效率的下降,成为油温过高的主要原因之一。

4) 系统中混入空气

液压管路或液压元件中混入空气时,会降低油液的热传递性,导致热量散失下降,油温不断上升。

分析以上原因,油泵故障和油滤堵塞是油温过高的主要原因。在发现油温过高,指示灯亮时,首先应当使泵停转,并对壳体回油滤和压力油滤进行检查,滤芯的脏物表明泵的缺陷。对于变量泵系统,如果系统压力已达安全阀工作压力,则应换滤芯,冲洗管路并更换油泵。

在中低压液压系统中,一般不设置专门的液压油散热装置,因为油箱和金属管道就是很好的散热器。而在大功率的高压系统中,往往需要专门的散热器组件。飞机液压散热器一般采用液冷式,利用燃油作为冷却介质,称为液压油-燃油散热器,如图 3.2-52 所示。

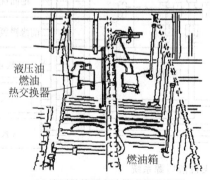

(a) 液压散热器在油箱内部示意图

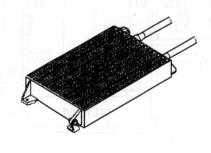

(b) 液压散热器构造

图 3.2-52　液压系统散热器

散热器安装于燃油箱内的最低部,利用燃油作为冷却剂。液压油的回油,从散热器进口管进入,在散热器内经蛇形盘管往返流动最后从出油口流出。为增加散热面积,散热器上焊有散热片。这种散热器的使用问题,是进出口出入油箱的密封问题。为保证散热,燃油箱内应保证一定量的燃油。

3.3 飞机液压源系统

3.3.1 飞机液压源系统组成

为了保证供压的安全可靠,现代飞机上一般都有几个独立的液压源系统。双发飞机,如波音737系列和空客320系列,一般有三个独立的液压源系统。而四发飞机,如波音747,具有四个独立的液压源系统。所谓独立的液压源系统是指每个液压源都有单独的液压元件,可以独立向用压系统提供液压。

不同机型上液压源系统的名称有所不同,如在波音737上称为A、B和备用液压系统(见图3.3-1),波音777上称为左液压系统、右液液系统和中央液压系统,而空客320则称为绿、黄和蓝液压系统。我国自主设计制造的新型涡扇支线客机ARJ21的液压系统分为1号、2号和3号。其中1号、2号为主液压源系统,3号为备用液压源系统。

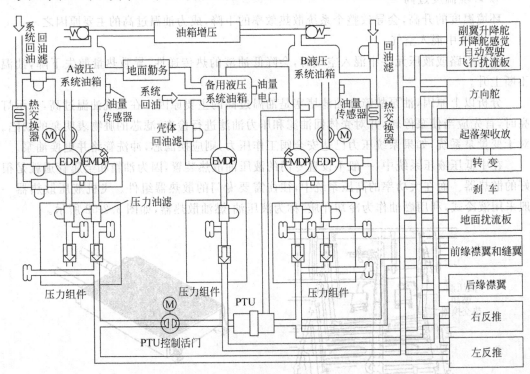

图 3.3-1 波音 737 飞机液压源系统

A300机型上安装上有三个完全独立的液压系统,分别为BLUE(蓝)、GREEN(绿)和YELLOW(黄),它们同时工作。每个系统都由自己的液压油箱供油,每个系统间的液压油不可相互输送。为了保证独立液压系统的正常工作,飞机上安装有四个完全相同的发动机驱动的液压泵,每台发动机上安装有两个发动机驱动泵,其中,绿系统有两个,蓝系统以及黄系统各一个驱动泵。

同时,系统内装有两个不可逆动力传输组件。在不交换液压油的情况下,这两个组件可以把动力从绿系统传输到黄系统或者蓝系统。从而保证当飞机的发动机动力驱动泵出现故障时,可以有效的将液压动力传输至故障系统。

而且,在飞机上安装有备用的液压动力组件,其中包括有绿系统独立的两个电动泵,黄系统独立的电动泵,黄系统冲压空气涡轮驱动泵以及黄系统的手摇泵。其中黄系统的独立的电动泵主要用来提供刹车储压器的动力或者对主货舱门进行操纵,该电动泵不涉及黄系统的实际伺服驱动系统。而冲压空气涡轮驱动泵作为飞机液压系统的最终备份系统,该系统仅仅驱动黄系统液压系统的伺服控制。

当飞机液压动力源建立压力之后,液压动力直接提供给伺服控制器总管,然后再提供给高压总管,这些总管一直相联。伺服控制总管通过一个伺服控制选择器活门来向主飞行控制器和扰流板提供压力。高压总管内装有一个优先活门,当压力已下降到低于 1 885lbf/in² 时,此活门隔离缝翼、克鲁格襟翼、起落架和前轮转弯操纵系统,从而优先向飞行操作提供压力。一旦发动机失火,发动机驱动泵由 FIRE VALVES(火警活门)将其与液压油箱断开。当一个发动机灭火手柄被拉出时,相对应的活门便关闭。在黄系统内,在出现 LO LVL(油面低)时,FIRE VALVE 也将关闭。FIRE VALVES 的位置在侧面板上有指示。整个液压系统的总体原理图如图 3.3-2 所示。

3.3.2 液压泵特点

为了提高液压源供油可靠性,现代飞机液压系统的每个独立液压源系统均配备 1~5 个液压泵,根据液压泵动力源不同,液压泵可分为四种:发动机驱动泵(EDP)、电动马达驱动泵(EMDP)、空气驱动泵(ADP)和冲压空气涡轮驱动泵(RAT)。一般在两个主液压系统之间的管路上,还设有液压动力转换组件(PTU)。

发动机驱动泵(EDP)安装在发动机附件齿轮箱的安装座上,发动机转子通过附件齿轮箱驱动油泵运转。当发动机启动时,发动机驱动泵随之启动;发动机停车,则发动机驱动泵停止工作。为控制发动机驱动泵的工作,在飞机液压系统控制面板上,设置发动机驱动泵控制开关,提供"人工关断"功能(见图 3.3-2)。当电门在"开"位时,EDP 在泵内补偿活门控制下进行供压或自动卸荷;当泵发生故障时,将电门扳到"关"位,电磁活门线圈通电,使泵的出口压力在很低的情况下就能推动补偿活门动作,使油泵卸荷,即为"人工关断"。飞机在地面停放时应使发动机驱动泵的控制电门放在"开"位,以免电磁线圈长期通电。

空气驱动泵(ADP)利用气源系统的引气驱动。如图 3.3-3 所示,空气驱动泵组件包括调节关断活门、涡轮、传动齿轮箱和液压泵组成。当调节关断活门打开时,气源系统的引气驱动涡轮,并通过传动齿轮箱带泵的转子工作。空气驱动泵(ADP)用在波音 747、777 等飞机的供压系统中。

电动马达驱动泵(EMDP)由交流电动马达驱动。对于双发飞机,为了确保单发停车时液压系统供压可靠性,电动马达驱动泵采用对侧发动机的发电机供电。以波音 737 液压源系统为例:A 系统的 EDP 由左发(1 号发动机)驱动,则 A 系统的 EMDP 由右发(2 号发动机)的发电机供电,B 系统的 EDP 由右发(2 号发动机)供电,则 B 系统的 EMDP 由左发(1 号发动机)供电。

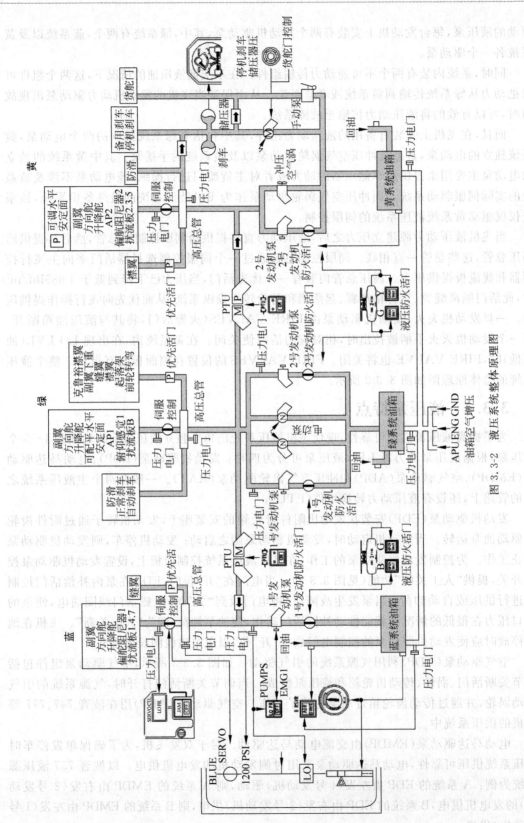

图 3.3-2 液压系统整体原理图

冲压空气涡轮泵（RAT）用于提供应急压力源以作动飞行操纵系统，也可以作为应急电力源。在正常情况下，RAT 是收进的；飞行中当满足某些条件时（例如失去三个液压源时），可自动放出；RAT 也可以人工放出，为了防止误操作，RAT 人工放下开关设有保护盖，如图 3.3-4 所示。

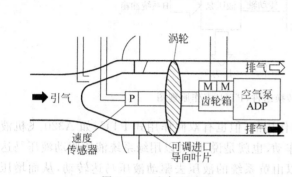

图 3.3-3　空气驱动泵

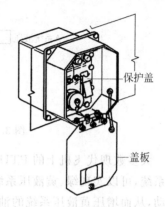

图 3.3-4　RAT 人工放下开关

冲压空气涡轮作动筒用于收放冲压空气涡轮组件（见图 3.3-5），它是单作用式作动筒，依靠弹簧力放出，液压力收进，其内部有一个机械锁，使其保持在收进位置。应急工作时，冲压空气涡轮作动筒内部的机械锁打开，在弹簧力的作用下放出冲压空气涡轮组件。

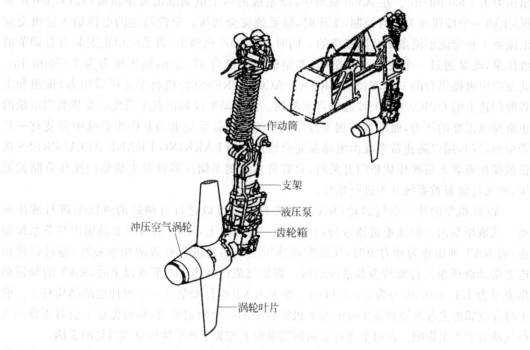

图 3.3-5　冲压空气涡轮驱动泵（RAT）

当冲压空气涡轮组件放出后，飞机飞行中的冲压空气驱动冲压空气涡轮转动，从而带动泵转子转动。

动力转换组件(PTU)是一种特殊形式的液压泵,它实际上是一个液压马达和泵的组合件。图 3.3-6 所示为波音 737 液压系统 PTU 工作原理图。在工作时,利用某一个液压源系统(A 系统)的液压驱动 PTU 中的液压马达转动,液压马达带动泵转子转动,从另一个液压系统(B 系统)吸油,建立压力。

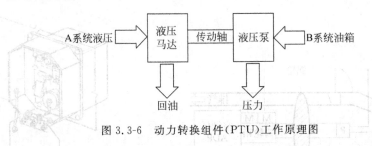

图 3.3-6　动力转换组件(PTU)工作原理图

大多数现代飞机上的 PTU 都是单向作用的,但也有双向作用式 PTU,如 A320 飞机液压系统,可以实现绿、黄液压系统的双向作动,也就是说,既可以用绿系统液压驱动液压马达转动,从而增压黄液压系统的油液,也可以由黄系统的液压去驱动液压马达转动,从而增压绿液压系统的油液。

在 A300 机型中,绿系统装有两个相同的自调节的液压泵,由交流马达驱动。额定输出功率是一定的,因此其输入的实际压力与额定输出流量成正比,当电动泵的实际输入流量为 0L/min 时,其额定压力设定为 3 000lbf/in^2,当电动泵的实际输出流量为 23L/min 时,其输出压力为 2 830lbf/in^2。在 A300 机型中,绿系统的两个电动泵由液压顶板(HYD PWR 面板)上的一个按钮开关同时控制,工作时,绿系统完全增压。交流马达的电源输入是由交流汇流条 1 和交流汇流条 2 共同提供的。同时,在 A300 机型中,黄系统中也安装有自调节的液压泵,此泵通过一个交流马达驱动,额定输出流量为 6L/min,输出压力为 2 850lbf/in^2。此泵由中央操纵台的 PARKING BRAKE ACCU PRESS(停机刹车储压器压力)按钮和主货舱门边上的 OPEN/CLOSE 选择器来控制。该电动泵仅提供刹车系统以及货舱门系统的正常操纵需要的压力,而不参与到飞行控制系统。在黄系统电动泵供压系统中安装有一总管单向活门,用以防止黄系统由电动泵完全增压。当 PARKING BRAKE ACCU PRESS 按钮被操作或者人员操作货舱门开关时,只有黄系统刹车储压器以及主货舱门操作管路被增压,而飞行伺服黄系统并不进行增压。

A300 机型的冲压空气涡轮(RAT)安装有一个可以进行自调速的液压泵进行液压驱动。该液压泵由一恒速推进器进行功率驱动。在飞机上,RAT 的液压驱动输出与黄系统相连,当 RAT 伸出作为动力源时,气流带动冲压空气涡轮进行有效的功率旋转,通过恒速推进器带动液压泵进行旋转为黄系统增压。假如气流速度达 140 节或以上时,RAT 的额定输出流量为 45L/min,压力为 2 800lbf/in^2,整个 RAT 组件安装在一个可伸缩的结构杆上。收上时存放邻近主起落架和液压舱的右下机翼翼根的一个固定舱内,从而保证不会对正常的飞行气动力学产生影响。在每个飞行员的侧操纵台上安装了两个冲压空气涡轮的手柄。

在应急或者测试情况下,操纵任一个手柄都可以机械开锁 RAT,它的伸出动力主要依靠弹簧力。在正常放出的过程中,放出机构首先打开存放固定舱的舱门,然后为 RAT 进行机械解锁,最后作动弹簧力进行有效的放出。在放下位时,RAT 被锁定并不能再被收进。只有在地面,RAT 才能被人工收进。

冲压空气涡轮是用于对飞机操纵提供应急液压动力的应急设备，该设备主要应用在：两套或全部液压系统失效，或两台发动机都熄火情况下使用。RAT 在整个飞行包线内都可以放出，反应时间（从放出至出现额定压力）小于 6.5s。

A300 机型中另一个重要的液压驱动动力源是动力传输组件（PTU），在整个液压系统中安装有两个相同的 PTU，一个在绿系统和蓝系统之间，另一个在绿系统和黄系统之间。每个 PTU 包括一个液压马达，马达由绿系统压力带动，还有一个液压泵，位于接受系统中。马达和泵之间由一传动轴相连。每个马达有一个电控活门，控制绿系统的压力到马达，绿系统增压可以由发动机驱动泵或绿系统电动泵产生。

蓝或黄系统泵的额定输出是 90L/min，压力为 2 500lbf/in²。在无流量要求时输出压力为 3 000lbf/in²。每个在绿系统的马达要求 111L/min 时，在 3 000lbf/in² 来达到泵的额定输出，一次只能带动一个 PTU。每个 PTU 是受顶板液压动力部分上的一个按钮开关控制的，它控制马达的电控活门。PTU 可以在空中出现蓝系统或黄系统液压动力故障时使用。在地面，绿系统（由两绿电动泵）增压的情况下，PTU 可以用于维护时对蓝和黄系统进行增压。给两个 PTU 电磁活门供电来自 28V 直流正常汇流条。

在 A300 机型的右主起落架和液压舱的后墙上安装有一个手摇泵，在飞行中是不可接近的。如果在地面，黄系统电动泵不可用的情况下，用此泵可以人工操作主货舱门，此时只有黄系统的货舱门这一部分的管路（由手摇泵）增压。手摇泵的手柄收放在后墙上接近于泵处。

3.3.3 压力分配

在液压源系统中，液压泵的压力是通过压力组件分配到各用压系统的，从各用压系统的回油统一经过回油组件返回油箱。

1. 压力组件

压力组件位于液压泵的出口管路，即压力管路上，它的主要作用是过滤和分配液压泵出口的液压到各用压系统。不同型号的飞机其压力组件的组成元件会有所不同，即使同一架飞机内不同液压源系统内的压力组件的组成元件也可能各不同。如图 3.3-7 所示。压力组件内一般包括：单向活门、油滤、释压活门、压力及温度传感器等。

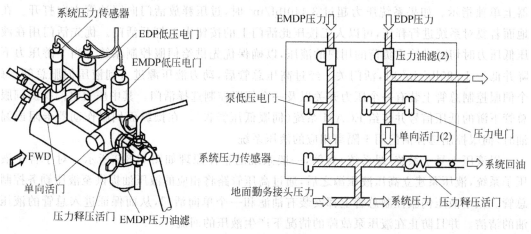

图 3.3-7 压力组件

2. 回油组件

回油组件位于回油管路，其主要作用是过滤及引导返回油箱的油液。回油组件的构造如图3.3-8所示，其主要组成元件包括油滤、单向活门、旁通活门等。回油组件内部的两个单向活门并联反向安装，可形成一个负压环。它的主要作用是在当前系统不增压的情况下，允许油液从油箱流过回油组件，防止出现系统气塞和油滤反冲现象。

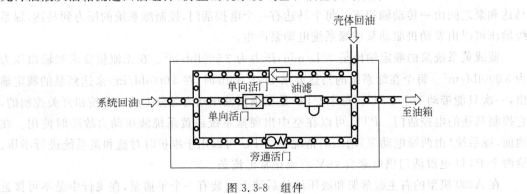

图3.3-8 组件

A300机型液压系统中设计有地面勤务面板，每个系统都有一板勤务面板，在此面板上有加油，抽油和油箱增压接头。对于油箱增压，有一个共用空气压力接头安装在蓝系统勤务面板上。对于油箱加油，有一个共用接头，油箱选择器和油箱液压油量重复指示器位于绿系统勤务面板。

在液压各个分子液压系统中，动力液压油首先通过高压总管设备。在每个高压总管安装有个压力电门、压力传感器、过压释放/人工释压活门以及优先活门。其中过压释放活门在地面是可以通过人工超控进行人工释放。同时，黄系统总管还装有两个停留/备用-关刹车储压器，同时另外装有一个过压释放活门（用于刹车储压器系统）以及一个用于两个刹车储压器的共用压力传感器。

压力电门探测低压信号，从高压总管传到ECAM系统（系统低压警告）压力传感器把总管的压力信号传到ECAM系统。刹车储压器压力在中央仪表板上的ACCU PRESS指示器上单独指示。如果系统压力超过$3\,440\text{lbf/in}^2$时，过压释放活门向回油管方向打开。在地面若要对系统进行释压，可以人工按压此活门上的按钮人工打开活门。优先活门用在液压低压力时切断供给重负荷的用户的液压，以确保优先供给伺服控制系统。当下游压力下降并低于$1\,885\text{lbf/in}^2$时，活门关。经过高压总管后，动力液压源进入到液压伺服总管，每个伺服控制总管上装有一个压力开关以及一个伺服控制选择活门。其中压力电门探测伺服总管下游的低压信号并传给ECAM系统（伺服低压警告）。在操纵面伺服作动器卡阻或漏油时，伺服控制选择活门用于隔离相应的液压系统。

以液压1号子系统（绿系统）为例，一般系统的整体原理如图3.3-9所示。对于各个液压子系统，液压泵建立高压液压源之后，通过高压管路将相应的液压油提供至液压勤务控制总管。三个液压伺服控制总管上都安装有油滤和一个单向活门，从而保证进入总管的液压油的清洁。并且防止在液压泵故障的情况下产生液压的回流。

液压伺服控制总管的作用是控制相应系统的高压液压油的实际流向。当系统的动力源

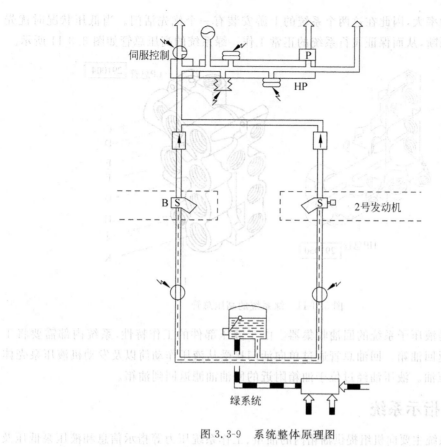

图 3.3-9 系统整体原理图

来自于发动机的液压泵时,总管控制系统正常流动,将相应的液压油提供至下游相应系统的 HP 总管。当系统的动力源来自于绿系统电动泵或者蓝/黄系统的动力转换组件时,动力液压油不经过相应系统的液压伺服控制总管。液压伺服控制总管仅仅利用单向活门防止系统内产生的动力液压油对上游的液压泵产生破坏。整个液压伺服控制总管的外型图如图 3.3-10 所示。在液压伺服控制总管的下游安装有一个压力电门,当系统的出口压力低于 1 800lbf/in² 时,压力电门将接通,从而点亮驾驶舱中的故障指示灯用以提示机组出现故障。

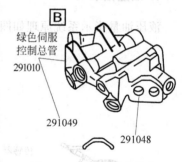

图 3.3-10 液压伺服控制总管的外型图

系统高压总管是伺服控制总管的下游组件,其直接从伺服装置控制器总管得到高压动力液压油并将起分配到其下游的主要功能组件中去。其下游的功能组件主要分为两类——可隔离组件以及不可隔离组件。

可隔离组件是指在飞行过程中不参与到飞机的控制以及航线控制的功能性部件,例如动力转换组件马达以及正常刹车系统。由于这些系统在飞行中不需要驱动,因此系统通过相关的选择活门将这些功能组件进行隔离。从而保证其他系统的正常工作。不可隔离组件是对飞行操纵产生作用的各类功能组件,例如三轴上的伺服控制器以及起落架,襟翼和缝翼的驱动组件等。其中,起落架系统以及襟缝翼系统都是液压驱动的主要驱动对象,同时由于该系统的消耗功率大,因此在这两个系统的上游安装有一个优先活门。当低压状况时优先活门可将它们隔断,从而保证飞行系统的正常工作。绿系统的高压总管如图3.3-11所示。

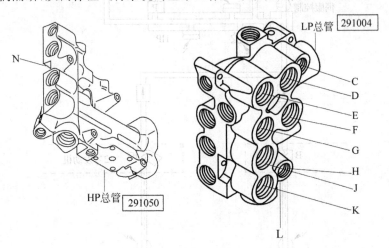

图 3.3-11 绿系统的高压总管

回油总管是液压子系统的回油收集器。由于液压部件的工作特性,系统内部需要将工作后的液压油返回油箱。回油总管通过单向活门接受从液压作动筒以及发动机液压泵壳体排油返回的液压油。液压油经过位于油箱附近的回油油滤返回到油箱。

3.3.4 指示系统

液压指示系统主要向机组提供油箱内的油量、工作系统压力等指示信息和液压泵低压及油液超温等警告信息。指示系统一般包括三个环节:传感器、控制器和显示器/显示组件。

1. 油量指示

液压油量指示系统原理如图3.3-12所示。

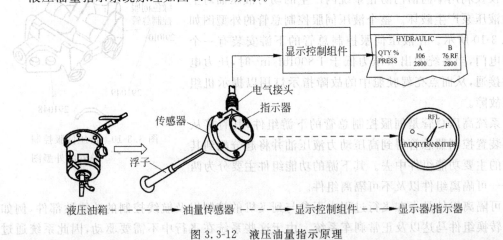

图 3.3-12 液压油量指示原理

油箱中的浮子感受油箱中油面的高低变化,分两路送到下游:①直接送到油箱外表面的油量指示器,为维护人员提供油量信息;②油量传感器将浮子的机械位置信号转变为电信号,经过传感器电气接头,送到油量显示控制组件,经变换放大后,送入驾驶舱液压控制面板,为驾驶人员提供油量指示。

2. 系统压力指示和低压警告

飞机液压系统压力指示和油泵低压警告系统原理如图 3.3-13 所示。液压系统的压力指示和低压警告信号均来自系统的压力组件：系统的压力系统传感器位于压力组件中单向活门下游,感受两个油泵为系统提供的压力,该压力信号经显示控制组件变换放大后,显示在驾驶舱液压控制面板上；低压警告传感器位于单向活门上游,分别感受系统每个油泵出口的压力,当压力低于一定值(波音737飞机为 $1\,300\,\text{lbf/in}^2$)时,发出信号,电路中的低压电门接通液压控制面板上的低压指示灯。当压力上升到某一特定值(波音737飞机为 $1\,600\,\text{lbf/in}^2$)时,低压警告灯熄灭。

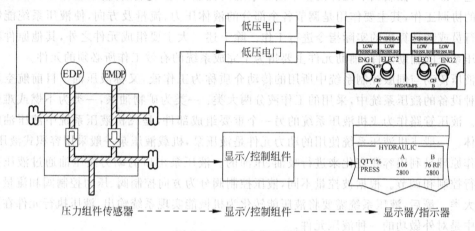

图 3.3-13 压力指示原理

3. 超温警告

液压系统油液超温警告原理如图 3.3-14 所示。装在电动马达驱动泵壳体上的和油泵壳体回油管路上的温度传感器感受油液温度信号,当油温超过一定值时,接通电路中的温度开关,点亮液压控制面板上的超温指示灯。

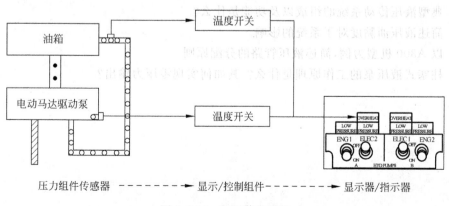

图 3.3-14 超温警告原理

本章小结

飞机液压传动系统是飞机的主要动力系统,其作为动力驱动飞机操纵舵面、起落架的收放和飞机货仓舱门的开关等。为提高飞机操纵系统的可靠性和飞行安全性,液压系统一般采用三个相互独立的子系统提高余度要求。典型的航空液压系统,一般由动力元件、执行元件、控制调节元件以及各类辅助元件组成。动力元件是将电动机或者发动机产生的机械能转化为液体压力能的主要部件。液压传动系统的所有动力都由动力元件提供。动力元件是整个液压传动系统的输入端,执行元件是液压传动系统的实际输出端。液压系统通过执行元件将液体的压力能转化为机械能进行有效的输出,执行元件一般包括液压作动筒或者液压马达等部件。控制调节元件是整个液压系统的控制中心,系统的正常工作需要液压控制元件的协调工作,其主要作用是调节各个部分的液体压力、流量及方向,使液压系统能够根据飞行员或者计算机的实际指令进行工作。除上述三大主要组成元件之外,其他原件都称为液压系统的辅助元件,辅助元件主要指为了完成系统的有效工作所必须的元件。

液压传动与伺服控制系统中所用的传动介质称为工作液,又称液压油。目前航空和地面各种设备的液压系统中,采用的工作液分两大类:一类为矿物油系,一类为不燃或难燃性油系。液压管路作为飞机液压系统的另一个重要组成部件,是飞机液压系统中液压油的重要载体。一般飞机液压系统使用的动力元件是液压泵,机载液压泵一般采用容积式液压泵,其工作原理是利用容积变化来进行吸油、压油的。液压泵出口的动力液压油通过液压控制阀进行控制和调节。根据被控量不同,液压控制阀分为方向控制阀、压力控制阀和流量控制阀三大类。最后,液压系统需要将液压能转化为机械能实现系统输出,液压执行元件在液压系统中是对外做功的一种液压元件。

在飞机液压系统中,还安装有液压指示系统,液压指示系统主要向机组提供油箱内的油量、工作系统压力等指示信息和液压泵低压及油液超温等警告信息。

复习与思考

1. 什么是飞机液压传动系统?其主要作用是什么?
2. 典型液压传动系统的组成以及功能是什么?
3. 简述液压油黏度对系统的影响。
4. 以 A300 机型为例,简述液压管路的分配原则。
5. 柱塞式液压泵的工作原理是什么?其如何实现零压力输出?

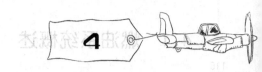

燃油系统

本章关键词

加油/抽油(refuel/defuel) 静电防止(electrostatic prevention)
压力加油(pressure refueling) 重力加油(gravity refueling)
燃油泵(fuel pump) 燃油控制活门(fuel control valve)
电子式油量指示系统(electronic oil quantity
　　indicating system)

互联网资料

http://wiki.cnki.com.cn/HotWord/172820.htm
http://d.g.wanfangdata.com.cn/Periodical_njhkht200506028.aspx
http://d.g.wanfangdata.com.cn/Periodical_wljxtt200102011.aspx
http://www.cnki.com.cn/Article/CJFDTOTAL-BJLH200701016.htm
http://cdmd.cnki.com.cn/Article/CDMD-10143-1012316972.htm

相对于飞机的其他系统,飞机燃油系统不是最具飞机特色的专业系统。但是燃油系统却是飞机必不可少的组成部分。飞机燃油系统的工作方式和功能特性,无论在民用航空器还是在军用飞机上都起到关键性的作用。

飞机燃油系统的作用是存储和传输飞机的燃油,为发动机提供足够的燃油,保证发动机的正常工作,同时,通过在各个燃油箱内传输燃油,实现飞机的重心控制,降低飞机的燃油消耗率,保证飞机在正常的飞行重心内稳定飞行。

燃油系统可以进一步分为供油系统、加油系统以及传输指示系统三个部分。供油系统用于实现发动机供油,加油系统用于实现飞机地面加油或者空中加油,传输指示系统用于实现各个油箱之间的燃油传输以及油量指示。

正常情况下,飞机在计算机的控制下能够自动实现各个油箱的顺序消耗,减少飞行员在飞行过程中的操纵压力,但是在有故障的情况下,飞行员需要人工对燃油消耗顺序进行超控,防止飞机重心偏差过大而产生对飞机飞行稳定性的影响。

4.1 燃油系统概述

燃油系统是为存储和输送动力装置所需燃料而设的。一架飞机完整的燃油系统包括两大部分：飞机燃油系统与发动机燃油系统。一般将发动机直接驱动的燃油泵之前的燃油系统划归飞机燃油系统。

除了燃油箱之外，飞机燃油系统包括以下分系统：油箱通气系统、加油/抽油系统、供油系统、空中应急放油系统和指示/警告系统。

4.1.1 燃油系统的功能

为了使飞机能够满足航程要求，飞机上必须存储足够多的燃油量，因此燃油系统需要有很高的加油率，特别是在民用飞机上，民用飞机的再次飞行准备时间属于关键营运因素。解决这一问题的主要方式是采用压力加油，压力加油已经成为所有民用飞机的标准装备。一般现代民用飞机的燃油装载量较大，尽管在所有的飞机上，重力加油设施通常还存在，但对于所有的大型运输机而言，这种加油方式由于其加油时间过长，无法满足实际加油需要。无论是出于维修要求，还是安全移动之前，必须排除飞机上的燃油，都要求燃油系统还必须具有将飞机内燃油抽出的设备。此过程一般利用外部抽油装置，也可以使用机载燃油泵，对飞机进行抽油。

与加油和抽油功能类似的功能是飞机的空中放油。大型民用飞机在满油量起飞时，其质量可能大大超过最大着陆质量，如果在起飞过程中或在起飞后不久发生严重故障，在实施应急着陆前，需要放出机载燃油，将飞机的质量降至某个可以接受的范围内，使其不超过起落架的使用限制。此时要求应急放油尽可能快速的将大量的机载燃油放出机外并在达到最低安全油量之前停止放油。

在大多数飞机上，最大燃油质量与飞机总重之间的比值，可达到 50% 左右，而汽车只有 5% 左右。这一特征可能导致在初始飞行阶段和最终飞行阶段之间飞机操纵特性发生变化。此外，飞机燃油箱位于机翼内，由于机翼后掠的影响随着飞机燃油的消耗，飞机纵向重心将发生变化，导致飞机静安定度变化，使飞机的操纵特性发生变化。在某些民用飞机上，燃油管理系统通过燃油在前后油箱之间的自动传输主动控制飞机纵向重心，对其巡航阶段的纵向重心进行优化，减小飞机的姿态阻力，使飞机的使用航程最大化。

存储在大型飞机机翼内的燃油的另一常见用途是提供机翼卸载，保证飞机机翼弯矩减至最小，减小机翼结构长期疲劳效应。因此，现代民用飞机的燃油使用一般从内油箱开始，通过外油箱内的燃油减小飞机机翼实际的受力力矩。

综合上述分析，现代民用飞机油箱的特点是：

(1) 载油量大。采用涡轮风扇发动机作为动力装置的现代运输机燃油消耗率大，整个航程中要消耗大量的燃油，为解决载油和空间的矛盾，飞机多采用结构油箱。飞机在飞行中，燃油消耗率很高，而燃油油箱又难以全部装在飞机重心附近，飞机重心可能会发生显著移动，对飞机的平衡会产生较大的影响，因此在飞行中要对飞机重心进行调节；

(2) 供油安全。现代飞机多采用交输供油系统，可以实现任何一个油箱向任何一台发动机供油，而且每个油箱至少有两台增压泵，以保证供油安全。当两台油泵都失效时，依靠发动机燃油泵的抽吸作用仍可保证燃油正常供给；

（3）维护方便。飞机燃油泵设有快卸机构，维护人员不用放油，也不用进入油箱即可拆装油泵，提高了燃油系统的维护性能；

（4）避免死油。在燃油箱内采用了引射泵，它借助于燃油增压泵提供的引射流，可将死区（一般位于油箱较低处）的含水油液引射到增压泵的进口，减小水在油箱底部的沉积，尽可能降低油箱的微生物腐蚀。

燃油系统的另一个功能是测量燃油，燃油测量系统的难题在于面对飞机姿态和燃油属性的大范围变化能够提供精确的信息。由于世界上不同地点对于燃油属性要求的不同，在不同地点添加的燃油，属性也将不同。对于存储 100t 燃油的飞机，燃油量测量 1% 的误差，就相当于大约 10 位旅客和他们行李的质量。此外，由于飞机上燃油箱几何尺寸、燃油箱沉淀槽和机上燃油传输管路原因，机上所存储的总燃油量有一小部分被归类为不可用燃油或不可测燃油。任何情况下，这类不可用燃油都将成为飞机的营运负担。

当前在飞机燃油测量系统中最常采用的是燃油箱内传感器阵列。传感器阵列探测燃油箱内不同位置截面上的燃油油面，确定整个油箱内的实际燃油量体积，最终计算出燃油的实际质量。在传感器阵列中所使用的传感器一般为电容式传感器，通常称为"油箱油量测量探头"或者"油箱油量传感器"。为提高传感器的可靠性，在系统中可设多套独立的传感器阵列。每套传感器阵列根据不同的测量精度设置不同的传感器数量。

电容式传感器测量系统已经成为近十年来飞机燃油测量技术的主流。工业界不愿意更换燃油油量测量技术的关键因素在于油箱内的维修成本。航空公司营运人希望尽可能少的进入油箱内进行计划外的维修工作，并希望燃油箱内的硬件能够有效的工作尽可能长的时间。但在 B777 系列机型上，燃油测量系统的传感器已采用超声波式测量技术代替传统的电容式测量技术，降低了油箱内的维修成本。超声波式传感器系统采用"类声呐"技术，通过传感器发送超声波，并探测来自燃油油面的回波，从而确定燃油油面的实际高度。使用一定数量的超声波发射器，就可确定一个个油面平面，并可计算出现有燃油油量的实际体积。

燃油油量探测系统的另一个探测功能是油位探测功能。油位探测包括高油位探测和低油位探测。高油位探测的主要作用是保证在加油和燃油传输过程中，为油箱留出足够的膨胀空间，防止油箱出现超压。而低油位探测则向机组发出油箱内低油量警告。

除主燃油探测功能外，一般民用航空器还安装第二套测量系统（称为辅助测量），确保这一关键功能的完整性，并允许在燃油测量系统失效时仍可以安全放行飞机。辅助测量必须采用非类似的技术，以防共模失效。辅助测量的常用形式是磁性油位指示器（MLI），地勤人员可以从燃油箱底部，伸出的尺杆上读出磁性浮子的位置。一般飞机上安装有若干个 MLI。尽管与主测量系统相比，显然辅助测量技术的精度较低，但却起到了支持测量系统完整性要求的作用。

4.1.2 典型燃油系统介绍

飞机燃油系统有以下主要功用：

（1）存储燃油。飞机油箱中存储着飞机完成飞行任务所需的全部燃油，包括紧急复飞和着陆后的备用燃油；

(2) 可靠供油。飞机燃油系统可在各种规定的飞行状态和工作条件下保证安全可靠地将燃油供向发动机和APU；

(3) 调节重心。通过燃油系统，可调整飞机横向和纵向重心位置重心。横向重心调整可保持飞机平衡，减小机翼机构受力；纵向重心调整可减小飞机平尾配平角度，减小配平阻力，降低燃油消耗。

(4) 冷却介质。燃油可作为冷却介质，冷却滑油、液压油和其他附件。

在A300机型的燃油系统中，主要有6个油箱进行燃油存储，分别为中央油箱、左右两侧的内油箱、外油箱（称为大翼油箱）以及THS舱内的配平油箱。当6个油箱充满时，按正确的油箱顺序和油量控制向发动机提供燃油。同时，燃油系统在驾驶舱内显示每个油箱内的燃油油量和飞机上的总燃油油量。在飞机飞行的各个阶段中，根据飞行安全的需要，燃油系统通过燃油泵将燃油提供给主发动机和APU。燃油系统的另一个作用是对系统进行重心控制，保持给定的重心（CG）在规定的限制范围内。

在每侧机翼油箱和中央油箱内都安装有两个油泵。驾驶舱中的控制面板上安装有按钮电门用于控制燃油泵的工作模式，燃油泵有自动控制和人工控制两种模式。两侧大翼油箱内的燃油泵提供相应侧发动机的正常供油，两者之间正常情况下不允许交互供油，中央油箱内的两台燃油泵同样供油至相应侧的发动机，同时中央油箱内的左侧泵还为APU供油。

在自动控制模式下，燃油供油系统控制逻辑电路确保内侧和中央油箱油泵只在满足工作条件下运行，而外侧油箱内的油泵持续运行。外侧油箱燃油泵的输出压力小于其他的泵的输出压力，确保只有当正常供油系统出现故障时，它们能够提供燃油到相关的发动机。为了提高燃油系统供油的可靠性，在飞机供油系统中设计有交输活门，交输活门安装在中央油箱中。通过中央油箱的燃油管道把一侧机翼内的发动机供油管路连接到另一侧机翼内的供油管路上。利用交输活门的开关状态控制左侧机翼内的供应管路与右侧机翼内的供应管路之间的连通状态。

燃油加油/抽油系统控制飞机燃油的实际流向。在正常工作情况下，燃油的加抽油系统采用自动工作方式，当自动加抽油系统出现故障时，机组人员可以通过加油/放油控制面板进行操作。燃油的正常加油口安装在右侧机翼前缘附近。燃油加油口提供了加/抽油系统和外部的燃油之间的接合面。自动加抽油系统通过燃油测量计算机自动将燃油输送到各个油箱，其加油原则是首先加外油箱，其次加内油箱，最后加中央油箱。当自动加油系统出现故障时，人工控制把正确的燃油油量输送到各个油箱。每个油箱的燃油供给管路中安装有一个关断活门（称为加油/抽油活门）。在正常的加油过程中，系统自动操作加油/抽油活门，使相关油箱内的燃油油量保持在必要的限制内。当飞机处于放油状态时，这些活门全部打开，燃油油泵或一个外部吸力源用于为飞机进行放油操作。

飞机重心控制系统在指定飞行阶段期间，控制配平油箱内的实际燃油油量，保证飞机重心在安全范围内。配平油箱内的燃油主要来自于内油箱以及中央油箱，中央油箱内安装有关断活门，该活门由重心控制计算机（CGCC）控制，该活门直接控制燃油的实际传输，保持飞机重心正确。这些活门能够控制燃油流量和燃油传输率。自动系统发生故障时，为提高飞机起降的可靠性，飞行员可以对燃油进行人工输送。

4.2 油箱及通气系统

现代民用飞机最常见的燃油存储位置是在机翼结构范围内,通常在机翼的前梁和后梁之间。由于几何形状以及通达性能所限,这一空间不便用于飞机其他功能。从飞机和燃油系统的角度看,使用机翼结构存储燃油有其优点和缺点。有利的一方面是相当大的燃油质量的作用方向与机翼升力方向相反。与相同质量的燃油存储在机身内的情况相比,这样的结构形式使飞行期间机翼弯矩减少,降低了与每次起飞和着陆有关的应力循环幅值,有利于增强飞机结构的疲劳寿命。其不利的方面是加大了接缝和结构紧固件的密封要求。

4.2.1 油箱类型和布局

飞机油箱的作用是存储飞行所需的燃油。飞机油箱有三种类型,即:软油箱、硬油箱和结构油箱。软油箱是用耐油橡皮、胶层和专用布等胶合而成,一般应用在老式飞机和某些单翼飞机的中央油箱上。目前软油箱在大型民航运输机上基本不采用。硬油箱由防腐能力较强的铝锰合金制成箱体,箱内有防止油液波动的带孔隔板,同时隔板可以提高油箱强度和刚度。目前硬油箱通常作为大型飞机的中央辅助油箱(ACT)。民航飞机的油箱大多采用结构油箱,即油箱本身是飞机结构的一部分,利用机身、机翼或尾翼的结构元件直接构成油箱,结构油箱一般又称为整体型油箱。

民航飞机一般安装有多个油箱,如中央油箱、机翼主油箱,在主油箱外侧设有通气油箱。有些飞机还配有机尾配平油箱和中央辅助油箱,如图 4.2-1 所示。

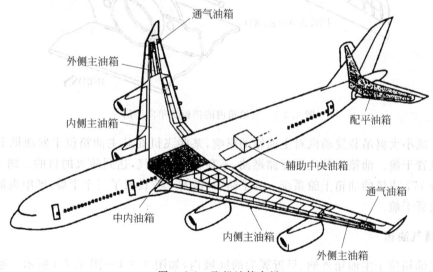

图 4.2-1 飞机油箱布局

1. 中央油箱

中央油箱位于中央翼根结构内,油箱内的隔板可防止飞机在机动飞行时燃油发生晃动。飞行中,为减少机翼根部所受的弯矩,中央油箱的油液首先使用。当油箱中油液耗空时,油箱内充满燃油蒸气。当燃油蒸气浓度在着火(爆炸)浓度范围内时,遇到高温或火花(静电或通过油箱的电缆故障)会导致油箱起火爆炸。为消除油箱起火爆炸的危险,在中央油箱中一般安装有惰性气体抑爆系统或设置无油干舱。

某些飞机采用了另类解决办法——取消独立的中央油箱,沿飞机纵剖线将中央油箱分开,分别为左右主油箱,构成双油箱布局。此种设计虽然省略了中央油箱惰性气体抑爆系统,但飞行中机翼受力情况不如三油箱布局。

2. 主油箱

机翼上的结构油箱称为主油箱,一般将左侧主油箱称为1号主油箱,右侧主油箱称为2号主油箱。主油箱上表面一般都有重力加油口,下表面装有数个油尺。主油箱内的翼肋可防止油液发生晃动,翼肋底部有单向活门,使油液由翼尖流向翼根,如图4.2-2所示。

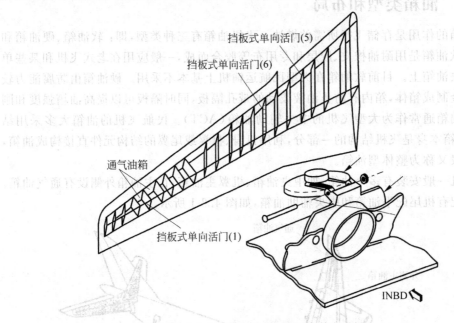

图 4.2-2 主油箱内的挡板式单向活门

为了减小大翼吊装发动机对主油箱的影响,某些飞机在其主油箱位于发动机上方的高温区域设置干舱。油箱干舱内不存储燃油,不存在燃油蒸气,达到防火的目的。图4.2-3所示为波音777飞机的油箱干舱系统。为了防火,波音777设置了三个干舱,即中央油箱干舱和左右大翼干舱。

3. 通气油箱

通气油箱位于主油箱外侧、靠近翼尖的区域内,如图4.2-1~图4.2-3所示。通气油箱内不装燃油,仅用于油箱的通气。

4. 配平油箱

有些大型飞机有配平油箱。配平油箱装在飞机尾部,一般安装在水平安定面内。在飞行中,燃油管理系统可根据需要将燃油送入(或排出)配平油箱,调整飞机重心的位置,减小飞机平尾配平角度,降低配平阻力,达到提高飞机燃油经济性的目的。

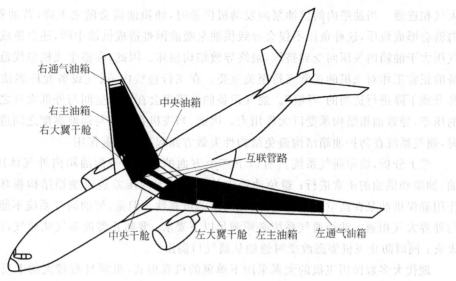

图 4.2-3 波音 777 油箱干舱示意图

5. 中央辅助油箱

中央辅助油箱作为飞机正常油箱系统的补充,用于提高飞机的航程。中央辅助油箱外形和标准货运集装箱类似,安装在飞机的前后货舱内,通过专用的供油管路和通气管路与飞机燃油系统相连。在飞机内配置辅助中央油箱时,应注意对飞机重心的影响。

A300 机型的结构油箱安装在左右两侧机翼内,同样在其机身的中央段安装有中央油箱,在飞机水平尾翼中也安装有配平油箱。A300 机型的机翼油箱分为内外侧两个油箱,内侧油箱是飞机的主油箱,容量为 1 000kg,外侧油箱为辅助油箱,容量为 300kg。中央油箱的容量为 1 000kg;配平油箱的容量为 1 000kg。当油箱灌满时,油箱自身结构保证燃油有足够的膨胀空间。在所有的燃油箱中,有一小部分燃油是不能使用的。每个油箱有一个排水活门,保证系统能够从外部进行防水操纵,防止系统出现燃油结冰现象。所有主燃油箱内的肋都设计成允许适当的燃油传输,排漏及经过油箱的通风,同时提供适当的阻碍防止在飞机机动期间燃油波动。

在加油/放油过程中,或当飞机飞行处于爬升或下降时,油箱内气压和环境气压之间可能产生巨大的气压差,因此每个燃油箱都与排气系统相连,防止该压差的出现。如果系统内发生堵塞,安装在每个通气防波油箱上的过压保护器将开启,保持压差在安全限制内。机翼油箱和中央油箱通过管路与机翼外部的通气油箱连接。在燃油使用过程中,任何溢进通气油箱内的燃油由于真空压力将排回大翼油箱。

为了进一步排除油箱中燃油水分,在飞机燃油箱中安装有排水管路,排水管路收集在油箱底部的水分,通过管路将水分引导至排水活门。

在燃油泵中安装有低压电门用于监控相应油泵的工作状态,当油泵出口处没有足够的压力时,相应燃油面板上 LO PR 灯亮。

4.2.2 油箱通气系统

民用航空器使用"开式通气油箱",保证每个燃油箱内燃油油面上方的无油空间与外界大气相连通。当油箱内的供油泵向发动机供油时,油箱油面会随之下降,若油箱密闭,油箱内就会形成负压,这种负压不仅会导致供油泵吸油困难造成供油中断,还会造成油箱因外部气压大于油箱内气压而受到挤压,最终导致结构损坏。因此,在整个飞机包线范围内通气设备的正常工作对飞机的正常飞行至关重要。在飞行包线内,通气设备允许燃油箱随飞机的爬升或下降进行适当的"呼吸"。通气设备的故障将会在无油空间与外部大气之间形成巨大的压差,导致油箱结构承受巨大作用力。因此,当飞机在地面与巡航高度之间进行过渡飞行时,通气系统在防护油箱结构避免结构性失效方面起到了关键作用。

综上分析,油箱通气系统具有以下三个方面的作用:平衡油箱内外气体压力,确保加油、抽油和供油的正常进行;避免油箱内外产生过大的压差造成油箱结构损坏;通过增压作用确保供油泵在高空的吸油能力,提高供油可靠性。但是,燃油通气系统不能将油箱简单与外界大气相通。油箱通气系统必须满足以下要求:要防止燃油蒸气从通气口溢出而引起火灾;同时防止飞机姿态改变时燃油从通气口溢出。

现代大多数民用飞机的大翼采用下单翼的机翼形式,机翼具有较大的上反角,此时,机翼的翼尖成为油箱的最高点,因此飞机的通气油箱安装在大翼尖处。虽然通气油箱在油箱的最高点,但是当飞机在地面加速滑行时,通气管路内包含的燃油会由于离心力作用进入通气油箱。在地面上,由于机翼燃油的质量加上安装在机翼上的发动机质量,也会使上反角减少。这对于具有大翼展的大型飞机是不利的,通常,飞机的实际通气油箱的设计要求满足一定次数的滑行转弯不会引起通气油箱的燃油溢出。

图 4.2-4 所示为飞机燃油通气系统,系统主要由通气油箱、通气管两大部分组成。为了确保通气系统的安全和正常工作,通气油箱和通气管上还有以下关键元件:火焰抑制器、安全释压活门、单向活门、浮子活门等。

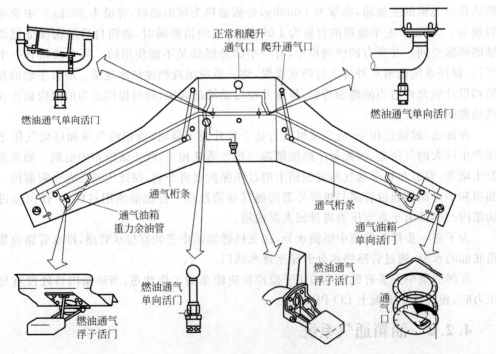

图 4.2-4 燃油通气系统图

油箱正常通气时，外界空气通过冲压通气口进入通气油箱。为防止外部的火焰或过多的热量进入到油箱内部，通气油箱进气口内装有火焰抑制器。火焰抑制器由致密的金属网构成，容易因堵塞而造成通气系统失效。因此在通气油箱底部还需设置安全释压活门，防止油箱内正压或负压过大而损坏机翼结构。通常释压活门是关闭的，与机翼底部平齐。当正压或负压过大时，释压活门打开，并保持在打开位，为通气油箱提供额外通气。火焰抑制器和安全释压活门构造如图 4.2-5 所示。

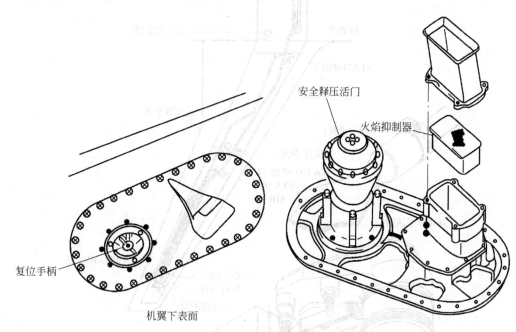

图 4.2-5　火焰抑制器和释压活门构造

通气油箱一般沿翼展方向分成两室，外室通大气，内室（靠近主油箱）通气并储存经通气管溢出的燃油，内外室之间只有单向阀连通，保证内室中的燃油不会流到外室。同时，内室有管道与中央油箱通气管相通，使内室中的燃油靠重力流回到中央油箱。

通气管在油箱内一般安装两个通气口。在主油箱中，由于机翼有上反角，平时气体都集中到靠近翼尖的部分，在转弯时机翼倾斜，这时气体集中到翼根部分，所以两个通气口分别安装在大翼油箱翼根前部和靠近翼尖部分的后部，两个通气口保证飞机在爬升或下滑时油箱的通气。中央油箱的通气也是一前一后的两个通气口。一般将前部通气口称为爬升通气口，后部通气口称为下降通气口。

由于正常飞行姿态和地面滑行时，翼根通气口的位置低于通气油箱的位置，燃油不会从通气口溢入通气油箱。当飞机姿态倾斜时，为了使燃油不会从通气管溢出，在靠近翼尖的通气口上装有浮子活门，若浮子活门被燃油浸满，浮子靠浮力将活门关闭，使燃油不能从通气口溢出，而翼根部分的通气口保证了通气。在中央油箱内的通气管还装有通气漏油单向阀，将通气油箱内的燃油引回油箱。

以 A300 机型为例，每个油箱通过通气管路与机翼外侧油箱旁边的通气油箱连接，经过一个 NACA 进气口通气，整个油箱的通气管路如图 4.2-6 所示。两侧的通气油箱提供相应大翼油箱的机外通风，保证系统的正常工作。中央油箱经过左侧机翼通气油箱与机外通风。

在每侧机翼油箱内,通气管路延伸到油箱内侧段的较高点,并在终止端有一个或多个向上打开的开口。机外通风浮子活门位于每侧机翼油箱的顶端。浮子活门允许空气与机外通风,但燃油不能溢出。

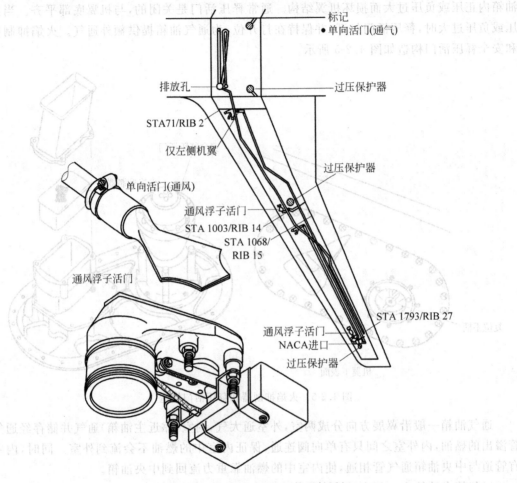

图 4.2-6 A300 机型的机外通气活门

当油箱加油时,如果加油活门出现故障不能关闭,通风管能够引导燃油以一定速率溢出,避免油箱内燃油压力超过油箱最大压力。中央油箱燃油压力经由一个溢流活门释放至右内侧机翼油箱,该活门只有在加注燃油期间才打开。

大翼油箱的通气管路连接到翼尖的通气油箱,并且开口向下,保证正常溢出的燃油首先进入通气油箱内进行存储。通气油箱中安装有虹吸装置,允许燃油通过虹吸流回大翼油箱。在每个通气油箱内的通气管上装有一个火焰保护器,防止地面火源引起的火焰经通风系统向油箱内传播。

过压保护器安装在两侧大翼内油箱的底部盖板上,当油箱压力超过 $20\sim30\mathrm{lbf/in^2}$,过压保护器内的碳盘将爆裂,并使燃油排到机外。中央油箱的压力保护则是通过装有过压保护器的管路,连接到两侧大翼内油箱上。当中央油箱压力过高时,系统通过过压保护器释放压力进入大翼内油箱。

A300机型的配平油箱通气形式与大翼主油箱类似,配平油箱的两个通气口连接至水平安定面右侧的通气油箱内。任何从配平油箱溢出的燃油首先进入通气油箱进行保存,其最大保存量为160L。

由于目前飞机在正常的飞行过程中容易在油箱内凝结出水分,因此飞机的各个油箱中都安装有排水活门。排水活门安装在各油箱底部,定期对排水活门进行操作,确保不会因为油箱底部积水过多而对燃油系统或发动机造成影响。为防止大量积水,内侧油箱带有一个除水系统。该系统包括一个电气燃油油泵,两个引射泵和放油抽取管路。引射泵通过电气燃油泵增压的燃油进行驱动,直接从油箱底部抽取管路吸取底部的沉淀水分。系统的控制是全自动的,不受驾驶舱控制。如果在左内侧油箱、中央油箱和右内侧油箱中有一个主燃油泵工作,发动机高压燃油活门打开且缝翼收起,同时内侧油箱校准传感器是湿的,系统将自动激活。

4.3 加油/抽油系统

飞机的加油和抽油是飞机燃油系统最常用的系统级功能。通过连接飞机加油系统和机场地面加油系统,可以为飞机的燃油箱添加燃油。机场地面加油系统可在短时间内以足够高的流量和压力对飞机进行加油。几乎在每次飞行之前,都要对飞机加油。而抽油主要在维修作业中实施。

现代飞机的加油方法有三种:重力加油、压力加油和空中加油。空中加油仅用于军用飞机,本节只讨论重力加油和压力加油。

4.3.1 加油/抽油系统概述

A300机型的加油/抽油系统安装在右侧机翼前缘上的标准加油/抽油接头作为压力加油的燃油输入点。当外部压力加油设备出现故障时,燃油可通过大翼主油箱上的重力加油口盖处进行加油。此时,对于中央油箱的补给可通过机翼油箱内传输燃油完成,在飞机上每个加油点附近都安装有一个电气接地点用于防止静电。

当飞机在地面上需要抽油时,加油/抽油系统可通过燃油传输管道连接至供油系统上。此时可通过加油接头上的吸力或者供油系统中的增压泵将油箱内的燃油清空。在抽油的过程中,通过油管末端的扩散器可以防止燃油雾或者泡沫的形成,确保燃油表面是平静的。在燃油操作期间,燃油的实际流向由加油/抽油活门控制,该活门是一个电控操纵的蝶形活门。当飞机电源出现故障而无法对加油/抽油活门进行操作时,可通过活门上的人工控制按钮打开或者关闭活门,保证加油程序的正常进行。A300机型飞机机身中部右下侧安装有加油/抽油控制面板,方便机组人员控制并监控加油程序。

为保证飞机在加油/抽油过程中飞机重心的稳定,燃油加油/抽油系统对于配平油箱的加油设有限制。如在加油期间,只有中央油箱的加油/抽油活门打开。此限制的主要作用是防止飞机重心后移50%MAC,进而防止飞机出现翘头危险。当油箱达到最大允许加载油量时,安装在油箱内的高油位传感器发出信号,关闭相应油箱的加油/抽油活门,高油位传感器的安装位置保证油箱在地面姿态时仍有足够体积的膨胀空间。在飞机的通气油箱同样安装有一个油位传感器,该传感器用于探测加油期间的燃油溢出。整个A300机型的燃油加油/抽油系统原理图如图4.3-1所示。

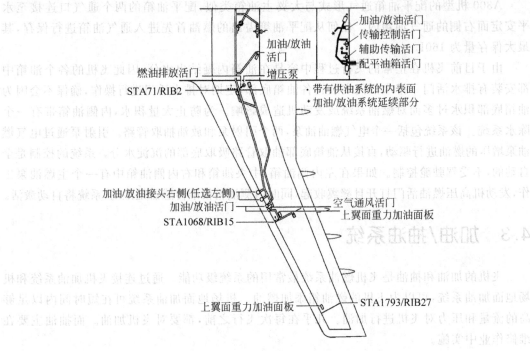

图 4.3-1 A300 机型的燃油加油/抽油系统原理图

4.3.2 加油/抽油时的静电防止

飞机加油时产生静电失火和爆炸事故,在世界各航空公司几乎每年都有发生,造成生命财产的重大损失。随着大型飞机加油量的增加和加油速度的提高以及加油操作的不当,飞机在加油过程中产生静电灾害的危险性有所增加。

航空燃油主要是由碳、氢两种元素构成的,碳和氢两种元素约占航空燃油总质量的 87% 以上。此外,还有少量的硫、氧、氮以及微量的磷、钒、钾、硅、铁、镁、钠等元素。在静止状态,燃油液体中正离子携带的电荷等于负离子携带的电荷。因此,在燃油中没有过剩的电荷存在,故不显电性。

燃油相对固体表面运动时产生静电,由于吸附电解等原因,在喷雾、冲刷等过程中也会产生静电。摩擦产生的静电达到一定量时,就可能造成静电事故。燃油是介电系数较大的物质,它既能通过摩擦产生静电,又能蓄电。当带有电荷的燃油进入飞机油箱后,电位差达到 20kV 时就会发生放电现象,并产生火花。当火花能量大于等于周围油料最小点火能量,而且燃油蒸气在空气中的浓度或含量在爆炸极限范围内(航空汽油蒸气体积浓度占空气 1%~6%;航空煤油蒸气体积浓度占空气 1.4%~7.5%)就会立刻发生爆炸。这种现象多发生在飞机加油开始的 1~2min 内。在大多数飞机油箱内,电容式油量表的探头,增压泵等突出部件都易诱发加油初始阶段的放电火花。因此在加油过程中,尤其要防止燃油静电的产生。影响飞机带静电的因素很复杂,主要有以下几个方面。

1. 燃油中含有过量的杂质与水分

燃油中带有杂质是自然存在的,不可避免的,但国际标准(API—1581 标准)规定燃油中所含杂质不得超过1mg/L,杂质的大小不超过5μm。燃油中所含杂质主要是一些氧化物、沥青质、环氧酸及磺酸的金属盐类。燃油中的杂质过量,会导致油滤和油路精密元件被堵塞,严重时可造成空中停车;另外杂质直接分解为正、负离子(或吸附自由离子形成带电质点),加重飞机带电情况。

燃油中所含水分有三种形式,即游离状态、乳化状态和溶解状态。水对燃油起电的影响是通过燃油内所含杂质的作用而影响的。水与杂质混合后将正、负离子包围、分割,使正、负离子不易重合。实验证明,当燃油中含有1%~5%水分时,极易产生静电事故。

2. 加油流速和加油管径

燃油在管道中流动,流速和管径对燃油静电影响很大,燃油在管道中所产生的流动电流或电荷密度的饱和值与燃油流速的1.75至2次方成正比。

3. 过滤器对起电的影响

发动机燃油系统对航空燃油质量的要求很高。加油时,燃油通常经过多道过滤以便除掉水分杂质及其他物质。过滤器导致燃油流动阻力增大,摩擦加剧,更重要的是过滤导致燃油中的抗静电添加剂性能降低,加剧了静电的产生。

综上分析,为了抑制加油时产生静电,在消除飞机静电的方法中,最有效的方法是接地法。静电接地是指在飞机加油时,将加油车通过金属导线分别与飞机导静电接地桩和地面接地跨接起来(见图4.3-2),使加油车、飞机和大地形成等电位体,加快燃油中静电电荷的传递。接地可以使飞机和加油车电位相等,避免因静电电位差造成外部放电引起灾害。

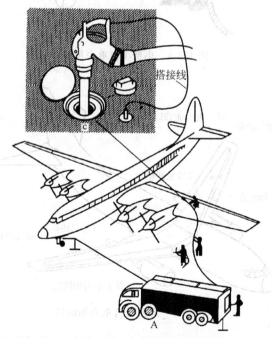

图 4.3-2 飞机加油接地(重力加油)

使用较低的加油初始流速,可以防止燃油摩擦生电过多。一般规定压力加油时,无水燃油最大线速度不超过 7m/s。在飞机加油时,通常应同时打开两个以上油箱的加油活门,让大流速的燃油一流入油箱就形成分流状态,减缓大流速,减少静电灾害的危害性。同时还应注意避免加油时出现湍流和溅射。输油泵出现气塞或空隙现象时,燃油中有大量气泡,增强了湍流,使油液与管壁和空气的摩擦加剧,摩擦生电严重。从油箱上部加油口溅射加油,也会增大燃油与空气的摩擦,产生的电荷直接储存在燃油中。所以,通常采用油箱底部加油的方法,可减少加油时的溅射。

4.3.3 重力加油

重力加油操作简单,一般小型飞机采用重力加油,如 4.3-3 所示。大型飞机一般优先采用压力加油系统,重力加油仅在机场没有专用加油车时,作为辅助加油手段采用。飞机的重力加油口一般位于主油箱顶部,如图 4.3-4 所示。

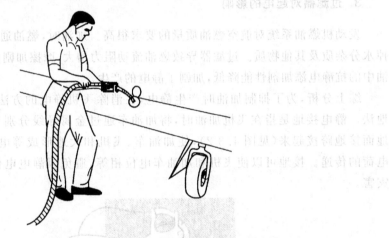

图 4.3-3 小型飞机重力加油

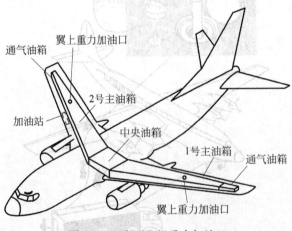

图 4.3-4 大型飞机重力加油口

重力加油时,加油员登上机翼,打开重力加油口盖板。不同飞机的加油口结构都不相同,但作用是一样的。加油口周围设有密封腔,制成可收集溢出燃油的漏斗形。为了防止异物掉进油箱,加油口有滤网保护。加油时,应将加油枪与机翼表面的放静电搭铁线搭接(大型飞机重力加油口加油操作见图4.3-4)。加油完成后,需要检查口盖的密封,防止异物导致密封失效。

但是重力加油存在以下缺点:首先,加油操作速度慢。重力加油从开始准备到结束收场的时间很长,因为重力加油的辅助工作较多,如放置加油管等,而且其各环节工作耗时较其他加油方式长。其次,重力加油操作容易导致机翼表面损伤,由于重力加油口安装在机翼的上表面,加油人员必须机翼上走动和搬动加油管等,不可避免会引起表面油漆层的损坏。再次,重力加油存在一定的危险,如在冬天机翼表面结冰的情况下,加油人员在机翼上操作极易发生危险;更值得注意的是,重力加油时难免会冒出燃油和油蒸气,一旦遇到火星就有发生火灾的危险,而且敞口式加油也容易导致燃油污染。

因此,现代大中型飞机只将重力加油作为一种辅助应急手段而保留。在A300机型飞机中,重力加油口盖位于飞机大翼油箱的上方,如图4.3-5所示。在重力加油时,加油操作人员将加油管搬至机翼上进行操作。燃油经过加油口盖过滤进入内油箱,当加到一定量后,可通过加油/抽油活门调整。

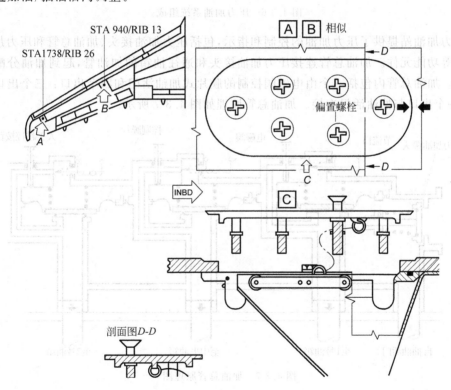

图4.3-5 A300机型的重力加油口盖

4.3.4 压力加油

压力加油系统也叫集中加油系统。将加油车上的加油软管连接在飞机加油棉板的加油接头上,通过人工或自动控制等方法,在加油车油泵压力的驱动下通过预先铺设的管道往各油箱加油。它与地面加油车一起,形成一个完整的压力加油系统,这种加油也称为单点式加油,其特点是抗污染性好,安全性高。

图 4.3-6 所示为典型的飞机压力加油系统。系统由机翼前缘的加油面板、加油电磁活门、通往各个油箱的加油管和油箱内的满油浮子电门构成。加油管连接在加油总管上,分别通往 1 号油箱、中央油箱和 2 号油箱。为了加油时使流往左右机翼油箱的流量达到均衡,2 号油箱加油管加装了节流器,以限制流往 2 号油箱的流量。

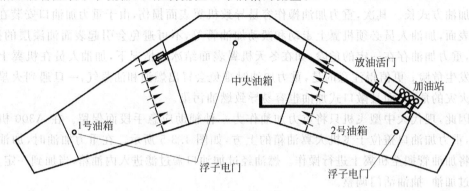

图 4.3-6　压力加油系统组成

压力加油站提供了压力加油的控制和指示,包括压力加油接头、加油总管和压力加油控制面板等功能元件。加油总管连接压力加油接头和通往油箱的加油管,起到加油分配中心的作用。加油总管内包括三个由电磁阀控制的膜片式加油活门和四个出口:三个出口通向油箱,一个出口与抽油活门连接。加油总管原理如图 4.3-7 所示。

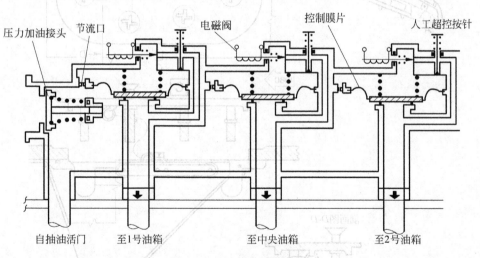

图 4.3-7　加油总管原理图

当加油软管和加油接头相接时,软管上的顶针顶开了菌状阀门,打开了燃油进入总管的通道。燃油同时经节流孔进入加油活门的内隔膜的上腔,隔膜上下腔室压力相等,阀口仍然关闭。当线圈通电时,电磁阀打开,燃油经节流口和电磁阀进入油箱,燃油流经节流口会使隔膜上下腔产生压力差,在压力差的推动下,克服了弹簧力将阀门向上打开,燃油就通过打开的加油阀经单向阀进入指定油箱。

浮子电门感受油箱内油面位置,当油面到达加油预定值时,电磁阀线圈断电,自动关闭加油活门,防止燃油过满溢出。

加油时因电磁阀失效阀门没能打开,这时可以人工将超控按针按下并保持,可使阀门打开。注意要到油加满了才能松手。

进行压力加油操作时,要注意飞机和加油车接地,加油口与加油车搭接地线(即三接地),同时注意防火,加油压力不要超过规定值(一般为 55lbf/in^2),严格按照操作程序进行加油。

4.3.5 地面抽油

飞机在地面抽油。为了维护燃油箱或油箱内的附件,将燃油箱内剩余燃油排放到地面油车上,或者为了保持飞机的横向平衡,将一个油箱中的燃油输送到另一个油箱中所进行的操作。

抽油时,可采用燃油系统本身的增压泵作为动力,即压力放油,也可采用油罐车内油泵进行抽吸,即抽吸放油(简称"抽油")。

图 4.3-8 所示为某型飞机的抽油系统原理图。抽油操作时,将抽油管接在加油总管的压力接头上,打开抽油活门,启动燃油箱的增压泵,燃油通过供油总管经抽油活门进入加油总管,并由抽油管进入油罐车油箱。

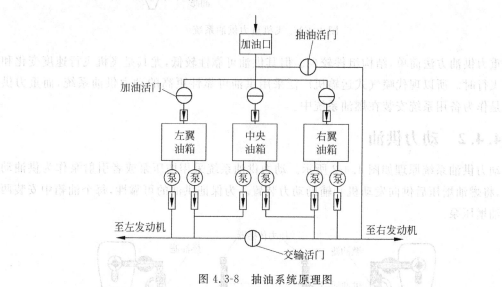

图 4.3-8 抽油系统原理图

如果需要油箱之间的油液传输,例如需要将左油箱内的一部分油液输送到右油箱内,应打开抽油活门、右翼油箱的加油活门和交输活门,然后启动左翼油箱的燃油泵,油液从左翼油箱经供油管路、抽油管路和加油管路进入右翼油箱,完成燃油的传输。

当进行地面抽油操作时,不但要注意防火,还要注意飞机重心变化问题,尤其是大后掠角的飞机,一般应先抽两翼主油箱的油液,再抽中央油箱的油液,防止抽油过程中飞机后倾。

4.4 供油系统

飞机燃油供油系统是指燃油从燃油箱传输至发动机处,民用飞机燃油系统的供油方式一般有两种:重力供油和动力供油。

4.4.1 重力供油

重力供油适用于油箱比发动机位置高的小型飞机,如油箱装在机翼内的上单翼飞机,燃油依靠重力流动,持续从油箱流入发动机。重力供油系统原理如图 4.4-1 所示。油箱顶部的加油通气口将大气压力引入油箱,确保供油通畅。供油活门安装在供油管路上,燃油油滤安装在供油系统的最低处,用于过滤油液中的杂质并收集燃油中的部分水分。当打开燃油系统供油活门时,燃油便会在自身重力作用下通过油滤向发动机供油。因为各油箱间装有燃油平衡管,在多油箱飞机采用重力供油系统时,能保证各油箱的油量平衡。

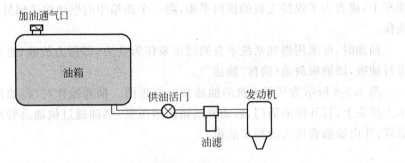

图 4.4-1　飞机重力供油系统

重力供油方法简单,结构组件较少。但其供油可靠性较低,尤其是飞机飞行速度变化和机动飞行时。所以现代喷气式运输机广泛采用供油可靠性更高的动力供油系统,而重力供油只是作为备用系统安装在燃油系统中。

4.4.2 动力供油

动力供油系统原理如图 4.4-2 所示。动力供油系统采用增压泵或者引射泵作为供油动力源,将燃油增压后供向发动机和辅助动力装置。为保证供油的可靠性,每个油箱中安装两台燃油增压泵。

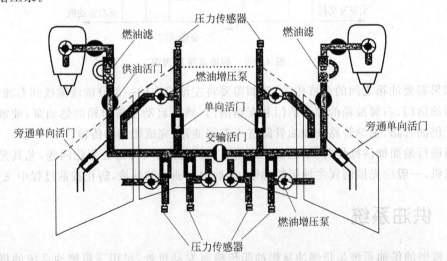

图 4.4-2　飞机动力供油系统

飞机的动力供油系统两大主要功能：首先需要保证在各种规定的飞行状态和工作条件下安全可靠地将燃油供给发动机和APU；其次是控制飞机重心位置，保证飞机平衡。动力供油系统可按功能分为主供油系统、辅助供油系统和交输供油系统三个分系统。

主供油系统采用离心泵作为供油动力将燃油从油箱中抽出并增压，并向发动机和APU提供一定压力和流量的燃油。主供油系统可控制各油箱的供油顺序，并在供油泵故障时，由旁通单向活门提供旁通供油能力，增加供油可靠性。

现代客机的燃油系统油箱的数量较多，而且容量较大，特别是对大型亚音速客机，它的大部分油箱是分布在离飞机重心较远的机翼内，因此大翼油箱内的燃油变化对飞机重心的影响较大。为了在燃油消耗过程中使飞机重心的移动量不致过大，各类飞机根据其重心的允许变化范围，规定了一定的用油顺序。现代大中型客机大都采用大后掠角机翼，并且飞行速度较大，机翼上的气动力载荷很大，大翼油箱内的燃油同时作为卸荷载荷用于减少机翼结构的受力。所以在用油时既要考虑对飞机重心的影响，又要考虑对机翼结构受力的影响。

目前民航飞机普遍采用的供油顺序是：先消耗机身中央油箱内的油液，然后再用两翼油箱内的油液。因为中央油箱靠近飞机重心，对飞机重心变化影响不大，同时充分利用主油箱内油液对机翼的卸载作用，减轻飞行中机翼结构的弯曲载荷。

实现燃油箱向发动机供油顺序的控制方式有以下三种：

1. 油泵出口单向活门打开压差不同

采用此种控制方法的燃油供油系统的燃油增压泵完全相同，而油泵出口的挡板式单向活门开启压差不同。中央油箱增压泵出口单向活门开启压力低于左、右主油箱增压泵的开启压力，如图4.4-3所示。

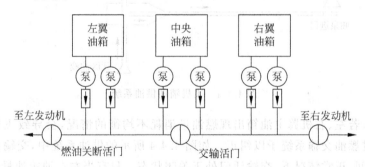

图 4.4-3　供油顺序控制原理

当所有增压泵同时启动时，中央油箱增压泵出口单向活门首先打开，此时中央油箱首先向发动机供油。当中央油箱内的油液快用完时，中央油箱增压泵出口压力降低，则左、右翼油箱油泵出口压力顶开其出口的单向活门，向发动机供油，从而实现先用中央油箱油液，再用主油箱油液的控制顺序。

2. 不同工作压力的燃油泵

当泵出口单向活门开启压力相同时，调节油箱增压泵的工作压力，也可实现中央油箱先供油，两翼主油箱再供油的顺序。

为了使中央油箱先供油,中央油箱采用工作压力大的增压泵,左、右翼油箱采用工作压力小的增压泵。当所有油泵同时启动时,由于中央油箱增压泵的工作压力大,其出口单向活门将首先打开,向发动机供油。中央油箱供油压力在左、右翼油箱增压泵出口单向活门的下游提供了较高的背压,使其不能被上游的增压泵打开,因此中央油箱优先供油。而当主油箱的燃油消耗殆尽时,其油泵出口压力迅速降低,左、右大翼油箱增压泵向发动机供油,实现供油顺序的控制。有些飞机的中央油箱将两台相同的油泵串联起来,也起到了增加油泵出口压力的目的。

3. 程序控制

有些飞机上采用供油程序控制,各油箱的供油按预定的程序供油。由浮子传感器探测各油箱油量的变化,通过浮子控制的程序电门操纵各油箱燃油增压泵的启动和停止,达到控制供油顺序的目的。

当主供油系统工作时,辅助供油系统同时工作。辅助供油系统的主要功用是避免水分在主油箱底部积累,减少水对燃油系统的影响。

如图 4.4-4 所示,主油箱增压泵将燃油增压后,一部分压力燃油通过管路送到引射泵内,通过引射泵内的引射喷嘴喷出,在引射泵内形成一定的真空度,将主油箱底部的含水燃油抽吸上来,送到增压泵的吸油口。这样,油箱底部的含水燃油便不断被供油系统送入发动机烧掉,避免水分在油箱底部积累。因此辅助供油系统又被称为燃油除水系统。

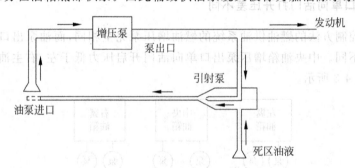

图 4.4-4 飞机辅助供油系统

在飞行中,若左、右机翼主油箱出现燃油量消耗不均衡的情况,会导致飞机横向失去平衡,此时可通过燃油交输系统予以纠正。如图 4.4-4 所示的供油系统中,交输活门位于左右侧供油管路之间,正常情况下,交输活门处于关闭状态。只有当左右油箱油量出现不平衡状态时,才需要打开交输活门。当交输活门打开时,需要关闭油量较少的油箱内的增压泵,此时两台发动机均由燃油较多的油箱供油。当左右油箱趋于均衡时,重新打开关闭的增压泵,关闭交输活门,完成左右油箱不平衡的调整。

4.4.3 动力供油主要附件

1. 燃油增压泵

飞机上的增压泵(也叫供油泵或燃油泵)要求质量轻、尺寸小、工作可靠、寿命长,同时要求保证低压大流量,以满足燃油系统的要求。因此,燃油增压泵一般采用适合低压大流量工作要求的电动离心泵。

离心泵体主要由叶轮、导流筒和带输出管的蜗壳组成,如图 4.4-5 所示。叶轮是泵的最主要部分。离心泵就是通过叶轮将输入的机械能转换为液体的压力能和动能。导流筒使液体以一定速度和方向导入叶轮。

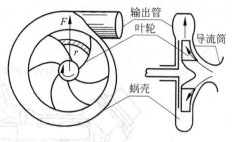

图 4.4-5 离心泵工作原理

油泵启动后,电动机带动叶轮高速旋转,从导流筒流入的燃油受叶片的推动也随着旋转。燃油在旋转中受到了离心力的作用,被甩入蜗壳,最后经输出管排出。离心泵就是靠所产生的离心力使燃油增压并流动。叶轮中心处产生的真空度将油液吸入油泵。

油泵使燃油压力增加的同时,也不可避免地会引起燃油能量的损耗。例如,叶轮与导流筒之间有间隙存在,由于出口压力大于进口压力,在进出口压力差的作用下,有少量燃油将从叶轮边缘经此间隙返回入口,造成泄漏损失。

由于飞机在正常巡航过程中,外部工作环境恶劣,因此燃油增压泵较地面的燃油增压泵有较大不同。

首先,在燃油增压泵进口处安装有分离油气的扇轮。飞机在高空飞行时,油箱内压力降低,油泵叶轮中心处的压力更低,将会导致油液中溶解的气体析出,造成燃油蒸发加剧,产生气泡。油泵进油口存在气泡,会降低油泵的供油能力。因此燃油增压泵的主叶轮前会设置一个导流扇轮,与主叶轮同轴转动,用于分离油泵入口处燃油中的气泡,改善油泵工作状态。

其次,燃油增压泵内安装有滴油管。油泵的主叶轮与泵的驱动部分(电动马达)之间是密封的,以防燃油或燃油蒸气渗入马达引起火灾。为确保密封效果,一般采用双层封严圈,并在两层封严圈中间设置通向机外的滴油管。如果燃油漏过第一层封严圈,将由滴油管排到机外。

燃油增压泵的典型结构如图 4.4-6 所示。在电动机转子轴上套有两个叶轮(在前的主叶轮和在后的重新启动叶轮)和一个导流扇轮。这一组件支撑在两个由燃油润滑的石墨轴承上。导流扇轮安装在主叶轮的端面上,而主叶轮通过键连接到在蜗形管内的转子轴上,桨状的重新启动叶轮安装在转子轴承上。在重新启动叶轮与轴承组件之间有一个由一组迷宫式通油盘排列而成的火焰抑制器。蒸气释放管通过火焰抑制器组件连接在泵的壳体上,火焰抑制器组件由一个带凹槽衬套和一个蒸气返回导管通过压配组成。

当电动机通电,泵旋转,燃油经导流扇轮进入主叶轮,油在压力作用下通过蜗形管流向飞机输油管。同时在泵和电动机的壳体内循环,这样就提供了电动机冷却和轴承润滑,并且使重新启动叶轮能在主叶轮的油槽内吸油。为防止通电的泵空转,重新启动叶轮将来自主叶轮油槽处积聚的燃油蒸气和混入的空气吸走,燃油蒸气从蒸气排放管道回到飞机油箱。电动机启动后,如果入口吸不到油,重新启动叶轮将从电动机壳体的油池中不断地吸油来延迟时间,使得泵能重新启动。在壳体下部有一排油塞,在拆卸泵时可拧下塞子将泵内燃油排尽。

燃油增压泵安装在燃油箱底部,安装在油泵周围的隔板为油泵提供一个稳定的吸油空间。隔板底部安装有向油泵一侧开启的单向活门,确保油液只能向油泵流动,防止飞机姿态

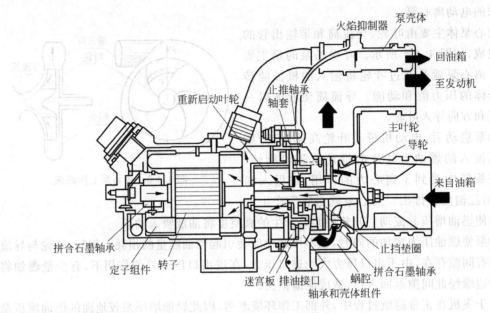

图 4.4-6 典型燃油泵构造

变化时油泵输出压力低。燃油泵马达可从油箱外单独拆下(见图 4.4-7),且油泵的吸油管和排油管均设有单向活门。

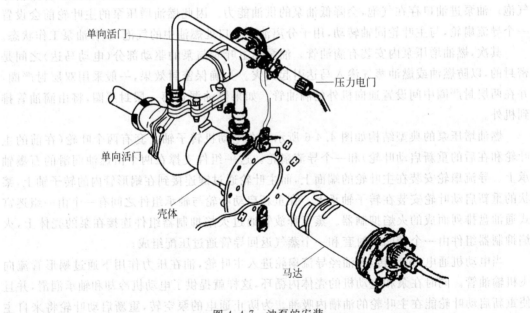

图 4.4-7 油泵的安装

2. 引射泵

引射泵(图 4.4-8(a))外廓尺寸小,质量轻,寿命长,无活动部件,在油箱中不需引入导线,吸油管可以放在油箱中任何地方,方便布置。引射泵利用增压油泵的高压燃油作为引射动力,其工作原理如图 4.4-8(b)所示,压力油管将增压泵增压的燃油引入引射泵的喷嘴,经收缩喷嘴以较高的速度射出,燃油的速度增加,其压力相应降低,在喷射流的周围形成了低压区,吸油管口的燃油在压差的推动下,流入引射腔,跟随射流流向出口混合管。一般引射泵安装在油箱内容易积水的区域,利用引射泵将油箱底部的水分吸收至油管,排放到发动机进行燃烧。

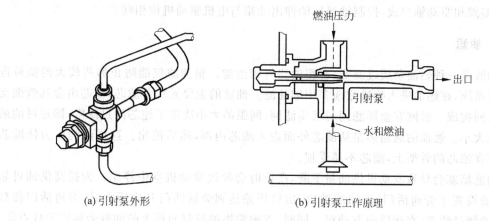

图 4.4-8 引射泵

3. 控制活门

燃油系统中的控制活门的作用是关断或改变燃油的流动的方向,主要包括供油控制活门、交输活门等。目前飞机燃油系统控制活门多采用电动或手动的关断活门。控制活门分为驱动机构(包括电动机构)和阀门两大部分。阀门形式主要有提升式的闸阀、旋转式的锥阀或柱阀(也叫旋塞阀)、旋转式的蝶阀(也叫旋板阀)和凸轮驱动的菌状阀等。

图 4.4-9 所示为典型燃油控制活门驱动机构,电动机安装在油箱外部,通过一根驱动轴驱动活门体内的蝶形活门转动,此种设计增强了活门的防火安全性和维护便利性。

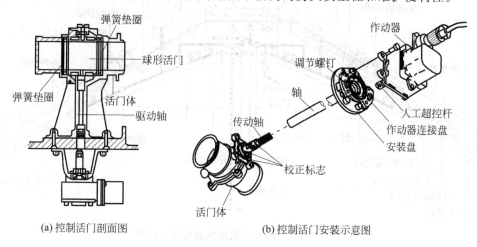

图 4.4-9 燃油系统控制活门

燃油关断活门安装在通往发动机的供油路上,控制供向发动机的燃油流动。当发动机发生火警时,提起灭火手柄,可将燃油关断活门关闭,切断供向发动机的燃油。

与供油活门相似,交输活门安装在供油系统管路的中央位置,在正常情况下,交输活门处于平时关闭位置。供油系统分成相互独立的左右两部分,当油箱出现不平衡时,电机驱动机构输出,其传动轴驱动阀门转动,接通左右油箱使燃油进行传输。在 A300 飞机中,交输活门是一个双马达作动筒驱动的球型阀,该活门安装在中央油箱的后梁上,其活门本体由壳体,球型阀和驱动轴组成,控制轴经后梁伸出油箱与电机驱动机构相联。

4. 油滤

油滤是一种燃油杂质过滤器,有粗油滤与细油滤。粗油滤仅能防止那些较大的微粒进入燃料系统,在燃油进入喷嘴之前多用细油滤。油滤的主要元件是滤芯,滤芯由金属骨架支撑的滤网构成。滤网有金属滤网与纸质滤网,网眼的大小决定了滤芯的过滤度,即通过的最大微粒大小。燃油的通路多是从滤芯外面进入滤芯内部,然后流出。这样油的压力使滤芯紧紧贴在滤芯的骨架上,滤芯不易受损。

油滤堵塞会导致发动机供油量下降,严重时会导致发动机空中停车。为提高供油可靠性,油滤设置了旁通活门,当油滤进口、出口压差达到旁通活门开启压力时,旁通活门便打开,燃油绕过滤芯,直接供向发动机。同时,驾驶舱燃油控制面板上的油滤旁通指示灯点亮。

整个 A300 飞机的供油示意图如图 4.4-10 所示。安装在外侧油泵管路上的单向活门减少外侧油泵的输出压力,并确保来自中央和内侧油箱的燃油首先使用。在飞机燃油供油管路上还安装有热膨胀活门,如果发生温度大幅度升高,这些活门可保护管路段避免受到损伤。

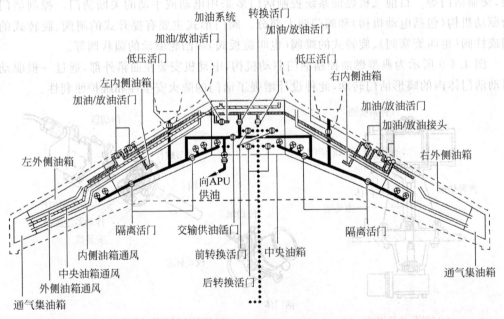

图 4.4-10　A300 飞机的供油系统示意图

在飞机滑行/起飞期间,中央油箱满油且发动机是从中央油箱供油的,在滑行中溢出的燃油大于通气油箱的容量,燃油经过 NACA 进气口能够溢出。为了防止燃油溢出,在第一个发动机起动后 3min,内侧油箱的燃油提供发动机供油。内油箱持续供油直到飞机起飞后收起缝翼。当飞机完成整个起飞过程后,燃油系统自动切换响应的供油油箱,将主供油油箱自动切换至中央油箱。

4.4.4 应急放油

飞机的最大起飞质量和最大着陆质量通常是不同的,其最大起飞质量大于最大着陆质量。根据适航规章要求,当运输机或通用飞机的最大起飞质量比其最大着陆质量超出很多(一般为105%)时,必须考虑为飞机装备空中应急放油系统,如图4.4-11所示。设置应急放油系统的主要目的是使飞机在空中迅速减重,以满足紧急迫降的条件。

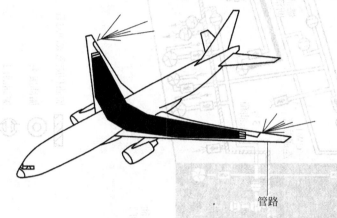

图 4.4-11 飞机应急放油

当飞机以较大的起飞质量(超过最大着陆质量)起飞时,若起飞不久即遇到需要紧急着陆的情况,飞行员可通过应急放油系统将燃油迅速放出,将飞机自身质量降低到最大着陆质量以内,避免在紧急着陆时对起落架和机身结构造成严重损坏。另外,紧急放油系统可使飞机以较少的燃油量着陆,减少飞机着陆后起火爆炸的危险。

考虑到应急放油操作中飞机的安全问题,一般应急放油系统必须满足以下要求:

(1)放油系统工作时不能有起火的危险,因此应急放油管口必须设置防火网;

(2)排放出的燃油必须不接触飞机,应急放油口设置在机翼外侧,使放出的燃油避开飞机机身和尾翼(见图4.4-11);

(3)飞行员在放油操作过程中任何阶段都能终止放油操作,避免在居民区或危险区放油。因此须在驾驶舱内设置放油电门,供飞行员直接对放油活门进行开启或关闭;

(4)在放油过程中应保持飞机的横向稳定,即必须设置两个分开的独立放油分系统;

(5)必须有保持最少油量的自动关断活门,保证飞机有足够的燃油着陆。

以波音747-400飞机为例分析现代飞机应急放油系统(见图4.4-12),飞机应急放油系统的主要附件包括各类应急放油喷嘴、应急放油泵、油箱内的转换活门以及应急放油控制电门。应急放油控制电门包括应急放油转换活门的选择电门、剩余油量选择电门和应急放油活门控制电门,均位于应急放油控制面板上,如图4.4-13所示。

应急放油系统工作时,油泵将油箱内的燃油输送到应急放油总管。在应急放油总管两端有应急放油活门及放油口,打开应急放油活门即可开始放油。实际上应急放油总管本身就是加油总管,因而也称为加油/应急放油总管。

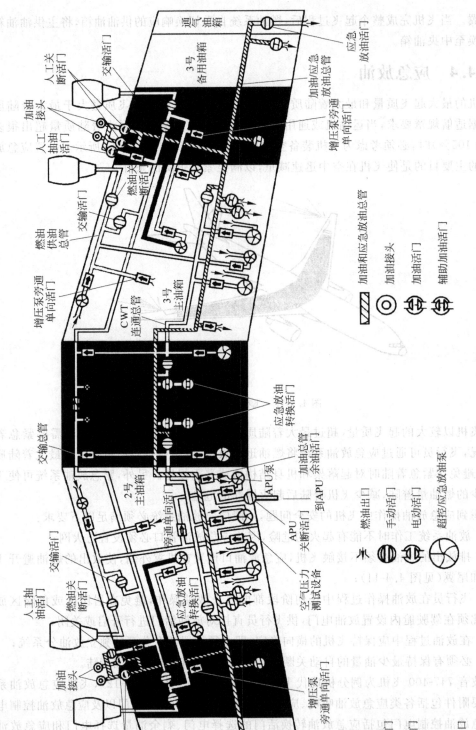

图 4.4-12 波音 747-400 型飞机应急放油系统

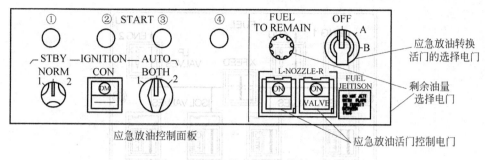

图 4.4-13 飞机应急放油控制面板

准备应急放油时,首先操纵应急放油转换活门的选择电门,然后通过剩余油量选择电门选择每个油箱的剩余燃油量。

当打开任何一个应急放油活门控制电门,应急放油系统即开始工作。其后系统自动控制转换活门及应急放油泵的工作。应急放油泵在正常情况下可作为增压泵工作,在应急放油过程中,该油泵可以通过打开的转换活门,输送各油箱内的燃油到应急放油总管,通过翼尖的应急放油喷口喷出。

当油箱内的油量达到先前设定的剩余油量时,应急放油系统自动停止工作。在应急放油过程中的任何时刻,都可以人工方式关断应急放油系统。

4.4.5 燃油系统操纵

燃油系统的主要操纵面板如图 4.4-14 所示,其中,燃油控制面板主要分两部分,上部是燃油系统的应急操纵,主要涉及各燃油供油的隔离活门操作以及发动机供油的隔离活门操纵。下部是燃油油箱内部燃油泵的操纵界面,主要用于手动操纵燃油泵。

燃油系统的操作主要包括有燃油系统的加油以及燃油交输、发动机的正常供油以及燃油系统的应急操作三个部分。为了向发动机提供稳定的燃油,在正常发动机启动之前,必须保证所有燃油箱内有足够的燃油,同时打开所有燃油箱内的燃油供油泵及隔离活门的开关,确认所有的燃油泵上的琥珀色 LO PR 灯熄灭,OUTR TK 和 INR TK ISOL VALVE 的绿色流量条亮。在正常供油之前,必须对燃油系统的指示以及品质进行测试,该测试通过相应的测试按钮进行,当系统处于测试方式时,油量显示器上的低油位警告灯亮,同时如果燃油系统是符合要求的,所有油量显示器将显示字符"8"15s,接着所有显示字符"7"30s。如果系统检测到燃油系统内有故障存在,则相应油箱的燃油指示显示空白。无论故障与否,燃油显示器 1min 后显示恢复正常。

完成上述燃油系统测试后,当发动机起动时,在第一个 ENG FUEL 手柄设为 ON 后,首先由中央油箱油泵提供燃油,正常情况下中央油箱供油 3min,3min 后机翼内侧油箱内的油泵开始工作,而中央油箱油泵停止。内侧油箱油泵将持续提供燃油至发动机,直到起飞。飞机起飞后,当飞行员收起飞机的前缘缝翼时,燃油供油系统将自动切换至中央油箱进行供油,中央油箱一直供油直到中央油箱低油量传感器露出油面从而接通内部电路,此时内侧油箱油泵工作,中央油箱油泵停止。内侧油箱油泵将持续工作,直到油箱油量达到低油位,然后每组内侧油箱油泵完成 3min 的放油程序,然后内侧油箱油泵停止,中央油箱油泵运行。当中央油箱低油位传感器已经达到低油位 30s 时,中央油箱油泵停止,外侧油箱油泵提供燃

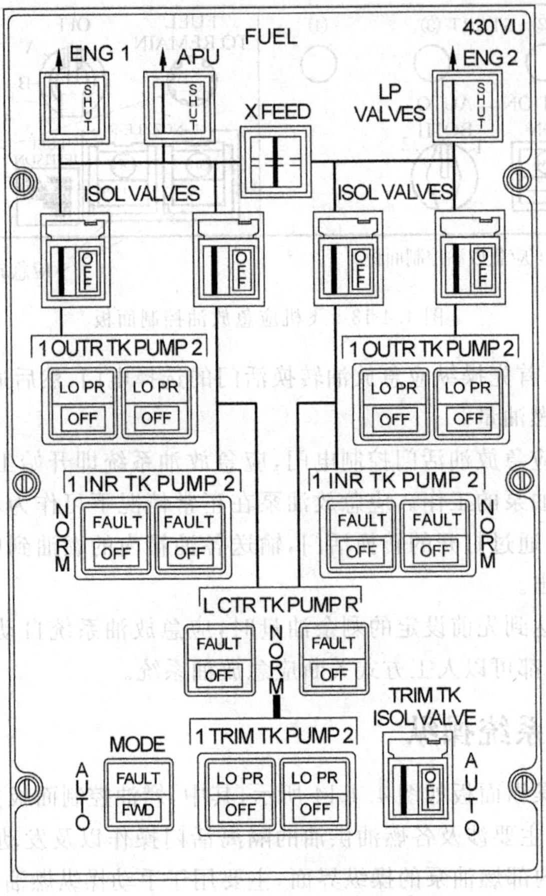

图 4.4-14 燃油系统的主操纵面板

油。当飞机处于着陆阶段，缝翼放出 3min 后，如内侧油箱还有燃油，系统自动切换至内侧油箱进行供油；如果内侧油箱已空，系统自动切换至外侧油箱进行供油。着陆后发动机关闭时，如中央油箱内有燃油，供油程序将回到中央油箱油泵上。整个循环，保证飞机发动机供油的正常与稳定。

燃油系统的另一个操纵方式是燃油的配平。配平的主要作用是保证飞机燃油重心始终控制在飞机的许可重心内，同时燃油重心控制系统用于减少飞行期间水平安定面配平的负担，节约燃油。飞机燃油重心配平通过自动燃油传输，控制重心的位置。在飞机不同的飞行阶段，燃油系统将每次飞行阶段的实际 CG 与设定值比较，燃油将根据需要开始传输。如果重心在飞行要求值的前面，从中央或内部机翼油箱向后传输至配平油箱，直到重心达到要求的位置。如果配平油箱高油位传感器信号表示油箱已满，燃油传输停止，此后作为燃油燃烧的结果，CG 将进一步向后移动。如果重心在飞行阶段值的后面，燃油将从配平油箱向前传输到中央油箱。飞机的重心目标取决于飞机的实际质量，如图 4.4-15 所示。

注：1ton=1 016.05kg

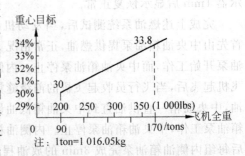

图 4.4-15 飞机质量与重心目标的图示

燃油配平控制系统主要控制对象是四个燃油关断活门以及相关的作动筒,其他包含控制这些活门的继电器和两个相应的燃油油泵。燃油传输活门位于中央油箱,每个活门通过作动筒进行打开/关闭位置之间的操作,以完成燃油的向前传输、辅助传输以及向后传输。

为了操作自动传输系统,必须接通一个或两个 TRIM TK PUMP 按钮电门,TRIM TK AUTO/MODE 电门松开,且零油重心(ZFCG)和零油质量(ZFW)输入飞行管理系统(FMS)。如果重心与相应的飞行阶段设定值不一致,燃油自动进行向前或向后的传输用以调整飞机重心。

当系统发送一向后传输的指令时,相应的后输活门自动打开,燃油从中央或内侧油箱内向后传输,从哪个油箱传输取决于油箱是否用于供油。如果燃油是从内侧油箱传输的,重心计算机将保证来自两边的燃油等量。重心计算机通过使用 FQI(燃油油量指示计算机)数据控制燃油油量的转移来控制重心。当传输到必需的量时,发信号关闭后输活门。由于燃油燃烧,引起重心的后移,需要向前传输时,配平油箱传输油泵将选择为打开,且传输活门自动打开。在完成传输后,活门自动关闭。当发动机从内侧油箱油泵中供油时,如果发生向前传输,中央油箱低油位警告将锁定,直到燃油前输结束,低油位锁定自动重置。

通过中央油箱的低油位传感器的锁定功能,燃油自动供油程序使中央油箱油泵运行,由中央油箱向发动机供油。当中央油箱燃油油量是 500kg 时,FQI 计算机开始从配平油箱内传输燃油。当 500kg 已向前传输后,FQI 计算机发信号到重心计算机,并停止传输。每次中央油箱燃油油量下降到 500kg,就进一步向前方传输 500kg,直到配平油箱空或飞机下降到 FL200 以下。在 FL200 以下,任何仍在配平油箱内的燃油将通过使用传输活门和辅助传输活门向前传输到中央油箱内,给空勤人员足够的时间以确认重心位置。

为保证燃油配平系统的正常工作,系统设计有人工超控控制方式。AUTO/MODE 按钮电门提供人工超控控制和指示,当按钮松开时,通过重心计算机控制传输油泵和相应的活门。当按钮电门接通,同时 TRIM TK PUMP 按钮电门按下时,油泵将运行,前输活门自动打开,不管重心计算机的命令或中央油箱高油位的信号。当按钮电门按下时,FWD 灯亮,指示机组系统处于人工选择的向前传输模式。

当开始人工选择向前传输时,传输活门和辅助传输活门自动打开,传输速率增加,因为辅助传输活门管路出口不带有限流器。当两个活门打开时,配平油箱将在 11min 内,从满的变成空的。此时中央油箱溢流释压活门打开,避免过快的燃油流速引起超压。

配平油箱内安装有两个由不同的电源驱动的离心增压泵。每个油泵都安装在一套罐内,便于在油箱不空的情况下,拆下油泵。油泵进口安装有进口滤网,防止任何限制燃油流量或损坏燃油系统部件的物体通过。每个油泵以 $17lbf/in^2$ 的压力传输 11 430kg/h 的燃油。油泵由 115V 交流电三相马达驱动的。在油泵输送孔内安装一单向活门,防止经过油泵的燃油回流。油泵装有不可复位的热保险丝,当油泵温度超过 200℃时,保险丝自动切断,防止超温工作。

4.5 燃油指示/警告系统

4.5.1 油量指示系统

油量指示系统向飞行员和机务维护人员提供每个油箱的燃油量指示,也可为飞机其他系统提供油箱内燃油量信息。燃油传感器是燃油指示系统的关键元件,根据传感器不同,油量指示系统可分为机械式(浮子式)指示系统、电子式指示系统和油尺。

1. 机械(浮子)式油量指示系统

机械(浮子)式燃油量指示系统由油箱中的浮子式传感器和驾驶舱内的油量指示器(油量表)组成。当燃油液面改变时,传感器的浮子随油面移动,感受油面高度的变化,从而把油量变化转换成位移信号,再将位移信号转换成电信号通过导线送到油量表,油量表便显示出油箱内燃油量。由于浮子感受油面的变化,因此显示的油量为容积油量。

机械(浮子)式油量指示系统会因浮子连杆的摩擦、卡滞、运动部件间的间隙和温度波动等原因造成指示不准确,精度较低。

2. 电子式油量指示系统

电子式(或称电容式)指示系统利用电容式传感器把油面高度的变化转换成电容量的变化。其主要组成部件是:电容式探头、桥式电路、放大器和指示器。

油量传感器实际上是一个由同心圆筒形极板组成的圆柱形电容器(见图 4.5-1),该电容器的电介质是燃油和燃油之上的空气。电容值的大小取决于油箱中现存燃油与空气的比例,即电容值与油面高度之间具有单值函数的关系。当油箱内燃油增加时,油面增高,电容值增大;燃油减少时,油面降低,电容值相应减小。

传感器的电容与测量电桥中的标准电容器比较,其不平衡信号由电压放大器放大后传送到指示器。

电容器式传感器两极板间的介质不同会导致电容器的电容改变。油面高低和油液密度大小均会导致极板间电介质的变化,即电容式传感器既可以感受燃油容积,又可以测量燃油的密度。因此,电子式油量指示系统直接测量油箱内燃油的质量容量,常采用"磅(lb)"或"千克(kg)"作为计量单位。

电子式油量指示系统的精度比较高,这是因为:电子式油量指示系统的传感器没有活动部件,消除了机械摩擦等影响。一般采用多个传感器进行多点探测,消除了飞机姿态变化对燃油信号的影响,可得到油箱内液面的精确信号。另外,系统中可加装温度补偿器,弥补温度波动对油量指示的影响。

但是,电子式油量指示系统会因为燃油内水分的影响导致指示精度下降,甚至造成系统完全故障。当水进入油量传感器时,由于水的介电常数不同于燃油介电常数,导致燃油信号出现较大误差。当细菌滋生的污染物集聚在油量传感器或温度传感器入口时,会导致燃油不能顺利流入和流出传感器或补偿器,造成燃油指示系统失效。为消除此类故障,可以从油箱加油管引一油管到油量传感器和温度补偿器处(见图 4.5-2),每次加油时,加入的清洁燃油可对传感器和补偿器进行清洗。

3. 油尺

油尺为地面维护人员确定飞机每一个油箱内的燃油量提供了可能,油尺构造简单,使用方便,主要有三种类型:磁性浮子式油尺、漏油尺、和光线式油尺。其中前两种在飞机上得到了广泛应用。

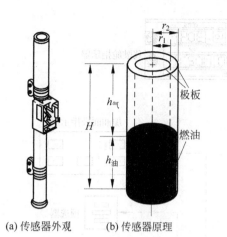
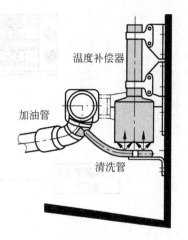

图 4.5-1　电容式油量传感器　　　　图 4.5-2　传感器/补偿器清洗原理

1) 磁性浮子式油尺

磁性浮子的构造如图 4.5-3(a)所示。浮子内和油尺的端头都带有磁铁。浮子可随油平面高度变化而上下运动,从而探测油面的高度。油尺可从油箱下部拉出。测量时用工具将油尺解锁,并将其从油箱内拉出。当油尺的端头靠近浮子时,可明显感觉到有磁吸力的作用,此时观察油尺的伸出刻度即可得知油量。

2) 滴油管式油尺

滴油管式油尺构造如图 4.5-3(b)所示。当空心滴油管顶端落到燃油平面时,燃油就会进入滴油管顶部开口,即可从量棒上读出油箱内油量。滴油管式油尺又称为漏油尺。

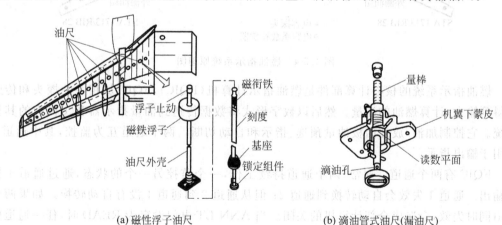

图 4.5-3　油尺

A300 飞机燃油指示系统主要包括显示每个油箱内的油量的油量指示系统、辅助燃油油量指示系统以及油箱油位警告系统。

燃油量指示系统包含在电子设备舱内的计算机、每个油箱内的电容探头、右内机翼中的燃油比重器、配平油箱内的飞机姿态传感器以及分别安装在驾驶舱和加油面板上的油量显示器组成。整个燃油指示系统如图 4.5-4 所示。

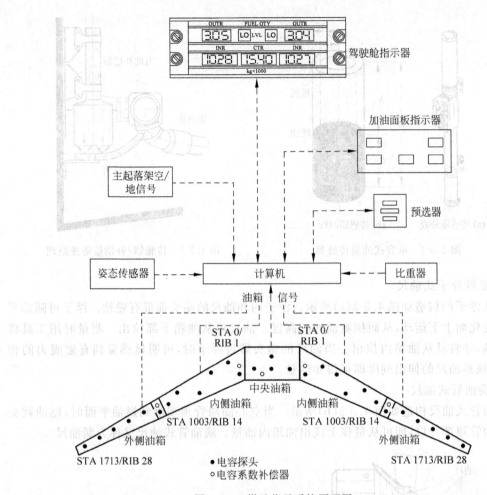

图 4.5-4 燃油指示系统原理图

燃油指示系统的核心计算部件是燃油指示计算机（FQIC），FQIC 从相关的探头和传感器得到输入，计算燃油的油量。然后以数字形式将数据传送到油量指示器和飞机内的其他系统。它控制加油/放油面板油量预选、指示和自动切断。两个通道互为监控，其中通道 1 还用于输出指示。

FQIC 有两个通道。通常，两个通道持续工作，一个监控另一个的状态，通过通道 1 控制输出。通道 1 失效会自动转换到通道 2；但从通道 2 到通道 1 没有自动转换。如果两个通道同时失效，会造成全部计算机的关闭。当 ANN LT 电门设定为 READ 时，任一通道的失效，都将会引起在维护面板上相关的 CHAN FAULT 灯亮。在连续监控和自检流程期间检测到系统故障，使用故障代码储存在计算机存储器内，用于以后维护。可通过操作维护面板上 SYS MONITOR 电门进行诊断测试，首先将面板上的 ANN LT 开关设置为 READ；计算机在 FUEL QTY 指示器上显示"-"表示测试开始；然后显示器上自动显示储存的故障码，代码间隔 5s 自动切换，重复显示直到 SYS MONITOR 电门松开，所有显示"8"表示没有故障。当 SYS MONITOR 电门锁在按下位时，操作计算机 RESET/MEMORY CLEAR 按钮电门，将清除故障记忆。通过把维护面板的 ANN LT 电门设定为 READ 位，操作 FUEL

QTY FAULT SIM 电门，可以模拟单个通道故障时的情况，从而测试警告系统是否工作正常。当 FUEL QTY FAULT SIM 电门从 CHAN 1 移动到 CHAN 2，或从 CHAN 2 移动到 CHAN 1 时，相关的 CHAN FAULT 指示器灯亮，且 FUEL QTY 指示器的读数在稳定后，两者的差值不应该超过 100kg。

油箱的电容传感器与油箱内的燃油油量成比例，但由于燃油等级和飞机姿态会产生误差。计算机测量每组传感器的电容，并使用来自电容指数补偿器和姿态传感器的信号修正误差。由于姿态校正是变化的，取决于飞机在地面或在空中飞行，计算机接收来自起落架空地电门的信号用于确认飞机的飞行状态。同时，在计算燃油油量时，还需考虑介电常数和新燃油的比重/密度，在加油期间，计算机接受来自比重传感器的信号，进行额外的校正，计算单独的油箱油量和 ACTUAL 燃油质量，并在相应的指示器上显示。

对于自动加油，当 MODE SELECTOR 电门放在 REFUEL 位时，计算机认为开始加油。计算机接收来自预选器电位计的信号，并与 ACTUAL 燃油油量的载荷相比较。在实际油量接近预选量时，在加注燃油时将产生一个短暂的停止，此时计算机计算载荷的最终分配。当两个量相等时，计算机发信号到相应的加油/放油活门使其关闭。当 MODE SELECTOR 放于 OFF 位时，计算机认为加油结束，并在 15s 内，将在加油期间从比重器上接收的燃油特性信息储存在永久性贮存器内。在完整的加油操作期间，比重器测量进入右内油箱的燃油特性，直到右内侧油箱的 FUEL QTY 指示器数字显示增加 400kg，计算机读取比重器的实际测量值。在右内侧油箱显示 400kg 或更多的增量后，任何油箱内接收到的燃油自动分类为已知燃油。在此之前所添加的燃油都被归类为未知燃油。如果系统检测到未知燃油量达到设定值后，指示系统自动发出信号提示燃油指示精确性降低。

如果计算机在油箱传感器组内检查到故障，在 FUEL QTY 相关的指示器上显示空白，连同 ACTUAL 的燃油油量显示。如果不同油箱油量指示电容补偿器探测到故障时，会在最低有效数字处显示短划，表示油箱降低了精确性。在比重传感器内探测到一个故障时，一个短划将显示在 FUEL QTY 指示器上的左和右内侧显示器上，连同 ACTUAL 燃油油量显示，表示系统的精确性降级。在姿态传感器内探测到一个故障时，一个短划将显示在 FUEL QTY 指示器上的所有显示器的最低有效位上，连同 ACTUAL 燃油油量显示，表示系统的精确性降级。所有的左侧油箱和中央油箱同时显示空白，或所有的右侧油箱同时显示空白，指示电源失效。

MLI（辅助油量指示系统）是一辅助直接读数系统，作为燃油指示系统的补充，用于计算飞机在地面时的燃油油量。MLI 无需使用电源，但是该系统只能够计算外侧、内侧和中央油箱内的燃油油量。

油箱油面警告系统包括燃油油面信号放大器和各油箱与通气防波油箱内的许多传感器。当传感器根据燃油实际情况发出相应的信号至放大器时，放大器产生必要的输出用于控制燃油系统的工作。这些输出主要用于控制燃油油泵和相应关断活门的工作，并提供给油量指示面板用于显示。当特定的燃油面出现时，ECAM 显示相关警告并且传递信号到重心计算机用于进行相关的燃油传输。

4.5.2 压力指示

在驾驶舱燃油控制面板上设有燃油增压泵的低压指示灯，其作用是当燃油增压泵输出压力低于设定值时，向机组发出警告，工作原理如图 4.5-5 所示。

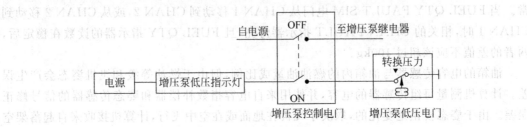

图 4.5-5　燃油压力指示系统

当打开增压泵控制电门时，接通油泵低压指示灯电路和增压泵继电器电路，此时低压指示灯点亮。增压泵继电器通电后，将三相交流电输送到增压泵电动机，增压泵开始工作。增压泵出口管路的低压电门感受油泵出口压力。当燃油压力高于设定值时，低压电门将低压指示灯电路断开。若油泵出现故障或油箱内油液快用光时，油泵输出压力降低，低压电门会在压力低于调定值时接通电路，点亮增压泵低压指示灯。此时飞行员应将增压泵控制电门关闭，低压指示灯自动熄灭。

本章小结

　　燃油系统是为飞机存储和输送动力装置所需燃料而设的。除了燃油箱之外，飞机燃油系统包括以下分系统：油箱通气系统、加油/抽油系统、供油系统、空中应急放油系统和指示/警告系统。

　　现代民用飞机最常见的燃油存储位置在机翼结构范围内，通常在机翼的前梁和后梁之间，大多采用结构油箱，即油箱本身是飞机结构的一部分，利用机身、机翼或尾翼的结构元件直接构成油箱，结构油箱一般又称为整体型油箱。飞机油箱使用"开式通气"，保证每个燃油箱内燃油油面上方的无油空间与外界大气相连通。

　　飞机的加油和抽油是飞机燃油系统最常用的系统级功能。通过连接飞机加油系统和机场地面加油系统，可以为飞机的燃油箱添加燃油。现代飞机的加油方法有三种：重力加油、压力加油和空中加油。需要特别关注的是，飞机在加油过程中，由于存在燃油蒸气，需要防止静电的产生。

　　飞机燃油供油系统将燃油从燃油箱传输至发动机处，民用飞机燃油系统的供油方式一般有两种：重力供油和动力供油。重力供油方法简易，系统的构成组件较少，但供油可靠性较低，因此该供油系统通常作为备用系统安装在燃油系统中。动力供油系统采用增压泵或者引射泵作为供油动力源，将燃油增压后供向发动机和辅助动力装置。供油系统通过计算机控制或者活门压力控制实现顺序供油，提高大翼油箱的稳定力矩。

　　燃油传感器是燃油指示系统的关键元件，根据传感器不同，油量指示系统可分为机械式（浮子式）指示系统、电子式指示系统和油尺。油量指示系统为飞行员和机务维护人员提供每个油箱的燃油量指示，也为飞机其他系统提供油箱内燃油量信息。

复习与思考

1. 飞机燃油系统的功能是什么？它与地面定向有何区别？
2. 飞机上一般安装有几个油箱，分别安装在什么位置？
3. 什么是飞机结构油箱？其优点和缺点是什么？
4. 什么是飞机燃油系统的压力加油？如何防止燃油溢出？
5. 什么是飞机动力供油？如何实现飞机油箱的顺序供油？
6. 简述燃油泵的工作原理。

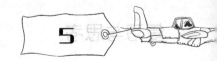

防火系统

本章关键词

烟雾探测(smoke detection)　　　　　火警探测(fire detection)
电阻型感温(resistance temperature sensor)　　烟雾探测控制组件(smoke detection
电容型感温(capacitive temperature sensor)　　　control unit)
气体型感温(gas temperature sensor)

互联网资料

http://www.cnki.com.cn/Article/CJFDTOTAL-MYFJ201002003.htm
http://ke.baidu.com/view/aaac0444a2161479171128ed.html
http://cpfd.cnki.com.cn/Article/CPFDTOTAL-JSHK201211001074.htm
http://d.g.wanfangdata.com.cn/Periodical_zgcsjs200405006.aspx
http://d.g.wanfangdata.com.cn/Periodical_xfkxyjs200907007.aspx
http://www.cnki.com.cn/Article/CJFDTotal-MYFJ200102005.htm
http://www.docin.com/p-195438280.html

无论飞机是在飞行中还是在地面上，火灾对飞机来说是最危险的威胁之一。现代飞机都安装有火警探测以及灭火系统，保证飞机的安全。防火系统不仅能够有效地检测火警和烟雾，还能够有效限制和抑制火灾的发展。

防火系统主要由探测系统、灭火系统和控制指示系统组成，火警探测系统对发动机和机体潜在的着火区域的火警温度、过热温度、烟雾浓度和高压热空气泄漏等状况进行监控，一旦监控数据达到警告值，立即发出目视和声响警告，并且指出需要采取措施的具体部位。

任何物质发生剧烈的氧化反应，同时发光、发热称为燃烧。燃烧的必要条件是燃料和氧气。防火的手段是使燃烧三要素的必要条件和充分条件得不到满足，以避免火灾。而灭火是在着火的情况下，迅速有效地使燃烧三要素中的一个或两个条件去掉，使燃烧停止，将损失最小化。

灭火系统主要包括发动机灭火系统、APU灭火系统、货舱灭火系统、盥洗室灭火系统和手提式灭火瓶。发动机灭火系统提供每台发动机连续两次灭火能力，当发动机着火探测系统探测到发动机着火时，系统立刻向飞行员发出报警信号。

5.1 防火系统概述

无论飞机是在飞行中还是在地面上,火灾对飞机来说是最危险的威胁之一。飞机失火是飞机使用、维护过程中发生次数最多的事故之一。很多飞机发生事故时都伴有起火爆炸现象。据统计,美国民航飞机坠毁事故中全部死亡人数的15%是由坠毁后起火烧死的,而在那些撞击可生存的事故中,烧死的人数几乎占死亡人数的40%。因此,世界各国对飞机防火工作都十分重视。

早期的飞机上,飞行员可从驾驶舱观察到飞机的大部分区域,火警和烟雾的探测比较简单。但在现代大型飞机上,飞行员不可能从驾驶舱观察到飞机的大部分区域,因此需要火警和烟雾探测系统,以帮助飞行员在出现火灾危险的早期采取措施。多数民航飞机上都有可燃物、高温区等潜在的着火源,一旦飞机着火不仅会烧坏发动机、引爆油箱直接导致机毁人亡,而且座舱失火的烟雾可使机上人员窒息而死。国内外都曾多次发生飞机着火事故,2002年5月7日,我国北方航空公司的CJ6136客机在飞机内舱失火后,坠入大连附近海域。火灾是民航飞机安全的最大威胁之一。不论飞机大小都应配备火警探测和灭火系统,保证飞机的安全。防火系统不仅能够有效地检测火警和烟雾,还能够有效限制和抑制火灾的发展。在飞机上,它是一个可能缓解火警影响的应急处理方式。

防火系统是现代民用飞机上的应急备份系统,为飞机安全可靠地飞行提供重要保障。在防火系统的设计过程中,必须按照FAR和CCAR相关适航条款以及防火系统的规范和标准进行设计。民用飞机防火包括主动防火和被动防火。主动防火是指从布局、结构材料和布置等方面采用工作火区隔离、材料耐火或防火、着火因素相互分离或隔离,以此减少发生火情的可能性,提高飞机结构、机载设备和附件耐受火焰的能力。被动防火是指对飞机上各指定防护区进行探测和监控,一旦发出危险报警信号,则采取相应措施对报警区域进行灭火或者抑制火情,保障飞机和乘客的安全。

5.1.1 防火系统的功用和组成

防火系统主要由探测系统、灭火系统和控制指示系统组成,如图5.1-1所示。其中探测系统包括发动机过热和着火探测、辅助动力装置着火探测、主起落架舱过热探测、引气管泄漏过热探测、电子设备舱烟雾探测、货舱烟雾探测和盥洗室烟雾探测和其他区域过热探测等。灭火系统包括发动机灭火、辅助动力装置灭火、货舱灭火和抑制以及盥洗室自动灭火等系统,同时灭火系统还包括有应急处理时使用的手提灭火瓶。控制指示系统包括驾驶舱指示和控制装置。

火警探测系统对发动机和机体潜在的着火区域的火警温度、过热温度、烟雾浓度和高压热空气泄漏等状况进行监控,一旦监控数据达到警告值,立即发出目视和声响警告,并且指出需要采取措施的具体部位。灭火系统则是根据火警警告部位,由飞行员(或自动)控制启动灭火系统,迅速有效地实施灭火。

如图5.1-2所示,一般飞机整个防火系统的主要监控的区域包括:
(1) 两侧发动机短舱和APU舱,该区域内防火系统的主要功能包括火警探测和灭火。
(2) 发动机吊架,防火系统主要功能是保护该区域免受来自燃烧室火焰的损伤。

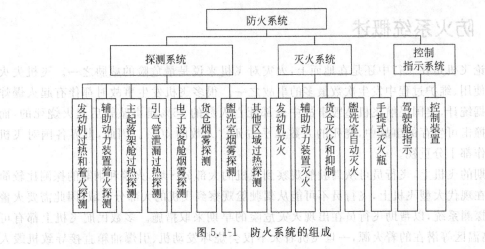

图 5.1-1 防火系统的组成

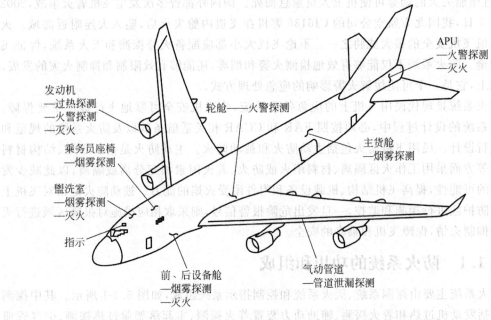

图 5.1-2 一般飞机防火系统的主要监控区域图

(3) 驾驶舱内面板、雷达、电子线路架、最小的设备架和惯性导航系统,该区域主要探测是否有烟雾的存在。

(4) 前、后设备舱和散货舱,该区域防火系统的主要功能是探测烟雾并实施有效灭火。

(5) 盥洗室,主要包括火警探测和灭火。

(6) 气动管道,由于气动管道在飞机上的穿行距离较长,其中涉及的紧固件较多,容易形成泄漏。因此热空气管道防火系统的主要功能是探测管道上的空气泄漏状态。

(7) 其他机组/旅客易接近区域,由于该区域相对其他区域在飞机飞行过程中容易接近,当该区域出现火警时由机组或空勤人员完成相应的灭火工作。

5.1.2 警告信息描述

火警警告包括主警告和局部警告,主警告为红色的主警告灯和连续强烈的警铃,局部警告包括防火控制板上的红色警告灯和ECAM(EICAS)上的信息。

一旦火情发生,火警探测系统立即向飞行员发出警告:灭火手柄上两个红色主警告灯亮,并伴有连续强烈的火警警铃,警示飞行员立即查看处置。红色的主警告灯和连续强烈的警铃警告称为主警告,如图5.1-3所示。主警告只告诉飞行员有火警(或重要警告)出现,不指出具体的火警(或故障)部位。

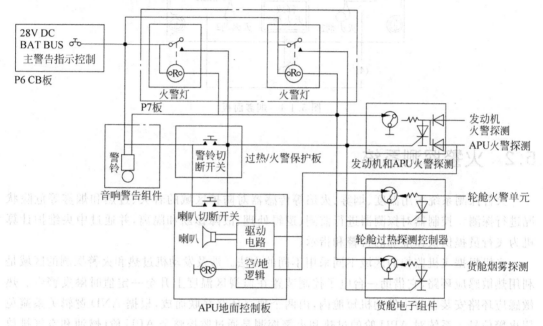

图 5.1-3 防火系统的主警告

获知主警告后,飞行员需要通过查看ECAM(EICAS)上的文字警告信息(如L ENG FIRE左发火警等),或通过查看防火控制板上的火警指示,确定具体火警部位,还可以通过查看警告灯牌及其他相关指示,复核相关火警信息,鉴别确认警告和警告部位准确无误。

针对A300机型的防火系统,当火警探测环路A和火警探测环路B探测到火警信息或者两个火警探测环路中有一个处于故障状态时,另一个环路探测到存在火警信息,通过火警探测控制组件发出火警警告。

当系统检测到有火警存在,系统将点亮相应的发动机灭火手柄内的指示灯,同时点亮装在发动机燃油手柄内相应的红色火警灯,当手柄放在接通位时,手柄上相应的HP VALVE灯亮。在发动机火警面板上的两个LOOP灯(当仅有一个环路按钮开关选择接通时,仅点亮接通位的灯)也相应点亮。最后在ECAM上提示飞行员出现相应的火警部位。

与发动机火警警告不同,电子舱和货舱的烟雾警告属于局部警告,因此该警告不会接通主警告以及连续的音响提示。当前、后或散装货舱中探测器检测到烟雾信息时,系统将自动点亮烟雾面板上的SMOKE灯,同时在ECAM上给出提示,烟雾面板如图5.1-4所示。

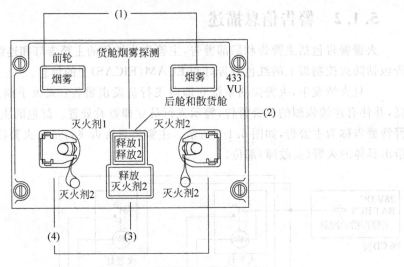

图 5.1-4 烟雾面板

5.2 火警探测系统

火警探测系统采用温度、烟雾、火焰等传感器对防护区域的着火、过热和烟雾等危险状况进行探测。控制器对探测器进行监测、逻辑处理、故障诊断和隔离,并通过中央维护计算机为飞行员提供快速准确的告警和指示。

飞机根据飞机监控的区域不同采用不同的方法。涉及发动机过热和火警探测的区域是利用热敏感应环路,它借助一台电子控制装置在监视区温度上升至一定值时触发警告。热敏感应环路安装在每个发动机短舱内,由两个独立环路并联而成,根据 AND 逻辑关系避免假火警信号。系统对 APU 舱的过热和火警探测是通过监控整个 APU 舱(燃油和空气排放系统)的环境温度实现。该区域内的两根火警探测环路同样利用 AND 逻辑实现假警告的屏蔽。电子设备舱烟雾探测是利用对燃烧气体非常敏感的烟雾探测元件进行探测,当烟雾浓度达到一定的门限值时触发警告。烟雾探测器安装在各种通风排气管道中,通过对排出空气的检测确认相应电子舱内的烟雾情况。货舱烟雾探测是使用安装在货舱中的环境烟雾探测器进行探测,一旦触发警告,相应的通风和加热系统关闭。在货舱内安装有成对的烟雾探测装置,它们配对一起工作,避免产生假的 SMOKE 警告。所有货舱探测器共用同一个电子控制装置,减少设备的整体质量。

5.2.1 火警探测原理

为了在较大的防火区有效探测火警,避免使用大量的单元型探测器,现代飞机通常使用连续型火警探测器。连续型火警探测器比单元型更能对防火区形成完整的覆盖,例如对发动机和 APU 火警、起落架舱火警/过热等的探测。将连续型火警探测器采用特殊连接件连成一体,形成闭合回路,通常称为感温环线。

按感温环线的构成和工作原理,可分为电阻型感温环线、电容型感温环线和气体型感温环线三种。

1. 电阻型感温环线

图 5.2-1 所示为电阻型感温环线元件。敏感元件的构造是在耐热腐蚀的铬镍铁合金管内装有在共晶盐中浸过的或特殊的陶瓷电阻芯子,在芯子中嵌有一根导线(称为芬沃尔环线)或两根导线(称为基德环线)。在基德环线内两根导线中的一根导线的两端与管壁相接并通过固定卡环接地。共晶盐陶瓷是具有随电阻值温度升高而降低的特性的半导体材料。

典型的电阻型感温环线组成的过热探测系统如图 5.2-2 所示。在正常温度时,芯内导线对地具有高电阻,因此没有电流流动。在过热或着火情况下,芯体电阻值显著下降,有电流流动,火警控制组件感应电流信号,其内部继电器工作,使火警信号装置报警。

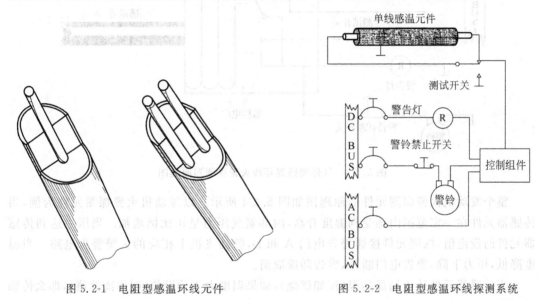

图 5.2-1 电阻型感温环线元件   图 5.2-2 电阻型感温环线探测系统

电阻型感温环线检测系统结构简单,检测范围大,但这种探测元件结构受损时易产生假信号。

2. 电容型感温环线

电容型感温环线由若干段感温元件连接而成。每个感温元件的外管为不锈钢,内装一根中心电极(导线),外管与中心电极间的电介质为温度敏感的填充材料,构成圆筒形电容器。

电容型感温环线通以半波交流电,感温环线可充电和存储电能,其存储的电荷随温度升高而增加,即电容值随周围温度升高而增大。当达到警告温度时,电容值增大到某一数值,其充电或放电电流即可驱动警告信号装置报警。其工作原理与电阻型相似,在这里不再赘述。

电容型感温环线的优点是当筒形电容的某处出现短路时,不会产生虚假信号。电容型感温环线的缺点是必须用变压器提供交流电流。

3. 气体型感温环线

气体型感温环线有多种结构,图 5.2-3 所示为现代飞机上常用的一种气体型火警探测器(systron donner),它主要由感温管和压力膜片电门组成。感温管的壳体是不锈钢细管,管内充满了氦气,在管子中心有一根钛金属线,钛金属具有低温吸入氢气、高温放出氢气的特点。感温管的一端封闭,另一端连在膜盒上,膜盒带动两个微动电门,一个是监控电门,用于监测敏感感温管是否漏气,另一个微动电门在火警或过热时,接通火警警告指示。

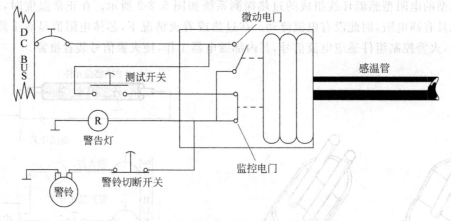

图 5.2-3　气体型感温环线火警探测器原理图

整个发动机火警探测元件的原理图如图 5.2-4 所示。以发动机火警探测元件为例,当传感器元件在一定范围内感受到温度升高,内部氦气压力呈正比例增加。当压力达到传感器元件的设定值,探测元件接通警告电门 A 和 D,驱动飞机上相应的火警警告电路。当温度降低,压力下降,警告电门断开,警告随即取消。

当传感器元件处于局部高温(比如燃烧),如果温度大于预设值(叫作离散值),那么传感器元件的中心钛导线就会发出大量的氢气迅速增加氦的内部压力,驱动下游压力电门的接通,警告电门关闭。只要温度下降到低于离散值(火焰消失),钛管吸收已释放出的氢气,压力下降警告消失。探测元件的工作循环是可逆的,因此探测元件可以重复使用。

在火警探测控制器中安装有一压力电门,该电门称为完整性电门,在正常情况下处于关闭状态,完整性电门能够对传感元件进行连续性检查。该电门连接到传感器元件自检电路(故障电路)上,在预飞行测试期间检查探测环路的状态,保证系统正常工作。

5.2.2　火警探测系统的组成

火警探测系统通常由火警探测器、火警监控组件和火警信号装置三个部分组成。飞机上的火警探测器是将表征火警条件的物理量转换为另一种物理量的器件。火警探测器主要是通过温度和烟雾来探测火警,用温度敏感探测器监测发动机、APU、主轮舱火警和热空气管道的过热,用烟雾探测器监测货舱、电子设备舱和盥洗室的火警。飞机上常用的火警探测器类型主要有:

(1) 热敏电门式火警探测器;
(2) 热电偶式火警探测器;

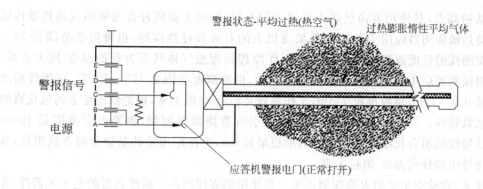

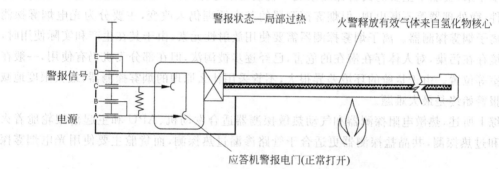

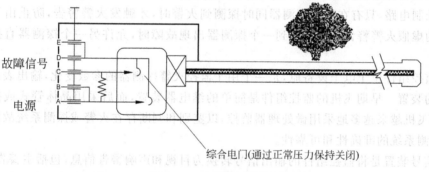

图 5.2-4　火警探测元件原理图

（3）电阻型火警探测器（感温环线）；

（4）电容型火警探测器（感温环线）；

（5）气体型火警探测器（感温环线）；

（6）一氧化碳探测器；

（7）光电式烟雾探测器；

（8）离子型烟雾探测器等。

19世纪三四十年代的飞机发动机舱主要采用点状火警探测器，如热电偶式和双金属式探测器，当需要探测的范围较大时，要求安装数量更多的点状火警探测器和更多的连接线缆，带来很多不便和安全隐患。19世纪50年代至今，飞机发动机舱普遍采用线状火警探测器，优点是探测范围大，连接线缆减少，质量减轻。线状火警探测器主要包括热敏电阻火警探测器、共晶盐火警探测器、气动热敏探测器。气动热敏探测器是飞机火警探测器发展史上的一个新的高点,其使用寿命已达5亿多飞行小时,国际上新机种普遍采用气动热敏传感器。气动热敏探测器应用于分布在整架飞机上的着火和过热探测,报警温度范围是79~454℃,探测线的长度范围为0.6~12m,工作原理是理想气体状态方程的温度-压力关系。热敏电阻探测器应用于全长的着火和过热探测,报警温度范围是175~704℃,探测线的组合长度是0.3~15m,单根最长7.5m,工作原理是温度-电阻关系,理论依据是金属氧化物的负温度系数特性。共晶盐探测器应用于高温引气管路泄漏探测,报警温度范围是120~510℃,热敏线的组合长度是0.3~30m,单根最长6m,工作原理是共晶盐常温下高阻抗,高温下熔化导电特性的温度-阻抗关系。

多年来,货舱中主要的火警探测系统一直使用烟雾探测器。虽然先进的电子元器件、光电元件、微处理器等不断出现,但烟雾探测器的基本原理仍未改变,主要分为光电烟雾探测器和离子烟雾探测器。离子烟雾探测器需要使用放射性元素,由于其在生产和实际使用时,对环境存在污染,对人体存在潜在的危害,已经逐步被淘汰,但在部分飞机仍有使用,一般在盥洗室等位置。由于货舱的环境差异很大,不管采用什么原理的烟雾探测器,最大限度地减少误报警始终是最大难题。

综上所述,热敏电阻探测器和气动热敏探测器适合发动机、APU和主起落架轮舱着火探测和过热探测,共晶盐探测器更适合于管路渗漏过热探测,而货舱主要使用光电烟雾探测器。

大多数火警探测系统都是双系统,即在某个位置的火警探测系统中有两个完全独立的探测器和控制电路,只有在两个探测器同时探测到火警时,才触发火警警告,防止由于各种原因导致的虚假火警警告。当测试到一个探测器出现故障时,允许另一个探测器直接触发火警警告。

火警监控组件位于电子设备舱,是一个用于监控火警探测器的参数变化,输出表示火警存在信号的装置。早期飞机的监控组件是简单的继电器装置,而后采用晶体管式或插板式装置,现代飞机越来越多地采用微处理器监控,以鉴别和判断存在火警或探测系统故障的情况,提高探测系统的准确性和可靠性。

火警信号装置是将监控组件的输出信号转换为目视和声响警告信息,包括主警告(红色主警告灯和火警铃)和火警控制板上或ECAM(EICAS)上的文字警告信息,这些警告信息指明具体的火警部位,便于飞行员采取有效的灭火程序。

图5.2-5为A300机型的火警探测控制装置的安装位置。火警探测控制装置处理应答器根据AND逻辑发出的警告信号,并触发驾驶舱里相应的警告(火警警告电路)。而且,每个环路都设计有相应的故障指示电路,当传感器发生不同的电路故障时,诸如传感器元件泄漏、响应器失去电信号等,故障指示电路将输出不同的指示信号,使机组人员明白火警传感元件的具体故障信息。

现代民用飞机一般在发动机的风扇区和核心区布置双环路线状金属热敏电阻型火警探测器,探测器的电阻随温度的升高而减小。火警探测控制组件(FOCU)对双环路火警探测器进行实时监控,当FOCU探测到由于周围环境温度的升高而使探测器的阻值小于限定值时,FOCU立即通过航电系统向机组人员发出告警。常态下FOCU采用双回路1与0逻辑,当FOCU对回路进行在线检测时,检测到某回路有故障,系统则自动转为1或0逻辑。逻辑结构表如表5.2-1所示。

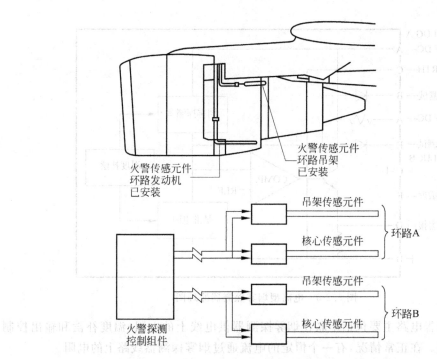

图 5.2-5　A300 机型发动机火警探测环路安装位置及原理示意图

表 5.2-1　双回路报警逻辑

序号	回路1	回路2	触发结果
1	无报警	无报警	不触发
2	报警	无报警	不触发
3	无报警	报警	不触发
4	报警	报警	触发
5	故障	报警	触发
6	报警	故障	触发
7	故障	无报警	不触发
8	无报警	故障	不触发
9	故障	故障	显示故障

APU舱内前后防火墙附近环境温度是最高的，因此在防火墙上布置和发动机探测系统类似的双环路火警探测元件最合理，双回路报警逻辑同样如表 5.2-1 所示。

5.2.3　烟雾探测器原理

民用飞机的烟雾探测器采用电离型烟雾探测器，该电离型装置由分析空气成分的测量容腔和一参考电阻构成。在测量容腔腔室内，空气由一束放射性非常低的物质进行电离。当烟雾进入探测器时，改变了电阻与离子化腔之间的平衡，引起探测器电压的变化。当电压变化量大于测量室的设定界限时，探测器内部电子电路向驾驶舱发出相应警告信号。探测器是独立的，不需辅助设备，其输出电压直接连至驾驶舱，用于驱动相应的烟雾探测指示电路，图 5.2-6 为其原理图。

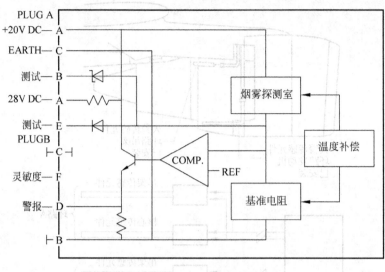

图 5.2-6 电离型烟雾探测器原理图

烟雾探测警告电路主要包括串联在烟雾探测器供电线上的电阻、温度补偿和输出控制放大的电子电路。在正常情况，有一个恒定的电流通过烟雾探测器线路上的电阻。

烟雾探测器主要用于检测燃烧最初产生的可见或不可见的燃烧气体。当气体进入探测器，将改变电阻和离子化腔之间的平衡。通过烟雾探测控制组件的场效应晶体管可测到这一变化，一旦达到敏感极限就触发警告。当达到警报极限时，烟雾探测器驱动下游的警告电路，由于在电子电路中没有相应的自保持电路，当烟雾消失，警告自动停止。

当顶板红色 SMOKE 警告灯点亮，机组人员需要操作一位于飞机电瓶上游的抽风风扇，将电瓶上游的空气抽至驾驶舱内，由嗅觉确定烟雾是否出现在电瓶风扇的上游，确认火警的严重程度。

飞机上，还有一类烟雾探测器称为光学型烟雾探测器。光学型烟雾探测器的探测腔是一个高品质光学测量腔，遮蔽外部光线折射，检测有色光和黑色烟雾颗粒。其探测原理基于分散光原理。短暂的光脉冲(100s)由光源(IR LED)定时传送入散射室。在探测器内部，光源安装在光线接收器无法直接检测的位置上，保证在没有烟雾的情况下，探测器的外部输出为零。只有当烟雾微粒在光径内，一些散射光才能由光线接收器接收并产生电信号。光源波长 880nm(接近红外线)可优化探测效率。发光二极管接收散射光并将其转换为电信号，通过电子电路进行处理。图 5.2-7 为光学型烟雾探测器的原理图。当检测烟雾到达警报极限时，警报输出(离散信号)激活。当烟雾探测器以自主模式运行时，由继电器直接向驾驶舱触发相应的警告。

根据 FAA 的条例规定，货舱火警探测系统必须在火情发生 60s 内向机组成员发出火情告警。烟雾是火灾发生的前兆，因此在飞机的前后货舱内，一般按飞机对称面布置若干个光散射型烟雾探测器。如果发生火情，烟雾探测器测试到的烟雾浓度超过设定值，FOCU 立即通过火警指示系统向飞行员发出警告。通常 FOCU 采用 1 与 0 逻辑，即当两个以上的烟雾探测器报警时，系统判断该区域有烟雾状况。若系统检测到烟雾探测器有故障时，系统自动转为 1 或 0 逻辑，即只要有一个烟雾探测器报警，系统即认定该区域有烟雾状况。

在飞机上的引气导管附近一般也需要布置引气导管渗漏过热探测系统，该系统对由于

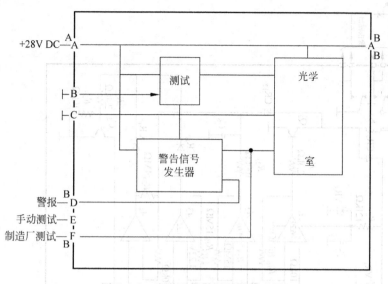

图 5.2-7 光学型烟雾探测器原理图

引气导管大量渗漏造成的环境温度升高进行探测和告警。由结晶盐晶体型探测器组成的双环路探测元件对引气导管附近的环境温度进行过热探测,探测元件的阻值随温度的升高而减小,当减小到设定值时,系统向飞行员提供告警指示。双回路报警逻辑如表 5.2-1 所示。FOCU 对探测回路的状态实施在线检测,检测间隔时间不大于 15min。正常状态下,主起落架和引气导管探测系统都是采用双回路 1 与 0 逻辑,当检测到某回路出现故障时,系统自动转为单回路 1 或 0 逻辑。

飞机上前、后盥洗室都布置一个光散射离子型烟雾探测器对盥洗室进行烟雾探测。盥洗室灭火系统采用一独立的灭火瓶,对盥洗室废物箱内进行自动灭火。

5.2.4　飞机火警探测系统举例

图 5.2-8 为 A300 飞机的发动机火警探测装置系统原理图。以 A300 发动机防火系统为例,其传感器元件对应的两个回路采用并联的形式安装在发动机短舱中。发动机短舱和吊架火警传感元件分别是 2.26kΩ 和 4.5kΩ 的电阻,因此每个发动机火警探测回路的等效电阻约为 1.5kΩ。当感应元件/响应器发生故障时,其故障点可能是导线断开或电信号丢失,由其他传感器元件响应器电阻影响造成环路等效电阻最高增加至 1.85kΩ。随着等效电阻的升高,接线柱 B 上的电压低于 1.22V DC,放大器 A_3 供电给变压器 Q_3,它传送一 FAULT 信号至火警探测控制装置的输出口 J。

如响应器或火警探测控制装置插头污染,等效电阻下降至低于 1.3kΩ,且接线柱 B 电压超过 1.6V,放大器 A_2 向变压器 Q_3 供电,传送一 FAULT 信号至输出 J。对于 1.22V DC/1.85kΩ 和 1.6V DC/1.3kΩ 之间任何电压/电阻值,没有 FAULT 反馈信号。

当火警探测器检测到出现火警信号时,火警探测通过应答器,引起相应的警告电门闭合,其产生的电压大于放大器 A_1 极限值 5.29V。电流通过晶体管 Q_3,继电器 K_1 接通,接通飞机电路的警告电门。

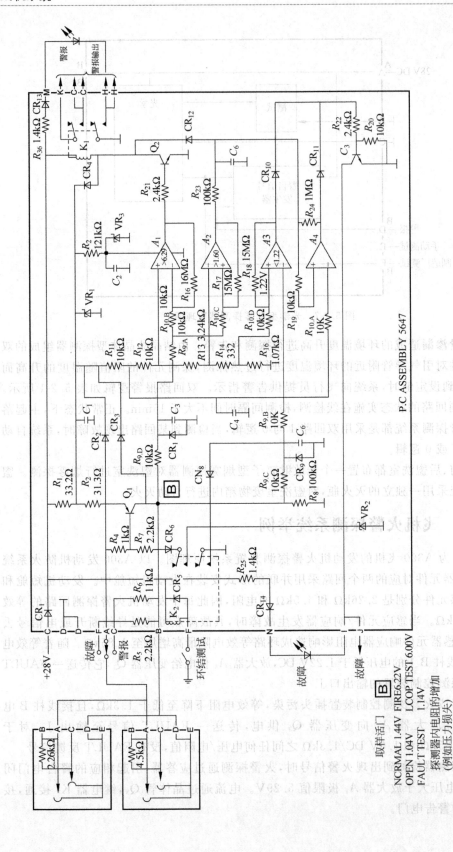

图 5.2-8 发动机系统原理图

当 LOOP TEST 按钮电门按下对火警系统进行测试时,两个继电器 K_2 的电门关闭。下部电门 B_1 将放大器 A_3 的负极接地,对变压器 Q_3 供电(故障电路);通过上部电门 B_2,Q_3 让 Q_1 得到供电,Q_1 输出一大于 5.29V 正压信号至放大器 A_1 输入端;变压器 Q_2 和继电器 K_1 供电,触发相应的火警电路。

当发动机出现火警时,如果 LOOP A 和 LOOP B 按钮电门都处于按下状态,LOOP A 和 LOOP B 指示灯亮,火警手柄上的 ENG1(2) FIRE 红色警告灯亮;在 HP 燃油断开活门控制手柄上的红色警告灯亮时,用于提示机组活门必须关闭;CAPT 和 F/O 主仪表板上的 MASTER WARN 灯闪烁,且连续重复谐音响起;在 L ECAM 显示器上显示 ENG FIRE 信息和需要的相关操作步骤。如果发生火警时有一个环路按钮处于未按下状态,则相应的按钮 OFF 灯亮,其他按钮上的 LOOP 灯亮,其他警告与双环路结构一致。

当火警探测控制器监控到一环路故障时,对应环路 A(B)的环路故障灯亮。飞行主仪表面板上的 MASTER CAUTION 灯闪烁。环路故障触发单谐音警告。在 ECAM 显示装置确认一环路失效。火警探测由另一个环路单独完成。

发动机火警环路的测试相对比较简单,通过按压 LOOP TEST/LOOP A 和 B 按钮,保证 LOOP A 和 LOOP B 处于接通状态,然后按压 LOOP TEST 按钮电门大约 4s。发动机火警控制器将引起 LOOP A 按钮上的 FAULT 灯亮。在 1.5s 以后,在 CAPT 和 F/O 主仪表板上的 MASTER CAUTION 灯闪亮,单谐音警告声响,信息出现在 ECAM 显示装置上,同时系统引起相应的火警警告;在 CAPT 和 F/O 主仪表板上的 MASTER WARN 灯闪烁,HP 燃油切断活门控制手柄上的 HP VALVE 灯亮,出现连续声响警告和相应的 ECAM 警告信息。当 LOOP TEST 按钮电门松开,环路 B 的 FAULT 和 FIRE 电路被触发。在 1.5s 以后,在 CAPT 和 F/O 主仪表板上的 MASTER CAUTION 灯闪亮,单谐音警告声响,信息出现在 ECAM 显示装置上。

5.3 飞机灭火系统

灭火系统主要包括发动机灭火系统、APU 灭火系统、货仓灭火系统、盥洗室灭火系统和手提式灭火瓶。发动机舱、APU 舱、货舱采用固定式灭火器进行灭火,驾驶舱、客舱由于有机组人员及旅客,一般使用手提灭火瓶进行灭火,电子设备舱一般机组人员可进入,也可使用手提灭火瓶灭火,盥洗室内的垃圾桶需要用固定灭火器自动灭火。

发动机灭火系统应提供每台发动机连续两次灭火能力,当发动机着火探测系统探测到发动机着火,系统立刻向飞行员发出报警信号。飞行员经判断确认火情后,向发动机舱内喷射灭火剂实施灭火。当 APU 着火探测系统探测到 APU 舱内着火,系统立刻向飞行员发出报警信号。飞行员经判断确认火情后,向 APU 舱喷射灭火剂实施灭火。盥洗室内应设置盥洗室灭火系统,采用盥洗室灭火瓶对盥洗室废物箱进行灭火。驾驶舱和客舱内应设置灭火装置,采用手提式灭火瓶对驾驶舱和客舱进行灭火。手提式灭火瓶的功能是当驾驶舱或客舱有火情时,由机组人员使用手提式灭火瓶进行灭火。当货舱烟雾探测系统探测到货舱着火,系统立刻向飞行员发出报警信号。飞行员经判断确认火情后,货舱灭火系统应能分别向前货舱或后货舱喷射灭火剂实施灭火和火情抑制。

5.3.1 火的种类和灭火方法

1．燃烧三要素

任何物质剧烈地氧化反应，同时发光、发热称为燃烧。如图 5.3-1 所示，燃烧的三个要素是燃料、氧气和热源。

燃烧的必要条件是燃料和氧气。所谓燃料指在常温或某一高温下，能够与氧化合，产生大量的热的物质，例如木材、燃油和铝合金等。氧气是燃烧过程中是不可缺少的物质，氧气为燃烧过程提供所需要的氧元素。燃烧的充分条件是热源，热源的作用是起始引火，热源将有关物质加热到燃点温度，在此温度下，燃烧可以快速进行而无需从外界获得热量。

图 5.3-1 燃烧的三要素

2．灭火的基本途径

防火的手段是使燃烧三要素的必要条件和充分条件得不到满足，以避免火灾。而灭火是在着火的情况下，迅速有效地使燃烧三要素中的一个或两个条件缺少或去掉，使燃烧停止，将损失最小化。

灭火通常使用灭火剂，其灭火机理是：首先隔离氧气，防止氧化反应的产生；其次是物理冷却，使燃烧物降低到燃点以下；再次是化学冷却，即阻隔热量的传递，相当于使未燃物与已燃物隔开，使未燃物部分不满足燃烧的充分条件。

3．火的种类

根据国际防火协会规定，可将火分成三个基本类型，即 A 类火、B 类火和 C 类火，此外还有派生的 D 类火。

A 类火是由一般燃烧物如木材、布、纸、装饰物等燃烧引起。

B 类火是由易燃石油产品或其他易燃液体、润滑油、溶剂、油漆等燃烧引起。

C 类火是由通电电器的短路引起的燃烧。发现电器短路着火，应立即设法切断电源。

D 类火是由易燃金属燃烧引起。不把 D 类火看作基本类型火，因为它通常是由 A、B 或 C 类火引燃的。

4．灭火剂

根据不同的火源特性，常用的灭火剂主要有卤代烃、干粉、惰性冷却气体和水。

卤代烃（氟利昂）灭火剂是飞机上广泛使用的灭火剂，其优点是适用于灭 A、B 和 C 类火，低毒，灭火后无残留物。但氟利昂破坏地球的臭氧层，1994 年开始地面上已不允许使用，但在飞机灭火系统中可以使用直到有代替物为止。

卤代烃的灭火机理：卤代烃本身以及卤代烃与燃烧所生成的物质进行化学反应后生成的新物质，都具有阻止热量传递的作用，即完成化学冷却。这种阻隔相当于将未燃烧部分燃料与燃烧处隔离，使灭火更为有效。

在飞机上主要使用两种类型的卤代烃灭火剂，Halon1301 和 Halon1211。Halon1301

化学名称是溴氟甲烷($CBrF_3$)简称 BTM,灭火效果极好,在常温下无毒,无腐蚀作用,但成本较高,沸点大约是 $-60℃$,以加压液态形式储存在强度较大的灭火瓶内,多用于固定式灭火瓶中。Halon1211 的化学名称是溴氟二氯甲烷($CBrClF_2$)简称 BCF,灭火效果很好,在常温下有轻微毒性,灭火后无残留物,沸点大约是 $-4℃$,以加压液态形式储存在灭火瓶内,用于手提式灭火瓶。

干粉灭火采用干燥的化学粉末(如碳酸氢钠等)灭火剂进行灭火。从理论上讲,它适用于灭 A、B、C、D 各类火,特别适用于轮舱刹车片起火。干粉灭 D 类火后,有的干粉残留物对铝等有腐蚀作用,应注意清除。

在实际使用中,干粉灭火剂主要用于飞机机库和工厂中,在飞机上只限于货舱使用,不能用于驾驶舱和客舱灭火,否则清除残留物的难度很大。残留物会沉积在透明体和仪表表面,严重影响能见度。干粉灭火剂是非导电体,但残留物会使触点和开关工作不正常,因此也不能用于电气设备的灭火。

干粉灭火的机理是粉末受热后释放 CO_2 气体,隔离氧气灭火,同时具有分解吸热冷却作用。

惰性冷却气体灭火剂的主要作用是降低燃烧物的表面温度和稀释氧气。二氧化碳(CO_2)和氮气(N_2)是两种很有效的惰性冷却气体灭火剂。

常温下 CO_2 为气态,经加压($700 \sim 1\,000 lbf/in^2$)以液态形式储存在灭火瓶内。喷射时 CO_2 液化气吸热变为气态,具有降低燃烧物表面温度的作用,同时释放出的 CO_2 在转化为气态时体积膨胀约 500 倍,可冲淡燃烧物表面的氧气。CO_2 的密度约为空气的 1.5 倍,可在燃烧物表面形成覆盖,隔离氧气。CO_2 无毒性,不导电也不污染灭火区,主要用于电气设备灭火。

当使用 CO_2 灭火剂灭火时,必须注意:在封闭的房间中,过多的吸入 CO_2 可能引起窒息和死亡;因为 CO_2 灭火剂的释放温度大约为 $-70℃$,因此不能把灭火器对准人以防伤害;使用 CO_2 灭火器必须配有一个非金属的喷管,因为灭火瓶内释放出的 CO_2 在通过金属管时会产生静电,重新点燃起火,而且如金属管与带电体接触,金属导电会危及使用人员的安全。

N_2 通过冲淡氧气和隔离氧气的方法灭火。由于 N_2 提供的温度更低,并且 N_2 提供的冲淡氧气的容积几乎等于 CO_2 的两倍,因此 N_2 作为灭火剂更有效。N_2 的缺点是必须以液态储存,需要特殊的储存和管路设备,设备的特殊性和质量使得只有大型飞机才有可能使用 N_2 灭火。

水灭火的机理是水具有湿润和冷却作用。水或泡沫水类灭火剂只适用于灭 A 类火,水的主要缺点是具有导电性,现代飞机上很少采用。

综合上述分析,根据火的种类不同,所采用的灭火剂也有所不同,如表 5.3-1 所示。

表 5.3-1 灭火剂种类

火的种类	可采用的灭火剂	禁止使用的灭火剂
A 类	卤代烃、干粉、惰性冷却气体、水	
B 类	卤代烃、干粉、惰性冷却气体	水
C 类	卤代烃、惰性冷却气体	水
D 类	干粉	水、CO_2

5.3.2 飞机灭火系统

根据火警发生在飞行中或在地面上的实际情况,采用几种灭火方法。对于不同区域的灭火系统,一般使用一两个固定式灭火瓶或者便携式灭火器。对它们进行自动或人工操作,部分区域的灭火系统只能通过人工操作进行灭火。

飞机上固定式灭火设备的功能是用于扑灭发生在下列区域的火情:

(1) 发动机短舱区域:短舱区域的灭火系统主要包括有两个存储灭火剂的灭火瓶,灭火瓶的释放通过驾驶舱控制。同时在发动机吊架下部安装有防火墙,该防火墙用于防火燃烧保护,其可以阻挡火焰约 5min 时间。

(2) APU 舱区域:APU 舱区域灭火系统包括一个灭火瓶,通过驾驶舱来控制它的释放。该灭火瓶也可通过前起落架下部的控制按钮释放。

(3) 货舱区域:货舱区域的灭火由安装在前货舱内的两个灭火瓶提供,该灭火瓶的释放由驾驶舱控制,通过灭火管路的设置,灭火剂可以喷到前货舱、后货舱和散货舱。

(4) 盥洗室区域:盥洗室废物箱的灭火由一个位于废物箱上方的灭火瓶提供。灭火瓶通过热保险丝自动爆破,灭火剂将直接喷入废物箱。

(5) 其他区域:其他飞行人员以及空勤人员可接近区域的灭火主要利用便携式灭火装置。这些灭火装置都是小容量灭火器,手动操作,机组人员可在驾驶舱、客舱和航空电子设备舱进行有效灭火,防止火焰扩散。

火警和过热探测系统探测到火警时,灭火系统将激活。灭火系统主要完成两个主要功能:当发动机出现火灾的情况下,灭火系统必须在第一时间完成灭火,因为任何火苗出现在发动机短舱保护区域时,超温或者易燃液体的泄漏都将危害飞机的飞行安全。当火灾出现后,为防止火焰进一步蔓延,必须将发动机与飞机其他部分有效隔离,即切断各方面供给,其中主要包括热空气供给、燃油、液压源以及电源的切断。

以发动机的灭火系统为例,用于灭火的灭火剂贮备在两个灭火瓶内。灭火瓶位于发动机吊架后部,与安装在吊架中的灭火系统相连。灭火瓶通过管道将灭火剂引入喷射器的喷嘴进行有效灭火。

发动机的灭火瓶都是球形瓶,其容量为 630in^3(10.3L),包含 2.205kg 氮气增压的 9.525kg 一溴三氟甲烷($CBrF_3$);在 21℃ 环境温度下的标准压力为 800lbf/in^2。灭火瓶的安装位置以及外形如图 5.3-2 所示。

每个灭火瓶有两个出口孔,其中一个通过喷放头连接到灭火系统,另一个出口不使用。喷头内装有一个喷放爆炸帽。爆炸帽由两组带 28VDC 的爆炸丝引发爆炸,两组爆炸丝连接至一共同的接地线,它们中的任何一个都能够给爆炸帽供电,以防失效。

爆炸帽被激发后,气体压力释放引起安装在喷放头上的密封金属薄膜爆破。灭火瓶中的全部灭火剂都将喷发到发动机短舱内。薄膜的另一个功能是作为一过压活门,如果因为发动机吊架过热使灭火瓶中压力超过 1 900lbf/in^2 和 2 200lbf/in^2,隔膜将自动释放。此装置简化了飞机上的灭火系统,并防止可能发生在发动机吊架上的结构损坏。压力电门位于灭火瓶下部的两个出口之间,可手动测试。根据使用的灭火瓶类型不同,压力电门的接通压力被设定在 200~400lbf/in^2。压力电门的输出与驾驶舱 DISCH 警告灯连接,当发动机灭火瓶释放完毕,压力电门自动接通,点亮 DISCH 警告灯提示机组进行后续操纵。

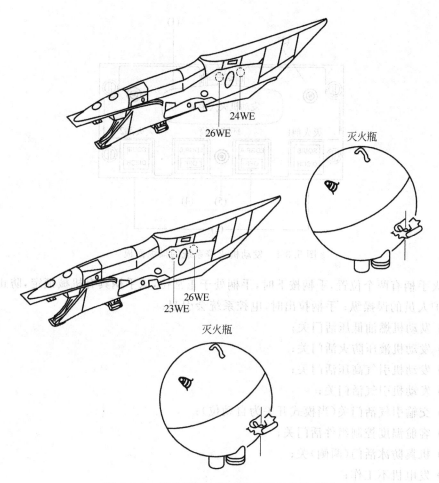

图 5.3-2 发动机灭火瓶安装位置以及外形图

5.3.3 灭火系统的操作

当发动机发生火警警告,必须应用图 5.3-3 所示的灭火程序对发动机进行有效的灭火。

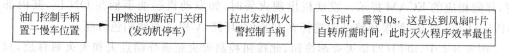

图 5.3-3 发动机灭火程序

按下 AGENT 按钮电门,触发灭火瓶。灭火瓶的喷放状态由 DISCH 琥珀色灯亮来指示。如果 FIRE 警告灯在 30s 内没有消失,第二个灭火瓶将自动引爆。火警发生时,在 ECAM 显示装置上自动显示灭火程序中应该完成的动作目录。一旦必需的动作完成,相应动作目录自动从 ECAM 显示装置上消失。

在驾驶舱内,安装有两个带有灭火手柄的发动机火警操纵面板,如图 5.3-4 所示,分别控制两台发动机的火警探测和灭火。当直流主汇流条通电时,两套系统都接通,而电瓶始终可以为灭火工作提供电源。

图 5.3-4 中,手柄(1)是发动机 1(2)灭火手柄,手柄内装有 ENG1(2)FIRE 警告灯。发

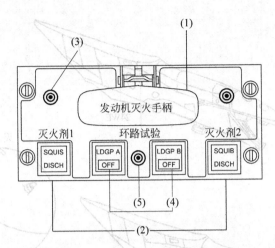

图 5.3-4　发动机火警系统的操纵面板

动机灭火手柄有两个位置,手柄按下时,手柄处于正常位,该手柄具有机械锁定,防止飞行员以及维护人员的误操纵;手柄拉出时,电控系统会引起:

(1) 发动机燃油低压活门关;
(2) 发动机液压防火活门关;
(3) 发动机引气高压活门关;
(4) 发动机引气活门关;
(5) 交输引气活门关(当模式开关为自动位);
(6) 客舱温度控制组件活门关;
(7) 机翼防冰活门(两侧)关;
(8) 发电机不工作;
(9) 连续谐音停止警告,环路 LOOP 灯灭,爆炸帽 SQUIB 灯亮;
(10) 由于没有空气供应发动机防冰活门关,故障灯亮。

在发动机灭火手柄中设有发动机着火指示灯,不论灭火手柄处于什么位置,只要发动机火警出现,发动机着火指示灯就亮红色。当环路探测到温度低于临界值时,此灯灭。此灯亮时,伴随相应的 ECAM 提示。发动机出现火警时,如发动机燃油手柄在 ON 位,其内部的 HP VALVE 灯亮,如果环路开关选择在 ON 位,环路 A 和 B 的琥珀色灯亮。

图 5.3-4 中,电门(2)是灭火剂按钮,此按钮控制灭火瓶爆炸帽点火和灭火瓶释放,只有相应的灭火手柄拉出,按钮才能起作用。当该按钮瞬间压入时,如果灭火手柄拉出,灭火瓶上的爆炸帽将点火,灭火瓶释放。当该按钮松出时,爆炸帽线路断电。该按钮上的 SQUIB 灯用于提示机组。当发动机灭火手柄拉出时,白色灯亮,便于识别要按压的灭火瓶按钮。在爆炸帽测试过程中,灯亮表示测试成功。按钮上的 DISCH 灯,用以指示灭火瓶的释放状态。当相应的灭火瓶释放后,压力减低,此灯亮,为琥珀色。

图 5.3-4 中,按钮(3)是爆炸帽测试按钮。此按钮控制爆炸帽测试电路。当相应的发动机灭火手柄在正常位时,按下此按钮完成发动机爆炸帽的测试工作。如果爆炸帽和电路工作正常,两个爆炸帽 SQUIB 灯亮。

图 5.3-4 中,按钮(4)是环路 A(B)按钮开关。当火警探测控制组件产生有关环路火警

或故障信号时,此按钮开关触发声响和目视警告。当该按钮开关压入时,环路处于工作模式,用于探测发动机的实际火警状态。当按钮开关松出,相应环路的目视和声响警告受抑制,白色的 OFF(关)灯亮;当相应的按钮选择在压入位时,同时火警探测组件产生了一个火警或故障信号,琥珀色 FAULT 灯亮;当相应的发动机灭火手柄拉出时,FAULT 灯灭。

图 5.3-4 中按钮(5)是环路测试按钮,此按钮控制完成两个火警探测环路测试以及发动机火警和环路本身警告并触发 ECAM 警告测试。对于完整的系统测试,两个环路 A 和 B 按钮开关必须压下,相应的发动机灭火手柄必须在正常压入位。

当发动机环路测试按钮压入并保持时,环路和发动机火警警告按顺序进行测试,测试成功会产生环路 A 的 FAULT 灯亮,ECAM 瞬间接通(主警戒灯亮,当主警戒灯灭时伴有单谐音);几秒后,环路 A 的 FAULT 灯仍保持亮,环路 B 的 FAULT 灯同时点亮,灭火手柄中 ENG FIRE 灯亮,如果发动机燃油手柄在 ON 位,其中的 HP VALVE 灯亮,主警告灯亮并闪烁,伴有重复谐音警告。当环路测试按钮释放后,火警警告取消,环路 B 的 FAULT 灯仍亮,ECAM 瞬间接通,驱动相应主警戒灯亮,当主警告灯灭时伴有单谐音,几秒后环路 B 的 FAULT 灯灭。

本章小结

防火系统是现代民用飞机上的应急备份系统,为飞机安全可靠地飞行提供重要保障。民用飞机防火包括主动防火和被动防火。防火系统主要由探测系统、灭火系统和控制指示系统组成。其中探测系统包括发动机着火探测和告警、辅助动力装置(APU)着火探测和告警、主起落架舱过热探测、引气管泄漏过热探测、电子电器设备舱烟雾探测、货舱烟雾探测和盥洗室烟雾探测等。灭火系统包括发动机灭火、辅助动力装置灭火、货舱灭火和抑制以及盥洗室自动灭火等系统。控制指示系统包括驾驶舱指示和控制装置。

火警探测系统采用温度、烟雾、火焰等传感器对防护区域的着火、过热和烟雾等危险状况进行探测。飞机根据飞机监控的区域不同采用不同的方法。涉及发动机过热和火警探测的区域是利用热敏感应环路,它借助一台电子控制装置在监视区温度上升至一定值时触发警告。为了在较大的防火区有效探测火警,避免使用大量的单元型探测器,现代飞机通常使用连续型火警探测器。将连续型火警探测器采用特殊连接件连成一体,形成闭合回路,通常称为感温环线。感温环线可以分为电阻式、电容式以及气体式三类。

烟雾探测器主要用于检测燃烧最初产生的可见或不可见的燃烧气体。气体进入探测器,将改变电阻和离子化腔之间的平衡。烟雾探测器采用电离型烟雾探测器,该电离型装置由分析空气成分的测量容腔和一参考电阻构成。在测量容腔腔室内,空气由一束放射性非常低的物质进行电离;当烟雾进入探测器时,改变了电阻与离子化腔之间的平衡,引起探测器电压的变化;当电压变化量大于测量室的设定界限时,探测器内部电子电路向驾驶舱发出相应警告信号。

灭火系统主要包括发动机灭火系统、辅助动力装置灭火系统、货仓灭火和抑制系统、盥洗室灭火系统和手提式灭火瓶。发动机舱、APU 舱、货舱采用固定式灭火器进行灭火,驾驶舱、客舱由于有机组人员及旅客,一般使用手提灭火瓶进行灭火,电子设备舱一般机组人员可进入,也可使用手提灭火瓶灭火,盥洗室内的垃圾桶需要用固定灭火器自动灭火。

复习与思考

1. 飞机防火系统的组成是什么？防火系统的监控区域有哪些？
2. 飞机防火系统有哪些警告？
3. 什么是感温环线？其有哪些种类？
4. 气体式感温环线的工作原理是什么？其警告形式有哪些？
5. 烟雾探测器的工作原理是什么？当出现电子舱烟雾警告后如何确认是否有烟雾情况？
6. 燃烧三要素是什么？灭火的根本原理是什么？

仪表指示系统

本章关键词

航空仪表(aviation instrument)
升降速率(lifting speed)
静压源误差修正(static source error correction)
马赫数(maher number)

大气数据系统(air data system)
高度表(altimeter)
机械仪表(mechanical instrument)
全/静压系统(full/static pressure system)

互联网资料

http://www.doc88.com/p-280419627602.html
http://cdmd.cnki.com.cn/Article/CDMD-10614-2003120911.htm
http://d.g.wanfangdata.com.cn/Periodical_jsjgc200910079.aspx
http://www.cnki.com.cn/Article/CJFDTOTAL-MHFX201305010.htm
http://d.g.wanfangdata.com.cn/Periodical_hlyzhkz200908043.aspx

　　由于现代民用飞机的飞行高度越来越高,飞行员在实际的飞行过程中无法通过目视参考获得飞机的实际飞行状态和预估飞行参数。此时需要利用飞机上安装的仪表系统为飞行员提供所需要的参数。飞机仪表的发展经过了机械仪表阶段,机电仪表阶段以及电子仪表阶段。随着飞机仪表技术的快速发展,不同机型的民航飞机上都安装了各类新型的飞机仪表。为了增加机型设备之间的通用性,减少飞行员的适应过程,无论是分离式显示系统还是电子综合式显示系统基本都遵循"T"型格式。

　　由于现代民航飞机的飞行高度、速度、马赫数和升降速率对于飞机的安全飞行都有较大的影响,因此在正常的飞行阶段飞行员需要时刻监控此类数据。目前飞机的各类参数都使用电子传感器得到,机械式仪表一般作为备用仪表提供应急指示。气压式高度表、空速表和升降速度表都需要获得静压才能输出正确数值,这些仪表通过管路连接到静压孔。

　　所有飞机上都有大气温度指示器。老式飞机的大气温度显示在模拟指示器或数字式指示器上,而现代民航飞机一般显示在EICAS/SCAM的下显示器上。

6.1 航空仪表概述

在民航飞机的驾驶舱中有许多仪表,它们用于监视和控制飞机的实际飞行,发动机以及其他飞机系统。各飞机系统的实际工作情况需要通过飞机仪表或者指示提供给飞行员,帮助飞行员驾驶飞机完成飞行任务。飞机仪表一般安装在正、副驾驶员的仪表板上,主要用于测量飞机的各种运动参数,如大气环境参数以及各类用于导航系统的飞行方向等。

飞机上的其他系统或设备中使用的测量仪表统称为其他飞机系统仪表,如飞机的增压系统有座舱高度表、压差表、空气流量表、升降速率表和温度表等;飞机液压系统装有各种压力表和液压油量表等,此外,飞机还安装有起落架位置指示系统、襟翼位置指示系统以及飞机电器设备的各类电流、电压以及频率表等。其他飞机系统的仪表系统通常位于驾驶舱的顶板上。

6.1.1 航空仪表的发展

飞机仪表的发展随着科学技术的发展而进步。在第一架飞机问世时,飞机的飞行速度和飞行高度都不高,飞机上的仪表较少。无论是发动机参数还是飞行参数都只是通过飞行员的眼睛进行确认。随着飞机飞行距离以及飞行高度的升高,仅依靠飞行员独立进行确认已无法满足飞行安全的要求。此时,飞机上开始安装有航速计和指南针等简单的仪表设备。

第一次世界大战期间,由于军事上的需要,一些国家大力投资发展航空事业,飞机上开始安装空速表、高度表、磁罗盘、各类发动机参数表以及滑油压力表等。到了20世纪30年代,为了使飞机能够在云中或者夜间飞行,飞机仪表中又新增了升降速率表、陀螺地平仪以及陀螺方向仪等。

根据飞机仪表所采用的原理不同,飞机仪表总体上可以划分为五个阶段。第一阶段是机械仪表阶段,这是飞机仪表的初始阶段,表内的敏感元件利用机械配合根据外部环境参数以及飞机的运动参数的变化等比例变化,实现各类参数的指示。第二阶段是电气仪表阶段,此时的仪表成为远读式仪表,如磁罗盘或者地平仪等。所谓"远读"是指仪表的传感器和指示器没有安装在同一个部件中,它们之间的控制关系是通过电气信号实现的,由于两者相距较远,因此称为远读式仪表。由于电气传动代替了机械传动,该阶段仪表的反应速度和准确度提高很大,但仪表结构较复杂。第三阶段是机电式伺服仪表阶段,该阶段进一步提高了飞机仪表的灵敏度和精度。伺服系统又称为随动系统,是利用反馈原理保证系统输出量和输入量相一致的信号传递装置,可有效提高仪表的综合化和自动化。第四阶段是综合指示仪表阶段,由于飞机性能以及各种系统设备性能迅速提高,所需监控仪表大大增加,同时飞机飞行速度和机动性能提高较大,使飞行员观察仪表的时间缩短,因此把功能相同或者相关的仪表指示器有效结合在一起,组合成统一的指示综合仪表成为飞机仪表发展的必然趋势。例如综合罗盘指示器、组合地平仪或者各种发动机仪表的组合等结构形式。飞机仪表的最终阶段是电子综合显示仪表阶段,该阶段是指20世纪60年代开始出现的电子屏幕显示仪表,此类仪表逐步取代指针式机电仪表,使仪表结构进入一个新阶段。随着电子显示仪表进一步向综合化、数字化、标准化和多功能方向发展,飞行员可以通过指示系统对整架飞机进行有效的控制和安全监督,初步实现人-机"对话"。

现代大型民航飞机驾驶舱的仪表显示基本相同,整体结构如图 6.1-1 所示,正、副飞行员的飞行仪表上有主飞行显示器(PFD)和导航显示器(ND),中间的ECAM显示器主要用于显示飞机各类系统的指示参数和发动机参数。

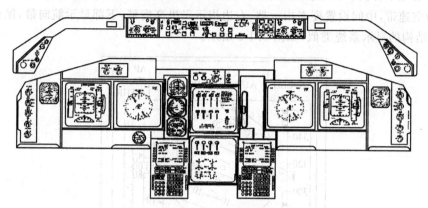

图 6.1-1　驾驶舱电子式综合仪表以及布局

综上所述,航空仪表的发展从机械指示系统发展到电子显示,在某种意义上说,驾驶舱的显示仪表是飞机先进程度的重要标志之一。

6.1.2　飞机仪表基本形式

随着飞机仪表技术的快速发展,不同机型的民航飞机上都安装了各类新型的飞机仪表。为了增加机型设备之间的通用性,减少飞行员的适应过程,无论是分离式显示系统还是电子综合式显示系统基本都遵循"T"型格式。

分离式仪表显示系统的"T"型格式如图 6.1-2 所示,图中左侧安装马赫-空速表,中间安装姿态指引仪,右侧安装高度表,下部安装水平姿态指示器或者航道罗盘,四部仪表的位置相对固定,形成"T"型结构。

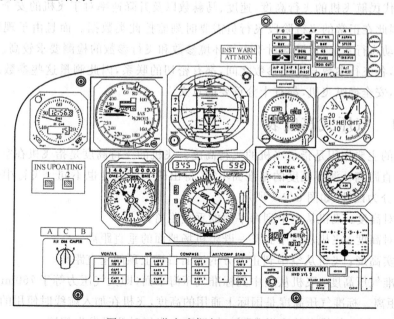

图 6.1-2　分离式仪表显示系统格式

随着电子综合显示系统的广泛使用,电子综合显示系统采用主飞行显示器(PFD)作为系统的主要显示界面。为了保证不同的飞行员尽可能快的接受新的显示系统,PFD依旧采用左侧为空速带,中间设置姿态指示器,右边指示飞机高度带,下部显示航向带,保证与分离式"T"型结构的显示系统类似,如图 6.1-3 所示。

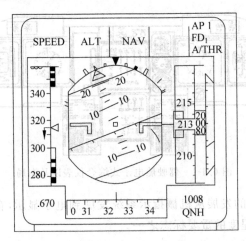

图 6.1-3　电子综合显示系统——主飞行显示器

由图 6.1-3 可见,现代主飞行显示器上的空速表和高度表采用直接数字式仪表。此类仪表可以快速读出飞机的当前参数,但相较于机械式(或者指针式)仪表,对于数据变化趋势的判断所需要的时间较长,无法快速做出判断。

6.2　大气数据仪表

由于现代民航飞机的飞行高度、速度、马赫数以及升降速率对于飞机的安全飞行都有较大的影响,因此在正常的飞行阶段飞行员需要时刻监控此类数据。而且由于现代民航飞机都配备有自动飞行系统,该设备对于大气环境参数和飞行参数的检测要求较高。同时,各飞行参数之间,各飞行参数与大气参数之间,都有密切的联系,因此测量这些参数对于准确判定飞行状态,安全操纵飞机,都有十分重要的意义。

6.2.1　气压式高度表

高度表的主要作用是指示飞机的飞行高度。飞机的飞行高度是指飞机在空中距某一个基准面的垂直距离。测量高度的基准面不同,得出的飞行高度也不同。飞行中使用的飞行高度大致可分为四种,如图 6.2-1 所示。

(1) 绝对高度:飞机从空中到海平面的垂直距离。

(2) 相对高度:飞机从空中到某一既定机场地面的垂直距离。

(3) 真实高度:飞机从空中到正下方的地面目标上顶的垂直距离。

(4) 标准气压高度:飞机从空中到标准气压海平面(即大气压力等于 760mmHg 的气压面)的垂直距离。标准气压高度是国际上通用的高度,飞机在加入航线时使用的高度。主要防止同一空域、同一航线上的飞机在同一气压面上飞行时两机发生相撞。

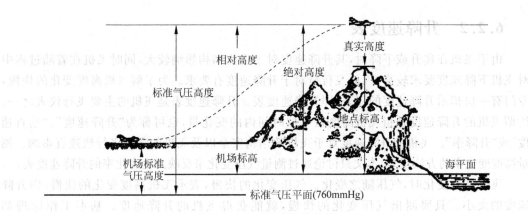

图 6.2-1 飞行高度的种类

根据标准大气条件,可以推导出大气压力与高度的关系,无论在任何高度上,高度和气压都存在一一对应的关系。测量气压的大小,就可以表示飞行高度的高低。

如图 6.2-2 所示,气压式高度表的感受部分是一个真空膜盒。作用在真空膜盒上的气压为零时,真空膜盒处于自然状态。受大气压力作用后,真空膜盒收缩并产生弹性力。

当真空膜盒产生的弹性力与大气作用在真空膜盒上的总压力平衡时,真空膜盒变形的程度一定,指针指出相应的高度。高度改变后,气压也随之改变,弹性力与总压力由平衡又变成不平衡,使真空膜盒变形的程度改变,直到弹性力与总压力再度平衡时,真空膜盒变形到新的位置,指针指示出改变后的高度。

通过测量气压来表示高度时,选定的基准面不同,测量出的高度也不同。如以标准气压平面为基准面,则仪表指示标准气压高度;如以某一机场的场面气压平面为基准面,则仪表指示的是对该机场的相对高度(即场面气压高度);如以修正的海平面气压为基准面,则仪表指示绝对高度。基准面的改变通过气压表上的调整旋钮进行,当基准面调整到当地标准气压时,此时指示系统指示的则是标准气压高度。如果基准面调整到标准海平面时,系统指示的是飞机的绝对高度。

典型的气压高度表如图 6.2-3 所示,其指示刻度盘为均匀刻度,每小格 20ft(1ft = 0.304 8m),高度表的读数是计数器数字读数和表盘读数的组合。如高度表上计数器窗口为 24 000ft,高度指针指示约为 635ft,此时的高度为 24 635ft。

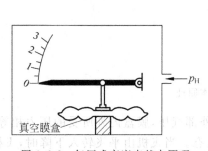

图 6.2-2 气压式高度表基本原理

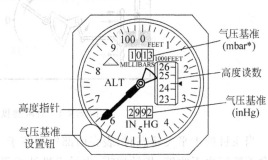

图 6.2-3 气压式高度表

6.2.2 升降速度表

由于飞机在爬升或下降时,其升降速度对于飞机结构影响较大,同时飞机在着陆过程中对飞机下降速度要求较高,因而飞行员对于升降速度有要求。为了解飞机高度变化的快慢,专门有一块指示升降速度的仪表,即升降速度表。升降速度表是飞机的主要飞行仪表之一。所谓飞机的升降速度是指飞机高度在单位时间内的变化量,也可称为"升降速度"、"垂直速度"或"升降率"。飞机的升降速度对于飞机的结构安全以及飞机的实际飞行轨迹有影响。测量高度变化率的方法很多,本文只讨论通过测量气压变化来反映高度变化率的升降速度表。

飞机高度变化时,气压随之变化。气压变化的快慢,表示飞机高度变化的快慢,即升降速度的大小。只要测出气压变化的快慢,就能获得飞机的升降速度。基本工作原理如图 6.2-4 所示。

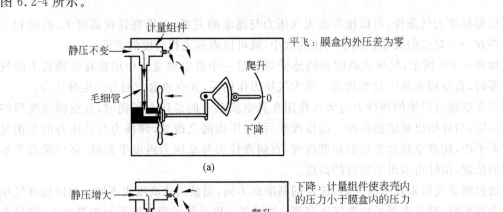

图 6.2-4 升降速度表基本原理

当飞机处于平飞状态时,表壳内部气压等于飞机外部气压,膜盒内外所受的压力相等,膜盒不膨胀也不收缩,指针指零,表示飞机处于平飞状态。当飞机由平飞转入下降时,飞机外部静压不断增大,空气同时向膜盒和表壳中流动。由于计量组件的阻流作用,表壳内部气压小于飞机外部气压,膜盒内外形成压力差。在此压力差作用下,膜盒膨胀,通过传送机构,使指针向下指示,表示飞机下降。当飞机由下降转入爬升时,随着飞行高度不断升高,飞机外部静压不断减小,膜盒和表壳中的空气同时向外流动。由于膜盒跟外部有直通的导管连接,对空气流动的阻碍作用很小,而计量组件阻碍向外流动的气流。因此,表壳内部气压要比飞机外部气压减小得慢,从而大于飞机外部气压。于是,在膜盒内外形成压力差。在此压力差作用下,膜盒收缩,通过传动机构,使指针向上指示,表示飞机上升。如图 6.2-5 所示的指示器指示的垂直速度表示飞机以 2 500ft/min 的速度爬升。指示出现故障时,故障旗"OFF"出现。

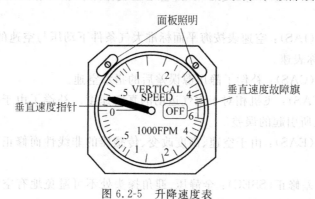

图 6.2-5 升降速度表

6.2.3 马赫-空速表

1. 空速表

飞机相对于空气运动的速度是空速。空速是指飞机在纵轴对称面内相对于气流的运动速度。飞行员根据空速的大小可判断作用在飞机上的空气动力情况,以便正确地操纵飞机。

飞机在空气中飞行,可以相对地认为,飞机不动,空气流过飞机。空气流过飞机的速度,其大小等于飞机在空气中飞行的速度,即等于空速。因此,测量空速,也就是测量空气流过飞机的速度。

各种大气数据参数与空速之间的关系如图 6.2-6 所示。

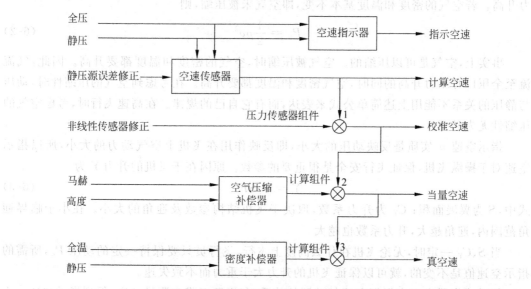

图 6.2-6 大气数据参数与空速的关系

(1) 全压(P_t)：空气作用到相对运动的物体表面单位面积的总压力，它是动压与静压之和。

(2) 动压(P_d)：理想的不可压缩的气流到达驻点时，作用在单位面积上的力，全压与静压之差等于动压。

(3) 静压(P_s)：飞机周围大气的压力，它是空气作用在相对静止的物体表面上单位面积的力。

(4) 指示空速(IAS)：空速表按海平面标准大气条件下动压与空速的关系得到的空速。未经任何补偿，也称表速。

(5) 计算空速(CAS)：补偿了静压源误差后的指示空速。

(6) 真空速(TAS)：飞机相对于空气运动的真实速度。补偿了由于不同飞行高度层空气密度和温度变化所引起的误差。

(7) 当量空速(EAS)：由于空速、高度改变、传感器的非线性而修正了空气压缩性影响的计算空速。

(8) 静压源误差修正(SSEC)：全静压、迎角探头处不可避免地有空气扰动、安装误差，修正因气流流过飞机引起的静压误差。

(9) 空气压缩补偿：修正速度和高度变化引起的皮托管内空气压缩性函数的变化。

(10) 空气密度补偿：修正温度和高度变化时引起的空气密度的变化。

当气流相对于飞机运动时，在正对气流运动方向的飞机表面上，气流完全受阻，速度降低到零。在此条件下，气流分子的规律运动全部转化为分子的热运动。与此相应，气流的动能全部转化为压力能和内能，因而空气的温度升高，压力增大。这个压力叫做全受阻压力。全压与静压之差，叫做动压（以 P_d 表示）：

$$P_d = P_t - P_H \tag{6-1}$$

式中，P_H 为 H 高度上的静压；P_t 为 H 高度上的全压；P_d 为 H 高度上的动压。

动压与空速之间有什么关系呢？如果不考虑空气压缩性，气流流至全压口完全受阻，压力升高。若空气的密度和温度基本不变，即空气未被压缩，则

$$P_d = \frac{1}{2}\rho v^2 \tag{6-2}$$

事实上，空气是可以压缩的。空气被压缩时，空气的密度和温度都要升高。因此，气流流至全压口时压力升高的同时，空气密度和温度都要升高。在考虑到空气的压缩性时，动压与静压的关系不能用上述简单公式来表达，而有它自己的规律。在高速飞行时，考虑空气的压缩性尤为必要。

指示空速 v_i 实质是反映动压的大小，即反映作用在飞机上空气动力的大小，所以指示空速对于操纵飞机，保证飞行安全是很重要的参数。原因在于飞机的升力 Y 为

$$Y = C_Y S P_d \tag{6-3}$$

式中，S 为翼展面积；C_Y 为升力系数，取决于飞机结构参数及迎角的大小。在小于临界迎角范围内，迎角越大，升力系数也越大。

当 S、C_Y 一定时，无论飞机在什么高度上飞行，飞行员只要保持一定的动压 P_d，所需的指示空速值是不变的，就可以保证飞机的升力大于重力而不致失速。

气动式指示空速表根据空速与动压的关系，利用开口膜盒测量动压，得到指示空速。飞

机上安装一个全静管(空速管)来感受飞机在飞行时气流产生的动压和大气的静压,分别用管路与指示空速表上的全、静压接头相连。空速表内有一个开口膜盒,其内部通全压,外部(表壳内)通静压,膜盒内外的压力差就是动压。在动压的作用下膜盒产生位移,经过传送机构带动指针指示,指针角位移即可反映动压的大小。在静压和气温一定的条件下,动压的大小完全取决于空速,因此指针的角位移可以表示空速的大小,如图 6.2-7 所示。

如果飞机周围的大气参数不符合海平面标准大气条件,虽然空速不变,但因静压、气温改变,动压也要改变。因此,仪表的指示就不等于真实的空速,所以,飞机系统利用真空速和指示空速加以区别。需要注意的是,在海平面标准大气条件下,指示空速与真空速相等,而在其他高度上都不相等。

空气与物体之间相对运动的真实流速,即飞机相对空气运动的真实速度叫真空速。这里介绍通过感受动压、静压来测量真空速的原理。

在标准大气条件下,静压的大小可以反映气温的高低,因此,真空速与气温的关系可以用真空速与静压的关系表示。所以,只要感受动压和静压,就可以达到测量真空速的目的。

表内的两个测量部件为空速膜盒和高度膜盒,如图 6.2-8 所示。空速膜盒通过测量全静压的压差获得空速,高度膜盒使用静压测量出高度。静压随高度变化,同时影响高度、空速膜盒两个测量组件。真空膜盒的位移,不仅反映了静压对真空速的影响,也反映了气温对真空速的影响。但是这种表结构简单,没有感温元件,因此有温度误差。

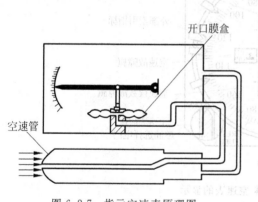

图 6.2-7 指示空速表原理图

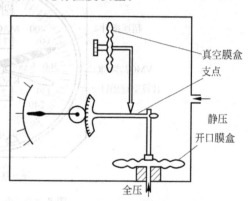

图 6.2-8 通过感受动压、静压测量真空速

2. 马赫数表

马赫数(Ma),即飞机所在高度的真空速(v)和当地音速(a)之比$\left(Ma=\dfrac{v}{a}\right)$。

当飞机接近音速飞行时,某些部位可能产生局部激波,阻力急剧增加,将会导致飞机的稳定性和操纵性能变坏,甚至产生激波失速,为防止激波失速,必须测量马赫数。

气动式马赫数表的测量原理和基本结构与真空速表基本相同。马赫表的两个测量部件为空速膜盒和高度膜盒。空速膜盒通过测量全静压的压差获得空速;高度膜盒使用静压测量出高度。通过两类测量部件测量参数的比值得到飞机的实际马赫数。

因为,$Ma=\dfrac{v}{a}$,速度可用全静压差(P_t-P_s)表示,空速膜盒可以测量出压差值。音速是不能直接测量的,从前面空气动力学的内容可知,音速在一定的范围内是随高度增加线性减少的。因此,可以通过使用高度膜盒测量出静压的大小来反映空速的变化。所以,马赫数的测量就可以从飞机所在高度的真空速与本地音速的比值变为用全静压差与静压的比值来表示。

3. 马赫-空速表的指示

民用飞机的指示空速和超速指示器是组合式仪表,即马赫-空速表。马赫-空速表上的白色指针代表指示空速(IAS),红、白相间指针指示超速状况最大操作速度、最大操作马赫数(VMO/MMO)。

电动式马赫-空速表如图 6.2-9 所示。对飞机的超速状况可发出警告。马赫-空速警告系统在飞机出现超速状况时,系统提供视频和音频警告。白色的指针指示计算空速(CAS),红/白指针指示由马赫-空速警告计算机计算的速度极限值。马赫-空速表上的窗口用数字形式指示计算空速和马赫数,当马赫-空速警告计算机出现故障时,窗口内显示 VMO 和 MACH 故障旗。

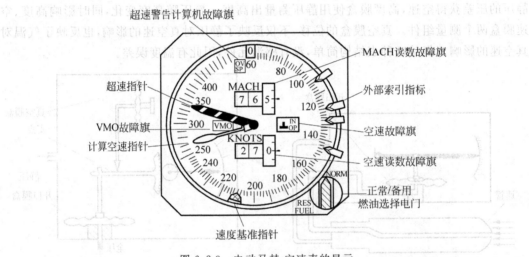

图 6.2-9　电动马赫-空速表的显示

电子飞行仪表显示的空速位于主飞行显示器空速带上,马赫数则位于空速带的底部。图 6.2-10 所示为波音 747-400 飞机的大气数据计算机输出的计算空速和马赫数。

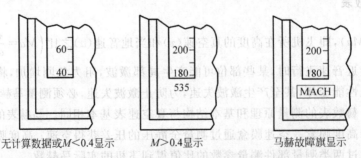

图 6.2-10　电子飞行仪表显示的空速和马赫数

6.2.4 温度指示器

所有飞机上都有大气温度指示器。老式飞机的大气温度显示在模拟指示器或数字式指示器上,而现代民航飞机一般显示在 EICAS/SCAM 的下显示器上,如图 6.2-11 所示。

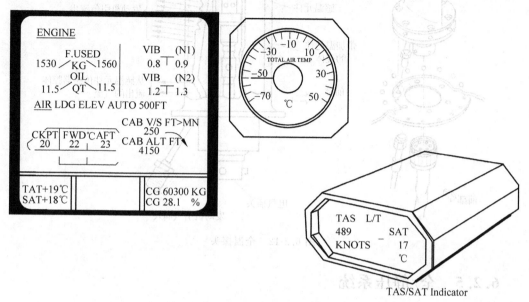

图 6.2-11 大气温度显示器

在指示器上显示两个大气温度值。一个是大气静温(SAT),是围绕在飞机周围不受干扰的大气温度;另一个是大气全温(TAT),在飞机飞行期间,由于气流冲压作用,大气全温(TAT)高于大气静温。它可以通过全温探头直接测量出来的。

全温探头装在机身外部没有气流扰动的蒙皮上,其对称轴与飞机纵轴平行,如图 6.2-12 所示。全温探头是一个金属管腔。感温元件感受腔内的气流温度。空气从前口进入,从后口及周围几个出口流出。气流在探测元件附近处于全受阻状态。感温电阻的电阻值与全受阻温度相对应。该电阻值经电路转换,输出与全受阻温度相对应的电压值。全温探头测量的大气静温与动温(气流冲压的动能转化成的温度)之和。

在高空飞行时,空气中的水分由于低温可能结冰堵塞全温探头的进气孔或排气孔,因此,全温探头内设置了由加温电阻组成的防冰加温元件。在飞行期间,加热元件不会影响测量的温度值,但飞机停留在地面时,由于没有气流流动,如果不关闭加热元件,就会影响温度的测量以及探头的工作。

在地面或飞行速度较低时,可以利用小流量的发动机引气流动,在全温探头腔体内形成的负压,使进入腔体的气流顺畅流动,同时还能将加温元件的热量带出,确保全温测量值的准确。

全温探头测量到的大气全温(TAT)可以直接用于发动机推力计算。大气静温(SAT)不能通过直接测量得到,它是由大气数据计算机计算出来的。简而言之,大气静温等于大气全温减去冲压引起的动温。

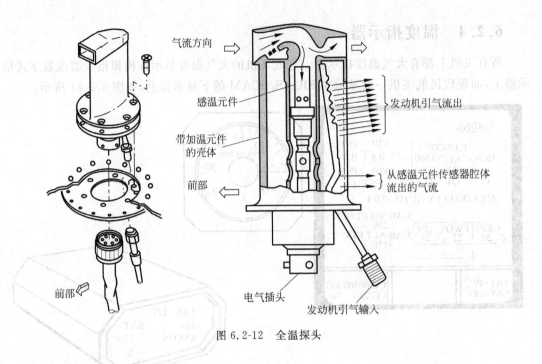

图 6.2-12 全温探头

6.2.5 全/静压系统

全/静压系统用于测量气流的全压和静压,并将它们传送至需要全/静压的仪表及有关设备,如高度表、升降速度表、空速表和马赫数表等。全/静压系统是否准确和迅速地测量和输送,将直接影响全/静压系统仪表指示的准确性。

1. 静压系统

气压式高度表、空速表和升降速度表都需要获得静压,才能输出正确数值,这些仪表通过管路连接到静压孔。静压孔穿过机身蒙皮使飞机外部的静压进入机内静压管路。静压孔位于机身前侧无气流干扰的平滑机身蒙皮上,并稍稍向内凹进,因此称为齐平式静压孔。在孔周围喷有一圈红漆,其下面标有注意事项。静压孔区域必须保持清洁和光滑,并且静压孔上的小孔不能变形或堵塞,这样做的目的是防止出现干扰气流,从而得到正确的指示,如图 6.2-13 所示。

一般飞机在长时间停场或者执行航后维修时,机务人员会用专用盖子将静压孔堵住,因此飞行员在执行航班前需要注意静压孔堵盖是否已被取下。

在飞机飞行期间,即使静压孔区域保持清洁、平滑,测量到的静压也不会完全等于飞机外的静压。这种测量静压与真实静压之差称为静压源误差(SSE)。它取决于机身的外型、飞机的空速和迎角、襟翼和起落架的位置。静压源误差校正由大气数据计算机来完成,将在下一节描述。

另外,飞机侧滑也会影响静压的测量。在侧滑期间,由于冲压气流的影响,机身左侧静压高于正常静压;相反,右侧的静压低于正常静压。为了补偿这一影响,在机身两侧都开一个静压孔,两端的静压孔通过一个三通连在一起,并使它们连通,这样就补偿了由于飞机侧滑带来的影响,如图 6.2-14 所示。

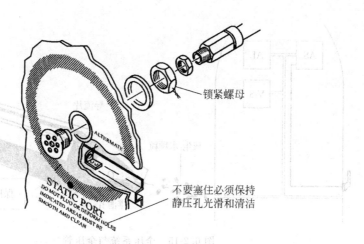

图 6.2-13　平齐式静压孔

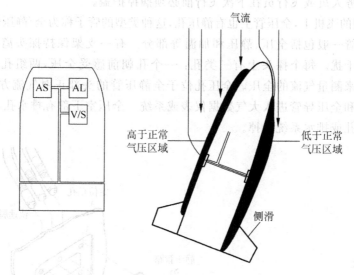

图 6.2-14　静压系统与静压孔的开口位置

2. 全压系统

全压系统主要用于各类空速的计算以及转换。全压等于动压与静压之和，它通过全压管测得。全压管将测得的全压加到空速表。在大型飞机上，全压管通常位于机身的前部，所有的全压管在前端都有一个开孔测量气流的全压，并且全压管的前端应保持良好的条件，不能影响气流的流动。

全压管内有一个挡板，它的作用是防止水或外来物进入全压管路。在全压管的最低点有一个排泄孔，可以将水和灰尘颗粒排到外面。全压孔必须保持畅通，只有这样才能保证仪表给出正确的指示，如图 6.2-15 所示。

电加温探头可以防止飞机在飞行期间结冰引起全压管堵塞。注意：如果飞机在地面上接通加热开关，对管子加温，温度会很高，触摸时可导致严重烫伤。与静压孔一样，如果飞机长时间停在地面，全压管必须用专用护盖罩上，以防止水和其他外来物进入。护盖上带有明

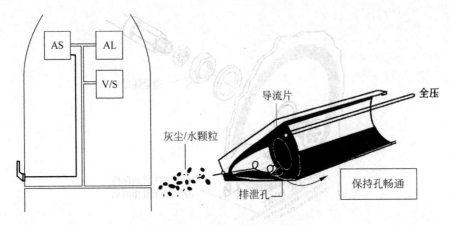

图 6.2-15 全压系统与全压管

显标志,警告机务人员或飞行员在下次飞行前必须摘掉护盖。

在某些类型的飞机上,全压管上也有静压孔,这种类型的管子称为全/静压管,如图 6.2-16 所示。全/静压管一般包括全压、静压和加温等部分。有一支架保持探头离机身蒙皮几英寸,减小气流的干扰。每个探头上有三类孔:一个孔朝前感受全压,两组孔在侧面感受静压,全压部分用来测量气流的全压。全压孔位于全静压管的头部正对气流方向。全压经全压室、全压接头和全压导管进入大气数据仪表或系统。全压室下部有排水孔,全压室中凝结的水,可由排水孔或排水系统漏掉。

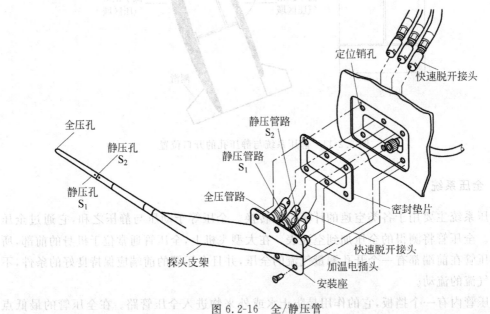

图 6.2-16 全/静压管

静压部分用于测量气流的静压。静压孔位于全/静压管周围没有紊流的地方。静压经静压室、静压接头和静压导管进入仪表。全静压管是流线型的管子,表面十分光滑,其目的是减弱它对气流的扰动,以便准确地测量静压。

一个底座包括电气和气压接头,加温器联接到底座上的两个绝缘的插钉上。在底座上的双定位销帮助探头安装时定位。密封垫用于提供座舱压力密封，它安装在探头安装凸缘与飞机机体之间。

为了准确地测量静压，避免全静压管前端及后部支架对静压孔处压力的影响，静压孔至全/静压管前端的距离，大致应等于全静压管直径的三倍，至后部支架也应有一定的距离。

3. 系统结构

全/静压系统的结构随飞机的发展而发展，其管路系统从简单到复杂。然而，随着电子技术的发展，复杂的全静压管路系统又被电缆取代，从这一意义上说，该系统又从复杂逐渐变为简单。

下面以老式小型飞机的简单系统为例讨论全/静压系统的结构。通常，小飞机只有一套气压式高度表、升降速度表和空速表。气压式高度表和升降速度表需要静压；空速表既需要静压，也需要全压，如图 6.2-17(a) 的左侧所示。

对于老式的大型飞机，飞机操纵需要正、副两位飞行员，因此必须为副飞行员也提供一套仪表系统。并且，该仪表系统应该由完全独立的全压和静压系统提供，如图 6.2-17(a) 的右侧所示。

为了遵守仪表飞行规则(IFR)，使正驾驶在其仪表系统出现故障时方便、快捷地使用副驾驶的静压系统，在两套系统之间安装了转换开关，如图 6.2-17(a) 的左下部所示。转换开关结构如图 6.2-17(b) 所示。

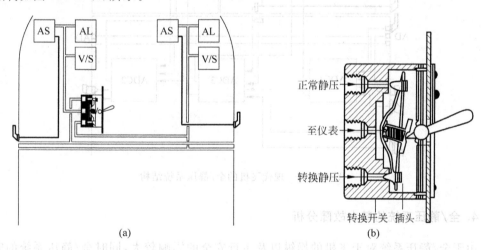

图 6.2-17　老式大型飞机全/静压系统及转换开关结构

现代飞机飞行高度高、飞行速度快，因此，需要在飞机上加装马赫表、真空速表和温度指示器等，它们都利用大气数据计算机计算上述数据。随着电子技术的发展，大气数据计算机的可靠性不断提高，并且，现在电子屏幕显示仪表已经替代所有气动式仪表。全静压信号、温度传感器感受的大气全温、迎角探测器探测到的角度都直接输入大气数据系统，经过大气数据系统的处理和计算，将输出数据以电信号的形式经电缆输出到相应的电子屏幕显示仪表和系统，电缆取代了许多全/静压管路，使飞机的质量减轻、维护方便、造价降低。

然而，可以想象，一旦飞机上的电源失效，那么，这种类型飞机的仪表显示将全部消失。

为解决这一问题，飞机上必须加装备用仪表，它必须有独立的全静压孔、全静压管路。这就是为什么所有现代飞机都保留着备用仪表的原因。从图 6.2-18 中可以看到，现代飞机的全/静压系统结构中只有一套全静压管路，其他全静压传感器均为先进的传感器，它可以将压力、温度等非电量信号直接转换成电信号提供给大气数据计算机。

现代飞机上一般安装有三套大气数据系统。机长可以选择不同的数据源为左 PFD 和 ND 提供显示数据。通常机长使用 1 号大气数据系统作为正常的数据源，3 号大气数据系统作为备用数据源。

副飞行员同样也可以选择不同的数据源为右 PFD 和 ND 提供显示数据。通常副飞行员使用 2 号大气数据系统作为正常的数据源，3 号大气数据系统作为备用数据源，如图 6.2-18 所示。

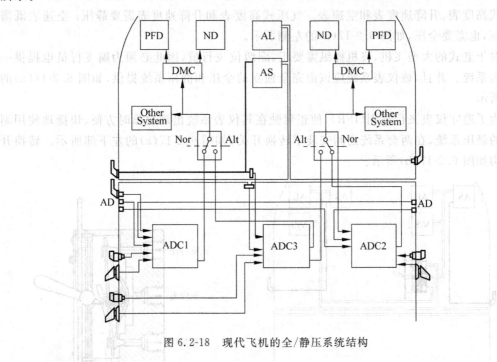

图 6.2-18　现代飞机的全/静压系统结构

4. 全/静压系统的基本故障分析

由于全/静压系统对于飞机的操纵以及飞行安全的影响较大，同时全/静压系统的安装位置在飞机外部，环境较为恶劣，因此全/静压系统的故障较高。下面将对全/静压系统的常见故障进行分析，它既帮助读者进一步理解全/静压系统，也可以对飞行人员在正常飞行过程中出现指示不一致有一个简单的判断。全/静压系统的常见故障主要包括管路的泄漏和堵塞。

1) 管路泄漏对仪表显示的影响

在飞机上，增压舱和非增压舱内都可能有全压管和静压管穿过，因此，管路泄漏造成什么样的后果取决于泄漏部位的位置和尺寸。以下的讨论以管路裂洞较大为前提条件。

如图 6.2-19 中的①所示，在飞行期间，静压管在非增压舱泄漏，此时破口处由于文氏管静效应气流流速稍快，因此，静压管内的静压比正常压力稍小一些，高度表的高度指示将略有增加；由于全压不受影响，则动压稍有增加，所以，空速指示也比正常的值稍高一些；升降速度表在管路泄漏的瞬间，指针跳动一下之后，指示正确数值。

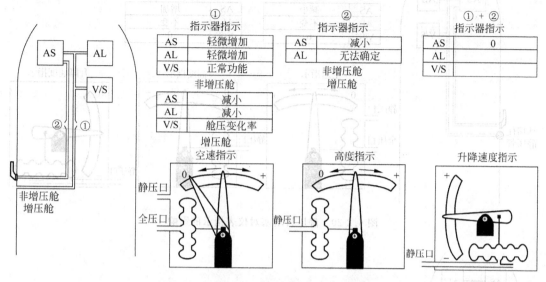

图 6.2-19 全静压管泄漏对仪表显示的影响

如图 6.2-19 中的①所示，在飞行期间，静压管在增压舱泄漏，此时，增压舱的压力从破口处压入，从而使静压管内的静压比正常压力高，因此，高度表的高度指示减小；由于全压不受影响，则动压减小，所以，空速指示比正常值小；升降速度表的指示取决于增压舱的压力变化率。

全压管泄漏仅影响空速表的指示，高度表和升降速度表不受影响。如图 6.2-19 中的②所示，当全压管在非增压舱发生泄漏时，此时，全压与静压几乎相等，空速表上的空速指示减小；而在增压舱泄漏时，很难确定空速表如何指示，因为无法确定压管破裂时，全压管内的压力与增压舱内的压力哪个大。

如图 6.2-19 中的①+②所示，当静压和全压管路同时发生泄漏时，由于全压和静压趋于相同所以空速表指示为零。高度表和升降速度表的显示与上诉分析结果相同。

2）管路堵塞对仪表显示的影响

由于高空有水汽，并且温度低，飞机飞行期间全压孔和静压孔处容易结冰，或由于外来物的进入，无论何种情况都将引起全压孔或者静压孔的堵塞，造成指示不正确。

如图 6.2-20 所示，当静压孔被冰或外来物堵塞时，静压保持恒定，仪表指示将发生如下现象：当飞机以一定速度爬升时，全压逐渐减小，使动压减小，空速指示减小；高度表指示不变；升降速度表指示为零。当飞机以一定速度下降时，全压逐渐增大，使动压增加，空速指示增大；高度表指示不变；升降速度表指示为零。

如图 6.2-21 所示，当空速管完全堵塞时，全压不变，空速表受到影响；高度表和升降速度表指示正常。当飞机保持一定速度爬升时，静压减少，动压增大，结果使空速指示增大，可能指到超速区。当飞机巡航或保持一定高度飞行时，静压不变，此时，空速表指针冻结不动。即使发动机改变推力使飞机加速或减速飞行时，空速表的指针仍然不动。当飞机以一定速度下降时，静压增加，动压减小，空速指示减小，可能指到失速区。

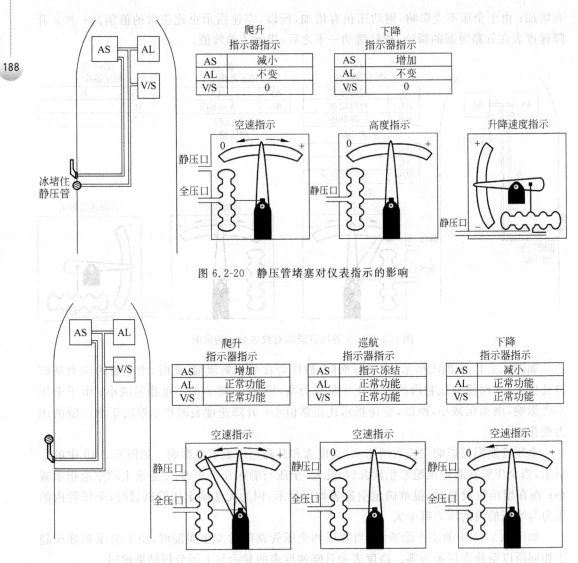

图 6.2-20 静压管堵塞对仪表指示的影响

图 6.2-21 全压管完全堵塞对仪表指示的影响

如图 6.2-22 所示,当全压孔堵塞,但全压管上的排泄孔畅通时,全压管内的压力减小到静压值,从而使动压为零,因此,空速表指示为零。

由于空中有水汽,且外界温度低,因此,在全压和静压管内会积聚水分或结冰。而管路中的水分会影响仪表的测量值,因此,在全静压管路中设有许多放水口用于排除积聚在全压和静压管内的水分。排水接头的形式有浮子式、螺纹管接头式和哨型,如图 6.2-23 所示,排水接头一般安装在全压或静压管的最低处。

6.2.6 大气数据系统

大气数据信息即气流的全压、静压和大气全温。大气数据计算机通过对大气数据的计算输出气压高度、高度变化率、指示空速、真空速、马赫数、大气全温和静温等参数到相应的仪表和飞机系统,如自动飞行控制系统、导航系统、发动机及其指示系统等。

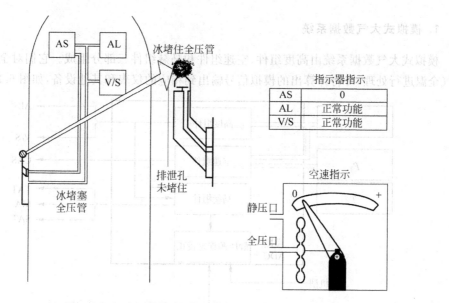

图 6.2-22 全压孔堵塞、排泄孔畅通对仪表指示的影响

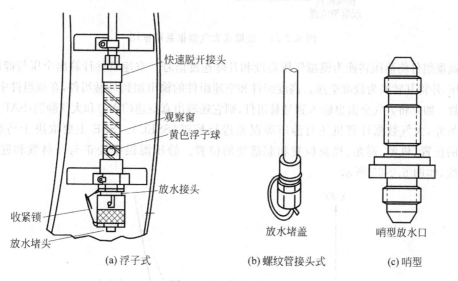

图 6.2-23 排水接头

大气数据系统由传感器、大气数据计算机及大气数据仪表等组成。传感器主要有全/静压（P_t、P_s）传感器、总温（T_t）传感器，另外，由于迎角（α）和侧滑角（β）是大气数据系统中产生静压源误差的因素之一，所以，大气数据计算机还需接收角度传感器的信号。大气数据系统除对上述数据进行处理和计算外，还要对静压源误差进行校正（SSEC）。

大气数据系统有三种类型，第一种类型是模拟式大气数据系统，它为机电式伺服仪表提供信号；第二种类型是数字式大气数据系统，其输出数据通过数据总线传送至各数字仪表；第三种类型是混合式大气数据系统，它实际上属于现代数字式计算机，既可以输出数字数据，也可以输出模拟信号。

1. 模拟式大气数据系统

模拟式大气数据系统由高度组件、空速组件和马赫组件三部分组成。它们对全压、静压及大气全温进行处理,并将计算出的模拟信号输出到相应的仪表和其他设备,如图 6.2-24 所示。

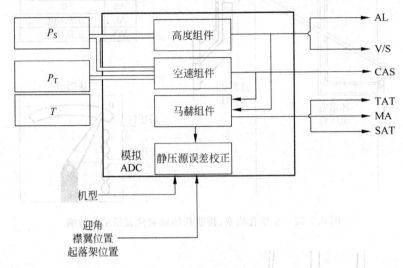

图 6.2-24 模拟式大气数据系统框图

高度组件将静压转换为模拟气压高度和升降速度信号。空速组件计算出全压与静压之差,即动压,并将其转换为校准空速。高度组件和空速组件的输出加到马赫组件,在该组件中计算出马赫数。如果将大气全温也输入到马赫组件,则它还输出真空速(TAS)和大气静温(SAT)。

另外,大气数据计算机还对静压源误差进行校正(SSEC)。SSE 主要取决于马赫数、静压孔的位置、机型、迎角、襟翼位置和起落架的位置。静压源误差校正与马赫数和迎角的关系曲线,如图 6.2-25 所示。

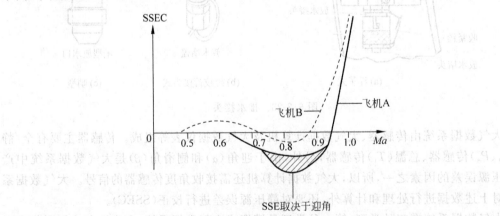

图 6.2-25 静压源误差校正与马赫数和迎角的关系曲线

2. 数字式大气数据系统

数字式大气数据系统接收全静压信号和全温信号。数字式大气数据系统与模拟式大气数据系统中的主要不同在于其传感器形式，数字式大气数据系统采用数字式传感器检测全压和静压信号。因此，在介绍数字式大气数据系统之前，首先对相应的传感器进行简单的叙述。

1）压阻式传感器

压阻式传感器是利用晶体的压阻效应制成的，也称为压电晶体敏感元件。如图 6.2-26 所示，晶体膜片将传感器分为两个气室，右气室充以标准压力，左气室感应外界实际压力。膜片两侧的电阻构成图中所示的电桥。当外界实际压力与标准压力相等时，电桥达到平衡输出为零；当外界实际压力与标准压力不相等时，膜片发生弯曲。因此，膜片的一边受压缩应力，另一边受拉伸应力，造成膜片两边的电阻不相等，电桥不平衡，此时电桥输出与膜片的弯曲程度成比例关系的电压。该电压经模/数（A/D）转换器将随压力变化的电压信号转换为数字信号。

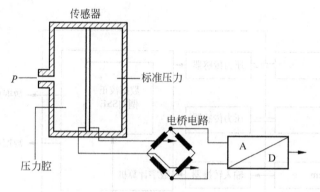

图 6.2-26　压阻式传感器原理图

2）压频式传感器

现在多数飞机的数字式大气数据计算机采用压频式传感器，其基本原理如图 6.2-27 所示。振荡膜片将传感器分成两个气室，一个是标准气室，另一个是实际压力气室。激励器安装在中心体上，当它加电后使膜片在两个气室之间产生振荡，当标准气室的压力与实际气室

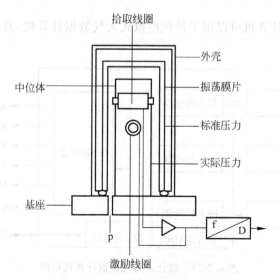

图 6.2-27　压频式传感器原理

的压力相等时,膜片以其固有频率振荡;而当标准气室的压力与实气室的压力不相等时,膜片的振荡频率将随实际压力的变化而变化。膜片振荡频率拾取器也安装在中心体上,它将感应到的实际压力转换为频率的变化输出到转换器,将频率变化转换为数字信号输出。

3) 数字式大气数据计算机

如图 6.2-28 所示,传感器输出的数字信号送至数字计算机内进行处理和运算,并在设定的时间内对数据实时进行刷新。数字计算机还要对静压源误差等数据进行校正。为了校正静压源误差,通常数字式大气数据系统从设备的程序插钉中获取机型信息;从传感器中获取迎角和襟翼、起落架的位置信息,然后将计算数据传送至各仪表,通过数据总线传输到其他设备。通常设备与设备之间传递数字信号所采用的格式为 ARINC 429 格式。

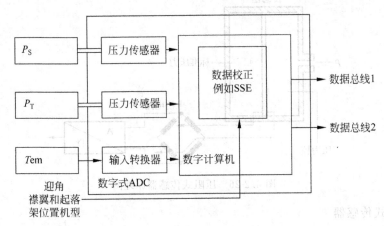

图 6.2-28 数字式大气数据计算机

3. 混合式大气数据系统

混合式大气数据计算机可以用于替代模拟式大气数据计算机,其原理框图如图 6.2-29 所示。

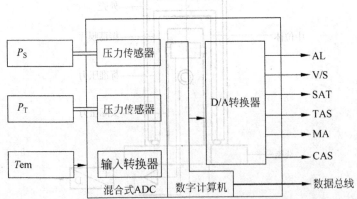

图 6.2-29 混合式大气数据计算机框图

从表面上看，混合式大气数据系统与模拟式大气数据系统的输入和输出信号类型基本相同。从内部看，混合式大气数据系统与数字式大气数据系统完全相同，采用的都是数字计算机，数字数据输出同样采用数据总线。唯一不同是，混合式大气数据系统的模拟输出信号是通过数/模转换器转换后得到的，当然，在做这种转换之前，必须要对所有的数字数据误差进行校正。

本章小结

在民航飞机的驾驶舱中有许多仪表，它们用于监视和控制飞机的实际飞行，发动机以及其他飞机系统。飞机上的其他系统或设备中使用的测量仪表统称为其他飞机系统仪表，如飞机的增压系统有座舱高度表、压差表、空气流量表、升降速率表和温度表等。现代大型民航飞机驾驶舱的仪表显示基本相同，正、副飞行员的飞行仪表上有主飞行显示器（PFD）和导航显示器（ND），中间的 ECAM 显示器主要用于显示飞机各类系统的指示参数和发动机参数。无论是分离式显示系统还是电子综合式显示系统基本都遵循"T"型格式。

分离式仪表显示系统的左侧安装马赫-空速表，中间安装姿态指引仪，右侧安装高度表，下部安装水平姿态指示器或者航道罗盘，四部仪表的位置相对固定，形成"T"型结构。随着电子综合显示系统的广泛使用，电子综合显示系统采用主飞行显示器（PFD）作为系统的主要显示界面。为了保证不同的飞行员尽可能快地接受新的显示系统，PFD 依旧采用左侧为空速带，中间设置姿态指示器，右边指示飞机高度带，下部显示航向带，保证与分离式"T"型结构的显示系统类似。

由于现代民航飞机的飞行高度、速度、马赫数以及升降速率对于飞机的安全飞行都有较大的影响，因此在正常的飞行阶段飞行员需要时刻监控此类数据。而且由于现代民航飞机都配备有自动飞行系统，该设备对于大气环境参数和飞行参数的检测要求较高。飞机的飞行高度通过高度表指示，飞机的飞行高度是指飞机在空中距某一个基准面的垂直距离。测量高度的基准面不同，得出的飞行高度也不同。所谓飞机的升降速度是指飞机高度在单位时间内的变化量，也可称为"升降速度"、"垂直速度"或"升降率"。飞机高度变化时，气压随之变化。气压变化的快慢，表示飞机高度变化的快慢，即升降速度的大小。飞机的升降速度对于飞机的结构安全以及飞机的实际飞行轨迹有影响。飞机相对于空气运动的速度是空速。空速是指飞机在纵轴对称面内相对于气流的运动速度。飞行员根据空速的大小可判断作用在飞机上的空气动力情况，以便正确地操纵飞机。

大气数据信息即气流的全压、静压和大气全温。大气数据计算机通过对大气数据的计算输出气压高度、高度变化率、指示空速、真空速、马赫数、大气全温和静温等参数到相应的仪表和飞机系统，如自动飞行控制系统、导航系统、发动机及其指示系统等。大气数据系统有三种类型，第一种类型是模拟式大气数据系统，它为机电式伺服仪表提供信号；第二种类型是数字式大气数据系统，其输出数据通过数据总线传送至各数字仪表；第三种类型是混合式大气数据系统，它实际上属于现代数字式计算机，既可以输出数字数据，也可以输出模拟信号。

复习与思考

1. 飞行仪表的作用是什么？其发展经历了哪几个阶段？
2. 航空仪表的基本布局是什么？
3. 飞机高度有哪几类？这几类之间的差距是什么？
4. 气压式升降速率表的工作原理是什么？
5. 传感器管道渗漏对于全静压系统的指示有什么影响？
6. 大气数据系统有哪些部件组成？其可以分成哪几类？

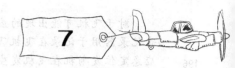

7 通信系统

本章关键词

驾驶舱话音记录器(cockpit voice recorder)
甚高频通信系统(VHF communication system)
音频控制面板(audio control panel)
紧急定位发射机(emergency location transmitter)
高频通信系统(high frequency communication system)
旅客广播系统(passengers broadcasting system)

互联网资料

http://www.docin.com/p-568291250.html
http://d.g.wanfangdata.com.cn/Periodical_zgwxd201403031.aspx
http://www.cnki.com.cn/Article/CJFDTOTAL-NCHK201203019.htm
http://d.g.wanfangdata.com.cn/Periodical_hbydjs201302140.aspx
http://cdmd.cnki.com.cn/Article/CDMD-10614-1013330242.htm

　　通信系统是用于完成信息传输过程的总称。现代通信系统主要借助于电磁波在自由空间中的传播或者在引导媒介中的传输机理来实现的。一般前者称为无线通信,后者称为有线通信。由于现代民用航空飞机的飞行高度以及飞行距离越来越高,其通信系统已从传统的高频或者甚高频通信系统转换为卫星通信系统。

　　有线通信系统主要应用于飞机内部,飞机内话系统利用导线将驾驶舱的语音信号、客舱内部的乘务员广播信号以及音频广播的广播信号传递至核心的音频放大器进行放大,最终传递至各个广播喇叭进行驱动以及广播。

　　无线通信系统是飞机通信系统的主要功能,飞机无线通信系统主要用来实现飞机与地面导航站、飞机与地面基地以及飞机与飞机之间进行有效的语音通信。在无线通信系统中,飞机主要采用的有甚高频通信、高频通信以及卫星通信等多种方式。

　　对于飞机通信系统而言,还有一个主要的功能设备是ACARS飞机通信寻址与报告系统。ACARS是数据链通信系统。它可以将信息和数据在飞机和地面台之间传递。这里,地面台指的是航线控制中心和空中交通管制中心。

> 对于飞机可能出现的应急情况,飞机上安装有语音记录器以及应急定位发射机。语音记录器用于记录在飞机飞行阶段中的驾驶舱语音数据,还原驾驶舱内部的实际情况。应急定位发射机在飞机发生意外着陆和落入水中之后,紧急定位发射机帮助搜寻营救人员查找飞机的下落。

7.1 通信系统概述

近年来,随着科学技术的飞速发展,航空技术水平不断提高,在速度、高度以及航程提高的同时,民用飞机内部以及飞机与地面之间的通信要求也在不断提高和完善,飞机通信用的音频系统在飞机中越来越重要,而且飞机机载的通信系统的可靠性、有效性、响应速度等都直接影响飞机的性能以及飞行安全。

7.1.1 飞机通信系统的分类与发展

飞机通信系统是飞机空-空\空-地话音通信重要组成部分,主要用于在飞行各阶段中飞行员和地面航行管制人员、签派以及地面其他相关人员的语音联系,同时提供飞行员和乘务员之间的联络服务。根据作用的不同,飞机通信系统主要分为机内通信系统、无线通信系统以及事故调查系统三个大类。整个飞机通信系统如图 7.1-1 所示。

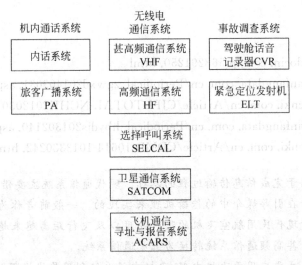

图 7.1-1 现代飞机通信系统组成

机内通信系统是飞机内舱联系的主要通信设备,它包括内话系统和旅客广播系统。内话系统可使驾驶舱与飞机其他部位之间建立通信联络。例如,在维修期间,维护人员可以通过勤务内话完成机舱内部与外部的通话。旅客广播系统用于飞行员和乘务员向旅客播放通告。例如,飞行安全通告等。

无线电通信系统包括 VHF 系统、HF 系统、选择呼叫系统、卫星通信系统和 ACARS。VHF 通信系统通过无线电信号完成通信任务。其最大作用距离可达 200n mile(1n mile= 1 852m)。例如,该系统可与空中交通管制一起工作完成交通管制,它还用于与其他飞机的通话联系。HF 通信系统可以完成长距离的通信任务,因为 HF 无线电信号采用电离层的反射进行传播。选择呼叫系统用于供地面塔台通过高频或甚高频通信系统对指定飞机或一组飞机进行呼叫联系。卫星通信系统允许进行全球通信。它还可以用于机上乘客的付费电话服务。ACARS 的含义是飞机通信寻址与报告系统。它将飞行和维护数据信息在飞机和地面台之间进行交换。该系统利用 VHF 或 SATCOM 系统与地面台通信。

事故调查设备包括驾驶舱话音记录器和紧急定位发射机。驾驶舱话音记录器(CVR)记录所有机组人员的通话信号,在意外事件发生之后,用其记录的信号进行事故原因的调查。紧急定位发射机(ELT)可以帮助搜寻人员,确定失事飞机的位置。

航空器音频通信系统发展大致可分为四个阶段:第一个阶段,作为无线电通信、导航系统辅助装置存在,采用无源设计,通过阻抗匹配、导线端接等方式完成电气信号互联,负载为高阻抗负载,驱动源设计为高电压驱动,系统扩展能力弱、抗干扰性能差;第二个阶段,随着航空器无线电通信、导航设备装机种类增多,航空器音频通信系统逐渐独立出来作为一个子系统存在,这阶段音频通信系统以运算放大器为核心构建混音网络,负载阻抗降低,追求更高的驱动效率,系统扩展能力有明显提高;第三个阶段,随着处理器技术发展,局部进行数字化处理,率先采用数字化技术的是音频信号路由电路,利用电子开关阵列进行控制,系统设计复杂度改善效果明显,但音频信号处理采用的依然是模拟技术,仍以运算放大器为核心构建混音网络;第四个阶段,随着大规模集成电路(VLSI)和数字信号处理(DSP)技术发展,航空器音频通信系统在系统前端进行音频信号数字化,引入数字总线进行传输,极大提高了传输抗干扰能力,同时,音频混音摆脱了对运算放大器的依赖,简化了系统设计复杂度并提高了扩展能力,基本达到了功能软件化的设计目标。

7.1.2 通信系统组成

随着现代民用航空飞机飞行范围的扩展以及飞行高度的提高,对于航空通信系统的部件要求也越来越高。现代使用的航空通信系统要求能够覆盖加大的频率范围,可由系统组件自身进行频率的有效切换,性能和可靠性必须能够满足航空环境。

飞机通信系统从频率上可以分为甚高频通信系统(VHF)、高频通信系统(HF)、选择呼叫系统(SELCAL)和音频综合系统(AIS)。

1. 甚高频通信系统

由于 VHF 使用甚高频无线电波,它的有效作用范围小,一般只在目视范围之内,作用距离随高度变化,300m 高度时距离为 74km。VHF 是目前民航飞机在起飞、降落时或通过控制空域时机组人员和地面管制人员的双向语音通信的主要通信工具。起飞和降落阶段是飞行员处理问题最繁忙的时刻,也是飞行中最容易发生事故的时间,因此对甚高频通信的可靠性要求高,一般民航飞机上都装有一套以上的备用系统。

甚高频通信系统由收发机、控制盒和天线三部分组成。收发机用频率合成器提供稳定的基准频率,信号调制到载波后,通过天线发射出去。接收机从天线上收到信号后,经过放大、检波、信噪处理变成音频信号,输入飞行员的耳机。天线为刀形,一般都安装在机腹和机背上,如图 7.1-2 所示。

甚高频使用的频率范围为 118.000~135.975MHz,每 25kHz 为一个频道,可设置 720个频道由飞机和地面控制台选用,全世界统一将其中 121.500MHz 定为遇难呼救频道。

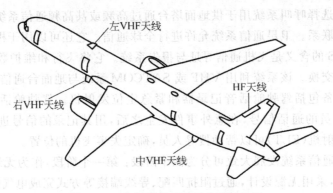

图 7.1-2 飞机通信系统天线安装位置

121.600～121.925MHz 主要用于地面管制。值得注意的是通信信号使用同一频率,一方发送完毕后,需停止发射,等待对方信号的进入。

2. 高频通信系统

高频通信系统是远距离通信系统。它使用和短波广播的频率范围相同的电磁波。它利用电离层的反射,通信距离可达数千千米,用于飞行中保持与基地和远方航站的联络,频率范围为 2～30MHz,每 1kHz 为一个频道。大型飞机一般装有两套高频通信系统,使用单边带通信,大大压缩了所占用的频带,节省发射功率。高频通信系统由收发机组、天线耦合器、控制盒和天线组成,它的输出功率较大,需要通风散热装置。现代民航飞机的高频通信天线一般埋在飞机垂尾前缘的飞机蒙皮内。

3. 选择呼叫系统

选择呼叫系统的作用是当地面呼叫一架飞机时,飞机上的选择呼叫系统以灯光和音响通知机组有人呼叫,避免飞行员长时间等候呼叫,从而减少飞行员的疲劳。每架飞机上的选择呼叫必须有一个特定的四位字母代码,机上的通信系统都调在指定的频率上,地面的高频或甚高频系统发出包含着这个四字代码的呼叫脉冲,飞机收到这个呼叫信号后输入译码器,如果呼叫的代码与飞机代码相符,则译码器把驾驶舱信号灯和音响接通,通知飞行员进行通话。

4. 音频综合系统

音频综合系统包括飞机内部的通话系统,如机组人员之间的通话、对旅客的广播和电视等娱乐设施以及飞机在地面时机组和地面维护人员之间的通话。它分为飞行内话系统、勤务内话系统、客舱广播及娱乐系统、呼叫系统。

(1) 飞行内话系统:主要是飞行员和乘务员使用的通信系统,该系统可以由飞行员选择音频信号的输入和输出,飞行员利用音频选择板选择要使用的通信设备并向外发射信号。此外飞行员也可以选择收听从各种导航设备来的音频信号。

(2) 勤务内话系统:主要是地面维修人员使用。飞机上各个服务站位(包括驾驶舱、客舱、前起落架上方、主轮舱、后勤务舱等)之间可以进行正常通话联系。地面人员将话筒接头插入插孔就可进行通话。

(3) 客舱广播及娱乐系统:是乘务员向旅客广播通知和播放音乐的系统。不同型号的客机旅客娱乐系统区别较大。

（4）呼叫系统：与内话系统相配合，主要由各站位上的呼唤灯和谐音器及呼唤按钮组成，当乘务员按下要通话的站位按钮时，该站位的扬声器便发出声音并接通指示灯，以提醒对方接电话。呼唤系统还包括旅客座椅上呼唤乘务员的按钮，当旅客需要服务的时候可方便地呼叫到乘务员。

7.2 机内通话系统

飞行内话系统主要用于完成飞行员之间、飞行员和地面机务之间、飞行员和电子设备舱之间以及飞行员与乘务员之间的有效通信。而旅客广播系统主要用与完成乘务员对于整个客舱内进行有效的语言广播。A300机型的内话系统原理框图如图7.2-1所示，客舱乘务人员的站位代表各个乘务员的实际位置，包括前舱、中舱以及后舱服务区域；机组人员站位代表实际机组人员的位置，包括正驾驶座位、副驾驶座位以及观察员座位等位置。内话系统的主要作用部件是内话放大器(PA)。该部件的主要作用是将各个站位上收集的音频型号进行有效放大后驱动喇叭进行播放。

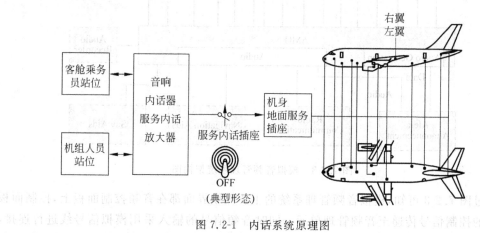

图 7.2-1 内话系统原理图

7.2.1 音频管理系统

在现代飞机上，音频管理系统主要应用于飞机上的音频资源的管理与控制，与多个机载通信和导航系统之间存在着信号交联，音频管理系统的核心部件是音频管理组件(AMU)和音频控制面板组件(ACP)。大型客机音频管理系统一般为驾驶舱机组人员提供两套音频管理装置和三套音频控制面板，并且配备了头戴耳机组、氧气面罩话筒、手持话筒以及驾驶舱扬声器等外围设备。因此音频管理系统具有足够的独立信道以及信号处理能力，同时该系统还具有应急工作模式，满足安全性、可靠性要求。音频系统的中央计算机称为音频管理组件(AMU)。它与正、副驾驶和第三机组成员的音频设备相连。其连接框图如图7.2-2所示。

目前飞机上安装的机载音频管理系统主要有两种，一种是模拟音频系统，一种是数字音频系统。模拟音频管理系统架构图如图7.2-3所示。

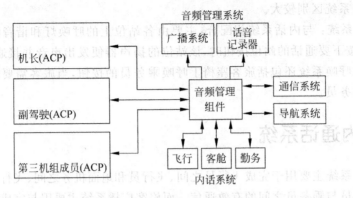

图 7.2-2 音频管理系统框图

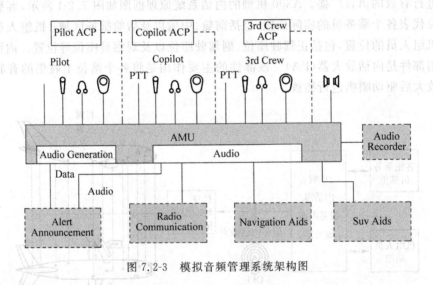

图 7.2-3 模拟音频管理系统架构图

通过图 7.2-3 可知，模拟音频管理系统的主要操纵界面都在音频控制面板上，控制面板将相应的控制信号传递至音频管理单元。同时音频信号的输入采用模拟信号线进行连接，耳机话筒单纯作为一个信号采集设备。同时，音频管理组件和外部发射通道也采用模拟信号线进行连接。

随着数字话音采集、DSP（数字信号处理）等技术的发展，在波音 787 等民航飞机上首次出现了数字音频系统，数字是音频管理系统架构如图 7.2-4 所示。与模拟式音频管理系统不同，数字音频管理系统并不是直接连接到音频管理组件上，它首先连接到音频控制面板进行模数转换，音频控制面板将转换后的数据通过数字总线传递到音频管理组件，音频管理组件将接收到的数字音频信号转换为模拟信号后再发送至外部通道。

一般大型客机的音频管理系统包括有两套。该组件不仅接受机组以及乘务人员的内话系统，同时还处理通信以及导航系统的各类音频信号的实际输入。音频管理系统能确保无线电导航系统选择某个正在接收的无线电导航系统以检查其识别信号。同时，音响管理组件还保证选择无线电通信系统进行发射或接受，管理全部音响信号的接通、断开以及音量等功能。

正常情况下机组成员之间通过飞行内话系统进行联络；乘务员之间使用客舱内话系统

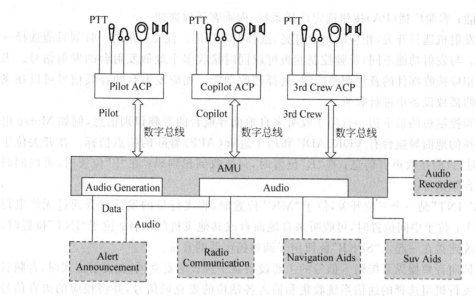

图 7.2-4　数字式音频管理系统架构图

联络；维修人员之间则使用勤务内话系统联络；飞行员通过广播系统向乘客播放通知。AMU 处理所有上述信息，并将其记录在驾驶舱语音记录器上。

7.2.2　音频控制板

音频控制系统主要包括音频控制面板、喇叭、面罩式麦克风、握式麦克风、头戴耳机、话筒以及两个驾驶杆操纵电门。每个机组成员都有自己的音频控制板，驾驶舱音频设备有头戴耳机、吊架话筒/耳机和氧气面罩。注意氧气面罩上的话筒优先于吊架话筒，即在使用后，要想再次使用吊架话筒，必须重新装好氧气面罩，并将氧气面罩的警告旗复位。典型的音频控制板如图 7.2-5 所示。飞行员通过它选择发射与接收功能。

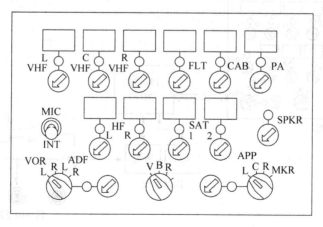

图 7.2-5　音频控制板

从图 7.2-5 可见，这架飞机的通信系统有左、中、右三部 VHF 收发机，左、右两套 HF 系统和两套卫星通信(SAT)设备。飞行内话(FLT)按钮用于选择同其他机组人员联络的通道；客舱(CAB)按钮选择同乘务员联络的客舱内话通道；在飞机停在地面上时，可选择勤务内话功能；客舱广播(PA)按钮选定广播系统，向乘客播放通知。

按下发射机选择开关，相应的指示灯亮，选择发射功能。注意：在同一时刻只能选择一套发射机。与发射功能不同，音频控制面板可以同时接收多个地面发射台的发射信号。飞行员按下相应接收部件的音量调整旋钮，选择接收功能。相应发射台的音频信号可以在飞行员选择的播放设备中进行收听。

在音频控制板的最下边一行用于收听来自地面导航台的音频识别信息，例如 Morse 电码。可选择的地面导航台有 VOR、ADF 和用于进近(APP)着陆的指点信标。在开关位于"V"位置时，只能接收声音信息；在"R"位置时，只能收到识别码；在"B"位置时，可以同时收到两种音频信号。

"MIC/INT"是一个三位开关，位于"MIC"位置时，将飞行员的发话声音通过无线电设备发射出去；位于中间位置时，可收听来自地面台或其他飞机的话音；位于"INT"位置时，将内话系统连接在一起。"SPKR"旋钮用于调整扬声器的音量。

飞行员向音频操纵系统输入信号的主要设备是手握式的麦克风，在发射方式时，音频管理组件为飞行机组选择的通信系统收集和输入各站位的麦克风信号，并将相应的语音信号传递至发送设备。在接收方式时，音频管理组件将系统需要的音频信号经过解码，发送至各个站位的音频播放设备。飞行机组通过音响控制板选择无线电通信系统进行通信收发(包括音量调整)。同时在飞行过程中飞行员可以使用驾驶杆操纵电门或音响控制板上的 INT/RAD 电门发射无线电信号或飞行内话信号。

7.2.3 内话系统

飞机内话系统的主要作用是完成整架飞机在飞行中以及停在地面上时，机组与乘务组之间，驾驶舱与客舱之间的通话以及信息沟通。飞机内话系统主要包括飞行内话、客舱内话和勤务内话，如图 7.2-6 所示。

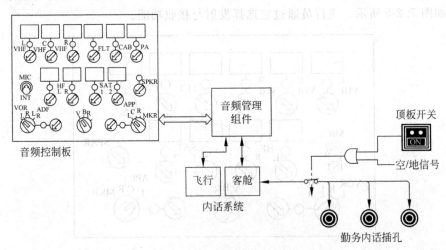

图 7.2-6　内话系统功能简图

飞行内话系统用于机组人员之间的通信联络。地面机务人员将话筒/耳机连接于前起落架上的耳机接口上后，可以与驾驶舱内人员进行通信。在联络时，机务人员按下前起落架上的"CALL"按钮提醒机组人员。此时,音频控制板上的"FLT"呼叫灯亮,并伴随短音调声音。驾驶舱人员按下 FLT 按钮或将"MIC/INT"开关扳至"INT"位置,将话筒连到飞行内话系统,即可与地面人员通话。在规定时间之后或飞行员按下"复位"开关后,可将呼叫提示灯"FLT"进行复位。

当客舱人员与驾驶舱人员联络时,音频选择板上的"CAB"呼叫灯亮,并伴随有短音调声音。此时,驾驶舱人员按下"CAB"按钮,连接话筒和耳机到客舱内话系统,就可以与客舱人员联络。在规定时间之后,呼叫将自动复位,或通过按下"复位"按钮复位呼叫功能。

勤务内话系统主要用于维护飞机时,将驾驶舱与飞机内部、外部的不同区域连接起来。它使用的是客舱内话通道,操作与客舱内话相同。勤务内话开关由空/地传感器自动控制,或者用顶板上的开关进行超控。

7.2.4 广播系统

旅客广播系统(PA)是机组、乘务员向乘客广播、播放预录通知、登机音乐和产生音频警告的系统。当乘客呼叫乘务员时,音频警告电路产生高钟声;当机组呼叫乘务员时,音频警告电路产生高/低钟声;当系好安全带告示出现或禁止吸烟告示出现时,音频警告电路产生低钟声。本文以空客 A300 为例,介绍旅客广播的工作原理,新一代的飞机如 A320 系列已无文中描述的相关组件,而是采用集成度更高的计算机予以代替,但是其设计原理是一致的。一般的客舱广播系统的主要功能原理图如图 7.2-7 所示。

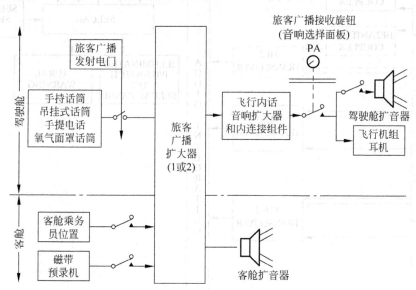

图 7.2-7 客舱广播原理图

广播系统的放大器是一个单独的组件,在一些飞机上它作为客舱通话系统的一部分,例如客舱内话数据系统(cabin intercommunication data system,CIDS)或先进客舱娱乐与服务系统(advanced cabin entertainment and service system,ACESS)。

为了防止音频信号的混淆,PA 放大器中优先逻辑电路对来自不同区域的音频信号进行排序为飞行员话音、乘务长话音、乘务员话音、预录通知、登机音乐。而 PA 系统产生谐音钟声不通过优先逻辑电路,所以系统保证在正常情况下音响总能发出声响。在应急情况下——例如在客舱减压,氧气面罩释放后,此时,在客舱压力传感器的触发下,广播音量将大大增加,保证应急广播能够正常传递。

飞行员按下音频控制板上的"PA"按钮,才能向旅客播放通知。当利用手持话筒播放通告时,则不使用音频控制板,该信号可以直接到达 PA 放大器进行放大以及播放。松开"PA"旋钮,飞行员可以听到所有广播的声音。利用这一测音信号,飞行员可以检查自己的话筒工作是否正常。此时,不会将乘务员的话音中断。

7.3 无线电通信系统

在音频控制系统中另一个主要的作用是完成机组的无线电通信。无线电通信系统用于空地之间或者飞机与飞机之间的空中通信。根据通信系统载频的频率不同可以分为其高频通信,高频通信,选择呼叫等通信系统。一般无线电通信系统的简要示意图如图 7.3-1 所示。

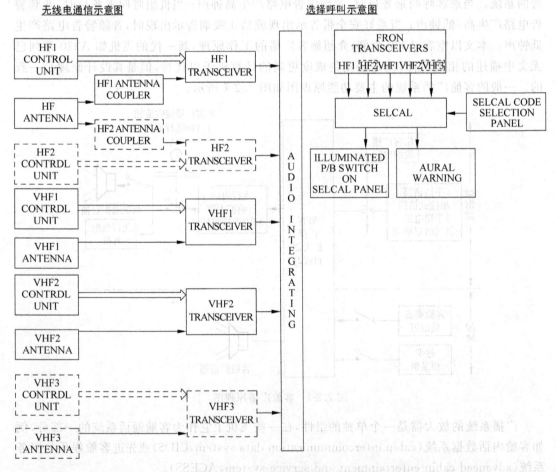

图 7.3-1 无线电通信系统示意图

通过图 7.3-1 可知,其高频和高频通信系统将相应的无线电通信信号全部接入音频管理系统。音频管理系统根据飞行员不同的输入要求发送音频数据,同时根据选择呼叫系统进行接收判断,因此选择呼叫系统(SECAL)不是一个独立的工作系统,是配合 VHF 和 HF 系统工作的选择系统。选择呼叫系统的主要功能是当地面呼叫特定的飞机时,选择呼叫系统以灯光和音频谐音形式通知机组,避免机组对地面呼叫信号的长期守候,减轻飞行机组的工作负担。

7.3.1 甚高频通信系统

甚高频通信系统用于飞机与地面台站、飞机与飞机之间进行双向语音和数据通信联络。如图 7.3-2 所示。

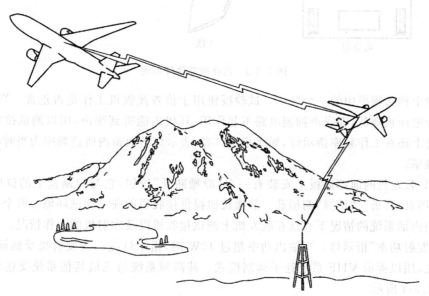

图 7.3-2 甚高频通信系统的功能

甚高频通信系统采用调幅工作方式,其工作频段为 118.00~151.975MHz,其频道间隔为 25kHz,这是国际民航组织规定的频率范围以及频道间隔。甚高频的传播方式的特点在于由于频率很高,传播的距离很近,一般甚高频的通信距离限制在视距范围之内,所以其传播方式以空间传播为主。

现代商业飞机上一般都装有三套独立的 VHF 系统:左(L)系统通常用于正驾驶的话音通信,右(R)系统用于副驾驶的话音通信,第三套系统中(C)作为备用或与 ACARS 系统联合使用。

如图 7.3-3 所示,每一套 VHF 通信系统都具有收发组、控制盒和天线。三部天线分别安装于机身不同的部位,并且机型不同其安装的位置不同。甚高频的天线一般采用刀型天线,长度通常为 12in(1in=0.025 4m),通过同轴电缆与收发组件进行相连。

甚高频发射机的输出阻抗为 50Ω,当甚高频电台天线受潮,或者绝缘不良时会使发射机输出功率降低,通信距离缩短。

VHF 通信控制盒为飞行员提供了输入接口,飞行员可以在控制盒上选择 VHF 系统使用的工作频率,并且可以在两套 VHF 系统之间进行切换。控制盒面板有两个用于选择工作频率的同轴旋钮。旋钮上方两个频率显示窗,指示的数字为所选的频率。转换开关用

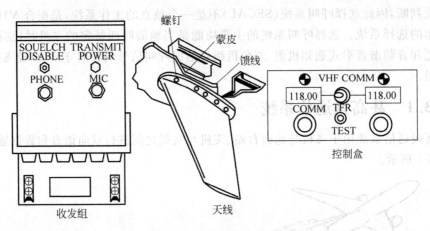

图 7.3-3 甚高频部件外形图

于选择两个预选频率中的一个频率。试验按钮用于检查接收机工作是否正常。当按下时，静噪门限电压被降低，即噪声抑制电路不起作用，耳机内能听到噪声，用以测试接收机。有的控制盒上还有工作频率指示灯，如果指示灯亮，表示灯下面窗内所选频率为当时收发机所用工作频率。

VHF 收发机的前部面板上安装有一个"静噪断开"按钮，它与控制盒上的试验开关并联，此外还有"耳机"、"话筒"两插孔。静噪按钮提供接收机的独立测试环境。两个插孔用于在不使用内话系统的情况下直接在收发机上测试接收机以及发射机的工作情况。面板上还有一个"发射功率"指示灯。当输出功率超过 10W 时，指示灯亮。当发射机受到调制时，指示灯闪亮，用以提示 VHF 系统处于调制模式。甚高频系统与飞机其他系统交连和供电情况如图 7.3-4 所示。

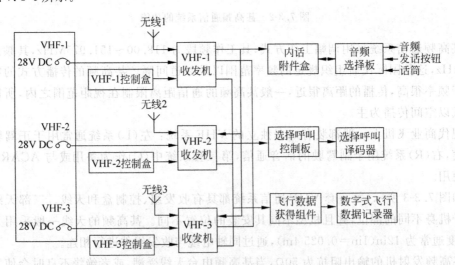

图 7.3-4 甚高频通信系统的供电和与其他系统的交连

甚高频通信系统的功能简图如图 7.3-5 所示。

从图 7.3-5 可见，VHF 收发机的工作与音频控制板（ACP）和无线电管理板（RMP）有关。ACP 前面已经介绍，下面先介绍 RMP。

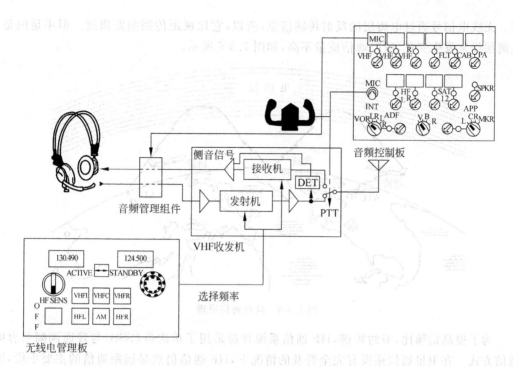

图 7.3-5　甚高频通信系统功能简图

无线电管理板将 VHF 和 HF 通信系统的功能综合在一起,在飞机上安装有三块。在 RMP 上有:

(1) VHF 和 HF 通信系统频率选择旋钮,用于给出通信系统使用的频率。

(2) 两个频率显示窗口,左窗口显示的是系统正在使用的频率;右窗口显示的是备用频率。注意:当选择在 VHF C 系统时,该窗口显示 ACARS 或 DATA,说明它与 ACARS 系统联合使用。

(3) 转换键用于转换两个频率显示窗口显示的频率值。

(4) 系统选择键用于选择所使用的通信系统。

每个 RMP 可以控制任意一套通信系统。在正常工作状态,机长的 RMP 控制(左) VHF 和 HF 系统,副驾驶的 RMP 控制(右) VHF 和 HF 系统,第三块 RMP 通常用于控制 (中央) VHF 系统。

整个 VHF 通信系统的工作如下所述:无线电管理板用于选择频率,该频率既作为发射机中的载波,又作为接收机中的本振信号;而音频控制板用于起始发射功能和选择音频信号。

在正常工作时,发射机的输出功率大约为 25W,通过收发机中的探测电路,在头戴耳机中可以听到测音信号。如果测音信号消失,则说明整个系统故障。

7.3.2　高频通信系统

高频系统主要作用是保证飞机与地面电台或者与其他飞机进行有效的远程通信。飞行员在选择适当的工作频率和方式后可以发射或者接收信号。高频系统的工作频率范围是 2~29.99MHz,频道的间隔为 1kHz。高频通信系统的工作方式分为调幅、下边带或者上边带。无线电信号通过电离层的反射传输信息,所以,它比视距传播的距离远。但不足的是,电离层经常发生变化,所以通信质量不高,如图 7.3-6 所示。

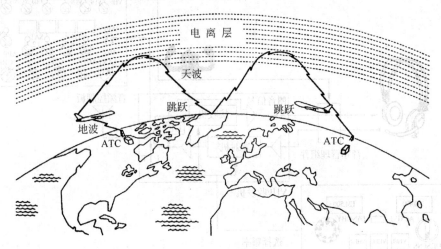

图 7.3-6　高频通信原理

为了提高信噪比,节约频谱,HF 通信系统普遍采用了单边带(SSB)与普通调幅兼容的通信方式。在卫星通信还没有完全普及的情况下,HF 通信仍然是远距通信的主要手段,即便采用卫星通信,HF 仍然是高纬度地区的主要通信手段。

飞机一般装有两套 HF 系统,每套 HF 系统包括收发组、控制盒、天线和耦合器,如图 7.3-7 所示,每套系统都连接到音频选择面板和耳机。当高频通信系统供电后,在控制盒上选择方式和频率,高频系统立即工作。发射和接收可在相同的频率上,系统能够发射或接收而没有联锁。在发射或接收时,必须在音频选择板上选择高频位,这样高频系统就可经音频选择板与飞机机组内话系统相连,供飞行员通话联络。接收机对选择呼叫信号放大后直接加至选呼系统。当按下发话按钮时就使收发机内接收机电路断开而把发射机电路连至天线。在发话时,由检波产生的监控信号加至耳机以监听发射机的工作。每个发话信号都被记录在话音记录器内。当改变频率或按下电键时,系统开始调谐,调谐时能听到 1kHz 音调,时间最长为 12s。

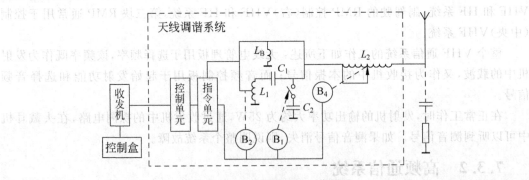

图 7.3-7　发射功率系统工作框图

(1) 高频控制盒。用于选择频率和工作方式。频率选择旋钮的选择范围为 2～29.999MHz,频道间隔为 1kHz。控制盒上有四个频率选择钮、一个频率选择窗口、一个射频灵敏度调节钮和一个方式选择电门。射频灵敏度调节钮控制收发机内接收部分的射频增益;方式选择电门可关断系统,选择单边带或调幅方式。

在高频通信系统接通电源、重调频率或者按下耦合控制器前面板上的重调按钮时,耦合控制器便输出一个频率转换信号区控制电机转动将调谐元件驱动至零位(即起始的2MHz)。此时调谐元件被短路(电感短路)。当协调元件回到零位并被短路后,电机停转。耦合器提供旁通回路使接收机工作在所选的频率上,此时系统处于等待方式。当飞行员按下发话按钮后,电机自动转动将天线调谐元件调谐到所选的频率上。其中发射机输入的键控信号使低功率的射频信号传输到调谐元件,然后输往天线。键控信号一直加到调谐完成为止。与此同时,1kHz调谐音频加至机组内话音频输出端,以告知飞行员电台正在调谐过程中。这一方式中,耦合器的鉴别器对射频电压和电流间的相位差进行鉴别保证其同相,使调谐回路呈电阻性。当在天线耦合器内检测到足够的正向功率时,即开始谐调方式。此时感应电机开始工作,带动感应线圈搜索匹配的调谐点,当感应线圈电感量不足时,感应马达工作,直到完成匹配位置,电机停止工作。这个调谐过程也称为负载调谐过程。整个高频通信系统调谐过程应该小于12s,当调谐停止时,键控信号不再生效,随后进入工作方式。在调谐方式中,1kHz音频始终存在。用以提示机组系统的实际工作方式。高频通信系统完成调谐方式后进入到工作方式,系统发出工作状态指令,此时高频通信系统已准备进入到发射状态,并处于正常接收状态。当发话或按下发射按钮时,即以全功率发射。

(2) 高频收发机。使用高频收发机可在飞机上进行单边带的话音和数据通信。在发射期间,有一个机内风扇用来冷却收发机,收发机前面板上装有三个故障灯、一个试验电门、一个话筒和一个耳机插孔。当电源电压低,发射机输出功率低或频率合成器失锁时射频故障灯亮;如果在发射机被键控后,在耦合器中有故障存在,则键控互锁灯亮,并抑制发射;当由控制盒来的频率数据失效时,控制输入失效灯亮;当按下静噪/灯试验电门时,噪声抑制电路不工作,在耳机内可听到噪声,同时上述三个灯亮。

(3) 天线耦合器。天线耦合器用于使天线阻抗与传输线阻抗在2～4s内相匹配,匹配阻抗为50Ω,耦合器可在2～30MHz内调谐,调谐后的电压驻波比不大于1.3∶1。耦合器对单套或双套的高频系统都适用。耦合器内的互锁电路使在一个高频系统被使用或被调谐时防止相联的另一系统的收发机被使用或调谐,一个系统的故障不影响另一个系统的工作。调谐器使用115V交流电源。

(4) 高频天线用于发射和接收射频信号。

在电源有效并在控制盒上选择了一种工作方式和一个频率后,高频系统就工作。系统的电源来自于115V三相400Hz交流电源。在电源接通或者一个新的频率被选定后,每个系统就重新回到接收-等待状态。在这种状态,系统通过天线耦合器内的隔离放大器接收射频信号并处理音频信号,然后加到音频综合电路。当通过继电器的控制使该发射机工作时,则相应的调谐元件被驱动至所选频率相应调谐点。在这段时间内,调谐过程指示灯亮,并有1000Hz音频加至音频综合电路。在调谐完成后,调谐指示灯灭,1000Hz音频消失,工作指示灯亮,系统进入所选工作方式和准备供发射。在已调好的这个频率工作期间工作指示灯一直亮。当高频系统发射时,按下发话按钮产生逻辑低电平,同时话筒音频加至收发机,产生高压电源并使话筒音频对高频载波进行调制,然后射频经调谐原件至天线发射出去式。在停止发射期间,天线接收信号。

在现代飞机上,卫星通信SATCOM系统取代了HF系统,因为它可以更可靠地完成长距离的通信。高频通信系统如图7.3-8所示。飞机通常有两套独立的HF通信系统,每套系统都有收发机和天线。收发机位于电子舱中,天线位于垂直安定面的前缘。天线耦合器用于对天线进行调谐,以选择HF频率,它靠近天线安装。

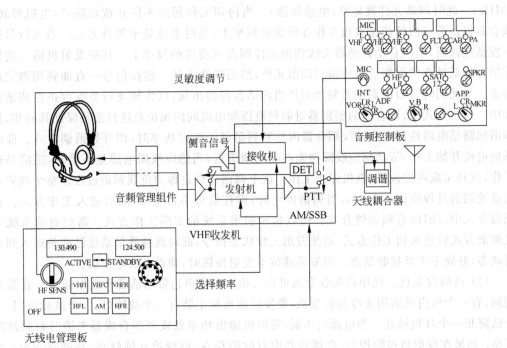

图 7.3-8　高频通信系统简图

高频系统的主要功能部件如图7.3-9所示。

7.3.3　选择呼叫系统

选择呼叫系统不是一种独立的通信系统,它在高频或甚高频通信系统的配合下工作。一般飞机上安装有两套相同的选择呼叫系统。选择呼叫指地面塔台通过高频或者甚高频通信系统对指定飞机或者一组飞机进行联系。当被呼叫飞机的选择呼叫收到地面的呼叫后,指示灯亮、铃响,从而告诉飞行员地面在呼叫本飞机。这样既可以使飞行员不必随时监听,避免疲劳,又可以免除地面人员长时间地等候呼叫的回应,如图7.3-10所示。

为了实现选择呼叫,机上高频和甚高频通信系统必须调谐在指定的频率上,并且把机上选择呼叫系统的代码调定为指定的飞机(或航班)代码。飞机的代码由四位字母组成,每位的字母可以是由A至S(不用I,N和O)中的一个,这样总共可有10 920个选择呼叫代号。

选择呼叫系统由选择呼叫译码器、编码开关以及高频和甚高频通信系统、音频控制板等组成。甚高频和高频通信系统将接收到地面呼叫信号加至选择呼叫译码器。它确定接收的编码是否为本机代码,并产生提醒信号。选择呼叫译码器对输入的四位代码信号译码。若呼叫代码与机上选择呼叫系统调定的代码符合,则表明地面呼叫本飞机。译码器将译码输出加到音频管理组件,其输出一路加至音频控制板,使相应的呼叫灯(CALL)亮;另一路加到系统总线,使扬声器发出呼叫谐音钟声,通知飞行员地面已发出呼叫。另外,从总线来的

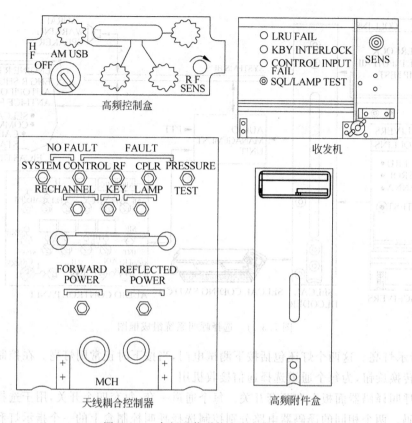

图 7.3-9 高频通信系统主要部件示意图

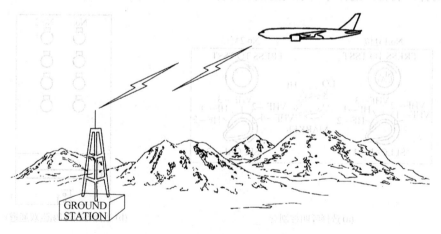

图 7.3-10 选择呼叫系统的功能

信号也加到 EICAS 显示器,在其上出现"SELCAL"文字信息。当飞行员连接相应通信系统后,可按压音频控制板上相应的灯按钮进行复位。此时,即可用高频或甚高频通信系统与地面台进行联系,如图 7.3-11 所示。

选择呼叫系统包括一个选择呼叫控制盒,一个具有双向通道的选择呼叫译码器和钟声装置。选择呼叫控制盒上安装有两个指示灯,每个通道一个。当接收到对本飞机的选择呼

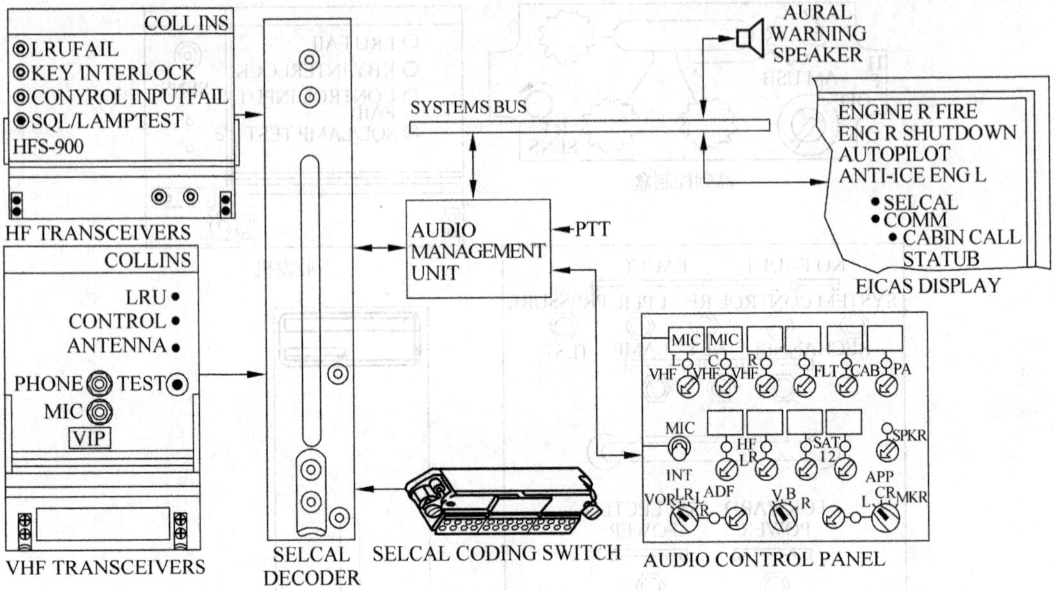

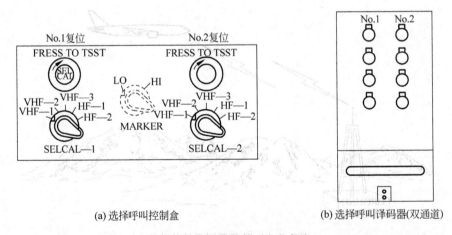

图 7.3-11 选择呼叫系统组成框图

叫码时,指示灯亮。这两个灯还包括按下测试电门,当按下时正常则灯亮。在控制盒上还有两个选择转换旋钮,为每个通道选择通信接收机用。

选择呼叫译码器面板上有两套开关。每个通道一套,每套四个开关,用于选择指定飞机选择呼叫码。两个相同的译码器电路分别控制选择呼叫控制盒上的一个指示灯和音响警告组件内的钟声装置。选择呼叫系统的主要部件如图 7.3-12 所示。

(a) 选择呼叫控制盒　　　　(b) 选择呼叫译码器(双通道)

图 7.3-12 选择呼叫各部件

选择呼叫系统能使飞行机组人员选择只向他们发出的呼叫。

(1) 在收到某个无线电通信时,选择呼叫系统将提供视觉和音响指示。

(2) 当选择呼叫系统起作用时,所有 HF 和 VHF 系统都将工作。

(3) 选择呼叫系统的供电来自直流正常汇流条。

7.3.4 卫星通信系统

卫星通信系统是指利用人造地球卫星作为中继站转发或反射无线电波,在两个或多个地面站之间进行的通信。由于作为中继站的卫星处于外层空间,这就使卫星通信方式不同于其他地面无线电通信方式,而属于宇宙无线电通信的范畴。一般卫星通信示意图如图 7.3-13 所示。

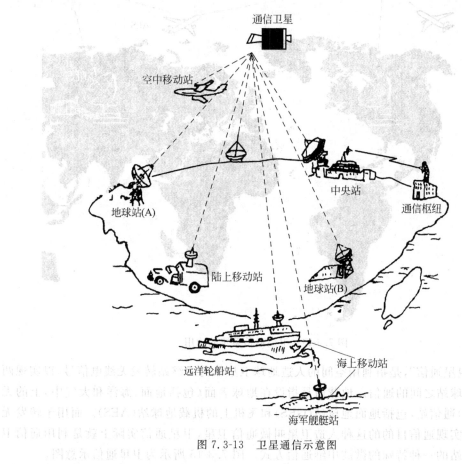

图 7.3-13 卫星通信示意图

与其他通信手段相比,卫星通信的主要优点为:
(1) 通信距离远,最大通信距离达 180 000km 左右。
(2) 覆盖面积大。
(3) 通信频带宽,传输容量大,适于多种业务传输。
(4) 通信线路稳定可靠,通信质量高。
(5) 机动性好。

由于卫星通信具有上述突出优点,从而获得了迅速的发展,成为强有力的现代化通信手段之一,应用范围极其广泛,适用于传输话音、电报、数据等,而且由于卫星所具有的广播特性,它也特别适用于广播电视节目的传送。SATCOM 系统为 ACARS、飞行员话音和电报、乘客话音和电传、电报通信提供可靠的全球数字数据通信。

卫星通信系统（SATCOM）由三个主要部分组成：第一是卫星，第二是飞机地球站（AES），第三是地面地球站（GES），如图7.3-14所示。

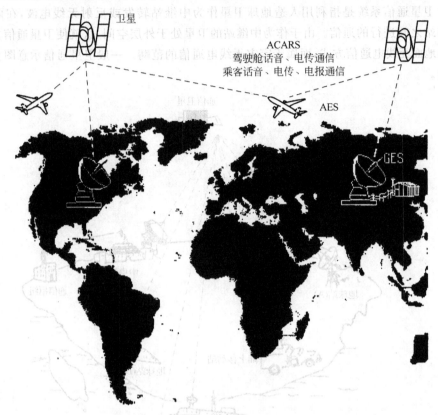

图 7.3-14　卫星通信系统的功用

所谓"卫星通信"，是指利用空间的人造地球卫星作为中继站转发无线电信号，以实现两个或多个地球站之间的通信。地球站是指设在地球表面（包括地面、海洋和大气中）上的无线电（收/发）通信站，包括地面地球站（GES）和飞机上的机载地球站（AES）。而用于转发无线电信号来实现通信目的的这种人造卫星叫做通信卫星，卫星通信实际上就是利用通信卫星作为中继站的一种特殊的微波中继通信方式。图7.3-15所示为卫星通信示意图。

卫星通信（SATCOM）利用四颗对地静止轨道的卫星（同步卫星），它们位于地表面之上36 000km，在大西洋海域上空有两颗卫星，印度洋海域上空有一颗卫星，太平洋海域上空还有一颗卫星。它们提供的覆盖面积从北纬75°到南纬75°。

飞机地球站（AES）是 SATCOM 系统的一部分，它是机载设备。它的结构取决于系统制造商和航线的需求。典型的系统由卫星数据组件（SDU）、无线电频率组件（RFU）、大功率放大器（HPA）、低噪声放大器和双工器（LNA/DIP）以及波束控制组件（BSU）和天线组成，如图7.3-16所示。

卫星数据组件（SDU）是 SATCOM 系统的心脏，它控制与其他飞机系统的连接。例如：ACARS，飞行员话音和乘客电话系统。它存储所有的卫星位置和频率，并根据飞机现在的位置，自动地选择离飞机最近的那颗卫星。从 MCDU 的 SATCOM 菜单上可以选择不同的功能或进行测试。

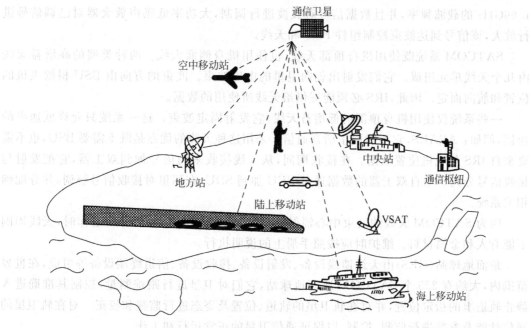

图 7.3-15 卫星通信示意图

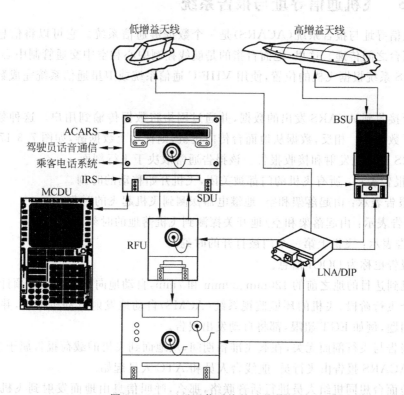

图 7.3-16 卫星通信系统的功能简图

在发射期间,卫星数据组件 SDU 将通信数据发送给无线电频率组件 RFU,它产生 1.66GHz 的载波频率,并且数据信号对载波进行调制,大功率低噪声放大器对已调信号进行放大,该信号到达束控制组件 BSU 和天线。

SATCOM 系统既使用机身顶部天线,也使用机身侧面天线。两种类型的高增益天线由几个天线单元组成。它们发射出朝向卫星的电磁波束。波束的方向由 BSU 根据飞机的位置和航向而定。因此,IRS 必须能提供给天线所使用的数据。

一些系统仅使用机身顶部的低增益天线,它发射固定波束。这一系统只允许低速率的通信,例如:ACARS,它不能用于话音通信。采用这种天线的优点是既不需要 BSU,也不需要来自 IRS 的飞机位置数据。在接收期间,从天线接收来的信号加到双工器,它把发射与接收信号分离。来自双工器的数据通过 RFU 加到 SDU,在那里对接收信号解调,并分配到相关系统。

因为 SATCOM 天线的波束中心辐射功率很强。所以,在 SATCOM 工作时,天线周围不能有人和金属材料。维护时应按照手册上的说明执行。

地面地球站(GES)由天线馈线设备、发射设备、接收设备、信道终端设备等组成,在世界范围内,大约有 255 个 SATCOM 地面地球站,它们对卫星进行跟踪测量,控制其准确进入静止轨道上的指定位置,并对在轨卫星的轨道、位置及姿态进行监视和校正。对在轨卫星的通信性能及参数进行监测、控制,以保证通信卫星的正常运行和工作。

7.3.5 飞机通信寻址与报告系统

飞机通信寻址与报告系统(ACARS)是一个数据链通信系统。它可以将信息和数据在飞机和地面台之间传递。这里,地面台指的是航线控制中心和空中交通管制中心。

ACARS 系统根据飞机的位置,使用 VHF-C 通信系统或卫星通信系统完成数据链通信任务。

地面台接收到 ACARS 发出的数据,并通过网络将数据传输到用户。这种数据的传输方向称为下数据链。相反,数据从地面台传向飞机,则称为上数据链,如图 7.3-17 所示。

ACARS 自动地发射和接收报告。该报告通常取决于飞行剖面。

OUT 报告表示:所有飞机的门都被关闭,飞机开始移动的时刻。

OFF 报告表示:由起落架和空/地继电器探测到飞机起飞的时刻。

ON 报告表示:由起落架和空/地开关探测到飞机落地的时刻。

IN 报告表示:飞机上第一个门被打开的时刻。

上述报告也称为 OOOI 信息。

在飞机到达目的地之前的 120min、20min 和 7min,自动地向地面台发射预计到达时间。

在每个飞行阶段,飞机的环境监视系统(ACMS)自动地发射发动机报告,并且,只要发动机出现问题,例如 EGT 超限,都将自动发出报告。

人工报告与飞行剖面无关,在起飞准备期间,从地面到飞机的载荷报告属于上数据链信息。人工 ACARS 报告由飞行员、航线台人员和 ATC 人员起始。

如果地面台想同机组人员进行话音联络,那么,呼叫信息由地面发射到飞机上,它可以取代呼叫系统。

当机组人员需要特殊信息时,将发出需求报告信息,它属于下数据链信息。特殊信息为

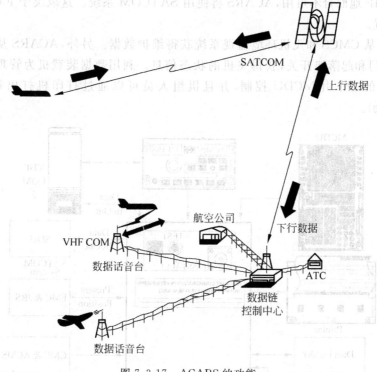

图 7.3-17 ACARS 的功能

机场或气象数据,或乘客与机组人员的信息。机组人员或乘客的信息,是对需求报告的回应,它属于上数据链信息。例如,它给出乘客通道的登机门和机组人员的下一次航班信息。

维护报告可以从 CMCS 起始,它将测试结果或维护报告传送到航线维护中心,如图 7.3-18 所示。

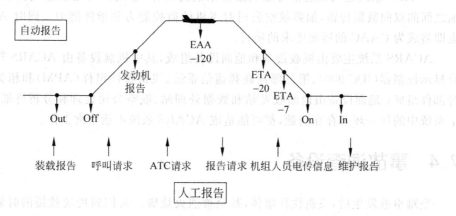

图 7.3-18 ACARS 自动和人工报告

典型的 ACARS 系统有一个中央计算机,称为管理组件(MU)。它将飞机组件和 VHF 或卫星通信系统连接起来。

如果在 RMP 上的频率窗口看到 DATA 或 ACARS,则说明 ACARS 同 VHF 通信系统一起工作。MU 自动地选择所需要的 VHF 频率。但是,在 RMP 上看不到。

如果 VHF 地面台不可用，ACARS 将使用 SATCOM 系统。这取决于 FMC 或 IRS 提供的飞机位置。

ACARS 从 CMCS 和飞机环境监视系统获得维护数据。另外，ACARS 从几个离散信号中，例如：门和起落架开关，获得飞机的状态信息。利用数据装载机为管理单元更新软件。ACARS 的工作由 MCDU 控制，并且机组人员可以通过打印机打出每份报告，如图 7.3-19 所示。

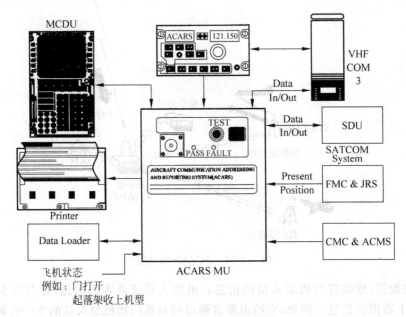

图 7.3-19　ACARS 系统工作简图

ACARS 系统是飞机通信寻址和报告系统的简称，它的目的是通过飞机和航空公司基地之间的双向数据传输，加强航空公司对飞机的监控能力和指挥能力。同时 ACARS 系统也即将成为 CAAC 的适航要求的项目。

ACARS 系统主要由机载设备和地面设备组成，其中机载设备由 ACARS 管理组件、综合显示控制器（IDC-900）、第三部甚高频通信系统、飞机特性组件（APM）和相关线路、软件等部件组成；地面设备由地面收发站和数据处理站、航空公司处理和分析终端等组成。以上系统中的任一环节存在问题，都可能造成 ACARS 系统不能正常工作。

7.4　事故调查设备

空难事故发生后，飞机往往解体，甚至被烈火烧毁。人们到现场救援的时候，总是会寻找一个东西，它的名字大家非常耳熟——黑匣子。它可以给调查人员提供证据，帮助他们了解事故的真相。

实际上，黑匣子是飞机上的飞行信息记录系统。飞行信息记录系统的用途包括：①事故分析——记录的数据在飞机失事后再现，用模拟器模拟，是分析事故原因最直接可靠的方法，国际民航组织规定民航机必须安装飞行记录器；②飞机维修——从这些记录上可以调出出现故障时的各种飞行数据，从而进行维修分析判断。

飞行信息记录系统包括以下两个部分：

（1）数字飞行数据记录器。它能将飞机系统工作状况和发动机工作参数等飞行参数都记录下来。记录器是由步进马达带动的八条磁道的记录器，磁带全长约140m，可记录25h的60多种数据，其中有16种是必录数据（主要是加速度、姿态、空速、时间、推力及各操纵面的位置）。

（2）驾驶舱话音记录器。它实际上就是一个无线电通话记录器，可以记录飞机上的各种通话。这一仪器上的四条音轨分别记录飞行员与地面指挥机构的通话，正、副飞行员之间的对话，机长、空中小姐对乘客的讲话，以及驾驶舱内各种声音。记录器记录飞行的最后30min内的信号，同时把以前的信号抹掉。

飞行信息记录系统能够向调查者提供飞机出事故前各系统的运转情况。因为空难发生在短暂的瞬间，通常情况是飞行员和全部乘务员同时遇难，这样调查事故的原因会有很大困难。而数字飞行数据记录器可以向人们提供飞机失事瞬间和失事前一段时间里，飞机的飞行状况、机上设备的工作情况等；驾驶舱话音记录器能帮助调查者根据机上人员的各种对话分析事故原因，两者综合以便对事故作出正确的分析。

为了承受飞机坠毁时的猛烈撞击和高温烈焰，飞行信息记录系统（以下简称黑匣子）的外壳具有很厚的钢板和许多层绝热防冲击保护材料。为了提高其安全性，黑匣子通常安装在飞机尾部最安全的部位，也就是失事时最不易损坏的部位，在飞机坠毁时，黑匣子在1 100℃的火焰中能经受30min的烧烤，能承受2吨重的物体挤压5min，能够在汽油、机油、油精、电池、酸液、海水中浸泡几个月，而不进液体，并带有自动信号发生器和水下定位信标，在失落后30天内发射信号，以便搜寻人员寻找，它能在许多恶劣的条件安然无恙。就算这样的保护，黑匣子仍然在有些空难中遭到了损坏，所以国际航空机构又规定了更加严格的标准，而且记录介质也从磁带式改进成为能承受更大冲击的静态存储记录仪，类似于计算机里的存储芯片。

提起黑匣子，很多人会以为它是黑色的，其实不然，为了便于调查部门在事故后搜寻，黑匣子被涂上了国际通用的警告色——鲜艳的橘黄色。也许是人们觉得它里面存储了东西对飞机事故的鉴定意义重大吧，实在是太神秘了，所以使用了这样一个同样神秘的名字——黑匣子。

7.4.1 驾驶舱话音记录系统

驾驶舱话音记录器(CVR)是一个非常重要的设备。因为在飞机失事或发生意外事故之后，它可以用于对飞机当时情况的评价，它连续地记录驾驶舱中机组人员的通信联络话音。驾驶舱话音记录仪(CVR)实际上就是一个无线电通话记录器，可以记录飞机上的各种通话。这一仪器上的四条音轨分别记录飞行员与地面指挥机构的通话，正、副飞行员之间的对话，机长、乘务员对乘客的讲话、威胁、爆炸、发动机声音异常，以及驾驶舱内各种声音。黑匣子能够向调查者提供飞机出事故前各系统的运转情况。因为空难发生在短暂的瞬间，有时飞行员和全部乘务员同时遇难，调查事故的原因会有很大困难，座舱语言记录仪能帮助人们根据机上人员的各种对话分析事故原因，以便对事故作出正确的分析。

驾驶舱话音记录器主要记录机组人员和地面人员的通话、机组人员之间的对话以及驾驶舱内出现的各种音响（包括飞机发动机的运转声音）等。它的工作原理类似普通磁带录音机,磁带周而复始运行不停地洗旧录新,总是录留下最后半小时的各种声音。一次飞行通常要经历八个阶段(起飞、初始爬升、爬升、巡航、下降、开始进场、最后进场、着陆),每一阶段的情况,都逃不过黑匣子的"耳朵"。

现在使用的话音记录器有两种类型:模拟磁带记录器可记录飞机飞行结束前 30min 的话音数据,先前记录的信息被新记录的信息自动清除;数字式记录器可以记忆 120min 的内容。先前记录的信息被新记录的信息自动覆盖。

一套完整的驾驶舱话音记录器通常有下列部件组件:

(1) 驾驶舱话音记录器,该设备通常安装在飞机尾部靠近飞机数据记录器的区域。与飞机数据记录器一样,在驾驶舱话音记录器的前面板上安装有水下定位标。

(2) 驾驶舱话音记录器的控制板通常安装在驾驶舱顶板上。

(3) 区域话筒安装在控制板上,同时驾驶舱的其他区域还安装有分离式话筒。

驾驶舱话音记录器有四个音频输入,三个输入来自音频管理组件,在飞行员的头戴耳机中可以听到它。由于所有的发射信号也要在头戴耳机中重复出现,所以记录的内容包括收、发话音信号。第四个输入来自区域话筒,它记录整个驾驶舱的声音。

当一台发动机启动时,话音记录器开始自动记录信息。在飞机落地最后一台发动机停车 5min 之后,记录停止工作。

飞机落地并处于停留刹车位时,按下消除"ERASE"键,可以消除全部记录信息。

按下控制板上的测试按钮,可以测试话音记录器。该功能使记录器记录所有四个通道的测试信号。在许多类型的飞机上,先闭合地面控制开关,才能接通记录器的电源。

在测试期间,测试表的指针必须指示在绿区或状态指示器显示"PASS"。在现代飞机上,通常在中央维护计算机系统(CMCS)中完成测试。当在控制板的插孔中插入头戴耳机时,可以监听这一测试记录的信号。上述话音记录器的工作过程如图 7.4-1 所示。

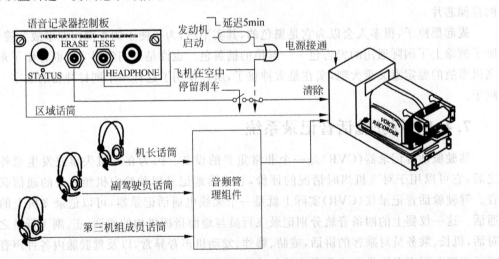

图 7.4-1 驾驶舱话音记录器功能简图

语音记录器系统共有四种工作方式:记录、抹除、监听和测试。只有在飞机正常落地并且设置停留刹车后,控制器的抹除按钮才能生效。

7.4.2 紧急定位发射机

在飞机发生意外着陆和落入水中之后,紧急定位发射机(ELT)帮助搜寻营救人员查找飞机的下落,如图 7.4-2 所示。

图 7.4-2 紧急定位发射机在水中工作

飞机上有两种类型的 ELT。第一种类型是固定的发射机,它安装于飞机后部的上方;第二种类型是便携式的发射机,它位于客舱天花板靠近救生艇的部位,如图 7.4-3 所示。

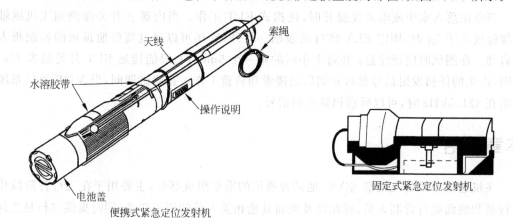

图 7.4-3 两种紧急定位发射机

便携式 ELT 以两个国际上规定的紧急频率发射无线电信号。一个信号是 VHF 频段的 121.5MHz,另一个信号是 UHF 频段的 243MHz。两个无线电信号都用扫频音调信号调制。UHF 和 VHF 频率的接收范围大约为 200n mile,所以,如果飞机失事在这一范围内,营救人员就可以找到飞机。

在一些飞机上装有固定式 ELT,它通过靠近垂直安定面的小天线向外发射 121.5MHz 和 243MHz 的信号。另外,它还发射一个 406MHz 的附加信号,这一信号卫星可以收到,它可以在全球范围内确定飞机的位置。该信号包括飞机的型号、尾翼上的标识信息和失事前的位置,如图 7.4-4 所示。

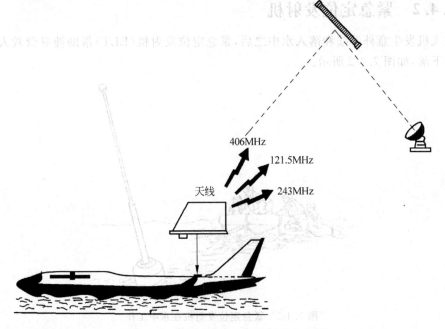

图 7.4-4 固定式紧急定位发射机的作用

ELT 靠内部电池供电,它至少能工作 48h。

当电池落入水中或电池线脱开时,便携式 ELT 工作。当内部 g 开关探测到飞机纵轴的加速度大于 $5g$ 时,固定 ELT 将自动激励。另外,它还可以通过驾驶舱顶板的控制板人工启动。在测试时应该注意:在每个小时的第一个 5min 内,只能接通 ELT 开关最多 15s,否则,产生的任何发射信号都将立刻启动搜索和营救工作。在测试期间,当 VHF 通信系统调谐在 121.5kHz 时,可以听到扫频音调信号。

本章小结

飞机通信系统是飞机空-空\空-地话音通信的重要组成部分,主要用于在飞行各阶段中飞行员和地面航行管制人员、签派以及地面其他相关人员的语音联系,同时提供飞行员之间和乘务员之间的联络服务。根据作用的不同,飞机通信系统主要分为机内通信系统,无线通信系统以及事故调查系统三大类。

飞机通信系统从频率上进行分类可以分为甚高频通信系统、高频通信系统、选择呼叫系统和音频综合系统。VHF 是目前民航飞机在起飞、降落时或通过控制空域时机组人员和地面管制人员的双向语音通信的主要通信工具。高频通信系统是远距离通信系统。它使用和短波广播的频率范围相同的电磁波。它利用电离层的反射,通信距离可达数千千米,用于飞行中保持与基地和远方航站的联络。选择呼叫系统的作用是用于当地面呼叫一架飞机时,飞机上的选择呼叫系统以灯光和音响通知机组有人呼叫,避免飞行员长时间等候呼叫,从而减少飞行员的疲劳。音频综合系统包括飞机内部的通话系统,如机组人员之间的通话,对旅客的广播和电视等娱乐设施以及飞机在地面时机组和地面维护人员之间的通话。

在现代飞机上,音频管理系统主要应用于飞机上的音频资源的管理与控制,与多个机载通信和导航系统之间存在着信号交联,音频管理系统的核心部件是音频管理组件(AMU)以及音频控制面板组件(ACP)。大型客机音频管理系统一般为驾驶舱机组人员提供了两套音频管理装置以及三套音频控制面板,并且配备了头戴耳机组、氧气面罩话筒、手持话筒以及驾驶舱扬声器等外围设备。

另一个无线通信方式是卫星通信,卫星通信系统是指利用人造地球卫星作为中继站转发或反射无线电波,在两个或多个地面站之间进行的通信。由于作为中继站的卫星处于外层空间,这就使卫星通信方式不同于其他地面无线电通信方式,而属于宇宙无线电通信的范畴。

ACARS 系统是飞机通信寻址和报告系统的简称,它的目的是通过飞机和航空公司基地之间的双向数据传输,加强航空公司对飞机的监控能力和指挥能力。ACARS 系统主要由机载设备和地面设备组成,其中机载设备由 ACARS 管理组件、综合显示控制器(IDC-900)、第三部甚高频通信系统、飞机特性组件(APM)和相关线路、软件等部件组成;地面设备由地面收发站和数据处理站、航空公司处理和分析终端等组成。

对于突发情况或者灾难性的事故,飞机上安装有飞行信息记录仪对飞机的飞行情况进行记录,包括有数字飞行数据记录器以及驾驶舱话音记录器。前者用于记录飞机的实际飞行参数以及飞行操纵参数,后者用于记录驾驶舱的语音数据,为后续事故调查提供帮助。

复习与思考

1. 飞机通信系统的主要作用是什么,可以分为哪几类?
2. 飞机无线通信从频率上可以分为几类?各自的作用是什么?
3. 飞机内话系统的主要作用是什么?音频管理系统的核心部件是什么?
4. VHF 的工作频率区间是什么,组成部件有哪些?
5. HF 的工作频率区间是什么,组成部件有哪些?
6. 什么是 ACARS 系统,该系统由哪些部件组成,各自的作用是什么?

导航系统

本章关键词

自动定向机(ADF) 甚高频全向信标(VOR)
仪表着陆系统(instrument landing system) 全球定位系统(GPS)
无方向性信标台(non-directional beacon)

互联网资料

http://www.xihangzh.com/hgkj/online/daohang.htm
http://www.cnki.com.cn/Article/CJFDTotal-FJSJ200503015.htm
http://d.wanfangdata.com.cn/Thesis_Y930468.aspx
http://www.cnki.com.cn/Article/CJFDTOTAL-ZXLJ201205072.htm
http://www.cnki.com.cn/Article/CJFDTOTAL-DZJY201202031.htm
http://d.g.wanfangdata.com.cn/Periodical_jsjzdclykz201206051.aspx

导航的关键在于确定飞机的瞬时位置。确定飞机位置有目视定位、航位推算和几何定位三种方法。目视定位是由驾驶员观察地面标志来判定飞机位置；航位推算是根据已知的前一时刻的位置和测得的导航参数来推算当前飞机的位置；几何定位是以某些位置完全确定的导航点为基准，测量出飞机相对于这些导航点的几何关系，最后定出飞机的绝对位置。

早期的飞行器在空中飞行仅依靠地标导航——飞行中盯着公路、铁路、河流等线状地标；山峰、灯塔、公路交汇点等点状地标；湖泊、城镇等面状地标。后来，空勤人员利用航空地图、磁罗盘、计算尺、时钟等工具和他们的天文、地理、数学知识，根据风速、风向计算航线角，结合地标修正航线偏差，这是最初的"空中领航"。

随着无线电技术的发展，各式各样的电子设备为飞行器提供精确的导航信息：有用于洲际导航的奥米加导航系统、适用于广阔海面的罗兰系统、用于近距导航的甚高频全向无线电信标导航系统，现在我国大型机使用的主流设备是VOR、惯导(IRU)和非常精确的全球卫星定位系统(GPS)。VOR是近距导航的主流，绝大多数现代军民用飞机都配备有VOR接收机。惯导使用的是真航向，长航线时有累计误差，极地使用时误差极大，所以现在一般使用2~3部惯导取平均值以减小误差。

8.1 自动定向机系统

自动定向机(automatic direction finder,ADF)也叫无线电罗盘,利用100~2 000kHz频段范围内的民用广播电台和专用的NDB电台(无方向导航台),方便地测量飞机与地面导航台的相对方位。它是最古老的电子导航设备,在一些没有仪表着陆系统的小机场附近,常建有廉价的"归航台",或称作无方向性信标台(non-directional beacon,NDB)如乌鲁木齐东远台(398kHz),西近台(212kHz),用作早期的导航和指引。其名称"无方向性"是指台站向各个方向发射的信号都是一样的,不像VOR那样有相位差别。飞机上的接收机ADF接收到NDB信号时,指针就指向NDB台站所在的方向。如果飞机径直朝台站飞去,指针就指着前方,当飞机飞过台站并继续往前飞,指针会转过180°指向后方。另外,ADF也可以接收民用广播电台的信号作为定向的参考。现代民用飞机通常装有两部定向机,其主要功能是测定飞机纵轴方向到地面导航台的相对方位角,进行向台(TO)或背台(FROM)飞行。此外,可利用ADF收听新闻和音乐。

ADF接收机计算出飞机到地面台的相对方位角(RB),即以飞机机头方向为基准顺时针转到飞机与地面台连线之间的夹角。该计算结果在无线电磁指示器(RMI)和导航显示器(ND)上显示。

ADF接收机还从地面台接收由音频信号调制的Morse电码信号,并将其输出到音频系统,用于对地面台的识别,如图8.1-1所示。

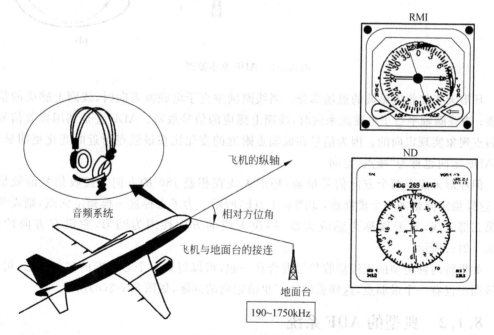

图8.1-1 ADF的功能

8.1.1 ADF 原理

ADF 系统利用两部天线接收来自地面台的电磁波。环形天线接收电磁波的磁场部分，感应天线（垂直天线）接收电磁波的电场部分，并将信号传送到 ADF 接收机。ADF 接收机利用这两个信号计算出相对方位信号，并且驱动 ND 和 RMI 上的指针指示出相对方位。

我们知道，将普通收音机旋转 360°时，可以感受到接收信号的强度发生变化。具体来说，在旋转 360°时，有两个方向上得到的声音最小，有两个方向上得到的声音最大。而普通收音机内部安装的是磁棒天线，它类似于环形天线，因此，利用环形天线可以找到电台的方位。其方向性图为"8"字形，如图 8.1-2(a)所示。

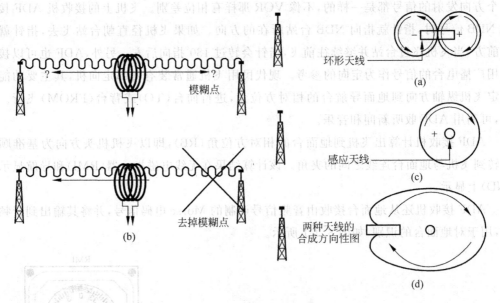

图 8.1-2 ADF 基本原理

环形天线接收电磁波的磁场部分。当线圈轴垂直于电磁波来向时，线圈上感应的信号最强；当线圈轴平行于电磁波来向时，线圈上感应的信号最弱。ADF 正是利用接收信号的最弱点现象实现定向的。因为信号在最弱点附近的变化比在最强点附近的变化更明显，所以 ADF 定向也称为"哑点"定向。

但环形天线有两个方向信号最弱，环形天线在相差 180°的方向上接收信号的效果一样，这样给定向带来一个模糊点，如图 8.1-2(b)所示。为了去掉这一模糊定向点，则需要使用第二部天线，该天线称为感应天线，感应天线的方向性图为圆形，它没有方向性，如图 8.1-2(c)所示。

如果将两种类型的天线接收信号混合在一起，可以得到一个心脏形的辐射图形，可见，在该图中仅有一个最弱点，这样就解决了单值定向的问题，如图 8.1-2(d)所示。

8.1.2 典型的 ADF 系统

典型的 ADF 系统的接收机位于电子设备舱，天线位于机身顶部。接收机的调谐既可以由 FMS 自动完成，也可以在 ADF 控制板上完成。ADF 接收机输出的相对方位角在导航显示器(ND)上显示,大多数飞机上还安装有无线电磁指示器(RMI)。在音频选择器(ACP)上选择 ADF 系统,可以收听地面台的音频识别信号,如图 8.1-3 所示。

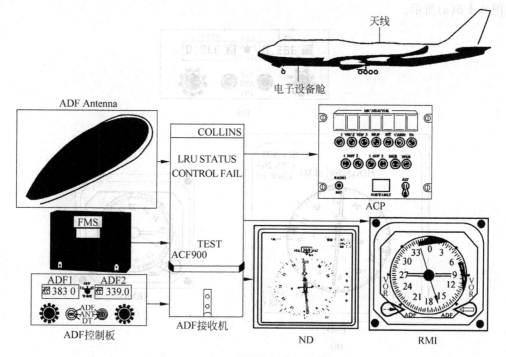

图 8.1-3　ADF 系统的组成与功能框图

现代飞机的 ADF 天线是一个固定的整体天线,其中包含一个感应天线和两个环形天线。环形天线不转动,它的两个线圈互相交叉绕在十字形铁心上,如图 8.1-4 所示。

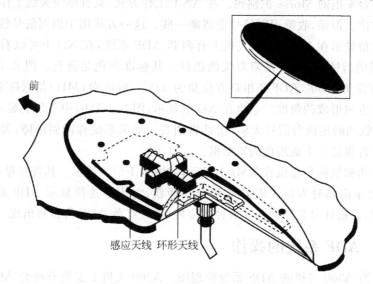

图 8.1-4　现代飞机的 ADF 天线

ADF 有两个工作方式,其一为定向(ADF)方式,工作在定向方式时,定向机可利用方向性天线(环形天线)和垂直天线(无方向性天线)的信号实现自动定向。另一个工作方式是天线方式(ANT方式)。当方式开关置于天线方式时,只有垂直天线所接收的信号可以输入接收机。定向机只能用以接收所选电台的信号,相当于一台收音机,不能定向。其控制板如图 8.1-5(a)所示。

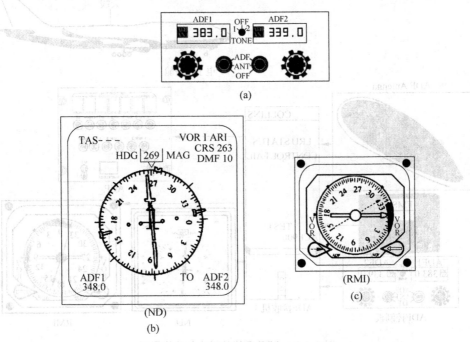

图 8.1-5 ADF 控制板和 ND/RMI 显示器

在 ADF 工作方式,系统具备所有的功能。它能计算出相对方位角,并且通过音频系统可以听到地面台发出的 Morse 识别码。在 ANT 工作方式,只有感应天线工作。因此,不能计算出相对方位。但是,收听识别信号更清晰一些。这一方式用于识别信号较弱的情况下。

相对方位角显示在 ND 上。在飞机上有两套 ADF 系统,在 ND 上可以看到两个指针。ADF 1 是单线的指针,ADF 2 是带双线的指针。其标准颜色是蓝色。图 8.1-5(b)所示的 ADF 1 相对方位角为 50°,ADF 2 相对方位角为 345°。磁航向(MH)是以磁北为基准顺时针旋转到机头方向形成的角度。它也在 ND 上显示,图 8.1-5(b)中 ND 上显示的磁航向是 269°。如果接收到的地面台信号太弱,指针将消失。如果系统探测到故障,警告旗将出现。在 ND 上的警告旗是一个琥珀色的矩形框。

相对方位角和航向信息也在 RMI 上显示,如图 8.1-5(c)所示。其背景盘指示出磁航向(MH),指针指示出相对方位。RMI 有两个选择钮,它用于选择显示 ADF 或 VOR 角度。当信号太弱时,其指针总是显示在 3 点钟的位置,并且红色 ADF 警告旗出现。

8.1.3 ADF 系统的操作

图 8.1-6 为 A300 飞机的 ADF 系统原理图。A300 飞机上安装有两套 ADF 系统,分别用于提供机长位以及副驾驶位的显示中。在 ADF 控制面板上可设置两个频率。每次仅有一个频率工作,另外一个频率可以设置以后使用。ADF 音频信号可以使用音频选择器面板上的控制器,在飞行内话装置或音频系统上进行监控。ADF 故障警告可由 ADF RMI 上琥

珀色的 ADF 1 或 ADF 2 提供。ADF 系统的控制面板如图 8.1-7 所示。

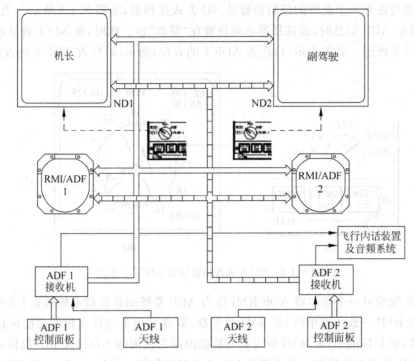

图 8.1-6 ADF 系统原理图

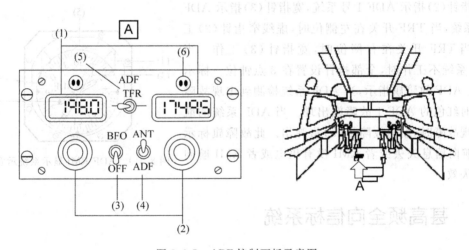

图 8.1-7 ADF 控制面板示意图

NDB 频率可在 ADF 控制面板上设置。在控制面板上(1)是频率显示窗，用以显示所选择的 NDB 频率。旋钮(2)是频率选择器旋钮，其由三部分组成：内旋钮设置 kHz 的小数及整数、中旋钮设置十分之千赫以及外旋钮设置百分之千赫。开关(3)是 BFO(拍频振荡器)/OFF 开关，当开关设置在 BFO 位置时，用于接收音频信号进行信标识别。当开关设置在 OFF 位时，BFO 断电。开关(4)是 ANT(天线)/ADF 开关，其设置在 ANT 位代表 ADF 工作在天线工作方式，仅接收音频而无需确定方向时使用。ADF 位代表 ADF 系统工作在定向模式，用以指示 NDB 方向。开关(5)是 TRF 开关，该开关的作用是在选择的 NDB 1 和

NDB2 之间进行转换。所选择的系统用传输灯(6)进行表征。

ADF 系统还有一个重要的控制面板是 ND 方式选择器,如图 8.1-8 所示。当机组需要在 ND 上显示 ADF 信息时,该选择器必须设置在"罗盘"位。此时,在 ND 上将显示 ADF 指示,如图 8.1-8 所示。其中指示(1)代表 ADF 1 的方位,指示(2)代表 ADF 2 的方位。

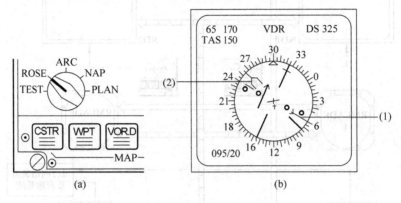

图 8.1-8 ND 方式选择器以及 ND 显示方式

ADF 系统的另一个指示器 ADF RMI 作为 ADF 系统的备份指示如图 8.1-9 所示,机长和副驾驶的 RMI 一致。其中(1)是 RMI 的罗盘,罗盘是用来表征飞机的磁航向信息,为了提高可靠性,机长位的 ADF RMI 所需要的数据由副驾驶侧的 ND 以及 IRS 提供,副驾驶位的 ADF RMI 所需要的数据由机长侧的 ND 以及 IRS 提供。指针(2)和(3)是 ADF 指针,其中窄指针(2)指示 ADF 1 号系统,宽指针(3)指示 ADF 2 号系统,当 TRF 开关在左侧位时,虚线窄指针(2)工作。当 TRF 开关在右侧位时,宽指针(3)工作。当 ADF 系统不工作时,全部指针设置在 3 点钟位。标示(4)是 ADF 故障旗指示,当 ADF 系统检测到出现故障情况时红色的 ADF 1 故障旗出现。当 ADF 系统的航向出现故障时,航向故障旗(5)将弹出。此故障旗标示 IRS 航向信息失去或者 RMI 没有供电或者 RMI 航向指示失效。

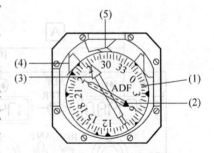

图 8.1-9 ADF RMI 显示系统示意图

8.2 甚高频全向信标系统

甚高频全向无线电信标导航系统(very high frequency omnidirectional and radio range,VOR)是世界上最多、最主要的无线电导航点。它的工作频率在 108.0~117.95MHz。VOR 台站发射机发送的信号有两个:一个是相位固定的基准信号;另一个信号的相位是变化的,同时像灯塔的旋转探照灯一样向 360°的每一个角度发射,向各个角度发射的信号的相位都是不同的,飞机上的 VOR 接收机根据所收到的两个信号的相位差就可判断飞机处于台站的哪一个方位上。由于 VOR 的无线电信号与电视广播、收音机的 FM 广播一样,是直线传播的,会被山峰等障碍物阻隔,所以即使距离很近,在地面也很少能接收到 VOR 信号,通常要飞高至离地 2 000~3 000ft(1ft=0.304 8m)才收到信号,其作用距离与飞机高度等有关,其最大作用距离为300~500km,飞得越高,接收的距离就越远。在18 000ft以下,VOR最大接收距离约在40~130n mile之间,视障碍物等因素而定。在18 000ft以上,最大接收距离约为130n mile。因此,它属于甚高频近程无线电导航系统。

许许多多的VOR台站相隔一定距离成网络状散点分布,当飞机上的接收机收到VOR信标的信号,飞行人员就可通过RDMI(无线电磁罗盘指示器)判断出飞机与该发射台站的相对位置,如果台站信号是带测距的(DME),还可知道飞机与台站的距离,从而确定飞机当前的位置,并知道应以多少度的航线角飞抵目的地。

VOR导航与同样是测向导航设备的ADF相比,VOR具有以下特点:第一,ADF采用地面无方向性天线发射,机上采用方向性天线接收的方法测向,VOR则采用地面导航台用方向性天线发射,机上采用无方向性天线接收的方法测向。第二,VOR导航系统可以直接提供飞机的方位角,相对于地面导航台,而无需航向基准,且测向精度高于ADF。

综合上述分析,VOR系统的主要功能是对飞机进行定位。VOR机载设备测出从两个已知的VOR台到飞机的磁方位角,便可得到两条位置线。根据位置线相交定位原理即可确定飞机的地理位置。VOR台通常和测距台(DME)安装在一起(利用VOR测量飞机磁方位角,利用DME测量飞机到VOR/DME台的距离)也可确定飞机的地理位置。VOR导航系统的第二个功能是沿选定的航路导航。飞机沿预选的航道飞向或飞离VOR台,通过航道偏离指示指出飞机偏离预选航道的方向和角度,以引导飞机沿预选航道飞往目的地。

8.2.1 VOR系统原理

在解释VOR导航系统的工作原理之前,首先需要解释两个概念。第一个概念是VOR方位,VOR方位是指飞机所在位置的磁北方向顺时针测量到飞机与VOR台连线之间的夹角,是以飞机为基准来观察VOR台在地理上的方位。第二个概念是飞机磁方位,飞机磁方位是从VOR台的磁北方向顺时针测量到VOR台与飞机连线之间的夹角,是以VOR台为基准来观察飞机相对VOR台的磁方位。VOR方位与飞机磁方位如图8.2-1所示。

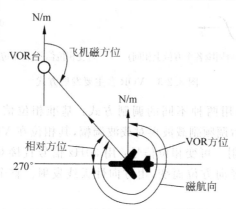

图8.2-1 VOR方位与飞机磁方位示意图

VOR的工作原理与灯塔的工作相似。灯塔由闪亮光束和以一定速度旋转的光束两个可视信号组成。闪亮信号在每个方位都可以看到,而旋转光束只有在照射到某个方位上时,该方位上的光强度才最强。假设在旋转光束指向磁北时,闪亮信号闪烁。那么,将闪亮与旋转光束直射到某点时所用的时间测量出来,就可以确定该点相对于灯塔的方位。

VOR 地面台也发射两个信号。一个是基准信号,它向所有方向发射,就像灯塔的闪亮信号一样。第二个信号被称为可变信号,它相当于灯塔上发出的旋转光束,如图 8.2-2 所示。

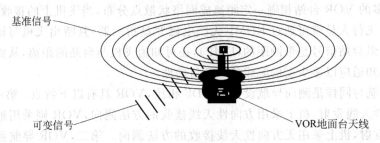

图 8.2-2 VOR 地面台的发射信号

VOR 接收机比较上述两个无线电信号,从而计算出飞机相对于 VOR 台的方位。为了便于理解,我们将 VOR 台向四周发射的电磁波称为射线,在图 8.1-8(a)所示的例子中,飞机位于 240°射线上。这一角度是从 VOR 台观察飞机得到的角度。注意:0°射线指向磁北。

VOR 导航系统的发射电台的主要发射方式如图 8.2-3 所示。

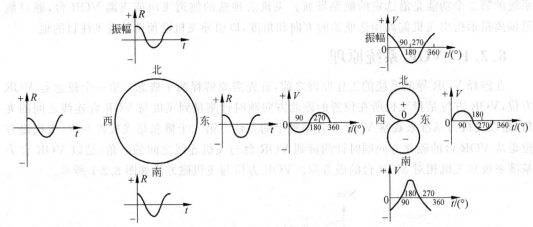

基准相位信号(其相位在VOR台周围各个方位上相同)　　可变相位信号(其相位随VOR台的径向方位而变)

图 8.2-3 VOR 台主要发射方式

VOR 台发射信号采用两种不同的调制方式:基准相位信号,首先用 30Hz 信号对 9 960Hz 的副载波调频,后调频副载波再对载波调幅,其相位在 VOR 台周围 360°方位上均相同,由无方向性天线发射。可变相位信号:用 30Hz 信号直接对载波(108~118MHz)调幅,其相位随 VOR 台的径向方位而变,由方向性天线发射。整个发射台的合成辐射场如图 8.2-4 所示。

在驾驶舱中,RMI/ND 指示器指示的角度是从飞机观察 VOR 台的角度,即 VOR 方位角。该角度总与射线相差 180°。因此,在本例中,VOR 方位角是 60°,如图 8.2-5(b)所示。在 RMI 上双线指针的箭头指示出 VOR 方位角。其末端指示出射线的角度。

在先进飞机上采用 ND 显示 VOR 方位角。图 8.2-5(d)中的绿色单线指针是 VOR 1 号指针,其指示出的 VOR 方位角为 255°。

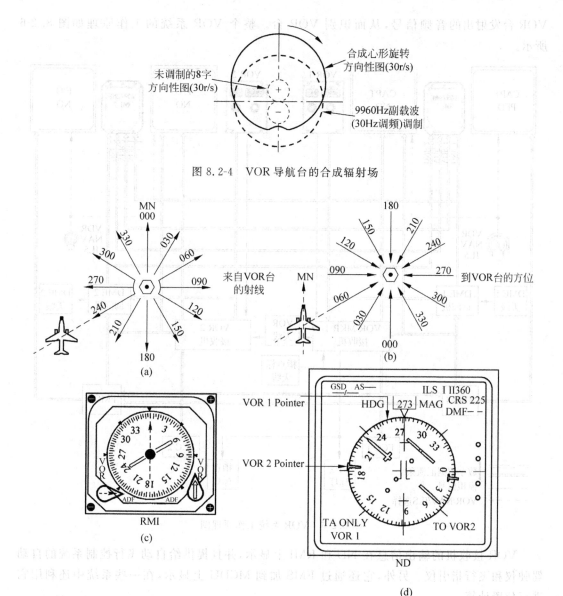

图 8.2-4 VOR 导航台的合成辐射场

图 8.2-5 VOR 方位角的含义及指示

注意：VOR 方位角与飞机的航向无关。VOR 方位角（VORB）与磁航向（MH）和相对方位角（RB）存在如下关系：

$$VOR 方位角（VORB）= 磁航向（MH）+ 相对方位角（RB）$$

8.2.2 典型 VOR 系统的结构与操作

在大型商业飞机上安装有两套 VOR 系统，每套系统都有接收机，它们安装在电子设备舱，其调谐既可以通过 FMS 自动完成，也可以在相应的 NAV 控制板上人工完成。VOR 系统天线位于垂直安定面上。两个 VOR 系统共用一套位于垂尾顶部的 VOR 天线。当飞机接通电源后，VOR 系统自动通电。飞行员可以利用音频选择器面板选择 VOR 开关，接受

VOR 台发射出的音频信号,从而识别 VOR 台。整个 VOR 系统的工作原理如图 8.2-6 所示。

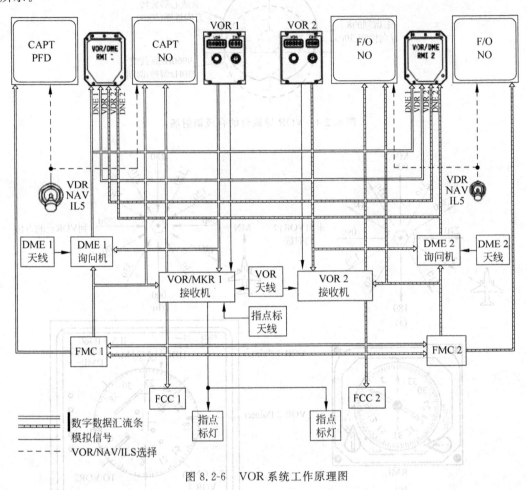

图 8.2-6 VOR 系统工作原理图

VOR 接收机的输出信息在 ND 和 RMI 上显示,并且提供给自动飞行控制系统的自动驾驶仪和飞行指引仪。另外,它还通过 FMS 加到 MCDU 上显示,在一些系统中还利用它进行位置计算。

VOR 接收机将从地面台接收到音频信号输出到音频系统,驾驶员可以听到 VOR 台识别信号。另外,在大型机场还提供航站自动情报服务(ATIS)信息,因此,驾驶员还可以听到 VOR 台发射的语言交通信息和气象报告。

目前,有两种类型 VOR 地面台。一种是基本 VOR 台,另一种是多普勒 VOR 台,它是由基本 VOR 天线组成的天线阵,其造价很高,但工作性能比较好,它能消除例如山峰或高大的建筑物产生的信号反射的影响。

每个 VOR 系统的接收机配备有一块 VOR/DME 控制面板,该面板一般安装在中央操纵台前部,VOR/DME 控制面板整体如图 8.2-7 所示。

当飞行员通过 VOR 控制面板选择了相应的 VOR 发射台的频率后,1 号和 2 号 VOR 原始数据显示在机长和副驾驶的 VOR/DME RMI 上,如图 8.2-8 所示。

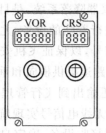

图 8.2-7　VOR/DME 控制面板示意图

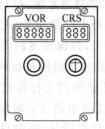

图 8.2-8　VOR RMI 显示图

VOR 信息同样也可以在"罗盘"或"弧度"方式下显示在 ND 上。一般情况下 1 号 VOR 供给机长的 ND，2 号 VOR 供给副驾驶的 ND 上。当飞机的自动飞行方式设置在 NAV 或 ILS 位时，相关的 VOR/DME 可以由相应的 FMS 自动调谐。虚线显示在有关的 VOR 控制面板上。此时 VOR 控制面板不能用于进行 VOR/DME 频率选择。

VOR 导航系统可以通过在"FMS 进展"页上选择 VOR/DME 频率可进行远距离调谐。当 VOR/DME 在"FMS 进展"页上进行人工调谐时或者 VOR/NAV/ILS 开关保留在 VOR 位，FMS 将尽可能长时间地使用人工调谐的 VOR-DME，用于位置更新。若在"进展"页上没有重新选择自动调谐或若 VOR/NAV/ILS 开关没有改变位置为 NAV 位，那么将发生 FMS 导航精度的等级下降。若 VOR/NAV/ILS 开关在 VOR 位，那么相关的 VOR 接收机将以 VOR 控制面板上的设置频率进行人工调谐。飞行导航模式开关以及 VOR 频率选择方式如图 8.2-9 所示。

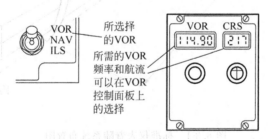

图 8.2-9　VOR 控制面板示意图

通过 VOR 控制面板主要用于人工选择 VOR 接收天线的调谐频率。VOR 频率可以从 108.00~117.95MHz 间来进行选择，其选择间隔是 0.05MHz。当 VOR 系统检测到故障时，VOR 故障可由 VOR/DME RMI 和 ND 上的红色警告旗来指示。同时，VOR/DME 信息也提供给相关的 FMC 和 FCC。两个 VOR/DME 系统和指点标系统可以通过在维护面板的"电子系统测试"部分上的 1 号和 2 号"VOR/指点标测试"按钮开关来测试。

8.3　仪表着陆系统

现代商业航空运输业主要采用大型客机作为运输工具。大型客机主要体现在飞机吨位大、速度大、安全责任大。因此有一种安全可行的辅助着陆系统来减轻飞行员的操纵负荷，提高飞行的安全性是必须的。而且由于天气的能见度的问题，这种系统可以说对航班运输的经济性、安全性也是至关重要的,在此基础上,现代民用航空系统一般安装有仪表着陆系统。

仪表着陆系统(instrument landing system,ILS)又译为仪器降落系统,是目前应用最为广泛的飞机精密进近和着陆引导系统。它是一种引导飞机进行着陆的设备,尤其是在气象条件恶劣或能见度差的条件下,为驾驶员提供着陆的引导信号,以保证飞机安全进近和着陆。系统利用来自地面航向和下滑台发射的信号为飞机对准跑道提供横向和垂向的位置偏差数据,其输出在显示器上显示。为完成自动着陆,该数据还输出到飞行管理系统(FMS)和自动飞行控制系统(AFS)。它的作用是由地面发射的两束无线电信号实现航向道和下滑道指引,建立一条由跑道指向空中的虚拟路径,飞机通过机载接收设备,确定自身与该路径的相对位置,使飞机沿正确方向飞向跑道并且平稳下降高度,最终实现安全着陆。仪表着陆系统的布置如图8.3-1所示。

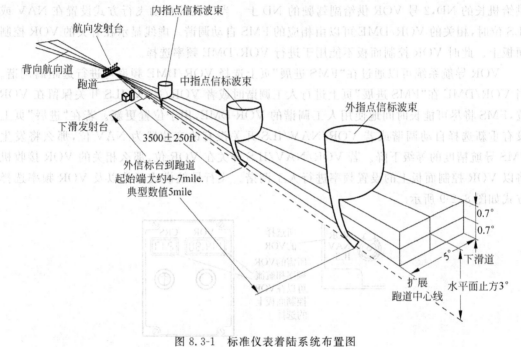

图 8.3-1　标准仪表着陆系统布置图

仪表着陆系统是飞机进近和着陆引导的国际标准系统。全世界的仪表着陆系统都采用ICAO(国际民航组织)的技术性能要求,因此所有配备盲降的飞机在全世界任何装有盲降设备的机场都能得到统一的技术服务。

仪表着陆系统通常由一个甚高频(VHF)航向信标台、一个特高频(UHF)下滑信标台和几个甚高频(VHF)指点标组成。航向信标台给出与跑道中心线对准的航向面(LOC),下滑信标给出仰角的下滑面(G/S),这两个面的交线即是仪表着陆系统给出的飞机进近着陆的准确路线。飞机从建立盲降到最后着陆阶段,若飞机低于盲降提供的下滑线,盲降系统就会发出告警。

仪表着陆系统根据地面台的精度,机载设备的分辨能力以及机场的净空条件,跑道视程等因素,国际民航组织将仪表着陆系统分为三类。用跑道视程和决断高度两个量来表示。跑道视程(RVR)是在跑道中线上飞行的飞行员能看清道面标志或跑道边线灯或中线灯的最大距离。决断高度(DH)是机轮高于跑道平面的高度。在这个高度上,除非已获得足够的目视参考,且根据飞机位置和进近轨迹来判断能满意地继续安全进近和着陆,否则,必须复飞。

根据盲降的精密度,盲降给飞机提供的进近着陆标准不一样,因此盲降可分为Ⅰ、Ⅱ、Ⅲ类标准。

CAT Ⅰ的天气标准是前方能见度不低于800m(0.5mile,1mile=1 609.344m)或跑道视程不小于550m,着陆最低标准的决断高度不低于60m(200ft),也就是说,Ⅰ类盲降系统可引导飞机在下滑道上,自动驾驶下降至机轮距跑道标高高度60m的高度。若在此高度飞行员看清跑道即可实施落地,否则就得复飞。

CAT Ⅱ的标准是前方能见度为400m(1/4mile)或跑道视程不小于350m,着陆最低标准的决断高度不低于30m(100ft)。同Ⅰ类一样,自动驾驶下降至决断高度30m,若飞行员目视到跑道,即可实施着陆,否则就得复飞。

CAT Ⅲ的天气标准指任何高度都不能有效地看到跑道,只能由驾驶员自行作出着陆的决定,无决断高度。

此外,CAT Ⅲ又可细分为CAT Ⅲ A、CAT Ⅲ B以及CAT Ⅲ C。

Ⅲ A类的天气标准是前方能见度200m(700ft)、决断高低于30m或无决断高度,但应考虑有足够的中止着陆距离,跑道视程不小于200m;

Ⅲ B类的天气标准是前方能见度50m(150ft),决断高度低于15m或无决断高度,跑道视程小于200m但不小于50m,保证接地后有足够允许滑行的距离;

Ⅲ C类无决断高度和无跑道视程的限制,也就是说在"伸手不见五指"的情况下,飞机凭借盲降引导可自动驾驶安全着陆滑行。目前ICAO还没有批准Ⅲ C类运行。原因之一是暂时不知道飞机落地后,怎么找到联络道脱离跑道。

更精确的数值取决于跑道和飞机的类型。当驾驶员在决断高度上没有看到跑道时,就必须人工复飞。决断高度也称为最低高度,它由无线电高度表测量,如图8.3-2所示。

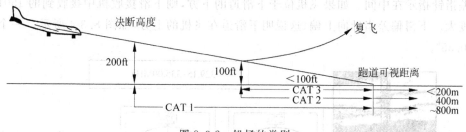

图8.3-2 机场的类别

一个完整的仪表着陆系统包括方向引导、距离参考和目视参考系统。方向引导系统通过航向台以及下滑台实现。航向台(localizer,LOC/LLZ)位于跑道进近方向的远端,波束为角度很小的扇形,提供飞机相对于跑道的航向道(水平位置)指引。航向台的发射频率为108.10~111.95MHz,左波瓣用90Hz调制,右波瓣用150Hz调制。有40个频道。发射机发射的信号通过方向性天线阵向空间辐射出两个波瓣,其交汇处对准跑道中心线。发射机房和天线位于跑道末端。

当飞机下降在跑道中心线上时,航向接收机接收到的两个调制信号的幅度相同,它驱动航向偏差指针指示在中间。如果飞机位于跑道中心线的左侧,则航向接收机中接收到的

90Hz信号幅度大。航向偏差指针向右偏,这说明跑道中心线在飞机的右边,在显示器上,一个点表示1°偏差,如图8.3-3所示。

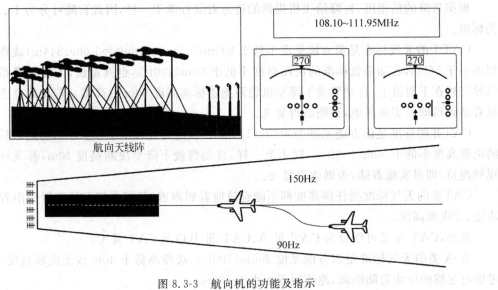

图8.3-3 航向机的功能及指示

在进近末端,航向偏差显示变为扩展显示,仅有两个偏差点,一个点表示0.5°偏差。下滑台(glide slope,GS 或 glide path,GP),位于跑道入口端一侧,通过仰角为3°左右的波束,提供飞机相对跑道入口的下滑道(垂直位置)指引。下滑台的发射频率为329.15～335.00MHz,上波瓣用90Hz调制,下波瓣用150Hz调制。有40个频道。两个波瓣的交界处形成了2.5°～3°的下滑道。地面台位于跑道旁边大约300m,在跑道始端平面之上。

当飞机飞在下滑中心线上时,下滑接收机接收到的两个调制信号的幅度相同,它驱动下滑偏差指针指示在中间。如果飞机位于下滑道的下方,则下滑接收机中接收到的150Hz信号幅度大。下滑偏差指针向上偏,这说明下滑道在飞机的上方,如图8.3-4所示。一个点通常为0.35°。

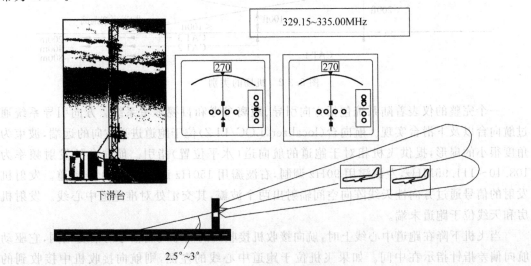

图8.3-4 下滑机的功能及指示

ILS系统的另一个重要子系统是距离参考系统,该系统由三个导航指点标(marker beacon)组成。距离跑道从远到近分别为外指点标(OM)、中指点标(MM)和内指点标(IM),提供飞机相对跑道入口的粗略的距离信息,通常表示飞机在依次飞过这些信标台时,分别到达最终进近定位点(FAF)、Ⅰ类运行的决断高度、Ⅱ类运行的决断高度。

有时测距仪(distance measuring equipment,DME)会和仪表着陆系统同时安装,使得飞机能够得到更精确的距离信息,或者在某些场合替代指点标的作用。应用DME进行的ILS进近称为ILS-DME进近。

指点信标系统(MB)属于仪表着陆系统,其作用是:当飞机飞过信标发射台时,为驾驶员提供视觉和听觉信号以提示机组人员已经接近着陆跑道。在早期,地面上有三个信标台,即外信标台、中信标台和内信标台。所有信标机的发射频率都是75MHz。

外信标机(OM)位于离跑道大约7km处。其发射频率用400Hz的音调调制。当飞机飞过其上空时,在驾驶舱信标板上的蓝色灯亮,并听到400Hz的Morse码识别声音。

中信标机(MM)位于离跑道大约1000m处。发射信号用1300Hz的音调调制,在信标板上,琥珀色灯亮,并听到1300Hz的音调。

内信标机(IM)位于离跑道大约300m处,发射信号用3000Hz的音调调制。在信标板上的白色灯亮,并能听到3000Hz的音调声,如图8.3-5所示。

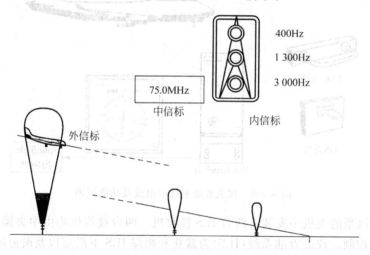

图8.3-5 指点信标机的功能

在飞机着陆过程的最后阶段,飞行员要获得足够多的目视参考是非常重要的。因此跑道视程对于飞行员来讲是保证安全着陆的重要环节。跑道视程是决定飞行员能够获得足够目视参考的关键因素。跑道视程由自动仪器在沿跑道的三个位置,包括接地区、中点和停止端进行测量,同时视程能够自动显示,使RVR的变化能在15s内传递给飞行员,接地区RVR必须随时传递,而另外的两个位置的RVR通常只在要求时传递,或当一个或两个RVR值达到下列值时传递:小于接地区且小于800m或小于400m。

另外决断高度的高低对于商业飞行也很重要。由于商用飞机的质量很大,涡轮发动机的加速性差,而且是飞机在着陆外形下,阻力系数较大。因此一旦进近不成功,飞机能否安全地由下降转入稳定的上升,DH的高度也是很关键的。DH设定过高,飞机复飞的成功率就会增加,安全性能也会提高,但是过高的DH将会影响到航班的准时性,降低航空公司的经济效益,增加机场的指挥难度。所以对于DH的制定应该是可以保证各型飞机在最大着陆质量下,在排除了气温、机场标高、风以及可能遇到单发的影响后可以转入稳定上升的最小高度,这样才会使飞机的安全性和经济性有效结合起来。ILS下滑信号是保证飞机能否正确引导至跑道入口的关键因素。因此,为了保证ILS信号的不受其他干扰,在执行Ⅱ类的机场都设置有ILS的临界区和敏感区。临界区是在航向信号和下滑信标附近的一个规定的区域,在ILS运行过程中车辆、航空器不得进入该区域,以防止对ILS信号造成不能接受的干扰。ILS敏感区则是临界区延伸的一个区域,在ILS运行过程中车辆、航空器的停放和活动都必须受到管制,以防止可能对ILS空间信号的干扰。

在大型商用飞机上有两套或三套ILS系统,每套系统都由天线、接收机和输出接口(到显示器和自动飞行控制系统)组成。

航向和下滑天线通常位于机头整流罩内。由于航向天线的工作频率低,而下滑天线的工作高,所以,航向天线尺寸大,下滑天线尺寸小。在一些飞机上,VOR天线也作为航向系统的天线。因为它们处于同一个频段。另外,一部ILS接收机内包括航向/下滑接收机,如图8.3-6所示。

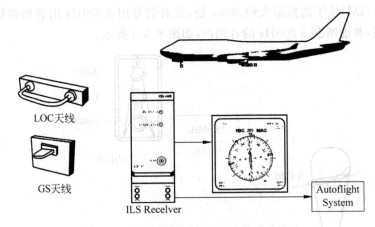

图8.3-6 仪表着陆系统的组成及功能框图

在A300机型的飞机中安装有两台ILS接收机。两台接收机均由中央操纵台上单一的ILS控制板所控制。仪表着陆系统(ILS)为截获和跟踪ILS下滑道以及航道波束提供引导。航道天线以及下滑道天线安装在雷达罩内部,用以提供接收信号至接收机。ILS可以通过在ILS控制板上设置航道频率和航迹来调谐。同时下滑道和航道偏离显示在PFD和ND上,当机长的VOR/NAV/ILS开关在ILS位时,机长的PFD显示来自1号ILS接收机的信息,机长的ND显示来自2号ILS接收机的信息。同样,当副驾驶的VOR/NAV/ILS开关在ILS位时,副驾驶的PFD显示来自2号ILS的信息,其ND显示来自1号ILS接收机的信息。

需要注意的是,当ILS系统的接收机失效时,红色的"航道"或"下滑道"警告将显示在ILS偏差标尺上。此时,如果自动飞行系统接通在"着陆"方式时,系统将自动转化为垂直速度和航向方式。整个仪表着陆系统的功能原理图如图8.3-7所示。

ILS的控制器和指示器如图8.3-8所示。其中(1)是ILS频率显示窗口,该窗口显示所选择的ILS频率(108.10～111.95MHz)。窗口(2)航道航迹显示窗口,当ILS系统完成频

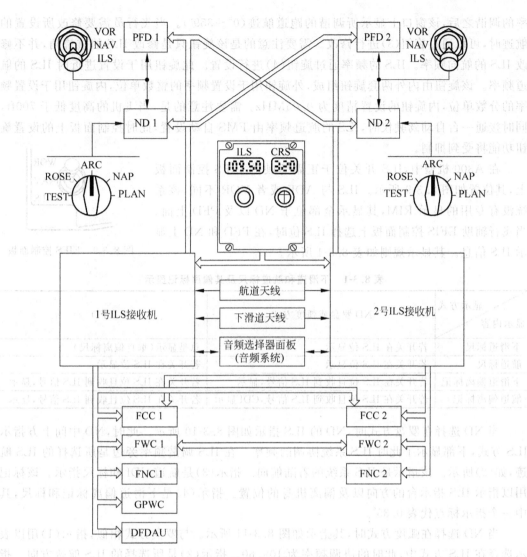

图 8.3-7 ILS 系统原理框图

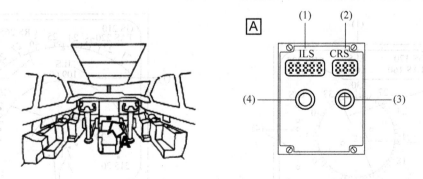

图 8.3-8 ILS 控制器

率的调谐之后,该窗口上显示所调谐的跑道航迹(0°～359°)。当飞行员需要修改所设置的航迹时,可以通过旋钮(3)进行修改。需要注意的是该旋钮只是修改 ILS 的航迹角,并不修改 ILS 的航向频率。ILS 的频率通过旋钮(4)进行设置。此旋钮用于设置进近时 ILS 的航道频率。该旋钮由内外两套旋钮组成,外旋钮用于设置频率的整数单位,内旋钮用于设置频率的分数单位,内旋钮的设置精度为 0.05MHz。需要注意的是,当飞机的高度低于 700ft,同时接通一台自动驾驶仪时,ILS 的航道频率由 FMS 自动设置,此时控制面板上的设置旋钮功能将受到抑制。

在 A300 机型中,ILS 开关位于正副驾驶的 EIFS 控制面板上,其位置如图 8.3-9 所示。ILS 与 ADF 或者 VOR 不同,该系统没有专用的显示 RIM,其显示全部位于 ND 以及 PFD 上面。当飞行辅助 EFIS 控制面板上选择 ILS 位时,在 PFD 和 ND 上显示 ILS 信息。其显示规则如表 8.3-1 所示。

图 8.3-9 EIFS 控制面板

表 8.3-1 下滑道和航道标尺及其偏离标记显示

显示方式 显示内容	ND 罗盘或弧度方式	PFD
下滑道标尺	若开关在 ILS 位显示	总是显示(垂直偏离标尺)
航道标尺	若开关在 ILS 位显示	若开关在 ILS 位显示
下滑道偏离标记	若开关在 ILS 位且收到 ILS 信号,显示	若开关在 ILS 位且收到 ILS 信号,显示
航道偏离标记	若开关在 ILS 位且收到 ILS 信号,CDI 显示	若开关在 ILS 位且收到 ILS 信号,显示

当 ND 选择在罗盘方式时,ND 的 ILS 指示如图 8.3-10 所示。此时,ND 中间上方指示 ILS 方式,下部显示了此时 ILS 系统协调的频率。在 ILS 调谐频率旁边是所选择的 ILS 航迹,如(2)所示。该指示是 ILS 系统的着陆航向。指示(3)是航道 CDI 和标尺指示。该标记用以指示 ILS 指示台的方向以及偏离机身的位置。指示(4)是下滑道偏离标记和标尺,其中一个指示标点代表 0.35°。

当 ND 选择在弧度方式时,其指示如图 8.3-11 所示。与罗盘方式相似,指示(1)用以表示选择在 ILS 方式中,此时的协调频率为 109.60。指示(2)是所选择的 ILS 航迹方向。指示(3)是下滑道偏离标记标尺,(4)是航道 CDI 和标尺

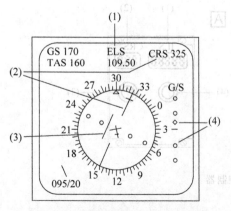

图 8.3-10 ILS 的罗盘显示方式

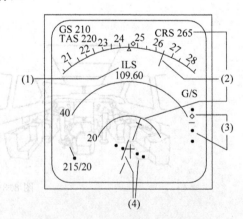

图 8.3-11 ILS 的弧度显示方式

8.4 全球定位系统

目前的无线电导航系统基本都是在第二次世界大战期间及以后逐渐发展起来的,设备技术不断改进,而系统原理基本保持不变。陆基无线电导航系统最重要的两个性能参数是导航信号覆盖范围和产生的定位精度,两者常常不可兼得,即覆盖范围很大的系统,其导航精度和导航数据的更新速率常常较低,而提供高导航精度的系统往往只有有限的覆盖范围。造成这种效果的原因是:如果选择大的覆盖范围,则只能选择很低的信号发射频率,使电波在地球表面与电离层之间形成的"大气波导"中来回反射,可传到很远的地方,但由于低频电波传播受到电离层变动、地表导电性能变动的影响,精度难以保持高水平。另一种选择是用较高的频率,此时可以设计出具有较高精度的导航系统,但高频电波沿直线传播而且要穿透电离层,并且地球表面弯曲和地形起伏,因此一个导航台只能覆盖小的区域。

卫星导航系统的出现,彻底解决了这一对矛盾。导航台搬到了外层空间的卫星上,单台覆盖面积很大,多颗卫星组成卫星网就可以覆盖全球。而发射的电波频率很高,可以顺利穿过电离层,提供高的导航精度。

全球定位系统 GPS 是一种基于卫星、长距离、全球性的导航系统。GPS 是一种全天候的无线电导航系统,它不受静电云团等气象干扰,通过收、发无线电信号可为用户提供精确的定位和时间基准等。GPS 不仅适用于飞机等航空航天飞行器,也适用于地面汽车、人群、海上船只等的定位和导航。使用 GPS 系统的飞机,可以引导飞机在起飞、巡航、进近、着陆等各个阶段沿预定的航线准确地飞行。此外,卫星导航系统还可以综合用于通信、交通管制、气象服务、地面勘测、搜救、授时等军事、民用方面的应用。

典型的全球定位系统包括 21 颗工作卫星和 3 颗备用卫星,其工作轨道位于地球上空 10 900n mile。每个卫星绕轨道一周需要 12h,如图 8.4-1 所示。

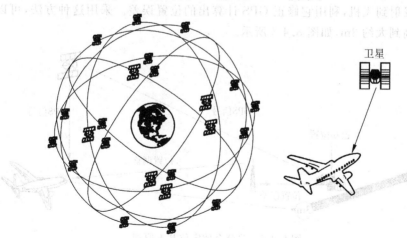

图 8.4-1　全球定位系统示意图

每颗卫星向外发射包括传输时间在内的信号。机载 GPS 组件比较信号的接收时间与发射时间,并计算出这一信号的传输时间。通过这一传输时间,就能确定飞机到卫星的距离。因为无线电信号在空间传播的速度是光速。

当机载 GPS 能收到至少 4 颗卫星的信号时,它就能计算出飞机所在位置的纬度、经度和高度。因为 GPS 中存储了所有卫星的轨道位置数据,它也被称为星历,如图 8.4-2 所示。

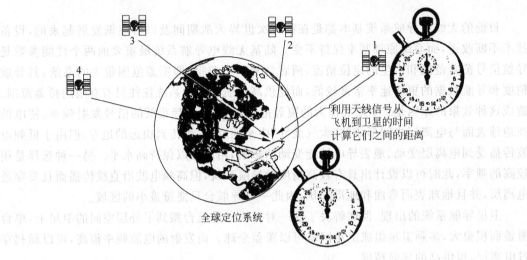

图 8.4-2　全球定位基本原理

GPS 提供两种服务,一种精确定位服务,用 PPS 表示,它仅用于军事方面;另一种是标准定位服务,用 SPS 是表示,它用于民用航空。

GPS 使用的频率是 1 575.42MHz,其定位精度在 15～25m 之间。

在使用标准定位服务时,其 15m 的定位精度太低,这样,飞机不能利用 GPS 的定位数据着陆,定位精度太低这一不足,可以通过差分 GPS 进行改善,即 DGPS。

DGPS 是在机场上建造一个已知精确位置(纬度、经度、高度)数据的基准台,然后,利用 GPS 计算该基准台的位置,将已知位置数据与测量位置数据比较会产生位置误差。这一位置误差信号发射到飞机,利用它修正 GPS 计算出的位置误差。采用这种方法,可以使其定位准确度提高到大约 3m,如图 8.4-3 所示。

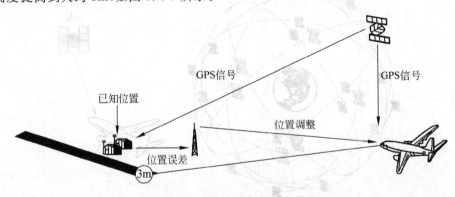

图 8.4-3　差分全球定位基本原理

在飞机上安装有两部 GPS。每部 GPS 都有一部安装于机身顶部的天线,它接收卫星信号。卫星信号传送到 GPS 接收机,GPS 接收机在对信号处理后,将其送到飞行管理系统进行导航计算,如图 8.4-4 所示。

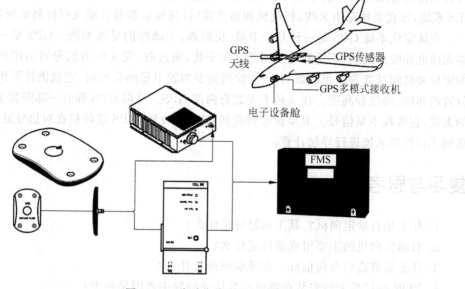

图 8.4-4 全球定位系统的组成

本章小结

现代民用航空导航系统主要采用 ADF 系统、VOR 系统和 GPS 系统。自动定向机（automatic direction finder，ADF）也叫无线电罗盘，利用 100~2 000kHz 频段范围内的民用广播电台和专用的 NDB 电台（无方向导航台），方便地测量飞机与地面导航台的相对方位。飞机上的接收机 ADF 接收到 NDB 信号时，指针就指向 NDB 台站所在的方向。如果飞机径直朝台站飞去，指针就指着前方，当飞机飞过台站并继续往前飞，指针会转过 180°指向后方。

ADF 系统利用两部天线接收来自地面台的电磁波。环形天线接收电磁波的磁场部分，感应天线（垂直天线）接收电磁波的电场部分，并将信号传送到 ADF 接收机。ADF 接收机利用这两个信号计算出相对方位信号，并且驱动 ND 和 RMI 上的指针指示出相对方位。典型的 ADF 系统的接收机位于电子设备舱，天线位于机身顶部。接收机的调谐既可以由 FMS 自动完成，也可以在 ADF 控制板上完成。

甚高频全向无线电信标导航系统的（VOR）是世界上最多、最主要的无线电导航点。它的工作频率在 108.0~117.95MHz 之间。VOR 台站发射机发送的信号有两个：一个是相位固定的基准信号；另一个信号的相位是变化的，同时像灯塔的旋转探照灯一样向 360°的每一个角度发射，向各个角度发射的信号的相位都是不同的，飞机上的 VOR 接收机根据所收到的两个信号的相位差就可判断飞机处于台站的哪一个方位上。在大型商业飞机上安装有两套 VOR 系统，每套系统都有接收机，它们安装在电子设备舱，其调谐既可以通过 FMS 自动完成，也可以在相应的 NAV 控制板上人工完成。

仪表着陆系统又称为仪器降落系统，是目前应用最为广泛的飞机精密进近和着陆引导系统。它是一种引导飞机进行着陆的设备，尤其是在气象条件恶劣或能见度差的条件下，为飞行员提供着陆的引导信号，保证飞机安全进近和着陆。在大型商用飞机上有两套或三套 ILS 系统，每套系统都由天线、接收机和输出接口（到显示器和自动飞行控制系统）组成。

全球定位系统 GPS 是一种基于卫星、长距离、全球性的导航系统。GPS 是一种全天候的无线电导航系统，它不受静电云团等气象干扰，通过收、发无线电信号可为用户提供精确的定位和时间基准等。当机载 GPS 能收到至少四颗卫星的信号时，它就能计算出飞机所在位置的纬度、经度和高度。在飞机上安装有两部 GPS。每部 GPS 都有一部安装于机身顶部的天线，它接收卫星信号。卫星信号传送到 GPS 接收机，GPS 接收机在对信号处理后，将其送到飞行管理系统进行导航计算。

复习与思考

1. 什么是自动定向机？其工作原理是什么？
2. 自动定向机的主要组成部件是什么？
3. 什么是甚高频全向信标？其导航原理是什么？
4. VOR 的接受天线安装在哪里？其接受的频率范围是多少？
5. 什么是仪表着陆系统？其主要可以提供哪两个方向的导航？
6. 盲降可分为哪几类？

飞行控制系统

本章关键词

自动飞行系统（AFS）　　　　　　　　飞行控制组件（FCU）
自动驾驶仪（AP）　　　　　　　　　　自动油门系统（ATS）

互联网资料

http://zh.wikipedia.org/wiki/飞行控制系统
http://wenku.baidu.com/view/88a28dc75fbfc77da269b148.html
http://wenku.baidu.com/view/e44dee1c227916888486d79f.html
http://www.cnki.com.cn/Article/CJFDTOTAL-HKDZ701.005.htm
http://cdmd.cnki.com.cn/Article/CDMD-10287-2010081429.htm
http://d.g.wanfangdata.com.cn/Thesis_Y1713561.aspx
http://d.g.wanfangdata.com.cn/Periodical_mlzg201232064.aspx

　　自从20世纪初世界上第一架飞机诞生以来，飞行员主要通过机械操纵系统操纵相应舵面对飞机进行控制。但是随着飞行任务的不断复杂化，不仅要求飞机的飞行距离远、高度高，而且还要求其具有良好的操纵品质。为了改善飞机的操纵品质，解除飞行员在长距离飞行中的疲劳，使其集中精力完成飞行任务，希望有一种系统能控制飞机实现自动飞行，并改善飞机的飞行特性。这种系统就是现代飞机上安装的飞行控制系统。

　　1912年，美国的艾莫尔·斯派雷和他的儿子制成了世界上第一套自动驾驶仪。该系统的作动器和测量飞机姿态角的姿态陀螺都是气动的。系统仅用来保持飞机平飞时俯仰角和滚转角的稳定。现代典型的自动飞行控制系统的发展是在第二次世界大战期间，当时，由于战争需要长距离的飞行，美国研制了功能完善的C-1电器式自动驾驶仪，可实现飞机的实际三轴姿态稳定。而在二次大战后期，德国研制了无人驾驶的飞行器。在这种全自动飞行的飞行器上，自动驾驶仪不仅用来稳定飞行器的姿态，而且还与飞行器上其他设备相配合控制飞机的航迹（如定高、自动下滑等）。第二次世界大战后，自动飞行得到了快速发展，自动驾驶仪与飞机上其他的航空电子设备相耦合，实现了飞机航迹的自动控制。

> 随着飞机飞行速度的增加，飞行包线的扩大，飞机自身稳定特性有所下降。因此20世纪50年代以后，阻尼器系统、飞行增稳系统和控制增稳系统开始用于飞机的飞行控制，使飞行控制系统的功能从单纯实现自动飞行逐步发展到用于改善飞机的性能和飞行品质。特别是20世纪70年代以后，随着微电子和计算机技术的发展，在控制增稳系统的基础上发展了电传操纵FBW系统，在保证飞行控制系统稳定安全的基础上，减小了飞机的质量。

9.1 飞行控制系统概述

飞行控制系统是飞机上传递操纵指令，驱动舵面运动的所有部件和装置的总和。该系统用于控制飞机的飞行姿态、气动外形、乘坐品质。相较于其他系统，飞行控制系统是联系飞行员与飞机的关键系统，飞行员通过操纵输入设备操纵飞机的各舵面和调整片，实现飞机绕纵轴、横轴和立轴旋转（见图9.1-1），控制飞机的飞行姿态和飞行轨迹。

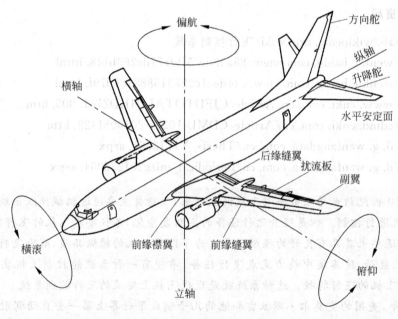

图9.1-1 飞机绕三个轴的转动

根据定义，飞行控制系统分为三个主要的子系统，即：中央操纵系统，其主要作用是用于产生操纵指令，包括手操纵机构和脚操纵机构；传动系统，用于将中央操纵系统产生的控制指令传递至驱动系统，驱动系统根据操纵指令驱动飞机进行运动；驱动系统，驱动系统的主要作用是实现飞机各个舵面的运动，保证飞机实现各种姿态的飞行以及正确的轨迹航向。表9.1-1列出了飞行操纵系统各环节的相关信息。

飞行操纵系统分类的方法较多，一般按照操纵信号来源、信号传递方式和驱动舵面运动方式三种方法分类。

9 飞行控制系统

表 9.1-1　飞行操纵系统构成

中央操纵机构 →	传动机构 →	驱动机构 →	舵面	
手操纵机构	机械传动	人力驱动	主操纵	副翼
				升降舵
	电动操作	液压助力		方向舵
脚操纵机构			辅助操纵	襟翼、缝翼
	光传操纵	电动助力		扰流板
				安定面

　　根据操纵信号的来源,飞机飞行操纵系统可以分为两大类:人工飞行操纵系统和自动飞行控制系统。人工飞行操纵系统,其操纵信号是由飞行员发出的;而自动飞行控制系统,其操纵信号是由自动控制系统产生。自动飞行控制系统对飞机实施自动和半自动控制,协助飞行员工作或自动抑制飞机对扰动的响应,如自动驾驶仪、发动机油门自动控制系统、结构振动模态抑制系统都属于自动飞行控制系统。

　　根据操纵信号传递的方式,操纵系统可以分为机械操纵系统和电传操纵系统。机械操纵系统的操纵信号由钢索、传动杆等机械部件传动;而电传操纵系统的操纵信号通过电缆传递至相应的驱动部件。目前正在研究的信号传递方式为光传操纵,操纵信号为在光缆中的光信号。

　　根据驱动舵面运动方式,操纵系统可分为简单机械操纵系统和助力操纵系统。简单机械操纵系统依靠飞行员体力克服铰链力矩驱动舵面运动,又被称为无助力操纵系统。简单机械操纵系统分为软式操纵系统和硬式操纵系统。简单机械操纵系统构造比较简单,主要由驾驶杆、脚蹬、钢索、滑轮、传动杆、摇臂等组成。

　　随着飞机尺寸和质量的增加,飞行速度的不断提高,即使使用了气动补偿,驾驶杆力仍不足以克服铰链力矩,20 世纪 40 年代末出现了液压助力器,实现了助力操纵。通过液压助力设备,可以有效地提高舵面的驱动效率,保证在一定的飞行速度下,可以有效地驱动舵面。目前飞机舵面的驱动装置除了常用的液压助力器外,还有电驱动装置。

　　另外,根据舵面类型不同,操纵系统还可分成主操纵系统和辅助操纵系统。主操纵系统包括副翼操纵、升降舵操纵和方向舵操纵;辅助操纵系统包括增升装置、扰流板操纵和水平安定面配平操纵。

　　由于目前飞机的飞行距离的加长及飞行时间的增加,如果全程使用人工飞行的方式进行飞行将大大加重飞行员的工作强度以及工作难度。因此目前几乎所有飞机都装有自动飞行控制系统(AFCS)。一个典型的自动飞行控制系统包括:自动驾驶仪(AP)、飞行指引系统(FD)、自动油门系统(ATS)、自动配平系统、偏航阻尼系统(YD)。另外,现代飞机都装有飞行管理系统(FMS),该系统的输出信号传送到自动飞行控制系统,完成飞机的制导和推力管理。典型的 AFCS 组成如图 9.1-2 所示。

　　现代自动飞行系统(AFS)的主要功能包括:首先,通过自动飞行系统,利用垂直以及横向制导,将飞机控制在所选择的飞行航迹上,增加飞机飞行的平稳性以及空中交通的安全性。其次,通过航空器空速传感器以及惯性传感器,得到现有飞行的速度和加速度信息,调节飞机实际姿态,控制飞机的飞行速度。最后,结合飞行航向指令以及飞行速度指令,得到航空器的发动机推力指令,实现发动机的推力控制。

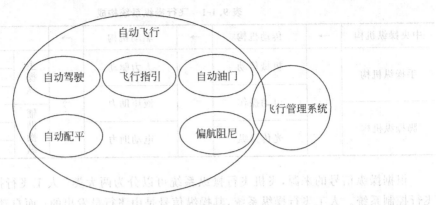

图 9.1-2 AFCS 的组成

通过自动飞行系统(AFS)不仅可以在人工飞行模式下对飞机的飞行姿态以及安全飞行进行保护,而且当自动驾驶仪在接通的情况下,可以对飞机所选飞行航迹目标进行自动控制。在自动驾驶仪接通的情况下,AFS 系统对整机拥有全权控制的能力,利用传感器反馈的信号对飞机的实际航行方向以及实际飞机姿态进行监控,保证飞机的飞行航路以及飞行姿态的正常。因此 AFS 系统不仅可以有效地保护飞机的安全飞行,降低飞行员的飞行强度和飞行难度,又可以进一步降低由于人为差错引起的飞行事故。同时,由于现代 AFS 系统完全与自动驾驶仪/飞行指引功能(AP/FD)和自动油门功能(ATS)合为一体,保证系统在正常的工作中可根据飞行控制系统的实际功能要求有效地对发动机以及航向进行控制。为防止由于计算机故障或者反馈传感器故障引起的系统操控超常,在任何情况下,飞行员都能选择所需要的控制模式,转回到 AP/FD 基本模式或人工飞行,保证在正常飞行的情况下获得最大的飞行可靠性。

9.1.1 自动飞行控制系统的组成

AFS 系统是现代民用航空器的重要功能性系统,其主要作用是减轻飞行员的工作难度以及工作强度,将飞行员重复以及繁重的飞机稳定性操纵的工作中解放出来,实现飞机的自动飞行以及航路管理。在不损失飞行的自主性的情况下,提高飞行的稳定性以及精确性。现代 AFCS 系统的主要部件是 FMS 计算机系统,当飞机处于人工操纵模式时,飞行员根据实际的飞机姿态和航路要求,通过飞行操纵手柄将飞机的要求指令转化为实际操纵杆的位移,位置传感器将位移转化为相应的电信号传递至 FMS 计算机;同时,飞机的各个姿态传感器将飞机的实际姿态转化为相应的姿态信息传递至 FMS 计算机系统;当飞行员的要求姿态与飞机的实际姿态有偏差时,FMS 系统输出相应的驱动信号至下游控制组件,实现飞机姿态的改变。

FMS 系统对于自动推力系统拥有控制权限,在飞机姿态动态改变时,FMS 系统通过传感器自动检测飞机的实际飞行状态,调节发动机的实际推力需求,改变发动机的实际转速,防止系统出现过度调整和接近失速上限等不安全情况。当飞机处于自动飞行模式时,飞行员只需通过自动飞行面板输入需要的飞行参数,FMS 根据输入的飞行参数自动调整航空器的实际飞行姿态,保证航空器航路稳定和航向正确。

如上所述,飞行控制系统一般有感知对象状态的传感器,数据处理和执行控制功能的计算机,操纵舵面运动的伺服作动系统,人机交互接口的控制与显示装置和机内自检等分系统组成。即典型的自动飞行控制系统一般包含下列5个子系统:

1. 飞行控制计算机子系统

飞行控制计算机子系统是整个飞行系统的核心部分。其主要的作用是系统数据的采集,余度管理,控制率计算等。飞行控制计算机系统通过采集飞行员指令和飞机运动参数后,按照指定的控制算法及逻辑产生控制指令,通过执行机构控制飞机运动,达到闭环控制的目的。

为保证飞行控制系统的任务可靠性和安全可靠性,现代飞行控制系统特别是电传飞行控制系统中,飞行控制计算机系统均采用余度技术。对于可靠性要求非常高的民用飞机飞行控制器,不但要采用多余度机构,还要采用非相似性余度技术,避免软件共性故障的发生。

20世纪60年代,模拟式自动飞行子系统都是分立组件。但随着计算机技术的发展,数字式飞行控制系统逐步取代模拟式飞行控制系统。其主要原因是模拟式系统不能适应现代飞控系统功能发展的要求,而以计算机为主的数字式系统却在飞行控制方面表现出极大的优越性。与模拟式系统相比,采用数字式飞控系统具有以下优点:

(1) 对飞机高度、速度、机翼外形、操纵状态等变化引起的气动参数变化适应性强;
(2) 容易实现复杂的控制规律,例如,多种控制规律、多维复杂的非线性调参;
(3) 容易实现现代控制理论所设计的系统功能;
(4) 容易实现更高程度的系统综合;
(5) 各种功能重复性好;
(6) 容易实现机内综合自检功能;
(7) 研制过程中灵活性大,可通过更改软件实现控制律的改变,升级方便;
(8) 可靠性高;
(9) 尺寸小,成本低。

而且目前飞机机载电子设备已逐步实现数字化。飞控系统采用数字计算机,通过标准的机内总线,可使飞控系统和飞机上其他航空电子系统间的通信更容易,增强了飞机完成多种飞行任务的能力,提高了民用飞机的适航能力和经济效益。

2. 伺服作动子系统

伺服作动子系统是飞行控制系统必不可少的组成部分,作为执行机构,伺服作动子系统按照计算机指令驱动舵面,实现对飞机的控制。伺服作动子系统的性能高低直接影响飞行控制系统的性能。

伺服作动子系统是一种伺服控制系统,一般有舵机以及伺服控制电子部件两部分组成。舵机是伺服作动子系统的执行部件,其输出一般为力(或力矩)和线位移(或角位移)。伺服控制电子装置利用舵机的速度和位移等反馈闭合伺服作动系统,达到闭环控制的目的,故伺服作动分系统组成的回路又常称为舵回路。

电动舵机和液压舵机是飞行控制系统最常用的两种形式。由于液压舵机输出功率大,反应时间快,目前在飞行控制系统应用中占主导地位;而电动舵机一般用于舵面较小的辅助操纵系统中,如扰流板、襟翼等控制,或者直升机控制和导弹控制。

3. 传感器子系统

要实现对飞机的飞行控制,首先要解决的问题就是如何精确测量飞机的各类飞行参数,如飞机的姿态角、迎角、角速率、过载、飞行高度和速度等。此外要控制飞机运动也需要测量飞行员的指令,如驾驶杆的位移和力。因此飞行控制系统需要各种敏感元件,如陀螺仪、迎角传感器、加速度计、高度传感器以及位移和力传感器。飞机上的传感器一般采用机械和电子相结合的机电产品,近年来激光和光纤技术的发展也推动了光学传感器的研制和生产,如激光陀螺、光纤陀螺相继投入使用。

不同功能的飞行控制系统选用不同的传感器。控制增稳系统选用的典型传感器主要包括速率陀螺、加速度计、迎角传感器和飞行员指令传感器等。自动驾驶仪选用的有姿态陀螺、高度传感器和速度传感器等。

现代飞行控制系统,特别是电传飞行控制系统所用的传感器,均要求按余度配置,并具有自监控功能,以便空中的实时监控和地面的自检测。所以出现了3或4个相同或同类型的传感器组合装配在一个盒子内的传感器组件。

4. 控制显示子系统

控制显示子系统属于人机界面,是飞行控制系统与飞行员进行信息交换,实现对飞机有效控制的主要子系统。一个完整的控制显示系统主要包括两个功能:第一是控制功能,飞行员能够转换控制模态,输入期望的指令,甚至切断飞行控制系统对飞机的控制;第二是显示功能,能够显示飞行控制系统目前的工作状态、故障情况等信息,供飞行员以及机务维修人员使用。

控制显示子系统一般由面板部分和控制部分组成。面板部分由按钮、开关、旋钮、显示灯等部件构成,控制部分主要包括输入、输出接口(或串口数字接口)和控制电路。控制显示系统可以由一综合的单一装置组成,也可由多个装置组成,如主控制盒、辅助控制盒以及直接力控制盒等。

控制显示子系统要求具有布局合理、操作方便、显示清晰、造型美观等特点。为保证系统工作可靠,该子系统还经常选用余度技术;为防止误操作,在部分关键系统的输入设备和按钮开关上设置具有自锁功能以及保护外罩。

控制显示子系统正朝着多功能组合和智能化方向发展。采用单片机技术可使整个控制显示系统具有易于通信、显示精确、控制灵活等特点。此外,随着防日照的高亮度平板液晶显示器和全数字飞行控制系统的出现,集众多控制装置和仪表为一体的多功能显示器将成为控制显示子系统发展的趋势。

5. 机内自检测子系统

机内自检测(BIT)子系统是飞行控制系统中不可缺少的一个子系统。由于飞行控制系统控制飞机的权限越来越大,飞行控制系统已逐渐成为飞行的关键系统。飞行控制系统工作情况和部件工作情况均依赖于BIT分系统的有效工作。BIT子系统不是一个独立的部件,其功能依靠多个分布于其他子系统的自检硬件和软件完成。

典型的用于实现对飞行控制的各子系统硬件的功能和性能检测的BIT分系统具有如

下工作模式：加电启动 BIT（PUBIT）、飞行前 BIT（PBIT）、飞行中 BIT（IFBIT）、维护 BIT（MBIT）。其中 PUBIT、PBIT、MBIT 均是地面自检测系统，其主要目的是在起飞前或者飞机维护过程中对全系统进行自动或者半自动检测，保证系统功能的完整性。由于该测试将对飞行控制系统的功能产生影响，因此在飞行过程中绝对禁止对此系统进行操作。而 IFBIT 是系统部件的在线检测，其检测功能不参加系统控制，因此该测试不影响飞行控制。

一般 BIT 分系统检测的内容主要包括：计算机和电源检测、大部分传感器检测、伺服作动分系统（电子线路，机械和液压监控）检测以及特性测试等。

图 9.1-3 为空客 A300 机型航空器的整个自动飞行系统功能原理图。

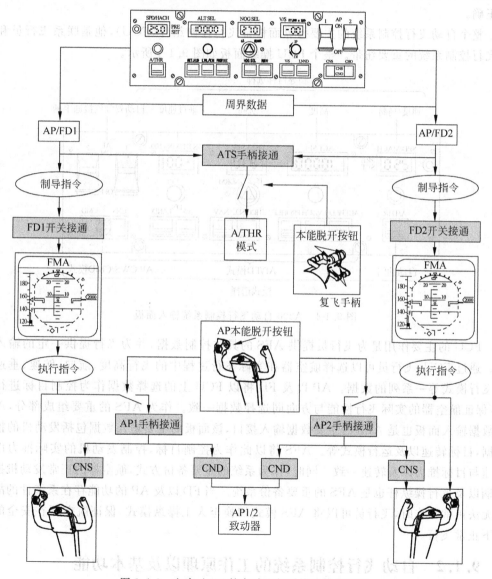

图 9.1-3　空客 A300 的自动飞行系统功能原理图

由图 9.1-3 可知，整个自动飞行控制系统的核心功能原件主要包括：飞行指引仪 1 和 2（FD1，FD2），自动驾驶仪 1 和 2（AP1，AP2）以及自动油门系统 1 和 2（ATS1，ATS2）。自动飞行控制系统在工作的情况下，FD以及AP接收来自于航空器周围大气数据计算机的信息，计算出实际需要的发动机推力数据，将发动机推力数据传输给ATS，ATS将数据进行计算以及解析，生成发动机的实际功率角度以及转速的目标值，通过自动推力系统控制发动机的实际加速以及减速。保证航空器在正常的巡航飞行以及起飞降落的过程中拥有安全的飞行速度和升力。同时，FD将导航数据与航空器的实际数据进行比对，将航空器的需求飞行航向以及飞行距离转化为需求信号，将信号传输给AP自动飞行系统，AP将相应的需求信号转化为下游各个飞行伺服作动筒可以接收的控制信号进行输出，驱动下游的自动飞行控制伺服作动筒，驱动航空器向需求的航向进行偏转，保证航空器的飞行角度以及飞行距离的正确。

整个自动飞行控制系统的主要操纵面板是飞行控制组件(FCU)，他是联系飞行员和自动飞行控制系统的重要纽带。整个FCU操纵面板如图9.1-4所示。

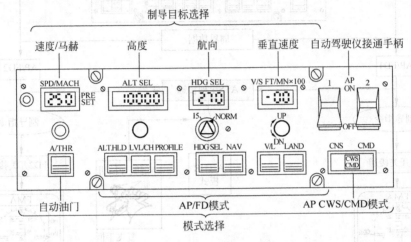

图9.1-4 A300自动飞行控制系统输入面板

FCU的主要作用是为飞行员提供AFS的具体控制数据，并为飞行提供一定的输入接口。通过FCU，飞行员可以选择航空器在实际飞行过程中的飞行高度、航向、航速、垂速以及飞行模式等一系列的数据。AP以及FD将以FCU上的选择数据作为控制目标进行驱动，保证航空器的实际飞行性能与方向同选择数据一致。作为AFS的重要组成部分，ATS的数据输入面板也是AFS的主要数据输入接口，该面板的主要输入数据包括发动机的推力数据，目标转速以及运行模式等。AFS将以此作为控制目标，控制发动机的实际推力以及转速与目标推力以及转速一致。同时，作为系统的重要备份方式，航空器的正常发动机控制手柄以及飞行操纵杆也是AFS的重要备份系统。当FD以及AP的功能存在系统性的故障而无法正常工作时，飞行员可以将AFS模式切换至人工操纵模式，保证航空器在安全的情况下正常飞行。

9.1.2 自动飞行控制系统的工作原理以及基本功能

自动飞行控制系统是一个典型的反馈控制系统，可代替飞行员控制飞机的实际飞行。为了进一步理解自动飞行控制系统的工作原理，现假设飞机处于人工操纵状态。当飞机处于人工操纵状态，飞机受到阵风或者其他外部环境干扰时将偏离器原姿态，例如飞机将出现抬头状态,飞行员用眼睛观察到仪表板上陀螺地平仪的变化,由大脑做出决定,通过神经系统传递到手臂,推动驾驶杆使升降舵向下偏转,产生相应的下俯力矩,飞机趋于水平。飞行员又从仪表上观察到这一变化,逐渐把驾驶杆收回原位,当飞机回到原水平姿态时,驾驶杆和升降舵也回到原位。整个人工操纵原理如图 9.1-5 所示。

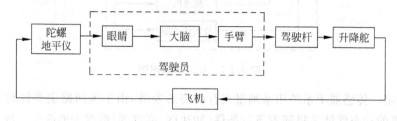

图 9.1-5　人工飞行控制原理图

由图 9.1-5 可见,人工操纵飞行系统也是一个反馈系统,该反馈系统通过人工确认实际飞行姿态与目标姿态之间的偏差,通过人工操纵驾驶杆修正偏差,实现误差的修正。图中虚线代表了飞行员的人工处理,如果用自动飞行系统代替飞行员控制飞机的飞行,自动飞行控制系统必须包括与虚线框内三个部分相应的装置,并与飞机其他环节组成一个闭环系统,如图 9.1-6 所示。

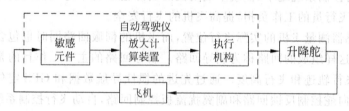

图 9.1-6　自动飞行控制原理图

通过图 9.1-6 可知,自动控制飞行系统的处理过程是:当飞机偏离原始状态,敏感元件感受到偏离的方向和大小,并输出相应的偏差信号,该信号经过放大处理后,操纵执行机构(如舵机),使控制面(如升降舵面)相应的进行偏转。由于整个系统是根据负反馈原理进行控制的,其结果是使飞机趋向原始状态。当飞机回到原始状态时,敏感元件输出的偏差信号为零,舵机以及与其相应的舵面也将返回原位,飞机重新根据原始状态进行飞行。

由此可见,自动飞行控制系统中的敏感元件、放大计算装置以及执行机构可以代替飞行员的眼睛、大脑神经系统以及肢体对飞机的飞行姿态进行自动控制。这三部分是自动飞行控制系统的核心,即自动驾驶仪。

为进一步改善舵机的工作性能,通常执行机构本身也具有内反馈(将舵机的输出反馈到舵机驱动的输入端),形成舵机随动系统(或称为伺服回路)——即舵回路。舵回路是由舵机、放大器以及反馈元件组成,如图 9.1-7 所示。

图 9.1-7 中,测速机可以测出舵面偏转的实际角速度,将角速度的实际信号传递至舵面控制端,舵回路的控制端将增大舵回路的阻尼,改善舵回路的性能。同时,舵面的位置传感器将舵面的实际位置信号反馈到舵回路的输入端,使舵面的偏转角与控制信号成正比,实现单独舵面的反馈控制。

同时,自动飞行控制系统与飞机组成一反馈回路。此反馈回路的主要功能是使飞机的

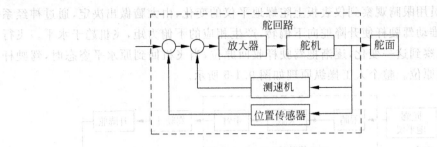

图 9.1-7 舵回路原理图

实际姿态稳定。传感器子系统用来测量飞行的姿态参数，由于该回路主要针对飞机的动态性能，而飞机的动态性能又将随着飞行条件（如速度、高度等）的改变而改变。放大计算装置对于各个传感器信号的综合计算，即控制规律应满足各个飞行状态的要求，并可以设置成根据飞行条件变化的增益程序。该增益程序即自动飞行控制系统的飞行控制规律。

随着现代飞行控制系统的发展，飞行控制规律不仅与飞行环境和飞行条件相关联，也与飞机发动机的实际工作状态有关。由于现代发动机控制的集成度以及电子化程度的提高，电子发动机全权控制系统应用越来越广，现代自动飞行控制系统将发动机自动油门系统也集成到自动飞行控制系统之中，使航空发动机的实际输出功率与飞机的实际飞行状态相关联，进一步减轻飞行员的工作负担，提高飞机的飞行安全。

如果用传感器测量飞机的实际飞行位置，而飞机的伺服回路同时也包含有飞机运动方向的控制舵面，这样组成的回路称为制导回路。制导回路的主要工作目的是自动分配和控制飞机的实际飞行轨迹和飞行高度。通过先进的惯性导航数据和 GPS 定位系统的高精度定位，由行程方向舵控制反馈回路和副翼扰流板控制回路，自动飞行控制系统可以有效地对飞机横向飞行轨迹进行控制。而通过自动油门系统和升降舵伺服控制系统，自动飞行控制系统可以对飞机的实际飞行高度进行控制，实现飞机的高度的控制和稳定。现代飞机还装备飞行管理系统（FMS），它为飞机完成最佳飞行、航向导航和飞行剖面的计算。FMS 的输出信号控制自动飞行控制系统的工作，并对其进行监视，防止飞机在不正常条件下的自动飞行。

随着现代飞机的飞行速度和飞行包线的扩大，飞机自身稳定性能逐渐下降。例如，飞机自身阻尼力矩在高空由于空气稀薄逐渐变小，阻尼比的下降导致飞机偏航运动产生强烈的摆动，单纯依靠飞行员的人工操纵已经无法保证飞机的稳定飞行。为解决此类问题，飞机上安装角速度陀螺、迎角传感器、纵向加速度计等，通过此类传感器的检测数据，配合各类增稳计算机以及阻尼器构成飞机的增稳系统，增大飞机的阻尼性能，改善飞机的动态稳定性。同时增稳和控制增稳系统还可以增加飞机的静态稳定性，改善飞机的实际操纵性能，提高飞行安全性和旅客的舒适性。

综合上述分析，自动飞行控制系统的主要功能包括：

(1) 自动驾驶仪。主要通过自动控制飞机的飞行，减轻飞行员的工作负担；还可在恶劣的气象条件下完成飞机的自动着陆。

(2) 飞行指引。主要在主飞行操纵界面（PFD）上显示驾驶指令杆，以指导飞行员人工驾驶飞机或监控飞机的姿态。

(3) 偏航阻尼。在飞机的整个飞行过程中，改善飞机的动态稳定性。

(4) 自动配平。在所有飞行阶段，通过自动调整水平安定面，保持飞机的俯仰稳定性。

(5) 自动油门系统。自动控制发动机的输出功率，减轻飞行员的工作负担。

9.2 飞行控制系统中的主要部件/系统

由上文的分析可知，一般的飞行控制系统可以分为飞行控制计算机系统，伺服作动子系统，传感器子系统，控制显示子系统和自检测子系统等五个组成部件。其中飞行控制计算机子系统作为飞行控制系统的计算和数据处理核心，其主要作用是完成整个飞行控制的计算以及控制规律的运算。伺服作动子系统是整个系统的输出模块，即整个飞行控制系统的主要输出端，实现对所有的飞行姿态控制和航迹控制的有效控制。传感器子系统是飞行控制系统的检测部件，不仅包括检测飞机飞行姿态的传感器组件，还包括各类舵面和操纵机构的实际位置传感器和速率传感器，实现飞机姿态闭环控制以及舵面闭环控制的关键组件。控制显示子系统是整个飞行控制系统各种参数的主要输入端。通过控制显示子系统，飞行员将需要的控制指令输入到飞行控制系统之中，实现对飞机的有效控制。以 A300 机型为例，整个自动飞行控制系统的部件如图 9.2-1 所示。

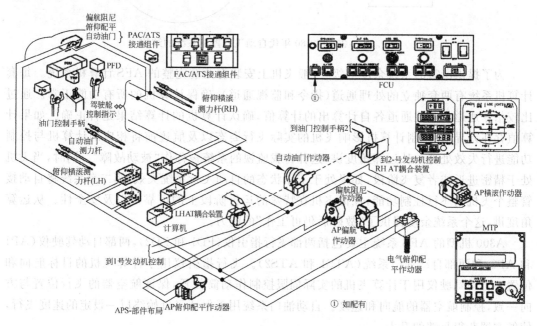

图 9.2-1　A300 机型自动飞行系统部件图

9.2.1　飞行控制计算机系统的主要组成部件

飞行控制计算机是飞行控制系统的核心部件，随着对飞行控制系统的要求不断提高，飞行控制计算机也获得了飞速发展。在实现形式上，经历了由电子管、晶体管到集成电路的发展历程，在实现原理上，经历了模拟式到数字式的发展。20 世纪 50 年代，为了实现飞机增稳与自动驾驶，出现了模拟式飞机控制计算机。随着半导体工业的飞速发展，特别是晶体管、集成电路的出现，使得模拟式飞行计算机得到广泛应用，成为 20 世纪六七十年代飞行控制计算机的主要形式。20世纪70年代,电子技术得到飞速的发展,为各类计算机组件的集成化提供了可能。20世纪80年代,数字技术快速进入航空电子领域,使自动飞行组件减少50%以上。例如,AP/FD计算机集为一个单独的FCC,如图9.2-2所示。

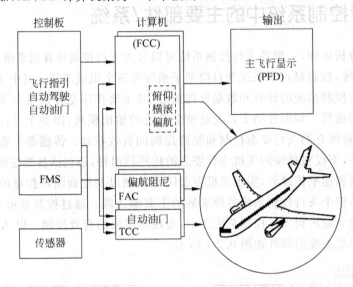

图 9.2-2 20世纪80年代自动飞行控制系统的结构

为了提供所需的系统余度等级,一般飞机上安装有两套完整的AFS计算机系统。每套计算机系统有两套独立的处理通道(指令和监视通道),确保计算机的所有功能正常。通过比较指令通道与监控通道各自计算出的计算值,确认计算机的计算结果是否正确。如果计算值存在差异,在控制计算机影响飞机的实际飞行姿态以及航迹前将相应的计算机与控制功能进行失效处理。从运算角度讲,这种自我监视的系统被称作"被动故障"。同时,当飞机处于精密进近或者复飞阶段,如果处于工作状态的自动飞行系统失效,第二套系统将自动接管整个飞机的飞行控制功能,保证飞机在特殊的运行阶段上的可靠性以及安全性。从运算角度讲,这个系统余度提供了"故障后仍可工作"的能力。

A300机型的AFS系统主要包括两部飞行指引仪(FD1和FD2),两部自动驾驶仪(AP1和AP2)和两部自动油门系统(ATS1和ATS2)。飞行指引仪用于计算飞机的目标航向和位置。自动驾驶仪用于计算飞机的实际伺服控制作动筒位置,保证航空器的飞行位置与方向一致,控制航空器的航向和速度。自动油门系统用于保证飞机始终以一设定的速度飞行,使航空器获得足够的升力。

由图9.2-2可知,AFS系统的组成主要包括的计算机有:两台飞行控制计算机(FCC),两台推力控制计算机(TCC),两台飞行增稳计算机(FAC)和两台偏舵阻尼器。FCC1主要用于提供AP1/FD1的计算和驱动,FCC2主要用于提供AP2/FD2的计算和驱动。TCC的主要作用是计算任一飞行阶段的发动机推力限制和控制相应的自动油门系统。飞行增稳计算机(FAC)用于控制飞机的稳定性。偏航阻尼器用来实现偏航作动筒的阻尼和俯仰配平功能。

由于AFS系统对飞机的实际飞行具有控制权限,因此AFS系统对于飞机的实际飞行状态以及飞行环境必须进行检测。

为了提高自动飞行控制系统的可靠性，AP 和 FD 功能有公用计算通道，保证计算机计算的正确性。飞机控制计算机系统可进一步分为飞机姿态控制计算机系统、飞机增稳计算机系统和推力控制计算机系统。

1. 飞机姿态控制计算机系统

飞机姿态控制计算机系统的核心部件是 FCC 计算机，在功能上 FCC 计算机集合了飞机自动控制和飞行方向指引等功能。根据飞行员的选择方式的不同，FCC 计算机对于飞机的实际控制方式也不相同。当飞机处于自动飞行状态时，FCC 计算机发送指令给俯仰、横滚和偏航伺服控制系统，实现飞机的飞行稳定和飞行安全；当飞机处于人工飞行状态时，FCC 计算机不直接控制飞机的伺服作动筒，但是，在飞行显示界面上进行指示，提示飞行员实际的飞行角度和飞行方向。FCC 计算机同样发送一自动配平指令给飞机自动增稳系统（FACS）用于俯仰自动配平功能，同时 FCC 计算机发送衔接模式给 TCC 计算机系统，用于 THR、SPD、MACH、P.SPD 或者 RETARD 模式的自动选择。

2. 飞行增稳计算机系统

飞行增稳计算机系统的核心是 FAC 计算机，FAC 计算机主要作用是根据传感器系统传递的实际飞行数据信号对飞机进行稳定性控制。其中包括偏航阻尼、俯仰配平、飞行包络保护、机动速率的计算、飞行特定监控等功能。偏航阻尼功能能防止荷兰滚，在人工飞行和发动机故障自动补偿时协调转弯；俯仰配平功能通过修正可配平的水平安定面迎角，提供在俯仰轴上安定永久载荷的方法；飞行包络保护功能是速度和迎角保护（特别在风切变的情况下），它产生 V_{min} 和 V_{max} 信号给 FCC、TCC 和仪表；机动速率的计算功能在速度带（EFIS）上显示特定速度值；飞行特定监控是将 FAC 计算机获得的起落架和襟翼/缝翼位置综合数据传递给其他自动飞行子系统。

3. 推力控制计算机系统

推力控制计算机系统核心部件是 TCC 计算机。该计算机主要提供自动计算然后显示最大可用推力并操作油门控制杆。在自动模式下，根据发动机的控制模式——保持速度或马赫数值，或者最大或最小推力，完成推力管理。在 AP/CMD 或者 FD 模式改变期间，通过 FCC 自动选择自动油门模式功能。

综上所述，自动飞行控制系统的计算机子系统是整个控制系统的重要核心部件，通过计算机子系统的计算可以完成下游伺服控制系统的驱动与保护。同时，将检测到的实际数据通过数据总线统一显示，用于提示飞行员当前的飞行状态和实际姿态。

AFS 控制系统的综合信息来源比较多，如图 9.2-3 所示，其数据主要包括：

（1）FCC、TCC、FAC、FCU、TRP。提供监控各类控制计算机的主要控制数据，用于监控 FCC 的作用是否正常。当控制类的计算机存在故障或者数据计算错误的时候，可以提示飞行员进行正确的操作。

（2）FMS 控制显示组件（CDU）。该计算机主要用于提供航程内的信息，控制飞机的实际飞行位置与航程位置信息。

（3）飞行管理计算机（FMC）。与 CDU 一起提供航程信息，保证飞行航向与飞行时间

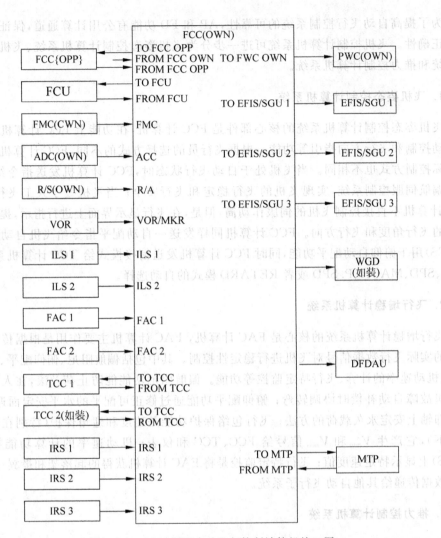

图 9.2-3 A300 机型自动飞行控制计算机接口图

(4) IRS(惯性基准系统)、ADC(大气数据计算机)、VOR、ILS(盲降)、无线电高度表。主要用于提供航空器的实际飞行环境数据,主要包括飞行高度、飞行速度以及飞行方向等。

(5) 油门手柄角度(TLA)。主要用于提供油门手柄的位置,提供发动机的实际目标参数以及发动机的实际控制参数。

(6) ATS(自动油门系统)和 AP 脱开按钮开关。ATS 计算机主要提供发动机的实际目标参数以及航空器的飞行环境参数的备份参数,监控各类环境参数检测计算机的采样数据是否正确。

(7) 发动机参数。发动机参数主要通过 PMC 或者各类传感器的采样数据进行采集,确认发动机的实际参数与目标参数的一致。

(8) 缝翼襟翼控制计算机。主要用于提供缝翼/襟翼的实际位置。

(9) 电子飞行控制组件。主要提供驾驶操纵杆的实际位置,保证航空器的操纵杆位置与舵面实际位置一致。

（10）起落架位置探测器。主要提供航空器的地/空状况。

20 世纪 90 年代后,自动飞行系统的集成化程度进一步提高。随着电子飞行控制系统(EFCS)的出现,飞行电传操纵(FBW)得到广泛应用。此时,AFS 只需要将数字信号传给 EFCS 就可以完成对飞行的控制。现在 AFS 计算机也称为飞行管理制导和包络计算机(FMGEC)。所有 AP 和 FD 的功能由飞行管理系统(FMS)控制;所有的自动油门功能集成为一个计算机,发动机由全权数字式电子控制系统(FADEC)控制;偏航阻尼和配平功能也集成在一起,利用飞行包线保护功能监视 AFS 的整个工作过程,如图 9.2-4 所示。

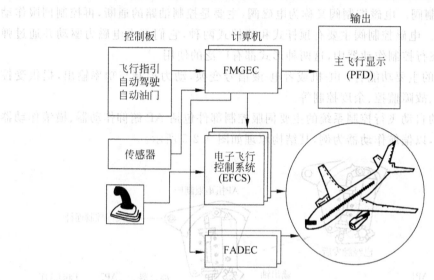

图 9.2-4　20 世纪 90 年代自动飞行控制系统的结构

9.2.2　伺服作动子系统的主要组成部件

伺服作动子系统是飞行控制系统的执行机构,是组成飞行控制系统的重要子系统之一。按使用能源的不同,伺服作动系统可大致分为三类:机电伺服作动系统,电液伺服作动系统和气动伺服作动系统。早期的作动系统基本上都是机电式的,这类系统由于惯量和时间常数比较大,响应比较慢,很难满足飞行控制系统高精度和快速响应的要求。随着液压控制技术的日益成熟,电液伺服系统逐渐成为伺服作动系统的主要形式。

伺服作动系统的主要功能是根据飞行控制计算机的指令,按照规定的静态和动态要求,实现对飞机各个操纵面的控制。早期的伺服作动系统都是无余度的,随着飞行控制技术的迅速发展,特别是电传飞行控制系统的出现,对伺服作动系统的工作可靠性提出了更高的要求,采用余度技术是保证可靠性的必然途径。由于采用了余度技术,为保证伺服作动系统正确地完成其主要功能,还必须增加一些辅助功能,如故障检测、故障隔离和切换、信息处理以及负载均衡等。

尽管现代伺服作动系统功能越来越多,结构越来越复杂,但作为伺服作动系统,仍然是由伺服控制器和伺服作动器两部分组成。其中,伺服控制器通常安装在飞行控制计算机内,其主要功能有:闭合伺服回路;提供飞行控制计算机与伺服作动器的输入输出接口;信号的滤波、解调、放大与校正;故障检测与机内自检测。

伺服作动器主要由以下各个部件组成：

(1) 伺服阀。伺服阀是伺服作动器的电液转换装置，是伺服作动系统的核心部分。在伺服作动系统中大量采用流量控制伺服阀。

(2) 主控阀。主控阀是作动器的功率放大装置，它可由伺服阀驱动，也可由力矩马达直接驱动。常用的结构形式有滑阀式和板阀式两种。

(3) 作动筒。伺服作动器有直线和旋转两种，前者一般选用作动筒作为功率输出装置，后者采用液压马达。在飞行控制系统中，以直线位移作动器居多。

(4) 电磁控制阀。电磁控制阀又称为电磁阀，主要是控制油路的通断，再控制伺服作动器的作动或断开。电磁控制阀主要有顶杆式和喷挡式两种，它们都由电磁力驱动并通过弹性元件复位，在飞行控制作动器中，这两种形式都有广泛的使用。

伺服控制器的主要功能有：电-机或者电-液信号变换，动力控制与功率输出，提供受控物理量反馈信息、故障监控、余度控制等。

A300 机型的自动飞行控制系统的主要伺服控制部件包括 AP 俯仰作动器、横滚作动器和偏航作动器等，以偏航作动器为例，其结构原理如图 9.2-5 所示。

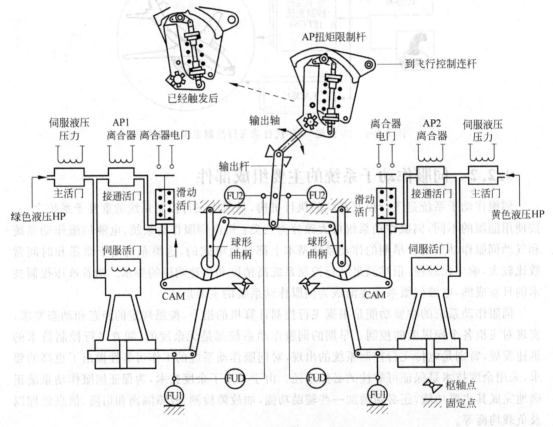

图 9.2-5　偏航作动器结构原理图

由图 9.2-5 可知，为提高系统的可靠性，一般飞机伺服作动器包含两个独立的液压驱动源。两个独立的液压驱动源形成两个功能相同，但结构独立的驱动通道，用于驱动配合 2 套独立的 AP 系统。每个通道都包含 1 个液压进口电动活门（电磁主活门）；1 个用于衔接的电动活门;1个伺服活门,该活门的主要作用是根据上游控制逻辑驱动下游作动筒的工作;1个液压驱动作动筒;3个位置同步反馈装置。当AP处于激活状态时,如果符合相应系统衔接的逻辑条件,主活门和衔接活门通电(逻辑控制电路位于相应的FCC内)。当主活门和衔接活门通电后,图9.2-4中的滑动活门在液压动力的驱动下克服上游弹簧力的作用向箭头所指的方向移动,同时驱动下游的凸轮连杆与凸轮相接触。当AP衔接在有效的状态下,凸轮连杆和输出轴将随活塞的杠杆作动。伺服作动器内的伺服活门接收来自FCC的自动控制信号,该信号驱动伺服活门的实际开度大小,作动下游的传动轴的输出大小,利用连杆机构驱动上游输出轴的转动,带动操纵手柄转动,同时驱动舵面的转动。

9.2.3 传感器子系统及主要部件

传感器是一种以一定的精度将被测的物理量转换为与之有确定对应关系的某种物理量的测量装置。在飞机的飞行控制系统中装有各种各样的传感器,它们用于精确测量被控对象飞机的各种运动参数,这些参数可以准确完善描述飞机的运动状态和在空间中的实际位置。获得这些参数后,飞行控制计算机按照一定的控制规律,人工或自动地控制飞机,使其按给定的姿态、航向和轨迹飞行。因此,传感器在飞机自动控制系统中起着非常重要的作用。

传感器的种类很多,由于传感器不仅需要用于自动飞行控制的反馈检测,还需要完成飞机的实际状态指示,因此,传感器系统将在指示系统部分详述。

9.3 自动驾驶仪

9.3.1 自动驾驶仪功用及其基本组成

自动驾驶仪的主要功能是在正常情况下代替飞行员对飞机的飞行姿态和飞行航向进行有效的控制。为提高自动飞行控制系统的可靠性,自动飞行系统的伺服驱动机构一般采用两套独立的液压系统驱动。主飞行控制由液压伺服控制系统作动。在人工飞行状态,液压伺服控制系统执行机械指令;若AP接通,液压伺服控制系统执行AP作动器指令。

AP电液致动器受液压驱动(AP1致动器:绿液压系统;AP2致动器:黄液压系统),当飞行控制系统执行AP致动器指令时,控制系统将相应的位移反馈至操纵杆、操纵盘和方向舵脚蹬,带动操纵杆、操纵盘以及脚蹬同时运动。每个AP致动器都有安全卡槽(凸轮/滚棒),在AP失控情况下,它可以超控致动器。A300自动驾驶仪功能结构如图9.3-1所示。

9.3.2 自动驾驶仪的基本原理

1. 俯仰轴

对于俯仰轴的控制,自动驾驶仪的基本任务首先是改善对称运动的飞行品质,减少飞行品质与工作状态(高度、马赫数、飞机构型)之间的相关性;其次,俯仰轴控制还需承担配平任务,通过俯仰轴方向上的调节补偿空速和重心位置变化造成的影响,使飞行姿态稳定;最后,俯仰轴的控制需要改善飞机的纵向传递性能,实现飞机在全部飞性范围内尽可能直接地进行飞行航迹控制。

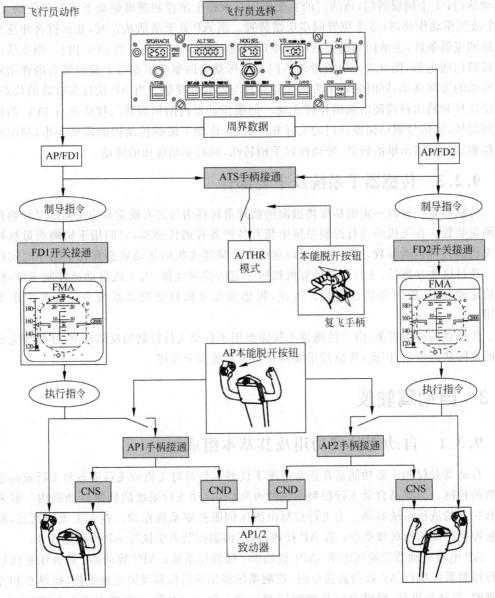

图 9.3-1　A300 自动驾驶仪功能图

A300 机型的自动驾驶仪操纵的是飞机的配平作动筒,整个 A300 机型的俯仰轴控制原理如图 9.3-2 所示。电气俯仰配平作动筒与配平控制手轮并联操作配平舵面的液压马达的控制活门,驱动 THS 液压马达作动可配平水平安定面。AP 俯仰驱动器中包含两个 AP 俯仰液压伺服马达,该驱动器输出轴通过扭矩限制器手柄联接到俯仰控制连杆。伺服马达从 FCC 接收电信号。伺服马达伺服活门将这些信号转换成移动输出传动轴和相应的控制连杆的液压指令信号。通过 AP 控制的操纵面偏转有幅度和速度上的限制。

为了保护飞机的结构安全性以及稳定性能,当自动驾驶仪处于激活状态时,FCC 计算机根据飞机的飞行参数和环境参数进行计算,输出相应的驱动信号。驱动信号经过电缆传递至液压马达的控制活门输入端,驱动活门接通液压源,驱动液压马达旋转,再带动 THS

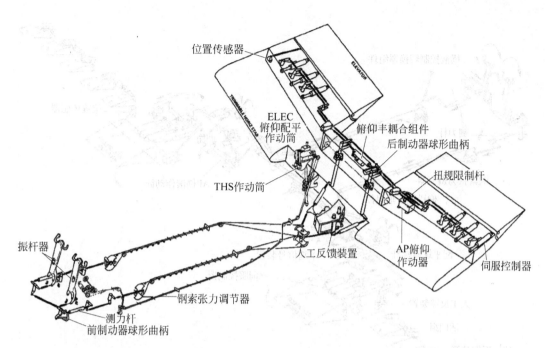

图 9.3-2　THS 控制结构原理图

作动筒的蜗杆旋转，使水平安定面偏转。

此外，无论是否接通自动驾驶仪，人工超控的优先权总是大于自动驾驶系统。当 AP 接通时，人工超控通过扭矩限制器手柄完成超控；而当飞行员放开控制器时，AP 依据新的飞行参数重新控制飞机。

2．横滚轴

自动飞行仪对于飞机横滚轴的控制主要包括副翼和两侧五块扰流板控制。通过两侧扰流板的偏转，使飞机沿横滚轴旋转。当自动驾驶仪接通时，FCC 根据飞机的飞行参数进行计算，输出相应的驱动信号至 AP 横滚作动筒，通过连杆将 AP 作动筒的位移传递至副翼的作动筒，带动副翼向上或向下偏转；同时带动扰流板偏转。在人工操纵时，飞行员驱动驾驶杆左右偏转，驱动滑轮和副翼的操纵钢索，直接带动副翼的作动筒进行操作，驱动副翼偏转。A300 机型横滚轴自动控制原理如图 9.3-3 所示。

3．偏航轴

自动飞行仪对飞机偏航轴的控制主要通过方向舵实现。与俯仰和横滚轴组件类似，AP 偏航作动筒通过扭矩限制器手柄，驱动方向舵作动筒，实现飞机偏航轴的控制。由于方向舵还需要完成偏航阻尼运动，因此方向舵作动筒需要综合计算飞行员输入指令，AP 偏航指令和偏航阻尼器指令等，最终驱动方向舵到指定的位置。

偏航阻尼器作动筒不同于 AP 偏航作动筒。AP 偏航作动筒直接作动方向舵控制连杆，随后作动踏板。而偏航阻尼器作动筒控制方向舵时，不移动踏板的差动机构，即不会驱动踏板进行随动。A300 偏航自动控制原理如图 9.3-4 所示。

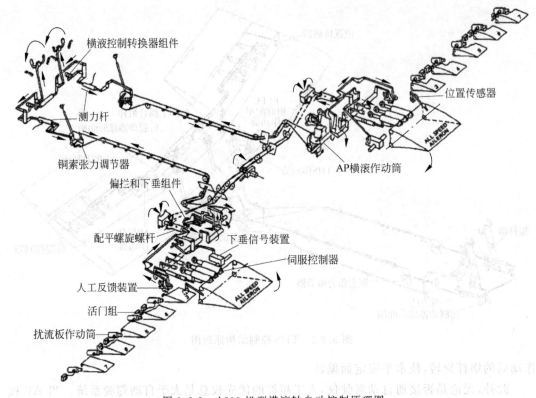

图 9.3-3　A300 机型横滚轴自动控制原理图

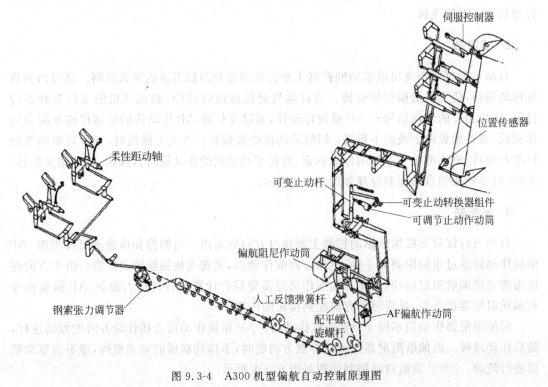

图 9.3-4　A300 机型偏航自动控制原理图

9.3.3 自动驾驶仪的常用工作模式

AFS 制导模式主要包括 AP/FD 垂直和横向模式,其中包括与之对应的 A/THR(自动油门)模式。飞行员主要通过 FCU 完成 AP/FD 模式选择,相应的垂直和横向模式以及相关的 A/THR 模式状态在飞行模式信号牌(FMA)上均有指示,注意 FMA 显示在主飞行(PFD)的上部。当飞机处于着陆和复飞等极端状态时,AP/FD 使用联合模式,即包括垂直模式和相应的横向模式。横向模式的作用如表 9.3-1 所示。

表 9.3-1 横向模式下的自动油门模式

飞行模式信号牌指示	模　式	模 式 功 用
HDG	航向	保持当前的飞机航向
HDG/S	航向选择待命	航向选择模式待命阶段(只有当航向选择被待命以便起飞时)截获并保持所选择的航向
RWY	跑道	在起飞过程中到 30ft,跟踪所选择的航道从而保持跑道中心线(然后 NAV、HDG/S 或 HDG 自动接通)
NAV	导航待命	导航模式待命阶段
NAV	导航	保持 FMS F-PLN(飞行计划)航迹
VOR	VOR 待命	VOR 模式待命阶段
VOR*	VOR 截获	截获所选择的 VOR 径向线/方位线
VOR	VOR 跟踪	跟踪所选择的 VOR 径向线/方位线
LOC	航道待命	航道模式待命阶段
LOC*	航道截获	航道模式截获阶段
LOC	航道跟踪	跟踪所选择的航道

AP/FD 的基本垂直模式即 V/S(垂直速度)模式。一旦 V/S 模式接通,在爬升和下降阶段通过控制俯仰角和发动机动力保持当前飞机的垂直速度。AP/FD 的基本横向模式是 HDG(航向)模式。一旦接通横向模式,自动驾驶仪将以 HDG 上选择的航向作为控制目标,将飞机的实际航向保持在设定的航向上。当 AFS 计算机通电时,一般 FD 置于基本模式。对于某些 AP/FD 模式,在其接通前能够设置待命状态,保证系统在转换时不对飞机的飞行姿态和速度产生较大影响。在人工或自动状态已选择,接通条件还不具备前,某个模式处于待命状态。在待命期间,此模式用蓝色显示于 FMA 的第二或第三行。当接通条件具备,待命模式将自动过渡到接通模式,例如在进近中下滑道截获,蓝色 G/S 就变为绿色 GS*。当 AFS 使用某个模式时,该模式就被接通,其状态在 FMA 第一行用绿色显示。与此相对,ATS 模式只能设定为接通状态。

当两个模式之间转换时,AFS 系统将飞行置于模式过渡,即从一种模式到另一种模式的人工或自动转换;当飞行员进行操作(例如在 FCU 上进行模式选择)或者飞行员以前所做的选择,包括按顺序出现的几种模式(如在高度截获时,垂直模式从 SPD 变为 ALT*,然后再变为 ALT)。在此状态下,AFS 系统将出现模式过渡状态。

AFS 系统的另一种工作方式是模式恢复状态,模式恢复是从一种模式到另一种模式人工或自动转换,模式恢复在下列情况下出现:

(1) 飞行员动作(例如:在 FCU 上按下相应的按钮而有意识地断开某一模式,就可人

工恢复到相应的基本模式);

(2) 系统内置条件(例如:LVL/CH 自动恢复到 V/S 模式);

(3) 接通方式失效或临时丧失。

由接通方式失效或临时丧失而引起的模式恢复将由一个不断闪亮的飞行指引杆和 FMA 信号指示(恢复到相应的基本模式,如:V/S 或 HDG)。

在正常工作情况下,不同的 AP/FD 选择模式对应了不同的 A/THR 模式。以 V/S(垂直速度)模式为例,如果 A/THR 处于接通状态,当飞行员或者自动驾驶仪接通 AP/FD 垂直模式时,A/THR 自动接通相应的 SPD 模式,保证飞机在爬升或者下降阶段,FCC 调整俯仰姿态(使用升降舵),TCC 发出增加功率的控制信号,调整发动机的实际转速,使飞机具有足够的推力。当 AP/FD 选择为高度改变(LVL/CH)模式时,如此时高度改变为爬升,A/THR 自动选择 THR(推力)模式,而如高度改变为下降,则 A/THR 自动选择 RETARD(收油门)模式,保证 FCC 能够有效调整俯仰姿态以便保持所选择的速度,而且 TCC 计算机能够保持发动机推力限制(爬升时)或慢车状态(下降时)。整个 AP/FD 的选择模式以及与之对应的 A/THR 模式如表 9.3-2 所示。

表 9.3-2　V/S 模式下的自动油门模式

飞行模式信号牌指示	模　式	模 式 功 用	相关的自动油门模式
V/S	垂直速度	截获并保持所选择的垂直速度	SPD 或 MACH
SRS	速度基准系统	起飞或复飞时保持某个基准速度	THR(推力)
SPD	速度	保持所选择的速度	THR(爬升) RETARD(下降)
MACH	马赫	保持所选择的马赫数	THR(爬升) RETARD(下降)
ALT	高度保持待命	高度模式待命阶段	与接通的垂直模式相关联
ALT*	高度保持截获	高度模式的截获阶段	SPD 或 MACH
ALT	高度保持	保持所选择的高度	SPD 或 MACH
G/S	下滑道待命	下滑道模式待命阶段	与接通的垂直模式相关联
GS*	下滑道截获	下滑道模式截获阶段	SPD
GS	跟踪下滑道	跟踪下滑道波束	SPD
P.CLB	剖面爬升待命	剖面爬升模式待命阶段	与接通的俯仰模式相关联
P.CLB	剖面爬升	在剖面模式,保持 FM 所指导的爬升速度和航迹	P.THR(剖面推力)
R.ALT	剖面高度保持	在剖面模式,保持所选择的高度	P.SPD(剖面速度)
P.DES	剖面下降待命	剖面爬升模式待命阶段	与接通的垂直模式相关联
P.DES	剖面下降	在剖面模式,保持由 FMS 所指导的下降速度、飞行航迹或垂直速度	P.THR 然后 RETARD 或 P.SPD

整个自动飞行控制系统的主要操纵面板是飞行控制组件(FCU),是飞行员和自动飞行控制系统联系的重要纽带。整个 FCU 操纵面板如图 9.3-5 所示。

FCU 的主要作用是为飞行员提供一定的输入接口,将具体的控制数据传递给 AFS 系统。通过 FCU,飞行员可以选择航空器在实际飞行过程中要求的飞行高度、航向、航速、垂

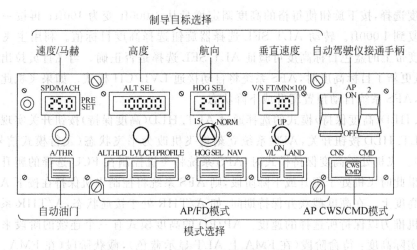

图 9.3-5　A300 自动驾驶仪操纵面板(FCU)

速以及飞行模式等一系列数据。AP 和 FD 将以 FCU 上的选择数据作为控制目标进行驱动,保证航空器的实际飞行性能与方向同选择数据保持一致。作为 AFS 的重要组成部分,ATS 的数据输入面板也是 AFS 的主要数据输入接口,该面板的主要输入数据包括发动机的推力数据、目标转速以及运行模式等。AFS 将以此作为控制目标,控制发动机的实际推力和转速与目标推力和转速一致。同时,作为系统的重要备份方式,航空器的发动机控制手柄和飞行操纵杆也是 AFS 的重要备份系统。当 FD 和 AP 的功能存在系统性故障而无法正常工作的情况下,飞行员可以将 AFS 模式切换至人工操纵模式,保证航空器在安全的情况下正常飞行。

在 FCU 面板中(图 9.3-5),显示器(1)是 SPD/MACH 窗口,该窗口用来显示目标或预调的速度/马赫数。通过 SPD/MACH 转换按钮实现速度与马赫数之间的转换,按下 SPD/MACH 转换按钮,将在 SPD 与 MACH 之间互换。当窗口显示速度时,其显示范围为 100~399n mile/h(1n mile/h=0.447 04m/s)指示空速;当窗口显示马赫数时,其范围为 0.01~0.99。而当窗口右侧的 PRE SET 灯灭时,显示目标速度/马赫(A/THR 或 AP/FD 使用的);PRE SET 灯亮时,显示预调速度/马赫。当 AFS 接通剖面模式,窗口显示"--"。当飞机实际飞行高度为 25 400ft 时,SPD 和 MACH 自动转换;当飞机处于爬升状态时,显示窗口从 SPD 变为 MACH;下降时,从 MACH 变为 SPD。如 SPD 或 MACH 已预调,在相应的空速/马赫数变换高度将完成 SPD/MACH 的自动转换。飞机预选速度通过 SPD/MACH 选择器旋钮调定,转动 SPD/MACH 调定旋钮选择速度/马赫目标值(每格为 1n mile/h 或 0.01)。在主飞行显示器(PFD)的速度带上检查蓝色预选指针,用来证实 SPD/MACH 选择是否正确。当飞机处于平飞状态时,拉出旋钮,AFS 系统将断开剖面模式,而 SPD 模式(自动推力)和 ALT 模式(AP/FD)将自动接通,速度/马赫数窗与当前飞机的速度/马赫数同步。如果飞机处于爬升或下降状态,系统断开剖面模式并且接通 LVL/CH 模式,速度/马赫数窗与当前飞机的速度/马赫数同步。

A/THR 模式的接通与否通过 A/THR 按钮开关实现,按下 A/THR 按钮开关接通或断开 A/THR。当 A/THR 接通时,三个绿色指示灯亮。

ALT SEL(高度选择)显示窗显示所选择的目标高度。通过高度选择选择器旋钮可进行预选高度选择，按下旋钮使每格的高度调定增量从1 000ft变为100ft；再按一次旋钮调定增量恢复到1 000ft。转动ALT SEL选择器旋钮选择高度目标值。利用主飞行显示器(PFD)高度带上的蓝色目标高度可验证ALT SEL选择是否正确。当飞行员拉出高度选择旋钮，并且更新了目标高度时，AFS系统将自动接通LVL/CH模式。如果飞机此时运行在剖面模式，AFS系统自动预置爬升或下降状态。

  ALT.HLD(高度保持)模式的选择通过ALT.HLD(高度保持)按钮开关实现。当飞行员按下ALT.HLD按钮开关，AFS系统立刻将飞机改为平飞状态(飞行模式信号牌ALT显示绿色)。飞机处于高度保持模式时，AFS系统将飞机控制在FCU选择的爬升或下降高度上。如果此时飞机处于爬升或下降阶段，则AFS系统将控制飞机保持在按下ALT.HLD按钮时的高度上。在高度截获并保持期间，如A/THR处于接通状态，A/THR系统将自动调节发动机推力以保持所选择的速度。AP/FD的高度模式有三个连续的阶段来截获并保持飞机的实际高度：待命阶段(在FMA上ALT显示蓝色)，截获阶段(在FMA上ALT*显示绿色)和保持阶段(在FMA上ALT显示绿色)。当飞行员接通爬升或下降模式(SRS或V/S模式接通或选择了LVL/CH或GO AROUND)，且目标高度调定时，AFS系统自动将AP/FD设定为高度保持待命阶段。当飞机在选择目标高度的截获范围内时，ALT*模式(高度截获模式)自动接通。飞机垂直速度不同，截获范围也不同，其变化规律为随垂直速度增大截获范围增大。例如，在LVL/CH模式，垂直速度为2 000ft/min，ALT*在达到选择高度之前约700ft将自动接通。ALT*模式是否接通可通过FMA界面和ALT.HLD按钮是否亮灯来确定。FCU上的LVL/CH按钮灯灭，而ALT.HLD按钮灯亮代表系统处于高度截获状态。当飞机到达选择高度时，ALT模式接通，此时飞机处于保持阶段。

  当ALT待命处于接通状态时，可随时改变选择的目标高度。如果在ALT待命的同时目标高度变化(ALT为蓝色)，飞机将根据新选择的目标高度进行爬升或下降。假如目标高度在截获阶段变化(ALT*为绿色)，如新的目标高度在截获范围之内，ALT*仍然接通，并截获新的高度。如新的目标高度不在截获范围内，系统自动从ALT*转换至V/S模式。如在高度保持阶段(ALT为绿色)目标高度有变化，ALT保持接通，AP/FD不会使飞机爬升或下降至新选择的目标高度，直至选择另一个垂直模式(如V/S，LVL/CH，P.CLB或P.DES)。

  LVL/CH按钮开关用于选择接通或断开LVL/CH模式。LVL/CH模式可在选择的目标速度(AP/FD在SPD或MACH模式)的同时发动机马力设置于爬升推力或下降慢车推力(RETARD模式)时，操纵飞机自动进行爬升或下降。在实际飞行中，飞行员使用LVL/CH模式完成2 000ft以上的阶梯爬升或下降。当AP/FD处于LVL/CH状态，FCC将自动调节俯仰作动筒，保证飞机保持在AP/FD选择的目标速度上。当LVL/CH模式接通，AFS将使ALT模式待命(准备截获新选择的高度)。飞行员可在飞机完成爬升或者下降阶段后，改变选择的目标高度和速度/马赫。如果飞行员设定的目标速度/马赫低于VLS或高于VMAX/MMO，自动飞行系统AFS将自动保持VLS或VMAX/MMO，防止飞行出现意外。

  PROFILE(剖面)按钮开关用于选择接通或断开剖面模式。PROFILE模式的主要功能是将飞行管理系统(FMS)耦合至AFS(自动飞行系统)中，利用FMS系统中数据对AP/FD和A/THR(在TRP上的自动模式)进行控制，完成FMS垂直飞行计划(F-PLN)的垂直引导。在 PROFILE 模式状态时,垂直引导指令和推力由飞行管理计算机(FMC)计算,AP/FD(P. CLB、P. ALT、P. DES 模式)维持所需的速度、高度、飞行航迹或垂直速度,A/THR(P. THR、P. SPD、RETARD 模式)来维持所需的推力或速度。如 A/THR 不接通,PROFILE 模式仍可用,此时发动机的控制方式采用 MAN THR(人工马力)调定。在飞行的任何阶段都可按下 PROFILE 按钮进行模式待命(在起飞时)或接通。当飞机处于起飞阶段,PROFILE 模式待命,FMA 上显示蓝色 P. CLB。当飞机的实际高度达到减推力高度(1 500ft 离地高度或更高)时接通,PROFILE 自动接通,P. THR/P. CLB 在 FMA 上显示为绿色。当 PROFILE 模式接通,在 FCU 上显示新的设置高度,此时如果飞行员需要改变飞机的实际飞行高度,可以通过拉出 ALT SEL 旋钮改变高度。当 PROFILE 模式被接通后,SPD/MACH 窗为虚线,速度/马赫由 FMS 控制,FMS 目标速度在 PFD 速度带上用蓝色指针指示,TRP AUTO 键亮(TRP 推力限制由 FMS 控制)。在爬升或下降中,TRP TARGET 窗显示 FMS 计算的目标推力。与 PROFILE 模式相关的 A/THR 模式根据飞机所处阶段不同有三种模式:在爬升和下降开始时 P. THR 保持 FMS 指令的目标推力;在巡航中,P. SPD 维持由 FMS 指令的目标速度;在慢车下降中为 RETARD。PROFILE 模式的操作包线是在起飞时从 1 500ft 离地高度至 GS 截获(用于精密进近),或者最后进近点(FAF)或最后下降点(用于非精密进近)。在飞机执行最后进近过程中,不允许使用 PROFILE 模式(即过了 FAF,最后下降点或 1 000ft 离地高度中的任何一个)。在 PROFILE 模式中,速度控制在 VLS 和 VMAX 之间。

显示器 HDG SEL(高度选择)窗用于显示所选择的目标高度。如果 HDG/S 模式没接通,按下 HDG SEL 选择器,HDG SEL 窗的航向与飞机当前的航向相同;如果 HDG/S 模式已接通,按下选择器则没有任何作用。如果 HDG/S 没接通,拉出旋钮,则接通 HDG/S 模式;如果 HDG/S 模式已接通,拉出旋钮则没任何作用。转动旋钮开关选择所需要的目标航向(每格 1°)。飞行模式信号牌上的显示(HDG/S 绿色)和 FCU 上亮着的 HDG SEL 按钮都可验证 HDG/S 模式已接通,通过检查导航显示(ND)航向刻度上蓝色指针的位置(或蓝色航向数值)便可确定 HDG SEL 情况。按钮 HDG SEL 用于接通或断开 HDG/S 模式。在飞行过程中,一般建议使用按-拉-转技术来接通 HDG/S:即按 HDG SEL 旋钮与飞机当前航向的 HDG SEL 窗同步;拉 HDG SEL 旋钮接通 HDG/S 模式;然后,转 HDG SEL 旋钮,按所需转弯的方向来选择所需的航向。

当 HDG/S 接通时,飞机转弯的方向与 HDG SEL 旋钮转动的方向一致(即使选择的转弯大于 180°)。该特点和以上操作技术避免了无意义转向。如果 HDG SEL 窗与当前飞机航向不同步,或在接通 HDG/S 模式之前选择了所需的航向,当 HDG/S 接通时,飞机用最小角度转向选择的航向。在 HDG/S 模式接通时,可通过选择所需的航向随时来改变飞机的真实航向。在起飞前,假如使用 RWY 模式,HDG/S 模式可以待命用于爬升。

NAV(导航)按钮开关用于接通或断开 NAV 模式。导航模式利用飞行管理系统(FMS)中的数据,通过 FMS 操纵 AP/FD 使飞机的横向飞行轨迹沿着 FMS 横向飞行计划(F-PLN)进行飞行。如果起飞时 AP 接通在 NAV 模式,当飞机离地高度达 30ft 后,NAV 自动接通。假如在起飞前没有待命,当飞机飞行高度超过 30ft 后,只要在 FMS F-PLN 上有一个工作的航段,可随时人工接通 NAV 模式。在飞行过程中,NAV 按钮按下,如果此时飞机在工作航段的截获区,NAV 立即接通(即假如目前飞机航迹在距 FMS 工作的 F-PLN 航段 10nm 之内),假如目前飞机航迹距工作的航段超过 10nm,NAV 待命,直到飞机进入飞行计划航段的截获区,NAV 接通。当 NAV 处于待命状态时(在 FMA 上,NAV 显示蓝色),AP/FD 使用另外的横向模式作为支持(HDG、RWY、HDG/S 或 VOR),引导飞机飞往工作的飞行计划航段的截获区。在截获点,NAV 模式接通(在 FMA 上,NAV 显示绿色),引导飞机飞往工作的飞行计划航段,截获角为 45°。当 NAV 模式接通后,HDG SEL 窗显示最近人工选择的航向。为在 NAV 模式中截获或保持 FMS 航迹,坡度由 FMS 决定,且不考虑坡度限制选择器的设定值。无论 NAV 模式是否接通,都可看到 FMS 飞行计划航段,通过选择 EFIS 控制面板上的 MAP 或 PLAN 可在 ND 上看到相对该航迹的飞机位置。

V/S(垂直速度)窗口用于显示所选择的垂直速度目标。如果 V/S 模式没接通,显示"---"。V/S 选择器旋钮可以选择所需的垂直速度目标(每格 100ft/min)。拉出该旋钮可以接通 V/S 模式,如果 V/S 模式已接通,拉此旋钮没任何作用。如果 V/S 模式没接通,转动此旋钮将使显示的 V/S 与飞机当前的 V/S 同步,但并不接通 V/S 模式。如果拉出 V/S 旋钮或解除已接通的垂直模式在 10s 内 V/S 模式没接通,显示的垂直速度从 V/S 窗消失。

V/L(甚高频全向信标台和航向信标台)按钮开关待命或接通 VOR 或航道模式,VOR 模式截获并跟踪选择的 VOR 经向线/航迹。VOR 模式仅用于航路上的导航。在 VOR 或 VOR-DME 进近中截获并跟踪最后进近航迹,HDG SEL 模式必须与 VOR 或 VOR-DME 原始数据一起使用。一旦缝翼放出,且至 VOR 的距离小于 30nm 时,HDG SEL 模式和 VOR/VOR-DME 原始数据应用于截获并跟踪 VOR 径向线/航迹。VOR 模式有三个连续的阶段来截获并跟踪选择的 VOR 径向线:待命阶段(在 FMA 上 VOR 显示蓝色),截获阶段(在 FMA 上 VOR * 显示绿色)和跟踪阶段(在 FMA 上 VOR 显示绿色)。

如果在 FCU 上选择 LAND 模式,就不可能接通 VOR 模式。当 VOR 模式待命,AP/FD 使用其他横向模式作为支持,引导飞机飞往并截获 VOR 径向线点。此时,模式可以是 HDG、HDG/S 或 NAV。为了修正截获 VOR 径向线/航迹,假如至 VOR 的距离大于 30nm,截获角不准超过 90°;假如至 VOR 的距离小于 30nm,截获角不准超过 30°。当飞机在 VOR 径向线的截获范围内,VOR 模式自动接通径向线截获阶段(VOR *);当飞机到达选择的 VOR 径向线,VOR 模式自动接通径向线跟踪阶段(VOR)。在 VOR * 和 VOR 模式,AP 监督超控功能可用。在 VOR 模式,坡度限制在 25°,且 HDG SEL 外旋钮在 NORM 位,或坡度在 15°,且旋钮在 15°位置。这些坡度的限制在 FD 指令人工飞行或 AP 接通在 CMD 时有效。

LOC(航道)模式截获并跟踪一个导航台波束。LOC 模式可作为在仅有导航台,ILS 下滑道不工作或不可靠时的进近。LOC 模式有三个连续的模式截获和跟踪一个导航台波束:待命阶段(FMA 上 LOC 显示蓝色)、截获阶段(FMA 上 LOC * 显示绿色)和跟踪阶段(FMA 上 LOC 显示绿色)。

当 LAND 按钮按下,只要 ILS 控制面板上设置了 ILS 频率和航迹,LOC 模式自动待命。当 LOC 模式待命,AP/FD 使用 HDG、HDG/S 或 NAV 横向模式支持,引导飞机飞往导航台波束的截获点。当飞机在导航台波束的截获范围内,LOC 模式自动接通截获阶段(LOC *);当飞机到达导航台波束,LOC 模式自动接通跟踪阶段(LOC 显示绿色)。在 LOC * 模式,AP 监督超控功能可用。

按下 LAND 按钮开关待命或接通下滑道和航道模式用于 ILS 进近。在 ILS 进近中,

FCU 上的 LAND 模式选择提供垂直和横向引导以截获并跟踪导航台和下滑道波束。在进近的最后阶段，LAND 模式提供拉平和校准引导（FLARE 模式）以及着陆滑跑引导（ROLL OUT 模式）用于自动着陆和滑跑。与 LAND 模式相关的 A/THR 模式是 SPD 模式。当选择着陆模式时，可以接通垂直模式（GS）和横向模式（LOC）以截获和跟踪 ILS 波束，也可以接通合并垂直和横向模式（LAND，FLARE 和 ROLL OUT）用于最后进近和着陆。当 LAND 按钮按下，如在相应的截获范围内，GS 和 LOC 模式待命并开始相应的截获阶段。选择 VOR/NAV/ILS 电门至 ILS，允许在同侧的 PFD 和 ND 上显示 LOC 和 G/S 偏航指针。选择 LAND 模式时，如 VOR/NAV/ILS 电门已在 VOR 或 NAV 位，同侧的 PFD 上闪烁琥珀色"ILS"信息，提醒机组设置 VOR/NAV/ILS 电门至 ILS 位置。一旦 LAND 模式待命，两部 AP 自动接通在 CMD 位。

只要 AP 接通条件都已具备，将 AP 手柄调到 ON 接通相应的 AP。每次只有一个 AP 手柄能接通，但当 LAND 模式在 FCU 上已待命或在 GO AROUND（复飞）模式时，两个 AP 可以同时接通在 CMD 模式。按下 AP CWS/CMD 按钮开关，AP 便从 CWS 转到 CMD 模式或从 CMD 模式转到 CWS 模式。相应的灯（CWS 或 CMD）将亮以指示所选择的方式。

9.4　偏航阻尼系统

由于现代民用飞机所安装的机翼都采用后掠角形式。后掠角翼型在飞行过程中具有速度高，阻力小的特点，但是该翼型在转弯过程中会引起侧滑，进一步在侧风的情况下会引起荷兰滚，因此偏航阻尼系统的作用就是抑制这种高频低幅的振动，提高飞机的稳定性。

9.4.1　偏航阻尼系统的功用

偏航阻尼器系统提供功能包括：荷兰滚阻尼；在低速人工飞行中协调转弯，减少由转动导致的侧滑；当一个发动机故障发生时，产生一个指令驱动方向舵偏转以抵消仅在发动机故障产生瞬变期间的侧滑。

偏航阻尼系统是增稳系统的一部分。在飞机飞行的全过程中，偏航阻尼系统用于提高飞机绕立轴的稳定性。当航向平衡被破坏后，偏航阻尼器控制方向舵偏转，从而抑制飞机绕立轴和纵轴的摆动，即抑制飞机的荷兰滚运动。保持飞机的航向平衡和航向稳定性。

偏航阻尼系统通过自动地偏转方向舵，为飞机提供偏航阻尼，从而将飞机在飞行时由荷兰滚引起的航向偏差减到最小，将阵风引起的飞机侧滑以及湍流引起的机体变形所产生的飞机振荡减到最小。另外，它还提供飞机的转弯协调信号。

9.4.2　荷兰滚原理

亚音速民航客机的机翼后掠角大约是 35°，这种空气动力学的设计是为了得到低阻力、高速度的飞行。但是存在一个问题就是飞机的航向稳定性差，容易产生荷兰滚，如图 9.4-1 所示。

根据如图 9.4-1 可知，当飞机某时刻在位置 1 因左侧风干扰后，飞机尾部向右运动，飞机向左偏航。在位置 2 时，由于后掠翼使垂直于右翼的气流分量大于左翼，使右机翼升力增

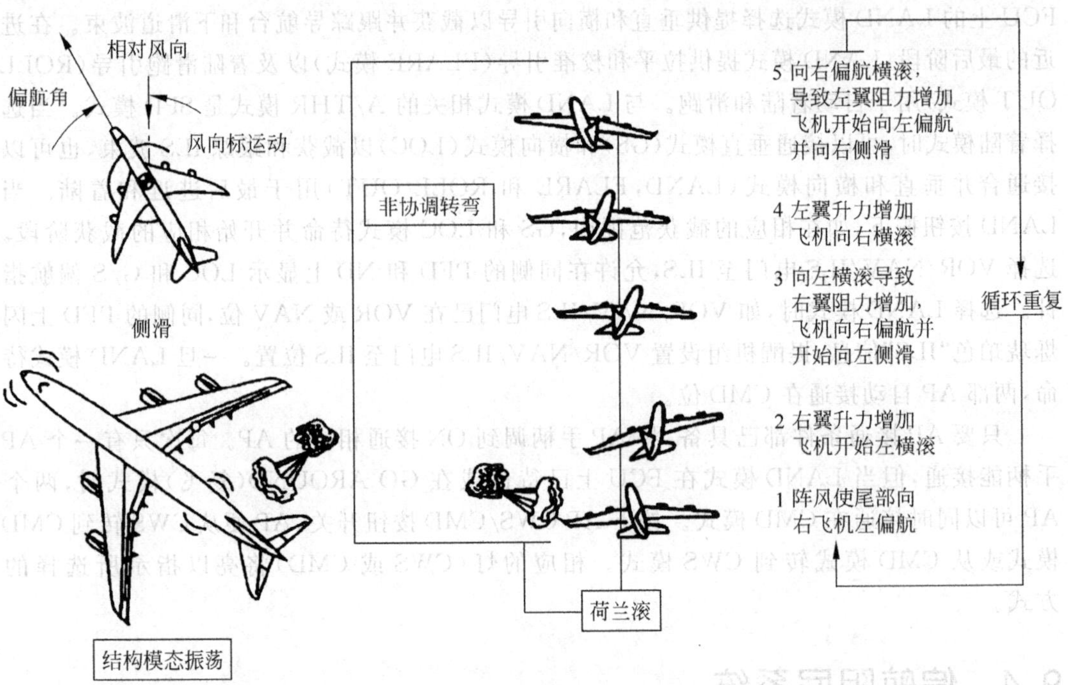

图 9.4-1 侧滑及荷兰滚运动

加,飞机向左倾斜。在位置 3 飞机向左偏航并倾斜,引起右机翼阻力增加,飞机开始向右偏航并向左侧滑。在位置 4 时,由于垂直于左翼的气流分量大于右翼,使左机翼升力增加,飞机开始向右倾斜。在位置 5 飞机向右偏航并倾斜,引起左机翼阻力增加,飞机向左偏航并向右侧滑,然后飞机又回到位置 1 的初始状态。综上所述,飞机倾斜引起右侧滑,形成左滚转和右偏航,进而形成左倾斜,引起左侧滑,又形成右倾斜和左偏航,进而形成右倾斜,引起左侧滑。如此循环重复。这种飘摆运动的飞行轨迹呈立体状"S"形,如图 9.4-2 所示,酷似荷兰人的滑冰动作,故称为"荷兰滚"。它不仅严重影响飞机乘坐的舒适性,而且对飞机的结构造成损伤,因此必须加以抑制。飞机利用偏航阻尼系统来降低荷兰滚造成的影响。

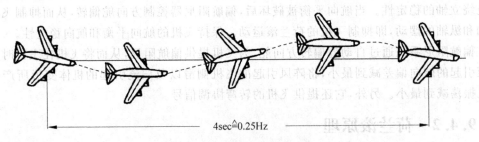

图 9.4-2 荷兰滚的振荡频率图

另外,对于后掠翼高速飞行的飞机,如果机身较长,在飞行过程中会产生机身的弯曲和摆动。为了抑制这种机身结构模态振荡趋势,提高驾驶的操纵性和乘坐的舒适性,有些偏航阻尼系统还具有振荡抑制功能,如波音 767/300 型具有模态抑制功能。

9.4.3 偏航阻尼系统原理分析

FACS包括一实现下列功能的偏航阻尼器子系统：荷兰滚阻尼，协调转弯和协调发动机故障子系统。

荷兰滚效应会降低飞机的横向飞行品质的等级（偏航振动导致一个横滚-偏航不安定）。荷兰滚阻尼系统能够在整个飞行包络内提供足够的振动阻尼。在 A300 机型中，荷兰滚阻尼系统利用一个偏航率传感器检测飞机的实际偏航率。当偏航率变化引起偏航变化指示时，通过偏航阻尼系统自动修正偏航率回路中的增益大小改变阻尼效果。为保证在整个飞机包线内飞机的正常飞行稳定性，偏航阻尼系统在低速时，限制方向舵在±10°的总振幅内进行阻尼偏转。而在高速飞行时，限制方向舵的偏转角度为±2°，防止大角度偏转引起飞机振动以及载荷过大。同时，方向舵偏转速度限制在±39°/s 内，防止作动筒的驱动速度进入饱和值。整个偏航阻尼系统的控制原理如图 9.4-3 所示。

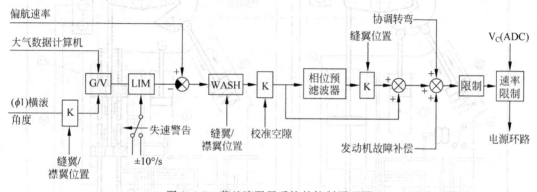

图 9.4-3 荷兰滚阻尼系统的控制原理图

偏航阻尼系统的协调转弯功能提供协助飞机横向飞行控制和增加飞机转弯稳定性。在 A300 机型的自动飞行系统中，协调转弯系统通过传输适当的偏转指令至方向舵控制器，驱动方向舵偏转，通过方向舵的偏转防止飞机出现侧滑。该偏转指令与在横滚轴上由飞行员完成的指令成正比，确保在横滚和偏航动作之间的协调。

协调转弯功能只在人工飞行中使用。方向舵的偏转增益视速度而定，偏转角度在±8°的振幅内，防止出现系统性的结构损伤。同时其偏转速度限制在 5°/s 内，在失速警告条件下，协调增益设定为零，防止由于增益增加飞行员的操纵负担。协调转弯的控制原理如图 9.4-4 所示。

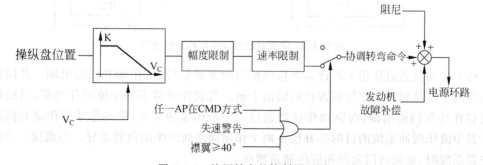

图 9.4-4 协调转弯的控制原理图

9.4.4 偏航阻尼系统部件

偏航阻尼系统的重要组成部件是电液压作动筒,其通过机械输出作用于方向舵控制连杆,驱动方向舵进行伺服偏转。该作动筒由两个通道构成:通道1与偏航阻尼器1(FAC1)相连;通道2与偏航阻尼器2(FAC2)相连。如图9.4-5所示,两个通道结构基本相同,每个通道包含有:释放作动筒①、锁紧弹簧②、电磁活门③、电液压伺服活门④、锁紧凸轮⑤和同步解算器⑥。在驾驶通道上,作动筒还包括一个驾驶作动筒⑦和压力电门⑧。而在驱动通道上,则包括一个驱动作动筒⑨和缓冲装置活塞⑩。

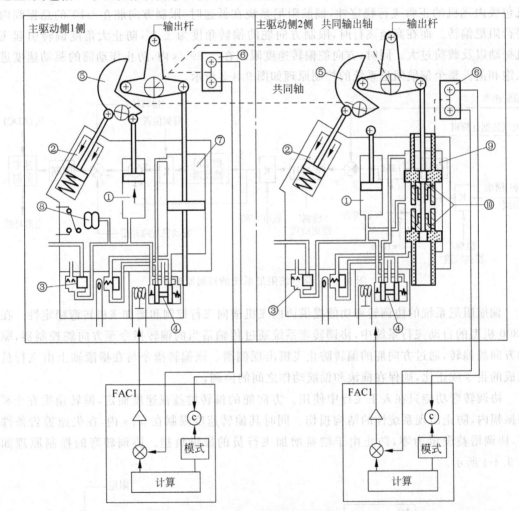

图 9.4-5 偏航阻尼作动筒结构与原理图

两个作动筒通道从相关的计算机接收相应的驱动信号时,作动共同输出轴。共同输出轴操作两个联接到方向舵控制连杆的输出手柄。驾驶作动筒不同于驱动作动筒,驾驶作动筒直接作动共同输出轴,而驱动作动筒通过一个液压缓冲装置,驱动作动筒作动共同输出轴。其中液压缓冲系统的目的是补偿在两个作动筒之间产生的位置差异。当衔接一个偏航阻尼器系统时,电磁活门允许相应的通道增压。

驱动作动筒通过电液压伺服活门操作,该活门根据通过 FAC 传输的控制信号施加液压压力至各自容腔。在作动筒随动中,同步解算器提供位置反馈。通过偏航阻尼器作动筒传输的控制信号飞行员感觉不到,它们偏转时不移动方向舵踏板。

9.5 俯仰配平系统

飞机飞行时,由于速度、重心以及气动外形的变化,不可避免会产生力矩的不平衡,此时,需要安装配平系统对不平衡力矩进行补偿。CCAR-25 作为民用运输类飞机取证必须遵循的运输标准,其对俯仰轴上的配平要求为飞机在最大连续功率(推力)爬升或下滑过程中,无论襟翼处于收起位置还是起飞/放下位置,或飞机进行平飞加减速时,都能够维持纵向配平。

9.5.1 安定面配平功用

俯仰配平系统(auto trim)的功能是自动保持飞机在俯仰轴上的配平状态。小飞机上的水平安定面是不能移动的,但在大型客机上,水平安定面是可动的,其目的是为了减小升降舵上的载荷,或者说,俯仰配平系统配平飞机的纵向力矩,为升降舵卸荷。

安定面前缘向上(或向下)运动,会造成机头向下(或向上)运动,即安定面的运动将改变飞机的俯仰姿态;飞机的俯仰运动原本是通过升降舵的上翻、下翻实现的,但水平安定面与升降舵共同构成水平尾翼的翼形,升降舵位置的变化使水平尾翼不再保持流线型,因此飞机阻力增大;如果安定面是固定的,升降舵将承受相当大的载荷。而如果水平安定面可以调整,就可使水平尾翼始终保持流线型,又可卸去升降舵上的巨大载荷,如图 9.5-1 所示。

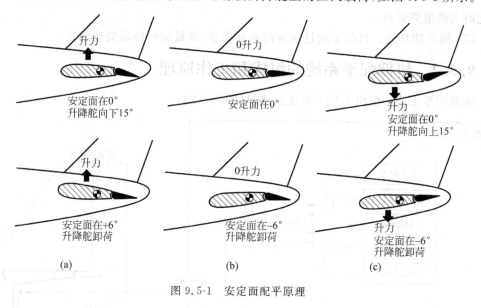

图 9.5-1 安定面配平原理

如图 9.5-1 所示,假定飞机姿态和空速为常数,水平安定面上产生的升力相同。一种情况是采用升降舵产生升力,水平尾翼不再是流线型;另一种情况用水平尾翼产生升力,水平安定面发生移动,尾翼呈流线型。

图 9.5-1(a)所示为水平安定面上产生相同的向上升力。上图是安定面在 0°、升降舵向下 15°；下图是安定面在 +6°、升降舵与安定面保持流线型。此时，升力重心在尾翼上。

图 9.5-1(b)所示为另一对等值条件。一种情况为安定面在 0°、升降舵与安定面保持流线型；另一种情况为安定面在 -6°、升降舵向下 15°，此时，水平尾翼上没有升力。

图 9.5-1(c)所示为水平安定面上产生相同的向下升力。一种情况是安定面在 0°、升降舵向上 15°；另一种情况是安定面在 -6°、升降舵与安定面保持流线型。

上述例子中的数值和相关位置仅用于说明安定面配平的原理，实际数值和位置取决于飞机当时的空速和飞行姿态。通过上述例子可见，安定面前缘向上或向下运动引起飞机的机头向下或向上运动，从而达到配平目的。

在人工飞行状态，只要接通驾驶盘上相应的开关，飞行员就可对安定面进行配平。在自动驾驶仪工作时，俯仰配平自动进行。

在 A300 机型中，俯仰配平主要包括：

(1) 电气配平。提供俯仰轴仰轴稳定并在人工飞行中使载荷施加到驾驶杆上，依靠位于驾驶杆上的俯仰配平控制电门超控。

(2) 自动配平。在俯仰配平控制电门上没有任何动作，在 CMD 或 CWS 状态时，激活该功能稳定俯仰轴并克服失配状态，实现使 AP 在一个零操纵面位置周围操作以及在 AP 断开时，防止急拉。

(3) 俯仰安定修正。当某个参数影响时，保证飞机在整个飞行包络线内的静态安定，其中主要包括的功能模块有在高马赫数上的马赫数配平，在高速时 v_c 配平以及整个飞行包络的攻角/倾角配平。

(4) THETA 配平。THETA TRIM 功能的目的是帮助机组在复飞时控制处于强推力变化的飞机俯仰姿态。

(5) 防失速功能。目的是通过预定的俯冲指令，在低速时协助失速恢复。

9.5.2 俯仰配平系统的组成和工作原理

俯仰配平系统一般由下列子系统组成(见图 9.5-2)：

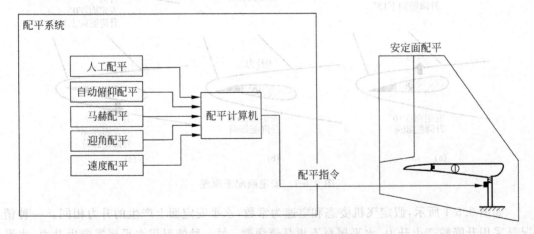

图 9.5-2 配平系统的组成

(1) 人工配平。从配平开关输入人工配平指令。

(2) 自动俯仰配平。当驾驶仪工作时，自动俯仰配平工作。

(3) 马赫配平。用于防止马赫数增加时，引起飞机的向下俯冲。

(4) 迎角配平。用于防止飞机高速飞行期间产生大迎角。

(5) 速度配平。在起飞和盘旋期间，为飞机提供速度稳定性。

各子系统的工作原理如下：

1) 人工配平

当飞行员拉驾驶杆时，升降舵向上偏转飞机上仰。为保持这一新的姿态，飞行员要保持升降舵的偏转量。但这样将有很大的气压作用在升降舵上，因此，飞行员按下主电配平开关使安定面移动。当安定面的前缘向下移动时，飞行员可以松开作用在驾驶杆上的拉力。此时，升降舵与安定面保持流线型，从而保持新的飞行姿态。

来自驾驶杆的人工俯仰配平信号既可直接加到安定面配平马达，也可首先加到配平计算机。由配平计算机对一些信号进行修正。只要飞行员保持配平开关"向上"或"向下"的位置，安定面就持续移动，如图 9.5-3 所示。

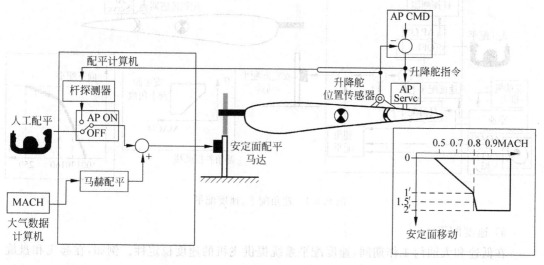

图 9.5-3 人工配平、自动驾驶仪配平、马赫配平

2) 自动驾驶仪配平

当自动驾驶仪工作时，自动俯仰配平功能自动接通。自动驾驶仪的杆探测器探测升降舵的偏转量，或由升降舵位置传感器直接进行测量。当升降舵的偏转超出一定量时，配平计算机发出指令，使安定面配平马达工作。当自动驾驶仪将升降舵位置减小到零时，配平系统再使马达停转，如图 9.5-3 所示。

当飞行员按下驾驶杆上的配平开关时，自动驾驶仪脱开。于是，配平系统又回到人工配平状态。

3) 马赫配平

当马赫数增加时，飞机的升力中心向后移动。这将使飞机产生低头力矩，引起飞机向下俯冲。在飞行中，应该避免这种状态的发生。这就是马赫配平系统要完成的任务。

当马赫数增加时，配平系统使安定面的前缘向下，产生使飞机抬头的力矩来平衡飞机的低头力矩。马赫数由大气数据计算机提供,配平计算机利用飞机的气动特性,计算出所需要的配平指令,如图9.5-3所示。

4) 迎角配平

迎角配平系统功能是减小飞机高速飞行时产生的诱导阻力。通过限制最大迎角,迎角配平防止翼尖产生高压力差。它利用迎角传感器检测角度与飞机特定曲线进行比较,当迎角超过最大允许值时,安定面的前缘向上移动,使飞机产生低头力矩,直到使迎角低于特定曲线值为止,如图9.5-4所示。

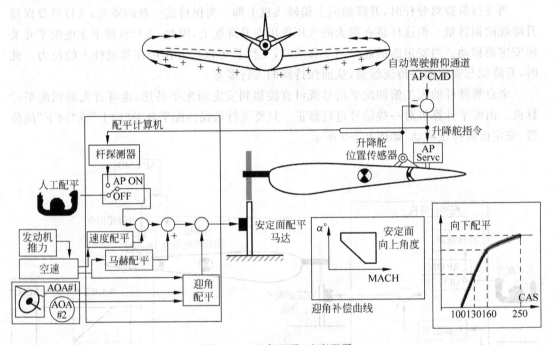

图 9.5-4　迎角配平、速度配平

5) 速度配平

在低速和大油门工作期间,速度配平系统提供飞机的速度稳定性。例如,在起飞和盘旋期间。速度配平的含义是:随着空速的增加,飞机的机头向上;随着空速的减小,飞机的机头向下。为完成这一任务,速度配平系统不仅需要来自ADC的实际空速值探测速度的变化,而且还需要发动机的油门信号控制配平门限值,如图9.5-4所示。

在A300机型上,每个俯仰配平子系统驱动一个电气作动筒。两个作动筒位于滚珠螺旋千斤顶的顶部,操作两个THS作动筒液压马达控制活门。

每个作动筒包含一个151:1的减速齿轮和一个扭矩限制器,作动筒通过减速齿轮将高速的液压马达输出减速,利用扭矩限制器防止系统过大的扭矩损伤下游THS驱动系统。扭矩限制器的输出轴联接到驱动滚珠蜗杆的马达上,带动THS蜗杆转动,最终实现THS的移动。在俯仰配平作动筒中,其扭矩限制器的输出与THS输入轴刚性联接,保证当液压马达输出存在故障时,扭矩限制器能够传输必需的载荷超控系统;作动筒通过一个间隙自调节齿轮系统,驱动同步器,消除滞后影响。整个俯仰配平系统的原理图如图9.5-5所示。

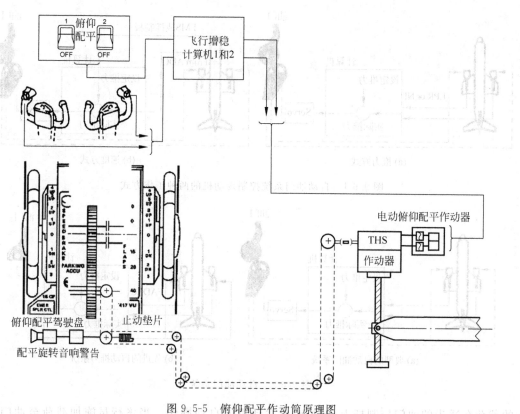

图 9.5-5 俯仰配平作动筒原理图

9.6 自动油门系统

9.6.1 自动油门系统的功用

现代飞机的自动油门系统(ATS)用于从起飞到着陆的整个飞行阶段,也称为全程自动油门系统。自动油门系统操作方式有推力方式和速度方式两种。自动油门系统通过其中的一种方式自动控制发动机的推力。

推力方式既控制发动机压力比(EPR),又控制 N1 转速,由发动机的类型决定;速度方式控制飞机的计算空速,目标值来自飞行管理系统 FMS 或飞行员自己选择,如图 9.6-1 所示。

目前使用的自动油门系统有两种类型:一种是典型的自动油门系统,它使用伺服马达调整油门的位置,并以机械的方式与发动机联接,如图 9.6-2 所示;另一种用于现代电传操纵的飞机,它将数字信号直接传送给发动机的 FADEC 计算机。此系统没有油门的自动移动,因此,也称为自动推力系统,如图 9.6-3 所示。

在 A300 机型中,发动机推力控制计算机通过两个耦合器与发动机功率组件联接,每个耦合器包括一个电磁离合器和一个安全摩擦离合器,用于驱动对应的电动马达,带动发动机控制连杆。电动马达接受 TCC 计算机传递的控制信号,驱动下游发动机功率组件,同时使驾驶舱内的油门手柄进行随动。不过,在任一瞬间,每个飞行员都能通过简单地施加一个轻

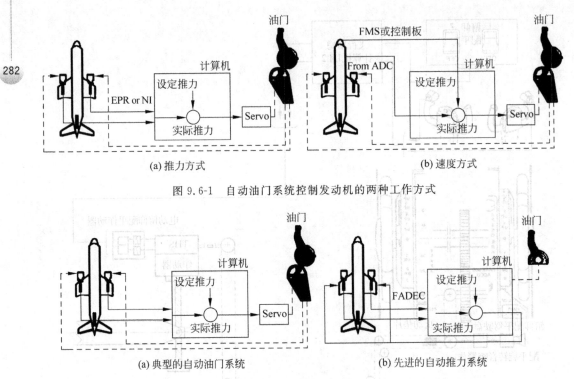

图 9.6-1 自动油门系统控制发动机的两种工作方式

图 9.6-2 自动油门系统

的载荷在适当的油门控制杆上,超控对应发动机的自动操作。当飞行员施加载荷至油门控制杆后,通过 1 个测力杆完成载荷感应,切断相应的耦合器,如此能使飞行员人工调整油门控制杆。一旦飞行员松开载荷,自动油门接管发动机的控制并保持两个油门杆位置之间的差异。

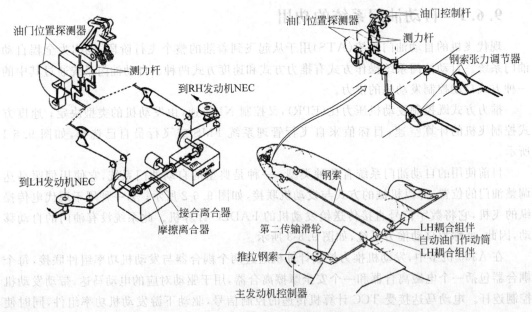

图 9.6-3 自动推力系统原理图

9.6.2 自动油门系统在整个飞行过程中的工作情况

自动油门系统在整个飞行过程中的工作情况,如图 9.6-4 所示。

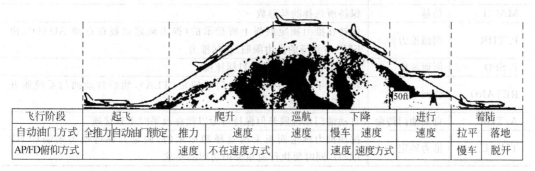

图 9.6-4　自动油门系统在整个飞行过程中的工作情况

飞机起飞期间,自动油门系统总是工作在推力方式。由推力计算机计算其所需要的推力。当发动机达到起飞推力时,自动油门将关断任何到达油门的指令,在起飞的最后阶段,油门保持功能将阻止油门的移动,防止飞机出现失速。

爬升阶段,自动油门系统既可工作在速度方式,也可工作在推力方式。具体使用哪种方式主要取决于自动驾驶仪和飞行指引的俯仰方式。只要自动驾驶仪或飞行指引控制速度,就要使用推力方式。因为不允许有两个系统同时控制速度。所以,当自动驾驶仪和飞行指引不控制速度时,自动油门才能工作于速度方式。

巡航阶段,飞机已经到达预定的飞行高度。这一阶段一直持续到下降阶段为止。在飞机巡航期间,飞行速度总是由自动油门系统控制。

下降阶段,自动油门系统的工作情况与爬升阶段相同。当自动驾驶仪飞行指引的俯仰通道工作于速度方式,自动油门系统控制推力。此阶段,发动机的最小推力也被称为慢车,它用于取代最大推力。如果俯仰通道使用其他信号,那么自动油门系统控制速度。

进近阶段,自动油门系统利用襟翼和起落架的位置控制进近速度。

着陆阶段,飞机大约离地面 50ft 高。当飞机拉平时,自动油门慢慢地减小到慢车位置。飞机着陆后,自动油门系统自动脱开。

当进近和着陆不可能时,飞机将进入复飞阶段。由于在起飞期间需要发动机达到最大推力,所以自动油门系统工作在推力方式。

A300 机型整个发动机自动推力控制的工作模式如表 9.6-1 所示。

表 9.6-1　发动机自动推力模式

飞行模式 信号版指示	模　式	模式功用
MAN THR	人工推力	ATS 待命但自动油门模式没接通,必须人工调节油门手柄
THR	推力	保持在推力额定面板上所选择和显示的推力限制(THR LIM)
THR	推力待命	在起飞过程中,自动油门系统已脱开,但保持待命以便起飞后重新接通
SPD	速度	保持所选择的速度

续表

飞行模式 信号版指示	模 式	模式功用
MACH	马赫	保持所选择的马赫数
P. THR	剖面推力	保持在推力额定面板上所指示的(推力额定面板在自动 AUTO)、由 FMS 所指导的推力限制/目标推力
P. SPD	剖面速度	保持由 FMS 所指导的目标速度
RETARD	收回	将油门手柄减小到 5 度油门手柄角(TLA),然后自动油门系统脱开(A/THR 蓝色)
A/THR	自动油门待命	自动油门系统脱开但保持待命以便在改平时重新接通
THR L	推力锁定	按照推力额定面板上所选择和显示的,调定并保持推力限制(THR LIM),同时要执行迎角保护功用的要求

本章小结

　　飞行控制系统是飞机上传递操纵指令、驱动舵面运动的所有部件和装置的总和。该系统用于控制飞机的飞行姿态、气动外形、乘坐品质。飞行员通过操纵输入设备操纵飞机的各舵面和调整片实现飞机绕纵轴、横轴和立轴旋转,控制飞机的飞行姿态和飞行轨迹。目前几乎所有飞机都装有自动飞行控制系统(AFCS)。一个典型的自动飞行控制系统包括:自动驾驶仪(AP)、飞行指引系统(FD),自动油门系统(ATS)、自动俯仰配平系统和偏航阻尼系统(YD)。

　　飞行控制系统一般有感知对象状态的传感器,数据处理和执行控制功能的计算机,操纵舵面运动的伺服作动系统,人机交互接口的控制与显示装置和机内自检等子系统组成。自动飞行控制系统是一个典型的反馈控制系统,可代替飞行员控制飞机的实际飞行。自动飞行控制系统的主要功能包括:自动驾驶仪——主要通过自动控制飞机的飞行,减轻飞行员的工作负担,还可在恶劣的气象条件下完成飞机的自动着陆。飞行指引——主要在主飞行操纵界面(PFD)上显示驾驶指令杆,以指导飞行员人工驾驶飞机或监视飞机的姿态。偏航阻尼——在飞机的整个飞行过程中,改善飞机的动态稳定性。自动配平——在所有飞行阶段,通过自动调整水平安定面,保持飞机的俯仰稳定性。自动油门系统——自动控制发动机的输出功率,减轻飞行员的工作负担。

　　一般飞机上安装有两套完整的 AFS 计算机系统。每套计算机系统有两套独立的处理通道(指令和监视通道),确保计算机的所有功能正常。通过比较指令通道与监控通道各自计算出的计算值,确认计算机的计算结果是否正确。飞机控制计算机系统可进一步分为飞机姿态控制计算机系统、飞机增稳计算机系统和推力控制系统。随着电子飞行控制系统(EFCS)的出现,飞行电传操纵(FBW)得到了广泛应用。现在,AFS 计算机也称为飞行管理制导和包络计算机(FMGEC)。所有 AP 和 FD 的功能由飞行管理系统(FMS)控制;所有的自动油门功能集成为一个计算机,发动机由全权数字式电子控制系统(FADEC)控制;偏航阻尼和配平功能也集成在一起,利用飞行包线保护功能监视 AFS 的整个工作过程。伺服作动系统由伺服控制器和伺服作动器两部分组成。其中,伺服控制器通常安装在飞行控制计算机内,其主要功能有:闭合伺服回路;提供飞行控制计算机与伺服作动器的输入输出接口；信号的滤波、解调、放大与校正；故障检测与机内自检测。

　　自动驾驶仪的主要功能是在正常情况下代替飞行员对飞机的飞行姿态和飞行航向进行有效的控制。为提高自动飞行控制系统的可靠性，自动飞行系统的伺服驱动机构一般采用两套相同的液压系统驱动。主飞行控制由液压伺服控制系统作动。在人工飞行状态，液压伺服控制系统执行机械指令；若 AP 接通，液压伺服控制系统执行 AP 作动器指令。

　　自动驾驶仪的主要功能是在正常情况下代替飞行员对飞机的飞行姿态和飞行航向进行有效的控制。为提高自动飞行控制系统的可靠性，自动飞行系统的伺服驱动机构一般采用两套相同的液压系统驱动。对于俯仰轴的控制，自动驾驶仪的基本任务是改善对称运动的飞行品质，减少飞行品质与工作状态（高度、马赫数、飞机构型）之间的相关性；其次，还需承担配平任务，即保持飞行姿态稳定，补偿空速和重心位置（载荷）变化造成的影响；最后，俯仰轴的控制需要改善飞机的纵向传递性能，实现飞机在全部飞行范围内尽可能直接地进行飞行航迹控制。自动飞行仪对于飞机横滚轴的控制主要包括副翼和两侧五块扰流板控制。通过两侧扰流板的偏转，使飞机沿横滚轴旋转。自动飞行仪对飞机偏航轴的控制主要通过方向舵实现。AFS 制导模式主要包括 AP/FD 垂直和横向模式，其中包括与之对应的 A/THR（自动油门）模式。

　　由于现代民用飞机所安装的机翼都采用后掠角形式。后掠角翼型在飞行过程中具有速度高、助力小的特点，但是该翼型在转弯过程中会引起侧滑，进一步在侧风的情况下会引起荷兰滚，因此偏航阻尼系统的作用就是抑制这种高频低幅的振动，提高飞机的稳定性。

　　现代飞机的自动油门系统用于从起飞到着陆的整个飞行阶段，也称为全程自动油门系统。自动油门系统操作方式有推力方式和速度方式两种。自动油门系统通过其中的一种方式自动控制发动机的推力。目前使用的自动油门系统有两种类型：一种是典型的自动油门系统，它使用伺服马达调整油门的位置，并以机械的方式与发动机联接；另一种用于现代电传操纵的飞机，它将数字信号直接传送给发动机的 FADEC 计算机。此系统没有油门的自动移动，因此，也称为自动推力系统。

复习与思考

1. 什么是飞行控制系统？飞行控制系统有哪些分类？
2. 自动飞行控制系统由那些部件组成？
3. 伺服作动系统的功能是什么？它由哪些部件组成？
4. 自动驾驶仪的主要功能是什么？其基本工作原理是什么？
5. 自动驾驶仪的垂直模式有哪些？其工作方式是什么？
6. 简要描述荷兰滚的产生原理？

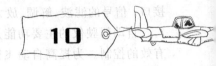

10

飞行操纵系统

本章关键词

飞行姿态(flight attitude)
侧杆操纵机构器(side lever control mechanism)
脚操纵机构(foot operated mechanism)
方向舵(rudder)
升降舵(elevator)
水平安定面(horizontal stabilizer)

互联网资料

http://baike.baidu.com/view/4498903.htm? fr=aladdin
http://www.cnki.com.cn/Article/CJFDTOTAL-MYFJ199704000.htm
http://d.g.wanfangdata.com.cn/Conference_7252735.aspx
http://www.cnki.com.cn/Article/CJFDTOTAL-MYFJ200104007.htm
http://d.g.wanfangdata.com.cn/Periodical_dgzk201219084.aspx
http://cdmd.cnki.com.cn/Article/CDMD-10287-1011291688.htm

  飞机飞行操纵装置使得飞行员能够调整和控制飞机的飞行姿态。有效飞行操纵装置的产生是航空器发展过程中至关重要的一步。早期的固定翼航空器设计工作，在如何使航空器能够产生足够升力离开地面方面获得了很大的成功，但是一旦离开地面，航空器就变得不可操纵，经常造成灾难性后果。有效飞行操纵装置的目的就是让航空器能够进行稳定的飞行。

  飞机的各项运动均通过舵面的偏转实现，舵面的偏转取决于各舵面上传动装置的驱动，飞机舵面传动装置是指根据飞行员、自动控制系统或者其他系统指令信号对舵面进行驱动，实现操纵飞机和稳定飞机运动参数的综合装置。舵面传动装置与形成指令信号的机构共同组成飞机的舵面操纵系统，保证飞行员能正常驾驶飞机或使飞机按预定的轨迹自动飞行。在现代飞机上，特别是超音速飞机上，舵面操纵系统除自动保证飞机的动态特性外，尤其要保证飞机的静稳定性和由飞行员建立起来的自动稳定飞行状态。

  飞机的操纵系统中传动装置通常指具有耦合环节的执行机构以及包括远距传递机构在内的综合装置。通常将用于实现给定操纵面控制的所有传动装置称为飞机舵面操纵系统。飞机舵面操纵系统涉及机械、液压、电气和电液等传动装置。

10.1 操纵系统概述

舵面传动装置的组成、型式和结构取决于飞机操纵机构的布局、操纵系统需要完成的任务、操纵系统的运动规律、要求舵面复现操纵规律的静动态精度、舵面参数、作用在舵面上的载荷、对操纵系统的可靠性要求和个别飞行状态的安全保证，同时还取决于飞机布局和与使用条件有关的参数、舵面型颤振的安全性以及对质量、成本和维护的要求等。

飞机舵面的传动装置不是孤立的综合装置，而是飞机操纵闭合网路的环节之一。在飞行中，这个回路由三个基本环节形成（见图 10.1-1）。

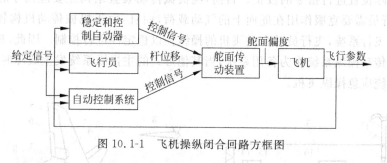

图 10.1-1　飞机操纵闭合回路方框图

（1）指令（或控制）环节，飞机正常飞行过程中，指令（或控制）环节可以是飞行员、自动控制和稳定系统等。

（2）传动环节，即飞机舵面的传动装置。

（3）被控制环节或控制对象，即飞机。

飞行操纵系统的总体功能是保证在所有飞行状态下整个操纵系统的稳定性和工作精度。舵面传动装置作为飞行操纵系统中的主要传动部件随飞行状态不同，舵面上的气动载荷将发生改变，机体的环境温度也会改变，舵面传动装置周围空气温度变化所产生的传动机构传递系数的改变也会使传动装置得性能发生变化。现代飞机舵面传动装置还存在刚度下降导致机体结构固有振动频率降低的问题，此时操纵系统可以通过抑制或者补偿传动装置的性能变化，保证飞机飞行的稳定与安全。

由于现代飞行控制系统要求在整个飞机的飞行包线内都可以正常工作，因此要求整个飞行操纵系统具有较高的精度，并力求舵面传动准确。现代飞机传动装置功率的提高，使它在飞机上的布局、安装和能源供给以及冷却等均产生困难。

10.1.1　操纵系统定义及分类

一般情况，飞机的舵面传动装置具有下列几个主要部分：

（1）接合部分。连接系统与指令信号装置的机构。

（2）远距传动部分。将指令信号由接合部分传送至舵面的装置，一般由综合装置和分配机构构成。

（3）执行机构。通过功率放大或不经放大直接（或远距）将指令信号变换成机械位移的装置。在某些系统中还设有辅助机构以达到操纵舵或舵面的目的。

（4）能源供给系统。用于保证传动装置和元件的电气、液压、气压或机械能量的供给。

尽管一般传动装置的概念适用于飞机舵面的传动装置，但是却很少应用在航空系统中。

这首先是因为飞机的供能系统是独立的系统，它要同时保证为飞机上一系列相互独立、不同功用的系统和装置的提供能量。其次，飞机舵面操纵系统往往要使许多不同工作原理的执行机构工作，一般情况，这些机构系统和指令信号装置都各不相同、彼此独立。

因此，飞机的操纵系统中传动装置通常指具有耦合环节的执行机构以及包括远距传递机构在内的综合装置。通常将用于实现给定操纵面控制的所有传动装置称为飞机舵面操纵系统。飞机舵面操纵系统涉及到机械、液压、电气和电液等传动装置。

典型的机械传动装置如图 10.1-2 所示。一般机械传动装置内没有功率放大元件，其主要作用是综合几个指令信号并将其分配至每个舵面。一般此传动装置中的运动机构可以根据舵面的实际位置进行指令的校正。目前，纯机械传动装置结构主要应用于轻型亚音速飞机，此时飞行员需要克服作用在舵面上的气动载荷，而且，由于机械传动机构较难安装与之适应的自动飞行系统，飞行员独自对飞机的操纵性以稳定性进行控制。因此，现代民用飞机一般将机械传动操纵系统作为备用系统，当其他形式的主操纵系统发生故障时，飞行员可利用此操纵系统应急操纵飞机。

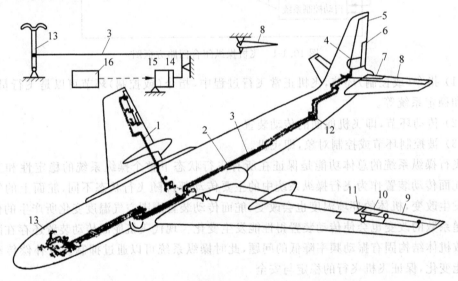

图 10.1-2　具有舵面机械传动装置的飞机操纵系统

1、2、3—副翼、方向舵、升降舵操纵系统的机械传动装置；4—方向舵调整片传动装置；5—方向舵；6—方向舵调整片；7—升降舵调整片；8—升降舵；9—副翼；10—副翼调整片；11—副翼调整片传动装置；12—密封出口；13—升降舵驾驶杆；14—接通和脱开机构；15—电动机械传动装置(舵机)；16—自动驾驶仪

与机械操纵系统不同，飞机舵面机电操纵系统采用电能传递、液压驱动的飞机操纵系统。舵面的机电传动装置(见图 10.1-2)依靠电能实现远距传动、放大电指令信号并将此信号变换成机械位移来偏转舵面。在机电操纵系统中，舵面的机电传动装置不仅可以作为自动控制系统的输入接口，还可以作为用舵面偏转的驱动信号输出端，从而提升系统的整体集成性能。

此时，机电传动装置是作为自动控制或电传系统的电信号放大中间件传动使用的。机电传动的独立执行机构——舵机或舵机组，作为机电传动的输出组件与舵面相连，典型的机电操纵系统见图 10.1-3。

飞机机电操纵系统的主要优点是：能量供给简单，传动装置和信号系统使用同一电源，电源网络在短路或断电时能使执行机构自动制动。然而，它也有明显的缺点：体积大、笨

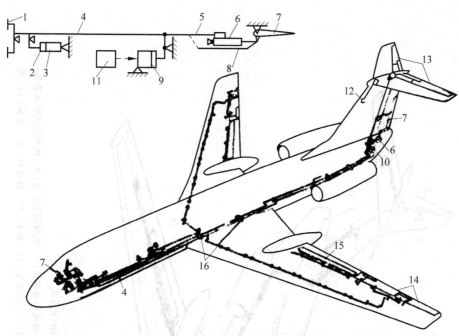

图 10.1-3 方向舵通道为液压机械传动装置的飞机操纵系统

1—脚蹬；2—当断开液压机械传动装置时脚蹬载荷机构的脱开装置；3—蹬载荷机构；4—机械传动装置；5—应急操纵转向机构；6—液压机械传动装置；7—方向舵；8—应急(无功率放大)操纵；9—电传动装置断开机构；10—电传动装置；11、14—副翼；12—水平安定面机电传动装置；13—升降舵；15—阻流板；16—密封出口

重、速度调节复杂、需要保持必要的温度条件等。因此,在飞机舵面操纵系统中,机电传动装置仅用于必须使液压系统源与电操纵完全分开的情况。

液压伺服操纵系统是现代飞机主要的操纵系统。由于它具有下列显著的优越性而广泛应用于飞机操纵系统中：

(1) 执行机构采用高压油,使操纵系统部件的尺寸和质量大大减小；

(2) 与电传动装置相比,操纵系统执行机构的运动部分惯性力矩小,能够保证较高的快速性和精度；

(3) 执行机构连续调速的传动元件结构简单、工作平稳；

(4) 在连续换向、起动和停车的工作条件下,效率高、使用期长；

(5) 与电传动装置比较,液压伺服装置可以在高温环境下连续长时间工作而不需要独立冷却；

(6) 传动可靠、成本低。

飞机操纵系统的发展与飞机液压传动装置的结构不断发展和完善紧密相关。液压伺服操纵系统用于飞机舵面的操纵减轻了飞行员的负担；克服了飞机速度变化产生操纵杆力变化的不可操纵性,提高了操纵机构效率,保证飞机在所有飞行状态下的稳定性与操纵性；改善了飞机气动性能和布局,保证舵面颤振的安全性。液压伺服操纵系统中,液压伺服装置是整个操纵系统的主要装置之一,它决定了整个操纵系统,操纵机构的结构形式以及其在飞机上的安装位置。

一般舵面的液压伺服操纵系统的整体结构原理如图 10.1-4 所示,其设计有两种方案：①机械操纵传动装置与机械液压伺服装置的组合式。此时,机电伺服装置通过液压伺服装

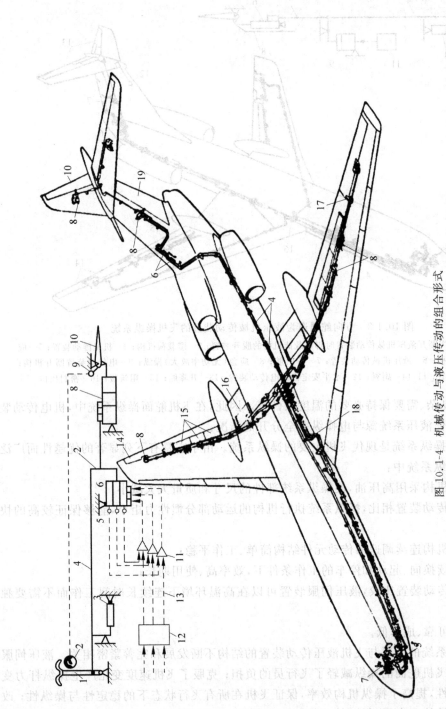

图 10.1-4 机械传动与液压传动的组合形式

1—驾驶杆；2—舵面位置显示器；3—载荷机构；4—机械传动装置；5—反馈传感器；6—电液传动装置；7—机械综合装置；8—机械液压传动装置；9—舵面位置传感器；10—升降舵；11—电信号综合器；12—自动控制系统和稳定系统；13—电导管耦合；14—副翼；15—阻流板；16—襟翼；17—外阻流板非线性操纵机构；18—补偿盛行臂；19—方向舵

置实现对舵面的操纵；②机械传动装置与液压伺服装置的组合式。液压伺服装置既有机械操纵又有电气操纵（电液伺服装置）。

具有电液伺服装置的舵面电液机械传动装置越来越广泛地应用在现代飞机上。这种传动装置体现了液压传动装置的优点，即在部件的最小盈余下能够获得操纵系统所必需的稳定性和可靠性。在余度式液压传动时，可以最有效地应用多数表决逻辑原理。这种余度技术不仅保证传动装置特性的稳定，而且能保证传动装置和与它相互作用的系统发生故障或者损坏时，舵面具有最小扰动。

10.1.2 对操纵系统的要求

操纵系统除了应满足质量轻、制造简单、维护方便、具有足够的强度和刚度等要求外，还应满足以下特殊要求：

（1）保证飞行员手、脚操纵动作与人类运动本能相一致。这可避免发生错误的操纵动作和分散飞行员的注意力，同时可缩短飞行员的训练时间。正确的操纵动作应是：驾驶盘（或驾驶杆）前推，机头应下俯，飞机下降，反之则相反；驾驶盘向左转，飞机应向左侧倾斜，反之则相反；踩右脚蹬，机头应向右偏转，反之则相反；

（2）驾驶杆既可操纵升降舵，又可操纵副翼，同时要求在纵向或横向操纵时互不干扰；

（3）驾驶舱中的脚操纵机构应当能够进行调节，以适应不同身材；

（4）飞行员是凭感觉来操纵飞机的，操纵机构除感受过载大小之外，还应有适当的杆力和杆位移感觉，其中杆力尤为重要。脚蹬力和脚蹬位移也是如此；

（5）驾驶杆（或脚蹬）从配平位置偏转时，所需的操纵力应该均匀增加，并且力的指向总是与偏转方向相反，这样驾驶杆（或脚蹬）就有自动回中（即回到配平位置）的趋势；

（6）驾驶杆力（或脚蹬力）应随飞行速度增加而增加，并随舵面偏转角度增大而增大；

（7）为防止飞行员无意识动杆及减轻飞行员的疲劳，操纵系统的启动力应在合适的范围内。启动力是飞机在飞行中，舵面开始运动时所需的操纵力，启动力包括操纵系统中的摩擦（其中包括助力器配油活门的摩擦）、预加载荷等；

（8）操纵系统中的环节和接头数量尽量少，接头处的活动间隙小以及系统应有足够的刚度，因为操纵系统的间隙和系统弹性变形会产生操纵延迟现象，而延迟是很危险的；

（9）在中央操纵机构中应有极限偏转角度止动器，防止飞行员用力过猛，操纵过量使系统中某些部件或机体结构遭到损坏；

（10）飞机停在地面上时，为防止舵面被大风吹坏，所有舵面应用"锁"固定。舵面锁紧系统应在飞机内部，不应采用外部锁紧装置，内锁紧装置应直接与舵面连接。为防止在起飞状态下，舵面仍处于锁定状态，要求必须在所有舵面都开锁后，油门才能打开。

针对上述操纵系统的设计要求，飞机的设计过程中往往采用操纵品质评价飞机操纵系统的实际工作水平。操纵品质可以定义为：飞行员安全舒适地驾驶飞机，且能在整个飞行包线内较好地完成飞行任务时所呈现的特性。换句话说，飞机的操纵品质就是飞行员能得心应手、工作负荷（体力和精神）较轻、补偿较小和准确地完成飞行包线内的各种飞行任务时的飞机特性。早期，人们称飞机的这种特性为操纵品质（handling quality），即强调飞行员在操纵飞机完成指定任务过程中的工作负担和补偿作用，以说明在现有的飞机操纵系统中，飞行员是否容易驾驶飞机。近年来，人们更倾向于强调飞机的品质和特性与飞行员操纵特性的联系,故目前又常采用飞行品质(flying quality)这个术语,它包括飞机的机动能力、操纵感觉以及飞机响应特性等,所涉及的内容比操纵品质更广泛。从飞机本体特性来说,它主要是指飞机的稳定性和操纵性,如杆舵的操纵力、位移以及失速和螺旋特性,同时还包括对飞行操纵、飞行员精力有影响的其他因素,如座舱内操纵、工作负担、仪表显示及座舱环境等。对飞行品质的评价,是通过飞行员执行各种飞行任务的感受和体会(视觉、听觉及身体感受等)来主观评价的。通俗地说,好的飞行品质,使飞行员主观感受飞机的特性是"有效、安全、好飞"。有效,是指飞机在飞行员操纵下,不但能灵活自如地完成各种机动动作,而且能精确跟踪和控制飞行轨迹。安全,是指飞机在飞行中没有威胁安全、招致事故的飞行现象出现。如在跨声速飞行范围内,杆力不得有变化过于剧烈等涉及安全的现象出现。好飞,是指飞行员操纵飞机时省体力、省精力。

飞机的飞行品质是衡量飞机质量的重要组成部分。评价飞机的质量,不仅要看它的飞行性能(速度、高度、航程及航时等性能)、飞机结构、部件强度和刚度以及各种机载设备的好坏,还要看它的飞行品质。如果飞机没有良好的飞行品质,即使有良好的飞行性能,也无法充分地发挥出来。

10.2 中央操纵机构

中央操纵机构是整个飞机操纵系统的重要输入接口之一,飞行员在整个飞行阶段中都需要通过中央操纵机构向飞行操纵系统输入飞行的控制指令。一般中央操纵机构包括手操纵机构和脚操纵机构两大类,其中手操纵机构一般用于控制飞机的副翼和升降舵;脚操纵机构用于控制方向舵等舵面。

10.2.1 手操纵机构

现代民用飞机采用的手操纵机构主要有驾驶盘式手操纵机构和侧杆操纵机构。图 10.2-1 所示为一种驾驶盘式手操纵机构。驾驶盘在操纵时,通过内部的齿轮传动装置带动驾驶杆内的一根扭力管转动,扭力管通过一个万向接头带动副翼操纵钢索轮,提供操纵副翼的信号,前推或后拉驾驶杆上的驾驶盘时,可操纵升降舵。

这种驾驶盘式手操纵机构操纵升降舵与操纵副翼时互不干扰。左右转动驾驶盘时,通过叶片状的万向接头传递扭矩,驾驶杆不动,不会使升降舵偏转;而前推或后拉驾驶盘时,由于有叶片状的万向接头。副翼控制钢索轮不会转动,钢索不会绷紧或放松,所以既不会使副翼偏转,也不会影响驾驶盘的前后动作。

侧杆操纵机构器简称侧杆,是一种输入力信号,输出电信号的小型侧杆手操纵机构如图 10.2-2 所示。

侧杆手操纵机构可以代替驾驶杆(或驾驶盘)。它前后、左右摆动时发出互不干扰的电信号,通过电传操纵系统使飞机产生纵向和横向运动。其具体结构、力特性与飞行员的生理特点、操纵感觉和飞行操纵性能有关。

由于侧杆操纵器质量轻,空间尺寸小,改善了飞行员观察仪表的工作条件,克服了重力加速度给飞行员带来不必要的困难。在操纵时侧杆的位移和舵面偏转角一一对应,机长和副驾驶的操纵信号在舵面上产生叠加效果。

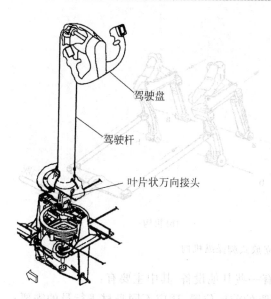

图 10.2-1 驾驶盘式手操纵机构

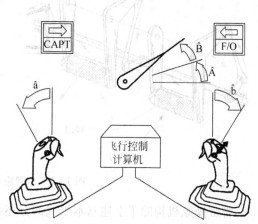

图 10.2-2 电传操纵系统的侧杆手操纵机构

上述两种手操纵机构相比,侧杆构造较简单,便于飞行员一手操纵驾驶杆,一手操纵油门手柄,但它不便于用增大驾驶杆倾斜角度的办法来减小操纵副翼时的杆力;驾驶盘式构造较复杂,但可通过增大驾驶盘的转角,使操纵副翼省力。

因此,驾驶盘式手操纵机构多用于机动性较好而操纵时费力较小(或装有助力器)的飞机,侧杆手操纵机构多用于操纵时费力较大而机动性要求较低的中型和大型飞机。

10.2.2 脚操纵机构

脚操纵机构主要有脚蹬平放式和脚蹬立放式两种。图 10.2-3 所示是一种脚蹬平放式操纵机构。图中脚蹬安装在有两根横杆和两根脚蹬杆组成的平行四边形机构上。飞行员蹬脚蹬时,两根横杆分别绕转轴 O 和 O' 转动(转轴固定在座舱底板上),经钢索(或传动杆)等的传动,使方向舵偏转。平行四边形机构的作用是保证在操纵方向舵时,脚蹬只作平移而不转动(如图中双点划线所示),便于飞行员操纵。

图 10.2-4 所示为两种立放式脚蹬操纵机构。前者的转轴在脚蹬上,后者的转轴在传动机构上。蹬脚蹬时,它们都通过传动杆和摇臂等构件的传动使方向舵偏转。由于传动杆和摇臂等的连接,左右脚蹬的动作是协调的,即一个脚蹬向前,另一个脚蹬必向后。

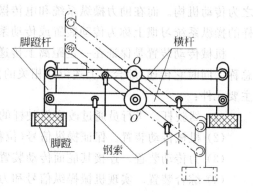

图 10.2-3 脚蹬平放式脚操纵机构

为取得较大的操纵力臂,脚蹬平放式脚操纵机构通过加大两脚蹬之间的距离;脚蹬立放式脚操纵机构则通过增长与脚蹬连接的摇臂获得足够的操纵力臂,与两脚蹬之间的距离基本无关。前者多与左右活动范围较大的侧杆式手操纵机构组合,后者则多与驾驶盘式手操纵机构组合。

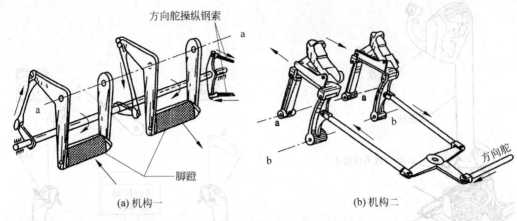

图 10.2-4 脚蹬立放式脚操纵机构

脚蹬操纵机构除了上述基本组成部分还有一些其他设备,其中主要有:

(1) 脚蹬前后位置的调整设备,可调整脚蹬的前后位置,适应不同身材飞行员的需要;

(2) 驾驶杆(盘)和脚蹬的限动装置,限制驾驶杆(脚蹬)的最大活动范围,控制舵面的最大偏转角以符合飞行限制,凡是可以调整的限动装置应在调整好的位置上保证锁紧,或用保险丝保险。为防止可能因错误调整或错误装配使舵面的偏转角超过规定产生危险,在舵面附近也应有限动装置。

10.3 传动系统

传动系统是联接操纵机构与驱动机构的传递部件,其主要作用是将操纵机构的操纵信号传送至舵面或助力器。一般机械操纵系统中,传动由基本机械机构完成,这些机械机构称之为传动机构。而在助力操纵系统和电传操纵系统中,传动由一些机构和助力部件组成,这样的操纵系统习惯上称为传动装置或传动系统。

机械传动装置是保证在一定距离上传递、综合、变换、调节机械操纵信号(位移)的部件总称。同时它传递、综合与上述位移相关的力。在一般情况下,机械传动装置主要包括以下主要元件:

(1) 驾驶杆。飞行员通过改变驾驶杆的位置获得不同舵面偏度,实现操纵飞机;

(2) 机械传动装置。保证操纵信号(位移或力)远距传输的装置;

(3) 力传动装置。连接其舵面传动装置输出环节与舵面的机械传动装置;

(4) 综合装置。实现机械操纵信号和力代数综合和分解的装置;

(5) 调节机构。改变操纵信号大小的运动装置或机构。

机械传动系统的主要作用是将操纵机构的输入信号或自动控制系统的输出信号依靠机械传动传递到相应的舵面驱动机构。

在操纵系统中安装有放大环节(液压传动装置),机械传动装置与驾驶杆和机械液压传动装置的输入环节(所谓非受力传动装置)相连;然后,液压传动装置的输出环节再与舵面相连(传动装置的受力部分)。直接连接机械液压传动装置或舵面的部件是机械传动装置的输出环节。机械传动装置可以有几个输出环节连接几个舵面传动装置或几个舵面。机械传动装置的输出环节一般是相互独立的,即其中一个的位置不影响其他的位移。

舵面传动装置通常可按照几个输入信号工作(驾驶杆、自动驾驶仪、自动补偿器等),亦可以按不同飞行状态下的各种规律工作。由此,在机械传动装置中采用不同的辅助机构来完成给定的规律和综合输入信号。综合装置和调节传动机构就属于这种装置。

综合装置用于综合输入至传动装置的各种信号,它通常进行信号的代数综合。调节传动机构用于实现或改变给定规律下的传动装置传动系数。

10.3.1 机械传动机构

机械传动机构作为早期飞机的主要传动系统,由于其可靠性高,结构性能好,在飞机系统中应用了很长时间。机械传动机构包括软式传动机构和硬式传动机构。另外,某些飞机还会采用混合式传动机构。一般的机械传动机构的分类如图10.3-1所示。

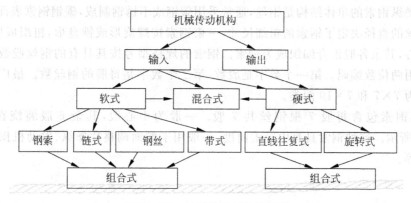

图 10.3-1　机械传动机构的分类

在软式传动机构中,操纵力靠钢索的张力进行传递,因此必须有两根钢索构成回路,一根主动,另一根被动。

软式传动的优点是构造简单,尺寸较小,质量较轻,比较容易绕过机内设备;但缺点是钢索的刚度较小,受力后容易拉长,使操纵灵敏度变差,并且在飞行中舵面容易产生颤振。钢索在转弯处绕过滑轮,产生较大的摩擦力,容易磨损。

在硬式传动机构中操纵力由传动杆传递,传动杆可同时传递拉力或压力。传动杆由金属管件制成,刚度较大。传动机构中的铰接点可用滚珠轴承进行润滑,滚珠轴承可以减小传动机构的摩擦力,并消除间隙。

硬式传动机构具有较佳的操纵灵敏度,飞行中舵面不容易振动等特点。此外,硬式传动的可靠性较大,尤其是副翼的操纵,如一边传动杆完全损坏,仍可用另一边的副翼进行横向操纵;其缺点在于:传动杆难以"绕"过飞机的内部设备;由于需要大量的铰接,使构造复杂化,整个系统质量加大。此外,还须使传动杆不与发动机的使用转速发生共振现象。

混合式传动机构兼具硬式和软式的优缺点。在现代飞机操纵系统中,应用最广泛的是钢索和刚性直线传动装置。而旋转式的机械传动装置主要用于如前缘缝翼、襟翼、平尾等操纵系统的力传递。

混合式机械传动装置的应用中结构设计师最大限度地利用各种型式传动元件的特点:如直线往复运动远距传动采用刚性元件无疑比钢索简单,而且在传动线路上有方向变化时其摩擦力小,但钢索传动在直线段具有质量轻,外廓尺寸小,容易布局等优点。

10.3.2 软式传动机构

软式传动机构采用链条、钢索、钢丝或钢带等只能承受拉力的部件传递运动。软式传动装置由直线和回转线系构成。这种传动(其中有钢索)在机械传动的非受力部分应用特别广泛。

1. 钢索

钢索是软式传动机构的主要传递部件。钢索由钢丝编成。它只能承受拉力,不能承受压力。所以,在软式传动机构中,都用两根钢索构成回路,保证舵面能在两个相反的方向偏转。

飞机操纵钢索的单体结构是钢丝,通常采用碳钢或不锈钢制成,碳钢钢索表面通常包锌镀锡。钢丝的直径决定了钢索的粗细尺寸,一束钢索按螺旋形或锥盘形,扭织成股,然后以一股为中心,其余各股汇合编织成为钢索。钢索的规格型号按其具有的钢丝股数和每股钢丝根数采用两位数编码。第一个数字是股数,第二个数字是每股的钢丝数。最广泛应用的航空钢索为 7×7 和 7×19 两类。

7×7 钢索包含每股 7 根钢丝共 7 股。一股为中心股,其余 6 股缠绕在外面,如图 10.3-2 所示。这种钢索具有中等柔曲度,一般用于舵面调整片操纵、发动机操纵和控制信息指示等。

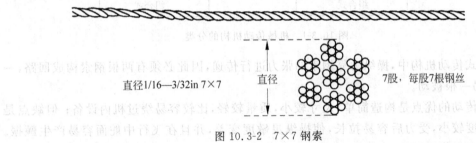

图 10.3-2 7×7 钢索

7×19 钢索由 7 股钢丝组成,每股 19 根钢丝。编织方法也是一股为中心股,其余 6 股缠绕在外面,如图 10.3-3 所示。这种钢索柔曲度很好,通常用于一级飞行操纵系统和在滑轮上经常运动的传动环节。

图 10.3-3 7×19 钢索

钢索承受拉力时，容易伸长。这样当飞行员操纵舵面时，舵面的偏转会落后于驾驶杆或脚蹬的动作，产生操纵滞后。由于操纵系统的弹性变形而产生的滞后通常称为弹性间隙。钢索的弹性间隙太大，就会使操纵的灵敏性变差。此时，飞行员对飞机的实际操纵会产生延时，加大飞机实际反馈所需时间，最终产生震荡。

为了减小弹性间隙，操纵系统中的钢索在装配时都是预先拉紧的，预先拉紧的力称为预加张力。有预加张力的钢索能减小弹性间隙，因为：第一，钢索被预先拉紧后，把各股钢丝绞紧，传动时钢索就不容易被拉长；第二，钢索在传动中张力增加得较少，如图 10.3-4 所示。

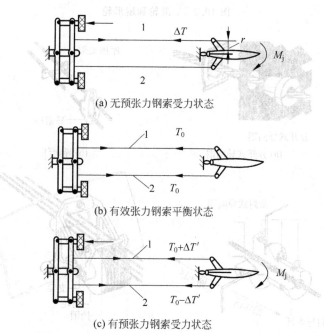

(a) 无预张力钢索受力状态

(b) 有效张力钢索平衡状态

(c) 有预张力钢索受力状态

图 10.3-4　有预加张力和无预加张力的钢索在传动中所受的张力

在部分大型飞机上，直线段的传动采用封闭式钢索。它由普通的挠性钢索和挤压在钢索上的铝管组成，铝管将钢索封闭在里面。封闭式钢索结构具有以下优点：由温度引起的张力变化小于普通钢索；在给定负载下，伸长量也小于普通钢索。

2. 滑轮和扇形轮

滑轮(见图 10.3-5(a))通常用酚醛树脂(胶木)或硬铝制成，用于支持钢索和改变钢索的运动方向。为减小摩擦，在支点处装有滚珠轴承。

扇形轮也叫扇形摇臂(见图 10.3-5(b)和(c))，除了具有滑轮的作用外，它还可以改变力的大小。扇形轮多用硬铝制成，在支点处也装有滚珠轴承。

3. 钢索导向装置

图 10.3-6 所示为几种常用的钢索导向装置。钢索导向装置的主要作用是隔框或者长距离的钢索运动进行引导，保护钢索防止磨损。

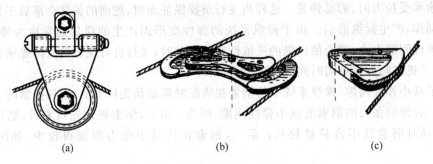

图 10.3-5 滑轮和扇形轮

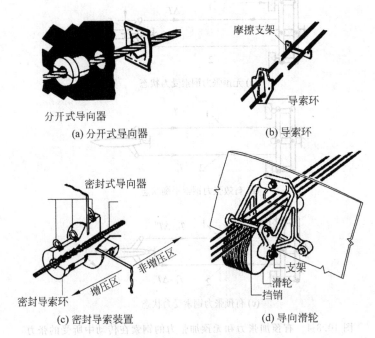

图 10.3-6 钢索导向装置

导索环由非金属材料或金属材料制造。在钢索通过隔板或其他金属零件上的孔时,导索环将钢索包起来,保护钢索。导索环轴线与钢索直线之间的偏斜不能大于3°。

密封导索装置安装在钢索穿过增压隔框等需要密封的地方。密封导索装置紧紧地夹住钢索,足以防止过多的泄漏,但又不阻碍钢索的运动。

导向滑轮用于钢索导向,护挡装置把通过滑轮的钢索保持在应有的位置上,防止钢索松脱、卡阻。

4. 松紧螺套

松紧螺套(见图10.3-7)用于调整钢索的预加张力。其由两个带相反螺纹螺杆连接组件和一个两端带相反内螺纹的螺套组成。在螺套左螺纹的一端外部,刻有一道槽或滚花。转动螺套,即可使两根螺杆同时缩进或伸出,使钢索绷紧或放松,调节实际预紧力。

10 飞行操纵系统

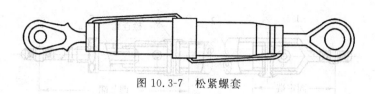

图 10.3-7　松紧螺套

5. 钢索张力补偿器

由于飞机的实际工作环境温度变化较大,飞机机体结构与操纵系统之间会产生不同程度的变形,钢索实际预紧力会发生变化。钢索张力补偿器的功用是保持钢索的正确张力,不受外部环境因素的影响。某飞机的钢索张力补偿器如图 10.3-8 所示。十字型上盖受弹簧的作用可以保持钢索的正确张力。标尺上的刻度指示钢索的张力,不需要张力器或其他仪器。

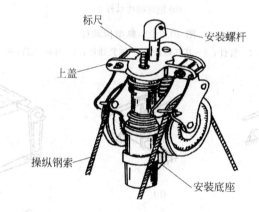

图 10.3-8　钢索张力补偿器

10.3.3　硬式传动机构

与软式传动机构不同,硬式传动机构采用可同时传递拉力和压力的传动杆进行力的传递,通过传动杆的往复运动或受扭转力矩产生旋转运动来传递输入接口的控制信号。

1. 传动杆

传动杆又称为拉杆。它的特点是构造简单,同时拉力不随时间以及环境因素的变化,传递系数稳定。传动杆的杆身用铝合金或钢质管材制成,两端安装连接接头,其一端的接头可以进行调整,满足系统长度与结构连接的需要,其外形以及原理如图 10.3-9 所示。在调整传动杆长度时,为防止接头螺杆长度调出过多,使螺纹结合圈数过少,在管件端部应有检查孔。由于传动杆一般是细长杆,因此,当受到压力时可能发生弯曲现象,压杆发生失稳现象时意味着传动杆已损坏,无法完成操纵信号的传递功能。

2. 摇臂

摇臂通常由铝合金材料制成,在与传动杆和支座的连接处装有轴承。摇臂按臂数可分为单摇臂、双摇臂和复合摇臂三类,如图 10.3-10 所示。

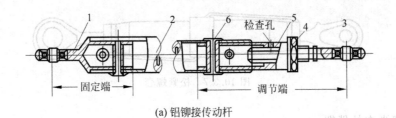

(a) 铝铆接传动杆

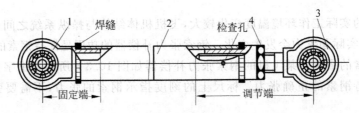

(b) 钢焊接传动杆

图 10.3-9　典型传动杆

1—耳环套筒；2—管件；3—耳环螺栓；4—缩紧螺母；5—耳环套筒；6—空心铆钉

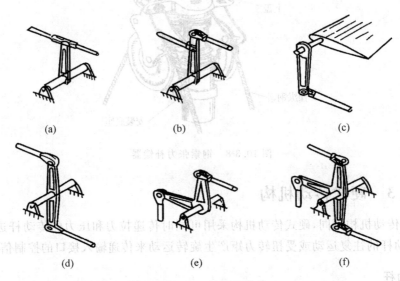

图 10.3-10　摇臂的类型

单摇臂有的仅作为支撑传动杆的作用(见图 10.3-10(a))，有的可改变力的大小(见图 10.3-10(b))。一端固定在舵面转轴上的单摇臂(见图 10.3-10(c))，用于使航面偏转，习惯上称为操纵摇臂。

双摇臂两臂之间的夹角，有的是 180°(见图 10.3-10(d))，有的小于 180°(见图 10.3-10(e))。它们除了用于支持传动杆外，还可改变传动杆的运动方向和力的大小。复摇臂(见图 10.3-10(f))除了具有与双摇臂相同的作用外，还可用来同时传动几根传动杆。

摇臂除支撑传动杆或传递参数外，还可以实现差动操纵。所谓差动，是指当驾驶杆左右偏转同一角度时，副翼上下偏转的角度不同，其目的是消除由于副翼偏转造成的两机翼阻力差，消除不必要的偏航力矩。实现差动操纵最简单的机构是差动摇臂。差动摇臂的工作原理如图 10.3-11 所示，它的一个臂 OA 经传动杆 AC 与驾驶杆相连，一个臂 OB 经传动杆 BD

与舵面相连,当驾驶杆在中立位置时,OA 臂与传动杆 AC 垂直;另一个臂 OB 臂与传动臂 BD 不成直角。当传动杆 AC 从中立位置向前或向后移动同样的距离($a_0=b_0$)时,OA 臂前、后移动的转角是相等的,因而 OB 臂前、后移动的转角也相等($\theta_1=\theta_2$)。但从图中可以看出,这时传动杆 BD 向后移动的距离却大于向前移动的距离($b>a$),所以舵面向上的偏转角 δ_1 就大于向下的偏转角 δ_2。如果当驾驶杆在中立位时,传动杆 AC 与 OA 臂也不成直角,则差动效果更大。

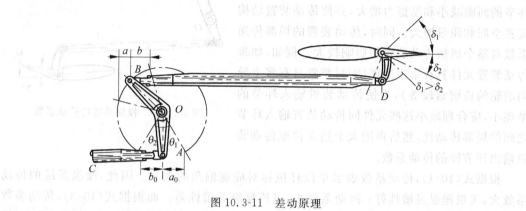

图 10.3-11　差动原理

3. 导向滑轮

导向滑轮是由三个或四个小滑轮及其支架所组成(见图 10.3-12),它的功用是保证需要的传动路径方向和约束传动元件的自由度,实现传动元件的往复直线运动;导向滑轮支持传动杆,提高传动杆受压时的杆轴临界应力,使传动杆不至于过早失去总稳定性;增大传动杆的固有频率,防止传动杆发生共振。

传动杆与驾驶杆和摇臂连接应使传动杆与摇臂轴线夹角在 $60°\sim120°$ 内,保证传动的非线性最小。

在转动传动装置中,导向装置的功能由轴承实现,而在软式传动中导向装置的功能则用滚轮和万向铰完成。在钢索传动的直线段,导向万向铰可减小钢索的下垂,提高它的横向固有频率。

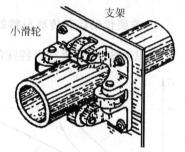

图 10.3-12　导向滑轮

10.3.4　传动系数和非线性机构

1. 操纵系统的传动系数

驾驶杆(或脚蹬)移动的距离,简称杆(脚蹬)位移,又称杆(脚蹬)行程。它与舵面偏转角度有一定的对应关系。这个对应关系用传动系数 K 来表示。

所谓传动系数 K 是指舵偏角 $\Delta\delta$ 与杆位移 ΔX 的比值(见图 10.3-13),即:

$$K=\frac{\Delta\delta}{\Delta X} \tag{10-1}$$

驾驶杆杆力 F 和舵面铰链力矩 M_j 之间也存在一定的关系,如果不计系统的摩擦力,驾驶杆

输入的功等于克服铰链力矩使舵面偏转的功,即:

$$F \cdot \Delta X = M_j \cdot \Delta \delta \quad (10\text{-}2)$$

由此可得到传动系数的另一个表达式:

$$K = \frac{F}{M_j} \quad (10\text{-}3)$$

传动系数的增大将导致折算至传动装置输入环节的间隙减小和摩擦力增大,并使传动装置结构安置空间和质量增大。同时,传动装置的局部传递系数对整个机械传动装置的影响较大。例如,如果传动装置元件具有集中摩擦(密封装置具有多个导向滚轮的长钢索段等),为使传动装置输入环节的摩擦小,应合理减小这些元件同传动装置输入环节之间的局部传动比,然后再增大上述元件至传动装置输出环节段的传动系数。

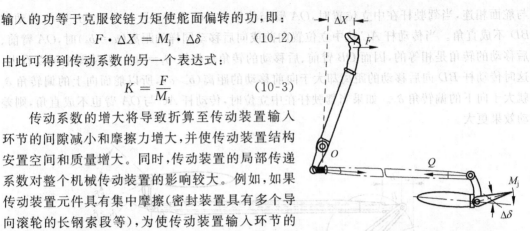

图 10.3-13 操纵系统的传动系数

根据式(10-1),传动系数表示单位杆位移对应舵偏角的大小。因此,操纵系统的传动系数大,飞机操纵灵敏性好;传动系数小,飞机操纵灵敏性差。而根据式(10-3),传动系数又表示克服单位铰链力矩所需杆力的大小,即操纵系数大,操纵飞机费力;操纵系数小,操纵飞机省力。

由此得出以下结论:操纵灵敏性较高的轻型飞机(如战斗机)的传动系数一般较大,而操纵灵敏性较低而舵面较大的运输机的传动系数一般较小。

2. 改变传动比和传动系数的机构——非线性传动机构

操纵系统中,如果没有特殊的机构来改变传动系数,舵偏角 δ 随杆行程 X 的变化近似呈直线关系,如图 10.3-14 中 1、2 即呈线性关系。

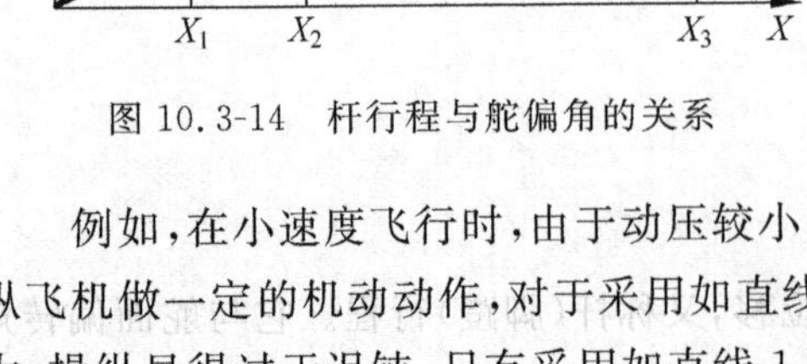

图 10.3-14 杆行程与舵偏角的关系

线性传动的操纵系统对低速飞机比较合适,但一般不能满足高速飞机的操纵性要求。因为高速飞机的飞行速度范围大,传动系数较大的操纵系统只能满足小速度飞行时的操纵性要求,不能满足大速度飞行时的要求;传动系数较小的操纵系统能满足大速度飞行时的操纵性要求,但不能满足小速度飞行时的要求。

例如,在小速度飞行时,由于动压较小,舵面效能比较低,需要较大的舵面偏转角才能操纵飞机做一定的机动动作,对于采用如直线 2 那样的传动关系的操纵系统,需要的杆行程很大,操纵显得过于迟钝,只有采用如直线 1 那样的传动关系的操纵系统,需要的杆行程才较合适。

在大速度飞行的情况下,由于动压较大,舵面效能比较高,不需要很大的舵偏角,对于采用如直线 1 那样的传动关系的操纵系统,需要的杆行程很小,操纵显得过于灵敏,很难准确操纵,只有采用如直线 2 那样的传动关系的操纵系统,需要的杆行程才较合适。

飞机上不可能安装多套传动系数各异的操纵系统来满足上述需要,因此在操纵系统中设置专门的非线性传动机构,利用它来改变整个操纵系统的传动系数,满足高速飞机的操纵性要求。装有非线性传动机构的操纵系统,杆行程与舵面偏角之间呈曲线关系。曲线的形状通常如图 10.3-14 中曲线 3 所示。这样,在舵面偏角较小时,杆行程较大($X_3 > X_1$),便于飞行员准确操纵飞机,而在舵偏角较大时,杆行程又不至于过大($X_4 < X_2$)。

传动装置的摩擦力显著地影响操纵系统的精度。刚性传动装置中的摩擦在很大程度上取决于转动和导向元件的摩擦、润滑方式及轴承座的配合尺寸与轴承型式。为了减小摩擦,传动装置的运动元件应安装在滚动轴承或滚针轴承上。

为此,有时在传动装置中安装高频振动器或辅助小功率放大器。在具有长线路的机械传动情况下,辅助液压助力器(伺服传动装置)可以减小操纵摇臂的摩接力。

传动装置的摩擦力除对飞机操纵性十分有害外,摩擦力的减小将使传动装置的阻尼下降。而传动装置阻尼的选择应当使驾驶杆偏移至任何指定位置后随即松杆,驾驶杆能够平稳地返回中立位置。

传动装置中的间隙是非常有害而复杂的驾驶因素,它使操纵系统的特性和精度变坏。要想减小间隙可通过减小连接元件的数目和在元件中采用轴承来提高传动装置的传动系数能够减轻间隙对系统特性的影响。

10.3.5 电传操纵系统

由于在机械传动系统中存在着摩擦、间隙和弹性变形,始终难以解决精微操纵信号的传递问题。20 世纪 70 年代初,随着电传操纵系统的研制成功实,其逐步取代不可逆助力操纵系统而成为新型操纵系统形式。电传操纵系统是控制增稳系统发展的必然产物。电传操纵系统将飞机的操纵权限全部赋予控制增稳系统,由电信号替代机械信号工作,机械操纵系统作为备用系统,这就是准电传操纵系统;若再把备用机械操纵系统取消,就成为纯电传操纵系统,简称电传操纵系统。

电传系统最大的问题就是可靠性较低:单通道电传系统故障率 $\lambda = 1 \times 10^{-3}$/飞行小时,不如机械传动系统的可靠性高。为使电传操纵系统具有不低于机械传动系统的可靠性,纯电传操纵系统往往需要采用余度技术,引入多重系统。根据可靠性计算,若电传操纵系统具有四余度,故障率可满足要求。现在世界各国均以 1×10^{-7}/飞行小时故障率作为电传操纵系统的可靠性指标。

电传操纵系统是现代技术发展的综合产物,微电子技术和计算机科学的发展,可靠性理论和余度技术的建立为电传系统奠定了基础,余度系统赋予其较高的安全可靠性。目前电传操纵系统在现代民航飞机中已获得广泛应用。

电传操纵系统主要由驾驶杆或侧杆(含杆力传感器)、前置放大器(含指令模型)、传感器、机载计算机和执行机构组成,如图 10.3-15 所示。

电传操纵系统是把飞行员发出的操纵指令变换为电信号,与飞机运动传感器反馈的信号综合,经过计算机处理,通过电缆将计算结果输送给舵面执行机构,完成舵面驱动,实现对飞机全权限操纵的一种人工飞行操纵系统。

图 10.3-16 所示为四余度电传操纵系统原理图,它由 A、B、C、D 四套完全相同的单通道电传操纵系统按一定关系组合而成。

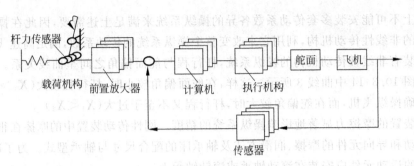

图 10.3-15　四余度电传操纵系统简图

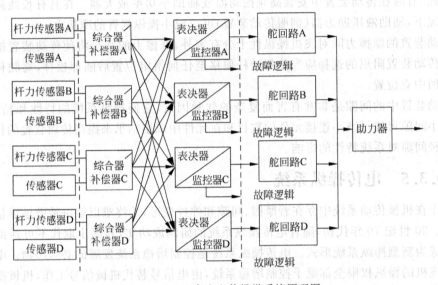

图 10.3-16　四余度电传操纵系统原理图

图 10.3-16 中表决器/监控器是用来监视、判别四个输入信号中有无故障信号,并从中选择正确的无故障信号,如果四个输入信号中任何一个被检测出是故障信号后,系统自动隔离该故障信号,使其不再输入到后面的舵回路中去。

当四套系统都工作正常时,飞行员操纵驾驶杆经杆力传感器 A、B、C、D 产生四个相同的电指令信号,分别输入相应的综合器/补偿器、表决器/监控器中,通过四个表决器/监控器的作用,分别输出一个正确的无故障信号到相应的舵回路,四个舵回路的输出通过机械装置共同操纵一个助力器,使舵面偏转,操纵飞机产生相应的运动。

如果某一个通道中的杆力传感器或其他部件出现故障,则输入到每个表决器/监控器的四个输入信号中有一个是故障信号,此时由于表决器/监控器的作用,将隔离这个故障信号。因此每个表决器/监控器按规定的表决方式选出工作信号,并将其输至舵回路,飞机仍按飞行员的操纵意图完成相应运动。如果某一通道的舵回路出现故障后,它本身能自动切断与助力器的联系,这样传递到助力器的仍是一个正确无故障信号;同样,如果系统中某一通道再出现故障,电传操纵系统仍能正常工作,并且不会降低系统的性能。可见四余度电传操纵系统具有双故障工作等级,故又称双故障/工作电传操纵系统。

综上所述,电传操纵系统可定义为:飞行员的操纵指令信号通过电缆利用总线形式传递至计算机系统,计算机系统根据预定的规律计算产生相应的输出指令至下游舵面执行机

构,操纵舵面偏转,实现对飞机的操纵。因此,相较于传统的机械传动操纵系统而言,电传操纵系统的主要优点在于:

1) 减小操纵系统的质量、体积,节省操纵系统设计和安装时间

电传操纵系统用电缆替代钢索、传动组件(滑轮、传动杆、摇臂)等机械元件,使操纵系统的质量、体积减小。另外,设计操纵系统的重点工作转向飞行控制计算机和飞行控制律的设计,不用考虑机体空间和相对位置的影响,节省系统设计、安装和校装的时间。

2) 消除机械操纵系统中的摩擦、间隙、非线性因素以及飞机结构变形的影响

电传信号消除机械操纵系统中的摩擦、间隙和非线性因素,从而改善精微操纵信号的传递。此外,机械操纵系统对飞机结构的变化较为敏感,而电传操纵系统传递的是电信号,与飞机结构无关,无补偿要求。

3) 简化主操纵系统与自动驾驶仪的组合

由于电传操纵系统利用电信号作为飞机控制的主要传递信号,因此电传操纵系统与自动飞行控制系统接口相对简单,易于实现。

4) 可采用小侧杆操纵机构

采用小侧杆操纵机构可减轻飞行员的工作负担,飞行员观察仪表的视线不再受中央驾驶杆影响,同时消除重力加速度对飞行员给驾驶杆输入量的影响。

5) 电传操纵系统改善了飞机的操纵稳定性

电传操纵系统不仅能改善飞机的稳定性、操纵性,而且能改善机动性。

同样,由于电传操纵系统利用电信号作为其传动的主要驱动方式以及反馈形式,其自身的物理特性及传动方式,必然会产生不利于飞行的特点,其中主要包括:

1) 电传操纵系统成本较高

由于单通道电传操纵系统中的电子元件质量和设计因素关系,故单通道系统的可靠性不够高。目前均采用三余度或四余度电传操纵系统,并利用非相似余度技术设计分系统,所有这些导致电传操纵系统成本高于普通的机械操纵系统。

2) 系统易受雷击和电磁脉冲波干扰影响

据统计,飞行中的平均雷击率为 7×10^{-7}/飞行小时。因此,电传操纵系统需要解决雷击和电磁脉冲干扰的影响。此外,由于现代飞机越来越多地采用复合材料,其使用率可达 30% 左右。系统中的电子元件失去飞机金属蒙皮的屏蔽保护,系统抗电磁干扰和抗辐射问题更为突出。目前唯一能彻底解决问题的办法是采用光纤作为传输线路。因为光纤不向外辐射能量;不存在金属导线固有的环流及由此产生的瞬间扰动;对核辐射电磁干扰不敏感;可以隔离通道之间故障的影响。随着光纤技术和数字式电传操纵系统的发展,未来飞机上将出现光传操纵系统(FBL)。按功能来说,光传操纵系统就是应用光纤技术实现信号传递的操纵系统。当然,这种系统还有强度、成本问题,地面环境试验问题及光纤维和飞机结构组合等问题有待进一步解决。

10.4 舵面驱动装置

早期飞机操纵系统靠飞行员的体力克服铰链力矩,即利用钢索或传动杆将飞行员作用在驾驶杆或脚蹬上的力传递到舵面的操纵摇臂,克服铰链力矩驱动舵面偏转。但舵面铰链

力矩随着飞机舵面尺寸和飞行速度的增大而增大,当铰链力矩达到一定程度,驾驶杆(或脚蹬)上的力就超过了飞行员能够承受的范围。

为了将驾驶杆(或脚蹬)力保持在一定范围内,满足操纵系统对操纵力的要求,现代民用飞机一般采取两种方式予以解决:一是采用舵面空气动力补偿装置,减小铰链力矩,相应减小操纵力;二是采用助力驱动装置,协助飞行员克服铰链力矩。

由于现代民用飞机采用高压液压源作为飞机的主要动力源,因此,在现代飞机上,一般采用液压伺服装置作为飞机舵面的主要驱动部件。液压伺服装置按其功能特点可以分为舵面传动装置和伺服装置。舵面传动装置直接或通过机械传动装置间接与舵面连接,而指令信号经高压油进行功率放大实现操纵。

10.4.1 液压驱动装置

液压驱动装置是飞机舵面的主要驱动组件,其结构型式和工作特性决定了飞机的操纵特性。在飞机操纵系统中,舵面传动装置首先是个功率放大器,其作用是将输入的驱动信号转化为舵面的控制信号,完成舵面的偏转。同时,舵面传动装置是飞行员、自动控制系统和增稳系统完成飞机操纵的主要部件之一,如图10.4-1所示。舵面传动装置不仅受到飞行员人工输入指令的直接控制,而且受到自动飞行系统以及增稳系统的控制。因此,舵面传动系统在结构上不仅要满足舵面传动装置的静态和动态特性要求,还需要满足自动操纵系统所需要的刚性和放大等要求。总之,舵面传动装置与舵面本体一起组成了一个典型的振荡环节系统,它的稳定性是操纵系统正常工作的基础。

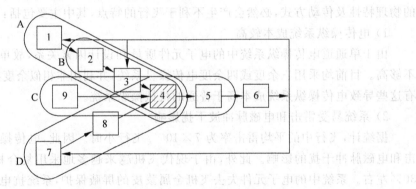

图10.4-1 舵面传动装置——操纵系统的元件

A—由飞行员操纵飞机的系统;B—自动稳定、限制极限飞行状态的修正系统;C—舵面传动系统;D—自动控制系统

1—飞行员;2—具有载荷机构和远距传动的驾驶杆;3—改善稳定性和操纵性系统;4—舵面传动装置;5—舵面;6—飞机;7—自动控制系统;8—远距传动;9—舵面传动装置支座

舵面传动装置是操纵系统的主要执行机构,而伺服装置是中间(辅助)放大装置。图10.4-2是舵面操纵系统的舵面传动装置以及伺服传动装置的原理图。图中1为操纵信号,由传动装置接收,在输出环节产生功率放大。传动装置的输入环节2主要用于传递操纵信号。比较装置3将操纵信号与传动装置输出环节的信号比较得到失调(误差)信号。调节装置4根据比较装置发出的失调信号调节液压执行元件速度。液压执行元件5将液压能转变为传动装置机械能。传动装置的输出环节6直接或通过机械传动装置间接连接工作机构

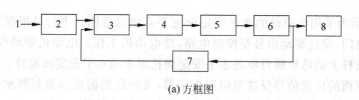

(a) 方框图

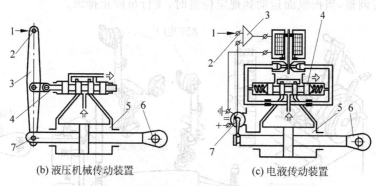

(b) 液压机械传动装置 (c) 电液传动装置

图 10.4-2 飞机舵面操纵系统的液压伺服装置原理图

1—操纵信号；2—输入环节；3—比较装置；4—调节装置；5—液压执行元件；6—输出环节；7—反馈；8—工作机构

8，而驱动工作机构 8 根据失调信号进行偏转。反馈 7 连接比较装置与传动装置输出环节的反馈传感器，用于检测以及反馈输出环节 6 的实际输出。

操纵信号 1 的变化引起输入环节 2 状态改变，形成传动装置输入与输出环节之间的失调量。比较装置 3 检测出失调量大小，并获得与失调量大小相应的误差信号。调节装置 4 按照误差信号的大小和方向改变液压执行元件 5 的速度，减小或增大腔内工作油液的流量。当输出环节位置的变化速度与操纵信号的变化速度相同时，调节装置的输出为零，不改变液压执行元件 5 的工作状态。图 10.4-2 所示液压传动装置的反馈传感器的作用是使系统的工作方向始终处于减小失调信号的方向，保证系统工作稳定。对于飞机操纵系统的液压传动装置，这种反馈一般采用位置反馈。该位置反馈与液压伺服组件配合形成独立的舵回路工作系统，保证舵面的正常工作状态。

10.4.2 电力驱动

现代飞机上有些地方采用电动操纵，其原理和液压助力操纵类似，只是用电助力器代替液压伺服驱动系统，但其控制方式由各类手柄改为各种电门。由于电动系统的工作速度低于液压系统的工作速度，输出力矩也有一定限制。因此电动控制常用于辅助操纵的备用形式或运动速度较缓的系统，例如飞机的俯仰配平装置等。

简单的电动控制一般由飞行员和操纵机构一起组成闭环控制系统，其原理框图如图 10.4-3 所示。

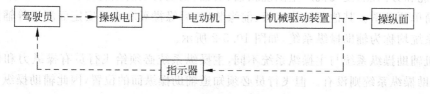

图 10.4-3 电动操纵原理的方框图

图 10.4-4 所示为采用电驱动的水平安定面配平系统示意图。飞行员根据实际飞机飞行状态操纵配平电门,发送驱动信号至控制电路,使电动机工作。电动机带动齿轮箱转动,驱动丝杆转动。丝杆上的球形螺母驱动水平安定面托架带动水平安定面偏转。水平安定面位置传感器将安定面的位置信号反馈至位置指示器,飞行员根据指示器判断水平安定面的实际位置进行调整,当操纵面运动到规定位置时,飞行员停止操纵。

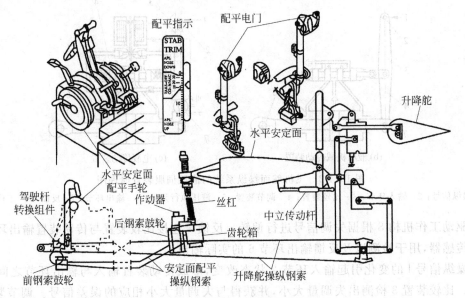

图 10.4-4 水平安定面的配平操纵

需要注意的是,操纵电门一般采用弹簧加载的定中电门,松开电门,电门会自动回到关断位,电动机停止工作。同时在电动操纵系统中,往往带有一些极限位置电门,当操纵面运动到极限位时,位置电门将使控制电路断开,防止操纵面运动超过极限位置,对飞机结构产生损伤。

10.5 典型飞机操纵系统

飞机操纵系统是传递操纵指令,驱动舵面和其他机构用于控制飞机姿态的系统。在现代民用飞机上一般安装有自动操纵系统和人工操纵系统两套独立的操纵系统。

10.5.1 主飞行操纵系统与辅助操纵系统

在人工飞行操纵系统中,通常分为主操纵系统和辅助操纵系统。主操纵系统指驱动副翼、升降舵和方向舵,使飞机产生围绕纵轴、横轴、立轴转动的系统,图 10.5-1 所示为主操纵系统的简单原理图。其他驱动扰流板、前缘装置、后缘襟翼和水平安定面配平等辅助操纵面的操纵系统均称为辅助操纵系统,如图 10.5-2 所示。

飞机辅助操纵系统与主操纵系统不同,主操纵系统必须给飞行员有操纵力和位移的感觉,而辅助操纵系统则没有。但飞行员必须知道辅助操纵面的位置,因此辅助操纵系统一般都有位置指示器。

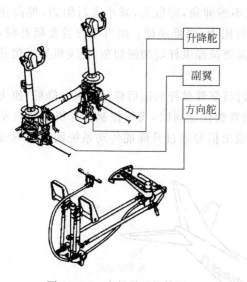

图 10.5-1 主操纵系统简图

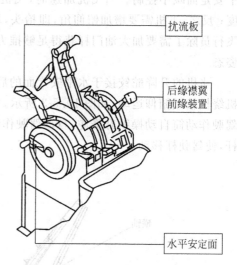

图 10.5-2 辅助操纵系统简图

由于驱动装置本身的特点,辅助操纵系统在工作中,当操纵面移动到需要的位置后,不会在空气动力作用下返回原来位置。

以 A300 机型为例,飞机的主飞行操纵是受机械控制,液压作动的。通过主飞行操纵确保飞机飞行轨迹处于受控状态。飞机的轨迹飞行主要包括:

(1) 使用升降舵和提供俯仰配平的可配平水平安定面完成飞机的俯仰控制。

(2) 使用每侧机翼上的一个副翼和机翼上表面的五块外侧扰流板(第3至第7块)作为横滚扰流板完成横滚控制。

(3) 使用方向舵完成偏航控制。

所有飞行操纵面均由液压伺服作动筒或伺服马达驱动。飞机上安装有三套独立的液压系统向各自系统的作动筒和马达提供液压动力。为飞行操纵提供动力的液压系统在设计上都有足够的安全裕度,这样即使在两个液压系统出现故障的情况下,剩余的液压系统在整个飞行包线内都能够提供安全控制飞机所需要的液压动力。用于控制升降舵、副翼、方向舵作动筒以及水平安定面驱动马达的备份人工控制都是通过飞行员操纵杆上的机械传动机构完成。当任意一部自动驾驶仪接通时,自动驾驶仪作动筒都将接通并控制方向舵、副翼和升降舵机械连杆。如果副翼、升降舵、方向舵作动筒或水平安定面马达出现卡阻时,卡阻警告将触发。需要注意的是卡阻警告并不表示受影响的飞行操纵舵面无法工作,只是警告该飞行操纵面的一个作动筒没有对操纵输入作出反应。其余液压系统的作动筒同样可以驱动舵面偏转完成相应的飞行任务。同样,为了将出现故障的液压系统与飞行控制系统断开,伺服控制关断活门可以选择在关位对相关伺服控制总管释压,使受影响的作动筒或马达释压。

10.5.2 俯仰操纵控制系统

飞机的俯仰操纵指控制飞机的机身绕其横轴偏转的操作。在飞机正常的飞行阶段,飞机的俯仰角决定飞机的飞行速度和飞行状态,飞机俯仰姿态的控制主要通过升降舵或者水平安定面减小控制。当飞机加速时,飞机需要减小俯仰角,即低头,减小飞行阻力,提高速度;反之,飞机需要增加俯仰角,即抬头,增加飞行阻力,降低速度;而当飞行需要爬升时,飞行员除了需要加大油门杆获得足够推力外,还需要拉操纵杆增加俯仰角,使飞机处于爬升姿态。

飞机的升降舵铰接于水平安定面的后缘,飞行员靠驾驶杆的前后移动操纵升降舵,使飞机绕横轴做俯仰运动,如图 10.5-3 所示。当自动驾驶仪接通时,飞行控制计算机通过自动驾驶作动筒自动操纵升降舵,自动驾驶作动筒的输出信号通过升降舵传动系统回传至驾驶杆,使驾驶杆移动。

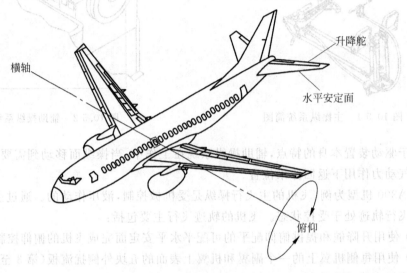

图 10.5-3　飞机俯仰运动示意图

在 A300 机型上,左右升降舵通过一个耦合组件连接。每个升降舵由三个液压伺服作动筒驱动,由驾驶杆上的控制钢索操作。为提高飞机的可靠性,当升降舵控制钢索在空中出现卡阻无法移动时,飞机俯仰控制可由水平安定面完成。左右两侧升降舵的耦合信号由电子飞行控制组件(EFCU)控制,当飞机飞行速度小于 195KT 时,EFCU 输出信号断开升降舵耦合组件的输出;当其飞行速度大于 195KT 时,升降舵耦合联动,防止在空中高速飞行时出现不对称偏转现象。

升降舵操纵的反馈力系统一般采用人工俯仰感觉系统,该系统不仅使升降舵在没有飞行员指令输入时自动回归中立位置,而且对升降舵的铰链力矩进行动态模拟。通过将飞机的空速信号引入感觉机构,使升降舵的反馈铰链力矩随飞行速度增加而增加,使飞行员在不同空速状态下,准确控制飞机,防止飞机在高速飞行过程中出现操纵过猛,导致损伤飞机结构,严重威胁飞行安全的情况。

当飞机飞行速度小于 125KT,人工俯仰感觉系统反馈一恒定的弹簧力;当速度大于 125KT,人工俯仰感觉系统根据飞行速度、马赫和可配平水平安定面位置自动增加俯仰控制感觉力。飞机上装有两个感觉和限制计算机(FLC),计算机用于实现两套人工俯仰感觉系统,一套人工俯仰感觉系统工作时,另一套处与待命状态。两套系统分别驱动各自的液压作动筒,使用不同的液压动力源,保证系统的可靠性。如果两个系统都失效,机构通过弹簧协助自动回到低速位。如果系统没有回到低速方式,襟翼达到20°时高速方式操作警告就会被触发。

自动驾驶仪俯仰作动筒与左升降舵旁的连杆相连,当自动驾驶仪接通时,自动驾驶仪作动筒驱动升降舵,使升降舵根据自动驾驶仪的要求进行偏转,并将升降舵的实际位置反馈至驾驶舱进行监控。图10.5-4为整个升降舵的操纵原理图。

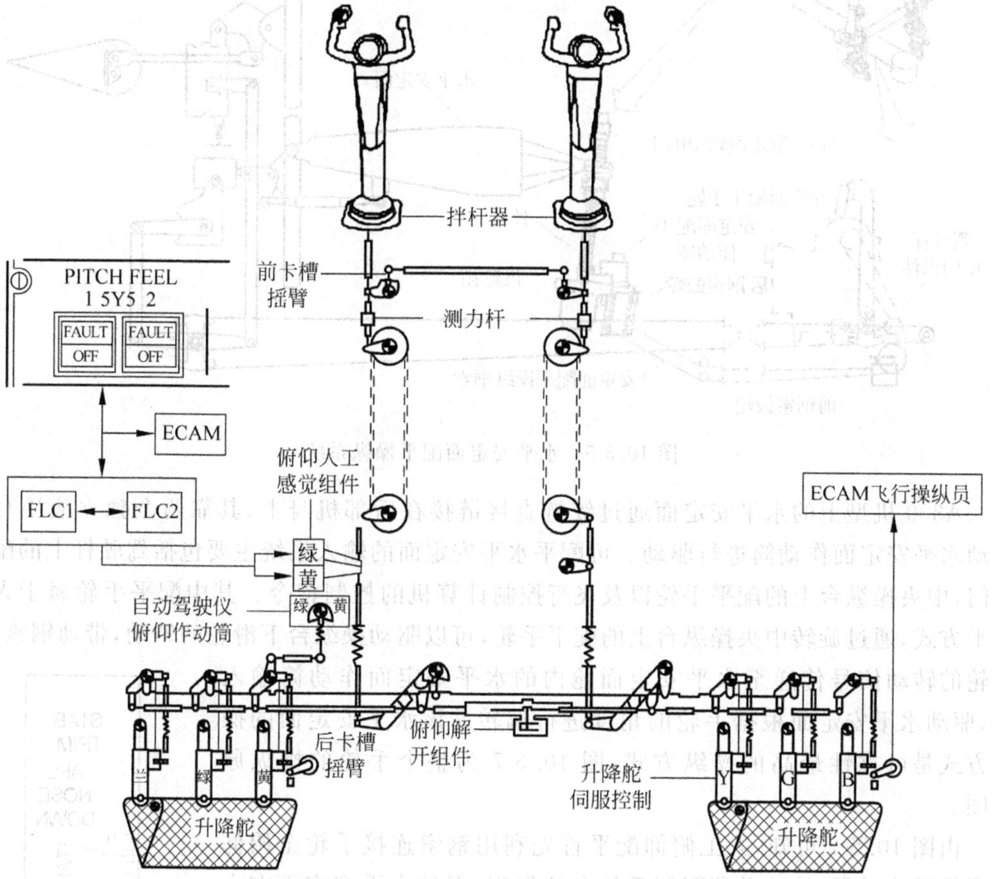

图 10.5-4 升降舵驱动原理图

在俯仰轴上另一个操纵部件是俯仰配平,俯仰配平功能通过操纵水平安定面改变飞机的实际俯仰力矩。飞机俯仰配平由水平安定面提供。水平安定面的偏转范围是机头向下3°及机头向上14°。现代大中型民航飞机由于纵向尺寸大,飞行中重心纵向位移量大,如果重心偏前或偏后量过大,单靠升降舵是不能完全实现纵向操纵的,因此,大多数飞机的水平安定面的安装角是可调节的。

飞机在起飞之前应根据飞机的载重和平衡的情况进行水平安定面的配平,即必须把水平安定面调节到"起飞"(绿区)位置,以保证飞机在起飞过程中的纵向操纵性能。

水平安定面的配平操纵系统如图10.5-5所示,系统包括三种输入形式:人工操纵、电动配平和自动驾驶操纵。三种输入形式的优先权是不同的:手动操纵的优先权最大,自动驾驶仪的优先权最小。水平安定面配平指示器(见图10.5-6)用于指示水平安定面的位置。起飞前要将水平安定面配平到"起飞"(绿区)范围内,具体位置要根据飞机的装载确定。

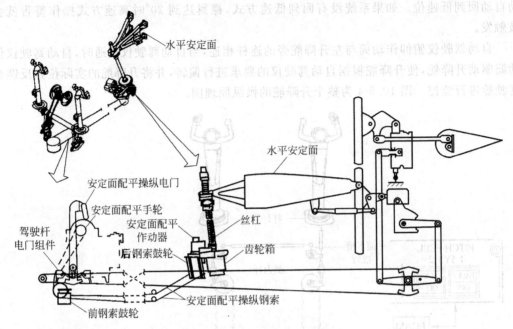

图 10.5-5 水平安定面配平操纵系统

A300 机型上的水平安定面通过铰链直接链接在后部机身上,其靠两个独立液压马达驱动水平安定面作动筒进行驱动。可配平水平安定面的输入系统主要包括驾驶杆上的配平电门,中央操纵台上的配平手轮以及飞行控制计算机的控制指令。其中配平手轮属于人工配平方式,通过旋转中央操纵台上的配平手轮,可以驱动操纵台下滑轮的转动,带动钢索,将手轮的转动信号传递至水平安定面舱内的水平安定面作动筒输入端,驱动水平安定面根据手轮的角度进行偏转。该水平安定面的操纵方式是可靠性最高的操纵方式,图 10.5-7 为整个手轮的操纵原理图。

由图 10.5-7 可知,人工俯仰配平首先利用钢索连接手轮至俯仰配平操纵止动器,该止动器限制手轮盘的行程,保证水平安定面在人工操纵模式中移动位置的限制。

水平安定面的电动配平和自动配平功能都是在飞行控制计算机的控制之下完成的增稳功能,主要包括在自动驾驶仪断开的情况下,飞机的速度配平和马赫配平。飞机的速度配平主要应用于飞机速度大于 200KT 时完成水平安定面的配平功能,而马赫配平主要应用于飞机马赫数 0.7 以上完成水平安定面的配平功能。在速度配平和马赫配平的工作模式下,飞行控制计算机将自动给出"机头向上"指令,保证飞机的纵向稳定性和操纵性达到最佳。

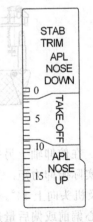

图 10.5-6 水平安定面配平指示器

水平安定面自动配平的另一个功能是 α 配平,α 配平主要应用在飞行出现大迎角和大马赫数飞行状态时,当飞机处于这一临界状态时,飞机由于迎角过大,已接近失速边缘,因此飞行控制计算机自动给出"机头向下"指令,增加驾驶杆的拉力,防止迎角过大产生失速。当飞机的速度进一步减小或者飞机迎角进一步增大,则飞机将进入失速状态。此时,水平安定

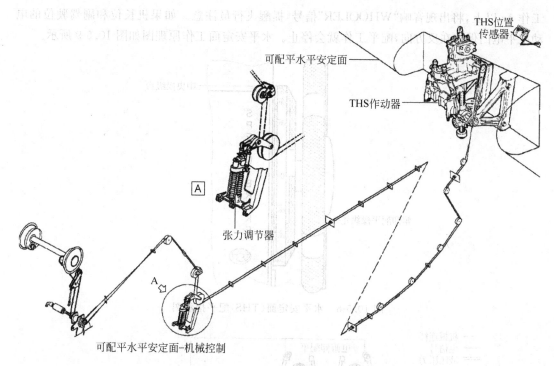

图 10.5-7　水平安定面首轮驱动方式原理图

面自动配平进入失速配平状态,失速配平功能是当飞机出现大迎角和低速状态时提供的保护性配平,此时,飞行控制计算机同样将给出"机头向下"指令,从而增加飞机的实际飞行速度,有利于失速恢复。失速配平只能在人工飞行的状态,且飞行速度小于 200KT 时可激活。

水平安定面最后的自动配平功能是 θ 配平,θ 配平主要应用在高俯仰率和低速飞行状态下,因此该配平功能一般应用于复飞状态。当飞机处于人工飞行状态,飞机俯仰角大于 10°,飞机速度小于 180KT 时,θ 配平处于保护状态。此时,飞行控制计算机自动给出"机头向下"控制指令,并进一步校正飞机的飞行姿态,防止俯仰超过 30°(特别在复飞过程中)。

当飞机的自动驾驶仪接通在 CMD 位时,飞行控制计算机自动抑制驾驶杆上的电动俯仰配平输入按钮,防止人工误操纵指令对自动飞行系统的影响。如果自动驾驶仪接通在 CMD 位时出现失去配平的情况,必须先用自动驾驶仪断开按钮断开自动驾驶仪,然后用电动配平摇杆重新人工配平飞机。同样,当飞机处于起飞或者进近期间,起落架放出还没有收上或者飞机处于复飞状态时,自动配平功能同样受到抑制,保证飞行员在上述极端情况下对飞机的实际操纵拥有绝对的控制权。

如果俯仰配平 1 和 2 操纵杆接通,电动俯仰配平指令和自动配平指令(自动驾驶仪俯仰配平指令)通过两套俯仰配平系统处理。正常情况下,俯仰配平 1 工作,俯仰配平 2 备用。如图 10.5-8 所示,可配平的水平安定面位置指示在俯仰配平轮刻度上。

当俯仰配平系统处于电动和自动状态时,飞行员可以用俯仰配平控制轮对系统进行人工超控。使用俯仰配平控制轮超控水平安定面会导致自动断开两个俯仰配平系统(两个俯仰配平杆跳到断开位)。电动配平控制俯仰配平时,可配平水平安定面自动停止,然后到达机械止动位(机头向下 3°和机头向上 14°)。使用电动配平电门时,如果可配平水平安定面工作 1s 以上，将出现音响"WHOOLER"信号，提醒飞行员注意。如果机长位和副驾驶位的电动配平电门保持在反方向，配平工作就会停止。水平安定面工作原理图如图 10.5-9 所示。

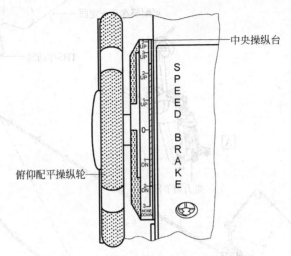

图 10.5-8　水平安定面(THS)配平指示图

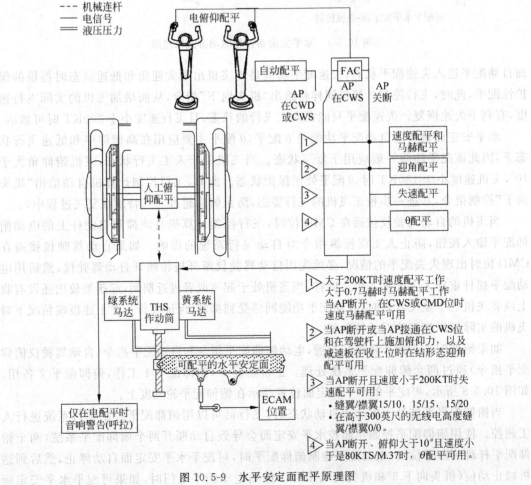

图 10.5-9　水平安定面配平原理图

10.5.3 飞机横滚控制系统

飞机的横滚运动主要应用在飞机转弯的时候。当飞机需要改变其航向时,飞行员首先进行压杆操作,两侧副翼向相反的方向偏转,两侧机翼产生升力差,使飞机产生横滚力矩,实现飞机的横滚操纵,此时,飞机在升力方向上产生一个相对飞机向左或向右的分力,飞机运动产生向心力,使飞机航向发生变化。横滚控制系统操纵飞机绕其纵轴进行偏转,即滚转运动。典型副翼操纵原理如图 10.5-10 所示。

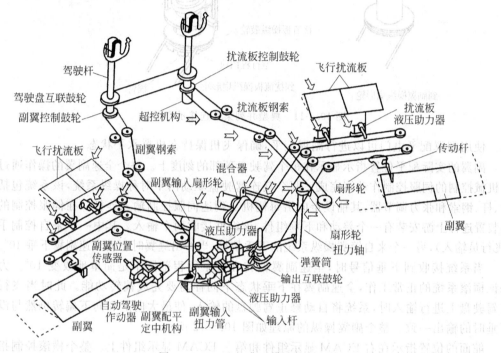

图 10.5-10 飞机典型横滚控制系统

A300 机型横滚控制是通过两侧机翼上由三个副翼伺服作动筒驱动的两个副翼和五块横滚扰流板完成,每一块扰流板都由一个相应的扰流板作动筒进行驱动。

现代民航飞机利用驾驶杆上的驾驶盘进行横滚操纵,机长位和副驾驶位上的驾驶盘不是固定连接,而是采用柔性连接。驾驶盘的柔性连接保证当其中一个驾驶盘卡阻,此操纵机构另一个驾驶盘仍能转动,提高飞机的横向操纵的可靠性。图 10.5-11 所示为一种典型的并列式柔性互联驾驶盘操纵机构,其左副翼互联滑轮和副翼操纵滑轮都与左驾驶盘扭力轴固定连接;而右副翼互联滑轮空套在右驾驶盘扭力轴上,右驾驶盘通过扭力弹簧与右副翼互联滑轮连接。

飞行员在驾驶盘上的操纵量通过双平行机械控制系统传送至副翼作动筒,驱动副翼作动筒进行偏转。横滚扰流板仅在驾驶盘移动量超过对应的限定值时才进行驱动并配合副翼进行横滚操纵。在副翼的驱动过程中也安装有相应的人工感觉,与驾驶盘偏转成正比的人工感觉负荷由弹簧提供。当副翼作动筒出现卡阻,相关的驾驶盘也将出现卡阻情况。在卡阻的情况下,其他的控制方式可以进行操作,但是此时在驾驶盘上必须施加必要的操纵力。此时整个飞行操纵系统操纵的是驾驶盘的弹簧支柱。由于副翼的安装位置靠近襟翼,为提高在襟翼放出情况下的空气动力特性,副翼的中立位置自动下垂大约 10°,但此操纵范围不

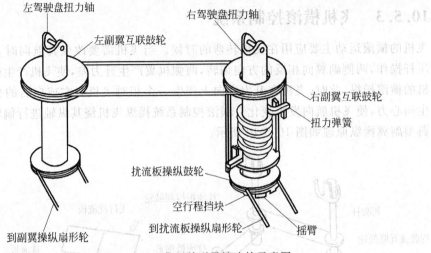

图 10.5-11 典型并列柔性连接示意图

变。使用副翼配平电门可以进行副翼配平,确保飞机保持在机翼水平状态。

副翼的实际配平位置指示显示在每个驾驶盘顶部的刻度上。每个全速副翼的操作通过三个机械控制的伺服控制作动筒完成。两个互连驾驶盘驱动两个对称操纵系统,该系统包括连杆、杆、钢索和张力调节器,其铺设走向沿每侧机身到达伺服控制输入连杆。在伺服控制的控制装置连杆上游安装有一个差动和下垂组件,该组件接收两个输入。其中一个来自控制手轮(飞行员输入),另一个来自缝翼操纵系统的下垂信号,当伸出缝翼时驱动全速副翼下垂10°。

当系统接收到下垂信号时,全速副翼偏转在整个行程范围不是简单地改变10°。为了保证横滚系统的正常工作,全速副翼在下垂状态下同样需要完成偏转功能。此时当飞行员在驾驶盘上进行输入时,系统将自动修正驾驶盘的输入,使最大向上和向下偏转仍然与没有下垂时的输出一致。整个副翼操纵的原理如图 10.5-12 所示。

舵面的位置指示在右 ECAM 显示组件和第三 ECAM 显示组件上。整个横滚控制指示如图 10.5-13 所示。图中,(1)表示液压系统的工作情况,B、G、Y 代表蓝、绿、黄三个液压系统。当指示为绿色时,表示液压系统工作正常;当压力降低时,相应系统的图标指示黄色。图中(2)是副翼的位置指示,绿色的三角形表示副翼的实际位置。(3)是升降舵和水平安定面的实际位置。(4)是方向舵的位置指示。在飞机的飞行过程中需要特别关注各个舵面的实际位置与要求是否一致。图中(5)为水平安定面的实际供压系统,(6)代表飞机扰流板的实际位置。

副翼伺服作动筒是整个横滚控制的核心,副翼伺服作动筒结构原理如图 10.5-14 所示。伺服作动筒的移动伺服本体由输入杆 13 的机械输入信号控制,其移动行程受止挡 1 限制。当伺服作动筒内部出现过压情况时,释压活门 5 自动释放,连接过压容腔到回油。如伺服控制本体移动,压力油通过单向活门 10 连接到另一个容腔用于驱动作动筒工作。释压活门 11 限制了整个作动筒的最高工作压力,当压力控制的释压活门 5 出现卡阻情况时,其提供整个作动筒的最后过压保护。

当输入力高于预先加载的弹簧 4 力时,滚轮 9 移出凸轮,压下探测器微动电门 3,由卡阻探测系统传送一警告信号给机组人员,然后机组人员必须切断受影响的液压系统的动力输出,防止持续输出带来的结构性损伤。

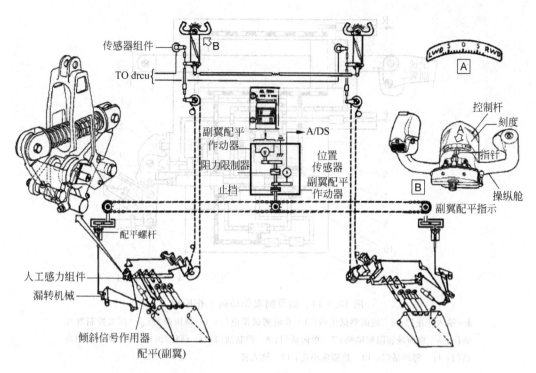

图 10.5-12 A300 副翼操纵系统原理

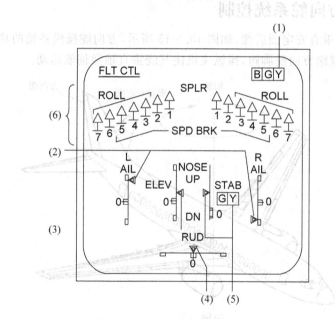

图 10.5-13 A300 操纵系统指示图

万一控制面受到外力(例如阵风力),对应的容腔压力增加,引起压力控制的释压活门打开,该容腔压力液压油经由一小孔 12 流入回油管,用于阵风速度达到 80KT 时,提供地面阵风缓冲功能。

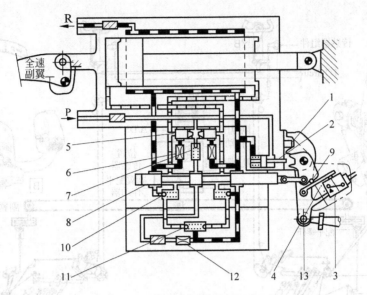

图 10.5-14 副翼伺服作动筒工作原理

1—输入杆止挡；2—地面测试止挡；3—卡阻测试微电门；4—预压弹簧；5—压力控制释压活门；6—地面减震阻尼喷嘴；7—单向活门；8—控制活门；9—凸轮/滚轮；10—防气穴单向活门；11—释压活门；12—热膨胀小孔；13—输入杆

10.5.4 方向舵系统控制

方向舵安装在垂直安定面后缘，如图 10.5-15 所示，方向舵操纵系统的功用是提供飞机偏航操纵，飞行员蹬踏方向舵脚蹬，操纵飞机使其绕垂直轴做偏航运动。

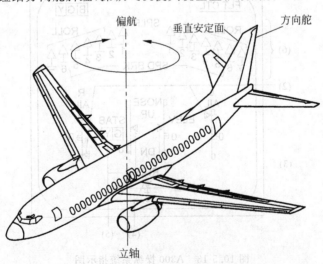

图 10.5-15 飞机航向控制原理图

方向舵的主要作用是完成飞机的协调转弯。当操纵飞机转弯时，不能只操纵方向舵，需要靠副翼和升降舵协调转弯操纵。为了平衡飞机转弯时产生的离心侧滑力，应使飞机横向倾侧一定角度，利用机翼升力在水平方向的分量提供向心力，以平衡转弯离心力。而由于飞机侧倾，升力在垂直方向上的分量会减小，造成飞机高度下降。为了抵消飞机下降趋势，在转弯时应向后轻拉驾驶盘,使飞机迎角增加。这就是飞机的协调转弯,即飞机转弯平稳且高度不变。

方向舵的另一作用是防止偏航阻尼。飞机方向舵操纵系统中安装有偏航阻尼器,其作用是及时根据飞机姿态的变化操纵方向舵,防止其产生荷兰滚。

方向舵受三个作动筒控制,作动筒由方向舵脚蹬的单钢索传递指令。方向舵人工感觉由弹簧负荷杆提供。方向舵的另一个输入信号来自于方向舵配平以及两个偏航阻尼。方向舵配平由电马达驱动。在巡航期间,一般建议将飞机配平调至"零驾驶盘偏转",保证产生的方向舵配平偏转向左或向右不超过1.5个单位机头。在方向舵行程偏转过程中,其偏转角度受感觉和限制计算机(FLC)控制,方向舵行程限制系统会随飞机的实际飞行速度逐渐减小方向舵最大方向舵行程,其控制原理是,当飞机速度小于165KT时,最大方向舵行程为±30°(低速位);在VMO(最大使用速度),最大方向舵行程为±4°(高速位)。

在正常操作时,方向舵行程1号系统工作,2号系统备用。当飞机处于地面状态时,方向舵脚蹬与前轮转弯相连,保证飞行员可以通过脚蹬对飞机的滑行角度进行控制。如果两个系统失效,无论飞机速度如何,方向舵行程限制系统的机械结构将自动驱动方向舵返回低速位(±30°方向舵行程)。如果系统返回不到低速位置,那么当襟翼≥20°时,ECAM警告就会出现,提示机组方向舵行程限制系统卡在高速范围内。

自动驾驶仪偏航作动筒与方向舵机械控制系统相连。当自动驾驶仪接通,且缝翼已经处于放出位置,则自动驾驶仪作动筒自动驱动方向舵。此时,自动驾驶仪将方向舵偏转的角度反馈至方向舵脚蹬,用于提醒飞行员实际的飞机状态。

在偏航轴上的另一个主要驱动源是偏航阻尼器,其主要作用是保证飞机在转弯时防止飞机出现荷兰滚和协调转弯。同时为了保证飞机自动驾驶仪的正常工作,当自动驾驶系统接通在CMD位置时,偏航阻尼自动抑制,防止出现重复操纵现象。在飞机处于低速状态或者出现失速警告时,偏航阻尼系统也处于抑制状态。当一台发动机出现故障,偏航系统将进行偏航补偿,条件是自动驾驶仪接通在"CMD"位,且SRS(起飞)或"复飞"方式已在FMA上亮起。

为区别偏航阻尼系统与自动驾驶仪系统的工作状态,偏航阻尼系统产生的方向舵偏转量不会反馈到方向舵的脚蹬上。偏航阻尼器系统有两套,正常操作时,偏航阻尼器1工作,偏航阻尼器2处于备用状态,每套系统靠其顶板上相应的偏航阻尼器手柄接通。如果两个EFCU失效,虽然两个偏航阻尼器仍保持在接通状态,但转弯协调将受抑制。为保证偏航阻尼系统的正常工作,系统必须保证FAC以及ADC计算机的正常工作,同时,与相应偏航阻尼系统对应的IRS系统和液压系统也必须处于可用的状态下。如果任何一个接通条件没有满足,相应的偏航阻尼器接通手柄就会跳至关位并伴随着ECAM警告。

在A300机型飞机的偏航轴上,方向舵主控制是机械传动的,而配平控制为电信号控制。偏航系统通过一个弹簧杆组件完成人工感觉的控制,人工感觉的阻尼系数依赖于飞机的实际飞行状态。当飞机处于高速飞行时,人工感觉系统加大实际的阻尼系数,位于人工感觉和配平组件内的弹簧组件产生与方向舵运动成正比的脚踏板踩踏阻力,避免方向舵的急速偏转产生飞机结构的过度载荷。该阻尼系统利用与空速相关联的可变止动杆和作动筒限制方向舵行程。可变止动杆安装在伺服控制的下游,弹簧组件的功能是:保持下游连杆和伺服控制输入连杆处于中立位,以防人工感觉系统和配平组件的控制连杆上游脱开;提供人工感觉载荷正比于方向舵偏转;在缺少控制输入的中立位提供舵面的精确定中;当信号通过偏航阻尼器作动筒提供给伺服控制时,保持上游控制处于中立位。方向舵行程限制法则如图10.5-16所示。

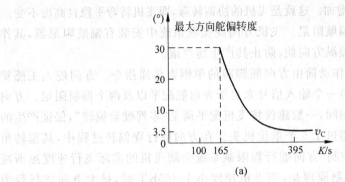
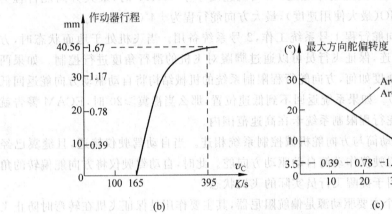
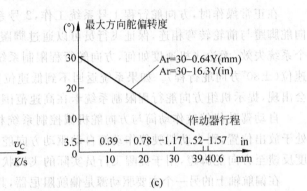

图 10.5-16 方向舵行程限制法则

方向舵的操纵原理如图 10.5-17 所示。方向舵系统的输入机构为互相连接的脚蹬驱动机构，其通过单杆连接到人工感觉和配平组件。在人工感觉组件和配平组件的下游，双重连杆连接到伺服控制的输入连杆上，系统采用这样的方式保证任何液压部件单一的断开不会使方向舵失去控制。经过位于后面钢索铺设的双重差动的机构，引入偏航阻尼器信号。方向舵的实际偏转通过三个液压作动筒实现。方向舵系统的主要组成部件包括：

1) 可变止挡作动筒

可变止挡作动筒的主要作用是驱动可变止动连杆，改变整个方向舵的偏转止挡。该作动筒由电动马达驱动，同时输出端下游安装有扭矩限制器，当系统发生卡阻时，保护下游结构。每个作动筒马达与一个 FLC 连接，每个 FLC 从两个大气数据系统（ADS1 和 ADS2）接收 v_C 数据，使用其中较高的一个。如果有一台 ADS 故障，两部 FLC 使用从有效 ADS 来的 v_C 数据。FLC 计算机的计算原理如图 10.5-16 所示：不同的 v_C 数据所对应的最大方向舵偏转法则如图(a)所示，图(b)给出 FLC 计算得出的作动筒实际最大行程。图(c)则是相应作动筒不同行程下的实际偏转角度。

2) 传感器组件

传感器组件主要用于探测可变止挡作动筒的实际工作位，并将该位置反馈至行程限制系统中，保证系统的正常工作。

3) 弹簧-保有杆

如果驱动作动筒连接产生破裂或者脱开，系统中安装有保有杆限制作动筒运动防止可

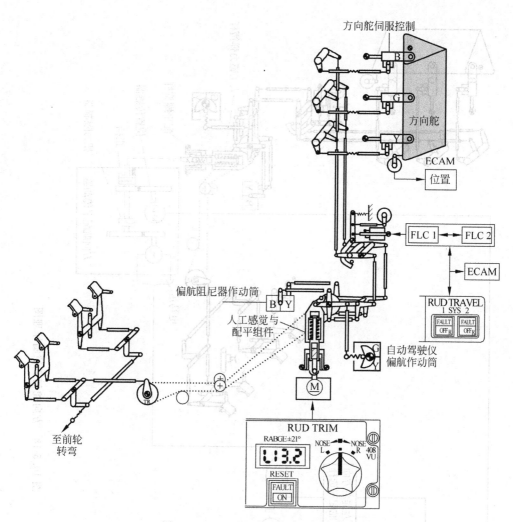

图 10.5-17　A300 方向舵驱动原理图

变止动连杆出现卡阻状况。此时,弹簧将连杆返回到"低速"位置,在此状态下,方向舵可以在低速位进行偏转(±30°)。

如果两个系统同时出现故障,系统将自动接通 FLC 内的复位电路,输出一命令到驱动马达,将行程限制系统返回到"低速"位置,并保持命令 1min,使作动筒不论在任何位置,均能返回"低速"位置。

方向舵配平控制器利用电信号驱动下游方向舵进行有效偏转。电配平通过配平作动筒驱动下游方向舵作动筒。配平作动筒中安装有电动马达直接连接到减速齿轮上。当方向舵行程选择时马达接通。通过电马达驱动下游的配平蜗杆,带动下游的方向舵作动筒。当切断电源,通过短路马达线圈,获得强动力刹车作用。当接通电动马达达到止挡时,利用安装在下游的扭矩限制器保护系统,防止系统出现过偏转。当飞行员按压控制面板上的 RESET 按钮电门可以对方向舵配平进行重置,RESET 按钮可以将方向舵移动至零位。整个电配平方向舵驱动的原理如图 10.5-18 所示。

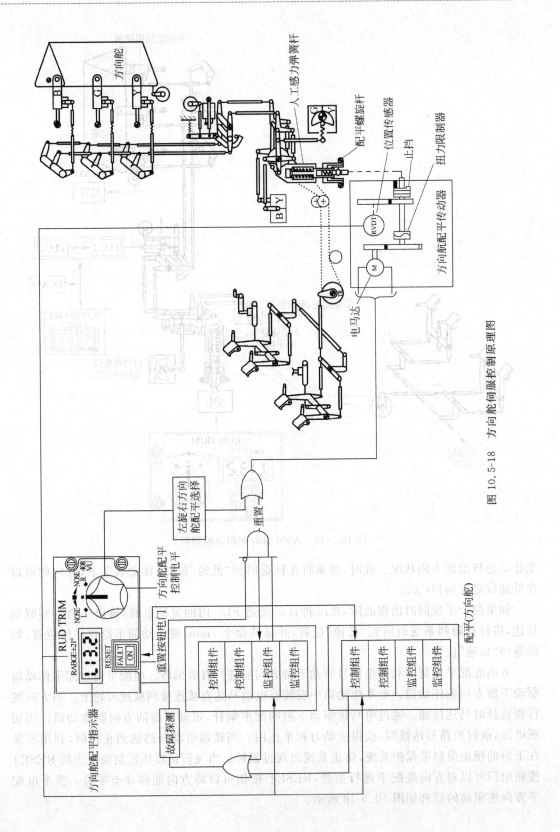

图 10.5-18 方向舵伺服控制原理图

方向舵配平面板如图 10.5-19 所示,其主要包括 RUD TRIM 控制电门、重新设定按钮电门以及 RUD TRIM 指示器。RUD TRIM 控制电门是一个三位旋转开关,由弹簧负载保持中立位置。方向舵配平运行方向取决于 RUD TRIM 控制电门旋转方向。RESET 按钮电门允许方向舵配平自动重置到零。在重置过程中,电门磁性闭锁和下部白色 ON 灯亮。当完成重置,按钮电门松开且 ON 灯熄灭。若上方琥珀色 FAULT 灯亮,表明重置功能故障或作动筒位置传感器故障。方向舵配平位置指示器显示在一数字指示器上,其指示单位为 $1/10°$。方向舵的实际偏转方向利用前部的字母 L 或者 R 表示。

方向舵作动筒的原理如图 10.5-19 所示。移动伺服控制本体由输入连杆 6 的机械输入信号控制,行程受止挡 1 限制。整个作动筒的工作方向受连杆作动控制活门 10 控制。如果作动筒内部出现过压情况,系统通过释压活门 13 进行释压。当输入力高于预先加载的弹簧 5 力时,滚轮 4 在它的凸轮上移动。压下卡阻探测器微动电门 3,经卡阻探测系统传送一警告信号给机组人员。机组必须从相关液压系统中切断动力,防止系统出现结构性损伤。如方向舵受到外部力,例如阵风速度达到 80KT 时,压力在一个室内增加,使一受压力控制的释压活门 13 打开。然后该容腔流空进入回油管,经由阻尼孔 12,提供地面阵风缓冲功能。

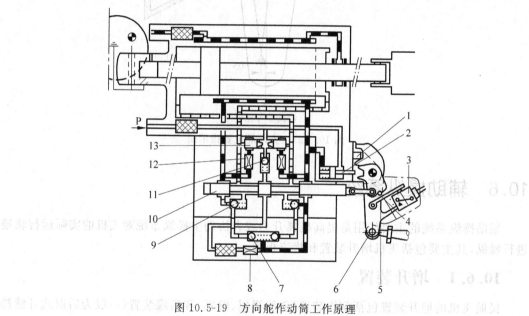

图 10.5-19　方向舵作动筒工作原理

1—输入臂止动器;2—地面测试止动;3—卡阻探测微动电门;4—CAM/滚转;5—预紧弹簧;6—输入臂;7—安全活门;8—加热孔;9—防气蚀检查活门;10—控制活门;11—单向活门;12—地面阻尼孔;13—压力控制安全活门

方向舵的实际位置指示如图 10.5-13 所示,其配平位置显示在数字指示器上,如图 10.5-20 所示。作为机械备份,贴在尾锥上的三角标记用于指示方向舵下部后缘的中立点,如图 10.5-21 所示。为了补复合材料结构和方向舵金属的机械操纵之间的热膨胀差别,三角标记正常情况对于飞机中心线偏右 0.5°。

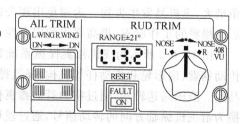

图 10.5-20　方向舵配平指示器

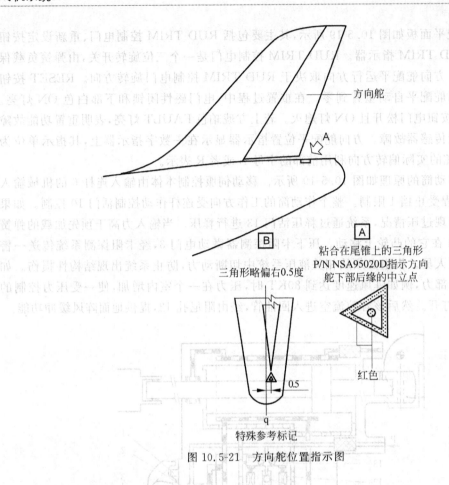

图 10.5-21　方向舵位置指示图

10.6　辅助操纵系统

辅助操纵系统的主要作用是提高机翼升力或者协助主操纵系统对飞机的实际运行轨迹进行操纵,其主要包括飞机增升装置和扰流板等。

10.6.1　增升装置

民航飞机的增升装置包括前缘装置(前缘襟翼、缝翼)和后缘装置(一般为后退式开缝襟翼)。在工作中,前缘装置和后缘装置相互配合,由襟翼手柄控制,根据飞机状态进行收起或伸出操作,而伸出位又分为起飞位置和着陆位置,如图 10.6-1 所示。

根据增升原理,当后缘襟翼放出时,虽然起到增加升力的作用,但也导致飞机的实际迎角增大,飞机易发生失速。为避免出现失速,前缘装置往往作为后缘襟翼的随动装置,协调后缘襟翼的工作状态,提高飞机的安全性。

图 10.6-2 所示为飞机襟翼操纵系统原理图。当正常操纵时,襟翼控制手柄向后,通过传动钢索、扇形轮和传动杆等机构,操纵襟翼控制活门偏离中立位置,将系统液压引到液压马达。液压马达转动,通过扭力管向襟翼传递扭矩。转换机构将沿翼展方向的转动信号转换为沿飞机纵轴方向的转动信号,通过丝杆螺帽,再将转动信号转换为沿纵轴向后的运动,推动后缘襟翼放出(襟翼驱动装置见图 10.6-3)。

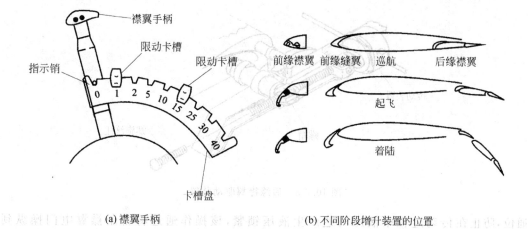

(a) 襟翼手柄　　　　　　　　　(b) 不同阶段增升装置的位置

图 10.6-1　飞机增升装置

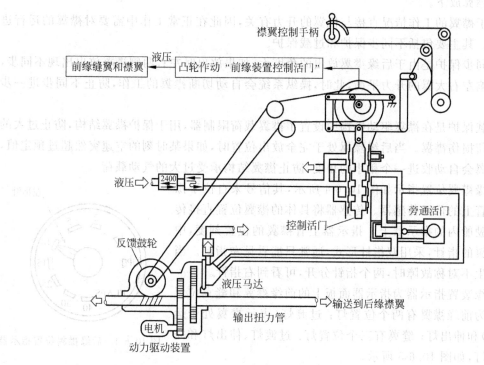

图 10.6-2　飞机襟翼操纵系统原理图

在输出扭力管转动的同时,反馈滑轮将扭力管的输出信号反馈到输入端的凸轮。其中一个凸轮通过传动杆,作动襟翼控制活门向中立方向运动。当后缘襟翼到达预定位置后,襟翼控制活门返回中立位置,切断供往液压马达的油液,液压马达停止转动,操纵过程结束,后缘襟翼停在预定位置。

反馈滑轮的反馈信号通过反馈钢索,同时带动另一凸轮,该凸轮作动前缘装置的控制活门。前缘装置控制活门将液压引到前缘装置作动筒,使前缘襟翼和缝翼放出。可见,前缘装置的位置由后缘襟翼位置决定。

当采用备用方式工作时,应通过备用襟翼电门操纵襟翼收放。首先,使旁通活门处于旁

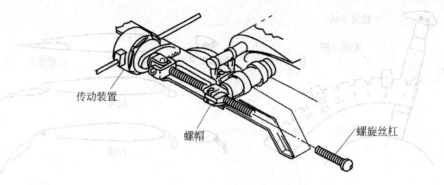

图 10.6-3 后缘襟翼驱动装置

通位,防止在传动过程中液压马达产生液压锁紧,该操作通过将备用襟翼电门操纵到"ARM"位实现;然后,操纵备用机翼电门到"DOWN"位,电机转动,驱动输出扭力管转动,使驱动襟翼放下。

由于襟翼的工作情况直接与机翼的升力有关,因此在正常工作中需要对襟翼的运行进行保护。其主要包括不同步保护和过载保护。

不同步保护是由于后缘襟翼放出的角度大,如果放出时左右两侧襟翼放出出现不同步,将会影响左右大翼的升力平衡,此时,操纵系统会自动切断襟翼的工作,防止不同步进一步扩大。

过载保护是在襟翼驱动机构中设置了襟翼载荷限制器,用于保护襟翼结构,防止过大的气动载荷损伤襟翼。当后缘襟翼处于完全放出位置时,如果某时刻的空速突然超过预定值,后缘襟翼会自动收进一个稍小的角度,防止襟翼结构承受过大的气动载荷。

后缘襟翼位置指示如图 10.6-4 所示,其信号来自位于襟翼扭力管上的位置传感器。传感器将具体的襟翼位置直接传输到驾驶舱内的指示器上。指示器上有襟翼的位置刻度,中间是襟翼的指针,采用双指针形式,通常只能看见左指针。当襟翼发生不对称故障时,两个指针分开,可看到右指针。

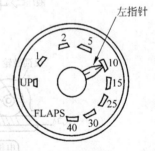

图 10.6-4 后缘襟翼位置指示器

前缘装置指示器为指示器面板上的前缘襟翼和缝翼位置灯。因为前缘襟翼有两个位置灯:过渡灯(表示襟翼处于运动状态)和伸出灯;缝翼有三个位置灯:过渡灯、伸出灯和完全伸出灯,如图 10.6-5 所示。

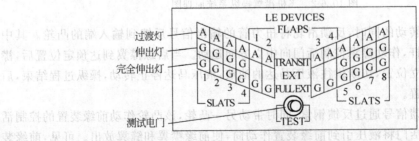

图 10.6-5 前缘装置指示灯

当前缘襟翼、缝翼在收上位置时,所有灯熄灭;当前缘装置移动时,过渡灯亮;当前缘装置移动到伸出位置时,伸出灯亮;当前缘缝翼在完全伸出位置时,完全伸出灯亮。在前缘装置指示器面板上有一个测试电门,当按压该电门时,所有指示灯亮。

10.6.2 扰流板

扰流板的作用是帮助副翼进行绕纵轴的飞机操纵,也可作为减速板在着陆或中断起飞期间降低升力并增加阻力。民航飞机在每侧机翼上表面装有多块扰流板,其中包括地面扰流板和飞行扰流板,扰流板在工作时均向上升起,如图10.6-6所示。

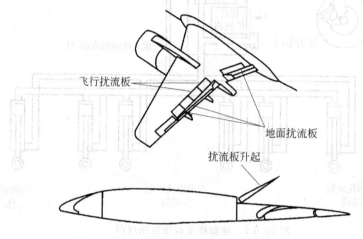

图 10.6-6 飞机扰流板

地面扰流板只能在地面上起减速作用,其通常只有两个位置:立起位和放下位,因此作动装置为普通双向单杆液压作动筒。

飞机在空中时,空/地电门将地面扰流板内部锁活门置于空中位(见图10.6-7),切断供向扰流板作动筒的油液压力,将扰流板锁定在放下位;当飞机落地后,空/地电门将扰流板内部锁活门切换到地面位,使地面扰流板可在地面完全放出,卸除机翼的升力,提高刹车效率,增大阻力,缩短飞机着陆滑跑距离。

飞行扰流板既可在地面使用,也可在空中使用,其作用既可减速,也可以协助副翼完成滚转操纵,提高飞机横侧操纵效能,并能防止副翼反效。飞行扰流板可以在多个位置工作,所以一般采用液压伺服系统。飞行扰流板功能如下:

1) 配合副翼操纵

副翼操纵系统可在飞行时对飞行扰流板进行操纵,使飞行扰流板配合副翼完成滚转操纵,如图10.5-10所示。以飞机向左滚转操纵为例,当飞行员向左转动驾驶盘时,左副翼向上偏转,右副翼向下偏转,使左机翼的升力减小,右机翼升力增大,飞机绕纵轴向左侧滚转,当驾驶盘转动超过一定角度时,左侧飞行扰流板放出使左机翼升力进一步减小,增加飞机滚转力矩。

在实际操纵过程中,副翼上偏一侧的飞行扰流板打开,配合副翼操纵飞机绕纵轴向左侧滚转。驾驶盘转动角度较小时,飞行扰流板不放出。当向右转动驾驶盘超过一定角度时,同样会使右侧飞行扰流板放出,配合副翼操纵飞机绕纵轴向右侧滚转。

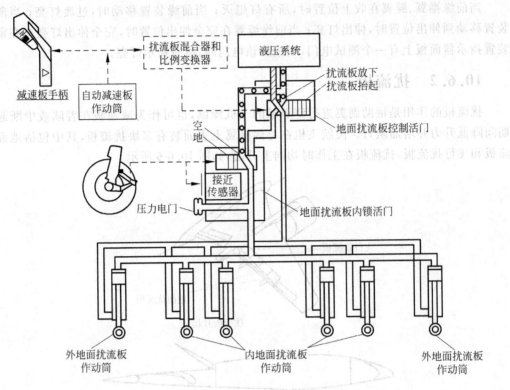

图 10.6-7 地面扰流板操纵原理图

2) 飞机减速

飞机减速是通过操纵减速手柄实现的,减速手柄位于中央操纵台左侧。在地面操纵减速手柄,所有扰流板放出;如果在空中操纵减速手柄,左、右侧飞行扰流板同时放出,进行空中减速。

当空中减速时,扰流板也可以辅助副翼进行横侧操纵。空中减速时,提起减速手柄向后扳动,左、右侧的飞行扰流板同时放出,如果此时驾驶盘转动角度超过预定值,飞行扰流板仍可以配合副翼进行横侧操纵。此时,减速手柄的信号和配合副翼横侧操纵的信号都输送到混合器,混合器将两种信号叠加,然后输送到飞行扰流板。

10.7 飞行操纵警告系统

通过上述分析可知,分析操纵系统的正常工作直接影响飞机的飞行安全,因此,飞机上安装有飞行操纵警告系统用于对飞行操纵进行监控与提示。飞行操纵警告系统作用是:在潜在危险发生前,提前警告飞行员,避免事故发生。飞机飞行操纵警告系统分为起飞警告系统和失速警告系统两种。

10.7.1 起飞警告系统

安装起飞警告系统的作用是:当飞机起飞时,若某些飞行操纵组件不在正确位置,给飞行员提供一个音响警告信号。

当飞机在地面时,任一油门杆前推,发生下列任一情况都会触发起飞警告(见图 10.7-1):

(1) 减速板手柄未在"放下"位;
(2) 停留刹车没松开;
(3) 前缘襟翼未放出;
(4) 后缘襟翼不在起飞位(后缘襟翼伸出位不对);
(5) 水平安定面指针不在"起飞"(绿区)范围内。

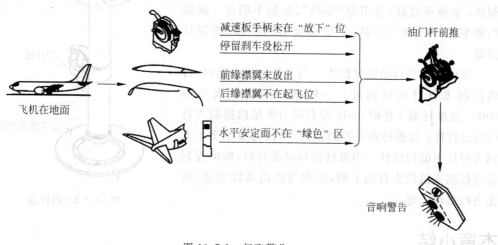

图 10.7-1　起飞警告

起飞警告为间歇性警告喇叭,取消警告按钮也不能消去喇叭声,只有在飞行控制组件处于适当位置或油门杆均收回才能使喇叭停息。

10.7.2　失速警告系统

失速警告是在临近或达到最大可用升力(即飞机接近失速状态)时的警告。一般飞机上多装音响警告和驾驶杆抖动器。失速警告系统包括信号输入、信号处理和输出警告三部分(见图 10.7-2)。

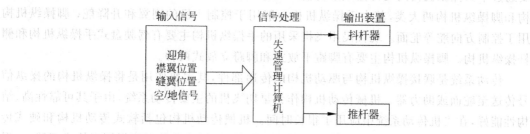

图 10.7-2　失速警告系统组成

提供失速警告系统输入信号的是迎角探测器,迎角探测器用于探测安装部位处(装在机身外侧)的气流方向,并将该处气流角度的变化情况传输给失速管理计算机。飞机在飞行中因为飞机失速迎角与飞机姿态、气动外形的变化有关,所以除了迎角信号以外,还需把缝翼、襟翼位置信号及空/地转换信号也输入到失速管理计算机。

失速管理计算机接收输入的信号后,通过分析 ADC(大气数据计算机)以及 DU(飞机导航组件)各类数据进行综合比较,判断飞机的实际飞行状态是否处于飞行安全包线内。如果接近或者超出飞机设计飞行包线,则输出抖杆电信号驱动抖杆器和推杆器。

抖杆器接收来自失速管理计算机的信号,它是一个电动机带动的不平衡重块(固定在驾驶杆上,见图10.7-3)。当有信号时电动机起动,使驾驶杆起动。其频率和振幅应配合,如频率过低,即使振幅相当大也提供不了足够刺激;如频率过高,会引起"嗡鸣",振幅不明显。最适当频率为10~30次/秒,并要有足够的振幅,能使杆抖动。

推杆器用于自动恢复操作。当飞机接近失速时,自动控制飞行杆向前推杆。一般推杆的力矩大小为80lb。在推杆器工作时,80lb左右的力矩足以抑制飞行员有意拉杆;在推杆器失控的条件下,该力量不至于大到飞行员不能稳住杆。当推杆器自动推杆时,俯仰控制系统控制飞机机头自动下俯,增加飞机的实际空速,防止飞机出现失速。

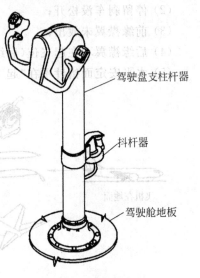

图 10.7-3　抖杆器

本章小结

飞机舵面的传动装置不是孤立的综合装置,而是飞机操纵闭合网路的环节之一。在飞行中,这个回路由指令环节、传动环节和被控环节三个基本环节形成。飞行操纵系统的总体功能是保证在所有飞行状态下整个操纵系统的稳定性和工作精度。飞机的操纵系统中传动装置通常指具有耦合环节的执行机构以及包括远距传递机构在内的综合装置。飞机舵面操纵系统涉及机械、液压、电气和电液等传动装置。

中央操纵机构是整个飞机操纵系统的重要输入接口之一,飞行员在整个飞行阶段都需要通过中央操纵机构向飞行操纵系统输入飞行控制指令。一般中央操纵机构包括手操纵机构和脚操纵机构两大类,其中手操纵机构一般用于控制飞机的副翼和升降舵;脚操纵机构用于控制方向舵等舵面。现代民用飞机采用的手操纵机构主要有驾驶盘式手操纵机构和侧杆操纵机构。脚操纵机构主要有脚蹬平放式和脚蹬立放式两种。

传动系统是联接操纵机构与驱动机构的传递部件,其主要作用是将操纵机构的操纵信号传送至舵面或助力器。机械传动机构作为早期飞机的主要传动系统,由于其可靠性高、结构性能好,在飞机传动系统中应用了很长时间。机械传动机构包括软式传动机构和硬式传动机构。软式传动机构的操纵力靠钢索张力进行传递,因此必须有两根钢索构成回路,一根主动,另一根被动。软式传动机构采用链条、钢索、钢丝或钢带等只能承受拉力的部件传递运动。而硬式传动机构的操纵力由传动杆传递,传动杆可同时传递拉力或压力。硬式传动机构采用可同时传递拉力和压力的传动杆进行力的传递,通过传动杆的往复运动或受扭转力矩产生旋转运动传递输入接口的控制信号。

传动系数表示单位杆位移对应舵偏角的大小。因此,操纵系统的传动系数大,飞机操纵灵敏性好;传动系数小,飞机操纵灵敏性差。传动系数又表示克服单位铰链力矩所需杆力的大小,即操纵系数大,操纵飞机费力;操纵系数小,操纵飞机省力。

由此得出以下结论:操纵灵敏性较高的轻型飞机(如战斗机)的传动系数一般较大,而操纵灵敏性较低而舵面较大的运输机的传动系数一般较小。在操纵系统中设置专门的非线性传动机构,利用它来改变整个操纵系统的传动系数,满足高速飞机的操纵性要求。

电传操纵系统是控制增稳系统发展的必然产物。电传操纵系统将飞机的操纵权限全部赋予控制增稳系统,由电信号替代机械信号工作,机械操纵系统作为备用系统,这就是准电传操纵系统;若再把备用机械操纵系统取消,就成为纯电传操纵系统,简称电传操纵系统。电传操纵系统是把飞行员发出的操纵指令变换为电信号,与飞机运动传感器反馈的信号综合,经过计算机处理,通过电缆将计算结果输送给舵面执行机构,完成舵面驱动,实现对飞机全权限操纵的一种人工飞行操纵系统。

在现代飞机上,一般采用液压伺服装置作为飞机舵面的主要驱动部件。液压伺服装置按其功能特点可以分为舵面传动装置和伺服装置。舵面传动装置直接或通过机械传动装置间接与舵面连接,而指令信号经高压油进行功率放大实现操纵。舵面传动装置不仅受到飞行员人工输入指令的直接控制,而且受到自动飞行系统以及增稳系统的控制。现代飞机上有些地方采用电动操纵,其原理和液压助力操纵类似,只是用电助力器代替液压伺服驱动系统,但其控制方式由各类手柄改为各种电门。

在人工飞行操纵系统中,通常分为主操纵系统和辅助操纵系统。主操纵系统指驱动副翼、升降舵和方向舵,使飞机产生围绕纵轴、横轴、立轴转动的系统。其他驱动扰流板、前缘装置、后缘襟翼和水平安定面配平等辅助操纵面的操纵系统均称为辅助操纵系统。

飞机的俯仰操纵指控制飞机的机身绕其横轴偏转的操作。在飞机正常的飞行阶段,飞机的俯仰角决定飞机的飞行速度和飞行状态,飞机俯仰姿态的控制主要通过升降舵或者水平安定面进行控制。飞机的横滚运动主要应用在飞机转弯的时候。横滚控制系统操纵飞机绕其纵轴进行偏转,即滚转运动。方向舵安装在垂直安定面后缘,方向舵操纵系统的功用是提供飞机偏航操纵,飞行员蹬踏方向舵脚蹬,操纵飞机使其绕垂直轴做偏航运动。

复习与思考

1. 什么是飞机舵面传动装置?它由哪几个环节组成?
2. 飞机操纵系统在设计上有什么特殊要求?
3. 中央操纵机构有哪些输入设备?其各自操纵哪些舵面?
4. 机械传动系统有哪些分类?其各自的特点是什么?
5. 什么是传动系数?它代表传动系统的什么特性?
6. 什么是电传操纵系统?其特点是什么?

空调系统

本章关键词

飞行高度(flight altitude)　　　　　飞行环境(flight environment)
客舱温度(cabin temperature)　　　发动机引气(the engine bleed air)
座舱压力(cabin pressure)　　　　　座舱高度变化率(cabin altitude change rate)

互联网资料

http://www.docin.com/p-22440432.html
http://baike.baidu.com/view/6318521.htm?fr=aladdin
http://www.docin.com/p-648659094.html
http://d.g.wanfangdata.com.cn/Periodical_kjcb201021108.aspx
http://www.cnki.com.cn/Article/CJFDTOTAL-HZXB200702011.htm

　　早在1909年8月,法国飞行员路易·布莱里奥成功飞越英吉利海峡,由于当时飞机的飞行高度和承载效率不高,因此早期的飞行员只能裹着厚厚的保暖服飞行。直到1936年在飞机上装载了空调系统,飞行员才从极端的飞行环境中解脱出来。随着现代民用航空飞机的承载能力越来越高,飞机上的人员和设备越来越多,因此其对飞机空调系统的降温能力和降温效果要求越来越高。

　　飞机上的空调系统与地面空调系统的差异较大,由于飞机在飞行中外部环境的特殊性,其采用卡诺循环进行制冷或制热的效率较差。在此情况下,飞机上一般采用冷热空气的混合进行有效的空气温度控制,通过控制热空气的实际流量间接控制空调管道出口的实际温度,从而最终对飞机机舱和客舱的温度进行有效控制。同时,由于飞机在飞行过程中外部环境的压力无法满足人体对于氧气的需求,空调空气在客舱温度进行控制的同时还能有效地对客舱以及货舱等密闭空间进行压力调节,保证客舱环境的正常。既减小了飞机空调系统的体积,也降低了飞机空调控制的难度。

　　在飞机空调系统中,热空气来自于发动机的引气,通过发动机引气系统可以将低压的热空气引入空调冷却系统中,通过对部分引气的有效降温,得到空调系统所需要的空气流。通过控制热空气的流量,得到可控温度的空调出口空气,最终实现对于飞机客舱和货舱温度的控制。

11.1 空调系统概述

随航空技术的发展和民用飞机的现代化、大型化,飞机座舱空调系统的作用和地位日趋重要,其设备日益完善,性能更为先进。一套性能良好、工作状态稳定的民用航空空调系统不仅关系到飞行人员的工作条件和飞行安全,舒适的座舱环境还可以进一步提高飞机的客座率,提高航空公司的营运能力。

飞机座舱空调系统的基本任务是在各种不同的飞行状态和外界条件下,使航空器的各个座舱(例如驾驶舱、旅客舱、设备舱以及货舱)控制在一定的环境参数之内,保证飞行员和乘客的正常飞行以及生存环境、航空设备的正常工作及货物的安全。航空器座舱的环境参数主要包括有座舱空气的温度、压力和压力变化率,进一步还包括空气的流速、湿度、清洁度和噪声等。由于航空器的外部高空环境恶劣,为保证座舱内部环境良好,航空器必须保证环境参数保持在规定范围之内,因而必须对客舱环境参数进行相应的控制,防止客舱环境参数出现超限的现象。

11.1.1 大气物理特性及高空环境对人体生理的影响

大气物理特性主要是指大气的压力、温度以及湿度随高度的变化规律。现代商业飞机的巡航高度一般在 9 144 m(30 000 ft)至 18 288 m(60 000 ft)之间,此时的大气参数与地面相差极大,大气参数的变化对飞行员和乘客的人体生理和机上设备的正常工作都有很大影响,是进行座舱环境控制的基本依据。

影响大气物理特性的实际变化因素有很多,例如经度、纬度、大气环境温度等。考虑到现代民用航空器的飞行特性以及各类参数对于大气物理特性的影响权重,本书重点讨论高度对于大气物理特性的实际影响。

1. 大气压力与高度的关系

空气在单位面积上所形成的压力(作用力)称为大气压力。由于地球引力的作用,空气的分布很不均匀,越接近地球表面空气密度越大,所以大气压力也越大;随着高度增加,大气压力下降。图 11.1-1 为大气压力随高度增加近似于按指数规律下降的基本规律。

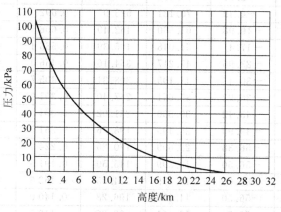

图 11.1-1　标准大气压力与高度的关系

2. 大气温度与高度的关系

由于太阳辐射使地表面温度升高,地表受热后,通过传导和红外辐射向邻近空气提供热量,其中的红外辐射大部分被大气底层的二氧化碳和水蒸气吸收。接近地表的空气被加热后,使其体积膨胀、密度下降而向上升,导致空气发生强烈的水平和垂直运动,这是构成对流层的主要特征。

对流层底层气团受热上升时,由高压向低压膨胀降温,所以从地面开始,大气温度随高度的升高逐渐降低。高度每增加 1 000 m,气温平均下降 6.5℃,即气温随高度的平均递减率(温度梯度)为 $-6.5℃/km$。到达平流层后,大气温度保持在 $-56.5℃$,基本不随高度变化,故平流层又称同温层。民航客机一般在对流层至平流层底部飞行。

3. 国际标准大气

由于航空器的飞行性能比较依赖飞行环境,因此在校准航空仪表和比较飞行性能的时,需要一种统一的大气物理参数作为标准。国际航空界根据对北纬 40°～50°区域的地球大气多年观测的结果,加以模型化,给出一种假想的大气模型。这种理想化的大气数据就是标准大气,一般由国际性组织颁布的称为国际标准大气,国家颁布的称为国家标准大气。

我国于 1980 年由国家标准总局发布了《中华人民共和国国家标准大气(30km 以下部分)》(GB 1920—1980)。该模型规定大气高度的起点 $H=0\text{m}$ 处为海平面,其对应的标准大气参数为:

空气温度 $t_0 = 15℃(288.15\text{K})$ 空气压强 $p_0 = 101\,325\text{N/m}^2$

空气密度 $\rho_0 = 1.225\,0\text{kg/m}^3$ 音速 $a_0 = 340.294\text{m/s}$

描述这种标准大气模型的表格,称为标准大气表,表 11.1-1 为国家标准大气简表。

表 11.1-1 国家标准大气简表

高度	温	度	压	力		密	度
H/m	T/K	$t/℃$	P/kPa	P/mmHg	p/p_0	$\rho/(\text{kg}\cdot\text{m}^{-3})$	ρ/ρ_0
$-1\,000$	294.65	21.50	113.93	854.55	1.124 4	1.347 0	1.099 6
-500	291.40	18.25	107.47	806.15	1.060 7	1.284 9	1.048 9
0	288.15	15.00	101.325	760.00	1.000 0	1.225 0	1.000 0
1 000	281.65	8.50	89.876	674.12	0.887 0	1.111 7	0.907 5
2 000	275.15	2.00	79.501	596.30	0.784 6	1.006 6	0.821 7
3 000	268.66	-4.49	70.121	525.95	0.692 0	0.909 3	0.742 3
4 000	262.17	-10.98	61.660	462.49	0.608 5	0.819 4	0.668 9
5 000	255.28	-17.47	54.048	405.39	0.533 4	0.736 4	0.601 2
6 000	249.19	-23.96	47.217	354.16	0.466 0	0.660 1	0.538 9
7 000	242.70	-30.45	41.105	308.31	0.405 7	0.590 0	0.481 7
8 000	236.22	-36.93	35.651	267.40	0.351 9	0.525 8	0.429 2
9 000	229.73	-43.42	30.800	231.02	0.304 0	0.467 1	0.381 3
10 000	223.25	-49.90	26.499	198.76	0.261 5	0.413 5	0.337 6
11 000	216.77	-56.38	22.699	170.26	0.224 0	0.364 8	0.297 8
12 000	216.65	-56.50	19.399	145.50	0.191 5	0.311 9	0.254 6
13 000	216.65	-56.50	16.579	124.35	0.163 6	0.266 6	0.217 6
14 000	216.65	-56.50	14.170	106.28	0.140 0	0.227 9	0.186 0
15 000	216.65	-56.50	12.111	90.85	0.119 5	0.194 8	0.159 0

11.1.2 高空环境对人体的影响

1. 大气压力对人体生理的影响

大气压力随高度增加而降低,给飞行带来的主要困难是缺氧和低压。此外,压力变化率太大也会给人的生理造成严重危害。现代商业飞机的巡航高度一般在 9 144m(30 000ft)至 18 288m(60 000ft)之间,由于压力随高度下降,氧浓度也呈指数递减规律,高空压力的降低主要导致的是人体缺氧。人体吸入的氧气量与空气中氧气分压的大小有关。随着飞行高度的增加,大气压力下降,在大气中氧分压和肺泡空气中的氧分压也会相应降低,血液中的氧气饱和度就减少,机体组织细胞得不到正常的氧气供应,这样在一定条件下会导致人体缺氧。这种由于吸入空气中氧分压降低而引起的缺氧称为高空缺氧。

人体在不同高度对缺氧现象的生理反应比较复杂,取决于许多因素,包括人体差异及锻炼程度等。从大多数情况考虑,一般采取表 11.1-2 所示的数据对缺氧反应进行区分。

表 11.1-2 缺氧高度的划分

高度范围/km	0~3	3~5	5~7	>7
影响程度	无症状区	代偿区	障碍区	危险区

由表 11.1-2 可知,一般高度在 3km 以下,动脉血氧饱和度维持在 90% 以下,属于不显性缺氧范围;高度 3~5km 是代偿区,这一高度人体对氧分压的变化是通过加强呼吸和血液循环来补偿氧气不足的;5~7km 以上是障碍高度,有少数人会发生代偿障碍,6km 以上高度属于严重缺氧高度,血氧饱和度只能维持在 77% 以下,将发生生理代偿功能的严重障碍;危险高度从 7km 开始,人体的代偿性活动已不能满足大脑皮层对氧的最低需要量,这时动脉血氧饱和度降到 60% 左右,人大脑会迅速出现意识丧失,产生突然虚脱的现象。

随着飞行高度的升高,大气低压本身对人体也有危害。随着大气压力的降低,人体会出现高空减压症。高空减压症发生的高度,对个别人可能在 5.5km,多数病例是在 8km 左右。高空减压症分为高空胃肠气胀、高空栓塞和皮肤组织气肿。高空胃肠气胀的症状是:随着压力的降低,人体肠胃内的气体膨胀,导致肠胃腹部疼痛,呼吸困难。如果在该高度停留 10~20min,随着压力的降低,原先溶解在血液内的氮气游离出来形成气泡,在血管内造成栓塞,阻碍血液流通并压迫神经,导致关节痛、头痛、咳嗽和呼吸困难等高空栓塞症状。如果高度进一步增加到 19.2km 时,大气压力为 47mmHg,水的沸点为 37℃,这正等于人的体温。按理论而言,如果人体突然暴露在该条件下,体内液体将会沸腾汽化,产生大量的气体而引起皮肤组织气肿,会使人体的血液循环停止而导致死亡。

高空低压对人体产生另一影响是压力变换率。正常情况下,人体内外压力相等而处于平衡状态。当外界压力快速降低时,内外压力来不及平衡,在瞬间产生很大的压力差,严重时可能造成肺部破裂出血等损伤。当飞机迅速上升或下降时,若对应的压力变化减小或增大速率超出一定范围时,常引起的病症是航空性中耳炎和牙痛,其中中耳炎发病率最高。当外界压力变化速率过大,尤其是飞机下降使压力增加过快时,会出现剧烈的耳痛、耳鸣、晕眩和恶心,严重时可导致耳鼓膜破裂。

压力变化率过大最为严重的情况是爆炸减压。爆炸减压是指航空器的增压座舱在高空突然失去气密的一种事故。爆炸减压后,座舱敞开,高空缺氧、低压和低温同时袭来,严重危及人员和飞机的安全。爆炸减压危害的程度与座舱内外压差和飞机破损面积有关,当座舱内外压差越大、气密舱破口越大时,减压速度越大,造成的危害也就越严重。对于民航客机而言,发生爆炸减压事故后,必须迅速将飞机下降到安全高度,同时尽快使用氧气设备,减小压力变化率所带来的人体伤害。

2. 大气温度对人体生理的影响

人的体温取决于发热和散热的平衡。人体自身具有温度调节功能,但人体自身的温度调节有一定的局限性,如果外界温度过高或过低,超过了人体自身的调节范围,人就会出现一系列的不适反应。

若环境温度升高超过人体所能调节的能力,人体会处于难以忍受的状态;当超过生理极限值时,体温调节机制将失去作用,如不采取措施,体温会迅速上升,直至死亡。相反,当人体处于低温环境里,若散热量超过发热量,人体就会感到不舒适,工作效率降低,严重时会发生冻伤。人们通常认为温度不低于-15℃、不高于26℃是适宜的环境温度。

3. 大气湿度对人体生理的影响

人体对湿度的感觉取决于相对湿度。高湿度对人体生理的影响,在高温时主要表现为妨碍汗液的蒸发,引起"闷热感";低温时使身体与周围空气的传热量加大,产生"湿冷感"。低湿度对人体生理的影响不十分明显,航空医学的研究试验已经证明,低湿度对人的工作效能的任何影响不是立即就能显示出来的,有关症状的发生随时间的增加而增加。

4. 其他环境参数对人体生理的影响

1) 臭氧对人体的影响

臭氧是强氧化剂,具有强烈的臭味,化学性质活泼,对航空器上的橡胶件具有较强的腐蚀作用。目前防护臭氧的措施除通过座舱增压系统压气机的加温作用将其破坏外,还可以在空调的热交换器中使用涂镍肋片使其分解。

2) 噪声对人体的影响

实验指出,频率4kHz以上的声音对人体具有强烈的刺激。航空器的噪声源主要为发动机噪声和空气动力噪声。舱内噪声太高容易使人产生疲劳和烦躁不安的感觉。一般座舱噪声量规定应在 80~100dB 以下。

3) 空气清洁度对人体的影响

座舱空气是否清洁新鲜,主要取决于座舱空气的来源以及座舱的通风换气量,这些在现代民用飞机上都能够较好地得到满足。

11.1.3 空调系统的功能

由于高空存在缺氧、低压和低温等不利情况,为保证在高空的人员的安全和舒适,必须采取一定的技术措施,保证飞机座舱的环境参数处于一个适宜的范围内。

气密座舱是高空飞行时安全而有效的措施,可以同时解决增压、通风和温度调节等几个方面的问题,较好地满足机上乘员的需要,是当代民用飞机普遍采用的一种方式。将飞机座舱密封,然后给它供气增压,使舱内压力大于外界大气压力,并对座舱空气参数进行调节,创造舒适的座舱环境,以满足人体生理和工作的需要,特别是当座舱高度保持在 2.4km 或 2km 以下时,不需要用供氧设备。现代民用航空器的空调系统,通过对增压空气参数的控制,可以实现如下功能:

1. 保持座舱温度

根据航空医学要求,最舒适的座舱温度为 20～22℃,正常保持在 15～26℃ 的舒适区范围内。另外,座舱内温度场应均匀,各方向上座舱温度差值一般不得超过 ±3℃。座舱地板和内壁温度基本上应保持与舱内温度一致,内壁的温度应高于露点,使其不致蒙上水汽。

2. 保持座舱高度

座舱压力一般用座舱高度来表示。座舱高度是指座舱内空气的绝对压力值所对应的标准气压高度。一般要求飞机在最大设计巡航高度上,必须能保持大约 2 400m(8 000ft)的座舱高度。这样,飞行时在气密舱内不必使用供氧设备。现在一些大中型飞机上,当座舱高度达到 10 000ft(相当于 3 050m)时,通常设有座舱高度警告信号,向机组成员发出警告,它表示座舱压力不能再低,此时必须采取措施增大座舱压力,防止座舱产生释压情况,对飞行员和旅客产生人身伤害。

3. 控制座舱余压

座舱内部空气的绝对压力与外部大气压力之差就是座舱空气的剩余压力,简称余压。正常情况下,余压值为正,但在某些特殊情况下,可能会出现负余压。飞机所能承受的最大余压值取决于其座舱结构强度,飞行中飞机所承受的余压值与飞行高度有关。随着客机使用升限的提高和对舒适性要求的提高,客机的余压值有增大的趋势。

4. 控制座舱高度变化率

单位时间内座舱高度的变化速率称为飞机的座舱高度变化率,它是座舱压力的变化速度。飞机在爬升或下降过程中,由于飞行高度的变化,会导致座舱高度产生变化。飞机升降速度较大,即外界压力变化速率较大时,舱内压力变化的幅度应当较小,并具有比较缓和的变化率。现代大中型民航客机通常限制座舱高度爬升率不超过 500ft/min,座舱高度下降率不超过 350ft/min。

图 11.1-2 所示为现代民航飞机空调系统基本组成原理图。该系统分为气源系统、温控系统、压力控制系统和座舱空气分配系统四大部分。

空调系统的供气来自于发动机(或辅助动力装置),气源经过引气系统从流量控制活门(组件活门)进入空调系统后,由两套(或三套)完全相同的制冷组件进行冷却,对空气进行基本的温度和湿度调节,然后通过混合适量的冷空气与热空气,输送至相应的座舱部分,保证各个座舱能够达到适宜的温度。另外,空调系统还提供仪表板、电瓶和设备架所需要的冷却空气。最后,调节好的空气分配到座舱内的各个区域。最终实现座舱系统的高度变化控制;同时系统具有 10 000ft 舱高度警告、正释压活门、负释压活门等安全措施。

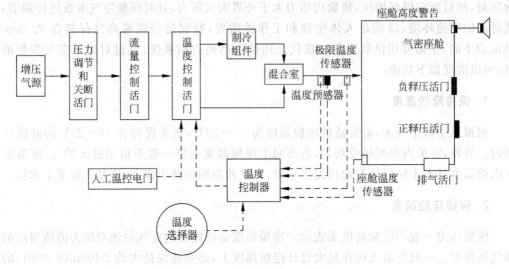

图 11.1-2　空调系统组成原理图

11.2　气源系统

气源系统是整个空调系统的基础,其主要作用是为空调系统提供需要的引气用以调节座舱温度以及航空器增压。气源系统一般由增压供气源和供气参数控制两部分组成。增压供气源向座舱提供清洁度符合要求的空气,而供气参数控制则对所供的空气的压力、温度和流量等参数进行调节。

11.2.1　气源系统概述

现代民用航空器增压空气的主要来源是发动机压气机引气,它是飞机正常飞行时的主要气源;在地面和空中一定条件下可使用辅助动力装置引气;在地面还可以使用地面气源作为航空器的供气气源,实现航空器的地面座舱温度调节。

在飞机正常飞行过程中,增压空气除了作为空调系统的气源外,还用于机翼前缘及发动机进气道前缘的热气防冰、发动机起动时的驱动气源、饮用水、燃油及液压油箱等系统的增压以及飞机的气动液压泵(ADP)、前缘襟翼气动马达和大型飞机的货舱加热。

图 11.2-1 所示为现代大多数民用航空器气源系统布局的典型代表。这种引气方案的气源系统一般包括从发动机压气机引气出口至进入空调冷却组件活门前的管路和供气控制附件。此外,还有辅助动力装置(APU)引气和地面气源的接头及相关附件。

一旦一台或两台发动机引气失效时,在一定高度限定条件下可由 APU 接替供气,有的飞机在起飞阶段也使用 APU 引气进行空调,以减轻发动机的负担。由于飞机空调系统是航空器安全飞行的重要保证,为了提高空调增压系统的可靠性,空调气源系统设计成两套独立的子系统,两套系统之间由隔离活门(交输活门)隔断,并可在需要时连通。当隔离活门关闭时,左右发动机引气分别为左右空调系统提供气源;当隔离活门打开时,左右发动机的引气可以为任一侧空调系统提供引气。同时,当一台发动机起动后,可将隔离活门打开,利用已经起动的发动机的气源起动另一台发动机。

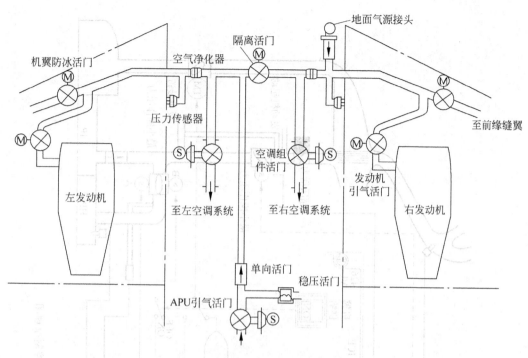

图 11.2-1 现代民航客机气源系统典型布局

辅助动力装置的引气通过 APU 引气关断活门和单向活门引入气源总管，作为备用气源为空调系统供气。地面气源的引气接头，有的飞机只在隔离活门的一侧设置，有的则在隔离活门的两侧都设置，即在飞机一侧或两侧向飞机供增压空气。在 APU 引气出口和地面气源接头附近都装有单向活门，防止空气倒流。

发动机压气机引气和 APU 引气出口处都是经过各自的引气活门控制的。供气系统中的空气净化器对进入空调组件前的空气起净化作用，可以防止地面上的或低空时的沙尘及杂物等进入空调系统。此外，在供气管道上，还有一些压力调节、温度调节装置以及产生控制信号与指示信号的压力传感器和温度传感器，用来实现对于空调系统所需要的引气进行调节。

11.2.2 气源系统调节与控制

由于发动机压气机的出口参数随飞行高度、飞行速度和发动机工况等不同有较大的变化，为了减少气源系统供气参数的波动，在发动机压气机的引气管路上设置了相应的控制和调节装置，以保证在飞机飞行的各阶段和地面工作时，气源系统的供气压力、温度及流量控制在规定范围内。整个气源系统的控制原理如图 11.2-2 所示。

气源控制系统的主要作用是控制引气温度和压力，从而保证下游管路以及活门能够正常工作，防止超压。该系统的主要组成部件包括：引气压力限制关断活门，预冷器以及温度探测器等部件。另外，系统中还设置一个类似于过滤器性质的空气清洁器，该空气清洁器设置在流量调节元件的上游，用来控制引气的清洁度。

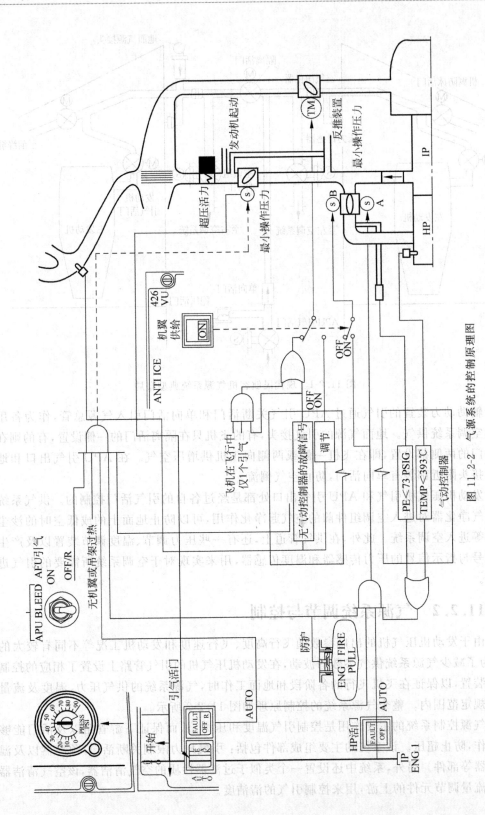

图 11.2-2 气源系统的控制原理图

1. 引气压力和温度限制

如图 11.2-2 所示,引气系统的压力调节由压力调节和关断活门实施,压力调节和关断活门是由压力调节器控制的电控气动式活门。

下面以 B737/800 的压力调节与关断活门为例,说明压力调节和关断活门实施引气压力调节的原理。该活门的工作原理如图 11.2-3 所示,主要由蝶形关断活门、气动作动器、引气调节器等部分组成。压力调节和关断活门的核心部件是蝶形活门,该活门由气动式作动器驱动,作动筒由筒体、活塞、返回弹簧和传动杆等部件组成。通过活塞上腔(A 腔)压力、下腔(B 腔)压力与弹簧作用力相比较,控制活塞的移动,当活塞下移时通过传动杆可将活门打开,反之,使活门关闭。

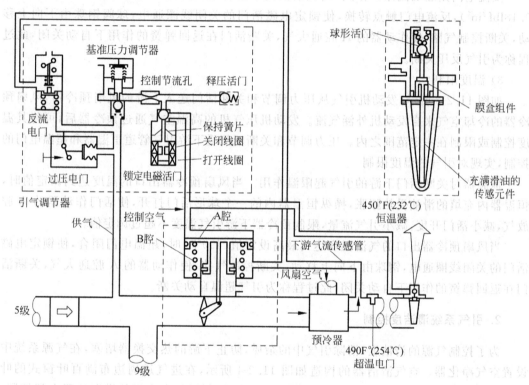

图 11.2-3 典型压力调节和关断活门原理

引气调节器内有基准压力调节器、锁定电磁活门(包括球阀钢珠、打开线圈、关闭线圈和保持簧片)以及反流电门、过压电门、释压活门。

1) 引气压力调节

引气调节器通过控制活门作动器控制腔(A 腔)内的压力来控制活门的开度。

当引气电门处于"OFF"位时,锁定电磁活门的关闭线圈通电,球阀钢珠上移,由保持簧片保持在上位,控制器 A 腔接外界空气,蝶形关断活门在返回弹簧的作用下处于关闭状态。

当引气电门处于"ON"位时,锁定电磁活门的打开线圈通电,球阀钢珠下移,由保持簧片保持在下位,将关断活门上游的增压空气经基准压力调节器、锁定电磁活门引入活门作动器的 A 腔。基准压力调节器将上游来的增压空气调压($24 lbf/in^2$)后,作用在作动器活塞的上部,克服弹簧力而使活塞向下移动,将活门打开,增压空气经活门流向下游。

随着气流的流动,活门下游压力增大,作动器活塞下腔(B腔)的压力随之增大,活塞在上、下腔压力与弹簧力作用下平衡于某一位置,使调节活门处于某一开度,将活门下游压力保持在一定值($45lbf/in^2$)。

2) 关断保护

关断保护的主要作用是当系统出现超限情况时,活门自动关断,防止下游管道及设备进一步损坏,其中过压电门起超压保护作用,当关断活门上游压力超过极限值($180lbf/in^2$)时,过压电门触点换位,使锁定电磁活门的关闭线圈通电,球阀钢珠由下向上移动,关断控制气路,使作动器的A腔通大气,关断活门在返回弹簧的作用下自动关闭,此过程称为引气超压自动关断。

反流电门则起反流保护作用,当关断活门下游管道压力比上游管道压力高时(一般为$0.18lbf/in^2$),反流电门触点转换,使锁定电磁活门的关闭线圈通电,球阀钢珠由下向上移动,关断控制气路,使作动器的A腔通大气,关断活门在返回弹簧的作用下自动关闭,此过程称为引气反压关断。

3) 温度限制

如图11.2-3所示,发动机引气从压力调节和关断活门送入下游的风扇预冷器,风扇预冷器的冷却空气来自发动机外涵气流。发动机压气机的高温空气通过预冷器后,可将其温度控制或限制在一定范围之内。压力调节和关断活门受下游引气管道恒温器和超温电门的控制,实现对引气的温度限制。

恒温器对关断活门下游的引气起限温作用。当风扇预冷器出口的温度达到调定值时,恒温器内充填的滑油受热膨胀,操纵恒温器内的一个球形活门打开,使活门作动器的A腔放气,减小活门开度,减小引气流量,限制预冷器下游引气温度不超过调定值。

当风扇预冷器出口的气流温度达到最高设定值(490°F)时,超温电门闭合,使锁定电磁活门的关闭线圈通电,钢珠由下向上移动,关断控制气路,使作动器的A腔通大气,关断活门在返回弹簧的作用下自动关闭,此过程称为引气超温自动关断。

2. 引气系统清洁度控制

为了控制气源的清洁度,清除引气中的杂质,防止下游的热交换器堵塞,在气源系统中设置空气净化器。空气清洁器的构造如图11.2-4所示,在进气道周边布满百叶窗式的叶片。空气净化器由脏空气管路上的控制活门控制。控制活门由飞机的襟翼位置电门控制,

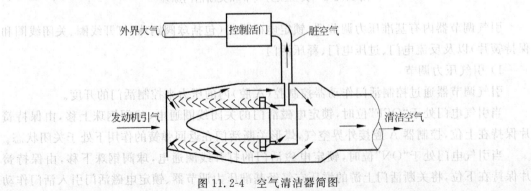

图11.2-4 空气清洁器简图

当襟翼放下一定角度(即飞机在低空)时,控制活门打开,空气清洁器清除引气中的灰尘;当襟翼收上(飞机在高空)时,控制活门关闭,空气净化器不起净化作用。

当控制活门打开时,空气清洁器将引气中的灰尘杂质清除。空气清洁器的工作原理是基于空气流过净化器时,气流中的空气分子在百叶窗处改变流动方向,而空气中的较重的粒子(灰尘杂质)由于惯性作用不能随着改变运动方向而流向灰尘收集腔,并通过控制活门排出;而清洁空气则可沿收集腔的外围穿过百叶窗进入下游管道,送往空调系统。

11.2.3 引气系统流量调节

当发动机引气或 APU 引气经过调温调压后,首先被引入引气流量控制系统。现代客机空调系统的组件活门可以控制流入空调系统的引气流量。组件活门利用文氏管作为一种气体流量的测量元件。

当空气流过如图 11.2-5 所示的文氏管时,由于气流的收缩,喉部流速增大,压力会下降,因此文氏管进口静压(p_1)会高于喉部静压(p_2),若在出口处设置总压管,可得流过文氏管气流的总压(p^*)。

1) 进口/喉部压差法

根据研究和计算,流经文氏管的空气流量与进口静压和喉部静压之间存在如下关系:当进口静压与喉部静压相等(即 $p_1/p_2=1$)时,流过文氏管的最大流量空气流量为零;当进口静压大于喉部静压(即 $p_2/p_1<1$)时,流过文氏管的流量大于零,并且流量随着 p_2/p_1 的减小而增大;当 $p_2/p_1=0.528$ 时,空气喉部气体流速达到当地音速,气体流量达到最大,此后气体流量不随 p_2/p_1 的减小而增大。流过文氏管的气体流量与 p_2/p_1 之间的关系如图 11.2-6 中的曲线所示。

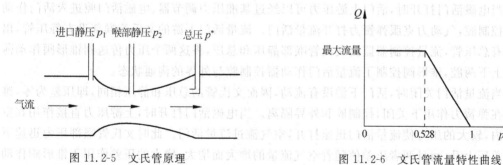

图 11.2-5 文氏管原理　　　　图 11.2-6 文氏管流量特性曲线

从曲线可得出如下结论:当 $p_2/p_1 \geqslant 0.528$,通过测量文氏管的流量主要取决于文氏管入口气流参数及进口、喉部压差;而当入口气流参数不变时,经过文氏管的空气流量主要取决于进口、喉部压差,并且流量随压差的增大而增大,这就是利用文氏管作为测量(敏感)元件的基本工作原理。

采用文氏管作为引气流量控制元件的原理如图 11.2-7 所示。文氏管安装在节流活门的下游,流量调节器以其进口和喉部静压为输入信号,经变换放大后,驱动活门作动机构,调节节流活门的开度,从而控制流经节流活门的流量。

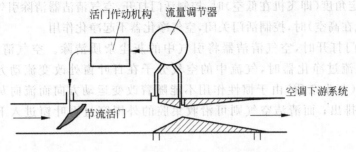

图 11.2-7 引气流量调节原理——节流法

2) 喉部静压与总压比较法

另外,也可以利用文氏管喉部静压和文氏管总压作为控制信号源。根据伯努利方程

$$p^* = p_2 + \frac{1}{2}\rho v^2 \tag{11-1}$$

式中,p^* 为总压;p_2 为喉部静压;ρ 为空气密度;v 为喉部气流速度。

因而得出:

$$p^* - p_2 = \frac{1}{2}\rho v^2 \tag{11-2}$$

因为流量与流速成正比,所以测出总压与喉部静压差 $p^* - p_2$,就可以作为控制信号控制通过文氏管的气体的流量。现在民航飞机空调系统的组件活门多采用此种控制原理。

3) 流量活门构造和工作原理

组件活门用于控制通往空调组件的空气流量,同时还必须在超限时关断空调组件,因此组件活门又被称作流量控制和关断活门。图 11.2-8 所示为典型组件活门原理图,其控制原理基于文氏管喉部静压与总压比较法。

当电磁活门打开时,活门上游压力可以经过基准压力调节器、电磁活门腔进入活门作动器的控制腔,气动力克服弹簧力打开流量活门。流量活门下游的文氏管喉部设有静压管,出口设有总压管,流量控制器监测文氏管喉部静压和总压,将这两个压力传送到锥形阀作动薄膜的上下两腔,锥形阀控制了流量活门作动器控制腔与外界的沟通状态。

当流量活门关闭时,活门下游没有流动,因而文氏管的总压和静压相同,即压差为零,锥形阀在弹簧力作用下关闭,控制腔和外界隔离。当电磁活门打开时,上游压力直接作用在空气腔内,较大的压力使流量活门迅速打开,空气流过流量活门。此时文氏管喉部压力迅速下降。总压上升,而且两者压差值随着空气流量的增大而增大,增大的压差作用于锥形阀作动薄膜的上下两腔。

当空气流量达到预调值时,作动薄膜上下腔压差克服弹簧力,打开锥形阀,使作动器控制腔的压力降低,流量活门开度不再增大,保持流量不变;如果空气流量超过预调值,锥形阀开度加大,作动器控制腔压力降低,流量活门开度减小,使流量减小,直到流量重新达到预定值。通过流量活门开度的调节,使活门出口流量保持在预调值。

当电磁活门关闭时,流量活门作动器控制腔经电磁活门腔通外界大气,活门在作动器弹簧力作用下关闭。流量活门关闭后,切断了通往空调组件的空气,起到组件关断的作用。

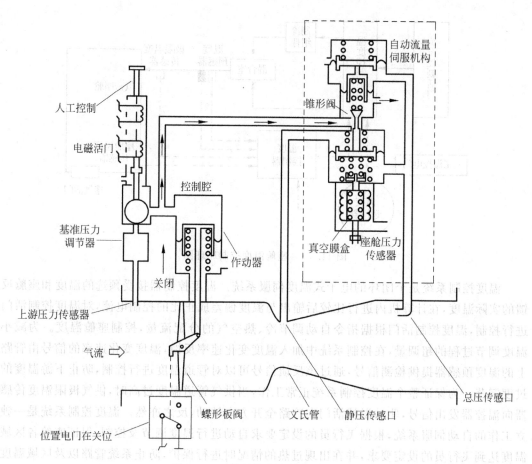

图 11.2-8 流量控制和关断活门原理

11.3 空调温度控制系统

空调系统的温度控制功能主要是实现各个座舱区域的实际温度的控制与监视。在现代民用航空器中,主要采用的温度控制方式是利用发动机引气或者 APU 的引气为航空器内的密闭座舱进行加温与温度控制。但是,由发动机的工作原理可知,从发动机压气机内引出的空气属于高温高压气体,无法直接进行座舱温度控制,同时,由于航空器的座舱结构一般都采用狭长的结构形式,因此在实际温度控制过程中需要对各个区域进行单独控制,防止座舱内出现局部的过冷或过热现象。因此,现代民用航空器在座舱温度控制系统中大多采用空/空热交换方式进行温度控制:在飞行中,通过简单的空/空热交换器,使用环境冲压空气完成空气冷却。当外部环境温度较高或在地面及低空飞行期间,空调系统采用空气循环制冷系统将发动机引气中的部分空气进行冷却,在下游的区域控制管路中将热空气与冷空气进行混合,实现区域温度控制。

座舱温度控制系统的工作原理如图 11.3-1 所示。从气源系统引出的空气经过流量控制活门,通过温度控制活门被分成两路:一路到制冷系统使其降温,称为"冷路",另一路称为"热路"。在混合室混合后,进入气密座舱。

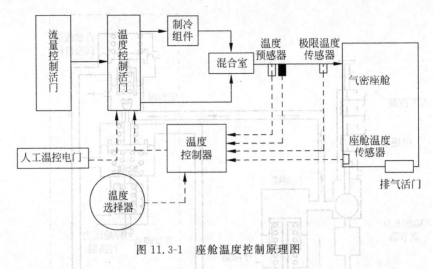

图 11.3-1 座舱温度控制原理图

温度控制系统是个闭环的电子式温度伺服系统。温度控制器接受预选的温度和座舱反馈的实际温度,在计算机内进行比较后输出与温度偏差成正比的控制电流,对温度控制活门进行控制,温度控制活门根据指令自动调节冷、热空气的分配流量,控制座舱温度。为减小温度调节过程的超调量,在控制系统中加入温度变化速率反馈,温度变化速率的信号由管路上的温度预感器提供检测信号,通过该反馈信号可以对管道温度进行控制,防止下游温度的过度震荡。为保证整个温度控制系统正常工作,当供气管道温度过高时,供气极限温度传感器向温控器发出信号,驱动温控活门向冷路全开方向转动,反之亦然。温度控制系统是一独立工作的自动伺服系统,根据飞行员的设定要求自动进行温度调节及控制,保证座舱各区域温度达到飞行员的设定要求,并在出现过热的情况时进行保护,防止系统管路以及区域温度出现过冷和过热的情况。

A300 飞机的整个温度控制原理如图 11.3-2 所示。提供给空调系统的引气是热的压缩空气,压缩空气通过流量控制活门进入到空调系统。此时该压缩空气被分成两个部分,一部分压缩空气经过两个空调冷却组件后,对引气进行一定的降温冷却。组件有调温和控制引气流量的作用,经调节后的冷却空气被输送到冷空气总管;另一部分热引气未经过空调组件,直接通过热空气供气活门进入热空气总管。

整个温度控制系统主要的用户输入端在驾驶舱,飞行员通过区域温度选择面板实现各个座舱内的温度选择。温度选择面板将各个区域的要求温度以电流的形式传输至区域温度控制器,区域温度控制器将其与空气调节活门下游的管道温度以及区域温度传感器反馈的温度进行比较,计算出空调冷却组件所需提供的冷却空气实际需求量。区域温度控制器将计算的实际需求量以电流的形式传递至 PACK 温度控制器组件,控制 PACK 温度控制组件实现"冷路"流量的增大或者减小,同时区域温度控制器自动调节空气调节活门开度大小,实现管道温度和座舱温度的调节。

一般航空器温度控制系统可分解为组件温度控制系统、配平空气控制和过热监视、驾驶舱和客舱温度控制和货舱温度控制器四个工作子系统。

1) 组件温度控制系统

组件温度控制系统调节的温度是温度控制组件(PACK 组件)的出口温度,并建立自身

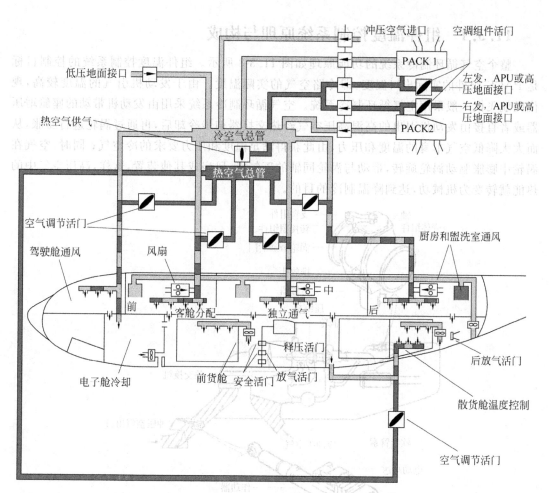

图 11.3-2 航空器温度控制系统温度控制原理图

子系统的最低和最高温度限制。一般航空器中包含两个温度控制组件系统,两者在结构上是相同的且系统上彼此独立。保证一个系统的故障不会影响到另一个系统的正常工作。

2) 配平空气控制和过热监视

该系统主要功能是控制和监视各个区域温度控制器所控制的区域空气分配管路内的供气压力和温度。该系统主要作用是保证在驾驶舱内可以有效地监控区域温度控制系统的工作温度,保证当系统存在异常输出时可有效控制或者切断系统的工作。

3) 驾驶舱和客舱温度控制

驾驶舱和客舱区域拥有各自独立的温度控制系统。区域温度控制器通过空气调节活门和区域温度控制器实现各个座舱区域温度的有效控制。当配平空气活门自动功能故障时,可以采用人工控制模式进行控制,保证各个区域的温度控制在人体适应的范围内。

4) 货舱温度控制器

货舱温度控制系统的操作与客舱相类似,从温度选择面板输入货仓的需求温度,货舱空气温度传感器和供气管传感器自动调节配平空气活门,实现货仓的温度控制。与客舱温度控制不同的是标准货舱系统只提供在加热模式下的温度控制。

11.3.1 组件温度控制系统原理与构成

整个空气循环制冷系统的功能原理如图 11.3-3 所示。组件温度控制系统的控制目标是 PACK 组件的实际出口温度,即冷路空气的实际温度。由于发动机引气的温度较高,现代民航飞机一般采用空气循环制冷系统。空气循环制冷系统采用由发动机带动的座舱增压器或者直接由发动机引出的高温高压空气经热交换器初步冷却后,再通过涡轮进行膨胀,从而大大降低空气本身的温度和压力,由此获得满足温度和压力要求的冷空气;同时,空气在涡轮中膨胀驱动涡轮旋转,带动与涡轮同轴的压气机、风扇或其他装置,这样,高压空气中的热能就转变为机械功,达到降温制冷的目的。

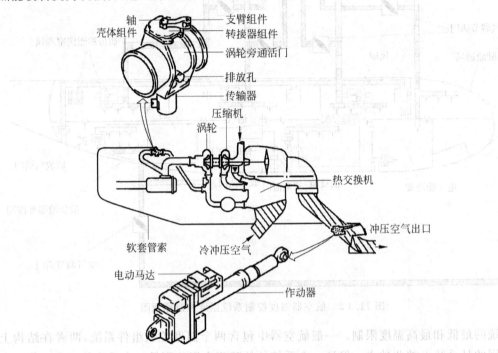

图 11.3-3 空气循环制冷系统的功能原理与构成图

空气循环制冷系统的主要优点是:设备的质量轻、成本低、调节和控制方便、可靠性较高、检查和维护工作量小、附件在飞机上的安装没有特殊要求,特别是其制冷介质(空气)也可以输入座舱作为增压之用,使座舱通风、增压和冷却可由同一系统完成。但是由于其制冷介质是外界冲压空气,如无其他附加措施时,其使用高度和速度受一定限制。

涡轮冷却器是飞机空调组件冷却系统的核心部件,其原理如图 11.3-4 所示。气流经过与机壳固定在一起的喷嘴环时,一部分压力能转换为气体的动能,即喷嘴环内的气体压力降低,速度增加。由喷嘴环出来的高速气流沿径向流向涡轮,冲击涡轮叶片,使涡轮高速旋转,将气体压力能转换为机械能,同时气体剧烈膨胀,温度可降到接近 0℃,甚至低于 0℃。在轴的另一端固定着风扇(或压气机)作为负载,当涡轮转动时,风扇消耗涡轮功率,防止涡轮空载超速。负载的大小在一定程度上决定了涡轮的制冷功率和效率。

按负载的不同,涡轮冷却器分为三类:涡轮风扇式、涡轮压气机式和涡轮压气风扇式(三轮式)。涡轮风扇式涡轮冷却器以风扇作为吸收涡轮功率的负载;涡轮压气机式涡轮冷

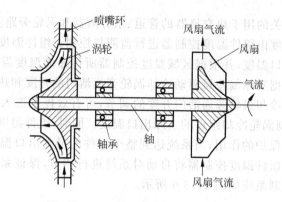

图 11.3-4　涡轮冷却器的工作原理图

却器以压气机作为吸收涡轮功率的负载,应用于升压式空气循环冷却系统,这种涡轮冷却器也称为升压式涡轮;在三轮式空气循环冷却系统中,采用风扇和压气机作为涡轮的负载。

图 11.3-5 所示为三轮式涡轮冷却器。它包括一个单轴的转动组合件,上面安装有压气机、涡轮和风扇,由空气轴承支撑这个旋转组件。涡轮在转动轴的一端,风扇在轴的另一端,压气机位于涡轮和风扇之间。

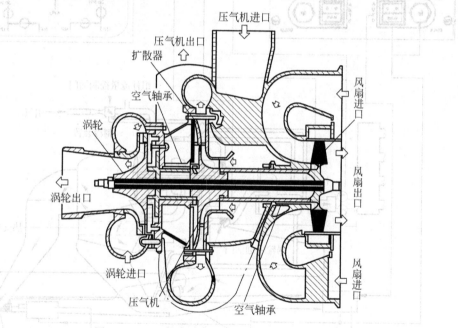

图 11.3-5　三轮式涡轮冷却器的工作原理图

气流流过主热交换器进入离心式压气机,压气机压缩气体提高了气体的压力和温度,随后气体经次级热交换器进入涡轮,在涡轮内气体膨胀,产生动力驱动压气机和风扇转动,由于气体消耗内能对涡轮做功,使气体温度进一步降低。在空中,风扇协助冲压空气流动;在地面没有冲压空气的情况下,由风扇提供所有的冷却气流。现代民用航空器主要采用三轮式涡轮机冷却器,该类型的冷却器可以有效地提高地面的冷却效率。

在 A300 系列航空器的组件温度控制子系统中,为保证下游混合管路中的温度达到驾驶舱的调定温度,关键是控制冷却组件的出口温度。整个组件温度控制子系统一般由一个涡轮冷却组件以及相关的用于热交换器的管道、水分离器和涡轮旁路活门组成。

每个组件出口温度由组件温度控制器进行监测与控制。组件温度控制器通过出口温度传感器检测组件的出口温度,并根据区域温度控制器所传递的温度需求计算需要的出口温度,将两者比较后,根据实际偏差量驱动冷却涡轮旁通活门的开度和热交换器冷却空气出口作动筒的开度。通过冷却涡轮旁通活门开度的调节,可有效控制进入涡轮冷却组件的冷却空气,从而进一步控制涡轮冷却组件的实际出口温度。同时,组件温度控制器对整个冷组件的出口温度有超温保护的作用,当系统达到整个组件的最大出口温度(63℃)或最小的出口温度(7℃)极限时,组件温度控制器将自动对系统进行调节,保证系统下游管路的正常工作。整个组件温度控制系统如图 11.3-6 所示。

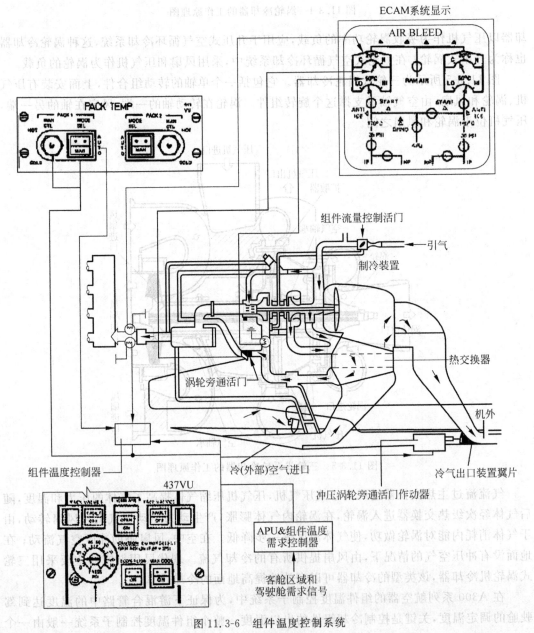

图 11.3-6　组件温度控制系统

组件温度控制器是组件温度控制系统的核心控制部件,该部件的主要作用是接收驾驶舱的温度需求信号,并将各个区域温度的需求信息进行统一的处理。根据各个区域所需要的最低温度控制冷却组件的实际出口温度。其主要的控制方式为:

(1) 在正常情况下,1号制冷组件根据驾驶舱的需求温度进行控制,2号制冷组件根据客舱区域的最低温度需求进行控制。

(2) 当客舱区域所需要的最低温度需求小于驾驶舱的温度需求时,组件温度控制器认定客舱区域过热,此时组件温度控制器将以客舱的最低温度需求对两个制冷组件同时进行控制,实现客舱温度的降低。

(3) 当一套制冷组件出现故障时(如PACK流量控制活门故障或者冷却涡轮故障),此时组件温度控制器将以四个座舱区域的最低温度需求对正常工作的制冷组件进行控制,保证空调系统的正常工作。

通过上述控制逻辑,组件温度控制器计算出需求的制冷组件出口需求温度。根据实际探测温度与需求温度的差值,驱动空气热交换器的冷却空气出口作动筒开度大小,增大或者减小冷却空气的实际流量,同时驱动涡轮冷却器旁通活门的开度大小,控制进入涡轮冷却器的实际空气流量,实现对温度组件出口温度的控制。

整个组件温度控制系统的核心功能部件是涡轮冷却组件,该组件由压气机、涡轮、风扇以及一系列保护性器件组成。整个冷却组件的功能原理如图11.3-7所示。

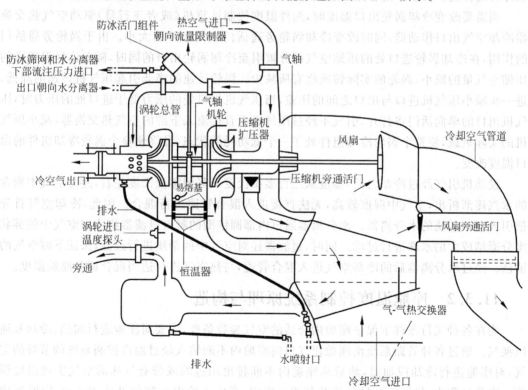

图 11.3-7 冷却组件的功能原理图

从发动机或者APU引入的引气经过流量控制组件后,到涡轮冷却组件的进口,空气首先流过冷却组件的压气机段。压气机执行空气循环冷却的第一级功能。流量控制活门的热空气进入压气机,在压气机段空气的压力和温度是增加的。在压气机的进口处装有压气机旁通活门,当压气机出现卡阻或进口压力上升较高时,旁通活门自动打开,释放压力至压气机出口,防止出现管道损坏。同时,在压气机出口段管路上安装有气压式恒温装置和热熔塞,用于压气机出口段过热保护。如果压气机的出口段出现过热现象,恒温器将减小或者关闭流量控制活门的开度,减小进入压气机进口处的实际热空气流量。当压气机出口温度恢复到正常水平时,恒温器将恢复流量控制活门的正常供气。引气经压气机后进入热交换器,热交换器利用风扇或飞行中的冲压空气与热空气在热交换器的叶栅部分进行热交换,使热空气的温度有效下降。冲压空气完成热交换后经旁通活门排出机外。经压缩后的空气进入空气热交换器进行主热交换,进一步冷却之后进入到冷却组件的涡轮段。冷却涡轮是空气循环冷却的第二级。压缩空气在涡轮段里将热能转化为机械能用于驱动压气机以及冷却风扇旋转,同时压缩空气进一步冷却。通过涡轮的功率转化以及膨胀做功,冷却组件的出口温度冷却至组件温度控制器所需的温度,为客舱温度保持在一稳定范围内做准备。

正常情况下,组件温度控制器可以自动控制涡轮冷却器的实际出口温度。但温度控制器出现故障时,为保证系统继续正常工作,飞行员可以通过空调控制方式的切换按钮进行控制方式的转换,将冷却组件控制方式切换到人工的控制方式,在人工控制方式中,可以通过人工操纵的方式控制空气热交换器的冷却空气出口作动筒的开度大小以及涡轮旁通活门的实际开度位置。保护下游管路以及涡轮冷却器,防止其工作在超温的状态下。

当需要改变冷却涡轮出口温度时,组件温度控制计算机(或者飞行员)驱动空气热交换器冷却空气出口作动筒,同时改变冷却涡轮旁通活门的实际开度大小。由于涡轮旁通活门的作用,在冷却涡轮进口处的压缩空气部分被引至冷却涡轮出口的同时,随着流经涡轮段的压缩空气量的减小,涡轮的实际转速将有所减少。涡轮转速的降低引起压气机转速的降低,进一步减小压气机进口与出口之间的压差,当压气机出口处的压力低于进口处的压力时,压气机出口的单向活门将打开,引气不经过压气机而直接流入下游的空气热交换器,减小压气机的实际负载,使整个涡轮冷却组件处于一个低功耗的状态,最终使整个涡轮冷却组件的出口温度改变。

发动机引气经过冷却之后,温度从二百多摄氏度下降到零摄氏度左右,此时空气中所含的水汽逐渐析出,空气中湿度较高,无法直接进入混合管路进行混合。因此,冷却空气首先被引入空调系统的水分离器。水分离器通过内部圆锥型的凝聚过滤器将冷却空气中的雾状水分凝结成大的水珠进行过滤。同时,过滤器还对空气中的杂质进行过滤,保证下游空气的清洁。经过水分离器后的冷却空气进入混合管道,与热空气进行适当混合调节座舱温度。

11.3.2 座舱温度控制系统原理与构造

为在各种飞行条件下保证座舱内合适的空气参数条件,需要对座舱进行加热、冷却和通风换气。通过各种管路系统由座舱供气口向座舱内不断输入经过温度控制系统调节好的空气,对座舱进行冷却或加温,然后从座舱内不断排出用过的或带有气味的空气实现温度调节。在此过程中,供气流和排气流及其相互作用,形成座舱内空气的循环和流动,同时形成座舱内的速度场和温度场。

客机的空调空气由座舱空气分配系统提供,保持客舱内的均匀温度场和速度场。客舱空气分配系统要求噪音小,客舱内没有"穿堂风"的感觉。客舱内空气分配的任务是要解决客舱内温度的均匀性、通风空气的合适气流分布和客舱内空气的合适循环,使客舱内各部位都保持具有新鲜空气的感觉。

图 11.3-8 为典型的飞机座舱空气分配系统。客舱的空气分配系统由主分配总管,侧壁立管和舱顶分配管道、舱顶集气/喷嘴组件、侧壁扩压出气口以及地板格栅构成。

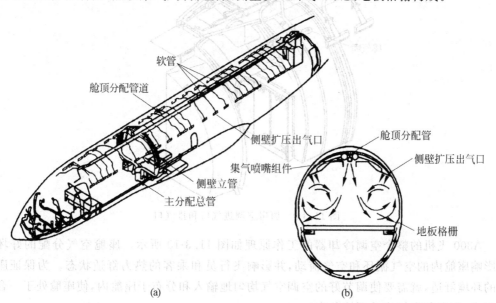

图 11.3-8 座舱空气分配系统

客舱分配系统的空气来自空调系统冷热空气的混合总管,而后通过客舱空气分配管由供气口输入客舱内。为了使整个客舱沿长度方向温度均匀,空气分配系统沿客舱长度方向均匀地设置供气喷口,使输入空气均匀分布于整个客舱。

客舱通风系统的供气口通常置于客舱天花板上和侧壁两个部位。当天花板上有供气导管时,可采用天花板供气口,此处供气口由于离乘客较远,因此乘客会有缺乏新鲜空气的感觉,这对于坐在内侧(靠近壁面)的乘客更严重。侧壁供气口位于窗户上面的侧壁上,其输入的空气离坐着的乘客距离较近,使坐着的乘客有良好的通风条件和适宜的空气流动。

客舱的排气口一般在地板附近,保证空气的流动方向由上至下,此时空气的大致流向如图 11.3-8(b)所示。与客舱不同,厨房和盥洗室的排气口设置在天花板上(见图 11.3-9),其目的是及时将这些地方多余的热量和异味排走,并防止水汽经排气口进入空调分配管道造成管路腐蚀。

空气分配的管路系统的布局取决于飞机类型及所采用的空调系统。客舱的供气口和排气口的位置不同,座舱内的空气流动形式就不同。

对于大型客机,由于座舱容积大,为使座舱内空气均匀分布,通常还要将座舱分成若干区域(或称舱位),如驾驶舱、前客舱、后客舱等区域,各区域分别进行温度调节。各区域之间温度调节的基本原理是根据各区域所选定的温度,以各区域最低选择温度为基准控制冷却组件出口温度,使之符合最低温度区域调定值的要求,再分别调节其他相应区域的热空气分配活门,使各个区域的温度符合各自的调定值。

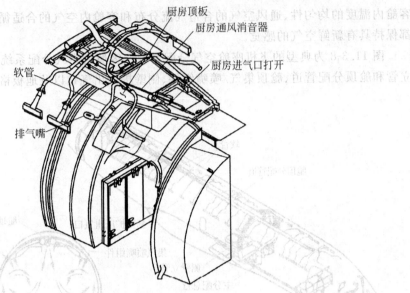

图 11.3-9 厨房空调进气口和排气口

A300 飞机的整个空调冷却器的工作原理如图 11.3-10 所示。座舱空气分配的好坏直接影响座舱内的空气循环和空气流动,并影响飞行员和乘客的热力舒适状态。为保证座舱内的环境舒适,就需要使调节好的空调空气均匀地输入和分布于座舱内,使座舱处于一合适的温度、湿度和空气流动环境状态。

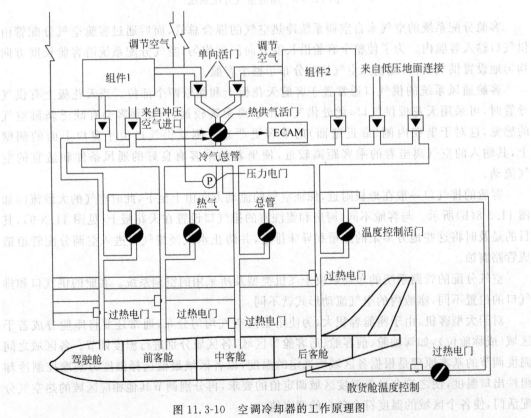

图 11.3-10 空调冷却器的工作原理图

温度控制器接受预定的温度和座舱反馈的实际温度,进行比较后输出与温度偏差成正比的电流,控制温度控制活门,调节冷热路空气流量,实现温度控制。温度控制系统是个闭环的电子式温度伺服系统。当供气管道温度过高时,管道温度传感器向温控器发出信号,驱动温控活门向冷路全开方向转动。

当温度控制器出现故障时,系统可进行人工温度控制,由飞行员直接通过人工温控电门向温度控制活门发送控制信号,控制座舱温度的变化。在进行人工控制时,飞行员需要监控座舱温度、供气管道温度以及温度控制活门的位置,减小座舱温度的波动。

整个 A300 机型座舱温度控制系统热空气的主要控制元件是热空气配平活门。该活门的主要作用是控制各舱位的热空气供给。当热空气供给活门下游出现故障现象时,热空气供给活门将自动关闭,保护下游座舱供气管路的工作安全。从发动机引出的热空气经热空气供给活门,进入热空气总管。针对整个座舱的不同温度要求,区域温度控制系统将操纵热空气配平活门,调整混合管路内热空气流量,调节空调系统出口温度,实现客舱区域内温度控制。

如果在各个座舱区域内某一供气导管发生温度过热情况,相关管道内的过热电门将自动激活,并引起:

(1) 空调系统自动切断热空气供给活门螺线管电源,造成在弹簧压下活门关闭,保护下游热空气总管。

(2) HOT AIR SUPPLY 按钮电门的 OVHT 图例灯变亮,提示飞行员出现过热现象。

(3) 在左 ECAM 显示组件上有相应的故障警告信息,同时右 ECAM 显示装置上的 AIR COND 页上指示相应的区域温度变成琥珀色。

当管道内过热情况消失后,通过重置 HOT AIR SUPPLY 按钮电门能够重新打开热空气供给活门。同时,区域温度选择旋钮重置热空气配平活门为自动工作模式,此时可通过右 ECAM 的显示装置上的 AIR COND 页监控相应座舱的管道温度以及座舱实际温度情况。

如果在热空气总管内出现过压现象,热空气管路内安装的压力电门将发出 HI PRESS MFA 信号用以提示机组维护人员相应的故障信息。为防止可能发生在 APU/主发动机引气传输期间的压力波动引起的错误警告,系统中安装有延迟继电器对系统进行有效过滤。

当自动温度控制系统在正常模式工作时,飞行员通过在驾驶舱头顶部面板上的预选择器选择各个座舱区域温度,设定温度以电压形式传递给区域温度控制器,控制器将此设定的温度与各个座舱的实际室温进行比较。根据两者之间的差值产生一个温度指令信号。首先,3个客舱区域温度指令信号统一传递至 APU/组件温度控制器进行统一的计算。在正常情况下,APU/组件温度控制器将最低温度指令信号传送至 2 号组件温度控制器,1 号组件温度控制器直接接受驾驶舱的温度指令信号。如果客舱区域所需求的"最冷"信号低于驾驶舱的温度指令信号,此时信号将同时传输至两个组件温度控制器。组件温度控制器将根据传输的温度指令信号相应地调整冷却组件出口温度,实现区域温度控制。其次,区域温度控制器所产生的温度指令信号还传送至相应的热空气配平活门,用于调节活门实际开度,增加或者减小相对应的管道内实际温度,进一步控制座舱内的实际温度。自动温度控制系统的温度控制极限如下:

(1) 该组件控制器通常设输出温度为 $-7\sim63℃$;

(2) 当松开 MAX COOL 按钮电门升高低温极限时,低温极限变为 $+4℃$;

(3) 区域温度控制器将管道最高温度限制在+74℃；

(4) 如果发生故障，那么设定为+88℃的管道超温电门将关闭配平气压调节器活门，切断热空气源。

当自动温度控制系统出现故障时，为保证飞机座舱温度始终维持在一可接受的温度范围内，温度控制系统可采用人工控制方式。在人工控制方式时，两个组件温度控制器不接受来自APU/组件温度控制器的控制信号，此时两个冷却组件的出口温度由人工操控电门控制，飞行员可以直接控制冲压冷却空气出口作动筒的开度和涡轮旁通活门开度的大小，直接调节冷却组件的实际出口温度。同时，温度选择电门将置于人工位，人工控制热空气配平活门开度大小，防止座舱空调系统的出口管路出现超温以及超压现象。

11.3.3 空调系统的操作

空调系统的温度控制输入设备如图11.3-11所示，其主要作用是当空调流量自动控制系统存在故障时，对PACK流量组件进行人工控制，图中按钮(1)是组件1(或者组件2)方式选择按钮电门，通过按压该电门可以切换PACK温度控制组件的实际工作方式。当电门按下后，流量组件根据APU和组件温度指令控制器调节流量活门开度，保证组件出口温度自动控制在-7~63℃之间。

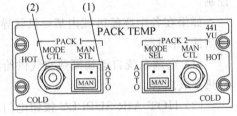

图11.3-11 空调系统的温度控制输入设备

电门(2)是组件出口冷/热选择器，当组件方式选择按钮电门选人工控制位，白色人工灯亮，通过人工调节组件出口冷/热选择器控制组件出口温度，温度控制活门根据选择器的位置进行温度调节。电门弹性回到中立位。当电门向下拨到COLD(冷位)时，涡轮旁通活门关闭，组件出口温度降低。相反，当该电门拨到HOT(热位)时，涡轮旁通活门打开，组件出口温度升高。

流量控制活门的总体开关如图11.3-12所示，其中电门(1)是流量活门指示器，当指示器流量条亮时，代表活门处于开位。反之代表活门处于关位。电门(2)是PACK流量活门的开关电门，当按下该电门时，流量活门将根据PACK活门的选择方式进行工作；当松开电门时，流量活门自动关闭。当该电门按下时，流量活门处于自动控制位(AUTO)，活门气动操纵，此时下列情况外，一般流量活门处于开位。

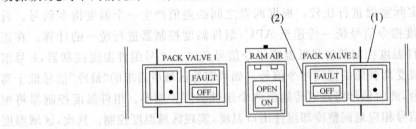

图11.3-12 流量控制活门的总体开关

为保证发动机在启动时有足够的引气压力，当发动机处于启动位置时，空调系统将自动切断两个PACK流量组件，加大引气系统的工作压力，保证发动机正常启动。同时，在出现应急情况，如发动机灭火手柄拉出或客舱放气活门选择关位时，PACK流量活门也将自动关闭。

当 PACK 流量活门处于关闭位置时,电门(2)上的 OFF 灯亮,指示电门(1)的流量条熄灭。电门(2)上的琥珀色的 FAULT 灯用于指示 PACK 活门的实际位置与要求位置不一致。

当压缩机出口或涡轮进口的温度超过极限值(易熔塞的临界温度值)时,流量活门气动操纵关。同时,如果没有相应引气压力,流量活门在弹簧作用力下也将关闭。最后,当该电门处于松出位时,活门电控制关。当该活门处于关闭位置时,白色 OFF 灯亮。当组件活门的位置与所选择的位置不一致时,琥珀色 FAULT 灯亮。如果故障灯亮超过 60s,ECAM 系统出现警告。当活门处于转换过程,则故障灯瞬时亮。

图 11.3-13 中按钮(3)是冲压空气按钮开关,用来控制冲压空气进气口,该电门有一个保险盖,防止飞行员误操纵。当该电门压入时,白色 ON 灯亮,只要两个客舱压力放气活门按钮电门没有选在 OFF 位,冲压空气进气口将打开。当客舱压力在自动控制方式时,前后排气活门同时打开,提供良好的通风条件。当冲压空气进气口完全打开时绿色 OPEN 灯亮。当该电门处于松开位时,冲压空气进气口关,前后放气活门回到正常调节位。

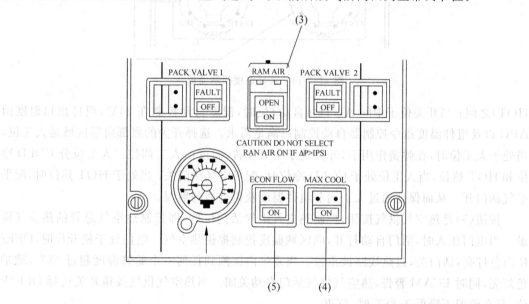

图 11.3-13 冲压空气开关面板

按钮(4)是最大冷却按钮电门,当该电门按入时,流量活门处于全开位,蓝色 ON 灯亮,组件出口温度的最低值从 +4℃ 降低至 -7℃。按钮(5)是经济流量按钮电门,当其处于压入位时,蓝色 ON 灯亮,组件活门自动控制流量为正常流量的 68%(经济流量)。

座舱区域温度调节面板如图 11.3-14 所示,旋钮(1)是座舱/管道温度指示选择器,当该旋钮选择其中一个区域,其舱温或管道温会显示在舱/管道指示器上;当选择 CRT(限极射线管)位置时显示在 ECAM;在选择其他位置时,则 ECAM 上的温度指示由琥珀色的"××"代替。显示器(2)是管道温度显示器,显示相应选择器所选择座舱的管道温度(单位℃)。在自动方式管道温度将被自动限制在最大 74℃。显示器(3)是座舱温度显示器,根据旋钮(1)所处的位置,指示相应的座舱温度。

旋钮(4)是客舱温度选择器,该旋钮分成两个区域——自动位以及人工位。当旋钮处于自动位时,区域客舱温度可根据选择器的位置,自动控制在 18℃(冷 COLD)至 30℃(热

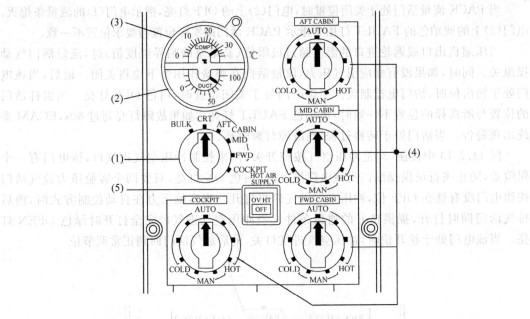

图 11.3-14 区域温度控制面板

HOT)之间;当开关位于中间 AUTO(自动)位时,温度自动控制在 24℃,组件出口温度由 APU 以及组件温度指令控制器自动控制以满足需求。选择开关的底部扇形区域是人工位,当处于人工位时,在弹簧作用下,开关处于中央位置,温度由人工调控。人工位分 COLD 冷位和 HOT 热位,当人工位处于 COLD 冷位时,配平空气活门关;当处于 HOT 热位时,配平空气活门开。从而保证通过人工调节组件温度获得合适的舱温。

按钮(5)是热空气供气按钮,控制热空气供气活门位置,即控制热空气总管的热空气流量。当电门压入时,活门自动打开,向区域温度控制提供热空气。电门处于松开位时,OFF/R 白色灯亮,活门关,过热线路被重置。当系统内探测到任何一个舱管温度超过 88℃时,琥珀色灯亮,同时 ECAM 警告,热空气供气活门自动关闭。当热空气供气按钮开关选择 OFF/R 位,且在舱温下降低于 88℃时,灯灭。

在 ECAM 中,用于显示引气和 PACK 组件温度的页面如图 11.3-15 所示。在图 11.3-15 中,(1)是 PACK 组件活门的开关指示,绿色竖线代表活门开,琥珀色横线代表活门关。指针(2)是组件流量指示器,在正常情况下,指示为绿色。当组件流量低于预定值时,亮琥珀色。指示(3)是组件符号指示,在正常情况下,组件符号亮白色;当组件活门关,且未选择发动机起动时,亮琥珀色。温度指示(4)指示涡轮进口温度,在正常情况下,亮绿色;当温度≥95℃时闪烁;当温度≥120℃时亮琥珀色。指针(5)指示组件温度控制活门位置,正常亮绿色;C 代表冷,活门关;H 代表热,活门完全开。温度指示(6)指示组件出口温度,正常情况亮绿色;当温度≤-18℃时亮琥珀色,提示机组存在故障。开关指示(7)是指示冲压活门开关,竖线代表冲压活门出口开,横线代表活门出口关。三角指示(8)是指示冷空气管供气,正常亮绿色,当没有冷空气供应时亮琥珀色。

客舱区域温度指示如图 11.3-16 所示,活门指示(1)是指示热空气供气活门位置,表示热空气供气活门开关位置。指针(2)指示配平空气活门位置,正常情况亮绿色;H 代表热需求,活门 100% 开;C 代表冷需求,活门全关。当热空气供气活门关时,指示亮琥珀色。温度(3)指示客舱/货舱管道温度,正常情况亮绿色;当导管温度≥88℃时亮琥珀色。温度(4)指示区域温度,正常情况下前、中、后客舱和驾驶舱亮白色;当相关区域的管温超过88℃时,亮琥珀色。指示(5)为区域位置指示。活门指示(6)是指示货舱配平空气活门位置,与空气配平活门指示相同,H 代表热,活门 100% 开;C 代表冷,活门完全关。当货舱热空气活门关时,亮琥珀色。温度(7)指示货舱外界空气温度,用来显示货仓外界温度,正常情况亮绿色。活门开关(8)指示隔离活门位置,通过横竖线代表活门的开关位置。

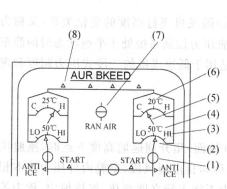

图 11.3-15 ECAM 冷却组件状态页面

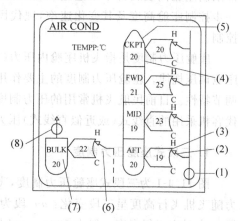

图 11.3-16 ECAM 区域温度指示页面

11.4 座舱压力控制系统

座舱压力控制系统是现代民用航空器关键系统之一,由于现代民用航空器的飞行高度主要位于对流层顶部以及平流层的底部,整个飞行环境压力和温度低,无法满足人类的正常生存需要。座舱压力控制系统的基本任务就是保证在预定的飞行高度范围内,座舱的压力及其压力变化速率满足人体生理要求,并保证飞机结构安全。

11.4.1 座舱增压原理及座舱压力制度

在现代民航飞机中,客舱、货舱及驾驶舱设计成一气密的整体舱,保证舱内压力高于外界的大气压力。加热空气由座舱空调分配系统输入座舱,为座舱加温后,经排气活门排出机外。由于在最大设计高度以下的任何高度,空调引气系统经座舱空气分配系统均提供恒定流量的空气给气密座舱,因此座舱的增压可通过控制座舱的排气实现。当需要降低座舱压力时,增大座舱排气量;而减小座舱区域的排气量时,可有效升高座舱内空气压力。根据气体节流原理,座舱排气活门的实际排气量取决于活门本体的开度及座舱内外的压差。因此,为控制座舱压力,应根据座舱内外压差的大小,相应控制排气活门的开度。

根据适航法规的要求,飞机在最大设计巡航高度上,座舱高度不能大于 8 000ft,而巡航时飞行高度一般在 30 000~40 000ft 之间,飞机结构承受较大的余压,排气活门同样承受较大的压差。因此,巡航过程中,排气活门开度最小。飞机在地面时,座舱内外压差较小,排气活门开度较大。整个飞行过程中,座舱内绝对压力大小取决于排气活门的开启程度,座舱压力变化率取决于活门的开启（或关闭）速率。

飞机在爬升或下降过程中，由于其飞行高度的变化，可能导致座舱高度产生突变。为限制座舱内压力变化速率，必须限制实际开关排气活门的速率。飞机爬升过程中，如果座舱高度上升过快（即座舱内压力下降速率过大），必须加快关闭排气活门的速度，减少座舱内的实际排气量，降低压力下降速率；在飞机下降过程中，如果座舱高度下降过快，即座舱压力上升率过大，应加快开启排气活门的速率，抑制压力上升的速率。现代大中型民航客机通常限制座舱高度爬升率不超过 500ft/min，座舱高度下降率不超过 350ft/min。同时，为进一步控制座舱高度及其变化速率，现代民航飞机一般采用座舱压力制度对座舱高度进行控制。

座舱压力制度是指飞机座舱内压力（即座舱高度）随飞机飞行高度的变化关系，又称为座舱调压规律。座舱压力制度的主要作用是表示座舱压力控制系统处于平衡状态时的静态调节特性。目前民航飞机常用的压力制度有两种：适用于低速飞机的三段式压力制度和现代客机采用的直线式（或近似直线式）压力制度。

1. 三段式座舱压力制度

图 11.4-1 为三段式座舱压力制度，飞机从 a 点（地面）爬升到巡航高度 b 点时，座舱压力随飞机飞行高度呈三段变化：a-c 段为不增压段，称为自由通风段，座舱内外压力基本相同，c 点对应飞行高度一般为 500m；c-d 段，座舱压力不随飞行高度变化，保持恒定，称为等压控制段（恒压段），d 点对应飞行高度一般为 3 500m；d-e 段为等余压控制段，它保持座舱内外压差为使用的限制值，直到飞机进入巡航高度（一般为 6 000m），e 点对应的座舱高度为 2 400m(8 000ft)。

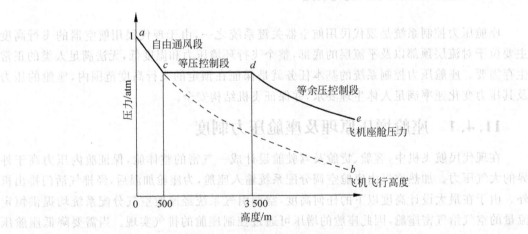

图 11.4-1 三段式座舱压力制度

实现三段式座舱压力制度可采用气动式压力控制器，实现简单，但在等余压控制爬升段（d-e 段），飞机座舱压力仅受座舱余压控制，因此飞机座舱高度变化率与飞机爬升率（飞行高度变化率）相等。为保证座舱高度变化率不超过人体承受的限制值（500ft/min），飞机本身的爬升率不能过高，即每分钟爬升高度不大于 500ft，飞机从地面爬升到 6 000m(20 000ft) 左右的巡航高度耗时约 40min，所以三段式座舱压力制度只适用于爬升率低的小型飞机。

2. 直线式座舱压力制度

直线式座舱压力制度如图11.4-2所示,飞机从 a 点(地面)爬升到 b 点(巡航高度)时,座舱压力随飞机飞行高度的增加成直线(a-c线)关系均匀变化:飞机在未达到巡航高度前,座舱余压缓慢增加,当飞机进入巡航高度时,座舱余压达到座舱余压限制值。

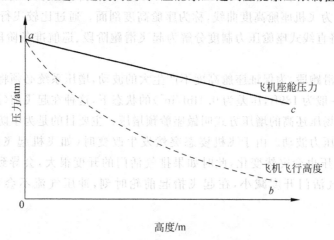

图11.4-2　直线式座舱压力制度

直线式座舱压力制度可使座舱增压系统在飞机整个爬升过程中控制座舱压力变化率,对于巡航时座舱高度不超过8 000ft的飞机,其理论爬升时间为16min。所以,爬升率较大的现代民航飞机多采用直线式座舱压力制度。为实现直线式座舱压力制度,一般采用电子式压力控制器。

综上分析,为保证增压系统可靠工作,现代民航飞机装有两套独立的座舱增压系统。同时,座舱排气活门也有两个,一个位于空调舱前部,另一个在货舱的后部。每个活门都有三套系统进行驱动,其中两个通过各自的自动系统独立控制,第三个通过人工操纵开关进行控制。为了提高可靠性,两套系统交替使用,当飞机完成一次起降过程后,系统的使用权进行交换。如果发生某一系统失效,将自动转换到另一系统上。客舱压力高度、飞机高度和预选择着陆高度的信息传送到两套系统的增压控制器中,根据传输的信息,控制器对下游的各类活门进行控制,使座舱压力处于可接受状态。这些组件还自动控制预增压的和降压步骤。

11.4.2　座舱压力控制流程

现代民航客机座舱增压系统通常采用直线式增压控制规律。正常压力控制系统一般采用电子式压力控制器作为控制部件,它由增压程序发生器、压力变化率限制器和最大余压限制器组成。

1. 增压工作模式

飞机增压系统的压力控制一般有三种工作模式:自动模式、备用模式和人工控制模式。自动模式将自动检测座舱的高度并进行控制,是系统的主要工作模式。当自动模式出现故障时,系统将自动切换至备用模式或人工控制模式。此时,系统无法自动完成座舱压力的控制,需要飞行员进行人工干预。所有工作模式都通过调节排气活门的位置,保持座舱压力为要求值,最终实现座舱压力制度的控制。图 11.4-3 给出了直线式座舱压力制度的静态曲线,在增压系统工作时,座舱压力控制包括地面增压环节、起飞增压环节、巡航控制环节、下降控制环节和着陆增压环节。飞机座舱高度在整个飞行过程中随飞行高度变化而变化的关系如图 11.4-3 所示,图中的实线 A-B-C-D-E-F 为飞机飞行高度曲线,称为飞行高度剖面;虚线 a-b-c-d-e-f 为飞机座舱高度曲线,称为座舱高度剖面。通过比较飞行高度剖面与座舱高度剖面,可以将直线式座舱压力制度分解为起飞滑跑阶段、巡航准备阶段、巡航阶段以及爬升下降阶段。

在飞机起飞滑跑段,为保证座舱高度不产生大的波动,增压系统必须将座舱高度控制在低于跑道高度(一般为 189ft,压差为 0.1lbf/in^2)的状态下,这种在起飞前(还包括着陆后)使座舱压力比机场场压还高的增压方式叫做座舱预增压。主要目的是为了防止飞机姿态突然改变时引起座舱压力波动。由于飞机姿态突然发生改变时(如飞机起飞由滑跑拉起时),排气活门出口反压也会突然变化,此时如果排气活门的开度很大,会导致座舱压力波动;当预增压后,排气活门开度减小,在起飞抬起前轮时刻,冲压气流不会对座舱压力产生影响。

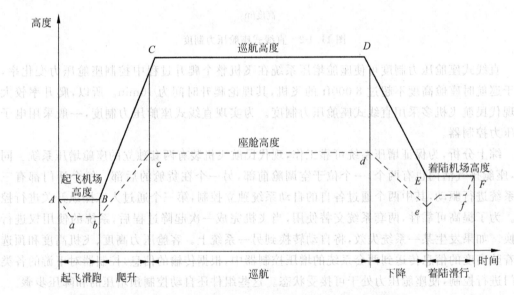

图 11.4-3　现代民航客机飞行高度剖面和座舱高度剖面

飞机爬升到巡航高度前,当外界大气压力比预定巡航高度对应的大气压力高 0.25lbf/in^2(即座舱余压值比正常余压值低 0.25lbf/in^2)时,座舱增压系统提前进入等压控制段,之后飞机继续爬升到预定巡航高度。设置 0.25lbf/in^2 转换压力的目的是防止当飞机在巡航中因颠簸而高度骤降时引起座舱增压控制系统的频繁切换,进而引起舱内压力的波动。在高空 0.25lbf/in^2 的压差,对应高度差约为 450m,这意味着飞机巡航时只要瞬时下降高度不超过 450m,座舱内压力均保持稳定。当座舱的余压值再次出现比预定值低 0.25lbf/in^2 时,飞机增压控制才转入下降程序。

在飞机达到巡航阶段飞行时,座舱余压保持为正常余压。飞机跃升高度时,座舱余压会相应增大,如果座舱余压达到最大余压,座舱高度将随着飞行高度的增加而上升。防止座舱余压过大产生飞机结构性的损伤。

当飞机在进行爬升或者下降时,座舱高度变化率受座舱高度变化率限制器控制,使座舱高度变化率不超过 500ft/min 或者 350ft/min。同时将着陆接地点的座舱高度目标值设置为比着陆机场高度低 300ft,防止着陆瞬间的冲击以及起落架减震支柱压缩、伸张行程引起的座舱压力波动。

以上是理想状态下飞机座舱高度剖面曲线,实际上飞机座舱高度剖面曲线比较复杂,图 11.4-4 所示为波音 737 飞机实际飞行过程中的座舱高度剖面。

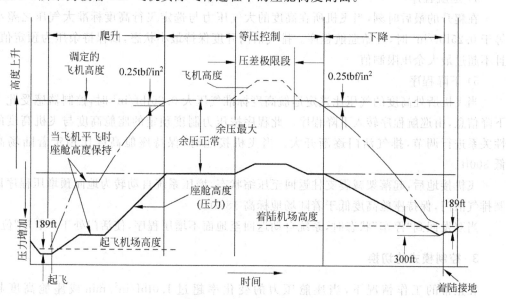

图 11.4-4　波音 737 实际飞行过程中的座舱高度剖面

2. 自动模式工作程序

通过上文分析,在直线式座舱压力制度方式下,整个飞行阶段中增压系统将增压程序分解为 4 个阶段,从而防止压力波动以及压力突变对飞机结构以及飞机人员的损伤。因此,在正常工作模式下,飞机自动增压系统的工作程序也就结合直线式增压制度将整个飞行阶段分解为 5 种增压程序:地面不增压程序、地面预增压程序、起飞爬升程序、巡航程序和下降程序。

1)地面不增压程序

这是飞机处于地面不增压条件下使用的程序。此时,起落架"空/地"电门处于"地"位,双发都没有起动,压力控制器输出一个使座舱高度超过停机高度大约 1 000ft 偏压信号,驱动座舱排气活门处于全开位,飞机处于自由通风阶段,座舱高度等于机场跑道高度。

2)地面预增压程序

这个程序用于飞机起飞前或着陆接地前进行预增压程序。当发动机处于运行状态,但起落架仍然处在压缩状态,控制器输出一个使座舱高度低于机场高度 189ft 的偏压信号,驱动排气活门部分关闭,座舱建立 0.1lbf/in² 的余压。实现飞机座舱系统的预增压,防止座舱压力出现波动。

3) 起飞爬升程序

起飞爬升程序用于控制飞机从起飞到巡航高度这一阶段的座舱压力。当起落架处于松开状态,控制器根据选定的飞行高度编制出爬升程序,使爬升过程中的每一个外界环境压力都有一个要求的座舱压力与之相对应。当环境压力变化时,这个要求的座舱压力信号通过最大余压限制器和速率限制器后送出,并与实际的座舱压力信号比较,然后不断地输出偏差信号,用以调节排气活门开度,实现要求的座舱压力。

4) 巡航程序

在爬升的最后时刻,当飞机所在高度的大气压力与选定飞行高度标准大气压之差小于等于 0.25lbf/in^2 时,开始巡航程序。排气活门开度保持最小状态,以保持余压为预定值,并且不超过最大余压限制值。

5) 下降程序

当飞机所处高度的气压比选定巡航高度标准气压大 0.25lbf/in^2 时,控制器感受此飞机下降信息,由巡航程序转入下降程序。此程序按压力制度预定的座舱高度与飞机高度的线性关系进行调节,排气活门逐渐开大。当飞机接地时,保持座舱高度比预定着陆场高度低 300ft。

飞机接地后,起落架减震支柱返回至压缩状态,增压系统自动转为地面预增压程序以控制排气活门,保持座舱高度低于着陆场地标高 189ft。

当双发回到"停车"状态时,系统自动返回至地面不增压程序,使活门处于"全开"位。

3. 控制模式的切换

在正常的工作情况下,当座舱压力的变化率超过 $1.0 \text{lbf/in}^2/\text{min}$ 或座舱高度超过 13 895ft 时,自动增压系统判断为自动工作出现故障。此时系统将切换至备用位。

在一般情况下,备用位与自动位是两个互为备份的系统。两者在气压检测以及控制回路上都采用独立的控制回路。当系统进入备用模式时,飞行员可以人工进行切换。

无论何时,增压系统都可以通过人工切换将系统切换至人工控制模式。在人工控制模式中,排气活门的驱动电路不经由控制系统控制,而由人工控制电门进行控制操纵。在飞行过程中,如果增压系统工作在人工控制模式,飞行员需要特别注意座舱高度、座舱高度变化率以及座舱压差表。此时需要保证系统的压差不能过高,防止结构出现损伤。

4. 座舱应急增压控制

座舱增压系统的主要作用是保证座舱压力始终维持在一个飞机结构以及机内人员可以接受的范围之内。当自动增压控制系统出现故障时,故障可能导致座舱压力高度过高或座舱内外的压差过大。同时,在飞机急速下降的过程中,由于座舱内部压力需要通过排气活门导出,有可能出现座舱内的压力变化跟不上外界空气压力变化的情况,导致座舱外的压力高于座舱内的压力,形成负压。

座舱高度过高时,会导致飞机上的乘员出现高空反应,甚至危及生命;而座舱内外压差过大,会影响飞机结构的安全,尤其是出现较大的负压时,可能导致飞机结构的损伤。因为飞机座舱结构属于薄壁结构,它只能承受拉应力而几乎不能承受压应力。因此,为保证飞机增压系统的稳定性,保护飞机结构以及机上人员的生命安全,飞机座舱增压系统往往设计有各类应急增压控制系统。座舱应急增压控制系统包括:正压释压活门、负压活门、座舱高度警告系统和压力均衡活门。其中,正压释压活门又称为安全活门,在飞机座舱内外压力差超过一定值时打开,用于释放多余的座舱压力,防止座舱内外压力差过大而影响飞机结构安全。

波音737飞机座舱的正常余压为$7.8lbf/in^2$,当余压达到$8.65lbf/in^2$时,正压释压活门打开释压;在余压达到$8.95lbf/in^2$时,正压释压活门打开。

负压活门的主要作用是防止座舱外压力高于座舱内压力,即防止飞机座舱高度高于飞机飞行高度。当飞机座舱负压过高后,会对飞机整体结构产生影响。当飞机座舱负压超过设定值后,负压活门打开。波音737飞机当负压达到$-1.0lbf/in^2$时,负压活门打开;波音777飞机当负压达到$-0.2lbf/in^2$时,负压活门开始打开,负压达到$-0.5lbf/in^2$时完全打开。

飞机的正压释压活门和负压活门为气控气动式,常独立于正常增压控制系统(见图11.4-5)。有的飞机上正压释压活门和负压活门合为一体,即一个安全释压活门可用于正压释压和负压释压。

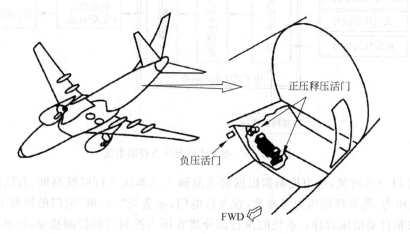

图11.4-5 波音737飞机正压释压活门和负压活门

座舱高度警告是指当飞机座舱高度高于一定值(一般为10 000ft)时,发出音响警告,提醒飞行员进行相应处理(切换为备用模式或转为人工控制)。座舱高度警告系统是一套输出系统,它不接受自动增压系统的输出控制,其独立对系统进行检测,防止系统内部故障引起故障下移。

压力均衡活门是指安装在货舱隔板上的单向活门,允许空气快速流进或流出货舱,保持货舱压力与客舱压力一致。一般安装两个活门,一个活门在飞机增压过程中使空气流进货舱;另一个活门在飞机减压过程中使空气流出货舱。

11.4.3 客舱增压系统的组成

由于座舱增压系统的作用对于飞机的安全运行至关重要,因此客舱压力和变化率控制系统由两套独立的自动控制系统和一套人工控制系统组成。两套自动控制系统交替工作,在一套系统失效以及每次飞行前会进行自动转换。它们控制两个放气活门,并装有避免压力过低或过高超限的气操纵安全活门。

自动增压系统的核心部件是增压控制计算机。该计算机需要接受各类气压式传感器及飞机"空/地"电门的传输信息,通过内部计算机的运算程序得到排气活门的需求开度。同时,计算机检测排气活门的实际开度,将两者进行比较,获得活门开度驱动电流值。整个自动增压控制系统的组成原理如图 11.4-6 所示。同时根据着陆机场标高选择器以及变化率限制选择器产生相应信号,控制放气活门的开关速率,防止客舱压力变化过大。考虑到飞机的最大性能(爬升率及最大高度),控制器包含一个计算环路用于计算对应于当前压力高度的理论客舱高度,通过比较理论客舱高度以及着陆机场高度,将两者中的较高值作为控制目标,将实际客舱高度调节到该控制目标值上。

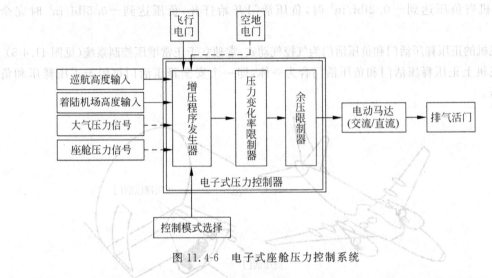

图 11.4-6 电子式座舱压力控制系统

由图 11.4-6 可见,压力控制器根据起飞前输入的本次飞行巡航高度、着陆机场高度以及座舱内压力、外界环境压力等参数,在飞行电门、起落架"空/地"电门的控制下,为系统提供自动和非自动增压程序;系统的执行部分接收压力控制器的控制指令,由电动马达驱动排气活门,实现座舱压力制度。

排气活门是座舱增压系统的主要工作部件,飞机中一般装有两个排气活门。为进一步提高活门的工作可靠性,排气活门装有三个驱动马达,分别连接系统 1,系统 2 以及人工模式。当任一系统的驱动马达接通时,另两个系统的驱动马达的离合器处于分离状态,防止各系统间的机械干扰。

在系统工作过程中,后排气活门接收来自压力控制器的控制信号,调节活门的实际开度位置,用于调节座舱内的空气压力。气体经后排气活门高速向后喷出,可产生一部分推力,因此后排气活门又称为推力回收活门。当飞机巡航时,活门开度很小,满足发动机经济性的要求。

前排气活门接收后排气活门控制信号,由一个马达驱动,辅助后排气活门工作。当后排气活门距全关位 0.5° 时,前排气活门关闭;当后排气活门从关位打开到大于 4°~5° 时,前排气活门打开。A300 的客舱压力控制总体原理图如图 11.4-7 所示。

11 空调系统

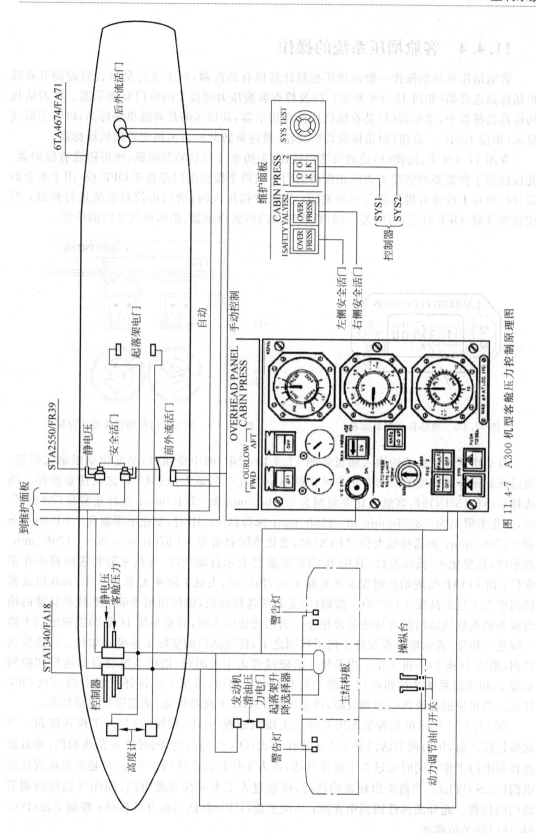

图 11.4-7 A300 机型客舱压力控制原理图

11.4.4 客舱增压系统的操作

客舱增压系统的操作一般由增压控制计算机自动控制,对于飞行员而言只需调节着陆机场标高选择器(如图 11.4-8 所示),以及检查客舱压力面板上的电门和指示器。在着陆机场标高选择器中,指示器(1)是着陆机场标高指示器,其指示的是着陆机场标高,以数字形式显示(单位 100ft)。旋钮(2)是标高调定旋钮,通过旋转此旋钮来调定着陆机场标高。

在图 11.4-9 中,按钮(1)是放气活门按钮,为防止飞行员的误操纵,该按钮设有保护盖。此按钮用于在需要的情况下关闭相应的活门。当两个按钮电门都置于 OFF 位(用于水上迫降)时,机身上的所有机外活门全部关闭;当该按钮压入时,活门由控制系统进行控制;当按钮松开时,OFF 灯亮,活门关。(2)是放气活门位置指示器,指示放气活门的位置。

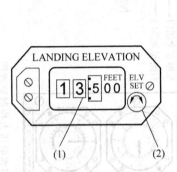
图 11.4-8 机场标高控制面板

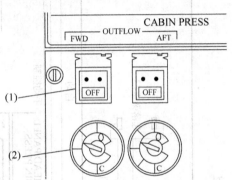
图 11.4-9 放气活门控制以及指示面板

自动增压控制系统的输入面板如图 11.4-10 所示,图中旋钮(1)是变化率限制选择器。通过该旋钮客舱高度的限制变化率可在最小位(MIN)与最大位(MAX)之间任意选择。当选择最小位(MIN)时,客舱变化率限制为 +170ft/min 和 -70ft/min;选择正常位(NORM)时,变化率限制为 +850ft/min 和 -350ft/min;选择高位(HI)时,变化率限制为 +1 130ft/min 和 -470ft/min;而选择最大位(MAX)时,变化率限制将为 +1 670ft/min 和 -1 170ft/min。指示(2)是变化率/低压差灯,其中 RATE 亮蓝色表示自动增压/变化率限制选择器不在正常位;而 LOAP 亮琥珀色则表示压差低于 $0.7lbf/in^2$,飞机下降率大于 2 000ft/min 以及客舱高度大于选定高度 +1 500ft。按钮(3)是系统选择按钮,该按钮用于确定系统控制器的输出端和相关放气活门扭力马达是否相连。当该按钮压入时,只要系统 1(或 2)按钮电门上的△绿色三角亮,表示增压系统处于何种控制之下,排气活门的实际工作模式如何。当该按钮放出,系统 1(或 2)不再工作。当系统 1 故障或者人工关闭时,增压系统会自动进行切换到系统 2,相关的系统 2 按钮电门上的三角亮绿色。同时,系统 1 的选择按钮上的白色 OFF 灯亮。当相应的系统内检测到故障,该系统的 FAULT 故障灯亮,系统进行自动切换。

图 11.4-11 所示的面板是增压系统人工操纵面板,其中,按钮(1)是人工模式按钮。当此按钮按入时,压力调节活门处于人工操作方式,ON 灯亮白色,同时箭头亮琥珀色,垂直速度控制电门工作。同时通过人工操作马达,由人工控制调节活门。开关(2)是垂直速度控制电门(V/S CTL)。当箭头出现琥珀色时,可通过人工方式操作此电门,操作马达控制调节活门的位置。此开关弹性回到中立位;按向上位(UP)时,活门向开位移动;按向下位(DN)时,活门向关位移动。

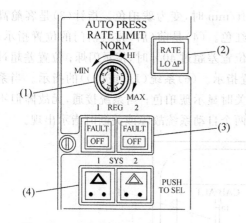

图 11.4-10 客舱压力控制系统控制面板

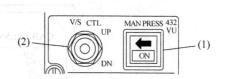

图 11.4-11 客舱压力人工控制面板

图 11.4-12 是增压系统的机械指示系统,指示器(1)是客舱压差指示器,用来指示客舱和静压的压差,在表上从 $-2\sim1$,以及从 $8\sim13$ 的范围以 lbf/in^2 为单位,并可读出限定值。指示器(2)是客舱垂直速度(V/S)指示器,用以指示客舱高度的变化率以英尺/分为单位,同时指示变化方向。指示器(3)是客舱高度表,该指示器以标准大气压 1 013mbar(1mbar=1hPa)为基准点,指示客舱压力高度。与 ECAM 座舱高度指示的误差可达 $+/-790ft$。

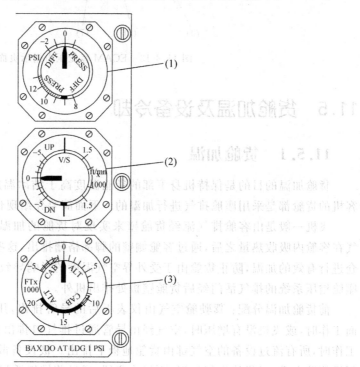

图 11.4-12 客舱压力机械指示面板

客舱压力系统同样有 ECAM 指示,如图 11.4-13 所示,指针(1)是客舱压差指示,指示灯为绿色。当压差 $\geqslant 8.6 lbf/in^2$ 时闪烁;当压差 $\leqslant -1 lbf/in^2$ 或压差 $\geqslant 10 lbf/in^2$ 时;变为琥珀色。(2)是客舱垂直速度指示。一般情况亮绿色;当垂直速度 $\geqslant$ 选定速度 $+50\%$ 时闪烁;

当垂直速度≤-2 000ft/min 或垂直速度≥2 000ft/min 时,变为琥珀色。指针(3)是客舱高度指示。当客舱高度大于 10 000ft 时,指示灯亮红色。(4)是前(后)排气活门的位置指示,该指示以百分数表示。在空中,当前后调节活门位置差超过 40%时,指示闪烁;位置差超过 95%时,指示变为琥珀色。(5)为安全活门的位置指示。(6)系统(1)(或(2))的指示。当系统无故障正常工作时,显示绿色;当系统故障或关时显示琥珀色;当系统接通,无故障但不工作时,指示不出现。(7)是人工指示(白色),当两个自动系统故障或关断时指示出现。

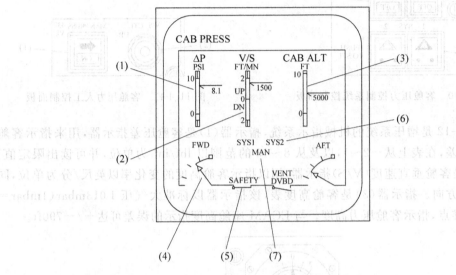

图 11.4-13 ECAM 客舱压力指示页面

11.5 货舱加温及设备冷却

11.5.1 货舱加温

货舱加温的目的是保持机身下部的货舱温度高于结冰温度,防止冻坏货物。一般现代客机的货舱都是采用座舱排气进行加温的。下面简要介绍现代客机的货舱加温概况。

飞机一般是由客舱排气流经货舱壁来实现对货舱的加温(见图 11.5-1)。客舱内的空气在客舱内吸收热量之后,通过客舱侧壁的脚部格栅排出,这些空气流过货舱侧壁为客舱货仓进行有效的加温,防止货舱由于受外界空气温度的影响导致其温度过低,然后这些空气由座舱增压系统的排气活门经后货舱壁板处排出机外。

前货舱加温分配:驾驶舱空气由仪表板后的导管排出,用于设备舱冷却;当飞机在地面工作时,或飞机没有增压时,空气经由导管通过排气口排出机外。飞行中,增压系统正常工作时,所有流过设备的空气都由货舱地板下排出。被设备散发的热量加热的空气从地板下沿侧壁上升,对货舱进行加温,再经收集器,通过前排气活门排出机外,或由再循环风扇抽吸,在飞机内再循环(再循环风扇工作时,前排气活门关闭)。

根据货舱装载货物的要求不同,对不同货舱一般采取不同的控制方法。如 MD-82 飞机的前货舱由设备冷却空气排气加热,并有恒温控制,当温度低于要求值时,可接通主设备冷却系统管道内加热器供热;中货舱利用客舱排气加温,客舱空气排到左风道,加热风扇将排

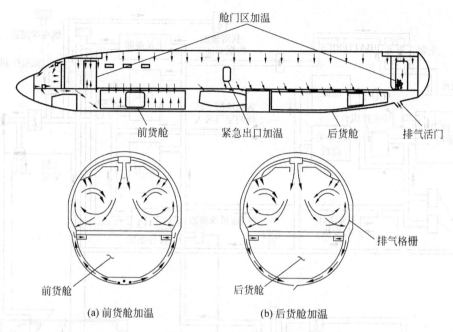

图 11.5-1 货舱加温系统

气吸入,通过扩散器排到货舱地板夹层,再从右风道排到后货舱,然后从排气活门排到机外;后货舱利用客舱排气和前、中货舱排气加热。由于前货舱采用了恒温控制,可以用来运输生物。A320 飞机货舱温度可以由其温度选择器选定其控制温度(5~26℃),加温控制器控制对货舱的加温,它接受管路温度及货舱温度传感器的信号,控制混合活门,调节输入货舱的空气温度。

11.5.2 电子设备舱的冷却

随着现代飞机的不断发展,其电子设备逐渐增多,电子设备的散热量越来越大,因此为保证电子设备的正常工作,对电子设备的冷却显得尤为重要。

电子设备一般可在高于人体所能承受的环境温度下可靠地工作。譬如电子设备舱排气温度为 38~71℃时,电子设备的工作不会出现异常情况。因此,为减少发动机引气量、减小制冷系统工作负荷,现代大型客机普遍采用座舱排气对电子设备进行冷却。

电气和电子舱设备的通风与盥洗室和厨房的通风一样,由外界和空调出来的混合空气进行通风。通常,由风扇把空气吹到设备上游,然后,通过客舱压差或抽风风扇把空气排到机外。通过电子舱的通风系统,可以将冷却空气提供给大部分主设备架、雷达收发机、IRS、主仪表面板、中央操纵台和顶板,空气穿过或流到这些设备,然后通过相应的出口排出。

当在地面不打开空调时,外界大气通过打开的电子舱门进入;在地面空调打开以及在空中时,空气来自于驾驶舱和客舱,另有一部分补充的空气是从驾驶舱空气导管分流出来新鲜空气。电子舱通风系统工作原理图如图 11.5-2 所示。

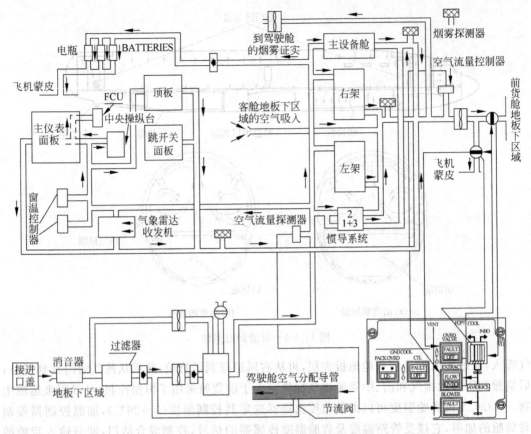

图 11.5-2 电子舱通风系统工作原理图

本章小结

大气压力随高度增加而降低,给飞行带来的主要困难是缺氧和低压。现代商业飞机的巡航高度一般在 9 144m(30 000ft)至 18 288m(60 000ft)之间,由于高空存在缺氧、低压和低温等不利情况,为保证在高空的人员安全和舒适,必须采取一定的技术措施,保证飞机座舱的环境参数处于一个适宜的范围内。

气密座舱是高空飞行时安全而有效的措施,可以同时解决增压、通风和温度调节等几个方面的问题,较好地满足机上乘员的需要,是当代民用飞机普遍采用的一种方式。

空调系统的供气来自于发动机(或辅助动力装置),气源经过引气系统从流量控制活门(组件活门)进入空调系统后,由两套(或三套)完全相同的制冷组件进行冷却,对空气进行基本的温度和湿度调节,然后通过混合适量的冷空气与热空气,输送至相应的座舱部分,保证各个座舱能够达到适宜的温度;另外,空调系统还提供仪表板、电瓶和设备架所需要的冷却空气;最后,调节好的空气分配到座舱内的各个区域,最终实现座舱系统的座舱高度变化控制。飞机的空调系统分为气源系统、温控系统、压力控制系统和座舱空气分配系统四大部分。

气源系统是整个空调系统的基础,其主要作用是为空调系统提供需要的引气用于调节座舱温度以及航空器增压。现代民用航空器增压空气的主要来源是发动机压气机引气,它是飞机正常飞行时的主要气源;在地面和空中一定条件下可使用辅助动力装置引气;在地面还可以使用地面气源作为航空器的供气气源,实现航空器的地面座舱温度调节。由于发动机压气机的出口参数随飞行高度、飞行速度和发动机工况等不同有较大的变化,为了减少气源系统供气参数的波动,在发动机压气机的引气管路上设置了相应的控制和调节装置,使飞机在飞行的各阶段和地面工作时,气源系统的供气压力、温度及流量控制在规定范围内。

空调系统的温度控制功能主要是实现各个座舱区域的实际温度的控制与监视。在现代民用航空器中,主要采用的温度控制方式是利用发动机引气或者APU的引气为航空器内的密闭座舱进行加温与温度控制。现代民用航空器在座舱温度控制系统中大多采用空/空热交换方式进行温度控制,在飞行中,通过简单的空/空热交换器,使用环境冲压空气完成空气冷却。当外部环境温度较高或在地面及低空飞行期间,空调系统采用空气循环制冷系统将发动机引气中的部分空气进行冷却,在下游的区域控制管路中将热空气与冷空气进行混合,实现区域温度控制。

客舱空气分配系统的任务是要解决客舱内温度的均匀性、通风空气的合适气流分布和客舱内空气的合适循环,使客舱内各部位都保有新鲜空气的感觉。客舱的空气分配系统由主分配总管、侧壁立管和舱顶分配管道、舱顶出气口、侧壁扩压出气口以及排气口构成。

空调系统的另一个作用是座舱压力控制。座舱压力控制系统的基本任务就是保证在预定的飞行高度范围内,座舱的压力及其压力变化速率满足人体生理要求,并保证飞机结构安全。在现代民航飞机中,客舱、货舱及驾驶舱设计成一气密的整体舱,保证舱内压力高于外界的大气压力。现代民航客机座舱增压系统通常采用直线式增压控制规律。压力控制系统一般采用电子式压力控制器作为控制部件,它由增压程序发生器、压力变化率限制器和最大余压限制器组成。

空调系统的最后一个作用是加温,完成货舱加温以及电子舱设备通风。飞机一般是由客舱排气流经货舱壁实现对货舱的加温。电气和电子舱设备的通风与盥洗室和厨房的通风一样,由外界和空调出来的混合空气进行通风。

复习与思考

1. 什么是大气的物理特性?大气压力以及温度与高度有什么关系?
2. 飞机空调系统的主要功能是什么?
3. 引气系统的主要控制对象是什么?以737机型为例,简述其工作原理。
4. 简述空调系统的流量控制原理。
5. 循环冷却系统的工作原理是什么?其主要构成部件是什么?
6. 什么是座舱压力制度?现代民航主要的应用的压力制度是什么?

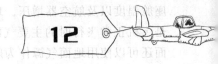

防冰和排雨系统

本章关键词

防冰(anti-ice)　　　　　　　　除冰(deicing)

防雾(anti-fog)　　　　　　　　结冰探测器(ice detector)

厌水涂层(hydrophobic coating)　　风挡刮水器(windshield wiper)

互联网资料

http://www.docin.com/p-400361180.html

http://d.g.wanfangdata.com.cn/Periodical_bjhkhtdxxb201308012.aspx

http://www.cnki.com.cn/Article/CJFDTOTAL-MYFJ200204006.htm

http://www.cnki.com.cn/Article/CJFDTOTAL-KJXX201122677.htm

http://d.g.wanfangdata.com.cn/Periodical_njhkht201303008.aspx

> 飞机在大气中飞行时,只要遇到高湿度和负温(或低温)两个条件,就可能结冰、结霜、起雾等。结冰对飞机性能及效率的影响是多方面的。如结冰会增大阻力并减少升力,导致有害振动;使大气压力仪表不能正常工作;使操纵舵面活动卡滞;危及无线电信号的接收与发射等。此外,冰或雨水积聚在风挡玻璃上会影响飞行员的视线。因此飞机上一般安装有防冰排雨系统保证飞机的安全。
>
> 本章主要介绍飞机在飞行过程中结冰的形成原理,外部条件以及结冰的形式。随着飞机技术的发展,结冰探测系统也有不同的种类。根据结冰探测方式的不同,可以分为振荡式结冰探测和压差式结冰探测两类。完成飞机的结冰探测后,飞机除冰系统需要对飞机进行除冰工作,现代民用飞机普遍利用高温气体进行除冰工作,高温气体除冰的主要对象包括发动机的进气道前缘和大翼前缘。除此之外还包括驾驶舱风挡玻璃的除冰,该系统的除冰主要利用电加温除冰,因为该区域无法使用高温气体进行除冰工作。同时,对于飞机排水和探头的除冰工作也使用电加温进行。

12.1　防冰和排雨系统概述

表12.1-1列举了飞机容易受恶劣气象条件影响的可能部位、主要危害和防护措施。飞机上需要防冰排雨的典型部位如图12.1-1所示。

表 12.1-1　飞机防冰排雨系统的功用

飞机部位	影响形式	主要危害	防护措施
机翼前缘	冰、雪或霜	破坏机翼剖面形状，增加阻力，降低升力	气热能、机械能或化学物防冰**
发动机进气道	冰、雪或霜	影响进气量，损害发动机	气热能防冰
螺旋桨桨叶和桨毂	冰、雪或霜	破坏桨叶平衡，导致抖振，危害机身结构；破坏桨叶剖面形状，增加阻力，降低拉力	电热能或化学物防冰**
垂直安定面和水平安定面前缘*	冰、雪或霜	破坏机翼剖面形状，增加阻力，降低升力	气热能、机械能或化学物防冰**
风挡玻璃	冰、雪、霜或雾 雨水	降低风挡玻璃抵抗冲击破坏的强度，降低透明度，影响机组视线	电热能、气热能或化学物防冰** 刮水器、厌水涂层或排雨液
探头	冰、雪或霜	造成探头堵塞及探测数据失真	电热能防冰
供水和排放系统管道	冰	造成管道堵塞和爆裂	电热能防冰

注：* 通常仅适用于涡桨飞机及发动机不安装在机翼上的涡扇飞机；
　　** 化学物除冰法通常仅用于涡扇和涡桨飞机的地面除冰。

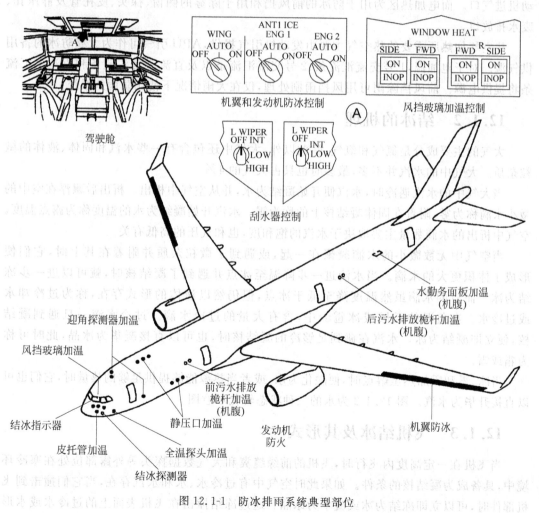

图 12.1-1　防冰排雨系统典型部位

在实际使用中,采取了防冰和除冰两种方式。防冰是在探测到结冰条件后接通防冰系统。除冰是在探测到存在结冰后接通除冰系统,把冰除去。前者多用于涡扇飞机,后者多用于涡桨飞机。现代飞机多采用热空气防冰和电热防冰两种主要形式。

12.1.1 防冰和排雨系统的功用

为了防止水汽在飞机上结冰,飞机上必须安装有防冰和防雨系统。该系统可以保证飞机在大雨或者结冰条件下安全飞行。一般飞机的防冰和排雨系统采用发动机引气系统的热空气以及电加温为关键系统进行防冰加温。所谓关键系统是指对飞机的飞行条件能够产生影响的区域,例如发动机进气道。发动机进气道首先与空气进行接触,空气内部的实际扰动加大,因此空气在发动机进气口容易出现结冰的情况。进气道结冰容易导致发动机内涵气流的实际流向出现扰动,增加气流的动力损失,最终容易导致发动机产生喘振。另一个关键系统是飞机的前缘,由于现代飞机的实际飞行高度一般处于大气平流层,在该环境中迎风空气容易在飞机的大翼前缘产生结冰,导致飞机升力出现损失。

为防止关键系统出现结冰情况,热空气加温区域为每一机翼的中央部分和外侧缝翼、发动机进气口。而电加热区为用于防冰的前风挡和用于除雾的侧窗、探头、皮托管及静压孔、废水排放口。

热空气加热所需要的热空气主要由发动机引气提供,APU引气可作为大翼防冰的备用供气源。对于电加温,1号交流汇流条、2号交流汇流条以及直流正常汇流条和直流主汇流条将提供电源。前风挡除雨可用风挡雨刷处理,仅在大雨情况下使用防雨剂系统。

12.1.2 结冰的机理

大气的主要成分是氮气和氧气,除此以外,大气中还包含有一些水汽和固体、液体的微粒杂质。大气中的水汽并不多,最多时也只占大气的4%。

当大气中的水汽遇冷时,水汽便开始凝结为水,并从空气中析出。析出后飘浮在空中的微小水滴称为雾,附着在固体凝结核上的称为露。水汽开始凝结为水的温度称为露点温度。空气中析出的水滴数量主要取决于水汽的饱和度,也和气压的高低有关。

当空气中无数微小的水滴凝聚在一起,或遇到了微粒杂质并附着在其上时,它们便形成了体积更大的水滴。当水滴进一步降温至冰点并遇到了凝结核时,就可以进一步冻结为冰。而有的水滴虽然温度降至低于冰点,但仍然以液体的形式存在,称为过冷却水或过冷水。在负温的云层或冰雹云中,含有大量的过冷水滴。过冷水滴一旦遇到凝结核,便立即凝结为冰。水汽在碰到足够冷的凝结核时,也可以直接凝华为冰晶,此时可称为霜或雪。

当冰、雪和霜加热至熔点时,便融化为水,或者当热源能够提供足够的热量时,它们也可以直接升华为水汽。图12.1-2为水的三种状态转化示意图。

12.1.3 飞机结冰及其形式

当飞机在一定高度内飞行时,飞机的前缘缝翼和大气数据探头等外露部位处在寒冷环境中,具备成为凝结核的条件。如果此时空气中有过冷水、水和水汽存在,当它们撞击到飞机部件时,可以立即冻结为冰或凝华为冰晶。通过冻结撞击在飞机表面上的过冷水或水形

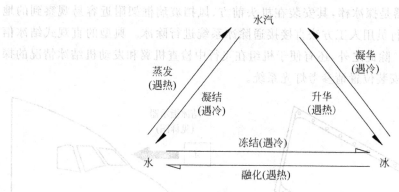

图 12.1-2 水的三态及其转换

成冰层的结冰形式称为滴状结冰。通过凝华由水汽直接附着在飞机表面形成冰晶的结冰形式称为凝华结冰。除此之外,还有第三种结冰形式——干结冰,它由冰晶体沉积到飞机表面上而使飞机结冰。飞机上常见的结冰形式是滴状结冰。按照冰层表面的外形,飞机结冰可以分为毛冰、明冰和角状冰三种,如图 12.1-3 所示。三种结冰形式中,角状冰危害最大,因为它不但严重破坏了飞机的气动外形,而且与翼型表面结合牢固,难以脱落。

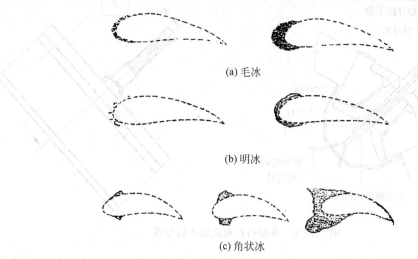

(a) 毛冰

(b) 明冰

(c) 角状冰

图 12.1-3 典型的结冰形态

12.2 结冰探测器

由于飞机的飞行条件随着飞行航路的不同而千差万别,因此,防冰系统首先需要完成的工作是对飞机的飞行条件进行检测,确认飞机的实际飞行环境是否处在结冰条件下。由于防冰系统采用的是热空气除冰,因此对发动机的实际功率损失有较大影响,因此,在飞机没有出现结冰情况时,系统可以不进行除冰工作,从而降低发动机的实际油耗,提高飞机飞行效率。因此防冰系统中安装有结冰探测器,用于指示飞机关键部件的结冰情况。结冰信号器有多种形式,一般可分为直观式和自动式结冰信号器两大类。

直观式结冰信号器是探冰棒,其安装在机头前方、风挡玻璃框架附近容易观察到的地方。当发现结冰后,飞行员用人工方法直接接通除冰系统进行除冰。典型的直观式结冰信号器如图 12.2-1 所示。除此之外,还有便于机组在飞行中检查机翼和发动机结冰情况的探冰灯,探冰灯的控制和安装位置请参考灯光系统。

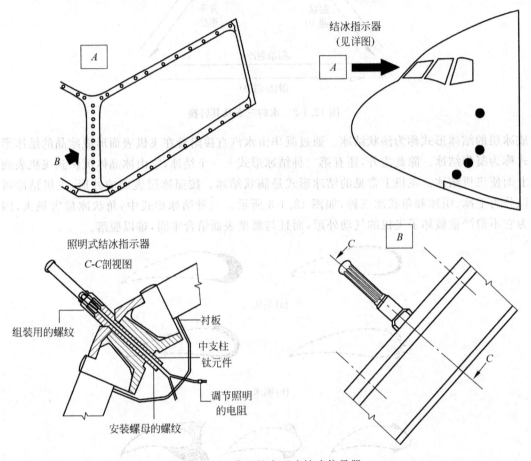

图 12.2-1 典型的直观式结冰信号器

自动结冰信号器有振荡式结冰信号器、压差式结冰信号器、放射性同位素结冰信号器等,当达到结冰信号器发出结冰信号时所需的最小冰层厚度时,向飞行员发出结冰信号,同时自动接通防冰系统进行除冰。

12.2.1 振荡式结冰探测器

振荡式结冰探测器是利用传感元件结冰之后振荡频率发生变化的原理工作。振荡式结冰探测器由传感元件、支撑座、安装盘、壳体、电子控制电路和电气接头等部件组成,如图 12.2-2 所示。其中传感元件和支撑座暴露在机外气流中,安装盘上有螺孔,用螺杆固定在机身蒙皮上。支撑座里有驱动线圈、反馈线圈和加热器。电子控制电路包括印刷电路板和微处理器等。

振荡式结冰探测器的中心部件是超声波轴向振荡探头,该探头在结冰之后,其振荡频率

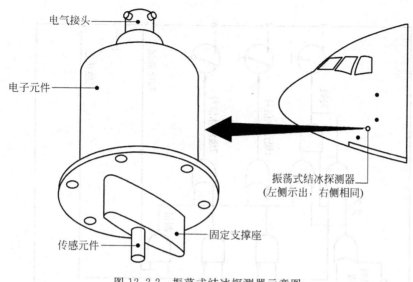

图 12.2-2 振荡式结冰探测器示意图

将发生变化,利用这一原理就可以探测到结冰状态的存在。振荡式结冰探测器电路原理如图 12.2-3 所示。

振荡式结冰探测器的探头是一个镍合金管,一半安装在支撑座里,另一半(25.4mm)和支撑座一起暴露在机外气流中。支撑座里有磁偏置磁铁、驱动线圈、反馈线圈和加热器。驱动线圈环绕在镍合金管的下半部。电子控制电路包括磁致伸缩振荡器(MSO)电路、放大器和微处理器等。

振荡式结冰探测器是一个数字式电气装置,其工作电源为 115V/400Hz 交流电。振荡式结冰探测器的探头具有磁致伸缩的特性,它在可变磁场的作用下不断伸出和收缩。可变磁场由磁偏置磁铁和驱动线圈一起产生。在驱动线圈的作用下,镍合金管进行轴向振荡,在反馈线圈里感应出电流,并送到放大器,放大器根据反馈线圈的信号不断调整发送到驱动线圈振荡电压的频率。电路的振荡频率取决于探头的自然共振频率,该频率约为 40kHz。

当外界出现结冰条件时,传感元件开始结冰,根据力学的相关定律,附着在探头上的冰层所增加的质量将导致探头振荡频率的降低,0.5mm 厚的冰层就可使探头的振荡频率降低约 133Hz。当频率下降至 39 867Hz 时,开始给除冰加热器加热。一次加温的持续时间通常为 5~7s,由微处理器计算加热器加温和关断的循环次数,当出现 2 次或以上加热时,微处理器发出 1 级结冰信号给发动机进气道防冰系统。如果在短时间之内结冰信号频繁产生(≥10 次),则微处理器发出 2 级结冰信号给机翼防冰系统。2 级结冰信号的发出说明飞机上的冰层已经很厚。如果一次加温持续时间达到 25s,说明探测器有故障,则加热器电源被切断,并发出故障信息。

微处理器比较并监控振荡信号的频率,在没有结冰的情况下,其范围应在 39 867~40 150Hz。如果频率超出此范围,则探测器发出故障信号。除此之外,微处理器还监控结冰加热器信号和结冰信号,而且当检测到故障时,发出故障信号。

振荡式结冰探测器在现代大中型民航机上得到了广泛应用,在波音系列的 747-400、777-200 和空中客车系列的 320、330 等飞机上,都能见到这种类型探测器的选装。

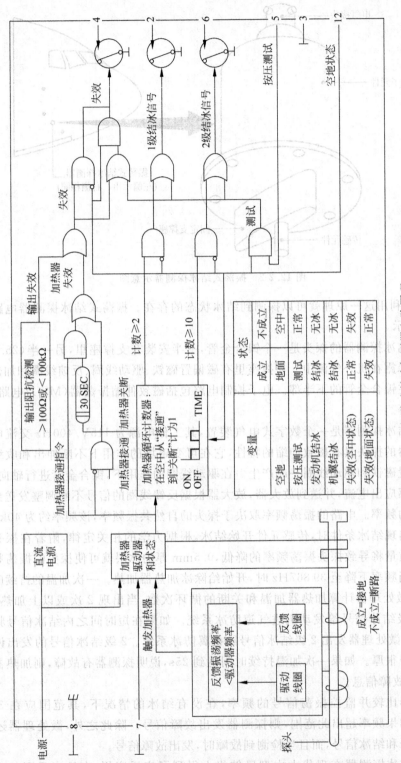

图 12.2-3 振荡式结冰探测器电路原理

12.2.2 压差式结冰探测器

压差式结冰探测器又称为冲压空气式结冰探测器,它利用测量迎面气流的动压(全压)与静压的差值的原理制成。图 12.2-4 所示为一种用于发动机进气道口的压差式结冰探测器。

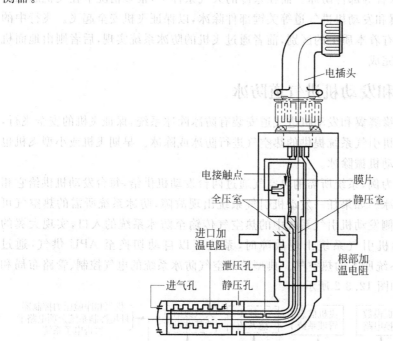

图 12.2-4 压差式结冰探测示意图

压差式结冰探测器的核心元件是膜片和电接触点。膜片将静压室与全压室隔离,膜片上装有活动触点,两室之间由泄压孔相通。全压室通过进气孔端面上的小孔接收进气道气流的冲压;而静压室通过探测器侧面的小孔感受空气的静压。该结冰探测器的进口和根部还有两组加温电阻,为探测器本身除冰加温用,探测器通过插头与外电路连接。

冲压空气式结冰探测器一般用于发动机进气道探测,当该探测器安装在发动机进气道时,其头部一端伸向进气道内,进气口对准气流的方向。在发动机不工作、没有冲压气流时,接触点处于闭合状态;当发动机工作时,冲压气流进入全压室,由于全、静压之差使膜片弯曲,触点断开。在飞行中,当发动机进气道出现结冰情况时,结冰探测器探头进气口上的小孔被冰层部分或全部堵塞,这时全压室部分或全部失去冲压气流。当全压室和静压室的压力通过泄压孔达到平衡时,膜片没有外力作用,恢复原状,其上的活动接触点与固定接触点闭合,接通驾驶舱内的结冰信号灯,发出结冰信号,同时接通探测器本身的加温电路。

结冰探测器本身的加温电路接通后,经过一段时间后,融化了结冰探测器头部进气孔的冰层,冲压空气又进入全压室,膜片弯曲又将接触点断开,信号灯熄灭,同时停止探测器本身的加温。这时如果飞机仍在结冰区,又将重复上述过程。因此,飞机飞过较长结冰区域时,结冰信号灯将周期性闪亮,提醒飞行员对发动机进气道除冰。

12.3 防冰和除冰

防冰和除冰主要是指在飞行中给飞机的机翼、尾翼、发动机进气道、螺旋桨、风挡玻璃、大气数据探头、供水排水管等部件防冰。而在寒冷的天气条件下,很多情况下在飞机起飞之前,也需要给飞机的机翼和发动机进气道等关键部件除冰,以保证飞机安全起飞。飞行中的防冰或除冰与地面除冰有着本质上的区别,前者通过飞机的防冰系统实现,后者则由地面机务人员按照规定的程序完成。

12.3.1 机翼和发动机进气道防冰

现代大型飞机的前缘缝翼和发动机进气道安装有防冰除冰系统,保证飞机的安全飞行,该除防冰系统利用发动机引气系统提供的热空气进行防冰或除冰。早期飞机或小型飞机也有采用电加热元件或气动机械除冰。

以热空气防冰系统为例,系统所需的热空气通过两台发动机供给,每台发动机供给它相应侧机翼以及发动机防冰。如果任一发动机引气系统出现故障,防冰系统所需的热空气可以通过交输活门将另一侧发动机引气系统中的热空气传输至防冰系统的入口,实现大翼的防冰。在飞行中当发动机引气系统出现故障时,系统可以自动切换至 APU 供气,通过 APU 来提供机翼防冰系统所需的热空气。典型的热空气防冰系统的电气控制、管路布局和防冰原理如图 12.3-1 和图 12.3-2 所示。

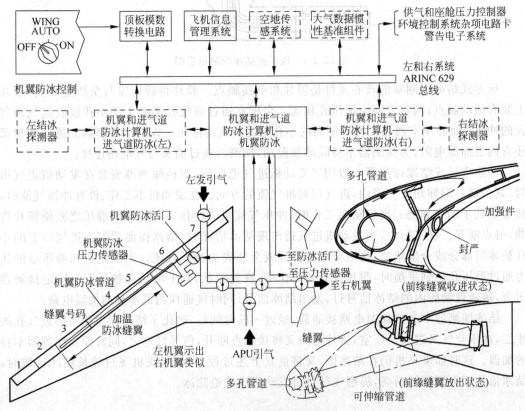

图 12.3-1 机翼防冰示意图

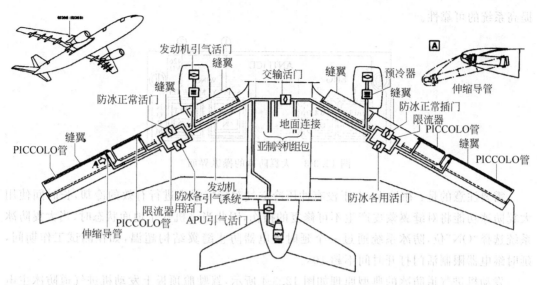

图 12.3-2　APU 供气时防冰原理图

热空气机翼防冰系统主要优点是可靠,但其主要缺点是消耗和浪费能量过多,会导致发动机耗油量增大。

A300 机型的大翼防冰原理如图 12.3-2 所示,大翼防冰主要针对中央缝翼和外侧缝翼的前缘。热空气从发动机引气系统中引出,由于发动机压气机中的空气属于高温高压气体,因此无法直接引入防冰管路进行加温工作,需进入预冷器进行初步降温。同时,由于防冰系统的空气流量较大,因此防冰系统的工作与否直接影响发动机的实际工作效率。因此,当机翼防冰系统打开时,发动机引气系统将自动调节引气预冷器的实际出口温度,保证防冰系统的正常工作。每一大翼都装有两个防冰电磁活门,其中一个是主防冰活门,一个是备用防冰活门,两个防冰活门都是电控气操纵活门,只有当活门的电磁线圈通电并且活门上游存在压力空气时,活门才能够正常打开。当用发动机引气供气时,启动大翼防冰,此时只有一个防冰活门工作。而当用 APU 引气供气时,不论模式选择如何,两个活门都工作。在每个活门的下游装有一流量限制器。热空气通过大翼防冰活门后,进入大翼防冰管路。大翼防冰管路安装在大翼内部,周围安装有隔热保护,防止管路中出现温度损失。防冰管路通过可伸缩的导管与前缘缝翼中的防冰管路连接,保证缝翼在伸出与收上位都可进行有效的防冰操纵。前缘缝翼中的防冰管采用短笛管形式将热空气直接吹在缝翼的蒙皮上,提高缝翼蒙皮的温度达到防冰的目的。而后吹到缝翼蒙皮表面的热空气通过位于机翼下表面的孔沿着缝翼下部排出。

大翼防冰的操纵界面如图 12.3-3 所示。图中,按钮①是大翼防冰活门的开关按钮,当 WING ANTI ICE SUPPLY 置于 ON 位时,信号发送到引气系统,从而调节发动机风扇活门的实际开度,减小冷却空气的实际流量,增加预冷却器出口的热空气温度。若用 APU 引气供气,APU 的引气流量将增加。若在发动机引气供气时主防冰活门不能打开,则相应的备用活门可以选择工作。在不供电或没有供气时,防冰活门由于弹簧压力自动关闭。按钮②是大翼防冰的模式选择按钮,在正常情况下,系统通过主防冰活门进行控制,当主防冰活门出现故障时,可以通过模式选择按钮进行切换,通过备用防冰活门进行大翼防冰工作,以提高系统的可靠性。

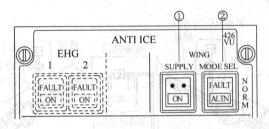

图 12.3-3　大翼防冰的操纵界面

需要注意的是：在地面，由于没有冲压冷空气对缝翼蒙皮进行有效的冷却，长时间使用大翼防冰功能将对缝翼蒙皮产生不可修复的损伤，因此当飞机处于地面状态时，当大翼防冰系统选择"ON"位，防冰系统通过一个延时继电器防止缝翼结构超温，如在测试工作期间，延时继电器限制活门打开时间不超10s。

发动机进气道防冰的典型原理如图 12.3-4 所示，驾驶舱顶板上发动机进气道防冰主电门决定系统的工作方式。当电门在"开（ON）"和"关（OFF）"位时，由机组人员人工控制防冰活门的开关；当电门在"自动（AUTO）"位时，"机翼和进气道防冰计算机"控制防冰活门的开关。当活门打开时，来自发动机的热空气进入防冰管道。防冰压力传感器的信号送到计算机，用于防冰系统的控制。

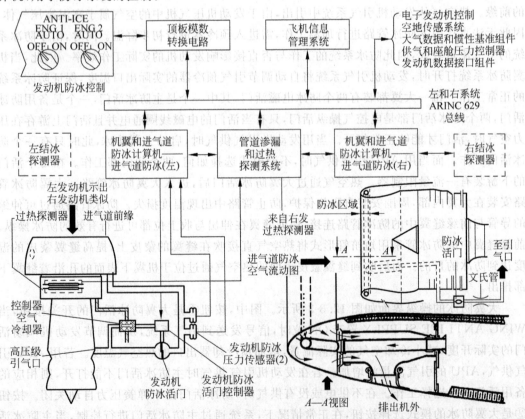

图 12.3-4　进气道防冰示意图

与大翼防冰不同,每个发动机的进气道防冰系统是互不相关的,每个发动机的进气口有一个独立的防冰系统。两者无法通过交输活门进行引气交输。由于发动机的防冰对于发动机引气的功率影响较大,因此只有当遭遇结冰情况时才选择发动机进气口防冰系统。热空气通过发动机防冰活门进入发动机防冰管路,与缝翼防冰类似,热空气通过防冰管路上的喷嘴将热空气吹到发动机前缘蒙皮的内表面,提高发动机前缘蒙皮的实际温度,实现发动机进气口防冰,然后热空气经过整流罩下部排出机外。发动机防冰系统的核心部件是发动机防冰活门。A300 机型发动机进气口防冰活门的结构如图 12.3-5 所示。

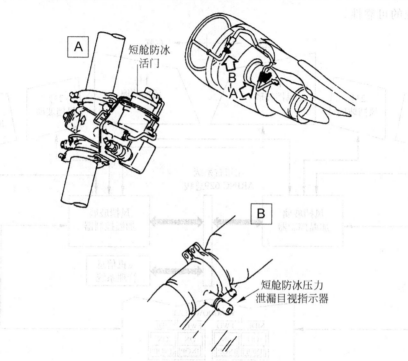

图 12.3-5　A300 发动机进气口防冰活门结构图

当环境总温(TAT)大于 −15℃ 且小于 +6℃ 时,飞机处于发动机进气口结冰条件下,此时系统将在 ECAM 上提示机组打开发动机防冰功能。当发动机防冰处于打开状态时,压气机内的高压空气通过管路直接进入到防冰活门的下游。发动机的防冰活门是一个电控气操纵的活门,但是与大翼防冰活门不同的是,当活门处于断电的情况下,活门由于上游压力的作用将处于全开的位置,从而保证飞机在失电的情况下可以正常完成飞机任务。

A300 机型发动机防冰的主要操纵面板如图 12.3-6 所示。面板上的两个按钮用于打开两台发动机中的防冰活门。当发动机防冰活门的实际位置与要求位置不一致时,按钮上的 FAULT 灯亮,用以提示机组防冰活门故障,需要进一步处理。

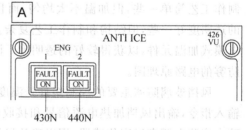

图 12.3-6　发动机防冰活门开关面板

12.3.2 风挡玻璃的防冰和防雾

现代民用飞机风挡玻璃的防冰防雾主要利用电加温进行。典型的驾驶舱风挡玻璃防冰防雾原理图如图 12.3-7 所示。图中可以看出驾驶舱内有多块风挡玻璃需要加温,将它们分为左、右两组,分别由左、右两个计算机控制。两个计算机的电源接到两个不同的汇流条上,以防某一电源汇流条失效,风挡玻璃加温电路全部断电。正前方的风挡玻璃均具有正常和备用的温度传感器,有些玻璃设置了各自独立的防冰和防雾加温导电膜,以提高风挡玻璃防冰防雾系统的可靠性。

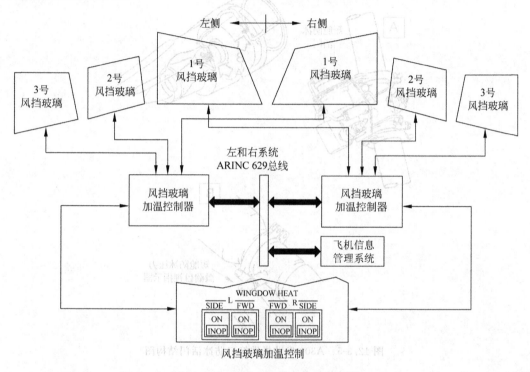

图 12.3-7 风挡玻璃防冰防雾示意图

风挡玻璃电热防冰的加温元件有两种,一种是电阻丝式,细小的加温电阻丝均匀地分布在玻璃内;另一种是导电膜式,透明的加温导电膜均匀地镀在层式风挡玻璃外层内表面上。当给电阻丝或导电膜通电时,玻璃温度上升,即可达到防冰的目的。两者相比,前者结构和制作工艺简单一些,但加温不太均匀,而且电阻丝对光线有一定影响;后者加温均匀,玻璃的透明度好一些,但结构和制作工艺复杂。因此,驾驶舱正前方的两块风挡玻璃普遍使用导电膜式加温元件,以获得较好的透明度。图 12.3-8 所示为 A300 机型驾驶舱风挡玻璃防冰防雾的电路原理图。

风挡玻璃防冰主要的控制组件是温度控制计算机,该计算机的主要作用是接收飞行员输入指令,输出风挡加热电源信号和接收风挡温度的反馈信号。由图 12.3-8 可见,风挡玻璃中安装有两套温度传感器,用以确认风挡玻璃的实际温度。一套为主用的温度传感器,另一套为备用的传感器。当飞行员按风挡加温按钮后,计算机根据风挡温度传感器反馈的温度,接通下游连接电源的继电器,为下游风挡玻璃加温组件供电。在风挡玻璃和计算机之间

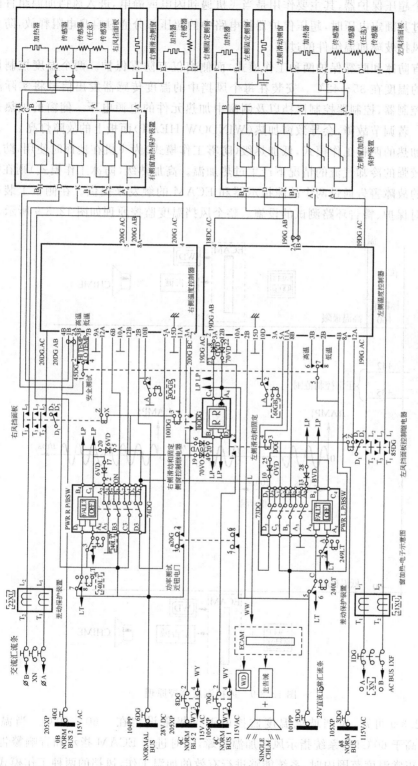

图 12.3-8 A300 机型风挡玻璃加温电路原理图

还安装了一个超压保护器,其主要作用是当飞机遇到闪电或静电,进入风挡加温组件内的电压值大大超过其额定电压时,超压保护器将电路中的超压部分通过自身电阻释放,防止计算机以及下游风挡玻璃加温组件的过压。

前风挡有防冰和防雾保护两种工作模式,而侧窗仅有防雾保护。两个温度控制计算机控制前风挡的温度在 35~42℃。安装在每个风挡中的温度传感器发出信号将实际温度传递至相应的控制器,控制器控制风挡以及侧窗中加热元件的电源电压。侧窗的加热是没有温度控制的。若调节故障,会导致窗加热(WINDOW HEAT)面板上的故障灯亮。

前风挡加热的两种工作模式,低加热级(防雾工作模式)为飞机在地面时使用,防止风挡在地面没有较强的冷却气流的情况下产生过热加温。高加热级(防冰工作模式)则在空中使用。窗加热的故障警告通过两个故障指示器和 ECAM 的触发来提供。在侧板上装有测试加热供电和对保护、警告环路测试的设施。整个风挡温度监控原理如图 12.3-9 所示。

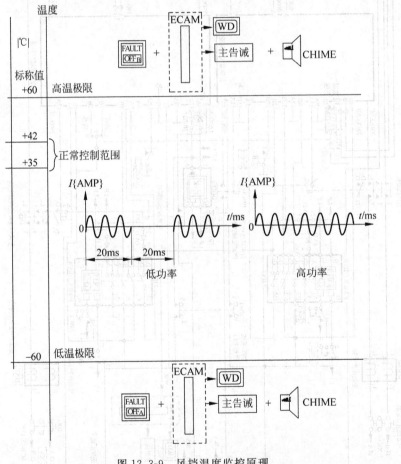

图 12.3-9 风挡温度监控原理

由图 12.3-9 可知,风挡玻璃温度监控的温度极限设定在 −60~60℃。当温度低于 −60℃或者高于 60℃时,系统指示风挡加温故障,同时进行 ECAM 指示和音响警告。当风挡温度处于正常温度范围内时,系统能够进行有效的加温工作,风挡的两种工作模式是通过温度控制器输出的电压形式通过来实现。

12.3.3 大气数据探头防冰

探头防冰系统主要作用是为大气数据系统的全压管、静压口、总温传感器、迎角传感器等各种类型的探头提供防冰加温。由于这些传感器全部都安装在机身的外部,因此在飞机正常飞行过程中容易产生结冰或结霜。这些探头内部都装有一体化的防冰加温电阻。而波音飞机的静压口不是探头防冰系统的组成部分,因为其静压口与机身蒙皮齐平,不需要防冰加温。

图 12.3-10 所示为现代大中型飞机典型的探头防冰方框图。从图中可见,探头加温完全由电子计算机控制,采用电热能加温,计算机之间通过数据总线进行数据交换,实现了加温自动化。当满足下列条件时,探头加温自动接通:①一台发动机起动成功,探头获得低功率加温;②飞机空速超过 50 节或飞机在"空中"状态时,探头获得全功率加温。

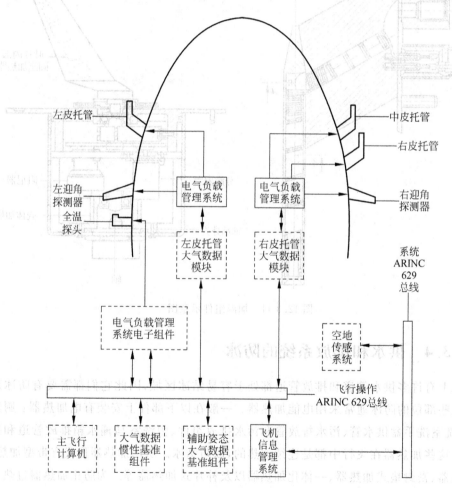

图 12.3-10 探头防冰方框图

A300 机型的探头加温系统设计成三个独立的通道(机长/副驾驶/备用)。空速管有两个加热标准,在地面时采用低温加热,在真空中采用高温加热,两种加热模式由系统自动切换。在地面为了避免错误的指示，TAT 探头在地面时不加热。即使系统接通，TAT 探头灯在地面也不会亮。当飞机处于飞行且结冰状态时，如果探头加热没有选择在 ON 位，或探头加热有任何故障或误差，相应的顶板上的探头加温（PROBE HEAT）灯会亮。

对于加温组件，以空速管为例，其结构形式如图 12.3-11 所示。各类探头的加温组件一般直接安装在探头内部，通过供电电缆与下游温度控制部分相连接。系统通过电流值大小来监控供应至每个探头的工作情况，针对不同形式的电流源，采用不同的电流传感器，每个探头独立监控。当系统监控电流大小超出系统极限时，相应的故障灯亮，用以提示机组存在故障。

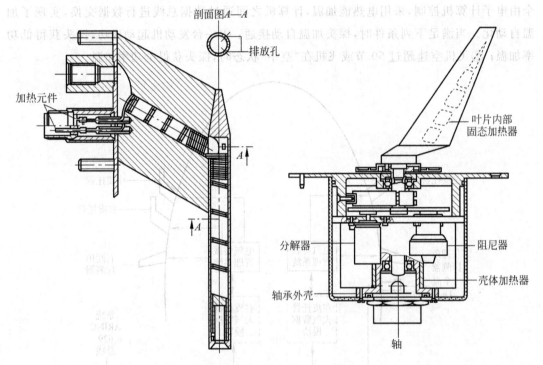

图 12.3-11　加温组件示意图

12.3.4　供水和排放系统的防冰

飞机上有许多供水管道和排放管道都处于容易结冰区域，因此它们都需要有防冰加温装置。这些部位的防冰通常采用电能加热器。一般在以下部件上安装有电加热器：厨房供水管、盥洗室洗手盆供水管、污水排放管和污水排放组件、盥洗室马桶水箱排放管道和排放活门等。这些加热器在飞行中都是连续加热的，以防结冰。所用加热器形式有带型加热器、毯型加热器、密封垫式加热器、一体化加热器以及补片式加热器等。为防止加热器过热和节省电能，有的加热器电路中装有恒温器，且当飞机停留在地面时，加热器处于弱加温状态。图 12.3-12 所示为部分典型的加热器。

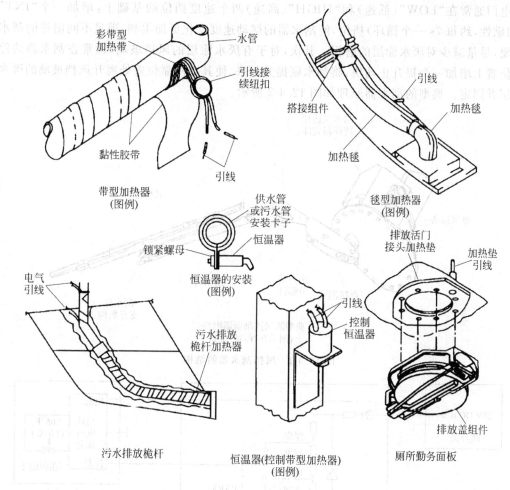

图 12.3-12 供水和排放系统防冰示意图

12.4 风挡排雨系统

大风大雨气象条件下飞行时,若只靠风挡刮水器给风挡玻璃排雨,不足以保持良好的能见度。因此除了风挡刮水器,还必须有另外的排雨措施。风挡玻璃上的永久性厌水涂层和在大雨气象条件下使用的一次性排雨液是常用的两种排雨手段。

12.4.1 风挡刮水器

飞机上最常使用的排雨设备是风挡刮水器。风挡刮水器的驱动力来自液压马达或电动机,现代飞机通常采用电动机驱动,通过一个机械转换装置将电动机的旋转变换成刮水器的摆动。典型的风挡刮水器如图 12.4-1 所示。刮水器摆动速度的调整通过改变直流串励电动机电枢电路的附加电阻值实现。由于厌水涂层具有良好的排水作用,加上风挡玻璃刮水刷的磨损会缩短厌水涂层的使用寿命,因此对涂与不涂厌水涂层的两种风挡玻璃,一般在刮水器的摆动速度和停靠位置的设计上要加以区别。首先,对于有厌水涂层的风挡玻璃,刮水器电门通常在"LOW"(低速)和"HIGH"(高速)两个速度挡位的基础上,增加一个"INT"(间歇性,约每7s一个循环)挡位,使刮水器的摆动速度变化更加柔和,满足不同雨量的刮水需要,尽量减少对厌水涂层的磨损。其次,对于有厌水涂层的风挡玻璃,通常在刮水器的停靠位置上增加一个提升止动块,将刮水刷提升起来,使其在停靠位置处离开风挡玻璃的厌水涂层并固定。典型的刮水器原理如图12.4-2所示。

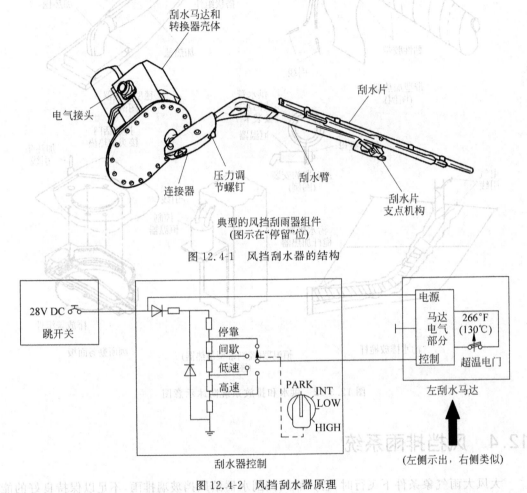

图 12.4-1 风挡刮水器的结构

图 12.4-2 风挡刮水器原理

在A300机型中,前风挡除雨可由两个雨刷来完成,每个雨刷由一双速电马达驱动。它们由顶板上两个雨刷选择器控制,一个由机长控制,一个由副驾驶控制。在飞机结构组件上安装有刮水器雨刷片停留片,停留片保证刮水片在不工作的情况下提离窗表面,以避免外来物刮伤玻璃。

12.4.2 排雨液

下大雨时,风挡玻璃表面上便形成厚度不均的水膜,水膜阻碍飞行员的视线。排雨液排雨的机理是:增大水的表面张力,消除玻璃上的水膜,使水保持珠状(就像玻璃表面上的水银珠),加速水珠在刮水刷和气流的共同作用下从玻璃上滑走,使水珠不附着在玻璃表面上,改善玻璃的透明度,提高能见度。

排雨液系统通过驾驶舱内的两个控制按钮控制风挡排雨液的使用。不管按钮按压时间多长,每次都只喷射适量的排雨液,若需再次喷射,机组可以多次按压使用,但必须松开后再次按压。按压操作按钮后,电磁活门打开(0.4s),排雨液在压力的作用下均匀地喷到风挡玻璃外表面上。来自引气系统的压缩空气对排雨液喷口进行清洗,防止堵塞。典型的排雨液控制原理如图12.4-3所示。

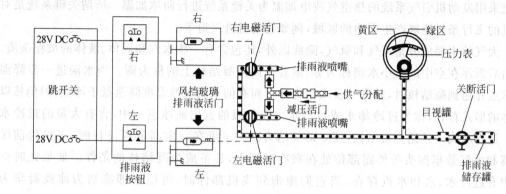

图 12.4-3 典型的排雨液控制原理

12.4.3 厌水涂层

风挡排雨液是一种化学液体,使用后会对环境造成污染。因此,有关企业在十多年前开发了一种化学材料,涂在风挡玻璃的外表面,形成一层不吸附雨水、并对雨水起很强排斥作用、使雨水呈柱状从玻璃上快速滚落的涂层,这一涂层称为厌水涂层。目前,厌水涂层已经得到广泛应用,几乎在所有的波音系列飞机上都可见到,在空客系列飞机上也有使用。厌水涂层不影响风挡玻璃的强度和光学透明度,但是随着使用时间的增长,厌水涂层会逐渐磨损,磨损的速度取决于刮水器的使用、航路情况和风挡玻璃的维护保养状况。典型的厌水涂层如图12.4-4所示。

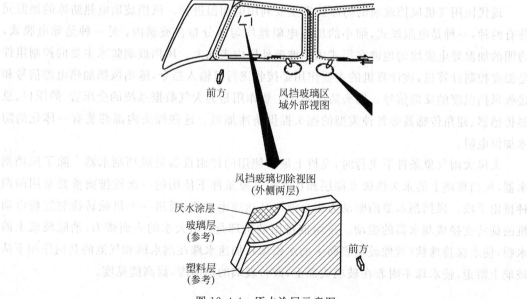

图 12.4-4 厌水涂层示意图

本章小结

除冰防冰系统可以保证飞机在大雨或者结冰条件下安全飞行。一般飞机的防冰和排雨系统采用发动机引气系统的热空气或电加温为关键系统进行防冰加温。所谓关键系统是对飞机的飞行条件能够产生影响的区域,例如发动机进气道等。

大气的主要成分是氮气和氧气,除此以外,还包含有一些水汽和固体、液体的微粒杂质。析出后飘浮在空中的微小水滴称为雾,附着在固体凝结核上的称为露。当水滴进一步降温至冰点并遇到凝结核时,就进一步冻结为冰。而有的水滴虽然温度降至低于冰点,但仍然以液体的形式存在,称为过冷却水或过冷水。在负温的云层或冰雹云中,含有大量的过冷水滴。过冷水滴一旦遇到凝结核,便立即凝结为冰。飞机在一定高度内飞行时,飞机的前缘缝翼和大气数据探头等外露部位处在寒冷环境中,具备成为凝结核的条件。如果此时空气中有过冷水、水和水汽存在,当它们撞击到飞机部件时,可以立即冻结为冰或凝华为冰晶。

由于飞机的飞行条件随着飞行航路的不同而千差万别,因此,防冰系统首先需要完成的工作是对飞机的飞行条件进行检测。直观式结冰信号器是探冰棒,其安装在机头前方、风挡玻璃框架附近容易观察到的地方。振荡式结冰探测器利用传感元件结冰之后振荡频率发生变化的原理工作。压差式结冰探测器又称为冲压空气式结冰探测器,它利用测量迎面气流的动压(全压)与静压的差值的原理制成。

现代大型飞机的前缘缝翼和发动机进气道都安装有防冰除冰系统保证飞机的安全飞行,该除防冰系统利用发动机引气系统提供的热空气进行防冰或除冰。热空气机翼防冰系统主要优点是可靠,其主要缺点是消耗和浪费能量过多,会导致发动机耗油量增大。

现代民用飞机风挡玻璃的防冰防雾主要利用电加温进行。风挡玻璃电热防冰的加温元件有两种,一种是电阻丝式,细小的加温电阻丝均匀地分布在玻璃内;另一种是导电膜式,透明的加温导电膜均匀地镀在层式风挡玻璃外层内表面上。风挡玻璃防冰主要的控制组件是温度控制计算机,该计算机的主要作用是接收飞行员输入指令,输出风挡加热电源信号和接收风挡温度的反馈信号。探头防冰系统主要作用是为大气数据系统的全压管、静压口、总温传感器、迎角传感器等各种类型的探头提供防冰加温。这些探头内部都装有一体化的防冰加温电阻。

大风大雨气象条件下飞行时,飞机上最常使用的排雨设备是风挡刮水器。除了风挡刮水器,风挡玻璃上的永久性厌水涂层和在大雨气象条件下使用的一次性排雨液是常用的两种排雨手段。风挡刮水器的驱动力来自液压马达或电动机,通过一个机械转换装置将电动机的旋转变换成刮水器的摆动。排雨液排雨的机理是:增大水的表面张力,消除玻璃上的水膜,使水保持珠状(就像玻璃表面上的水银珠),加速水珠在刮水刷和气流的共同作用下从玻璃上滑走,使水珠不附着在玻璃表面上,改善玻璃的透明度,提高能见度。

复习与思考

1. 什么是飞机的关键系统？其结冰会对飞机产生什么影响？
2. 结冰的条件是什么？什么是过冷水？
3. 使用结冰探测的目的是什么？有哪几类结冰探测的方式？
4. 简述压差式结冰探测器的工作原理。
5. 热空气防冰的引气来源有哪些？其特点分别是什么？
6. 风挡加温有哪几种工作模式？其主要防止什么？

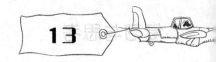

13

起落架系统

本章关键词

滑跑距离(running distance)　　减震系统(damping system)
起落架(landing gear)　　　　　增升/增阻装置(lift/drag device)
刹车装置(braking device)　　　撞击能量(impact energy)
滑行装置(sliding device)　　　自动定中机构(automatic centering mechanism)

互联网资料

http://www.docin.com/p-185518422.html
http://d.g.wanfangdata.com.cn/Periodical_zgmhfxxyxb201302015.aspx
http://www.cnki.com.cn/Article/CJFDTOTAL-FJSJ201203007.htm
http://d.g.wanfangdata.com.cn/Thesis_Y1552139.aspx
http://d.g.wanfangdata.com.cn/Periodical_hkgcjz201001002.aspx

　　起落装置是飞机的重要组成部分,起落装置包括起落架和改善起降性能的装置两部分。起落架由承力机构、减震机构、机轮和收放机构组成,起落架可使飞机从地面/水面起飞、着陆、滑行、停放并吸收着陆撞击动能。改善起降性能的装置主要作用是缩短飞机起飞和着陆的滑跑距离,包括增升/增阻装置、起飞加速装置和着陆减速装置(如发动机反推、刹车)等。

　　起落架的配置形式有前三点式、后三点式和混合式三类,不同的配置形式用于满足不同的着陆速度。起落架的结构形式有构架式起落架,支柱套筒式起落架和摇臂式起落架。起落架的结构型式取决于飞机类型、尺寸等因素,起落架结构型式主要影响结构受力和起落架的收放。

　　完成起落架的配置以及结构形式的介绍后,本文进一步介绍起落架的减震系统,减震系统主要用于减小飞机接地后的冲击力度,防止飞机产生结构性损伤。随着科学技术的不断发展,减震器取得了很大的发展,减震性能不断提高。现代飞机普遍采用油气式减震器,油气式减震器的具体构造是多种多样,但它们的工作原理却有很多相似之处。

　　设置起落架收放形式时,不但要考虑飞机内部空间(起落架舱)的限制,更要考虑应急放下起落架时的操作问题。为便于在紧急情况下将起落架放出,一般飞机的前起落架向前收入前机身,但某些重型运输机的前起落架是侧向收起的;而主起落架的收放形式大致可分为沿翼展方向收放和沿翼弦方向收放两种。

起落架的前轮转弯系统是飞机在地面机动滑行时提供方向控制的重要系统,保证飞机在地面可以根据飞行员要求进行转向。本章从结构以及部件层面对转弯系统进行了介绍。

最后对飞机的机轮和刹车系统进行介绍。机轮的主要作用是在地面支持飞机的质量,减少飞机在地面运动的阻力,吸收飞机着陆和地面运动时的一部分撞击能量。主起落架机轮上装有刹车装置,用于缩短飞机着陆的滑跑距离,并使飞机在地面具有良好的机动性。

13.1 起落架系统概述

一般起落架由一个前收的前起落架和两个向内侧收的主起落架组成。它们都由液压操作。起落架舱由起落架门封闭,每个主起落架组件中有一个液压/氮气减震支柱、四个轮子和小车架。每个主轮中有带防滞的轮子刹车。

当飞机起飞,主起落架离开跑道时,小车架上的俯仰阻尼器可以有效抑制小车架的前后摆动。前起落架组件包括一个液压/氮气组成的减震支柱和一套前轮转弯系统。在起落架正常收放时,所有的舱门全部打开,起落架系统开始作动。当起落架完全收进后,舱门在液压驱动下关闭。整个操纵循环由起落架系统自动控制,有效防止舱门或起落架的误操作。起落架系统的控制和指示器住于驾驶舱的中央仪表板和顶板上。在液压系统失效或电力供应失效等情况下,飞行员可用操纵台上的手摇柄进行重力放轮,保证飞机在应急状况下安全着陆。

在每个大翼和前起落架支柱上装有一个机械装置,用于目视确认起落架放下和锁住。有一个尾橇用来防止或限制由于起飞或着陆时,机头向上姿态过大情况下对飞机后部结构的损坏。

13.1.1 起落架配置型式

起落架在飞机上的配置型式通常有三种。

后三点式(见图 13.1-1(a)):两个支点(主轮)对称地安置在飞机重心前面,第三个支点(尾轮)位于飞机尾部。

前三点式(见图 13.1-1(b)):两个支点(主轮)对称安置在飞机重心后面,第三个支点(前轮)位于机身前部。前三点式起落架的飞机,尾部通常还装有保护座。

自行车式(见图 13.1-1(c)):两组主轮分别安置在机身下部、飞机重心的前后,另有两个辅助轮对称地装在左右机翼下面。

与前三点式起落架相比,后三点式起落架除了具有在螺旋桨飞机上容易配置和便于利用气动阻力使飞机减速等优点外,它的构造比较简单,质量也较轻。但是,具有后三点式起落架的飞机地面运动稳定性较差,如飞行员操纵不当,飞机容易打地转。此外,这种飞机着陆时不是地面反作用力使飞机上仰,而是重心下沉引起机头上仰,支点在机轮。如果飞机以

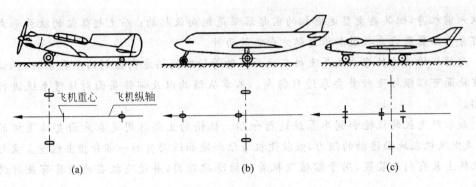

图 13.1-1 起落架的配置形式

较大的速度两点接地,由于两主轮位于飞机重心前,因重心惯性下沉使飞机的迎角增大,升力增大,飞机就要向上飘起,发生所谓的"跳跃"现象。另外大力刹车可能使飞机发生倒立。这些缺点对低速飞机来说,并不十分严重,所以,在数十年间(约 20 世纪初到 30 年代末),后三点式起落架曾得到极为普遍的应用。

随着飞机的起飞、着陆速度日益增大,后三点式起落架的性能与对飞机在地面运动的要求之间的矛盾日趋尖锐。例如,为了缩短滑跑距离,在机轮上安装了强力刹车装置,结果却增大了飞机向前倒立("拿大顶")的可能性;又如在起飞、着陆速度较大的情况下,后三点飞机还容易打地转。为了解决上述矛盾,在新的条件下(如着陆减速问题已经解决),前三点式起落架得到了应用。具有前三点式起落架的飞机,地面运动的稳定性好,滑行中不容易偏转和倒立;着陆时只用两个主轮接地,比较容易操纵。此外,这种飞机在地面运动时,机身与地面接近平行,飞行员的视野较好。对喷气式飞机来说,前三点式起落架还能使发动机轴线基本上与地面平行,避免发动机喷出的燃气损坏跑道。前三点式起落架的主要缺点,是前起落架承受的载荷较大,前轮在滑行时容易摆振。总的看来,前三点式起落架比较适用于速度较大的飞机。因此,从 20 世纪 40 年代初开始,它得到了迅速的推广,目前已成为起落架在飞机上配置的主要形式。

随着飞行速度继续增大,机翼的厚弦比不断减小,这样,要把尺寸较大的主起落架收入较薄的机翼,就比较困难。因此,近年来有些高速重型飞机采用了自行车式起落架。采用自行车式起落架的飞机,主要靠两个主起落架来承受载荷和滑行,虽然它们的尺寸较大,但机身内的容积也较大,因而收藏还比较容易;机翼上的两个辅助轮,可以使飞机在停放和滑行时稳定,它们的尺寸也较小,比较容易收入较薄的机翼内。这种起落架的结构比较复杂,目前应用得不广泛。

有些重型飞机如波音 747 飞机和空客 340 飞机以及一些重型军用运输机会采用多点式起落架布局,即除了在机翼下配置两个主起落架外,还在机身下配置机身主起落架,构成主起落架群(见图 13.1-2)。多点式起落架配置可将飞机的质量分散到较大的面积上,降低对跑道的要求。

13.1.2 起落架结构型式

飞机起落架的结构型式,可分为构架式、支柱套筒式和摇臂式三类。起落架的结构型式取决于飞机类型、尺寸等因素,起落架结构型式主要影响结构受力和起落架的收放。

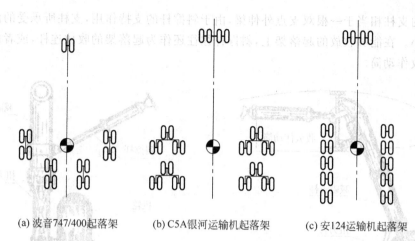

(a) 波音747/400起落架　　(b) C5A银河运输机起落架　　(c) 安124运输机起落架

图 13.1-2　多点式起落架

1. 构架式起落架

构架式起落架如图 13.1-3 所示,在早期飞机和现在的轻型飞机上广泛采用。这类起落架的机轮通过一套承力构架与机翼或机身连接,承力构架中的减震支柱及其他杆件,都是相互铰接的。当起落架受到地面反作用力时,它们只承受拉伸或压缩的轴向力,不承受弯矩,因此结构质量较轻,构造较简单。但构架式起落架外形尺寸较大,很难收入飞机内部,目前高速飞机已不采用。

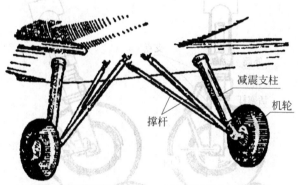

图 13.1-3　构架式起落架

2. 支柱套筒式起落架

支柱套筒式起落架是现代飞机起落架的典型型式。这类起落架的支柱就是由外筒和活塞杆(或内筒)套接起来的减震支柱,机轮轴直接连接在支柱下端,支柱上端固定在机体骨架上。支柱套筒式起落架分单支柱套筒式和双支柱套筒式,但双支柱套筒式起落架的质量和体积较大,且两个减震支柱的动作很难做到完全一致,目前已很少采用。

单支柱套筒式起落架又可分张臂式和撑杆式两种。张臂式(见图 13.1-4)起落架的支柱就像一根一端固接在机体骨架上的张臂梁。某些小型飞机的前起落架采用张臂式起落架。为了减小起落架支柱所受的弯矩,很多飞机上采用了撑杆式起落架(见图 13.1-5),这种起落架的支柱相当于一根双支点外伸梁,由于斜撑杆的支持作用,支柱所承受的侧向弯矩可大大减小。在能够收放的起落架上,斜撑杆往往还作为起落架的收放连杆,或者斜撑杆本身就是收放作动筒。

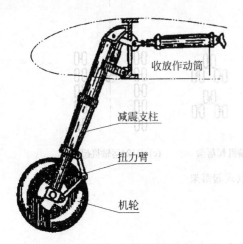
图 13.1-4 张臂式起落架

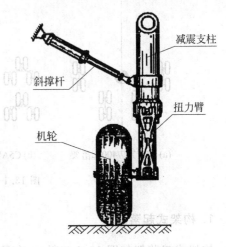
图 13.1-5 撑杆式起落架

支柱套筒式起落架(见图 13.1-6)容易做成可收放的型式,长期以来得到广泛的应用。但这种起落架承受水平撞击时,减震支柱不能很好地起减震作用。

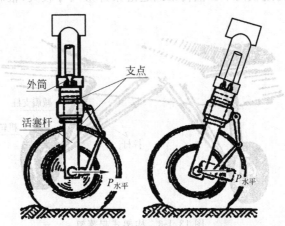
图 13.1-6 支柱套筒式起落架承受水平撞击

此外,在飞机着陆和滑行过程中,起落架上的载荷通常是不通过支柱轴线的,而支柱套筒式起落架的减震支柱,在这种载荷的作用下,要承受较大的弯矩,使活塞杆和外筒接触的地方(支点),产生较大的摩擦力。这样,不仅减震支柱的密封装置容易磨损,而且它的工作性能也要受到很大影响。

3. 摇臂式起落架

摇臂式起落架解决了起落架的水平载荷传递问题,这种起落架的机轮通过一个摇臂(轮臂或轮叉)悬挂在承力支柱和减震器下面。根据减震器配置的不同,它可以分为以下三种型式：

（1）减震器与承力支柱分开的摇臂式起落架(见图 13.1-7(a))，多用作主起落架；

（2）减震器与承力支柱合成一体的摇臂式起落架(见图 13.1-7(b))，一般用作前三点飞机的前起落；

（3）没有承力支柱，减震器和摇臂直接固定在飞机承力构件上的摇臂式起落架(见图 13.1-7(c))，一般用作后三点飞机的尾轮支撑机构。

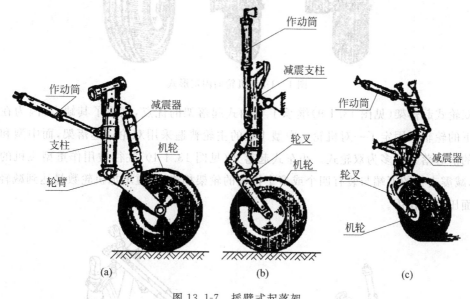

图 13.1-7　摇臂式起落架

摇臂式起落架与支柱套筒式起落架相比，具有以下优点：承受水平撞击时，减震器能较好地发挥作用；第一和第三两种摇臂式起落架的减震器只受轴向力，不受弯矩，因此密封装置的工作条件要好得多。

由于摇臂式起落架具有上述优点，所以它在高速飞机上得到了比较广泛的应用。但是，它也有不少缺点：构造比较复杂，减震器及接头受力较大，质量一般也较大等。因此，有些现代高速飞机仍然采用支柱套筒式起落架。

13.1.3　轮式滑行装置

飞机在不同的场地起降，需要采用不同形式的滑行装置，比如，在铺装良好的场地(跑道)采用轮式滑行装置，在冰雪场地起降则采用滑橇，而在水面使用的飞机必须配备浮筒或采用船身式机体。以上几种滑行装置中，轮式滑行装置应用最广泛，同时结构也最复杂。按机轮在起落架承力机构的固定方式不同，轮式滑行装置可分为半轴式、半轮叉式、轮叉式、双轮式和小车式等多种形式。

半轴式可将整个支柱都做成减震器，因此起落架较短，但在垂直载荷作用下，会使支柱受到侧向弯矩，在水平载荷下，支柱承受扭矩；半轮叉式和轮叉式可克服这一缺点，但由于轮叉是弯曲的，不能作为减震器的活塞杆，因而起落架较长。半轴式、半轮叉式和轮叉式(见图 13.1-8)只适用于轻型飞机及早期飞机。

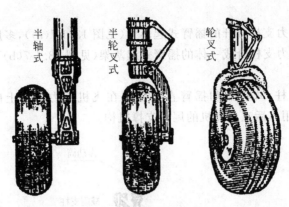

图 13.1-8 机轮的固定形式

双轮式起落架(见图 13.1-9)继承了半轴式起落架的优点,克服了其缺点,因为在减震支柱下的轮轴上固定了一对机轮。中型飞机的主轮普遍采用双轮式起落架,而中型和重型飞机的前起落架大多为双轮式。小车式起落架(见图 13.1-10)往往被用作重型飞机的主起落架,减震支柱的下端与装有四个或多个机轮的轮架相连,通过增加机轮数量达到减轻机轮对地面压力的作用。

图 13.1-9 双轮式起落架

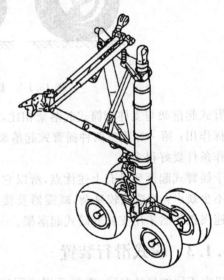

图 13.1-10 小车式起落架

在小车式起落架中,轮架与支柱是铰接的(见图 13.1-11)。铰接的轮架可绕支柱铰链转动,改善在高低不平地面滑行时的受力。另外,当飞机起飞滑跑时,可有效增加飞机抬头角度,防止机尾擦地,而在着陆接地时也可减小机尾触地的风险。由于轮架可转动,需要在轮架上安装轮架俯仰稳定减震器,减缓因地面不平引起的轮架震动。

当小车式起落架的轮数多于四个时(见图 13.1-12),飞机在地面转弯会导致机轮侧向载荷过大,装有转向作动筒,使两个后侧机轮可以转向。

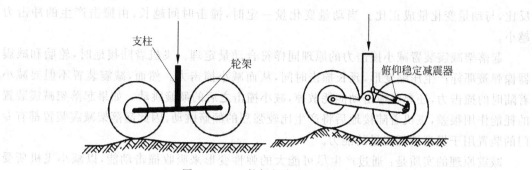

图 13.1-11 轮架与支柱连接方式

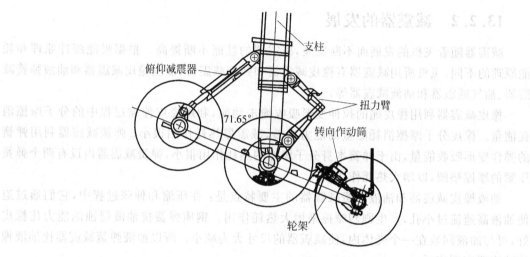

图 13.1-12 六机轮轮架特点

13.2 减震系统

飞机在着陆接地时,会与地面剧烈碰撞;在滑行中,由于地面不平,也会与地面相撞。为减小飞机在着陆接地和地面运动时所承受的撞击力,减弱飞机因撞击而引起的颠簸跳动,飞机必须设置减震装置。飞机减震装置由轮胎和减震器两部分组成,其中轮胎(尤其是低压轮胎)大约可吸收着陆撞击动能的 30%,而其余的能量必须由减震器吸收并消散掉。随着科学技术的不断发展,减震器也有很大的发展,减震性能不断提高,现代飞机普遍采用油气式减震器。

如果起落架减震器工作不良,飞机将受到很大的撞击力,并产生强烈的颠簸跳动,对飞机结构和飞行安全极为不利。

13.2.1 减震原理

飞机起落架减震装置种类很多,构造上有很大差别,但减小着陆撞击力和减弱飞机颠簸跳动的基本原理是一样的。

物体相撞,总会产生撞击力。根据动量定理,物体撞击时的冲击力大小与撞击的时间成反比,与动量变化量成正比。当动量变化量一定时,撞击时间越长,由撞击产生的冲击力越小。

起落架减震装置减小撞击力的原理同样符合动量定理。飞机着陆接地时,轮胎和减震器像弹簧那样产生压缩变形,延长撞击时间,从而减小撞击力。然而,减震装置不但要减小着陆时的撞击力,还要将撞击动能耗散掉,减小撞击之后的颠簸跳动。如果起落架减震装置的耗能作用很差,飞机着陆接地后将产生比较强烈的颠簸跳动,因此起落架减震装置都有专门的装置用于提高消耗能量的能力。

减震原理的实质是:通过产生尽可能大的弹性变形来吸收撞击动能,以减小飞机所受撞击力;利用摩擦热耗作用尽快地消散能量,使飞机接地后的颠簸跳动迅速停止。

13.2.2　减震器的发展

减震器随着飞机的发展而不断发展,减震器的性能不断提高。根据吸能缓冲原理和耗能原理的不同,飞机所用减震器有橡皮减震器和弹簧减震器、油液橡皮减震器和油液弹簧减震器、油气减震器和油液减震器等。

橡皮减震器利用橡皮绳的拉伸变形吸收撞击动能,利用橡皮伸缩过程中的分子摩擦消耗能量。橡皮分子摩擦消耗能量的能力很差,减震热耗作用很小;弹簧减震器利用弹簧的弹性变形吸收能量,由于弹簧本身分子摩擦的热耗作用很小,弹簧减震器内设有两个弹簧压紧的摩擦垫圈,以增大热耗作用。

油液橡皮减震器和油液弹簧减震器的主要特点是:在压缩和伸张过程中,它们通过迫使油液高速流过小孔,产生剧烈摩擦来增大热耗作用。钢质弹簧抗油液侵蚀的能力比橡皮好,可与油液同装在一个壳体内,使减震器的尺寸大为减小。所以油液弹簧减震器比油液橡皮减震器应用广泛。

随着飞机质量和飞行速度不断增大,飞机着陆时撞击动能相应增大,要求减震器吸收的能量就越来越多,同时要求减震器的尺寸较小,油气式减震器便应运而生。油气式减震器主要特点是利用气体的压缩变形来吸收能量。气体能被压缩在一个较小的容积内,而且质量很小,因而在吸收能量相等的情况下,这类减震器的体积和质量都比前两类减震器小。油气式减震器在减震性能方面具有许多优点,而且在长期使用过程中又有了许多改进,是目前起落架减震器的主要型式。

13.2.3　油气减震器

油气减震器主要利用气体的压缩变形吸收撞击动能,利用油液高速流过小孔的摩擦消耗能量。它的基本组成包括:外筒、活塞、活塞杆、带小孔的隔板和密封装置等。外筒内腔下部装油,上部充气(见图13.2-1)。

油气减震器采用的油液是黏度相对较高,高温下化学稳定性较好的石油基液压油,采用的气体是干燥的氮气,避免液压油在高温、高压下氧化,甚至燃烧。

飞机着陆接地后,要继续下沉而压缩减震器。于是,减震器内隔板下面的油液,受活塞挤压被迫经小孔高速向上流动,油面

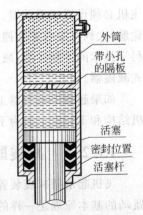

图13.2-1　油气减震器原理

逐渐升高,使气体的体积缩小,气压随之增大。这时,气体的压力通过油液作用在活塞上,产生一个力,这个力叫气体作用力;同时油液高速流过小孔时产生剧烈摩擦,产生一个阻止活塞运动的力,这个力叫油液作用力。这两个力和密封装置等的机械摩擦力都是反抗压缩的,因此飞机下沉速度会逐渐减小下来。飞机下沉压缩减震器的过程,叫做减震器的压缩行程(或正行程)。在压缩行程中,撞击动能的大部分由气体吸收,其余则由油液高速流过小孔时的摩擦和密封装置等的摩擦,转变为热能消散掉。

飞机停止下沉时,减震器的压缩量较大,气体作用力大大超过停机时作用在减震器上的力(停机载荷),所以减震器随即伸张,飞机向上运动的速度逐渐增大。这时油液在气体压力作用下,经小孔高速向下流动,油面逐渐下降,气压降低,气体作用力随着减震器的伸张而逐渐减小;同时,油液作用力和密封装置等的机械摩擦力要抵消一部分气体作用力,因此减震器的伸张力总是小于气体作用力的,而且随着减震器不断伸张而减小。当减震器的伸张力小于其停机载荷时,飞机向上运动的速度逐渐减小。减震器伸张而顶起飞机的过程叫做减震器的伸张行程(或反行程)。在伸张行程中,气体放出能量,其中一部分转变成飞机的势能,另一部分也由油液高速流过小孔时的摩擦以及密封装置等的摩擦,转变为热能消散掉。

飞机停止向上运动时,减震器的伸张力已小于其停机载荷,飞机便开始第二次下沉,减震器重新被压缩。由于在第一次压缩和伸张行程中,已有很大一部分能量转变为热能消散掉,所以减震器在第二次压缩行程中吸收的能量比第一次少得多。经过若干次压缩和伸张,减震器就能将全部撞击动能逐步地转变成热能消散掉,使飞机很快平稳下来。

飞机在不平的地面上滑行时,减震器的工作原理与上述情况相同。一般地说,飞机滑行时撞击动能较小,减震器压缩量也较小。

从气体工作特性曲线(见图 13.2-2)中可以看出,压缩行程中,气体作用力沿曲线 ab 上升;伸张行程中,气体作用力沿曲线 ba 下降。减震器压缩量增加时,不仅气体作用力增加,而且单位压缩量内作用力的增量也越来越大。其原因有两个:一是压缩量较小时,气体体积较大,如果继续增大一小段压缩量,气体体积减小的百分比不大,压力增加不多,而压缩量较大时,气体体积已经很小,再增加同样一小段压缩量,气体体积减小的百分比就比较大,压力也增加得较多;二是在多变压缩过程中,压缩量越大,气体温度越高,因而越难压缩,即在单位压缩量内气体作用力的增量越大。

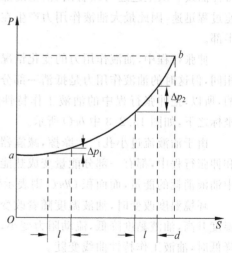

图 13.2-2 气体工作特性曲线

通过气体工作特性曲线,可以分析气体吸收和放出的能量。由于气体在压缩和膨胀过程中热耗作用很小,所以,压缩行程中气体吸收的能量和伸张行程中气体放出的能量基本相等。它们都可以用曲线 ab 以下所包含的面积 $OabdO$ 表示。

与气体的工作特性不同,油液的工作特性在压缩和伸张行程中,油液要产生一个阻止减震器压缩和伸张的作用力,这个力也随减震器的压缩量而变化。减震器的活塞静止时,油液不流动，隔板上下的油压都等于气体压力。这时油液作用力为零，活塞上所受的力等于气体作用力。减震器受压缩时，油液在活塞挤压下，从小孔高速向上流动，产生剧烈摩擦。这时隔板下面的油压大于隔板上面的油压，活塞上受到的作用力大于气体作用力。因隔板上下产生油压差而增大的那部分作用力，就是压缩行程中的油液作用力。

减震器伸张时，产生油液作用力的原因与上述情况相似。但这时油液是从小孔高速向下流动的，因此，隔板下面的油压小于隔板上面的油压，活塞上受到的作用力小于气体作用力。因这一油压差而减小的那部分作用力，就是伸张行程中的油液作用力。

在压缩和伸张行程中，油液作用力的大小，与活塞的运动速度和有效面积、通油孔的面积和形状，以及油液的黏度和密度等因素有关。分析表明，在活塞有效面积、阻力系数和油液密度不变的情况下，油液作用力与活塞运动速度的平方成正比，与通油孔面积的平方成反比。

活塞运动速度随着减震器压缩量变化的关系不是固定的，但是，根据活塞运动速度变化的基本情况，可以近似地看出油液作用力和减震器压缩量之间的关系。这种关系是：飞机接触地瞬间，压缩量为零，活塞尚未运动，油液作用力为零。

飞机接地后初期，下沉速度很大，迫使活塞加速向上运动，油液作用力从零迅速上升，而后，由于减震器不断吸收和消耗能量，飞机的下沉速度略微减小，所以活塞速度增大到一定程度后，将随着飞机下沉速度的减慢而逐渐减慢下来，直到活塞停止运动。在这个过程中，油液工作特性曲线油液作用力也逐渐降低到零。

油液作用力随压缩量变化的这种关系，可用曲线表示（见图 13.2-3 中 Oab），这一曲线叫做油液工作特性曲线。从上述还可以看出，活塞的加速过程比减速过程迅速，因此最大油液作用力产生在全行程的前半部。

伸张行程中，油液作用力的变化情况与压缩行程相同，但这时的油液作用力是抵消一部分气体作用力的，所以，把伸张行程中的油液工作特性曲线画在横坐标之下，如图 13.2-3 中 bcO 所示。

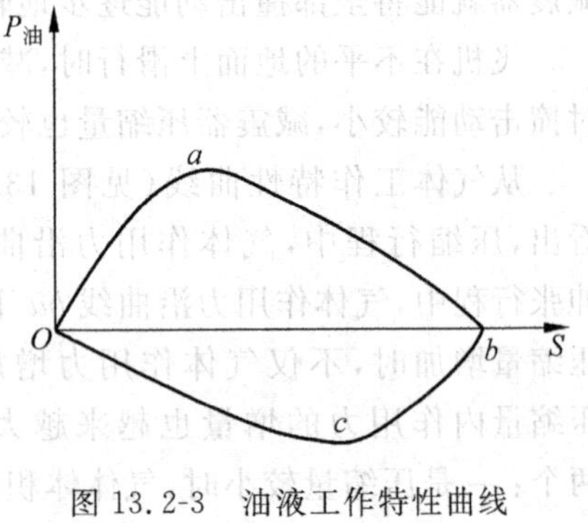

图 13.2-3　油液工作特性曲线

由于油液流过小孔产生摩擦，减震器在压缩行程和伸张行程中，都有一部分能量变成热能消散掉。图 13.2-3 中面积 $OabO$ 即表示压缩行程中油液消耗的能量，而面积 $ObcO$ 则表示伸张行程中油液消耗的能量。

环境温度改变时，油液温度随着改变，它的黏度要发生变化，油液作用力也要发生变化。温度升高，油液黏度降低，流动阻力变小，这时油液工作特性曲线变得较平；反之，环境温度降低时，油液工作特性曲线变陡。

综上分析，在压缩行程中，气体作用力和油液作用力都是反抗压缩的，把各个压缩量上的气体作用力和油液作用力相加即可得到伸张行程中气体和油液共同工作特性曲线（见图 13.2-4 中曲线 adb）；在伸张行程中，气体作用力推动减震器伸张，而油液作用力阻碍减震器伸张，因此把各个压缩量上的气体作用力和油液作用力相减，即可得到伸张行程中气体和油液共同工作的特性曲线（见图 13.2-4 中曲线 bea）。图中曲线 acb 为气体工作特性曲线。曲线 adb 与 acb 之间的力的差值，就是压缩行程中的油液作用力；而曲线 bea 和 bca 之间的力的差值，是伸张行程中的油液作用力。

飞机粗猛着陆时,减震器的压缩速度一开始增加得特别迅速,如果通油孔面积比较小,油液作用力就会突然增大,减震器所受的载荷也突然增大;而后,因气体和油液大量吸收和消耗撞击动能,减震器的压缩速度又要迅速减少。这样减震器所受的载荷,在压缩行程之初会出现一个起伏,如图 13.2-5 中曲线 abd 所示,这种现象称为"载荷高峰"。在这种情况下,减震器所受的载荷可能超过规定的最大值。

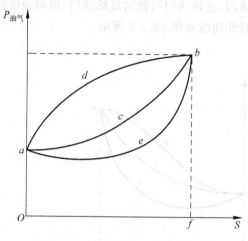

图 13.2-4 气体和油液共同工作

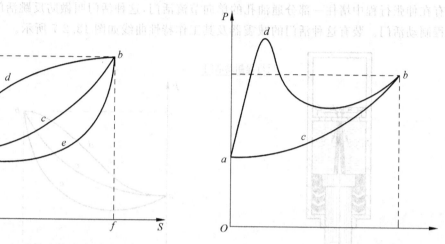

图 13.2-5 出现载荷高峰现象时特性曲线

当飞机以较大的滑跑速度通过道面上的突起物(如小土墩等)时,通油孔面积较小的减震器也可能产生载荷高峰。因为这时飞机来不及向上运动,减震器的压缩速度很大,甚至还可能超过粗猛着陆时的压缩速度。

现代减震器广泛采用调节油针作为消除载荷高峰的有效措施,其实质就是使通油孔的面积随压缩量变化而改变。调节油针的工作原理(见图 13.2-6(a))是:在压缩行程的最初阶段,通油孔面积很大,油液通过通油孔时基本上没有流动阻力,这段行程称为自由行程;随着压缩量的增大,油针使通油孔面积逐渐减小。这种减震器不仅能消除载荷高峰,而且还可以减小飞机在高速滑跑中受到的载荷。它的工作特性曲线如图 13.2-6(b)中曲线所示。

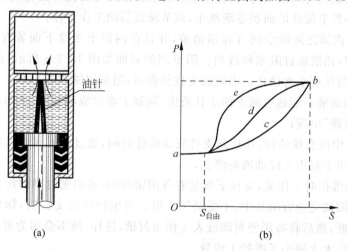

图 13.2-6 具有油针的减震器示意图及其工作特性曲线

当飞机重着陆时,具有调节油针的减震器,可在压缩行程中消除载荷高峰现象,但在伸张行程中,由于通油孔面积逐渐变大,飞机上升速度较快,会在伸张行程结束时,当减震器支柱已经完全伸张,但飞机仍具有上升速度,飞机将从跑道上跳起,重新离地,接下来会发生再次撞击,此现象即为反跳现象。

为了增大伸张行程的热耗系数,减小飞机伸张速度,从而消除反跳现象,有的减震器装有在伸张行程中堵住一部分通油孔的单向节流活门,这种活门叫做防反跳活门,也叫做反行程制动活门。装有这种活门的减震器及其工作特性曲线如图 13.2-7 所示。

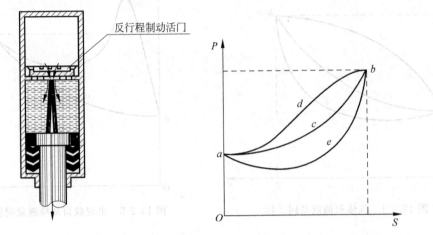

图 13.2-7 具有反行程制动活门的减震器示意图及其工作特性曲线

13.2.4 典型油气减震支柱构造

油气减震器的具体构造是多种多样的,但它们的工作原理却有很多相似之处。下面以一种常见的减震器为例,就其主要特点进行分析。图 13.2-8 所示为波音 737-300 主起落架减震支柱,其主要特点是:

(1) 锥形调节油针安装在内筒的顶端与节流孔支撑管底部的圆孔构成油液流通的环形通道。支撑管安装在外筒的顶部,其管壁上开有供油液流动的孔。随着减震支柱的压缩,油针和撑管底部环形节流孔的面积逐渐减小,调节减震器的工作特性;

(2) 外筒和内筒之间的空间可容纳油液,并且在内筒上支撑下面装有浮动式阻尼阀。在减震器工作时,油液通过阻尼阀进出。阻尼阀的截面如图 13.2-8 所示,在外径开有面积较大的槽,在中间钻有小直径孔。当减震支柱伸张时,阻尼阀靠在上支撑上,堵住周边的槽,外筒和内筒间的油液只能通过阀上的小孔流出,限制了油液流动速度,从而减小减震支柱伸张速度,防止"反跳"出现;

(3) 在内筒中间有排油管,连接到支柱底部的排放阀,通过排放阀可以将减震支柱内的油液放掉,也可用于减震支柱油液的灌充;

(4) 为减小维护时工作量,支柱下端装有备用密封圈,备用密封槽的深度比工作密封槽的深度大,密封圈被完全容纳其中,不受挤压变形。当维护减震支柱时,如果工作密封圈损坏,则可将其剪断,然后将备用密封圈放入工作密封槽,这样,便不会因为更换密封圈而将减震支柱完全分解,大大减小了维护工作量。

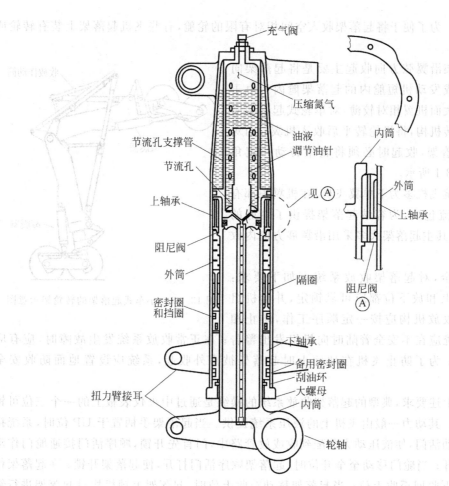

图 13.2-8　波音 737-300 主起落架减震支柱

13.3　收放系统

为了减小飞行阻力,现代飞机的起落架大多是可以收放的,以提高飞机飞行速度、增加航程和改善飞行性能。现代飞机起落架收放系统一般以液压为正常收放动力源,以液压、冷气或电力等作为备用动力源。起落架收放系统能否正常工作直接影响到飞机和旅客的安全。

13.3.1　起落架收放概述

设置起落架收放形式时,不但要考虑飞机内部空间(起落架舱)的限制,更要考虑应急放下起落架时的操作问题。为了便于在紧急情况下将起落架放出,一般飞机的前起落架向前收入前机身,但某些重型运输机的前起落架是侧向收起的;而主起落架的收放形式大致可分为沿翼展方向收放和沿翼弦方向收放两种。

主起落架沿翼展方向收放有内收和外收两种形式。由于机翼根部厚度较大,起落架通常都向内收入机翼根部或机身内。有的飞机为了在翼根处安装油箱或其他原因,起落架向外收入机翼。为了便于将起落架收入空间相对有限的轮舱,有些飞机起落架上装有转轮或转轮架机构。

主起落架沿翼弦方向收起主要是将起落架向前收入机翼或发动机短舱内的起落架舱内。由于机轮直径较大而机翼相对较薄,对单轮式起落架应设置支柱旋转机构,将机轮转平后收入机翼;而对于小车式起落架,收起时必须将轮架转动一定角度,如图13.3-1所示。

现代民航飞机多为下单翼飞机,在机翼根部有机翼-机身整流包皮,为容纳起落架提供了良好的空间。因此,其主起落架大多采用沿翼展方向内收的方式。

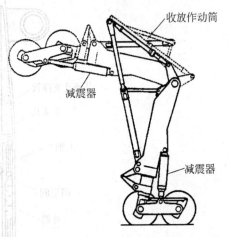

图13.3-1 小车式起落架的转轮架示意图

为了安全,对起落架收放系统有如下要求:起落架在收上和放下位都应可靠锁定,并给机组明确指示;收放机构应按一定顺序工作,防止相互干扰;系统应在不安全着陆时向机组发出警告;在正常收放系统发生故障时,应有应急放下系统;为了防止飞机在地面上时起落架被意外收起,系统应设置地面防收安全措施。

为满足上述要求,典型的起落架收放系统的操纵是通过中央仪表板上的一个三位可锁手柄控制的。其动力一般由飞机上的液压系统提供。当起落架手柄置于UP位时,系统接通起落架电动活门,使液压动力分配到收或放管路中,门首先开锁,顺序活门接通舱门作动筒使舱门打开;当舱门移动至全开位时,起落架顺序活门打开,使起落架开锁;在起落架作动筒的作用下收回至收上位;当起落架移动至收上位时,起落架上锁机构对起落架进行锁定,此时起落架作动筒释压。舱门顺序活门切换至关位,舱门作动筒移动舱门至关位。飞行员可以通过起落架和舱门位置指示确定起落架和舱门的实际位置。当起落架和舱门运动全部完成后,将起落架手柄移动至中立位,切断起落架系统的液压供给,至此,整个收起落架的工作完成。

13.3.2 起落架锁机构

起落架锁定机构用于将起落架锁定在收上和放下位置,以防止起落架在飞行中自动放下和受到撞击时自动收起。收放位置锁通常有两种形式为挂钩式和撑杆式。

挂钩式锁主要由锁钩、锁簧和锁滚轮(或称锁扣)组成。通常通过锁作动筒、摇臂及连杆作动。当锁滚轮进入到锁钩内即为入锁状态;无液压时,锁簧可保持其处于锁定状态。主起落架收上位置锁通常采用挂钩式锁机构,如图13.3-2所示。

撑杆式锁又称为过中心锁,由上锁连杆、下锁连杆、锁簧及开锁作动筒组成。撑杆式锁由锁簧保持锁定,由开锁作动筒开锁,如图13.3-3所示。

锁连杆与侧撑杆的中央铰接点铰接。其锁定原理是:通过限制侧撑杆的折叠而使起落架锁定。当起落架放下时,上侧撑杆和下侧撑杆运动到过中心状态并被锁连杆保持在过中心位,即进入锁定状态。收起落架时,开锁作动筒在液压油作用下,拉动锁连杆,锁连杆克服

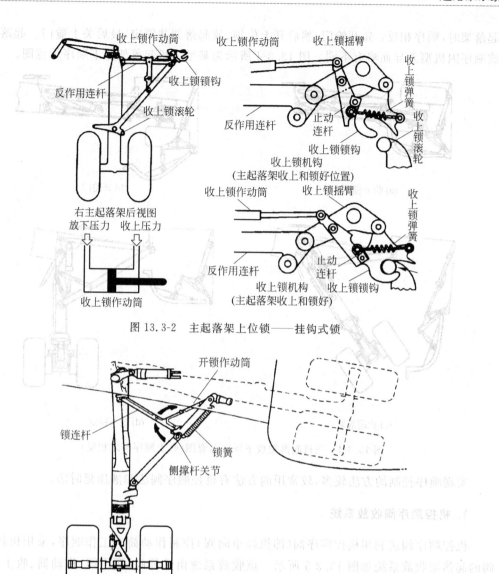

图 13.3-2 主起落架上位锁——挂钩式锁

图 13.3-3 主起落架的下位锁——撑杆式锁

锁定弹簧的张力,将侧撑杆由过中心锁定位拉开,完成解锁;起落架在收放作动筒的推动下,将侧撑杆折叠起来,起落架便被收起。

现代飞机主起落架下位锁采用撑杆式锁,而前起落架上位锁和下位锁均为撑杆式锁。

13.3.3 收放系统工作原理

起落架收放系统可控制飞机起落架收放的顺序。在起落架收放时,需要作动的部件除了起落架本身外,还包括舱门。起落架收放时,舱门与起落架的运动顺序要协调。收起落架时,一般动作顺序为:舱门开锁,舱门作动筒将舱门打开;起落架下位锁作动筒打开下位锁,起落架在收放作动筒作用下收起,并锁定在收上位;舱门作动筒将舱门关闭并锁定。放起落架时,顺序相反:先开舱门,然后开上位锁、放起落架并锁定,最后关上舱门。起落架收放顺序因机型差异而略有不同。图 13.3-4 所示为某型飞机起落架放下顺序示意图。

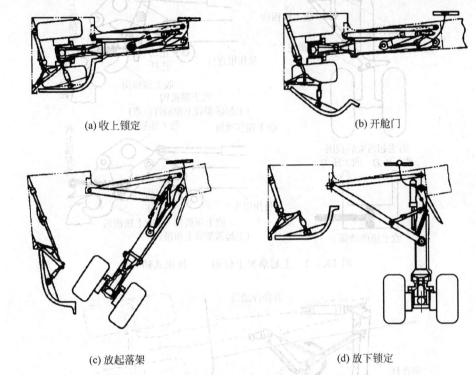

(a) 收上锁定　　　　　　　　　　　　(b) 开舱门

(c) 放起落架　　　　　　　　　　　　(d) 放下锁定

图 13.3-4　飞机起落架放下顺序示意图(收上顺序与之相反)

实现顺序控制的方法较多,较常用的方法有机控顺序阀法和液压延时法。

1. 机控顺序阀收放系统

机控顺序阀法利用机控顺序阀(即机控单向阀)控制作动筒的工作顺序,采用机控顺序阀的起落架收放系统如图 13.3-5 所示。该收放系统由选择阀、顺序阀、作动筒、收上锁、放下锁、管路及一些液压附件组成。

现以起落架收上过程为例说明起落架顺序控制的工作情况。将选择阀扳向"UP"(收上)位置,压力油直接进入起落架收上油路,液体流到八个部件:进入顺序阀 C、D,进入三个起落架放下锁,进入前起落架作动筒和两个主起落架作动筒。

当液压油刚刚流进顺序阀 C 和 D 时,由于顺序阀是关着的,这时压力油不能流入舱门作动筒,因而舱门是不能关闭的;压力油进入三个放下锁作动筒,放下锁打开,此时起落架开始收上。前起落架因为它的作动筒尺寸小,所以首先收好并使收上锁锁上。另外,因为前起落架舱门由前起落架联动装置单独操纵,所以舱门也关闭;同时,主起落架仍在收上动作中,并将每个主起落架作动筒放下端的液体挤出去。此时,油液畅通无阻地通过单向限流阀,压开顺序阀 A 或 B,并流经起落架选择阀进入液压系统的回油管路;然后,当主起落架达到完全收上位置并且使收上锁锁好时,传动机构的连杆推动顺序阀 C 和 D 的作动杆,打开顺序阀内的活门并使压力油进入舱门作动筒,并关闭起落架舱门。

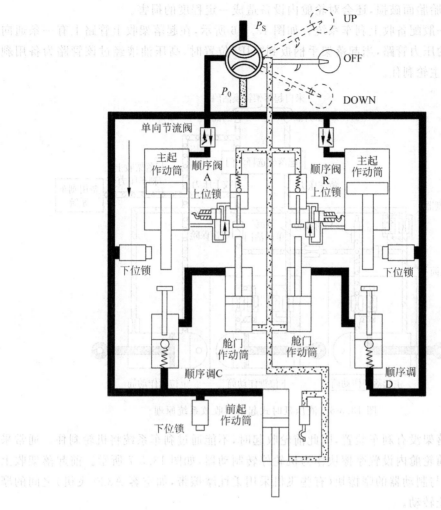

图 13.3-5　机控顺序阀起落架收放系统原理

2. 液压延时式起落架收放系统

液压延时式起落架收放系统利用液压延时回路实现顺序控制。液压延时式顺序控制的主要元件是液压传压筒,因此又称为"传压筒式"顺序控制。图 13.3-6 所示为液压延时式起落架收放系统原理。

以放下起落架为例说明该系统工作原理:当起落架收放手柄扳到"DOWN"(放下)位置,压力油经过选择活门进入起落架收放作动筒的放下端、上锁作动筒的开锁端、下锁作动筒的锁定端。在传压筒内活塞及其下游节流活门的共同作用下,起落架收放作动筒收上端的压力较高,并因收放作动筒活塞面积差引起起落架被抬起,有利于上位锁开锁;当上位锁完全打开,且传压筒运动到头时,收放作动筒收上端压力下降,起落架以正常方式放下。放下管路上的节流阀起到限制放下速度的目的。当起落架到达全伸展放下位时,下位锁作动筒强迫下位锁支柱进入过中立位,将起落架锁住。

需要注意的是当机轮收入轮舱时,必须使其停止转动。快速转动的机轮进入轮舱后会引起振动,若轮胎胎面破损,还会对轮舱内设备造成一定程度的损害。

主起落架一般配备收上刹车系统。如图 13.3-6 所示,在起落架收上管路上有一条通向备用刹车系统的压力管路,当起落架手柄扳到"UP"位置时,高压油液经过该管路为备用刹车系统供油,将主轮刹住。

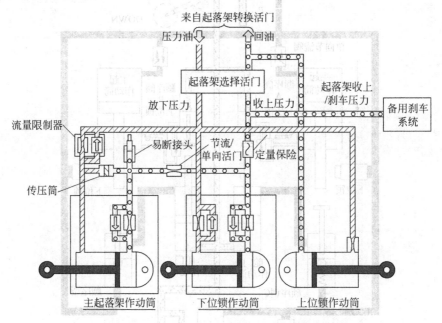

图 13.3-6 液压延时式起落架收放系统原理

由于前起落架没有刹车装置,因此前轮收起时,不能通过刹车系统将机轮刹住。通常采用的方法是在前轮舱内设置摩擦块作为机轮停转制动器,如图 13.3-7 所示。前起落架收上并锁定时,前轮与制动器的摩擦块(有些飞机采用柔性摩擦带,如空客 A320 飞机)之间的摩擦力使轮胎停止转动。

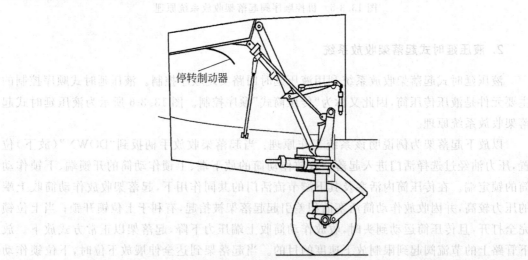

图 13.3-7 前起落架收上刹车系统

13.3.4 指示和警告系统

在正常飞行过程中,由于起落架的安装位置,飞行员无法直接确认其工作位置,因此,飞机起落架系统的位置指示和警告系统对飞行员尤为重要。同时起落架系统的位置指示可靠性要求较高,错误的位置指示将对飞行安全产生重大影响,所以在飞机上除了装有电气指示系统,通常还安装机械指示系统用于在应急状态时确认起落架的实际位置。

1. 位置指示系统

正常指示系统利用信号灯来指示起落架的位置。不同的飞机其灯光指示信号也有所不同,但一般情况是:绿灯亮时表示起落架放下并锁定;红灯亮时表示起落架收放手柄的位置与起落架位置不一致,即起落架在运动中;当起落架收上锁定时,红绿信号灯均熄灭。

当灯光指示系统由于电气线路或操纵电门的影响产生故障,飞行员可以通过机械指示系统确认飞机起落架的实际位置。一般机械指示系统直接安装在起落架的下位锁处。

图13.3-8所示为波音737飞机主起落架下位锁机械指示装置。在侧撑杆关节处涂一条红色线,当起落架放下锁定时,侧撑杆伸直,观察到一条红色实线,而当此线变为虚线时,则表示起落架没有可靠锁定。

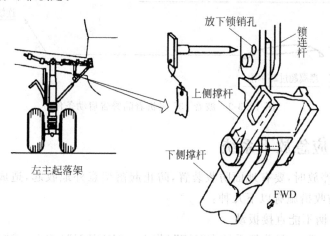

图13.3-8 主起落架放下机械指示装置

2. 警告系统

为了确保飞机安全着陆,当飞机处于某种着陆状态而起落架的位置不正确时,警告系统会发出警告提醒飞行员,警告系统一般包括灯光警告和音响警告。

现代大型民航飞机,其红色指示灯不但指示起落架的位置,同时也是非安全着陆警告灯。红灯点亮的条件为:收放手柄位置与起落架位置不一致(正常指示);任一发动机油门杆在慢车位而起落架不在放下锁定位(警告信号)。

为了进一步提醒飞行员飞机处于较危险的状态,飞机上除了灯光警告外,还需有音响警告系统,即着陆警告系统。

着陆警告系统根据飞机襟翼位置、油门杆位置和飞机的无线电高度判断飞机是否处于着陆状态:当飞机处于着陆状态且任意一个起落架没有放下锁定时,系统会发出音响警告信号。

图 13.3-9 所示为波音 737 飞机着陆警告系统启动条件逻辑图。从图中可看出，飞机着陆警告级别不同：当飞机高度较高，襟翼放下角度较小时，若发出音响警告，可人工停响；当高度下降到一定值后，警告喇叭将重新响起，且不可停响；另外，当襟翼角度放下较大时，无论油门处于多大角度，警告喇叭均会响起。

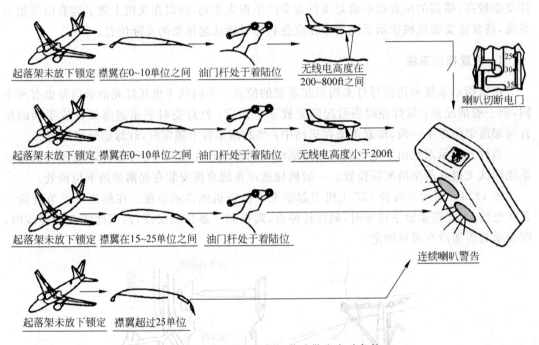

图 13.3-9 波音 737 飞机着陆警告启动条件

13.3.5 应急放下系统

飞机在地面停放时，要有地面防收装置，防止起落架意外地收起，造成人员伤亡和设备损坏，起落架的防收措施有以下几种：

1）起落架手柄不能直接扳动

如图 13.3-10 所示，起落架手柄在"UP"（收上）、"DOWN"（放下）或"OFF"（关断）位置时，都有卡槽使之固定。防止由于无意识触碰而操控起落架。在空中，飞行员收起起落架时，要拉出手柄才能扳动。

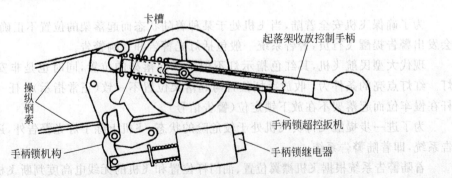

图 13.3-10 起落架收放手柄和手柄锁

2) 利用手柄锁，起落架手柄在地面不能扳到"收上"位

起落架手柄锁的继电器由飞机的空地电门控制，当飞机在地面停放时，空/地电门发出信号，起落架手柄锁继电器断电，起落架手柄锁锁柱立起，使起落架手柄只能扳到"DOWN"（放下）和"OFF"（关断）位。

为了防止因手柄锁发生故障而不能在空中收起起落架，收放手柄上装有超控扳机，该装置可在锁柱立起时，使手柄绕过锁柱被扳到"UP"（收上）位。

3) 地面机械锁

起落架的地面机械锁是防止起落架在地面收起的最后防线，机械锁通过限制主起落架斜撑杆下位开锁，确保起落架在地面不会收起。如图 13.3-8 所示。飞机落地后，将锁销插入起落架下位锁的定位孔内，为了提示机组和维护人员注意机械锁的存在，在机械锁上挂上红色飘带。机组在执行航班前或者飞机滑行前需要确认机械锁已拆下，防止飞机起飞后起落架不能收起。

13.4 转弯系统

起落架的前轮转弯系统是飞机在地面机动滑行时提供方向控制的重要系统。本节重点介绍现代民航运输机液压驱动的前轮转弯系统和与此有关的前起落架支柱的结构特点、前轮稳定距概念和自动定中机构。

13.4.1 前轮稳定距

为了保证飞机在地面滑行时能够有效控制滑行方向，飞机前轮必须能绕起落架支柱轴线偏转，因此，前起落架支柱套筒与主起落架的不同。图 13.4-1(a) 所示为一种支柱套筒式前起落架，前轮固定在减震支柱活塞杆下部的轮叉上，轮叉通过扭力臂与可绕支柱外筒转动的旋转筒相连。这样前轮便可连同轮叉、活塞杆、扭力臂和旋转筒等一起绕支柱轴线转动。支柱和旋转筒上分别有限动块，用来限制前轮的最大偏转角。图 13.4-1(b) 所示为一种摇臂式前起落架，前轮可以连同轮叉、旋转臂一起绕支柱轴线转动。支柱和旋转臂上也有限动块。

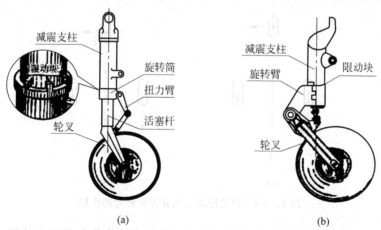

图 13.4-1 前轮绕支柱轴线偏转的前起落架

当飞机前轮能够绕支柱套筒偏转时,前轮在滑行中容易绕其轴线产生摆动,此时需要确认前轮的稳定距。在各种型式的前起落架上,前轮的接地点都在其偏转轴线与地面交点的后面。前轮接地点(即地面对前轮的反作用力着力点)至起落架偏转轴线的距离叫做稳定距 t,如图 13.4-2 所示。

有了稳定距,飞机滑行时,前轮的运动就可以保持稳定,如图 13.4-3 所示。当前轮因某种原因而偏转了一个角度 θ 时,作用于前轮的侧向摩擦力 T 对支柱轴线的力矩,就能使前轮转回到原来位置。

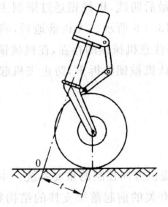

图 13.4-2　前轮稳定距

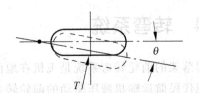

图 13.4-3　保持前轮方向稳定性

为了使飞机在地面滑行时能够灵活地转弯,也需要前轮具有稳定距。例如飞机在滑行中,利用单刹车使两边主轮的滚动阻力不等,形成转弯力矩而转弯时,如果前轮没有稳定距(见图 13.4-4(a)),前轮的侧向摩擦力对支柱轴线的力矩等于零,前轮不能偏转,只能被飞机带着向一侧滑动,这时前轮上的侧向摩擦力很大,转弯比较困难。如果前轮有稳定距(见图 13.4-4(b)),则当飞机转弯时,作用在前轮上的侧向摩擦力对支柱轴线产生一个力矩,使前轮相应地偏转,这样飞机就比较容易转弯。

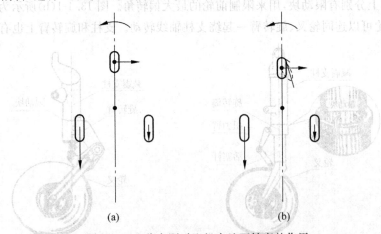

图 13.4-4　稳定距对飞机在地面转弯的作用

在构造上获得稳定距的方式主要有两种:一种方式是将前起落架支柱以一定角度安装(见图 13.4-5(a)),此时,转轴与前轮接地点可形成稳定距;另一种是利用轮叉或其他构件将前轮向后伸出(见图 13.4-5(b)、(c))。此外，还有同时采用上述两种方法的(见图 13.4-5(d))。

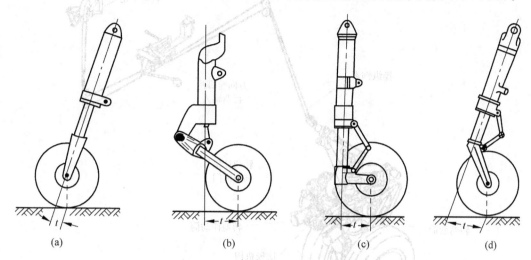

图 13.4-5　取得前轮稳定距的构造方式

稳定距的大小，对前三点飞机在地面运动的稳定性和前起落架支柱的受力有较大的影响：稳定距过小，地面运动的稳定性不好；稳定距过大，则支柱承受的弯矩会大为增加。可见，稳定距过大、过小都是不好的。

13.4.2　飞机转弯操纵

操纵飞机在地面转弯的方式有两种：一种是通过主轮单刹车或调整左右发动机的推力(拉力)，使飞机转弯；另一种是通过前轮转弯机构，直接操纵前轮偏转，使飞机转弯。轻型飞机一般采用前一种方式，而中型及以上飞机因转弯困难，大多装有前轮转弯机构。另外，有些重型飞机在转弯操纵时，主轮也会配合前轮偏转，提高飞机的转弯性能。

前轮转弯系统根据控制信号不同分为两种类型：机械液压转弯系统和电子液压转弯系统。

机械液压转弯系统采用转弯手轮(手柄)或方向舵脚蹬作为输入，通过钢索将转弯操纵信号传递到转弯计量活门，转弯计量活门将液压动力输送到转弯作动筒，驱动前轮转弯。前轮转动时，通过转弯套筒上的反馈钢索将机轮位置信号提供给转弯计量活门，实现手轮或脚蹬对前轮的伺服控制。

电子液压转弯系统与机械液压转弯控制系统的最大区别是采用电信号替代了机械信号，由控制电缆替代了传动钢索。电子液压转弯系统的主要功能元件是刹车转弯控制组件(简称为BSCU)。手轮发出的转弯指令信号被转换成电信号，经过电缆送到BSCU；信号经过BSCU处理，传递到液压组件中的转弯伺服活门；转弯伺服活门根据控制信号输送液压到转弯作动筒，驱动机轮转弯。转弯位置传感器将机轮位置信号反馈给BSCU，BSCU将反馈信号与控制信号进行比较运算，达到对机轮转弯精确控制的目的。

下面以机械液压转弯系统为例，研究飞机前轮转弯系统的工作特点。

图 13.4-6 所示为某型飞机前轮转弯系统组成。从图中可见，飞机转弯系统包括输入机构、传动钢索、转弯计量活门、转弯作动筒、转弯套筒和反馈机构等。

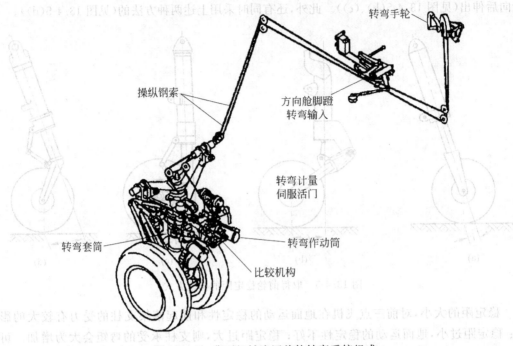

图 13.4-6 典型机械液压前轮转弯系统组成

1. 输入机构

转弯系统的输入机构包括转弯手轮和方向舵脚蹬。转弯手轮用于飞机低速滑行转弯操纵，可使前轮偏转角度达±60°（或更多），以获得较小的滑行转弯半径；方向舵脚蹬通过空中脱开机构在地面操纵前轮转弯，用于飞机高速滑行（起飞和着陆过程）时的方向修正转弯。转弯系统限制了脚蹬输入时前轮的最大偏转角，一般为±7°左右，避免因操纵过大使飞机发生倾翻的危险。在地面操纵方向舵脚蹬时，方向舵也随着偏转；在空中时，空中脱开机构将脚蹬与转弯系统脱开，防止前起落架在空中偏转损伤飞机结构。

空中脱开机构是一个由空/地感应机构（或空/地电门）控制的互联作动筒。当飞机在地面并且前起落架处于压缩状态时，互联作动筒伸出将脚蹬与前轮转弯机构连接；当飞机在空中时，互联作动筒缩入将它们分开。

2. 转弯计量活门

转弯计量活门是典型的机械液压伺服阀。计量活门通过比较机构（一般为杠杆机构）接受控制钢索的操纵信号和反馈钢索的反馈信号，其差值使液压伺服阀阀口开度产生变化（Δx_v），控制通往转弯作动筒的液压动力。

3. 转弯作动筒

转弯作动筒是前轮转弯的执行机构。转弯系统采用了推-拉式转弯作动筒：转弯时，一个作动筒推，另一个作动筒拉，驱动转弯套筒转动。另一种转弯作动筒为齿轮-齿条式转弯作动筒，如空客320系列、空客300系列飞机的转弯作动筒采用该形式的转弯作动筒，如

图 13.4-7 所示。

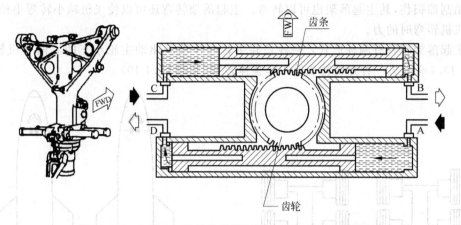

图 13.4-7 空客 300 飞机前轮转弯作动筒(飞机右转弯情况)

4. 转弯套筒

转弯套筒将转弯作动筒的动力通过扭力臂传递到轮轴,驱动前轮转动。转弯套筒上的钢索将机轮位置信号传递给转弯计量活门的比较机构,起到反馈的作用。

图 13.4-6 所示的前轮转弯系统可简化为图 13.4-8 所示的前轮转弯系统工作原理图,从图中可以看出,前轮转弯系统是一套典型的机械-机械位置伺服系统。其工作原理是:当飞行员转动手轮或蹬脚蹬时,控制信号通过控制钢索驱动计量伺服活门,打开油路,高压油到达两个转弯作动筒的不同腔,于是两个作动筒一个推一个拉,驱动前轮偏转;通过反馈钢索提供反馈信号,当反馈信号与控制信号偏差为零时,伺服活门回到中立位,此时,前轮偏转角度与手轮输入量相对应。

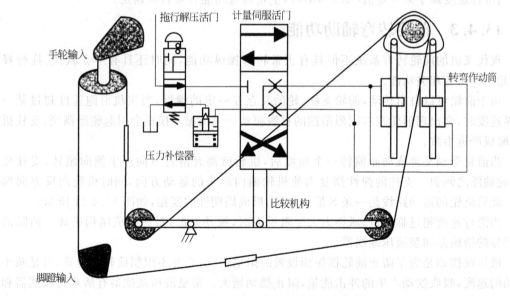

图 13.4-8 典型飞机前轮转弯系统原理

对于某些重型飞机,为减小飞机转弯时主起落架所受侧向载荷,减小因主轮侧滑而造成的轮胎刮擦损伤,其主起落架也可以转弯。主起落架转弯还可以使飞机减小转弯半径,减小操纵飞机转弯时的力。

主起落架转弯有两种形式:一种是利用转向作动筒驱动主轮小车的后两个机轮转弯(见图13.4-9);另一种是旋转主轮小车整体转弯(见图13.4-10)。

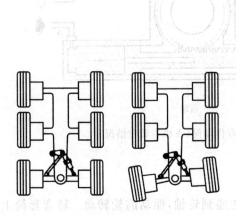 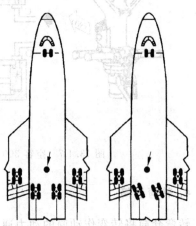

图13.4-9　波音777主起落架转弯系统　　　　图13.4-10　波音747主起落架转弯系统
　　　　　　（前轮右转）　　　　　　　　　　　　　　　　　（前轮右转）

主起落架转弯系统是跟随前轮转弯系统工作的:当前轮在一个方向上转动一定角度时,主轮会在相反的方向上转动一个比前轮略小的角度。当前轮右转时,主轮会向左偏转;前轮向左偏转时,主轮会向右偏转。主起落架转弯也由专门的转弯作动筒驱动。

主起落架转弯功能会在飞机滑行速度减小到某一值(如15kn,1kn=1.852km/h)时启用,当滑行速度高于某一定值(如20kn)时,主轮转弯功能将被自动锁定。

13.4.3　前轮转弯辅助功能

现代飞机的前轮转弯系统不但具有正常转弯操纵功能,同时还具有中立减摆、拖行释压、超压释压等相关功能。

由于前轮可以自由转动,前轮支柱、轮胎又存在一定的弹性,当飞机滑跑速度超过某一临界速度时,会出现前轮左右剧烈偏摆的自激振动——摆振。摆振会引起轮胎撕裂、支柱折断,酿成严重事故。

当前轮受到某种扰动而偏转一个角度后,机轮就离开滑行方向产生侧向偏转,支柱变形,轮轴随之倾斜。支柱的弹性恢复力使机轮偏向原来的运动方向,同时机轮向反方向偏转。此后机轮的运动路线是一条S形的轨迹,形成周期性的摆振,如图13.4-11所示。

当滑行速度超过临界值,激振力大于阻尼力时,振动发散,最终造成结构破坏。消除前轮摆振的措施是加装液压减摆器。

液压减摆器是为了防止前轮摆振而设置的阻尼机构,它并不限制前轮的转动,只是减小摆动的速度,吸收摆动产生的冲击能量,阻止摆动增大。常见液压减摆器有活塞式减摆器和旋板式减摆器,如图13.4-12所示。它们的工作原理都是利用油液高速流过小孔产生阻尼,把摆振能量转换成热量耗散掉来防止摆振的。

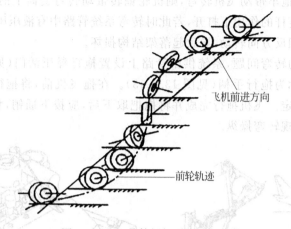

图 13.4-11 前轮摆振时机轮运动轨迹

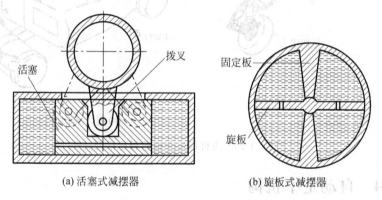

图 13.4-12 液压减摆器原理

活塞式减摆器由油缸和活塞组成，活塞的两侧充满油液。当前轮发生摆振时，前起落架的转动经传动机构传至拨叉，拨叉推动活塞移动，活塞在油缸内移动迫使油液经过活塞上的小孔高速流动摩擦，把摆振能量变为热能耗散掉。

旋板式减摆器内的固定板和旋板把油室分成四个充满油液的密封腔。当前轮发生摆振时，前起落架的转动经传动机构变为旋板的转动，油室间油液通过旋板上的小孔摩擦消耗摆振能量。

目前具有前轮转弯系统的民航飞机往往不安装独立的液压减摆器，而是利用转弯系统中立减摆功能实现飞机机轮减摆。"中立"是指伺服控制阀（转弯计量活门）的阀芯处于中立位置，此时转弯作动筒的活塞两端油腔内的油液通过阀芯内的预开口（节流孔）相互串通，并通过回油管路上的压力补偿器回油（见图 13.4-8）。当前轮发生摆振时，转弯作动筒和转弯计量活门起到活塞减摆器的作用：摆振出现时，油液被作动筒活塞挤压，经管路流向计量活门，通过计量活门内的阻尼孔，产生摩擦热耗作用，并在压力补偿器的作用下进入作动筒的低压腔，确保作动筒内始终充满油液。

前轮转弯系统的另一个辅助功能是拖行释压功能。前轮转弯系统本来是用来帮助飞行员进行前轮转弯的,但是当拖行飞机时,前轮转弯液压又会对被拖行飞机的转弯产生阻碍作用。当拖行飞机时,若拖车带动飞机转弯,则机轮偏转带动转弯套筒上的钢索转动,转弯计量活门将在比较机构连杆的作用下打开,若此时转弯系统管路中有液压压力,高压油将驱动转弯作动筒使前轮向相反方向转动,导致起落架结构损坏。

为了解决拖机时的转弯问题,系统供压管路上设置拖行释压活门(见图13.4-8),拖行释压活门的控制手柄称为拖行手柄(见图13.4-13)。在拖飞机前,将拖行手柄扳到"拖行"位,并插入插销将其锁定。飞机拖行完成并将拖把取下后,应拔下插销,将拖行释压活门复位,否则飞机将不能实现转弯操纵。

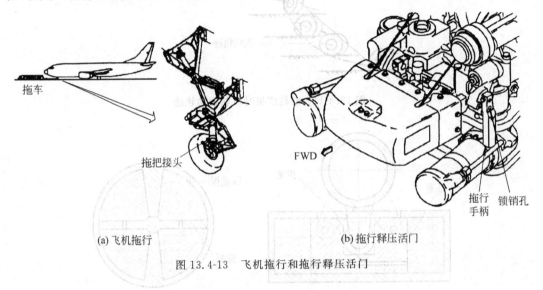

(a) 飞机拖行　　　　　　　　(b) 拖行释压活门

图 13.4-13　飞机拖行和拖行释压活门

13.4.4　自动定中机构

自动定中机构的功用是在前轮离地后和接地前,使前轮保持在中立位置,以便顺利地收入轮舱和正常接地。现代飞机通常采用凸轮式自动定中机构。凸轮式自动定中机构简称凸轮机构。它安装在前起落架减震支柱的内部,由上、下凸轮组成,如图13.4-14所示。

下凸轮固定在减震支柱外筒内部,它不能左右转动,也不能上下移动。上凸轮的上端与减震支柱内筒底部贴合,下端用连杆与轮叉相连,他可以与减震支柱内筒一起上下运动,前轮偏转时,又可以与轮叉和前轮一起绕支柱轴线转动。

在飞机起飞离地后或着陆接地前,由于前轮没有受到垂直载荷的作用,减震支柱内的气体压力使上下凸轮啮合,将前轮保持在中立位置;如果有侧风或在飞机盘旋时前轮上有侧向惯性力,则只有当它们大到足以克服减震支柱内的高压气体压力和上下凸轮之间的摩擦力等的作用,前轮才会偏转;而且,外力消失后,在高压气体压力作用下,前轮又能恢复至中立位置。飞机在地面滑行时,减震支柱在垂

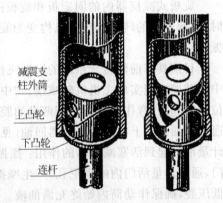

图 13.4-14　凸轮式中立机构原理图

载荷作用下受到压缩,上下凸轮脱开,便于前轮左右偏转。

根据凸轮机构的工作特点可知,如果减震支柱内气体压力过小、支柱内部过脏或锈蚀、旋转臂的活动部位脏污,都会使凸轮机构的效能降低,甚至失去作用。图13.4-15 与图 13.4-16 所示为前起落架中定中凸轮安装示意图和工作情况。

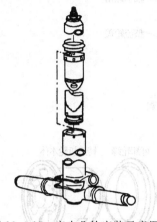

图 13.4-15　定中凸轮安装示意图

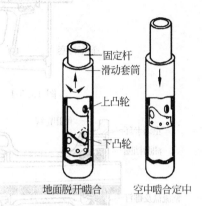

图 13.4-16　定中凸轮的工作情况

13.5　机轮和刹车

13.5.1　机轮

机轮的主要作用是在地面支持飞机的质量,减少飞机在地面运动的阻力,吸收飞机着陆和地面运动时的一部分撞击能量。主起落架机轮上装有刹车装置,可用来缩短飞机着陆的滑跑距离,并使飞机在地面具有良好的机动性。机轮主要由轮毂和轮胎构成。

轮毂通常用镁合金或铝合金制成。它们与同质量的钢制轮毂相比,具有较大的刚度,在同样的受热情况下,温度升高也较少。后一特点对高速飞机来说是很重要的。因为刹车时有大量的热传给轮毂,如果轮毂温度升高得很多,就容易使轮胎(特别是内胎)受高温影响而损坏。

轮毂主要有三种类型:固定轮缘式轮毂、可卸轮缘式轮毂和分离式轮毂。

1. 固定轮缘式轮毂

中间下凹的固定轮缘式轮毂在早期飞机以及某些轻型飞机上使用,并且必须配有内胎轮胎,其构造如图 13.5-1 所示。

由于轮缘固定,在装配轮胎时存在一定的困难,尤其是当飞机向大型化发展后,轮缘高度和轮胎钢丝圈的强度都相应增大,固定轮缘式轮毂便被拆装容易的可卸轮缘式轮毂替代。

2. 可卸轮缘式轮毂

可卸轮缘式轮毂构造如图 13.5-2 所示。轮毂由铸造的轮毂本体、可拆卸式轮缘和轮缘固定卡环构成。可卸轮缘式轮毂一般配备低压轮胎。

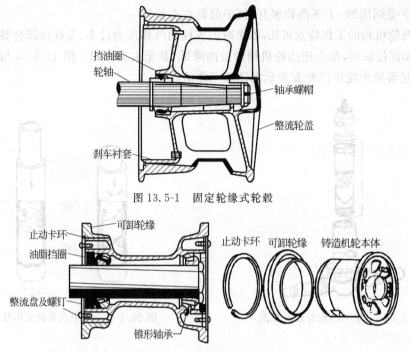

图 13.5-1 固定轮缘式轮毂

图 13.5-2 可卸轮缘式轮毂

由于可卸轮缘式轮毂由固定卡环承受轮胎的压力，因此，一旦卡环出现缺陷，机轮容易爆胎，对设备和人员造成伤害。目前，民航飞机已用安全性更高、维护性能更好的分离式轮毂取代了可卸轮缘式轮毂。

3. 分离式轮毂

分离式轮毂构造如图 13.5-3 所示。整个轮毂由内侧和外侧半轮毂通过高强度连接螺栓和自锁螺帽连接在一起。分离式轮毂配合无内胎轮胎使用，靠轮胎的胎缘在内部气体压力作用下紧压在轮缘上，并在两个半机轮的分离处加装"O"形密封圈以增加密封效果。分离式机轮的充气嘴直接装在轮毂上，这样即使机轮错线，充气嘴也不会受到破坏。

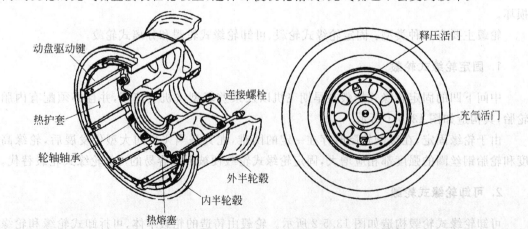

图 13.5-3 分离式轮毂

分离式轮毂上还装有热熔塞。热熔塞是一个空心螺钉,空心处浇铸有易熔金属(熔化温度约150℃)。飞机猛烈刹车时,刹车装置产生大量的热,使轮胎内气体温度升高,压力增加。当气体温度达到一定时,热熔塞熔化,缓慢将气体放出,防止飞机爆胎。

为了防止轮胎内气体压力过高,轮毂上还装有释压活门。当轮胎内压力过高时,释压活门打开,释放掉过高的压力,确保轮胎安全。

为了安装刹车装置,内侧半轮毂上固定有刹车盘动盘驱动键,同时装有减弱刹车装置向轮毂辐射热量的隔热护套。隔热护套一般采用不锈钢材料制成。

机轮另一个重要组成部件是轮胎,轮胎构成了一个空气垫层,主要有以下作用:支持飞机质量;吸收飞机滑行中的颠簸跳动;缓冲飞机着陆过程中冲击并帮助吸收撞击能量;产生必要的刹车摩擦力以便飞机在着陆时使飞机停住。轮胎必须能承受巨大的静载荷、动载荷以及热载荷。

轮胎分为有内胎和无内胎两种类型。有内胎轮胎的气密性由内胎保证,无内胎轮胎的气密性由轮胎内层气密橡胶层和轮毂及轮胎与轮毂接合面的压紧保证。目前飞机普遍采用性能更好的无内胎轮胎来配合分离式轮毂使用。相对于有内胎轮胎,无内胎轮胎质量更轻,轮胎刺穿后渗漏损失小,机轮滑跑时轮胎温度可下降约10℃。这可使无内胎轮胎具有更长的使用寿命或更高的使用速度。

图13.5-4所示为两种飞机所用的无内胎轮胎的结构图。轮胎主要由胎面、帘线、胎体侧壁、胎缘和轮胎内层构成。

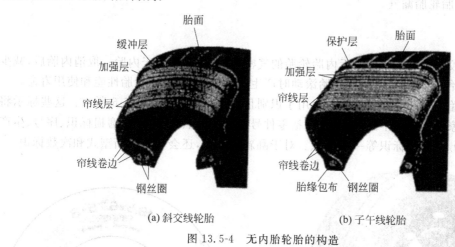

图13.5-4 无内胎轮胎的构造

1. 胎面

胎面由耐磨的合成橡胶制成,可保护内部的帘线层。为了提高轮胎的耐久性和抗冲击特性,胎面下是缓冲层和尼龙制成的保护层和加强层。为了提高轮胎在各种使用条件下与跑道之间的结合力,胎面上开有一定深度的胎纹:对于在铺装硬道面上使用的轮胎,胎纹沿圆周方向,主要是防止轮胎出现滑水现象;而对于在非铺装跑道上使用的机轮,一般可开菱形花纹(又称为全天候花纹)。

2. 帘线

帘线层是轮胎受力的主要部分,又称胎体层,由多层涂胶的尼龙帘线构成。根据帘线缠绕形式,轮胎可分为斜交线轮胎和子午线轮胎,分别如图 13.5-4(a)和(b)所示。斜交线轮胎的各层帘线相交(相邻的两层帘线的方向相交一定角度,一般约为 90°),而子午线轮胎的帘线层相互平行。斜交线轮胎的强度和抗割伤、穿刺能力较高,而子午线轮胎的速度特性较好。

3. 侧壁

轮胎侧壁是胎体侧壁帘线的主要保护层,它能防止帘线损坏和暴露,胎侧壁还可以提高胎体的强度。对于某些安装在前轮上的轮胎,其侧壁上会有导流器。它能使跑道上的水折向侧边,避免水泼溅到安装在后面的喷气发动机上。

对于无内胎轮胎,在轮胎侧壁靠近胎缘区域会发现轮胎通气孔,如图 13.5-5 所示。轮胎通气孔的作用是为胎体内的空气提供排出的通道。胎体内的空气可以是生产加工后存在胎体帘线中的残留空气,也可以是通过内衬层正常渗漏在胎体内积聚的空气。若没用通气孔作为空气排出的自由通道,胎体内的空气会导致轮胎胎面胶或侧壁橡胶的松弛或隆起。

4. 胎圈

胎圈包括钢丝圈和胎缘涂胶包边布。钢丝圈是轮胎的骨架,有高的抗拉强度和刚度,通过它把载荷传递给轮毂。胎缘涂胶包边布形成胎口断面形状,防磨并与轮毂的轮缘紧密贴合,防止无内胎轮胎漏气。

5. 内层

优质橡胶构成的内层确保无内胎轮胎的气密性,其作用相当于内胎。取消内胎后,减少了内胎和外胎之间的摩擦,可使轮胎滚动时产生的热量降低,提高轮胎性能和使用寿命。

机轮轮胎具有某些印在其侧壁上用于识别目的的标示,如图 13.5-6 所示。这些标示将随着制造厂家的不同而不同,但通常包括零件号、尺寸标识、平衡标识、磨损标识、序号、生产日期、有内胎/无内胎标识等一般标识。对于翻新的轮胎,还会存在翻新型式和次数标识。

图 13.5-5 轮胎侧壁通气孔

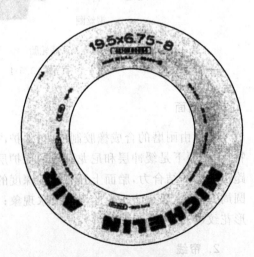

图 13.5-6 轮胎标识

1. 零件号和尺寸标识

零件号是识别轮胎的唯一正确的标准（如 4210N0003.4），尺寸标识标明轮胎的尺寸规格，一般标识法为：外径×宽度—内径（如 19.5×6.75—8，标识轮胎外径为 19.5in，宽度为 6.75in，内径为 8in）。

2. 平衡标识

外胎上用红色点表明轮胎质量较轻的一边，安装时要对准气门嘴（内胎上或无内胎的轮毂上），或对准内胎有重点（黄色）标识处。

3. 磨损标识

用以观察胎面在使用中的磨损程度及更换轮胎的磨损标准。它是位于胎面纵向花纹底部的横隔橡胶条。一般外胎使用到表面与标识齐平时应更换（维护手册有另外规定除外）。

4. 其他标识

生产序号、生产日期、翻修标识、生产厂家、允许最大压力和最高使用速度等。

13.5.2 机轮的例行检查

机轮是否正常对飞机的安全非常重要，意外的爆胎不仅对飞机机体结构是个威胁，甚至还会损伤飞机油箱和发动机。因此，飞行员在执行飞行任务前需要重点检查飞机机轮的胎面和充气压力。损伤检查包括胎面上是否有嵌入的石头、异物，是否有切口和划痕；检查轮胎侧壁上是否有鼓包；检查轮胎是否有过热迹象，是否有受油液污染引起的海绵性损伤。检查时，应依据轮胎使用的技术规定，对损伤进行相应的处理。

轮胎的磨损检查包括正常磨损程度检查和平磨痕检查。正常磨损由正常的使用造成，各型轮胎均有正常磨损程度的标准，一般当胎面花纹深度减小到不能有效消除轮胎滑水现象时，应更换轮胎。轮胎磨损标准如图 13.5-7 所示。

平磨痕由严重的摩擦或脱胎烧伤引起，造成的原因主要有过度刹车、硬着陆和轮胎滑水构成。平磨痕会影响机轮滚动的平稳性。

轮胎充气压力对轮胎性能的正确发挥，对飞机减震性能和飞机结构的受力起着至关重要的作用，因此维护时要确保轮胎压力在正确的范围内。

轮胎制造厂为每种轮胎都规定了额定充气压力，它适用于不承受载荷的冷轮胎。当轮胎承受附加质量时，轮胎的充气压力通过给额定充气压力加上一个压力修正值来确定（正常情况下为 4%）。通常规定高于承载充气压力 5%～10% 的容差并允许轮胎压力达到该最大值。某一特定飞机轮胎的承载充气压力可在维护手册中给出，可以是规定的最大和最小充气压力，也可以是绘制的充气压力-质量函数曲线。充气压力偏高或偏低都将严重影响飞机的正常运行。

首先，充气压力不足会导致轮胎"错线"。轮胎充气压力过低，会导致轮胎胎缘与轮毂压紧力不足，当飞机着陆并使用刹车，轮胎容易在机轮上产生错动或打滑。当轮胎错动时，有内胎轮胎的内胎气门嘴会倾斜甚至被切断。为了能够探测到轮胎在轮毂上的错动，大多数轮胎的下壁压制了标识。标识通常从轮缘开始并向外延伸到要滚花的表面上。该标识的宽

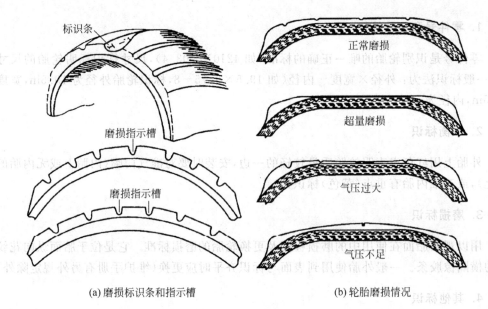

图 13.5-7 轮胎磨损

度表示允许有内胎的轮胎的最大圆周移动量。当轮胎发生错动时,轮胎和轮毂上的标识线错开,因此将此种现象称为"错线"。

其次,充气压力低会导致飞机减震性能下降。轮胎压力降低,着陆时轮胎能吸收的撞击动能减少,加剧了减震支柱的负担,造成着陆冲击力增大,危害与重着陆类似。

再有,轮胎压力过低,轮胎会折曲在轮缘上,损坏轮胎的下侧壁、胎缘和轮缘,同时会造成胎体帘线受力过大而断裂,导致机轮爆胎;充气严重不足可引起帘线层过量弯曲,产生过大的热量和应变,造成帘线松弛和疲劳,最终导致爆胎现象发生;压力过低还能造成轮胎面的边缘或边缘附近过快或不均匀的磨损。

充气压力过高对轮胎也会造成一定的危害,例如轮胎顶部快速磨损,严重降低轮胎使用寿命;轮胎抗冲击能力下降,易受割伤、划伤和遇到撞击而发生爆胎;轮胎过硬,导致轮缘受力过大而损坏等。

为了获得轮胎的真实压力,检查充气压力要用在校准期内的轮胎压力表测量。压力表的量程应是被测轮胎压力的两倍左右,即轮胎压力指示应在压力表的中央,以确保测量的度数精度。轮胎压力测量分为以下两种情况:

第一种,测冷轮胎压力,即在大气温度条件下检查轮胎压力。如果轮胎压力低于承载充气压力超过10%,该轮胎应报废,同时报废装在同一轮轴上的另一轮胎;对于低于承载压力在5%~10%之间的轮胎,应重新充气至正确压力,并在第二天对其进行检查,如果压力比承载充气压力低的值还是大于5%,则应放弃使用该轮胎。

第二种,测热轮胎压力,即检查着陆后仍然发热的轮胎的压力。应该检查并记录每个轮胎的压力,并与相同起落架支柱上的其他轮胎压力进行比较。在相同起落架支柱上记录的压力低于最大值为10%或更大的轮胎,应重新进行充气至最大压力,但是如果下一次检查时同样的损失仍然很明显,则应放弃该轮胎的使用。

另外,检查轮胎压力时,应对成对轮胎(无论是主轮还是前轮)的充气压力的差别引起注意,因为这个压力意味着一个轮胎承受的载荷大于另一轮胎的载荷。如果压力差大于 $5lbf/in^2$, 则应将该情况记录在记录本上以备后续的检查工作。以后每次充气检查时,都应查看这个记录本。用这种方法,经常能发现即将破坏的外胎或内胎。

13.5.3　机轮刹车系统概述

为保证飞机具有足够的升力,飞机在着陆接地时往往具有较大的滑行速度,而气动阻力与机轮滚动阻力对飞机的减速作用却比较小,如果不设法增大飞机的阻力,使之迅速减速,则着陆滑跑距离与滑跑时间势必很长。现代飞机都装有着陆减速装置。目前,机轮刹车装置是最主要的、应用得最广泛的一种着陆减速装置。

飞行员操纵机轮刹车系统时,高压油液(或气体)进入固定在轮轴上的刹车盘(见图13.5-8),推动刹车盘上的刹车片,使它紧压在轮毂内的刹车套上。由于摩擦面之间的摩擦作用,增大了阻止机轮滚动的力矩,所以机轮在滚动中受到的地面摩擦力显著增大,飞机的滑跑速度随之减小。飞行员刹车越重,进入刹车盘的油液或高压气体的压力就越大,刹车片与刹车套之间也就压得越紧,阻止机轮滚动的力矩越大,因而作用在机轮上的地面摩擦力也越大。

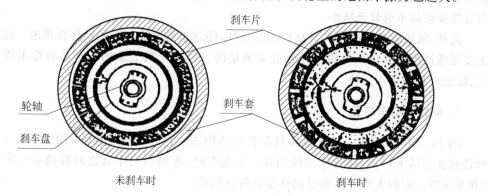

图 13.5-8　刹车减速原理

可见,飞行员通过加大刹车压力的办法,可以有效地缩短飞机的着陆滑跑距离。使用机轮刹车装置,大约可使飞机着陆滑跑距离缩短一半。这时飞机沿水平方向运动的动能,主要是通过刹车装置摩擦面的摩擦作用,转变为热能而逐渐消散掉的。

必须指出,地面摩擦力的增大是有限度的。随着刹车压力的增大,地面摩擦力增大到某一极限值时,即使继续加大刹车压力,它也不会再增加。这时机轮与地面之间产生相对滑动,即出现通常所说的"拖胎"现象。机轮刚要出现拖胎时的这个极限地面摩擦力,称为机轮与地面之间的结合力 $T_{结合}$。

发生拖胎后,一方面由于有滑动时的摩擦力比结合力小,着陆滑跑距离不能有效地缩短;另一方面,飞机向前运动的动能有很大一部分要由轮胎与地面之间的摩擦作用来消耗,轮胎会被急剧磨损。脱胎严重时,甚至可能引起轮胎爆破,如图13.5-9所示。

图 13.5-9　爆胎后的机轮

飞机着陆滑跑过程中,为尽可能地缩短滑跑距离,刹车装置应产生足够的刹车摩擦力矩;而为了防止拖胎,应该尽可能控制刹车压力,使轮胎地面摩擦力尽量接近结合力。

对于轻型飞机,飞行员可采用"点刹"的方法控制刹车压力。"点刹"的特点是:在短时间内允许刹车压力略微超过临界刹车压力,比较容易控制,但机轮会与地面产生相对滑动,轮胎磨损比较严重。

随着航空技术的发展,近代高速和重型飞机普遍配备了刹车压力自动调节装置——防滑刹车系统。根据防滑工作原理的差异,防滑系统可分为惯性防滑系统和电子式防滑系统两大类。

13.5.4 机轮刹车构造

机轮刹车是现代民航飞机刹车系统的重要组件,应能产生足够的刹车力矩,以保证获得高的刹车效率,并在规定的时间内吸收和消耗完着陆滑跑时飞机的大部分动能。

为了满足这个要求,机轮刹车除了结构与尺寸必须合适外,还必须具有良好的冷却性能,同时,互相摩擦的材料在温度和压力比较高的情况下,应能保持良好的耐磨、抗压性能,而且摩擦系数不应显著减小。

此外,机轮刹车还必须具有良好的灵敏性,即刹车与解除刹车的动作要迅速。这一要求主要是通过改善刹车系统的工作性能来满足的。目前飞机上采用的刹车装置主要有弯块式、胶囊式和圆盘式三种。

1. 弯块式刹车装置

图 13.5-10 所示为一种弯块式刹车装置的构造。它的主体与轮轴固定,弯块一端用螺栓铰接在主体上,另一端与作动筒相连。不刹车时,弯块与刹车套之间保持有一定的间隙(刹车间隙),它的大小可以通过调整螺钉进行调整。

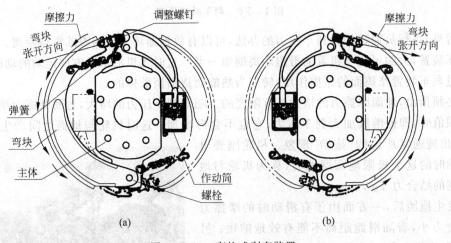

图 13.5-10 弯块式刹车装置

刹车时,高压油液推动作动筒内的带杆活塞,使弯块压住刹车套,利用弯块与刹车套之间的摩擦力,形成刹车力矩。解除刹车时,压力消失,弹簧将弯块拉回到原来位置。

从弯块式刹车装置的工作过程中可以看出,如果机轮旋转方向与弯块张开方向一致,作用在弯块上的摩擦力是帮助弯块张开的(见图 13.5-10(a)),它使弯块与刹车套压得更紧,因而能加大刹车力矩(此作用称为助动作用);反之,如果机轮旋转方向与弯块张开方向相反,摩擦力就要阻碍弯块张开(见图 13.5-10(b)),使刹车力矩减小。此外,注意保持刹车间隙适当:间隙过小,弯块与刹车套可能因振动等原因而自动接触,一旦接触,由于助动作用,滑行中机轮就会发生卡滞现象;间隙过大,则会使刹车工作的灵敏性降低。

2. 胶囊式刹车装置

图 13.5-11 所示为一种胶囊式刹车装置的构造。它由主体、胶囊、刹车片及弹簧片等组成。其主体由镁合金制成,固定在轮轴上,它的四周为带卡槽的外环;刹车片利用弹簧片卡在外环的卡槽内;胶囊安装在主体与刹车片之间。

刹车时,高压油液进入胶囊,使胶囊鼓起,把刹车片紧压在刹车套上,产生摩擦力,形成刹车力矩。解除刹车时,胶囊收缩,刹车片靠弹簧片的弹力,恢复到原来的位置。

从胶囊式刹车装置的工作原理与构造特点中可以看出,它与弯块式(助动式)刹车装置相比,具有摩擦面积大(在外廓尺寸相同的情况下)、磨损均匀、刹车工作柔和并且不易产生卡滞等优点;它的主要缺点是刹车时需要向胶囊内输送较多的油液,因而工作灵敏性较差(尤其是大型刹车盘)。

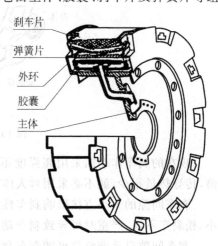

图 13.5-11　胶囊式刹车装置

随着飞机尺寸的增大,飞机着陆水平动能越来越大,对刹车装置性能的要求越来越高,而上述刹车装置由于自身结构特点的限制,不能提供更大的摩擦面积以达到所需的刹车力矩,因此人们便发明了圆盘式刹车装置。

3. 圆盘式刹车装置

圆盘式刹车装置可以在不增大结构尺寸的情况下提供更大的摩擦面积,以得到更高的刹车效率,满足现代大型飞机着陆减速的需要。根据刹车盘的数目,圆盘式刹车装置分为单盘式刹车和多盘式刹车。下面主要介绍多盘式刹车装置的构造和维护要点。

多盘式刹车装置由刹车活塞壳体和刹车盘组件两大部分组成,其典型结构如图 13.5-12 所示。其中刹车活塞壳体的主要作用是容纳刹车作动筒(活塞)、刹车间隙自动调节器、刹车磨损指示销、刹车作动筒放气活门及刹车温度传感器等刹车盘组件。

刹车作动筒是刹车装置的执行机构,六个作动筒均匀地分布在通圆周上,提供稳定的刹车操纵力。刹车作动筒是单作用式(即单向式)作动筒。在松刹车时液压油靠复位弹簧拉(压)回。盘式刹车装置的复位弹簧装在间隙自动调整器内,松刹车时可自动调节刹车间隙,使之保持规定值。

早期的刹车作动筒多由铝合金制造,由于铝合金强度较低,一般制成实心结构。当飞机刹车时,产生的摩擦热能将由作动筒体传导到刹车系统的油液中,导致油温过高,油液变质。为防止这种情况发生,在作动筒顶部加装石棉隔热块阻止热量的传导。

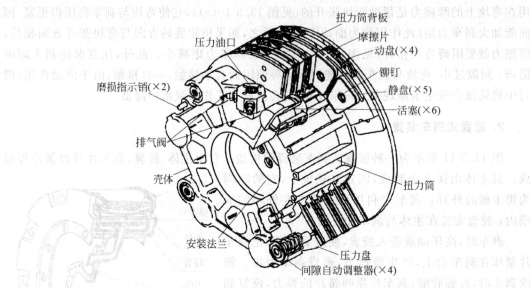

图 13.5-12 多盘式刹车装置

现在的刹车作动筒采用高强度不锈钢薄壁结构,由于不锈钢导热能力低,加之筒壁很薄,传导热量很少,就不必采用对人体有害的石棉隔热块了。

刹车间隙的大小直接影响刹车性能:间隙过大,刹车不灵敏,即刹车反应迟钝;间隙过小,松刹车不灵,严重时可导致刹车动盘、静盘咬合,防滞系统失效,损坏刹车装置。

刹车间隙自动调整器可随刹车盘磨损量的增大自动调节刹车间隙,常见的间隙自动调整器有调节管式和摩擦式两大类,图 13.5-13 所示为调节管式间隙调整器的具体构造。

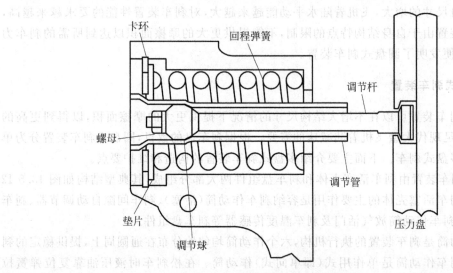

图 13.5-13 调节管式间隙自动调节器

刹车装置更换新刹车片后,必须调整刹车间隙自动调节器,否则刹车间隙将过小;保持复位弹簧润滑,防止因弹簧卡滞造成压力盘回程不一致,压力盘回程不一致将导致摩擦片偏磨,降低刹车效率和刹车装置使用寿命。另外,对于摩擦式间隙自动调整器,摩擦套的摩擦力应保持在合适的范围内（$F_{摩擦}=2\sim3F_{弹簧}$）。

随着飞机的使用，刹车片不断磨损，当刹车片磨损到不能满足飞机中断起飞时最大刹车力要求时，飞机便达不到适航的要求，必须更换刹车片。在维护中，应随时检查刹车片的磨损量，保证飞机的适航性。在刹车装置上设置磨损指示销，可使飞行员以及机务人员在不拆卸刹车装置的情况下检查刹车片的磨损情况，其具体结构如图 13.5-14 所示。

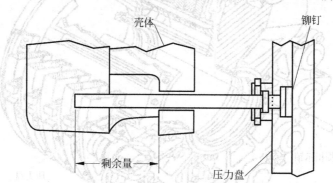

图 13.5-14　刹车磨损指示销

检查刹车磨损量的正确操作是：

（1）给刹车系统供压（可进行停留刹车），工作压力为 $3\,000\text{lbf/in}^2$；

（2）测量磨损指示销的长度：指示销的长度为刹车片可用磨损量，当指示销与刹车壳体底座齐平时，应更换刹车片；

（3）更换刹车片后，应根据刹车片的排列次序确定刹车片的最大允许磨损量，调整磨损指示销的长度。

当刹车系统混入空气时，刹车脚蹬便会松软（刹车不灵），解决刹车松软的方法是给刹车系统排气，刹车装置上的放气活门便是为此目的设置的。刹车系统中的空气可以通过放气活门排出。

刹车片组件包括静盘和动盘：静盘由花键固定在扭力筒上，可沿轴向移动，但不能转动。扭力筒通过法兰盘用螺栓与轮轴法兰盘相连，将刹车力矩传导到轮轴；动盘由机轮动盘驱动键带动，也可以沿轴向移动（动盘驱动键参见图 13.5-3）。

刹车性能的高低，直接影响因素是摩擦材料的选择。在刹车过程中飞机的水平动能转化为摩擦热，这些热量要由摩擦片直接吸收，因此也有人将刹车片组件称为热库。对热库的要求是能吸收大量的摩擦热，而温升较低，即热容大；并且在高温下其强度、耐磨性能不能下降过大。

现在应用较成熟的摩擦材料是金属陶瓷材料。静盘由铆接在钢板骨架上的金属陶瓷摩擦小块构成，动盘由装在蛛形架上的优质钢板构成（图 13.5-12 所示为采用金属陶瓷摩擦材料的刹车装置）。

另一种新型摩擦材料为碳-碳复合材料，即由碳纤维为骨架，经高温碳颗粒沉积加强处理的复合材料。碳-碳复合材料具有更高的热容量和高温摩擦性能，且质量轻，适合飞机刹车的工作要求，得到了广泛的应用，图 13.5-15 所示为采用碳-碳复合材料的刹车装置。

刹车温度传感器用于探测刹车组件温度，刹车温度显示在驾驶舱，当刹车温度过高时，不能设置停留刹车，防止刹车片发生熔焊，损坏刹车装置，并使防滞刹车系统失效。

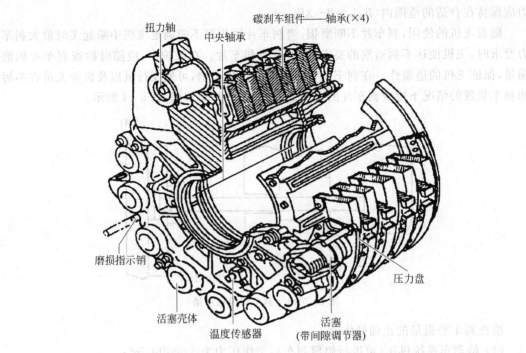

图 13.5-15 采用碳刹车组件的盘式刹车装置

13.5.5 刹车系统

刹车系统用来控制机轮刹车的工作。由机轮刹车减速原理可知,飞机着陆滑跑过程中,刹车压力必须根据外界条件的变化随时进行调节。刹车系统的中心问题就是调节刹车压力,因此刹车系统都装有刹车调压器等附件;为了在刹车过程中获得理想的刹车效率,现代刹车系统普遍采用防滞刹车系统,在刹车过程中自动精确控制刹车压力。

图 13.5-16 所示为某飞机刹车系统原理图。从图中看出,现代飞机的刹车系统由以下分系统组成:

(1) 正常刹车系统:主要部件由刹车蓄压器、正常刹车调压器、液压保险器组成;

(2) 备用(应急)刹车系统:在主刹车系统失效时,通过转换阀提供备用(应急)刹车;

(3) 防滞刹车系统:由防滞传感器、防滞控制器、防滞控制阀组成,精确控制刹车压力,达到最高的刹车效率;

(4) 自动刹车系统:在飞机着陆前,打开自动刹车系统,不需飞行员用脚踩刹车踏板;

(5) 停留刹车系统:飞机停场时,将飞机刹住,停留刹车压力源为刹车蓄压器。

通过对刹车系统的分析可知,正常刹车是飞机刹车系统的主干部分,由飞行员直接控制刹车压力,可以说,其他刹车分系统都是为改善主刹车系统的性能而发展的。本节首先要讨论正常刹车系统工作原理,然后再考虑其他分系统。

1. 正常刹车系统

图 13.5-16 所示的飞机刹车系统可简化为只具有关键元件的正常刹车系统,如图 13.5-17 所示。正常刹车系统可以追溯到最早的压力刹车系统。当时液压源能提供的刹车流量较

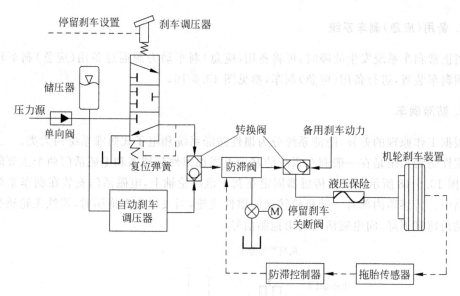

图 13.5-16　飞机刹车系统原理图

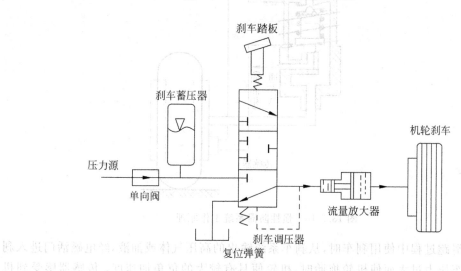

图 13.5-17　正常刹车系统原理图

小,为了提高刹车效能,在刹车调压器和刹车作动筒之间装有流量放大器。

正常工作原理:飞行员踩下刹车脚蹬,系统压力经刹车调压器流向流量放大器,刹车压力与飞行员的脚蹬力成正比;刹车油液经过流量放大后,供向刹车作动筒,加快刹车反应速度,使机轮内的刹车装置(刹车片相接触摩擦)产生刹车力矩,使飞机减速。当飞行员松开刹车后,在复位弹簧的作用下松开刹车,油液经原路返回,经过刹车调压器回油箱。其中的流量放大器还起到液压保险器的作用。

刹车调压器又被称为刹车计量活门,其性质是由刹车踏板控制的可调减压器。飞行员通过刹车踏板控制油路流通面积(阀口开度),使刹车压力与脚蹬力成正比。

刹车蓄压器为刹车工作储存液压能量,抑制压力波动以及确保瞬时液压油进入刹车组件中。同时,当正常刹车系统失效或进行停留刹车时,刹车蓄压器可作为备用刹车源。

2. 备用(应急)刹车系统

当正常刹车系统发生故障时,可将备用(应急)刹车动力源通过备用(应急)刹车转换活门送到刹车装置,进行备用(应急)刹车,参见图 13.5-16。

3. 防滞刹车

根据工作原理的差异,防滞系统分为惯性防滞系统和电子式防滞系统两大类。

惯性防滞系统是在一般刹车系统的基础上添加惯性传感器和电磁活门两个主要附件组成,如图 13.5-18 所示。惯性传感器固定在刹车盘或轮轴上,电磁活门安装在刹车系统的工作管路中。传感器内部有一随机轮转动的惯性飞轮,当飞机出现拖胎时,惯性飞轮感受到机轮滚动角速度下降,向电磁活门发出拖胎信号。

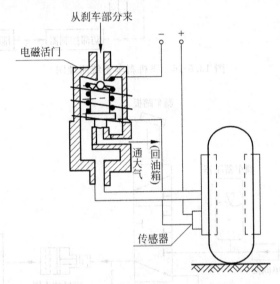

图 13.5-18 惯性防滞系统工作原理

在着陆滑跑过程中使用刹车时,从刹车系统输出的高压气体或油液,经电磁活门进入刹车盘。当刹车压力过大而使机轮拖胎时,机轮便具有较大的负角加速度;传感器感受到机轮的负角加速度后,即操纵一个电门,将电磁活门中线圈的电路接通。活门便在电磁吸引力作用下,打开放气(回油)路,堵住来气(来油)路。于是,刹车盘内高压气体(油液)的压力迅速降低。

当拖胎解除且机轮恢复正常滚动后,被传感器接通的电路立即断开,电磁吸引力消失,活门在弹簧作用下恢复原位,重新打开来气(来油)路,关闭放气(回油)路,刹车压力重新增大。当机轮再次进入拖胎时,传感器又操纵电磁活门来减小刹车压力。如此周而复始,便可使刹车压力围绕着临界刹车压力做有规律的变化,获得高的刹车效率。

惯性传感器式防滞系统在机轮具有一定的负角加速度后,才能输出控制信号,且执行机构为普通的两位三通电磁阀,控制精度较低;现代民航飞机多采用控制精度高的电子式防滞系统。电子式防滞系统以滑移率作为主要的表征参数。

$$滑移率 = (V_{机} - V_{轮})/V_{机} \tag{13-1}$$

式中，$V_机$ 为飞机的速度；$V_轮$ 为机轮的速度。

当机轮滑移率＝0时，飞机没有拖胎；而机轮滑移率＝1时，飞机处于完全拖胎状态，轮胎将受到极大的磨损，甚至发生爆胎。刹车效率与滑移率的关系如图 13.5-19 所示。

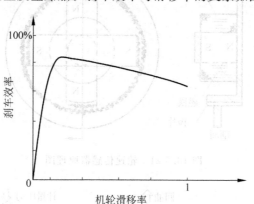

图 13.5-19　刹车效率与机轮滑移率的关系曲线

无论刹车条件如何变化，在滑移率＝0.15～0.25时刹车效率最高。如果在飞机滑行时能很好地控制机轮的滑移率，将得到最高的刹车效率，且具有控制精度高的优点。

图 13.5-20 所示为电子式防滞系统组成原理图。轮速传感器感受机轮滚动速度，送到防滞控制器；防滞控制器根据轮速、飞机滑行速度计算机轮的滑移率，与理想滑移率比较，发出控制信号到防滞阀；防滞阀根据防滞控制器的控制信号，连续控制供向刹车装置的油液压力，使机轮的滑移率等于理想滑移率，从而达到最高的刹车效率。

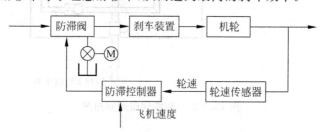

图 13.5-20　电子式防滞系统原理图

电子式防滞系统由三个主要元件组成：轮速传感器、防滞控制器和防滞阀。

轮速传感器（轮速发电机）是测量轮速的敏感元件，它是一个很小的发电机，装在机轮轴上，如图 13.5-21 所示。发电机的转子由主轴通过机轮传动套来带动，机轮转动时，发电机发出电信号，其强度表示轮速的大小。

防滞控制器接收来自轮速传感器的轮速信号、飞机滑行速度信号，并依此计算出机轮的滑移率。防滞控制器将瞬时滑移率与预先设定的理想滑移率比较，根据偏差情况发出控制信号到防滞阀。

防滞阀为典型的电液伺服阀，原理如图 13.5-22 所示，其功用是根据防滞控制信号控制供向刹车装置的油液压力。

飞机由下滑到在跑道上停稳的过程中，电子式防滞系统起着不同的作用：接地保护功能、锁轮保护功能、正常防滞功能、人工刹车功能。该系统工作过程如图 13.5-23 所示。

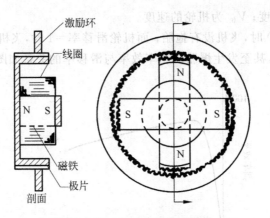

图 13.5-21 轮速传感器原理图

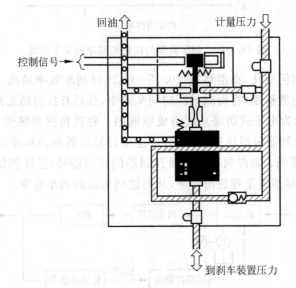

图 13.5-22 防滞伺服阀原理图

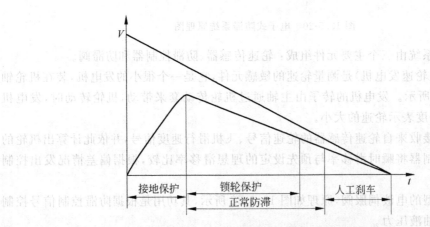

图 13.5-23 飞机着陆时刹车系统工作过程

1) 接地保护功能

当飞机下滑即将接地时,轮胎是静止的,若此时飞行员踩下刹车,将使机轮瞬间严重拖胎。接地保护电路的功能是在飞机即将接地瞬间解脱刹车的作用(虽然已经实施刹车)。当飞机主轮触地且机轮滚动速度达到刹车允许速度时,接地保护电路断开。

2) 锁轮保护功能

当飞机通过局部积冰(水)的跑道时,由于机轮轮胎与地面的摩擦力不够而发生拖胎现象。如果正常防滞控制不能将其解除,就需要由锁轮保护电路发出超控信号,使刹车管路释压,且释压时间比解除正常拖胎的时间要长,这是为了给这个机轮一个加速的时间。

锁轮保护电路监测两个同侧机轮的速度差,当两轮速相差一定值时,锁轮保护电路工作。在飞机平均轮速低于某一定值时,锁轮保护电路断开。

3) 正常防滞功能

飞机在滑跑刹车时,由正常防滞系统控制刹车状态;当飞机的轮速低于某一定值时,正常防滞电路脱开,刹车压力由飞行员刹车调压器决定。

4) 人工刹车功能

当飞机轮速低于某一定值时,正常防滞电路将脱开,由飞行员进行人工刹车;在刹车过程中,飞行员可利用电门脱开防滞刹车系统,进行人工刹车;当防滞系统发生故障时,自动脱开并转换人工控制。

4. 自动刹车系统

自动刹车系统通过自动刹车调压器调节刹车压力。自动刹车调压器与正常刹车调压器并联,通过转换阀接入正常刹车系统。在自动刹车控制面板上,飞行员可选择自动刹车压力,如图 13.5-24 所示。自动刹车压力分为四挡,1、2、3 挡和最大(MAX)挡,在飞机中断起飞刹车时,可选择"RTO 挡"进行大力刹车。

自动刹车调压器也称为自动刹车压力控制组件。在自动刹车操作过程中,它使用来自防滞/自动刹车控制组件的控制信号,调节液压系统的压力,供向正常刹车系统。自动刹车系统工作过程与正常刹车相类似,相当于用该组件代替人工操纵的刹车调压器。

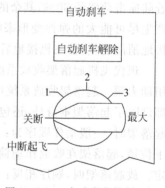

图 13.5-24 自动刹车控制面板

5. 停留刹车系统

飞机停放时,为防止飞机发生意外移动,通常设有停留刹车系统。以波音系列飞机设置停留刹车为例:设置停留刹车时,双脚用力踏下刹车踏板,同时拉起停留刹车手柄,通过机械连杆机构将刹车调压器置于刹车位,向刹车装置供压;控制电路向防滞活门回油路上的停留刹车关断阀马达供电,停留刹车关断活门关闭;设置停留刹车时,红色(有些机型为琥珀色)"停留刹车警告灯"点亮。

刹车压力由刹车蓄压器提供,蓄压器预充气压力的高低和系统泄漏情况将决定停留刹车时间的长短。

停留刹车注意事项：当刹车装置温度过高时，不能设停留刹车，防止刹车片在高温下咬合，松不开刹车。

本章小结

一般起落架由一个前收的前起落架和两个向内侧收的主起落架组成。它们都由液压操作。起落架舱由起落架门封闭，每个主起落架组件中有一个液压/氮气减震支柱、四个轮子和小车架。每个主轮中有带防滞的轮子刹车。

起落架在飞机上的配置型式通常有后三点式，前三点式和自行车式三种。前三点式起落架比较适用于速度较大的飞机。因此，从20世纪40年代初开始，它得到了迅速的推广，目前已成为起落架在飞机上配置的主要型式。起落架的结构型式，可分为构架式、支柱套筒式和摇臂式三类。支柱套筒式起落架是现代飞机起落架的典型型式。这类起落架的支柱是由外筒和活塞杆（或内筒）套接起来的减震支柱，机轮轴直接连接在支柱下端，支柱上端固定在机体骨架上。按机轮在起落架承力机构的固定方式不同，轮式滑行装置可分为半轴式、半轮叉式、轮叉式、双轮式和小车式等多种形式。中型飞机的主轮普遍采用双轮式起落架，而中型和重型飞机的前起落架大多为双轮式。

飞机着陆接地时，轮胎和减震器像弹簧那样产生压缩变形，延长撞击时间，减小撞击力。然而，减震装置不但要减小着陆时的撞击力，还要将撞击动能耗散掉，减小撞击之后的颠簸跳动。飞机减震装置由轮胎和减震器两部分组成，其中轮胎（尤其是低压轮胎）大约可吸收着陆撞击动能的30%，其余的能量必须由减震器吸收并消散掉。减震原理的实质是：通过产生尽可能大的弹性变形来吸收撞击动能，以减小飞机所受撞击力；利用摩擦热耗作用尽快地消散能量，使飞机接地后的颠簸跳动迅速停止。

现代飞机起落架收放系统一般以液压为正常收放动力源，以液压、引气或电力等作为备用动力源。起落架收放系统可控制飞机起落架收放的顺序。在起落架收放时，需要作动的部件除了起落架本身外，还包括舱门。起落架收放时，舱门与起落架的运动顺序要协调。收起落架时，一般动作顺序为：舱门开锁，舱门作动筒将舱门打开；起落架下位锁作动筒打开下位锁，起落架在收放作动筒作用下收起，并锁定在收上位；舱门作动筒将舱门关闭并锁定。放起落架时，顺序相反：先开舱门，然后开上位锁、放起落架并锁定，最后关上舱门。在正常飞行过程中，由于起落架的安装位置，飞行员无法直接确认其工作位置，因此，飞机起落架系统的位置指示和警告系统对飞行员尤为重要。正常情况下，指示系统利用信号灯来指示起落架的位置。当灯光指示系统由于电气线路或操纵电门的影响产生故障时，飞行员可以通过机械指示系统确认飞机起落架的实际位置。为了确保飞机安全着陆，当飞机处于某种着陆状态而起落架的位置不正确时，警告系统会发出警告提醒飞行员，警告系统一般包括灯光警告和音响警告。

为了保证飞机在地面滑行时能够有效控制滑行方向，飞机前轮必须能绕起落架支柱轴线偏转，因此，前起落架支柱套筒与主起落架的不同。当飞机前轮能够绕支柱套筒偏转时，前轮在滑行中容易绕其轴线产生摆动，前轮一般安装设定有稳定距，飞机滑行时，前轮的运动就可以保持稳定。现代飞机的前轮转弯系统不但具有正常转弯操纵功能，同时还具有中立减摆、拖行释压、超压释压等相关功能。

机轮的主要作用是在地面支持飞机的质量,减少飞机在地面运动的阻力,吸收飞机着陆和地面运动时的一部分撞击能量。机轮由轮毂和轮胎组成。轮毂主要有固定轮缘式轮毂、可卸轮缘式轮毂和分离式轮箍三种类型。机轮另一个重要组成部件是轮胎,轮胎构成了一个空气垫层,主要作用有支持飞机质量;吸收飞机滑行中的颠簸跳动;缓冲飞机着陆过程中冲击并帮助吸收撞击能量;产生必要的刹车摩擦力以便飞机在着陆时使飞机停住。轮胎必须能承受巨大的静载荷、动载荷和热载荷。

飞机刹车系统是飞机最主要的、应用最广泛的一种着陆减速装置。使用机轮刹车装置,大约可使飞机着陆滑跑距离缩短一半。这时飞机沿水平方向运动的动能主要通过刹车装置摩擦面的摩擦作用转变为热能而逐渐消散掉的。近代高速和重型飞机普遍配备了刹车压力自动调节装置——防滑刹车系统。其尽可能控制刹车压力,使轮胎地面摩擦力尽量接近结合力。现代飞机的刹车系统由正常刹车系统,备用(应急)刹车系统,防滑刹车系统,自动刹车系统和停留刹车系统组成。

复习与思考

1. 飞机起落架的作用是什么?其主要的组成构件是什么?
2. 目前主要采用的飞机起落架配置是什么?其有什么特点?
3. 什么是稳定距?它的作用是什么?
4. 前轮摆振发生原理是什么?其减摆的原理又是什么?
5. 轮胎的作用是什么?其有哪些类型?
6. 什么是飞机拖胎现象?其产生的后果是什么?

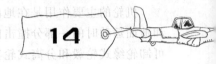

14

灯光和氧气系统

本章关键词

灯光系统(lighting system)　　　　氧气系统(oxygen system)

旅客告示牌(passengers board)　　旅客呼叫灯(passengers calling lamp)

着陆灯(landing lamp)　　　　　　滑行灯(taxiing lamp)

氧气瓶(oxygen bottle)

互联网资料

http://baike.baidu.com/view/1260118.htm?fr=aladdin

http://d.g.wanfangdata.com.cn/Periodical_dqpj201402010.aspx

http://www.docin.com/p-377138658.html

http://www.cnki.com.cn/Article/CJFDTOTAL-HKJS201204016.htm

http://www.cnki.com.cn/Article/CJFDTOTAL-KJCB201323082.htm

http://www.caac.gov.cn/J1/J3/200706/t20070612_4849.html

http://www.csres.com/detail/224264.html

由于现代民用飞机执行航班的时间已经达到24小时不间断,因此针对夜间飞行需要有足够的灯光照明。同时,针对大雨等恶劣天气时,也需要有足够的灯光进行飞机的飞行轨迹环境确认。因此,灯光系统对于飞机安全飞行尤为重要。

本章从灯光系统概述出发,简要介绍灯光系统的分类及其对于飞行员的作用。驾驶舱灯光作为飞行员主要使用灯光,本章介绍了驾驶舱的布局以及各自的操作方式。而客舱的照明系统是整个客舱系统的重要组成部分,该照明主要针对客舱乘客进行操作。该系统分为整体照明以及局部照明。整体照明可以有乘务员集中操作,局部照明的操作权限在各个座位上,用于满足不同乘客的不同需要。

灯光系统的最后介绍了飞机的机外照明系统。机外照明系统用于帮助飞行人员确认飞机的外部环境,该灯光在夜间飞行尤为重要。由于飞机机外灯光安装位置的特殊性,机外灯光部件的结构有一定的强度,同时,该系统的工作情况将对飞机的飞行性能有一定影响。

> 本章第二部分简要介绍了飞机的氧气系统。飞机氧气系统可以分为机组氧气和旅客氧气系统两个部分。机组氧气系统一般采用的是存储式的氧气，其打开与关闭由机组人员人工控制，同时该系统的开关也受客舱高度的影响。旅客氧气系统一般采用的是氧气发生器。该系统与机组氧气不同，其由两个化学部件组成，当两者产生混合后，系统自动产生氧气进行供压。

14.1 灯光照明系统

飞机在夜间执行航班时，由于外部环境，当飞机在滑行道和跑道上滑行、滑跑、起飞和降落，或在空中飞行时，都离不开灯光系统的照明和指示。灯光系统为飞机提供客舱内部照明，跑道照明以及本机照明。有时在恶劣的天气条件下，即使在白天，灯光系统的照明和指示也是必不可少的。

14.1.1 灯光系统概述

灯光系统的功用是为飞机的安全正常飞行、飞行员和乘务员的工作以及旅客安全舒适的旅行提供灯光照明和指示。灯光系统的功用可以归纳为以下六个方面：①为飞行员提供所需的驾驶舱正常和备用灯光照明；②为飞行员提供飞机相关系统的灯光指示和警告；③为乘务员和旅客提供所需的客舱灯光照明和旅客告示牌指示；④为地面服务和勤务工作提供所需的灯光照明；⑤为飞机的安全正常飞行提供所需的机外灯光照明；⑥在紧急情况下为旅客和乘务员提供应急照明和撤离指示。

灯光系统根据其安装位置与作用可分为机内灯光和机外灯光。飞机机内灯光是灯光系统的核心组成部分之一，包括驾驶舱灯光、客舱灯光、货舱地面服务灯光和维护区域地面勤务灯光。

14.1.2 驾驶舱灯光

驾驶舱灯光系统使飞行员在微弱的照明条件下能够清晰地看清驾驶舱的各个设备及必要的名牌和指示。驾驶舱灯光必须达到下列基本要求：具有足够的亮度，不会使飞行员目眩，灯光的亮度可以调节；能够根据复杂的天气条件和驾驶舱灯光的强弱及时快速调节亮度，光线反射小；在主电源失效的情况下仍能保证重要仪表和指示的照明。

驾驶舱灯光大致可以分为普通照明、整体式照明和信号指示灯等。典型的驾驶舱灯光示意图如图 14.1-1 所示。

1. 普通照明和整体式照明

普通照明为整个驾驶舱区域和局部区域提供照明。驾驶舱区域照明灯光有顶灯和天花板灯等；局部区域照明灯光一般包括各个面板或操纵台的泛光灯和照明灯以及航图灯、图表灯、阅读灯、地板灯、备用罗盘灯和工作台照明灯等。局部照明的面板通常包括顶板、遮光板、左中右仪表板、中央操纵台和左右操纵台等。对于不同的机型，普通照明灯光的具体构成略有差别。

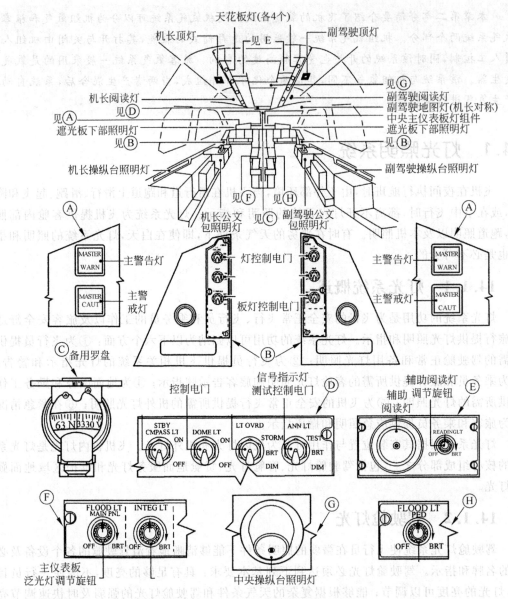

图 14.1-1 驾驶舱照明

整体式照明为飞行员在夜间或复杂天气条件下飞行时提供清晰的面板、仪表和控制照明及指示。整体式照明灯的核心部件是灯板,灯板的正面有刻好的文字和挖好的开口,与控制和指示面板的选择电门和指示器相匹配。灯板的背面有电气接头和电路板,照明灯灯泡是体积微小的白炽灯泡或发光二极管,它们镶嵌在灯板里。在某些飞机上,整体式照明灯也称为背景灯。典型的整体式照明灯灯板如图 14.1-2 所示。

大部分驾驶舱普通照明灯光的亮度是可调的,整体式照明的亮度全部是可以调节的。在驾驶舱顶板上,有一个照明灯超控电门,该电门一般具有"雷雨"和"暗"两个位置,当驾驶舱遇到雷雨天产生光线过足时,飞行员只要将电门置于"雷雨"位,相应的照明灯将自动进入明亮照明状态。

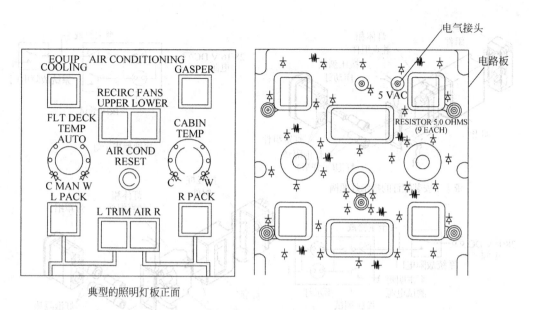

图 14.1-2　整体式照明灯灯板

为确保驾驶舱重要飞行仪表和指示的照明，重要仪表和指示的照明电源同时来自主电源汇流条和应急电源汇流条。当飞机主电源失效时，由应急电源汇流条供电的照明灯仍然能够点亮。提供备用照明的照明灯有顶灯、备用罗盘照明灯和主仪表板照明灯等。

2. 信号指示灯

信号指示灯包括各仪表板上的系统警告灯、警戒灯和不同颜色（通常为琥珀色、绿色和白色）的位置或状态指示灯以及遮光板上的红色主警告灯和黄色主警戒灯等。当系统出现故障时，该系统警告灯或警戒灯点亮，遮光板两侧相应的红色主警告灯或黄色主警戒灯同时点亮发出警告或警戒。对于具有 EICAS（发动机指示和机组警告系统）或 ECAM（电子中央飞机监控器）的飞机，当出现故障时，EICAS 或 SCAM 上分别伴随有相应的 A、B、C 级或三、二、一级警告、警戒或维护信息。

在驾驶舱顶板或中央仪表板上，有一个测试和控制所有信号指示灯明暗状态的电门，该电门有"暗"（DIM）、"亮"（BRT）和"测试"（TEST）三个位置。当该电门处于"测试"位时，所有信号指示灯应该点亮；当驾驶舱遇到雷雨天气光线过足时，电门应置于"亮"位；当光线黯淡或夜间飞行时，电门应置于"暗"位。总之，该电门不但可以检查全部指示灯电源和电路的完整性，而且可以在驾驶舱亮度突变的情况下，快速改变指示灯的亮度，确保飞行员能够看到清晰的指示。典型的信号指示灯示意图如图 14.1-3 所示。

以 A300 机型为例。典型的驾驶舱灯光系统主要包括用于提供机组常规照明工作的顶灯系统、用于提供仪表照明的仪表板泛光灯、荧光灯系统、地图灯和主控台系统。顶灯系统主要通过八个安装在驾驶舱顶部的圆顶灯提供照明，其控制电路主要为顶部面板的 DOME 电门和驾驶舱附近的一个开关电门。仪表板泛光灯以及荧光灯系统为仪表板提供照明工作，仪表板的照明采用的是可调节性的白炽灯，其安装在中央仪表板的上方，在灯泡

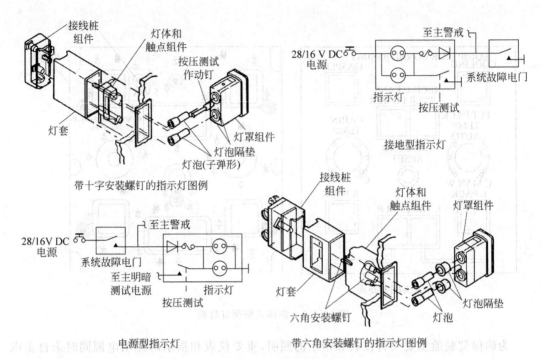

图 14.1-3 信号指示灯示意图

上安装有铰链面罩,保证照亮面板上的仪器,而不会使机组产生眩光。地图灯以及主控台灯提供机组在飞行过程中的地图照明以及设备照明工作,地图灯安装在飞行员的驾驶盘上,而主控台灯用一条形照明灯进行工作。驾驶座位下部灯光系统用以为下部地板提供照明。整个驾驶舱的照明系统的位置如图 14.1-4 所示。

14.1.3 客舱灯光

机内灯光系统的另一个主体部分是客舱灯光。客舱灯光为客舱、盥洗室、厨房和乘务员工作区域提供灯光照明。客舱灯光包括普通照明、局部照明和旅客告示牌,其中局部照明包括登机照明、阅读照明、盥洗室照明和厨房照明等。

1. 普通照明和局部照明

普通照明由安装在整个客舱顶部天花板和侧板里的日光灯提供,安装在天花板里的白炽灯提供比较黯淡柔和的夜间照明。图 14.1-5 所示为典型的天花板日光灯和夜灯示意图。日光灯照明由控制电门、镇流器(包括保险丝)和日光灯管等三个部分组成。现代飞机的镇流器借助于数字电子技术的运用,能够给旅客提供亮度可以调节的灯光。日光灯的控制电门有"亮"(BRT)、"中"(MED)、"暗"(DIM)、"夜间"(NIGHT)和"关"(OFF)五个位置,当电门处于前三个位置时,115VAC 电流通过继电器送到镇流器,而在"中"和"暗"位各有一个离散的电气接地信号送到镇流器,镇流器的内部逻辑电路利用这两个输入信号调节日光灯的亮度水平。当电门处于"夜间"位置时,28VAC 电流送到夜灯,提供黯淡柔和的白炽灯光照明,利于旅客在夜间休息。

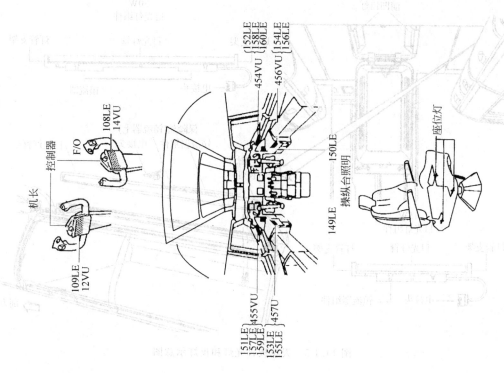
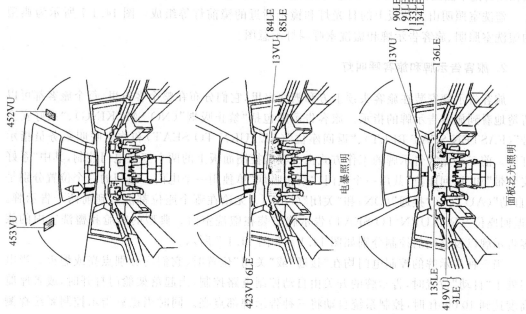

图 14.1-4 灯光系统指示位置

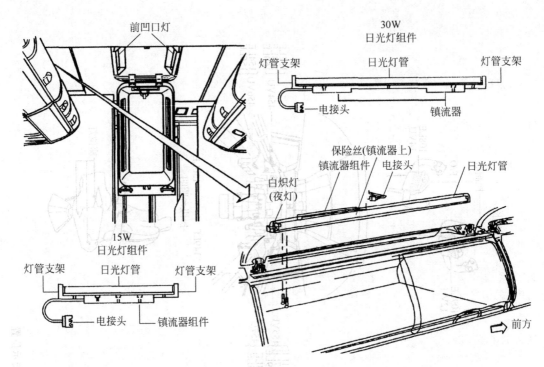

图 14.1-5　天花板日光灯和夜灯示意图

局部照明包括旅客阅读灯和乘务员阅读灯,分别安装在旅客和乘务员头顶上方。灯的类型是一样的,均为白炽灯泡,且均有反射镜。它们的控制电门有的安装在灯泡的附近,有的安装在座椅把手侧面。图 14.1-6 所示为典型的阅读灯、旅客告示牌和客舱呼叫灯示意图。

盥洗室照明由天花板上的日光灯和镜子附近的镜前灯等组成。图 14.1-7 所示为典型的盥洗室照明、旅客告示牌和盥洗室呼叫灯示意图。

2. 旅客告示牌和旅客呼叫灯

旅客告示牌安装在旅客头顶上方和盥洗室里,它们分布在整个客舱里,每个旅客都可以清楚地看到旅客告示牌的指示。旅客告示牌包括"禁止吸烟"(NO SMOKING)、"系好安全带"(FASTEN SEAT BELT)、"返回座位"(RETURN TO SEAT)和旅客呼叫乘务员指示灯等。前三种旅客告示牌的工作方式由驾驶舱控制面板上的两个三位电门控制,其中"系好安全带"和"返回座位"共用一个电门,"禁止吸烟"单独用一个电门。电门的三个位置分别是"自动"(AUTO)、"接通"(ON)和"关闭"(OFF)。无论在哪个座位都能看到前两个告示牌。"返回座位"(RETURN TO SEAT)告示牌安装在盥洗室内。典型的客舱和盥洗室内的旅客告示牌以及它们的控制分别如图 14.1-6 和图 14.1-7 所示。

当三种告示牌的控制电门均在"接通"或"关闭"位置时,它们均分别点亮或熄灭。当电门处于"自动"位置时,告示牌的开关由自动控制电路控制,当起落架舱门打开时,或者座舱高度达到 10 000ft 时,控制系统自动将三种告示牌都点亮。同时当襟翼指示控制系统探测到襟翼"不在收上"位时,控制电路自动点亮"系好安全带"告示牌。任何时候告示牌点亮时,控制电路同时给通信系统的谐音控制系统发送信号,驱动音响警告发出谐音音响,进一步引起旅客的注意。

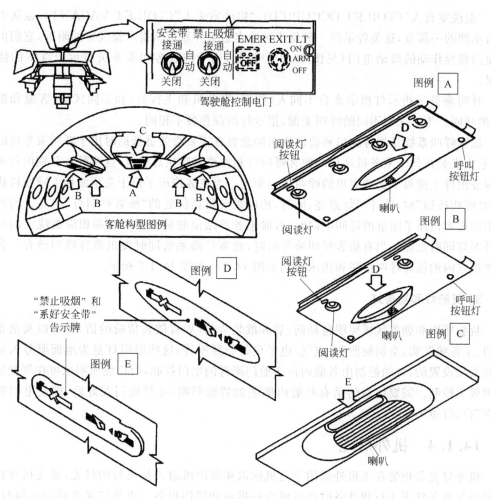

图 14.1-6 阅读灯、旅客告示牌和客舱呼叫灯示意图

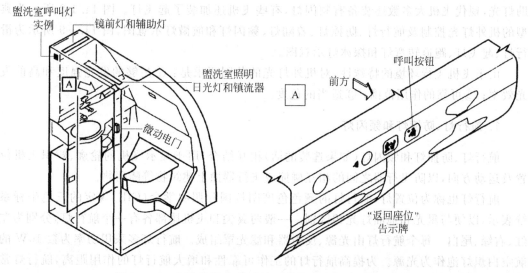

图 14.1-7 盥洗室照明、旅客告示牌和盥洗室呼叫灯示意图

"盥洗室有人"(TOILET OCCUPIED)、"盥洗室无人"(TOILET VACANT),也属于旅客告示牌的一部分,这类告示牌一般位于客舱走道上方靠近所指示盥洗室的附近,它们由盥洗室门锁栓作动的微动电门(见图 14.1-7)控制,用于向旅客和乘务员指示盥洗室的使用状况。

呼叫乘务员指示灯指示来自不同人(旅客、乘务员和飞行员)和不同区域(客舱和盥洗室)的呼叫。为了区别不同的呼叫来源,指示灯的颜色各不相同。

旅客呼叫系统是指客舱里和盥洗室里的旅客在需要乘务员帮助时用于呼叫乘务员的设备,它由安装在每个乘务员站位的旅客呼叫灯和盥洗室呼叫灯组成,这两种灯分别由每个旅客服务组件上或每个盥洗室里的呼叫电门驱动。当旅客按压了位于头顶面板上或座椅扶手上的"呼叫按钮"时,该呼叫灯点亮,同时,相应乘务员站位处的"旅客呼叫灯"点亮。当盥洗室里的旅客按压了附近的呼叫电门时,客舱乘务员站位的旅客呼叫灯和相应盥洗室门顶部的呼叫灯同时点亮。当有旅客呼叫乘务员时,旅客广播系统同时发出旅客呼叫谐音。客舱和盥洗室内的旅客呼叫按钮和指示分别如图 14.1-6 和图 14.1-7 所示。

3. 货舱灯和勤务灯

货舱照明和勤务区域照明包括前、后和散装货舱(如有散装货舱的话)照明以及前轮舱照明、主轮舱照明、空调舱照明、电气/电子设备舱照明等,这些照明灯是为地面服务人员和地勤人员设置的,灯的控制由各舱内位于舱门附近的电门控制,而轮舱照明也可在驾驶舱的前顶板上控制。需要注意的是有些舱内照明如货舱照明,在货舱门关好后,即使电门置于"ON"位,灯也不亮。

14.1.4 机外灯光

机外灯光是指装在飞机外部用于飞机标识和帮助机组人员飞行的灯光,是飞机在夜间或复杂气象条件下飞行和准备时必不可少的指示和照明设备。机外灯光主要包括航行灯、防撞灯(信标灯)、着陆灯、滑行灯、转弯灯、探冰灯、航徽灯等。而作为航行灯和防撞灯的辅助灯光,现代飞机大多数还装备有频闪灯,有些飞机还加装了起飞灯。图 14.1-8 所示为典型的机外灯光控制及航行灯、防撞灯、着陆灯、频闪灯和航徽灯示意图,图 14.1-9 所示为滑行灯、起飞灯、跑道转弯灯和探冰灯示意图。

由于飞机飞行环境的特殊性,对机外灯光的共同要求是:①足够的发光强度和高的发光效率;②可靠的作用范围;③适当的色度。

1. 航行灯、防撞灯和频闪灯

航行灯、防撞灯和频闪灯(如果选装的话)相互结合,用于显示飞机的轮廓、辨识飞机位置及运动方向,以防飞行器之间的相互碰撞或飞行器撞上建筑物等障碍物。

航行灯也称为位置灯,航行灯的颜色色度图按国际照明学会(CIE)规定的三色坐标系统表示,以便与星光和地面灯光相区别。一般两翼尖和飞机尾部各有一个航行灯,分别为左红、右绿、尾白。每个航行灯由光源、反射器和滤光罩组成。航行灯多采用功率为数 10W 的航空白炽灯泡作为光源。为提高航行灯的工作可靠性和增大航行灯的作用距离,航行灯常采用几只灯泡装在一个灯具内。

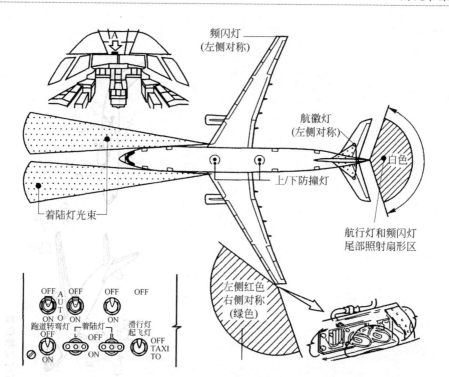

图 14.1-8 机外灯光控制及航行灯、防撞灯、着陆灯、频闪灯和航徽灯示意图

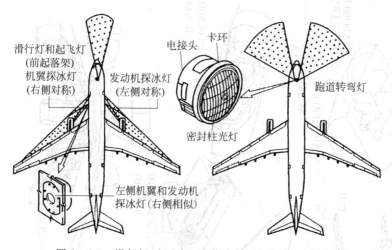

图 14.1-9 滑行灯、起飞灯、跑道转弯灯和探冰灯示意图

A300 飞机的航行灯安装位置如图 14.1-10 所示,其操纵按钮位于驾驶舱头顶板中。

防撞灯和频闪灯俗称"闪光灯",闪光的目的是为了及时引起注意和警觉。早期的飞机没有频闪灯,随着现代电子技术的发展和广泛应用,现代飞机大都加装了频闪灯。防撞灯和频闪灯的主要区别在于颜色和安装位置。前者为红色,安装在机身的上部和下部;后者为白色,安装在机翼的翼尖前缘和机尾等处。闪光灯实现闪光的方法有:电机旋转式、气体脉冲放电式和晶体管开关式等三种。早期的防撞灯多采用电机旋转式,现代飞机的闪光灯多采用气体脉冲放电式。A300 机型的频闪灯由三个组件组成。期中两个安装在大翼前部,一个安装在大翼翼尖后部。防撞灯与频闪灯的逻辑控制如图 14.1-11 所示。

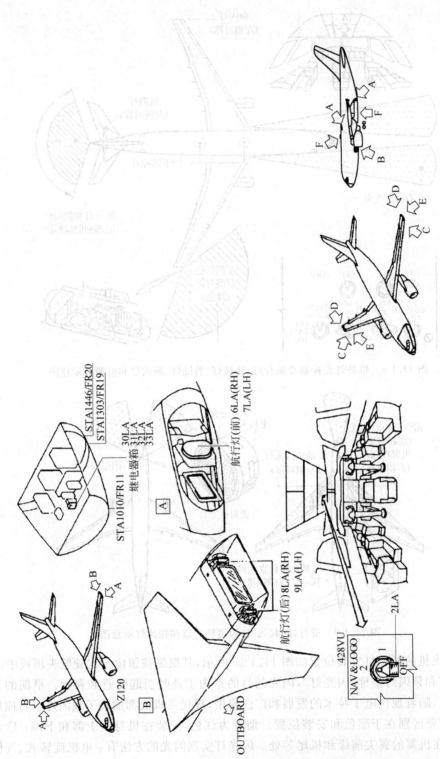

图 14.1-10 A300 飞机航行灯安装位置

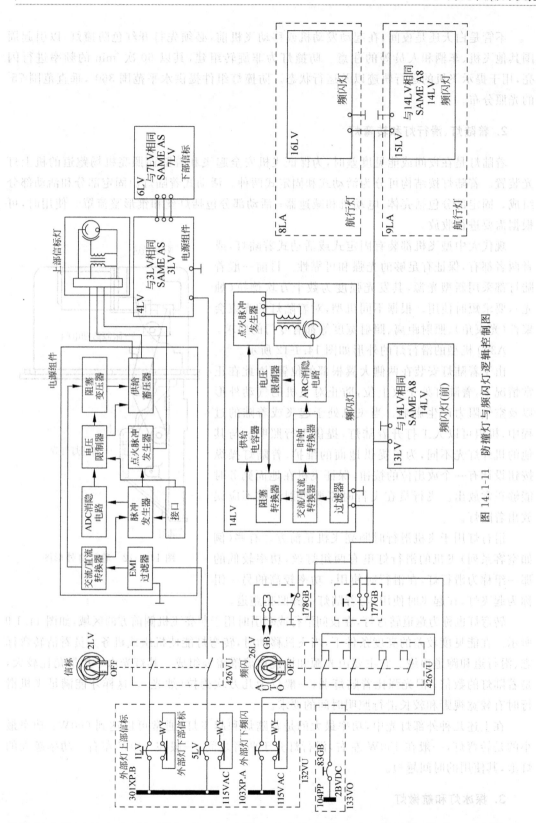

图 14.1-11 防撞灯与频闪灯逻辑控制图

不管是白天还是夜间,在起动发动机或移动飞机前,必须先打开红色防撞灯,以引起周围其他飞机、车辆和人员等的注意。防撞灯为非旋转组建,其以 60 次/min 的频率进行闪亮,用于提示飞机的运行轨迹以及运行状态。防撞灯组件提供水平范围 360°,垂直范围 75°的光照分布。

2. 着陆灯、滑行灯和转弯灯

着陆灯是在夜间或能见度差时,为保证飞机安全起飞和着陆而照亮机场跑道的机上灯光装置。着陆灯按结构可分为活动式和固定式两种。活动式着陆灯由固定部分和活动部分组成。固定部分包括壳体、电动机和减速器;活动部分包括灯丝和锥形整流罩。使用时,可根据需要进行收放。

现代大中型飞机都装有固定式或活动式着陆灯,或者两者都有,保证有足够的光强和可靠性。目前一般着陆灯都采用新型光源,其发光强度为数十万坎德拉(烛光),要求短时使用。根据不同机型,对着陆灯的光束会聚性(光束角)、照射距离、照射宽度等都有专门的要求。

A300 机型的滑行灯的外形如图 14.1-12 所示。

由于着陆灯安装在两侧大翼根部的位置,因此在正常情况下,着陆灯处于收上位,防止对飞机的气动外形以及空气阻力产生影响。当飞机处于起飞或着陆的过程中,机组可以人工打开着陆灯,提供飞行照明。与其他的机外灯光不同,为了提供地面的维护,着陆灯操纵按钮设计有一个放出位的按钮,保证飞机在地面勤务时能够正常放出。飞行员在飞行时需要特别注意不应误放出着陆灯。

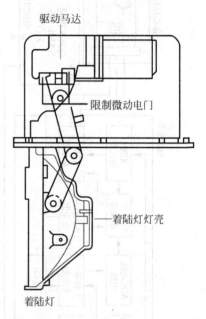

图 14.1-12 着陆灯外形图

滑行灯用于飞机滑行时照亮飞机正前方。有些(例如空客系列)飞机的滑行灯里有两组灯丝,功率较低的那一组称为滑行灯,在滑行时使用;功率较高的另一组称为起飞灯,在起飞时使用,与着陆灯一齐照亮跑道。

转弯灯也称为跑道转弯灯,在夜间滑行或牵引时用于照亮飞机侧前方的区域,如图 14.1-9 所示。在能见度较差的亮度条件下,当飞机移动时,转弯灯能使机组或机务人员看清转弯标志、滑行道和跑道边缘。它主要由光源和棱镜玻璃罩盖等组成。其灯光水平扩散角比较大,是着陆灯的数倍;但光强比着陆灯弱,一般仅为几万坎德拉(烛光)。这样才能满足飞机滑行时有较宽视野和较长滑行照明时间的要求。

在上述几种外部灯光中,功率最大的是着陆灯和起飞灯,通常可以达到 600W;功率最小的是转弯灯,一般在 150W 左右,滑行灯介于两者之间,一般在 400W 左右。功率越大的灯泡,其使用的时间越短。

3. 探冰灯和航徽灯

探冰灯又称为"机翼检查灯"或"机翼和发动机扫描灯",是用于照亮飞机机翼前缘和发动机进气道等最容易结冰部位的机上灯光装置。探冰灯一般装于大、中型飞机上,供机组人员目视检查机翼前缘和发动机进气道等部位的结冰情况,以便采取相应措施。探冰灯一般装在机翼与机身连接处之前的前部机身两侧,光束被预先设定在要求的角度。某些后置发动机飞机,探冰灯装在机翼后缘的机身两侧。

航徽灯也叫标志灯,其作用是照亮垂直安定面两侧的航徽。航徽灯通常安装在左、右水平安定面靠近前缘的上表面处。航徽灯是一个用户选装项目,并不是所有飞机都安装有航徽灯。

14.1.5 应急灯光

应急灯光的作用是在紧急情况下为旅客和乘务员提供应急照明和撤离指示。应急灯光包括客舱内部应急照明、应急撤离通道照明、头顶应急出口指示和应急出口外部照明等。各类应急灯安装位置大致为:客舱内部应急照明灯布置于天花板上或行李架附近,应急撤离通道照明灯沿着走道铺设,应急出口指示牌固定于走道与出口交界处的天花板上,应急出口外部照明灯安装在每个应急出口外部的机身上。

由于应急灯光与机上人员安全直接有关,对其有下列特殊要求:①应急灯光独立于机上正常的照明系统,通常使用自备充电电池供电;②具有规定的亮度、照度、颜色和照明时间;③主电源失效或接通应急电门时,应急灯亮。应急电门应装在有关人员易接近处,并有防止偶然误动作的措施。

应急撤离通道照明灯有传统型和荧光型两种。传统型采用块状分立式的高亮度灯泡作为发光光源,其照明电源为应急灯光系统自备的充电电池。荧光型采用连续长条形独立的荧光条作为发光光源,它不需要任何电源,但必须在每天的始发航班前完成荧光条发光能量的初始补充。

当驾驶舱里的应急灯总电门处于"自动"(或"预备")位,且飞机失去了正常照明电源时,全部应急灯光自动转由自备电池供电并点亮,此时,客舱内部应急照明灯、应急撤离通道照明灯(荧光型除外)、头顶应急出口指示牌和应急出口外部照明灯等均由自备充电电池供电,自动为旅客照亮撤离路线,"出口"标志和应急出口外部区域协助乘务员组织旅客按顺序以最快的速度沿着最近的应急出口撤离飞机。机内自备充电电池的放电时间大于15min,安全撤离工作必须在此期间内完成。当应急灯总电门处于"接通"位时,全部应急灯光由人工强制转由自备电池供电点亮,其工作与"自动"方式类似。

除了上述应急灯光外,滑梯内部还配备有应急滑梯灯。当滑梯在"预位"状态下,乘务员打开舱门时,滑梯放出,滑梯灯点亮,这样可使旅客迅速撤离飞机并不致摔伤。

14.2 氧气系统

大气(以体积计算)是由21%的氧气、78%的氮气及1%的其他气体组成。在这些气体中,氧气最重要。当飞机高度增加时,由于空气稀薄及空气压力下降,使维持生命需要的氧气量也随之下降。

现代飞机不管其巡航高度是多少,座舱增压必须维持座舱高度在8 000~15 000ft(约为2 500~4 500m)之间。在这种情况下,不需要用供氧设备也能使旅客和机组人员有一个舒适的环境。在飞行中当座舱增压失效时,飞机应快速下降到安全高度。在这一过程中,必须有一套氧气系统来确保机组、乘务员和旅客的生命安全。

14.2.1 氧气系统概述

从氧气系统的布局看,氧气系统分为机组氧气系统、旅客氧气系统和手提式氧气设备三大部分。驾驶舱机组人员根据需要随时可以使用氧气,而旅客和乘务人员只能在座舱增压失效,氧气面罩自动脱落时或人工超控时才允许使用氧气。

目前大多数飞机都安装有两套独立的氧气系统,即在驾驶舱供给机组人员的压力供氧系统和在客舱供给旅客和乘务员的化学氧气发生器供氧系统。有些大型客机(如波音747-400等)的机组和旅客都采用高压氧气瓶通过管路供给氧气。

在座舱增压的飞机上,手提式氧气设备主要用于急救和满足特殊要求的需要。在没有座舱增压的某些小型飞机上一般不装氧气系统,只在适当的位置装有若干个手提式氧气设备,以供乘客和机组人员使用。手提式氧气设备如图14.2-1所示。

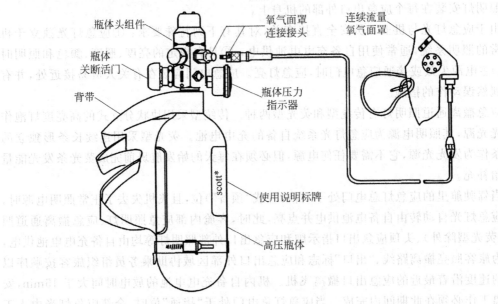

图 14.2-1 手提式氧气设备

手提式氧气设备结构比较简单,包括一个质量很轻的合金钢氧气瓶,一个流量控制/减压两用组合活门和一个压力表,一个带软管的呼吸面罩。氧气瓶充灌的氧气压力通常为 $1\,800 \text{lbf/in}^2$,其容量一般为120L。

手提式氧气设备型号不同,至少有两种流动速率,即正常流动速率和高流动速率。某些设备有三种流动速率可供选择,即正常、高速和应急的流动速率,分别为2L/min、4L/min和10L/min,一个120L的氧气瓶可分别持续使用60min、30min和12min。

14.2.2 机组氧气系统

机组氧气系统主要用于满足飞行员对氧气的需求。其原理如图14.2-2所示,氧气储存在一个氧气瓶里。氧气的分配系统包括低压供氧开关和氧气分配总管等。高压氧气通过人工关断活门、减压调压器、低压供氧活门、分配总管和软管输送至机组氧气面罩组件。高压氧气瓶头部连接的附件除关断活门和减压调节器之外,还有显示氧气瓶瓶体压力的机械式氧气压力表和超压安全释放装置等。超压安全释放装置通常包括高压易裂释压盘和供氧释压活门。

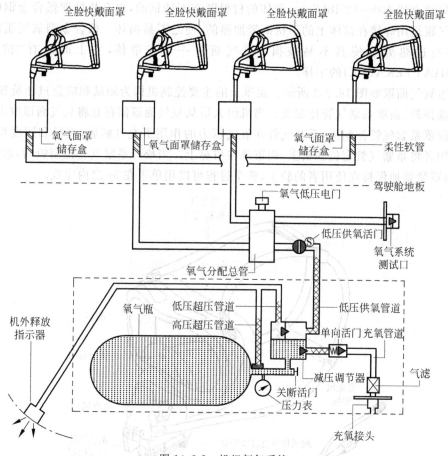

图 14.2-2　机组氧气系统

高压易裂释压盘感受氧气瓶的压力,供氧释压活门感受调节器下游的供氧压力。当高压氧气瓶的压力超过允许值(一般在 $2\,500\sim2\,775\mathrm{lbf/in^2}$ 的范围内)时,高压易裂释压盘裂开,氧气通过高压释放管道排到机外,释放指示器被吹掉。如果有供氧释压活门,且当减压调节器失效,供氧压力超过允许值(一般在 $109\sim174\mathrm{lbf/in^2}$ 的范围内)时,供氧释压活门打开,氧气通过低压释放管道排到机外,同样把释放指示器吹掉。

氧气的灌充接口是充氧面板上的充氧接头,灌充管路通过充氧气滤和单向活门连接到减压调节器的高压端。

机组氧气系统的主要组成为:高压氧气瓶、氧气瓶组件、压力调节器、压力表、稀释供氧调节器及面罩等。

氧气瓶分高压和低压两种。高压氧气瓶的瓶体涂成绿色,瓶子的容积有大有小,瓶体最大压力为 $2\,000\mathrm{lbf/in^2}$,但通常只灌充到 $1\,800\sim1\,850\mathrm{lbf/in^2}$。瓶体上贴有白色一英寸大小的"航空人员呼吸用氧"(AVIATORS' BREATHING OXYGEN)的字样。在早期的飞机上,瓶体的材料都是热处理合金的。从20世纪90年代以来,随着复合材料技术日趋发展成熟,用复合材料制作的氧气瓶开始在民用飞机上使用。如波音777飞机机组氧气瓶、空客330飞机机组氧气瓶和旅客氧气瓶等,都是复合材料制成的。

低压氧气瓶的瓶体涂成淡黄色,瓶子的容积也有大有小,瓶体最大压力为450lbf/in^2,但通常只灌充到400~425lbf/in^2。瓶体的材料既有不锈钢的,也有热处理低合金钢的。不锈钢氧气瓶是用焊接在筒体上的不锈钢带加强的,使之不易损坏。低合金钢氧气瓶没有加强带,但经过热处理使其不易破损。氧气瓶是一个光滑体,它上面标有"抗振裂"(NONSHATTERABLE)的字样。

机组氧气面罩如图14.2-3所示。面罩上的主要控制机构为测试和应急过压旋钮、正常或纯氧选择器、面罩系紧气管控制板。当机组人员从氧气面罩储存盒将氧气面罩取出时,人工按压面罩系紧气管控制板,系紧气管在氧气压力的作用下充气膨胀,直径和刚度均增大,方便使用者将系紧气管定位在头上,面罩罩在口鼻上。当松开系紧气管控制板后,系紧气管卸压,面罩紧紧地保持在使用者的脸上,整个过程可以用单手在5s之内完成。

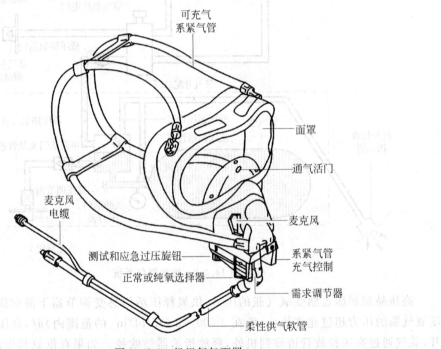

图14.2-3 机组氧气面罩

为了延长氧气供给持续时间,可以使用空气对纯氧进行稀释。图14.2-4所示为氧气面罩上的稀释供氧调节器简图。当正常或纯氧选择器在"正常"位时,使用者呼吸的是空气和氧气的混合气,外来空气量由空气和氧气混合真空膜盒调节,在大约35 000ft(约10 500m)座舱气压高度以下,随着座舱气压高度的不断上升,膜盒逐渐向关闭位置运动,空气所占的比例逐渐下降,至约35 000ft高度时完全供应纯氧。该调节器有四种工作方式:

(1) 稀释供氧:在这种供氧方式下,使用者必须利用自己的吸力将空气和氧气混合气吸入体内。当吸气时,与控制活门相连的膜片克服控制活门弹簧的弹力向下运动,此举降低了主活门上腔气压,主活门膜片向上运动,打开低压氧气通往面罩的通路。当呼气时,与控

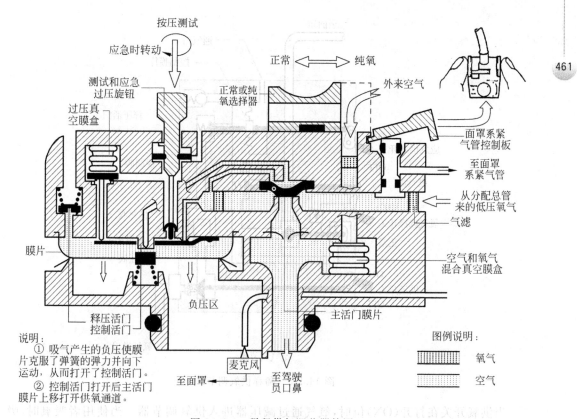

图 14.2-4 稀释供氧调节器简图

制活门相连的膜片向上运动,主活门上腔气压上升,主活门膜片向下运动,关断低压氧气通往面罩的通路。

(2) 纯氧供氧:当正常或纯氧选择器在"纯氧"位时,正常或纯氧选择器向右运动,将外来空气入口堵住,无论在任何高度,使用者均呼吸纯氧。在这种供氧方式下,使用者也必须利用自己的吸力将氧气吸入体内,其控制活门和主活门的工作原理与稀释供氧时相同。因此,这种供氧方式也称为没有过压的纯氧供氧。

(3) 自动过压供氧:当正常或纯氧选择器在"纯氧"位,且座舱气压高度达到约 30 000ft (约 9 000m)时,在过压真空膜盒的作用下,主活门上腔压力开始下降,主活门开始保持打开,提供正压力氧气,即过压供氧。不管使用者是什么脸形,如果在飞行过程中座舱失去增压,自动过压供氧能够保证所需的最低氧气压力。

(4) 过压纯氧供氧:当使用者旋转测试和应急过压旋钮,且正常或纯氧选择器在"纯氧"位时,一方面正常或纯氧选择器向右运动,将外来空气入口堵住;另一方面,主活门上腔压力下降,膜片保持在一定的开度。因此,在这种过压供氧方式下,使用者呼吸到连续的、具有一定压力的氧气。当驾驶舱里有烟雾或有害气体时,需要用过压供氧。这种供氧方式也称为应急供氧。

另一种典型的稀释供氧调节器如图 14.2-5 所示,这种稀释供氧调节器与氧气面罩是分开的。

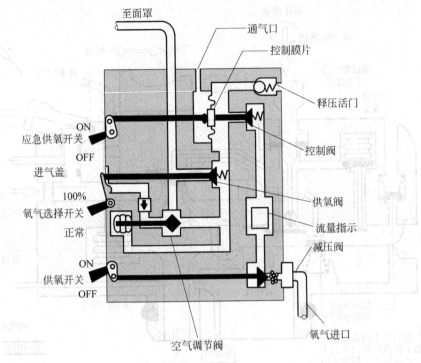

图 14.2-5　稀释供氧调节

当供氧开关在打开(ON)位时,氧气通过减压器进入供氧调节器。当使用者吸氧时,吸气膜盒使吸气活门打开,氧气流入氧气面罩。

当氧气选择开关在"正常"(NORMAL)位时,驾驶舱的空气与氧气混合,用氧的多少与高度有关,由膜盒来感应高度的变化,当高度升高时,空气进口被高度膜盒逐步关小,混合的空气减少。当高度达到 34 000ft 时,空气被关断,完全供应纯氧。如遇到空气中有烟雾等情况,可将氧气选择开关置"100%"位,供给 100% 氧气。应急情况时,将应急供氧开关置于"ON"位,实现持续供氧。

14.2.3　旅客氧气系统

旅客氧气系统有两种主要形式,一种是气体式(用高压氧气瓶供氧)氧气系统,与机组氧气系统相似;另一种是化学氧气发生器供氧系统。

1. 气体式旅客氧气系统

气体式(用高压氧气瓶供氧)氧气系统与机组氧气系统相似,但对于旅客氧气系统来说,因为部分客舱所在的机身段处于发动机爆裂危险区之内,当发动机的压气机和涡轮等高速旋转部件由于机械故障爆裂飞出并击穿增压座舱的蒙皮,导致增压座舱失密时,飞出的部件也可能把分布于客舱内部的低压供氧管道一齐击穿或打断,因此必须在氧气分配系统的设计上加以预防。一般在发动机爆裂危险区之内,将低压供氧总管分为天花板上方和地板下方两根分开和独立控制的供氧管道,并增加了相应的传感、保护和控制部件,以提高氧气分配系统的可靠性,如图 14.2-6 所示。

14 灯光和氧气系统

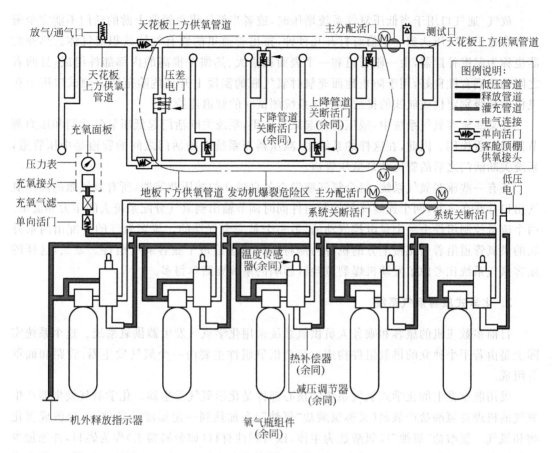

图 14.2-6 气体式旅客氧气系统

氧气储存在多个氧气瓶组件里,每个氧气瓶组件包括瓶体、瓶体头组件。氧气的灌充接口为充氧面板上的充氧接头,灌充管路上连接有充氧气滤、单向活门和热补偿器等。氧气分配系统的主要部件包括两个系统关断活门、两个主分配活门、地板下方供氧管道及上升管道关断活门、天花板上方供氧管道及下降管道关断活门、两个单向活门、压差电门、放气/通气口和测试口等。将高压氧气降低为低压氧气的部件是瓶体头组件上的减压调节器,它起减压器和调节器的双重作用。旅客氧气系统的工作情况如下:

正常情况下,两个系统关断活门处于关闭状态,低压供氧管道里不处于增压状态。当增压座舱气压高度超过 14 000ft(约 4 300m),或机组接通了驾驶舱控制面板上的旅客供氧电门时,两个系统关断活门打开,向低压供氧管道供氧,两个主分配活门打开,旅客用力拉动氧气面罩释放绳,把面罩套在口鼻处,就可以开始呼吸氧气。

如果天花板上方的供氧管道破裂,氧气通过破裂处漏掉时,其氧气压力降低,一方面使得天花板上方供氧管道的单向活门向右运动关断,另一方面,连接于天花板上方和地板下方供氧管道之间的压差电门的上部触点感受到两根管道之间的压差,发出一个驱动关闭的电信号至天花板上方供氧管道的主分配活门,让活门关闭。此时,地板下方供氧管道继续为发动机爆裂危险区的旅客提供呼吸用氧。当地板下方供氧管道破裂时,供氧工作原理相同,改为天花板上方的供氧管道向旅客供氧。

放气/通气口用于当低压氧气系统增压时,或者当低压供氧管路上游的活门不能完全密封且管道里的气压达到一定值时打开几秒钟,排出管道里的原有气体或积聚气体。热补偿器也称为温度补偿器,由一段管道和一个表面积很大、热惯性很高的内部部件组成,且两者之间的热耦合性良好,用于防止地面充氧时氧气瓶的温度上升到危险范围。测试口用于在飞机的高级别定检或航线的排故中氧气系统测试时的管道连接。

在某些旅客氧气系统中,减压器仅起减压作用,系统关断活门起低压氧气活门和压力调节器的双重作用。因此,在这样的系统中,减压器至系统关断活门之间的管道是中压管道,系统关断活门之后的管道才是低压管道。

还有一些旅客氧气系统,每个氧气瓶没有各自独立的减压调节器,所有氧气瓶的高压氧气出口并联在一起,两个连续流量控制组件同时调节输出到氧气分配系统去的压力和流量。两个流量控制组件中一个是电控气动的,另一个是完全气动的。旅客氧气的分配由两根并联的供氧管道沿着天花板上方的机身两侧将氧气输送给每个旅客氧气组件。显然,这样的旅客氧气系统比考虑了发动机爆裂危险区影响的系统要简单得多。

2. 化学式旅客氧气系统

目前多数飞机的旅客和乘务人员供氧系统采用化学氧气发生器供氧系统。这个系统实际上是由若干个独立的供氧组件构成。每个供氧组件主要由一个氧气发生器、管路和面罩等组成。

民用航空器上的化学式氧气系统的核心部件是化学氧气发生器。化学氧气发生器产生氧气的机理是氯酸盐产氧剂(又称氯酸盐"氧烛")在加热到一定温度的条件下,分解成氯化物和氧气。氯酸盐"氧烛"以氯酸盐为主体,以可燃性材料(如金属粉末)作为燃料,并添加少量的催化剂和除氯剂,经机械混合加压成型,制成混合药柱,然后在特制的产氧器中,用电或明火引燃后,燃烧时就产生了氧气。由于此种燃烧现象能沿柱体轴向等面积逐层燃烧,与蜡烛的燃烧很相似,故取名为"氧烛"。能为氯酸盐"氧烛"的分解提供热量,作为燃料使用的可燃性材料有铝、硼、镁、锰、硅、钛和铁等(相应的产物分别为 Al_2O_3、B_2O_3、MgO、MnO_2、SiO_2、TiO_2 和 FeO)。现代民用航空器上使用的化学氧气发生器以氯酸钠为产氧剂,以铁作为可燃性材料。燃烧过程的化学反应式为

$$NaClO_3 + Fe \longrightarrow NaCl + FeO + O_2 \uparrow \qquad (14\text{-}1)$$

图 14.2-7 所示为基本的氧气发生器简图。氧气发生器的芯子是由氯酸钠和铁粉等物质混合制成的,俗称"氧烛"。在温度达到 $478°F$ 时,氯酸钠才释放出其质量的 45% 的气态氧,而分解所需热量由铁粉在化学反应过程中产生。

在实际使用中,当增压失效,座舱高度达到 14 000ft 时氧气面罩自动落下,如图 14.2-8 所示,其中部件 1 为氧气面罩,旅客通过拉动面罩带动导线 2 松开氧气发生器中的锁销 3,起动氧气发生器 6 上的爆炸帽 4,最终点燃氧烛 5,生成氧气通过接头 7 以及管道 8 传输至氧气面罩,为旅客提供氧气。除了人工拉动面罩以外,氧烛还可以通过控制驾驶舱氧气电门启燃,也可人工超控点燃氧烛。当氧烛启燃后,供氧量以预定的速度进行,供氧时间为 12min(或 22min)。正常压力为 $10lbf/in^2$,当压力达到 $50lbf/in^2$ 时,氧气释放活门放掉氧气。

14 灯光和氧气系统

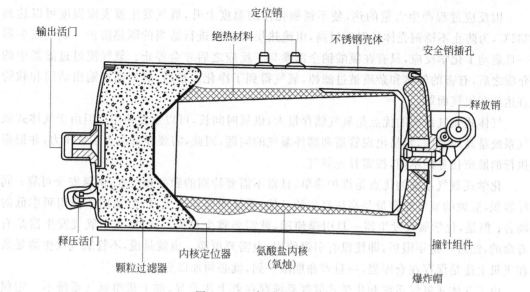

图 14.2-7 氯酸盐氧烛装置

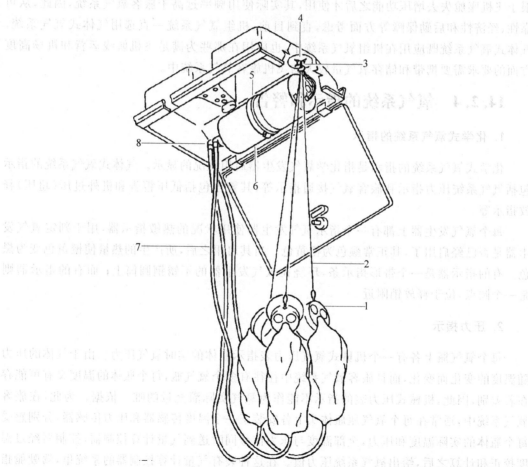

图 14.2-8 化学氧气组件
1—氧气面罩；2—导线；3—锁销；4—爆炸帽；5—氧烛；6—氧气发生器；7—接头；8—管道

因反应过程产生大量的热,使不锈钢壳体的温度上升,氧气发生器表面温度可以达到232℃,为防止不锈钢壳体的温度过高,由绝热层对氧烛进行适当的隔热防护。氧气发生器一旦启动了化学反应,只有在氯酸钠全部参与了反应之后才会停止。氧气流过过滤器中的介质之后,有害的气体和杂质被过滤掉,氧气得到了净化。最后,氧气通过输出活门和软管直达旅客氧气面罩。

气体式氧气系统的优点是氧气储存量大,供氧时间长,可以重复使用。但由于气体式氧气系统是高压系统,容易出现管道和部件漏气的问题,因此,需要经常检查系统压力,并根据执行的航班任务的不同,按需补充氧气。

化学式氧气系统的优点是维护简单,日常不需要特别的勤务和检查,供氧安全可靠;同样容积,氧烛的氧气储存量是高压氧气的三倍,系统质量也大大减轻,适用于使用频率低的场合;但是,化学氧气发生器一旦引爆使用,就需要整个更换。此外,化学氧气发生器是有寿命的,经过一定年限后,即使没有引爆使用,也需要更换。也就是说,不管氧气发生器是装在飞机上还是保存在仓库里,一旦寿命期限一到,就必须加以更换。

由于气体式氧气系统和化学式氧气系统存在着上述差异,加上机组氧气系统不一定仅限于飞机座舱失去增压功能之后才使用,其实际使用频率远高于旅客氧气系统,因此,从可靠性、经济性和后勤保障等方面考虑,直到目前,机组氧气系统一直选用气体式氧气系统。气体式氧气系统既应用在机组氧气系统中,也应用在那些为满足飞机航线运营和机场高度方面的要求需要携带和储存氧气量较大的飞机旅客氧气系统中。

14.2.4 氧气系统的指示和警告

1. 化学式氧气系统的指示

化学式氧气系统的指示是指化学氧气发生器启用状况的显示。气体式氧气系统的指示包括氧气系统压力指示和旅客氧气接通指示等,其警告包括低压警告和机外过压(超压)释放指示等。

每个氧气发生器上都有一个指示氧气发生器使用状况的热敏指示器,用于判定氧气发生器是否已经启用了,其正常颜色为橙黄色。当其启用之后,所产生的热量使橙黄色变为黑色。有的指示器是一个带形指示条,环绕在氧气发生器的不锈钢圆筒上;而有的指示器则是一个圆点,位于释放销附近。

2. 压力指示

每个氧气瓶上各有一个机械式氧气压力表指示瓶体的实时氧气压力。由于气体的压力随温度的变化而变化,而且旅客氧气系统中往往有多个氧气瓶,每个瓶体的温度又有可能存在着差别,因此,机械式压力表的指示不能作为氧气实际灌充量的唯一依据。为此,在旅客氧气系统中,通常在每个氧气瓶瓶体头上各安装了一个温度传感器和压力传感器,分别感受每个瓶体的实际温度和压力,全部温度与压力信号同时送到气量计算控制器,控制器经过温度校正和计算之后,给出氧气系统压力值。在这种装有气量计算控制器的系统里,驾驶舱指示的氧气系统压力值已经考虑了温度对压力的影响,是校正压力值,而充氧面板上指示的是非校正的平均压力值。

然而,并不是所有的旅客氧气系统都安装了上述提及的气量计算控制器。对于大部分没有这种控制器的系统,在维护和勤务过程中,可以参考相应机型现行有效的飞机维护手册,根据瓶体的压力和温度(环境温度或瓶体温度,或者两者的算术平均值),查阅氧气瓶压力温度校正表,得到实际的氧气压力值。例如:当氧气瓶灌充到 $1\,700\text{lbf/in}^2$ 时,如果外界温度为 37℃,按照氧气瓶压力温度校正表进行校正之后,其实际压力只有约 $1\,585\text{lbf/in}^2$。

3. 低压警告和机外过压释放指示

通常在调节器(即减压调节器)的出口装有低压电门,当感受到氧气管路上的氧气压力低于规定值时,低压电门接通并发出"调节器低压"警告信号。

机组氧气系统和气体式旅客氧气系统均装有机外过压释放指示器,正常情况下指示器为绿色,当氧气瓶的高压氧气或调节器出口氧气超压时,绿色指示器被释放的氧气吹掉。在地面检查中,如果发现绿色指示器不见了,就要对系统做进一步的检查,以确定真正的原因。

本章小结

灯光系统的功用是为飞机的安全正常飞行、飞行员和乘务员的工作以及旅客安全舒适的旅行提供灯光照明和指示。灯光系统根据其安装位置与作用可分为机内灯光和机外灯光。

飞机机内灯光是灯光系统的核心组成部分之一,包括驾驶舱灯光、客舱灯光、货舱地面服务灯光和维护区域地面勤务灯光。驾驶舱灯光系统使飞行员在微弱的照明条件下能够清晰地看清驾驶舱各个设备及必要的名牌和指示。驾驶舱灯光大致可以分为普通照明、整体式照明和信号指示灯等。机内灯光系统的另一个主体部分是客舱灯光,客舱灯光为客舱、盥洗室、厨房和乘务员工作区域提供灯光照明。客舱灯光包括普通照明、局部照明和旅客告示牌,其中局部照明包括登机照明、阅读照明、盥洗室照明和厨房照明等。

机外灯光是指装在飞机外部用于飞机标识和帮助机组人员飞行的灯光,是飞机在夜间或复杂气象条件下飞行和准备时必不可少的指示和照明设备。机外灯光主要包括航行灯、防撞灯(信标灯)、着陆灯、滑行灯、转弯灯、探冰灯、航徽灯等。由于飞机飞行环境的特殊性,对机外灯光的共同要求是:①足够的发光强度和高的发光效率;②可靠的作用范围;③适当的色度。

应急灯光的作用是在紧急情况下为旅客和乘务员提供应急照明和撤离指示。应急灯光包括客舱内部应急照明、应急撤离通道照明、头顶应急出口指示和应急出口外部照明等。当驾驶舱里的应急灯总电门处于"自动"(或"预备")位,且飞机失去了正常照明电源时,全部应急灯光自动转由自备电池供电并点亮。

在飞行中当座舱增压失效时,飞机应快速下降到安全高度。在这一过程中,必须有一套氧气系统来确保机组、乘务员和旅客的生命安全。从氧气系统的布局看,氧气系统分为机组氧气系统、旅客氧气系统和手提式氧气设备三大部分。驾驶舱机组人员根据需要随时可以使用氧气,而旅客和乘务人员只能在座舱增压失效,氧气面罩自动脱落时或人工超控时才允许使用氧气。

机组氧气储存在一个氧气瓶里。氧气的分配系统包括低压供氧开关和氧气分配总管等。为了延长氧气供给持续时间,可以使用空气对纯氧进行稀释。旅客氧气系统有两种主要形式,一种是气体式(用高压氧气瓶供氧)氧气系统,与机组氧气系统相似;另一种是化学氧气发生器供氧系统。化学氧气发生器供氧系统实际上是由若干个独立的供氧组件构成。每个供氧组件由一个氧气发生器、管路和面罩等组成。

复习与思考

1. 飞机灯光系统的作用是什么?它有哪些分类?
2. 对于驾驶舱灯光的要求是什么?
3. 什么是飞机的机外灯光?飞机上一般安装有哪些机外灯光?
4. 飞机氧气系统的作用是什么?其可以分为哪几类?
5. 飞机手提氧气瓶的作用是什么?机组氧气面罩有几种供氧方式,分别是什么?
6. 化学式氧气发生器的原理是什么?

雷达系统

本章关键词

雷达测距系统(radar ranging system)　　　气象雷达系统(weather radar system)
惯性导航(inertial navigation)　　　　　　　气象信息(meteorological information)
交通管制(traffic control)　　　　　　　　　近地警告系统(ground proximity warning
空中防撞系统(traffic alert and collision 　　　system)
　　avoidance system)

互联网资料

http://www.rion-tech.net/qjkzkg/A000xlfj.htm
http://www.docin.com/p-135580803.html
http://item.jd.com/11053263.html
http://www.cnki.com.cn/Article/CJFDTOTAL-NJHK200905013.htm
http://gfjy.jxnews.com.cn/system/2010/04/19/011358995.shtml
http://www.cnki.com.cn/Article/CJFDTOTAL-KONG200103020.htm
http://d.g.wanfangdata.com.cn/Conference_7727425.aspx

　　雷达系统是为飞机提供无线电高度以及各类气象信息的主要设备。本章从无线电高度表出发，简要介绍了雷达测距系统、气象雷达系统、空中交通管理系统以及惯性导航系统。

　　雷达测距系统的主要作用是测量飞机与其他目标参照物之间的实际距离。目前飞机上主要使用的是无线电高度。无线电高度与导航所使用的VOR距离以及GPS距离不同，其不需要外部的基站或者设备为其提供参考数据，因此该距离具有一定的独立性。无线电高度是飞机在进近以及着陆过程中高度的主要参考依据。测距机是另一个雷达测距系统，与无线电测距系统不同，测距机主要依赖于外部基站提供的雷达信号进行距离的确定，是飞机飞行过程中导航主要依赖的设备。

　　气象雷达是雷达系统在飞机上的主要应用，本章从气象雷达的功能原理出发，简要介绍了气象雷达的成像原理，气象雷达的结构部件以及组成。接着重点介绍了飞机气象雷达上的成像图示，不同气象条件在雷达显示组件上的成像形式。

交通管制和警告系统的作用是提示飞机周围空域的飞行环境。本章主要介绍了空中交通管制系统,防撞系统以及近地警告系统三个部件。

最后介绍的是惯性导航部件。惯导系统与无线电高度一样,可以通过自身的设备确认飞机的飞行轨迹以及目前飞机飞行参数。

15.1 雷达测距系统

15.1.1 无线电高度表

无线电高度表的作用是测量飞机到地面的垂直距离,这一距离称为无线电高度。无线电高度表的测量范围是 0~2 500ft,所以,该系统主要用于飞机的起飞、进近和着陆阶段。因此,这一系统也被称为低高度无线电高度表,用 LRRA 表示。

无线电高度表测高的基本原理如图 15.1-1 所示。由收发机中的发射机产生一个雷达信号,通过天线发向地面。该信号的一部分经地面反射回来,反射信号由第二部天线接收。接收机计算发射信号与接收信号之间的时间延迟,并将其转换成高度信号输出到显示器上。

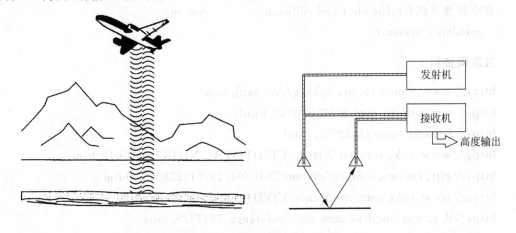

图 15.1-1 无线电高度表的测高原理

在大型飞机上通常安装有两套无线电高度表,每套无线电高度表都有一台收发机和两部天线,两部天线安装于机身底部。其工作频率范围是 4 200~4 400MHz,发射功率大约为 100W。它既可以在传统的高度表指示器上显示,也可以在主飞行显示器(PFD)上显示。每套无线电高度也将相应的高度数据送到近地警告系统(GPWS)、空中防撞系统(TCAS)、气象雷达系统(WXR)和自动飞行控制系统(AFS)。

现代先进飞机用 PFD 显示无线电高度,如图 15.1-2 所示。低于 2 500ft 的无线电高度,以白色的数字形式显示在 PFD 姿态指示区的下部。当无线电高度减小时,附加在数字显示之上的指针向上移动,表示飞机下降。在飞机接触地面时,指针到达水平位置。当无线电高度信号全部失效时,数字显示由红色的"RA"标签取代。在老式飞机上没有 PFD,其高度在 ADI 上显示。

典型的无线电高度表以模拟形式显示高度,在固定的飞机符号后面有指针和刻度盘或使用可移动条。当高度高于 2 500ft 时,指针隐藏在遮挡罩的后面,可移动条显示黑背景。如果 RA 系统故障,在两种显示上都会出现红色警告旗。

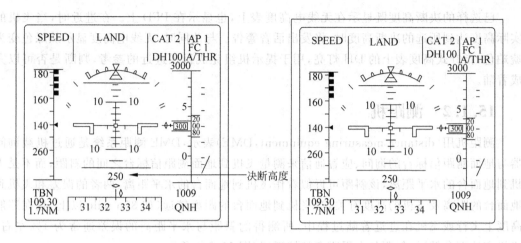

图 15.1-2　无线电高度及故障情况下 PFD 上的显示

决断高度用 DH 表示，DH 的选择既可以通过仪表上的旋钮选择，也可以在遥控控制板上选择。在现代飞机上，决断高度也可以在 MCDU 上输入，如图 15.1-3 所示。

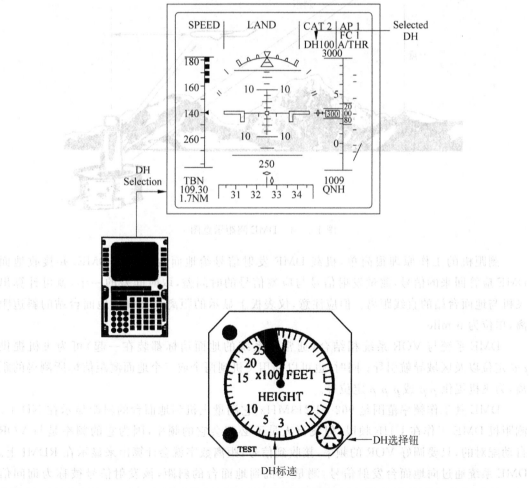

图 15.1-3　DH 的设置及指示

已选择的决断高度既显示在无线电高度表上,也显示在 PFD 上。在进近时,当飞机的实际高度达到所选的决断高度时,将发出话音警告。与此同时,无线电高度显示从绿色变为琥珀色,指针式高度表上的 DH 灯亮,用于提示机组完成目视进近的参考,判断是否可以完成着陆。

15.1.2 测距机

测距机用(distance measuring equipment,DME)表示,DME 测距系统是通过机载询问器与地面测距信标台的询问、应答通信来测量飞机到地面测距信标台之间的斜距,而不是飞机到地面台的水平距离,该斜距可近似看作飞机到地面台的水平距离,两者的误差和飞机到地面台的距离及飞机的高度有关,当飞机到地面台的距离较远(如 35n mile 以上)且在巡航高度上飞行或飞机在进近着陆过程中,所测得的斜距与水平距离的误差通常为 1% 左右。飞机离地面台越远,斜距与水平距离越接近,如图 15.1-4 所示。

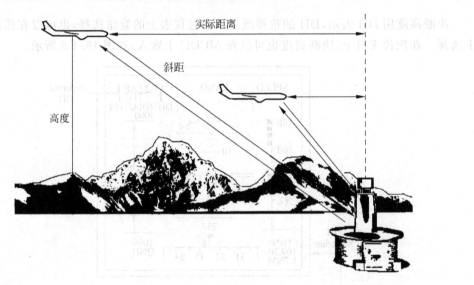

图 15.1-4 DME 测距示意图

测距机的工作原理很简单,机载 DME 发射信号给地面台站上的 DME,并接收地面 DME 应答回来的信号,测量发射信号与应签信号的时间差,取时间差的一半,就可计算出飞机与地面台站的直线距离。但应注意,仪表板上显示的距离是飞机与地面台站的斜边距离,单位为 n mile。

DME 系统与 VOR 系统相结合(通常二系统的地面信标都装在一起)可为飞机提供 ρ-θ 定位以及区域导航引导;同时,也可以利用飞机到两个或三个地面测距信标所测得的距离,为飞机提供 ρ-ρ 或 ρ-ρ-ρ 定位等。

DME 其工作频率范围是 962~1 213MHz,它测量飞机到地面台的斜距显示在 ND 上。测距机 DME 工作在 UHF 频段,但飞行人员不必理会它的频率,因为它的频率是与 VOR 自动配对的,只要调好 VOR 的频率,接收到信号,距离数字就会计算出来显示在 RDMI 上。DME 系统通过向地面台发射信号,测量飞机到地面台的斜距,该发射信号被称为询问信号。接收机通过测量回答信号与询问信号之间的时间计算出距离。这一时间的长短与距离成正比,该距离以数字的形式显示出来,其单位是海里(n mile)。DME 地面台既与 VOR 台装在一起,又与地面定位信标台装在一起。因此,当选定相应的 VHF 导航频率时,DME 的频率也被自动调谐。

DME 系统由一台收发机和一部天线组成,如图 15.1-5 所示。收发机安装于电子设备舱,它产生询问信号,接收回答信号,并计算出斜距。DME 天线安装于机身底部,DME 系统的天线与 ATC 系统的天线相同,因为这两个系统工作于同一频段。

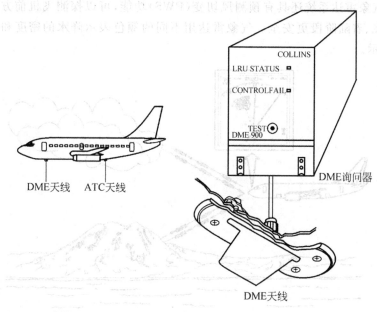

图 15.1-5　DME 的基本组成

DME 计算出的斜距可以在 RMI 和导航显示器(ND)上显示。另外,在主飞行显示器(PFD)上也有斜距显示。如果 DME 系统没有获得回答信号,那么,用横线取代数字显示。在探测到 DME 系统发生故障时,显示器上出现琥珀色的 DME 警告框,如图 15.1-6 所示。

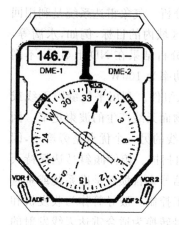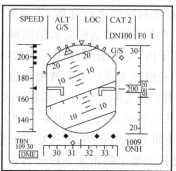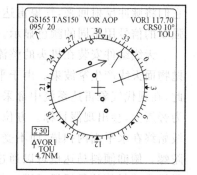

图 15.1-6　DME 距离的显示

15.2 气象雷达系统

机载气象雷达系统(WXR)用于在飞行中实时地探测飞机前方航路上的危险气象区域，以选择安全的航路，保障飞行的舒适和安全。机载气象雷达系统可以探测飞机前方的降水、湍流情况，也可以探测飞机前下方的地形情况，可以判断出飞机下方是城市、森林，还是海洋。新型的气象雷达系统还具有预测风切变(PWS)功能，可以探测飞机前方风切变情况，使飞机在起飞、着陆阶段更安全。气象雷达用不同的颜色表示降水的密度和地形情况，如图 15.2-1 所示。

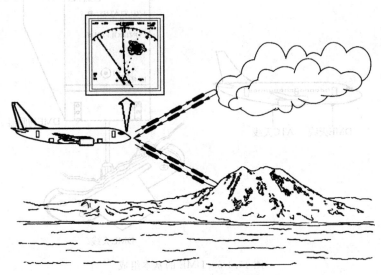

图 15.2-1　气象雷达系统的用途

15.2.1　机载气象雷达系统的组成与模式

典型的气象雷达系统由收发机、天线、波导管和控制板组成。系统的输出信号在导航显示器上显示。收发机用来发射脉冲和接收回波并对回波进行分析。气象雷达系统是利用回波原理工作的，它向飞机前方 180°的范围内发射脉冲，在这一区域内的目标，例如，水滴等，它们将脉冲反射回来，气象雷达系统对回波进行分析，并将其分析结果在 ND 上显示，不同强度的信号用不同的颜色显示。现代气象雷达的发射的脉冲功率为 100W。

天线组件安装在机头的整流罩内，它包括天线和天线操纵组件。利用平板缝隙天线或抛物面天线产生窄波束。由于平板缝隙天线产生的波束比抛物面天线产生的波束更窄。因此，在现代气象雷达系统中都采用平板缝隙天线。平板缝隙天线的另一个优点是旁瓣小，因为旁瓣大，会出现假目标。方位马达驱动天线在 ±90° 的范围内扫描。俯仰倾斜马达保持天线始终在水平面内扫描，而不受飞机姿态的影响，维持稳定的信号来自惯性基准系统或垂直陀螺。俯仰倾斜马达也可以通过控制板上的俯仰旋钮进行人工控制。波导管作为收发机和天线之间射频信号桥梁通道。其将雷达收发机产生的脉冲信号转换为适合雷达天线发射的驱动信号，连接雷达收发机以及天线。

控制板主要用来选择气象雷达的工作方式。现代机载气象雷达有"气象"、"气象与湍流"、"地图"三种工作方式，如图 15.2-2 所示。

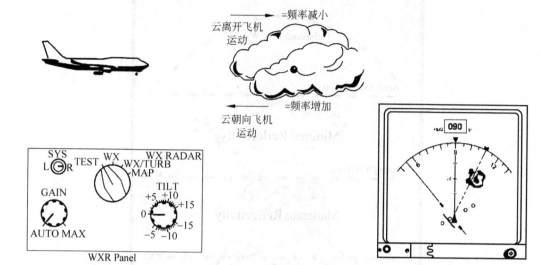

图 15.2-2　气象雷达工作方式

"气象"（WX）方式。是机载气象雷达的基本工作方式。此方式的功用是在飞行中向飞行员提供飞机前方航路及其两侧扇形区域中的气象状况及其他障碍物的平面显示图像。飞行员根据雷达显示器上所显示气象目标的分布图像，即可选择安全的航线避开危险的气象区域或其他障碍物。在显示器上显示红色区表示非常严重的雷雨区，黄色表示中等雷雨区，绿色表示弱雷雨区。

机载气象雷达主要用来探测飞机前方航路上的气象目标和其他目标的存在以及分布状况，并将所探测目标的轮廓、雷雨区的强度、方位和距离等显示在显示器上。它利用电磁波经天线辐射后遇到障碍物被反射回来的原理，目标的导电系数越高，反射面越大，则回波越强。

弄清气象雷达如何工作的关键在于了解雷雨的反射率。一般来说，雷雨的反射率被划分成三个部分：雷雨的下三分之一由于温度在冰点之上，所以全部由小雨滴组成，这部分是雷雨中对雷达波能量反射最强的部分。中间部分由过度冷却的水和冰晶组成，由于冰晶是不良的雷达波反射体，所以这部分的反射率开始减小了。雷雨的上部完全由冰晶组成，所以在雷达上几乎不可见。另外，正在形成的雷雨在其上部可能会形成拱形的紊流波，如图 15.2-3 所示。

机载气象雷达所探测的降水目标，如雷雨、冰雹、雪等，它们属于导电的水物质，对雷达辐射的射频脉冲电磁波除一部分能量被吸收、损耗和散射外，均能被有效地反射回雷达天线。而反射的强弱与气象目标含水量的多少有关，所以，天线接收的回波经雷达接收机处理后，在显示器上用不同的颜色显示出雷雨的强弱，被测目标的距离由电磁波从发射到接收所用的时间来确定。

气象雷达能探测到的气象目标有雷雨、潮湿的冰雹和湍流、冰晶、干燥的冰雹、干燥的雪（回波弱）。但是气象雷达无法探测云、雾或风、洁净空气的湍流、沙尘暴以及闪电。因此飞

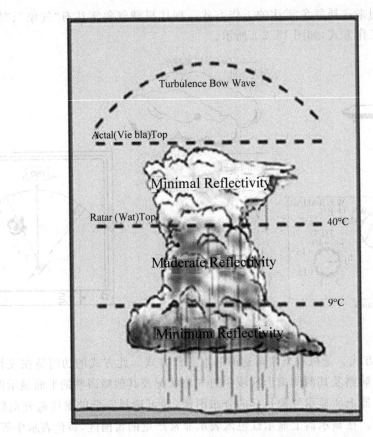

图 15.2-3 雷雨的雷达反射示意图

行员在实际飞行过程中需要重点监控飞机前段的气象条件。

"湍流"(TURB)方式。是现代气象雷达的典型工作方式。湍流是一种对飞行安全极具威胁的危险气象状态。湍流区域中的气流运动速度和方向急速多变,当飞机遭遇这类区域时,不仅难以操纵,而且还会经受很大的应力,可能导致飞机结构的破坏,所以是极其危险的。

气象雷达工作于湍流方式时,雷达能检测出危险的湍流区域,将其显示为明显的品红色图像,使飞行员易于识别。在有的雷达中,湍流区域被显示为白色的图像。气象雷达湍流方式的检测距离通常为 40n mile。湍流区在 ND 上用品红色显示出来。

气象雷达采用每组多个脉冲来探测湍流。由于湍流相对于飞机有速度的变化,根据多普勒频移原理,接收信号的频率相对于发射信号的频率产生偏移,利用接收回波信号频率的变化来探测湍流。

现代气象雷达系统的另一个功能是风切变预报,用 PWS 表示。风切变是在很短的距离范围内,风速或风向,或两者一起发生急剧变化。它可以在很大区域内发生,并伴有狂风暴雨,或者只在一个很小区域内发生,特别是在接近地面的高度发生时,对飞机的起飞和着陆造成严重的威胁,如图 15.2-4 所示。

风切变是非常危险的,因为飞机通过这一区域时,首先遇到强顶风,然后,在很短的时间内又变为顺风。如果预先不知道这种情况,那么飞行员就不会提前增加推力去抵消因顶风

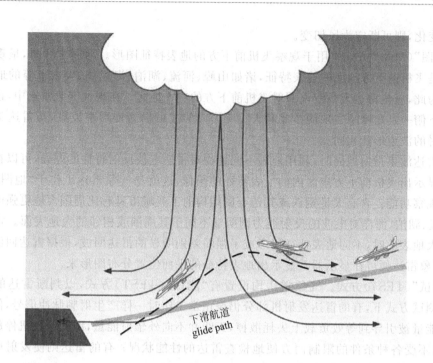

图 15.2-4 风切变示意图

造成的升力损失,也不会防止顺风时可能产生的失速,如图 15.2-5 所示。在飞行中,飞行员需要尽快、尽早知道飞机航路上风切变的存在,以采取措施保障飞行安全。

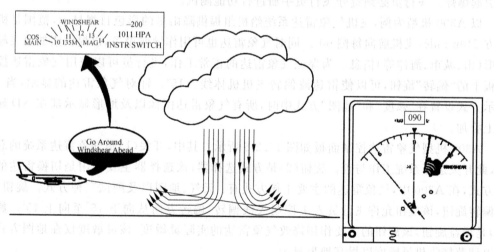

图 15.2-5 风切变方式

风切变的探测与湍流相同,但雷达系统要在回波中搜索取样,如果近的回波频率增高,较远的回波频率降低。那么这种情况就是风切变。当风切变被测试到之后,机组将获得如下警告:风切变标识"Windshear"在 ND 上显示,临界区用红黑条显示,符号边缘的黄色条指向刻度盘,它指示出的航向是飞行员应该躲避的方向,还伴随有风切声音警告信息。

对风切变的探测可应用多普勒原理来实现。当飞机强顶风时,产生正的多普勒频移,而逆风会产生负的多普勒频移,如果在一个很短的距离范围内探测到有非常明显的正的和负的风速变化,则可断定为风切变。

"地图"(MAP)方式。用于观察飞机前下方的地表特征图形。地图方式时,呈现在荧光屏上的是飞机前下方地面的地表特征,诸如山峰、河流、湖泊、海岸线、大城市等的地形轮廓图像。为此,应使雷达天线波束照射飞机前下方的广大地区。在现代气象雷达中,这是通过将天线下俯一定角度来实现的。此时天线所形成的波束仍为锥形窄波束,与雷达工作在气象方式时的波束形状相同。

当雷达波束指向地面时,利用地表不同地物对雷达电波反射特性的差异,可以在雷达显示器上显示出飞机前下方扇区内的地表特征的图像,这就是气象雷达工作于"地图"方式时的地形观察功能。含有大量钢铁或其他金属结构的工业城市具有比周围大地更强的反射特性;河流、湖泊、海洋对电波的反射能力则明显不同于其周围或相邻的大地表面。雷达电波投射到大地表面时,不同地表特征便形成了强弱差别明显的雷达回波,根据雷达回波的这一特性,气象雷达便可在显示器上显示出地表特征的平面位置分布图形来。

"测试"(TEST)方式。气象雷达均设置有"测试"(TEST)方式,以判断雷达的性能状态。在测试方式下,有的雷达发射机部分仍像正常工作时一样产生射频脉冲信号,但所产生的射频能量被引导到等效负载上去耗散掉,天线并不向外辐射能量,因此当飞机停放在地面时,可以不受各种条件的限制而方便地检查雷达的性能状况;有的雷达则使发射机工作约1s,以检查收发组件的工作状况。

需要注意的是:在操作气象雷达系统工作时,必须遵守重要的安全规定。这是因为气象雷达的热效应和辐射效应与微波炉一样。因此,它会伤害人和设备,并且在飞机加油期间会引起爆炸。飞行员必须遵守飞行员手册进行功能测试。

以A300机型为例,飞机气象雷达系统给机组提供降雨量的彩色目视显示,范围是机头前方240n mile,飞机航向每侧60°。同时气象雷达也可用作导航设备,以提供诸如要飞越的地形(山、城市、海洋等)信息。为保证气象雷达的正常工作,飞行员可以使用气象雷达控制面板上的"偏转"旋钮,可以使雷达波偏转飞机机体线±15°。针对气象雷达的显示,当ND显示方式设置在"弧度"和"地图"方式中时,所有气象雷达图像以及地形显示都在ND显示屏上叠加。

A300机型气象雷达控制面板如图15.2-6所示。其中,开关(1)是气象雷达系统的总开关,此开关选择系统工作与否。旋钮(2)是方式选择器,该选择器主要作用是切换雷达的工作方式,在A300中,气象雷达的主要工作方式有:天气、地图以及测试三种方式。旋钮(3)是偏转旋钮,该旋钮允许飞行员人工控制天线偏转,偏转方向从向下15°至向上15°。旋钮(4)是增益旋钮,该旋钮的主要作用修改气象雷达的实际灵敏度,该灵敏度仅在地图方式时用以调节接收机灵敏度以提高地形显示。

15.2.2 气象雷达信息判别

显示器上的气象雷达数据显示飞机前方的气象和地形信息。颜色显示气象或地形回波信号的强弱。这四中颜色用于气象雷达显示,如图15.2-7所示,其中绿色(图中1指示的区域)代表轻度气象条件;黄色(图中2指示的区域)代表中度气象条件;红色(图中3指示的区域)代表重度气象条件;深红色(图中4指示的区域)代表湍流(气象雷达系统只在40n mile内计算和显示湍流)。

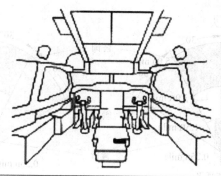

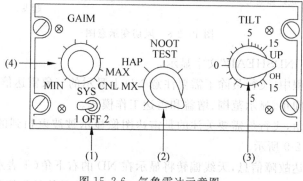

图 15.2-6 气象雷达示意图

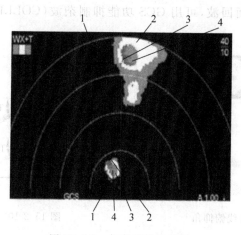

图 15.2-7 气象雷达示意图

当气象雷达工作在风切变工作方式时,雷达天线只扫描 120°(±60°)。此时天线从右至左扫描处理气象信息,从左至右扫描处理风切变信息,而且只有 40n mile、±30°之内的风切变目标才被显示出来。

风切变的位置根据相对于飞机纵轴的方位和机头的距离而确定。根据风切变的位置不同,风切变警告可以分为三类:咨询(advisory)、警戒(caution)、警告(warning)。图 15.2-8 所示分别为飞机在起飞和进近期间不同类型风切变警告的分布情况。

当有第二级风切变警戒时,除了在显示器上有显示外,还会有语音警告:"monitor radar display"(监控雷达显示器);当有第三级风切变警告时,语音警告:"windshear ahead"(前方有风切变)或"go-around,windshear ahead"(复飞,前方有风切变),这时在 PFD

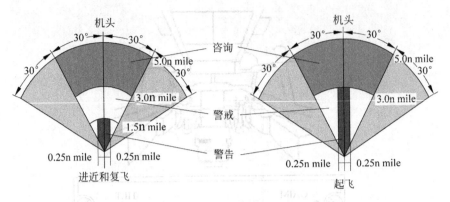

图 15.2-8 风切变示意图

上还会有红色的"WINDSHEAR"文字显示。

在实际飞行过程中，飞行员除了需要注意 ND 上显示的气象雷达信息之外，还需要注意气象雷达的天线俯仰角、显示范围、增益和雷达工作模式。

对于天线俯仰角，飞行员需要关注的是雷达图像显示被波束扫到的目标而非飞机正前方的气象，如图 15.2-9 所示。

若没有显示雷达故障信息，天线偏转将显示在 ND 的右下角（+表示向上，-表示向下，校准间隔为 0.5°）。当飞行员在人工操纵天线的俯仰角时，最佳的天线俯仰角应该使 ND 雷达图像上缘显示部分地面回波，可用 GCS 功能抑制杂波（COLLINS 雷达），如图 15.2-10 所示。

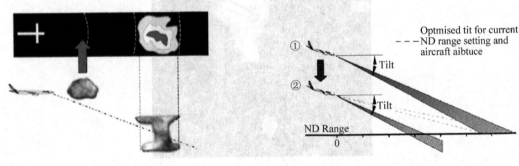

图 15.2-9 气象雷达天线俯仰角　　图 15.2-10 雷达天线最佳俯仰角

同时，飞行员应该注意雷暴的底部反射强，顶部反射弱。经常调整天线角度以监视雷暴的发展并获得最佳的雷暴单体回波，如图 15.2-11 所示。

飞行员需要关注的第二个问题是扫描距离圈。在正常的飞行过程中，通常提前 40n mile 决定避开的天气目标，如图 15.2-12 所示。

巡航时，PNF 选择 160n mile 范围（或以下），PF 选择 80n mile（或以下）。在飞行过程中时常调节距离圈，避免"盲谷"效应。所谓"盲谷"是指气象雷达是利用电磁波遇到障碍物反射回来的强弱来描述气象信息的强弱，图中黑色区域（图中 1 指示的区域，HONEYWELL/COLLINS）和黄线（图中 2 指示的区域，仅 COLLINS）是因为雷达波束无法穿透前面的气象目标或穿透后波束衰减严重，无法准确地探测后面的气象目标，如图 15.2-13 所示。

15 雷达系统

图 15.2-11 雷暴天气回波示意图

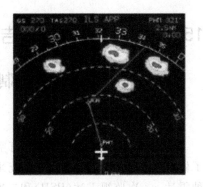
图 15.2-12 气象雷达显示示意图

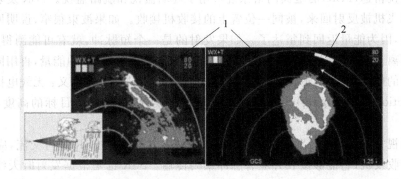
图 15.2-13 气象雷达盲区示意图

第三个需要飞行员关注的是气象雷达的增益调节。在正常的飞行过程中,增益调节旋钮的自动(AUTO)或校准(CAL)位是观察气象目标的最佳设定位。而人工增益调节用于深入分析气象目标,分析结束后必须放回 CAL(AUTO)位。当需要判断气象目标强弱时,机组可以慢慢减小雷达增益并观察 ND 上气象目标的颜色变化,气象目标的颜色变化会随着雷达增益的减小由红色变为黄色再变为绿色,最后 ND 上仍为红色或最后变为黄色的气象目标就是能量最强的气象目标。如图 15.2-14 所示。由于气象雷达对湍流的探测不随增益变化,通过减小增益能有助于判断湍流;有助于区分多个气象目标。当飞机高高度飞行时,由于高空水汽凝结反射率小,机组可以适当增加增益来判断气象目标轮廓及面积。

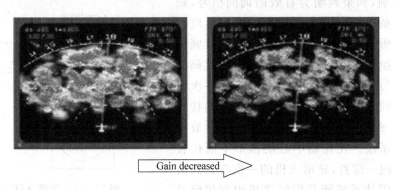
图 15.2-14 气象雷达增益调节图

15.3 交通管制与警告系统

15.3.1 空中交通管制

1. 地面 ATC 雷达

为了保证飞行安全,必须具有空中交通管制(ATC)系统,它监视并控制空中交通。为了做到这一点,需要地面雷达系统来提供一定空域内的飞机消息。地面 ATC 系统使用两种雷达:一次监视雷达(PSR)和二次监视雷达(SSR)。

一次监视雷达(PSR)的地面网络系统可用于终端监视和航路监视。PSR 发射的一束射频信号遇到飞机被反射回来,被同一位置上的接收机接收。如果波束很窄,说明回波(飞机)就在波束内,因为能量返回到雷达了。如果发射的是一个短脉冲,就有可能测得所用时间,从而确定距离。雷达,就是用一个方向性天线在某个方向上发射脉冲能量,再用同一个天线接收反散射的能量,时间延迟用于确定距离,这就是"radar"这个词含义:无线电探测和测距(radio detection and ranging)。PSR 的作用距离比较近,不能显示目标的高度,不能识别目标。

二次监视雷达(SSR)需要机载设备——应答机,它与地面 SSR 进行交流,应答机实际上就是一个收发机,它能够接收并应答脉冲编码传输。SSR 也是根据发射时天线所对准的角度来确定飞机的方位,根据从发射询问信号到接收应答信号所消耗的时间来计算目标的距离。但是,由于 SSR 发射的询问信号有模式的区别,机载应答机根据不同的询问模式,给出识别应答和高度应答信号。由此可见,SSR 恰好克服了 PSR 的缺点。

通常地面雷达系统都包括 PSR 和 SSR,如图 15.3-1 所示。SSR 发射机某一模式的询问脉冲对信号通过它的方向性天线辐射。天线波束的方向是与一次雷达协调一致的,发射时刻也是与一次雷达同步。在其天线波束照射范围内的机载应答机对所接收到的询问信号进行接收处理与译码识别,如果判明为有效的询问信号,则由应答机中的编码电路控制发射电路产生应答发射信号。所产生的应答信号是由多个射频脉冲组成的射频脉冲串,它代表飞机的识别代码或高度信息。与此同时,向同一方位辐射的一次雷达也会接收到飞机所产生的回波信号,它的接收机所产生的飞机视频回波信号也同时输往数据处理与显示系统。在控制中心的圆形平面位置显示器上的同一位置,显示飞机的一次雷达回波图像与二次雷达系统所获得的飞机识别代码及高度信息。

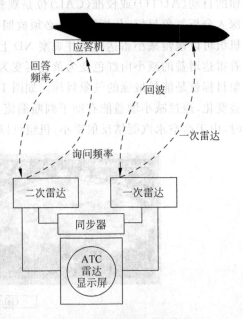

图 15.3-1 地面 ATC 雷达

2. 机载 ATC 应答机

机载 ATC 应答机有三种应答模式,即:A 模式、B 模式和 S 模式。

在 A 模式时,应答机发射一个四位数字的飞机识别码。飞行员通过话音通信系统,收听到 ATC 需要的数字识别码时,它可以在 ATC 控制板上选择。

在 C 模式时,应答机将来自大气数据计算机的气压高度数据发射给地面台。

S 模式应答机是一个更先进的系统,它可以对日益繁忙的空中交通进行管制。另外,交通警告与防撞系统(TACS)的工作也需要 S 模式应答机,它可以对 ATC 地面台有选择性的询问给予应答,它还可以单独对其他飞机的询问给予应答。装有 S 模式应答的飞机都有一个唯一的机身地址码,这一码由当局给定。S 模式应答机可以实现有选择的询问,如图 15.3-2 所示。

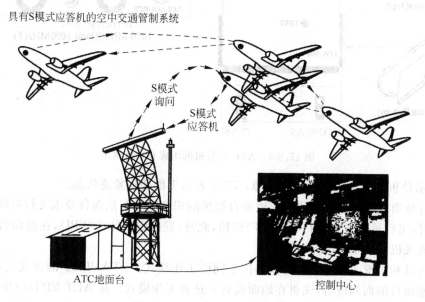

图 15.3-2　S 模式应答机功能

ATC 应答系统由应答机、控制板和天线组成。应答机位于电子设备舱。在世界范围内所有 ATC 应答机接收地面信号所使用的频率都是 1 030MHz,而应答所使用的频率都是 1 090MHz(见图 15.3-3)。

所有 ATC 应答机都有一部天线,它安装在飞机机身的底部。它可以和 DME 的天线互换,因为它们使用同一工作频段。S 模式应答机还有一部装在机身顶部的天线,它可以与高于本架飞机的其他飞机的 TCAS 系统实现通信联络。

典型的 ATC 应答机系统的控制面板如图 15.3-3 所示,该面板还用于控制 TCAS 系统。大型商业飞机通常安装有两部相互独立的应答机,但是,在同一时刻只有一部工作。在控制板上,利用转换开关(XPNDR),飞行员可以在两部应答机之间进行切换。利用高度源选择开关(ALT SOURCE),选择所使用的大气数据系统,用 C 模式将气压高度发送出去。

图 15.3-3 中,显示窗口显示出 1 号 ATC 应答机正在工作,其识别码为 7065。显示窗显示的数字范围从 0000～7777,但是有三个码为应急码,在地面不能使用。应急码含义为:

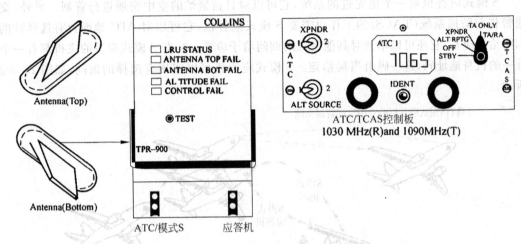

图 15.3-3 ATC 应答机的组成和功能框图

7500 表示劫机;7600 表示无线电故障;7700 表示飞机处于紧急状态。

飞行员通过两个选择旋钮设定地面台提供的识别码。当地面台要求飞行员确认飞机的识别码时,飞行员按下"识别"(IDENT)按钮,此时,发出识别脉冲(SPI),在地面台控制台的屏幕上该飞机的识别码闪亮。

飞行员利用模式选择开关可以选择不同的工作模式。STANDBY 的含义是预位,此时不能对地面台的询问应答,飞机在地面就处于这种工作模式。在 ALT RPTG OFF 方式,应答机仅对 A 模式或 S 模式的询问进行应答,而不能进行高度报告。在 XPNDR 方式,应答机全功能工作,它对所有的询问给予应答。

15.3.2 交通警告与防撞系统

交通警告与防撞系统用 TCAS 表示。它可以保证装有 TCAS 设备的飞机周围空域的安全性。TCAS 的功能是确定与安装有 ATC 应答机飞机之间的距离、高度、方位和接近率。TCAS 通过监视其他飞机的轨迹,来确定与本飞机可能发生的危险相撞。它还提供给飞行员声音和可视劝告信息,以完成飞机与飞机之间垂直避让的任务。

TCAS 可以监视的飞机达 50 架,并提供下列相关信息:决断咨询(RA)信息、交通咨询(TA)信息、接近交通信息和其他交通信息。TCAS 在飞机自身周围形成了两个保护区:决断咨询区和交通咨询区。这些区域用目标到与装有 TCAS 飞机所用最近相撞点的时间表示。最近相撞点用 CPA 表示,这一保护区被称为 τ 区。

TA 和 RA 的时间随飞机的高度变化。例如:在高度为 7 000ft 时,如果还有 25s 飞机就要飞达最近相撞点,TCAS 将发出决断咨询(RA)信息;如果还有 40s 飞机就要飞达最近相撞点,将发出交通咨询(TA)信息,如图 15.3-4 所示。

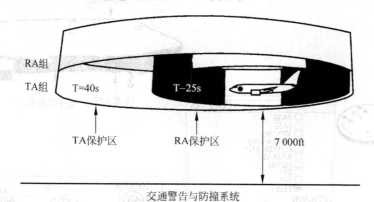

图 15.3-4 决断咨询(RA)信息、交通咨询(TA)信息

如果目标飞机到达 TA-τ 区,将发出声音交通咨询警告。

当目标飞机到达 RA-τ 区时,声音决断咨询警告出现,并伴随有显示器上的视觉信号。

不在 RA 区和 TA 区的飞机,属于接近交通或其他交通信息。

接近交通的含义是:目标飞机位于以 TCAS 飞机为球心,6n mile 为半径,相对高度低于 1 200ft 的范围内。

其他交通表示:目标飞机位于以 TCAS 飞机为球心,6n mile 为半径,相对高度高于 1 200ft 的范围外,如图 15.3-5 所示。

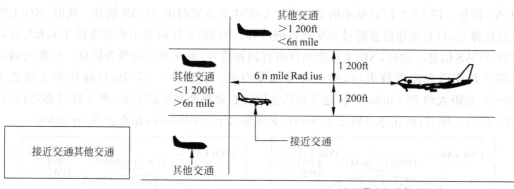

图 15.3-5 接近交通信息和其他交通信息

典型的 TCAS 系统有下列主要组件:TCAS 计算机位于电子设备舱,两部天线用于发射和接收。一部位于机身顶部,另一部位于机身底部。ATC 和 TCAS 共用一块控制板,如图 15.3-6 所示。

TCAS 计算机通过天线与其他飞机的 ATC 应答机进行通信联络,TCAS 使用的频率与 ATC 应答机相同。即以 1 030kHz 的频率发射询问信号,以 1 090MHz 的频率接收应答信号。

TCAS 计算机计算飞机的入侵方向。它还通过数据总线与本机的 ATC 应答机进行联络。因为它需要来自飞机其他系统的信息。例如:来自大气数据计算机的气压高度,来自

图 15.3-6 TCAS 系统的组成

低高度无线电高度表的无线电高度和来自惯性基准系统的航向。TCAS 计算机还为 EFIS 显示器提供输出信号,并加到扬声器提供声音警告。

TCAS 信息在导航显示器上的显示如图 15.3-7 所示。在 ND 上,用四种符号表示 TCAS 信息。图 15.3-7(a) 显示的是选择 TA ONLY 方式时的 TCAS 信息。此时,ND 上没有红色符号,只有交通信息符号和交通咨询声音。图 15.3-7(b) 显示的是选择 TA/RA 方式时的 TCAS 信息。此时,ND 上可能出现所有四种符号,并伴有声音警告信息。其他交通信息用空心菱形和高度值表示,两个符号都是白色。在图 15.3-7 中,目标在本飞机之上 1 400ft,相距大约 20n miles。接近交通信息用实心菱形和高度值表示,两个符号都是白色。在图 15.3-7 中,目标在本飞机之下 900ft,下降率大于 500ft/min,相距大约 5n miles。

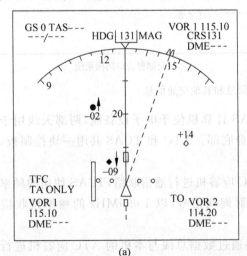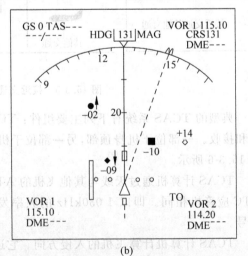

图 15.3-7 ND 上显示的 TCAS 信息

交通咨询信息用实心圆和高度值表示,两个符号都是琥珀色。在图 15.3-7 中,该入侵飞机在本飞机以下 200ft,爬升率大于 500ft/min,相距大约 25n miles。

决断咨询信息用实心方块和高度值表示,两个符号都是红色。在图 15.3-7(b)中,该入侵飞机在本飞机以下 1 000ft,其垂直速度小于 500ft/min,相距大约 12n miles。

15.3.3 近地警告系统

近地警告系统(GPWS)的功能:当飞机与地面出现错误的接近时,用警告灯和警告声警告机组人员。在一些飞机上,主飞行显示器上也有警告信息。该系统在飞机高度低于 2 500ft 时自动工作,如图 15.3-8 所示。

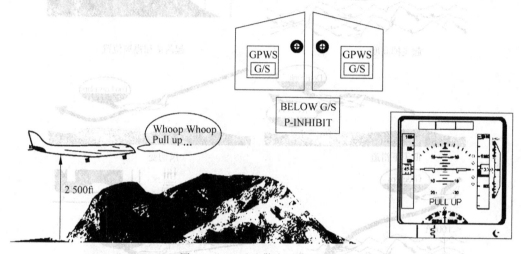

图 15.3-8 近地警告系统的功能

典型的近地警告系统有一个数字计算机,它安装于电子设备舱。不同类型的警告和提醒灯位于每个飞行员和控制板的前方。它们被称为 GPW 组件。

近地警告系统需要无线电高度、垂直高度、下滑高度、起落架和襟翼位置等主要输入信号,如图 15.3-9 所示。

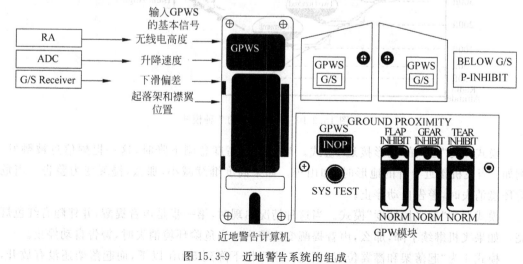

图 15.3-9 近地警告系统的组成

GPWS有7种警告模式,如图15.3-10所示。模式1为"过大下降率"模式。当飞机以大垂直速度下降到2 500ft时,该模式启动,向机组人员发出警告。除语音提醒外,红色的GPWS灯亮,或者pull up信息在PFD上显示。如果飞机继续下降,那么语音提醒变为警告。当危险环境消失后,提醒或警告信息自动停止。

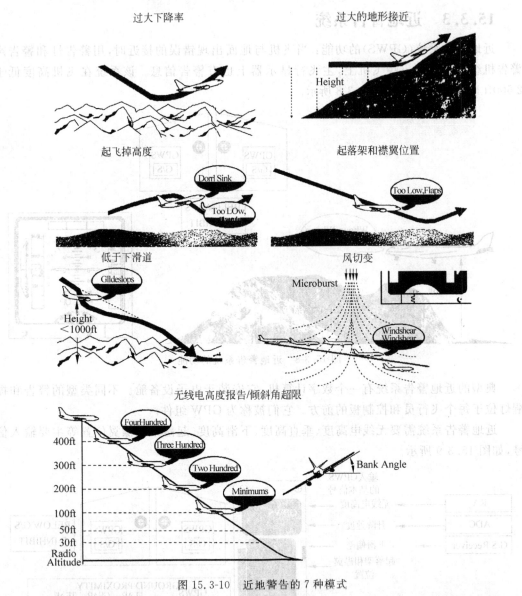

图15.3-10　近地警告的7种模式

模式2为"过大的地形接近"模式。当飞机的高度急剧下降时,这一提醒信息被触发。例如:当飞机接近上升的地形时,如山等。如果高度继续减小,那么,提醒变为警告。当危险环境消失时,警告自动停止。

模式3为"起飞掉高度"模式。当这种情况出现时,第一步是声音提醒,并伴随有红色灯亮。如果飞机继续下降,那么,声音提醒变为警告。当危险环境消失时,警告自动停止。

模式4为"起落架和襟翼位置"模式。当飞机下降到500ft以下,而起落架还没有放开,该模式启动,提醒声音出现,并且红灯亮。在低于250ft时,襟翼位置仍不对,那么系统将给出襟翼提醒信息。

如果由于技术问题,飞机在起落架和襟翼位置不正确时,飞机需要迫降,那么,飞行员可以利用GPW组件的开关,抑制相应的警告出现。

模式5为"低于下滑道"模式。在无线电高度低于1 000ft时,如果飞机位于下滑道的下面,那么,该模式工作。当超过临界偏差时,声音提醒出现,琥珀色的下滑灯亮。当无线电高度更低时,超过临界偏差更多,那么提醒音量逐渐变大。

模式6为"无线电高度报告/倾斜角超限"模式。当飞机接近地面或倾斜角超过临界值时,该模式启动发出提醒声音。

模式7为"风切变"模式。它警告机组人员在起飞或进近期间,出现了危险的风切变情况。

15.4 惯性基准系统

惯性基准系统(IRS)是现代飞机必备的、自主式的机载电子系统。它提供飞机的姿态、航向和飞机当前的位置等信息。它由惯性基准组件(IRU)和多功能控制显示组件(MCDU)组成,如图15.4-1所示。

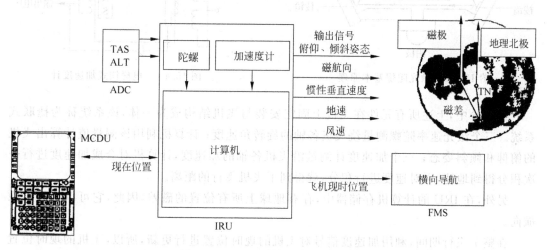

图15.4-1 IRS系统基本功能和组成

15.4.1 惯性基准系统组成

惯性基准组件包括陀螺、加速度计和计算机。通常,惯性基准系统使用的陀螺是激光陀螺,加速度计采用的是电磁摆式加速度计。

激光陀螺利用旋转光束测量角速率。一条光束由阳极1和阴极之间的高压产生,它通过三个棱镜将光束折射,使用顺时针旋转;另一条光束由阳极2和阴极之间的高压产生,同样通过棱镜形成逆时针旋转的光束。当组件静止时,两束光走过相同的路径,因此在监视窗口形成静止的干涉条纹。当组件顺时针旋转时,则顺时针光束的行程大于逆时针光束的行程;反之,则顺时针光束的行程小于逆时针光束的行程。于是,在监视窗口则形成左移或右移的干涉条纹。可见,干涉条纹的移动与组件的旋转相关。因此,IRU 利用激光陀螺敏感飞机的姿态变化,如图 15.4-2 所示。

加速度计测量沿着飞机各轴的运动加速度。实际上,电磁摆式加速度计由一个带有中心轴的质量块、两个静激励绕组和一个移动的输出绕组组成。在飞机加速运动时,带有输出绕组的质量块移动,改变了动、静绕组之间的耦合,从而使输出绕组上产生电压。该电压与飞机的加速度相关,如图 15.4-3 所示。

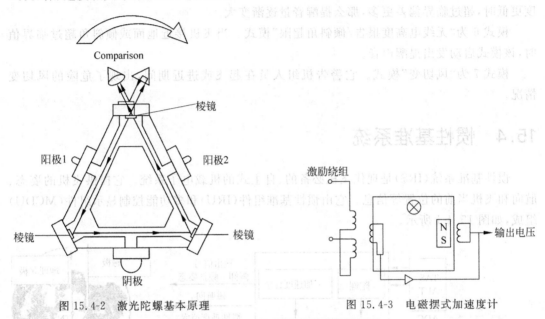

图 15.4-2　激光陀螺基本原理　　　　图 15.4-3　电磁摆式加速度计

在 IRS 中,上述所有元件在飞机上固定安装与飞机结构成为一体,该系统称为捷联式系统。三个激光速率陀螺测量绕飞机各轴的旋转角速度;计算机利用该测量值计算出飞机的俯仰和倾斜姿态;三个加速度计测量沿飞机各轴的加速度,计算机对合成加速度进行一次积分得到地速,再对速度进行积分,就得到了飞机飞行的距离。

另外,在 IRU 的计算机存储器中,存有地球上所有位置的磁差,因此,它可以计算出磁航向。

在整个飞行期间,利用加速度信号对飞机的现时位置进行更新,所以,飞机的现时位置数据还用于飞行管理系统的横向导航。IRU 计算机的计算不能中断,因此,它需要备用直流电源,当它工作时,直流供电(ON DC)通告牌亮。

应该说明的是:惯性基准系统的计算必须有一个初始点,因此,飞机在地面接通电源时,必须通过控制显示组件(CDU)输入当地的经度、纬度作为初始点,从而使 IRU 进入校准阶段。只有该阶段结束,惯性基准系统才能进行正常的计算。

15.4.2　典型惯导系统的工作方式与操纵

在 A300 机型上安装有三套独立的惯导系统,为了提高安全性和可靠性,一般在飞机上还安装有备用水平仪和备用罗航,而备用水平仪和备用罗航通过独立的电源驱动。惯导系统向飞机的其他系统(如自动飞行系统、通信导航系统等)提供信息,如飞机的姿态、航向、速度、位置、航迹等。每个惯导系统由电子舱内的IRU(惯性基准装置)和顶板上的MSU(方式选择器装置)组成。飞机上的激光陀螺仪和加速度表将飞机的姿态和加速度数据传递至IRU计算机,进行统一的运行与处理。飞行员对于IRU的操作只能通过MSU进行。飞行员在执行航班之前需对三部惯导进行初始化和校准。在校准期间,惯导依靠飞机电瓶开始自测工作,如果系统工作正常,则切换至正常直流汇流条进行供电。

飞机惯导系统的主要显示装置是主飞行显示器(PFD)和导航显示器(ND)。惯导系统将飞机的俯仰、横滚和航向信息以及横侧加速度信息(侧滑指示)传递至PFD显示。飞行员通过PFD对飞机的实际姿态进行控制。而飞机的实际航向则是通过惯导系统显示在ND上,为飞行员提供飞机的实际飞行位置和速度信息。

惯导的用户输入面板如图15.4-4所示。其中旋钮(1)是惯导系统的方式选择器,当其设置为OFF位时,相应的惯导系统整体断电。NAV位是导航的正常工作方式,惯导提供所有的姿态、航向、导航和轨迹信息。ATT位是导航的应急工作方式,当惯导系统传感器失效,系统部分失效或供电失效后,为防止惯导系统计算错误的姿态信息和导航信息,飞行员需要将旋钮旋至ATT位置。此时惯导系统只提供飞机姿态和航向信息,磁航向需要飞行员人工输入。

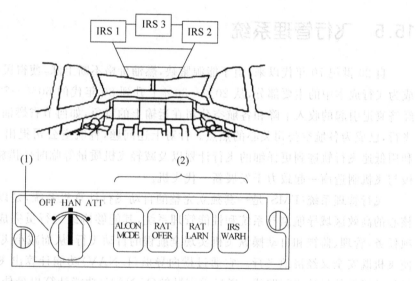

图15.4-4 惯导输入面板

惯导系统的故障通过面板上的警告信号灯(2)进行提示,ALIGN MODE灯用于提示机组惯导处于校准状态,需要关注的是当该灯处于闪烁状态时,表示校准存在差异,或者飞机在校准时有较大移动,惯导无法准确定位目前位置。BAT OPER灯用于表示相应的惯导系统正由电瓶向其供电,正常供电汇流条存在故障,需要注意惯导在校准开始时,由于进行电瓶正常供电测试,该灯也会点亮。BAT WARN灯是电瓶低压警告,电瓶电压低于18V,灯亮。IRS WARN灯是惯导警告,该灯亮表示惯导完全失效;当系统存在部分失效时,该灯处于闪亮状态,此时机组需要将惯导模式切换至"姿态"方式。

惯性传感器显示组件(ISDU)是惯导系统的另一输入设备,其外形如图15.4-5所示。三部惯性基准装置(IRU)共用一部ISDU设备,ISDU提供显示惯导的导航数据,或者作为校准三部惯导的备用输入设备。其中旋钮(1)是系统显示选择器,其作用是关闭或者切换 ISDU 的数据源。显示选择器(2)用于选择显示器(4)上的显示内容,飞行员可以在当前位置,真航迹/地速,风速以及航向/状态之间进行切换。(3)是 ISDU 的键盘。

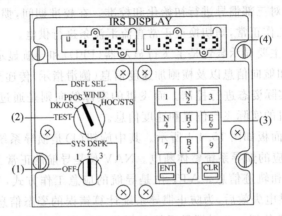

图 15.4-5　ISDU 输入设备

15.5　飞行管理系统

自 20 世纪 70 年代以来,由于能源紧缺,燃油价格不断上涨,使得民航运输中,燃油消耗成为飞行成本中的主要部分,从 20%～30%上升到 80 年代的 60%～70%。由于世界性的经济衰退引起的收入下降和各航空公司在运输上的竞争,如何节省燃油,如何进行最佳省油飞行,已成为各航空公司关心的焦点。针对上述问题,各航空公司提出了各种省油程序,如利用低速飞行轨迹到更详细的飞行计划以及减轻飞机质量等临时性措施。同时航空公司积极与飞机制造商一起致力于发展新一代飞机。

飞行管理系统(FMS)是一套独立完整的自动飞行计算机系统,是以飞行管理计算机为核心的高效区域导航制导系统和性能管理系统,其能够协助飞行员完成从起飞到着陆的各项任务,管理、监视和自动操纵飞机实现全航程的自动飞行,从而减小飞行员的工作负担,并使飞机既安全又经济地飞行。它通过横向导航(L-NAV)功能计算出飞机从起飞机场到达目的地机场的最佳飞行路线;通过垂直导航(V-NAV)功能计算出最佳飞行剖面,这一功能也被称为性能计算。它还可以预计出飞机在每个飞行阶段所需要的时间。因此,飞行管理系统为飞行员提供了四维导航计算,如图 15.5-1 所示。

FMS 由一台或两台飞行管理计算机(FMC),它通过两个控制板和两个控制显示组件(CDU)与飞行员进行人机交互。对于长距离飞行的飞机,常常还需要第三台 CDU 作为备用。FMS 向 EFIS 提供的计算数据用于显示,向自动飞行控制系统提供的数据用于自动控制。当然,FMS 本身也需要许多传感器作为其输入信号,如图 15.5-2 所示。

飞行管理计算机(FMC)可以分成两个部分:一部分是计算横向导航数据的导航计算机,另一部分是计算垂直导航数据和时间的性能计算机,如图 15.5-3 所示。

在图 15.5-3 中,虚线的上半部分是导航计算机的框图,其中有一个导航数据库,它存储所有飞行阶段所需要的导航数据,这一数据必须每 28 天更新一次。利用该数据库,FMC 可

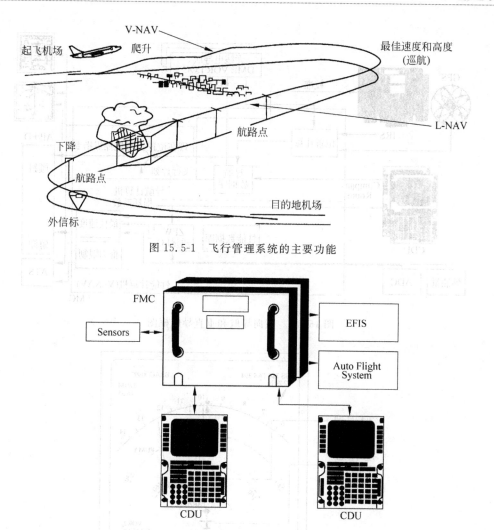

图 15.5-1 飞行管理系统的主要功能

图 15.5-2 飞行管理系统的组成

以通过给定的飞机位置和输入的飞行航路建立飞行计划。航空公司航路必须由飞行员在控制显式组件(CDU)上输入。

在飞机的实际飞行过程中,FMS 利用全球定位系统(GPS)和惯性基准系统(IRS)计算出飞机的实际位置,将飞机的实际位置与飞行计划中预计的飞行轨迹进行比较,比较结果的差值作为飞机的飞行误差传送到自动驾驶仪和飞行指示横滚计算机中进行计算,然后输出飞机的自动操纵指令信号。自动飞行控制系统的内回路利用该指令信号指示飞机的实际飞行轨迹需要进行左偏或者右偏。

在地面上,飞机的现时位置由 IRS 给出,但是,在 IRS 校准期间,必须通过 FMS 给定初始位置。在飞行期间,IRS 的位置数据由 GPS 更新。如果需要,还可以利用 DME、VOR 和信标机等无线电导航数据进行位置更新。

现时位置和飞行计划数据都在导航显示器(ND)上进行显示。如图 15.5-4 所示,数据显示在 EFIS 的导航显示器上,飞机符号相对于飞行计划和其他导航数据的关系在 ND 上可以看到。

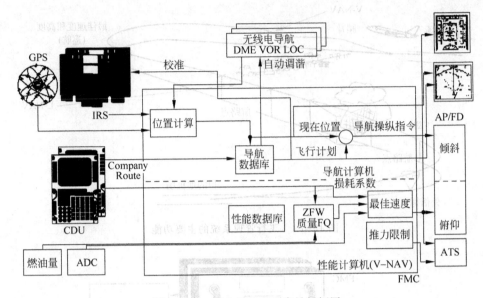

图 15.5-3 横向导航和垂直导航框图

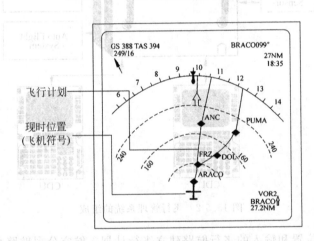

图 15.5-4 飞行计划和飞机现时位置在 ND 上的显示

垂直导航或性能计算的任务是计算出飞机爬升、偏航和下降期间的最佳垂直剖面。FMC 的任务是计算出每个飞行阶段的最佳速度和必要的发动机推力,这一推力值通常作为极限值。所有计算出的飞机和发动机的性能数据都存储在性能数据库中。在图 15.5-3 中,虚线的下半部分是性能计算机的框图。

飞机的最佳速度主要取决于外部环境,比如,ADC 提供的气压和温度以及飞机的质量。质量通常由 FMS 进行计算,它包括燃油系统提供的燃油量。零燃油质量(ZFW)由飞行员在 CDU 上输入。

最佳速度通常也被称为经济速度(ECON SPEED)。它给出了飞机飞行全过程所消耗的总油量。为了计算出这一速度,FMC 需要损耗系数。该系数表示了飞行时间与油耗之间的关系。在选定飞行计划后可以估算出这一数值。该数值是通过燃油损耗率和飞行时间进行权重分配计算得出的,权重分配比率可以通过 CDU 进行人为修正,在 CDU 上,该权重称为损耗系数,损耗系数值范围在 0~999 之间,0 是指单纯偏重油耗值,计算是以最小油损为目的进行;999 是指以飞行时间为重点,计算是以最大速度为目的进行。

当飞行员完成损耗系数的设置后,FMS 系统可以重点计算出当前需要的最佳速度,此时该速度作为目标速度传递至自动驾驶仪、飞行指引俯仰通道和自动油门系统(ATS)。ATS 还需要从 FMC 内获得推力门限值。

15.6　导航系统的操纵概述

导航系统的主要显示设备是导航显示器(ND),根据标准界面,该设备安装于 EFIS 下部位置,导航显示器主要提供与横向和垂直导航有关的信息。ND 显示主要包括罗盘、弧段、地图或计划四种类型。导航系统具有自动检测功能,为防止对飞行员操纵产生错误影响,当检测到系统存在故障会影响 ND 上的信息时,此信息将会从显示器上清除。在信息部分可用的情况下,信息将以红色显示在 ND 上,整个 ND 显示器的供电如图 15.6-1 所示。

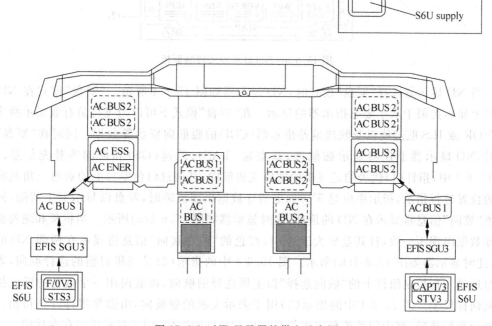

图 15.6-1　ND 显示器的供电示意图

ND 显示器的控制面板如图 15.6-2 所示,旋钮(1)是 ND 显示器的开关,内旋钮用于控制 ND 的亮度,当旋钮旋至"关"时,ND 关闭;外旋钮用于控制 ND 上雷达图像的亮度。开关(2)是 ND 显示的航迹模式开关,当 ND 显示在"罗盘"或"弧段"方式时,开关(2)用于在 VOR 航迹,ILS 航迹

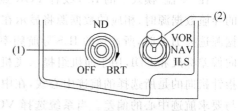

图 15.6-2　ND 显示器控制面板

以及飞行偏差之间切换。ND 显示器的模式控制如图 15.6-3 所示,该控制面板主要作用是对 ND 显示内容进行切换,面板上有两个选择按钮,旋钮(1)是 ND 显示器的模式选择器,可在"测试"、"罗盘"、"弧段"或"计划"四种显示方式之间切换。当 ND 显示模式置于"测试"位时,系统将自动产生一个 4°的姿态差异信息,从而驱动 PFD 产生一个姿态检查的信息。如果故障信息能够产生,表示系统工作正常。旋钮(3)是显示范围选择旋钮,该旋钮只有在"地图"、"计划"或"弧段"显示模式下才能工作。该旋钮确定整个界面的显示范围。按钮(2)是选择显示模式的按钮,分别为 CSTR(限制)、WPT(航路点)、VOR. D(VOR/DME)、NDB(无方向性信标)和 ARPT(机场)按钮。当飞行员按压相应按钮时,ND 显示器将显示相应的导航信息,同时相关的按钮开关灯亮并取消以前可能已选择的显示内容,上述的显示内容只有在"地图"或"计划"模式下才能显示。如果飞行员改变了显示模式,则内容将在 ND 显示器上消失,直到飞行员再次将模式切换到"地图"或"计划"模式。

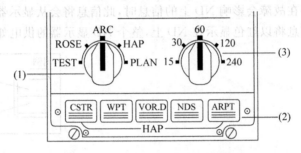

图 15.6-3 ND 显示模式控制面板

当 ND 显示器选择"罗盘"模式时,ND 显示器如图 15.6-4 所示。"罗盘"模式在 ND 显示器上显示类似于水平姿态指示器的显示。在"罗盘"模式下可以为飞行员有效显示所选择的 VOR 或 ILS 航迹线以及航迹偏差指示器(CDI)的磁航向罗盘等数据。同时在"罗盘"模式时,ND 显示器上还将显示磁航迹、真空速(TAS)、地速(GS)和风向等补充信息。在图 15.6-4 中,指针(1)代表的是飞机的实际飞机航向,其通过白色罗盘上的黄色三角航向标线的位置进行指示,指示单位是 5°。如果惯导数据出现故障时,罗盘以显示器上清除,同时红色"航向"信息将显示在 ND 的顶部,此时显示器如图 15.6-4(a)所示。当机长和副驾驶的惯导数据出现不一致,且其差异大于 4°时,红色的"检查航向"信息将显示在两部 ND 的顶部,此时显示器如图 15.6-4(b)所示。图 15.6-4 中的指示(2)是飞机目前的选择航向,表示机组通过飞行控制组件上的"航向选择"窗上所选择的航向,该航向用一个蓝色的标记指示在航向标尺上。图 15.6-4 中的指示(3)用于表示飞机的磁航向,由惯导组件计算得出。如果惯导数据故障,则中间的黄色飞机符号将由黄色圆圈取代,用于提示机组存在故障。

在"罗盘"模式下的 ILS 或者 VOR 显示如图 15.6-5 所示。当导航数据选择器选择不同的导航数据源时,相应的数据源将显示在 ND 显示器顶部,如图 15.6-5 中的(1)所示。当数据源选择 ILS 时,所选择的 ILS 导航频率也将显示在 ND 上。图 15.6-5 中的指针(2)是横向偏差标尺和 CDI,用于向机组提示飞机的实际航向与 VOR 或 ILS 导航航向的差异。该指针指向的是所选择的航迹中心线,在中心线的两侧分别标有两点用于指示飞行航迹中心与要求航迹中心的偏差。当系统选择 VOR 方式时,偏差标点用蓝色显示,标点单位为 5°。当系统采用 ILS 方式时,标点用洋红色指示。当偏离程度过大时,CDI 和标尺将闪烁,提示

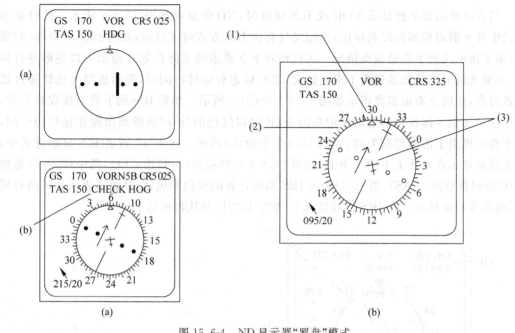

图 15.6-4 ND 显示器"罗盘"模式

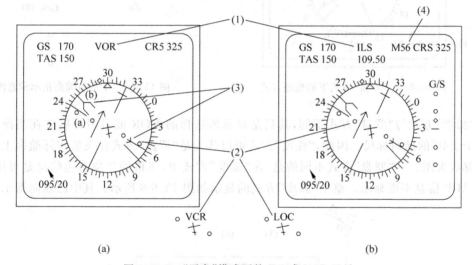

图 15.6-5 "罗盘"模式下的 ILS 或 VOR 显示

机组修正飞机的航迹,注意航迹偏离程度最大指示为 2 个单位,当偏离程度大于 2 个单位标点时,CDI 将始终指示在第 2 个单位点上。同时,该偏离指示只有在完整接收到 VOR 或 ILS 数据后才能够显示。当显示方式进行切换或导航台转换时,该偏差将短时间消失。如果偏离指示长时间消失,同时在 ND 显示器上红色的"航道"或"VOR"信息显示,则表示 VOR 接收机故障。指针(3)表示 ADF 系统的指示方位信息,当飞机接收到 ADF 数据信息时,该指针出现在 ND 上。指针(3)以一个空心红色的指针指示至在 ADF1 控制面板所选择的 ADF 台的方位,如图 15.6-5(a)所示;另一个宽绿色指针指示 ADF2 控制面板所选择的 ADF 台的方位,如图 15.6-5(b)所示。若 ADF1 或 ADF2 接收机故障导致 ADF 系统失效时,或者飞机在飞行航路上无法接收到所选择的 ADF 信息时,相应的指针将消失。

当 ND 显示器单独显示 VOR 或 ILS 航迹时，ND 的显示如图 15.6-6 所示。此时显示模式中有下滑道偏离标尺和标记，该标尺只有在 ILS 方式时才显示，如图 15.6-6 中的(2)所示，用于指示飞机下滑道偏离情况。飞机相对于下滑道的实际位置在指示中以菱形进行标记，如果飞机的飞行轨迹偏离下滑道过大，菱形标志和标尺将闪烁，提示机组飞机轨迹过低或者过高，此时下滑道偏离指示如图 15.6-7 中的(a)所示。如果 ILS 的下滑道接收机失效，用于指示飞机实际位置的菱形标记将消失，代之以红色的"a/s"故障旗出现在标尺的中间，用于提示机组下滑道导航失效，如图 15.6-7 中的(b)所示。在 VOR 或者 ILS 显示方式中，补充信息显示在左侧上下两个角上，如图 15.6-6 中的指示(3)和指示(4)，其中指示(3)是地速(GS)和真空速(TAS)，指示(4)表示 IRS 系统计算的风向和风速，其数字表示真风向和风速，指针表示磁风向。在 IRS 失效情况下，数字和指针都从显示器上消失。

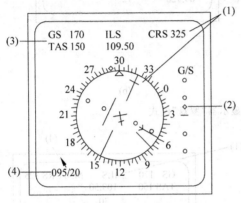

图 15.6-6 "罗盘"模式下的航迹方式

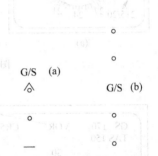

图 15.6-7 下滑道偏离指示示意图

"弧度"方式与"罗盘"方式不同，其只是显示所选择的 VOR 或者 ILS 航迹在当前飞机航向上±40°的航向标尺。因此，"弧度"方式可以认为是"罗盘"方式在飞机实际航向上的一个局部放大图。与"罗盘"方式不同的是，在"弧度"方式中，飞机的气象雷达信息是可用的，但是 ADF 信息不能显示。整个"弧度"方式的显示如图 15.6-8 所示。其中磁航向指示(1)，

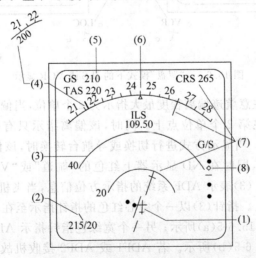

图 15.6-8 "弧度"方式显示示意图

风向指示(2)、选择航向标记(4)、地速和真空速指示(5)、航向标尺(6)、选择航迹以及 CDI 指示(7)和下滑道指示(8)与"罗盘"方式下的指示相同。"弧度"方式下特有的是量程弧度指示(3)，机组通过 EFIS 主控面板上的量程选择器，机组可以在五种量程选择任一种，其五种量程分别为 15n mile、30n mile、60n mile、120n mile 以及 240n mile。无论选择何种量程，"弧度"显示方式都将相应的显示距离等比例分隔为三段显示在 ND 显示器中，靠近飞机指示的第一段弧线表示 20n mile，以此类推第二段弧线表示 40n mile，第三段弧线则表示 60n mile。

"弧度"方式的正常工作显示如图 15.6-9 所示，其中导航工作指示(1)与横向偏离指示(2)与"罗盘"方式相同。高度截获弧度指示(3)是"弧度"方式下特有的指示，其位置表示如果飞机保持当前的飞行速度和飞行姿态，即保持当前的飞行航迹，飞机将在该指示的距离上达到 FCU 选择面板所选择的飞行高度。图 15.6-9 中指示(4)是气象雷达的回波信息，如果雷达能够正常工作且亮度选择适当，则相应的雷达回波信息将自动显示；如果雷达系统出现故障，则相应的故障信息指示(5)出现在 ND 显示器的右下角。如果该故障导致雷达系统无法正常工作，显示为红色；如果该故障只导致雷达系统部分功能消失，显示为琥珀色。在正常情况下，ND 显示器右下角显示的是气象雷达偏转角度，如图 15.6-9(b)所示，"+"表示向上偏转，"-"表示向下偏转。

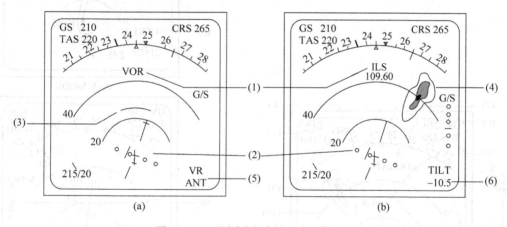

图 15.6-9 "弧度"方式的正常工作显示

ND 显示器的最后一种显示方式是"地图"方式。"地图"方式类似于"弧度"方式，但其用于指示飞机相对于 FMS 飞行计划的实际位置，而非相对于导航系统的相对距离，其显示如图 15.6-10 所示。从图中可知，在"地图"方式下，气象雷达的回波信息也可以得到显示，同时相关的附加信息，如磁航迹、真空速、地速以及风速信息也得到显示。但是在"地图"方式下，VOR、ADF 以及 ILS 等导航信息不能显示。在图 15.6-10 中的指示(2)是飞行计划显示，是飞机在起飞前输入 FMS 的飞行计划航路。该飞行计划航路用于提示机组飞机目前的位置以及下一个飞行点位。飞机与各个航路点的距离通过弧线来显示。同时飞机飞行计划的下一个航路点的名称及其方位和距离显示在 ND 显示器的右上角，如图 15.6-10 中的指示(3)所示。当飞行计划有相应的辅助飞行计划时，ND 显示器如图 15.6-11 所示，其中指示(1)表示现行的飞行计划，是飞机要执行飞行的实际航路，用白色实线表示；指示(2)是辅助飞行计划，用黄色虚线表示；指示(3)是横向航迹偏差，用于显示向左(L)或向右(R)所偏差的海里数。

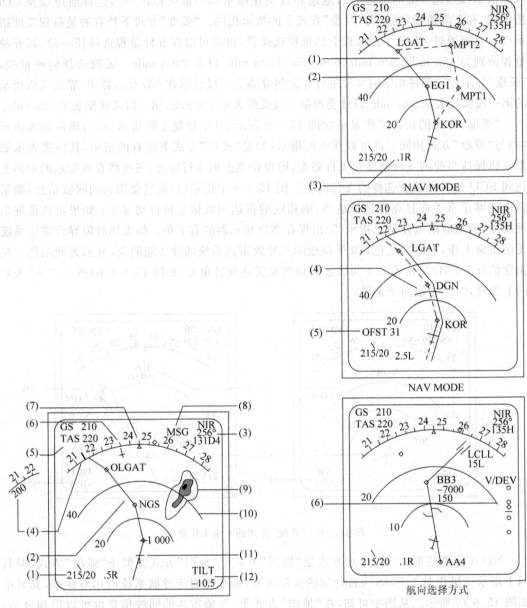

图 15.6-10 "地图方式"下的显示　　图 15.6-11 "地图方式"下的辅助显示

本章小结

无线电高度表的作用是测量飞机到地面的垂直距离,这一距离称为无线电高度。无线电高度表的测量范围是 0~2 500 ft,在大型飞机上通常安装有两套无线电高度表,每套无线电高度表都有一台收发机和两部天线,两部天线安装于机身底部。其工作频率范围是 4 200~4 400 MHz,发射功率大约为 100 W。另一个雷达测距的是测距机。DME 测距系统是通过机载询问器与地面测距信标台的询问、应答通信来测量飞机到地面测距信标台之间的斜距,而不是飞机到地面台的水平距离。DME 其工作频率范围是 962~1 213MHz，它测量飞机到地面台的斜距显示在 ND 上。测距机 DME 工作在 UHF 频段，但飞行人员不必理会它的频率，因为它的频率是与 VOR 自动配对。

气象雷达用于在飞行中实时地探测飞机前方航路上的危险气象区域，以选择安全的航路，保障飞行的舒适和安全。典型的气象雷达系统由收发机、天线、波导管和控制板组成。系统的输出信号在导航显示器上显示。收发机用来发射脉冲和接收回波并对回波进行分析。现代机载气象雷达有"气象"、"气象与湍流"、"地图"三种工作方式。

颜色显示气象或地形回波信号的强弱。有四种颜色用于气象雷达显示，绿色代表轻度气象条件；黄色代表中度气象条件；红色代表重度气象条件；深红色代表湍流（气象雷达系统只在 40n mile 内计算和显示湍流）。风切变的位置根据相对于飞机纵轴的方位和机头的距离而确定。根据风切变的位置不同，风切变警告可以分为三类：咨询（advisory）、警戒（caution）、警告（warning）。

为了保证飞行安全，必须具有空中交通管制系统 ATC，它监视并控制空中交通。为了做到这一点，需要地面雷达系统来提供一定空域内的飞机消息。地面 ATC 系统使用两种雷达：一次监视雷达（PSR）和二次监视雷达（SSR）。机载 ATC 应答机有三种应答模式，即：A 模式、B 模式和 S 模式。

交通警告与防撞系统用 TCAS 表示。它可以保证装有 TCAS 设备的飞机周围空域的安全性。TCAS 的功能是确定与安装有 ATC 应答机飞机之间的距离、高度、方位和接近率。TCAS 通过监视其他飞机的轨迹，来确定与本飞机可能发生的危险相撞。它还提供给飞行员声音和可视劝告信息，以完成飞机与飞机之间垂直避让的任务。TCAS 在飞机自身周围形成了两个保护区：决断咨询区和交通咨询区。近地警告系统的功能是当飞机与地面出现错误的接近时，用警告灯和警告声警告机组人员。

惯性基准系统（IRS）是现代飞机必备的、自主式的机载电子系统。它提供飞机的姿态、航向和飞机当前的位置等信息。它由惯性基准组件（IRU）和多功能控制显示组件（MCDU）组成。惯性基准组件包括陀螺、加速度计和计算机。

飞行管理系统（FMS）是一套独立完整的自动飞行计算机系统，是以飞行管理计算机为核心的高效区域导航制导系统和性能管理系统，其能够协助飞行员完成从起飞到着陆的各项任务，管理、监视和自动操纵飞机实现全航程的自动飞行，从而减小飞行员的工作负担，并使飞机既安全又经济地飞行。

复习与思考

1. 无线电高度表的工作原理是什么？其与测距机有何区别？
2. 气象雷达的作用是什么？其由哪些部件组成？
3. 现代机载气象雷达的工作方式有哪些？各自的作用是什么？
4. 有哪几种颜色用于表示气象雷达回波？其各自代表什么意思？
5. 什么是一次监视雷达？其工作原理是什么？
6. TCAS 的作用是什么？其工作原理是什么？
7. 什么是惯导系统？其组成部件是什么？

参 考 文 献

[1] 杨莉,沈海军.航空航天概述[M].北京:航空工业出版社,2011.
[2] 刘林,郭恩友.飞行控制系统的分系统[M].北京:国防工业出版社,2003.
[3] 王占林.飞机高压液压能源系统[M].北京:北京航空航天大学出版社,2004.
[4] 美国联邦航空局.飞机飞行手册[M].陈新河,译.上海:上海交通大学出版社,2010.
[5] 罗伊·兰顿,等.飞机燃油系统[M].颜万亿,译.上海:上海交通大学出版社,2010.
[6] AIRBUS COMPANY. A320 AIRCRAFT MAINTENANCE MANUAL[S],2010.
[7] BOEING COMPANY. B737-700/800/900 AIRCRAFT MAINTENANCE MANUAL[S],2010.
[8] AIRBUS COMPANY. A320 FLIGHT CRAW OPRETE MANUAL[S],2010.
[9] AIRBUS COMPANY. A300 FLIGHT CRAW OPRETE MANUAL[S],2005.
[10] 任仁良,张铁纯.涡轮发动机飞机结构与系统(ME-TA)[M].北京:兵器工业出版社,2007.
[11] 宋静波.飞机构造基础[M].北京:航空工业出版社,2004.
[12] 宋翔贵,张新国.电传飞行控制系统[M].北京:国防工业出版社,2003.
[13] 宫经宽.航空机载惯性导航系统[M].北京:航空工业出版社,2010.
[14] John F. Welch,Lewis Bjork,Linda Bjork.现代飞行技术[M].熊峻江,郑力铭,肖应超,译.北京:国防工业出版社,2011.